编 审 人 员

主　编　王　强
洛阳理工学院

副主编　母小明
洛阳理工学院

主　审　刘德文
北京轻工业学院

参　编　戴启昌
三峡电力职业学院

方　晖
长沙环境保护职业技术学院

李月红　苏　艳　孙雪平　王安婷　张少文
洛阳理工学院

高等专科学校高等职业技术学院环境类系列教材

无机及分析化学

主　编　王　强

副主编　母小明

主　审　刘德文

中国环境科学出版社·北京

图书在版编目（CIP）数据

无机及分析化学/王强主编．一北京：中国环境科学出版社，2007.8

（高职高专环境类系列教材）

ISBN 978-7-80209-546-5

Ⅰ．无…　Ⅱ．王…　Ⅲ．①无机化学—高等学校：技术学校—教材②分析化学—高等学校：技术学校—教材　Ⅳ．06

中国版本图书馆 CIP 数据核字（2007）第 055538 号

责任编辑　黄晓燕　孟亚莉
责任校对　扣志红
封面设计　中通世奥

出版发行　中国环境科学出版社
（100062　北京崇文区广渠门内大街 16 号）
网　　址：http://www.cesp.cn
联系电话：010-67112765（总编室）
发行热线：010-67125803

印　　刷　北京东海印刷有限公司
经　　销　各地新华书店
版　　次　2007 年 8 月第一版
印　　次　2007 年 8 月第一次印刷
印　　数　1—3 000
开　　本　787×960　1/16
印　　张　26.75
字　　数　480 千字
定　　价　33.00 元

前言

化学是在分子、原子或离子水平上研究物质的组成、结构、性质及其变化规律的科学。无机化学、分析化学是高等学校化工、环境、制药、材料等专业必修的两门基础化学课程，它对人才的知识结构和能力的培养具有不可缺少的作用。随着近年来教学课程体系的改革与发展，老的教学体系明显不适应素质教育的要求，必须打破课程体系，进行教材改革。我们根据无机化学与分析化学两门课程联系紧密的特点，在总结多年教学实践的基础上，将无机体系和分析体系进行有机融合，在选材时力求做到管用、够用、实用，既继承了《无机化学》理论知识的系统性，又突出了《分析化学》实际操作的应用性，减少了教学中的重复和脱节现象。

《无机及分析化学》适用理工类非化学专业（环境、化工、材料、制药等）。通过本课程的学习，使学生较好地掌握无机及分析化学的基本知识、基本理论和基本技能，建立准确的“量”的概念，即：化学反应的宏观规律、物质的微观结构、四大平衡和有关计算；在学习四大平衡的基础上进一步掌握这些原理在定量分析上的应用，掌握容量分析的原理、特点以及有关计算，了解分析化学中各类误差的来源及其规律。通过本课程的学习，培养学生对物质世界的正确认识，培养学生科学思维能力，灵活运用知识、分析问题和解决问题的能力，养成严肃认真、实事求是的科学态度和严谨的工作作风，使学生在科学方法上得到初步训练，为后续课程的学习奠定良好的基础。

化学是一门实验性学科，实验的开设对加深同学们对基础理论的理解、培养基本实验技能也是必不可少的。针对理论内容本书编写有配套实验教材，以便教师和学生使用。

本课程理论教学时数为70～80学时。本书按学时上限编写，分为十五章，部分章节和习题中加“*”的部分表示非教学基本要求内容，使用时可按专业要求不同加以选用。

本书由王强担任主编，母小明担任副主编。各章执笔人分别为：王强（洛阳理工学院，第一、四、五章），母小明（洛阳理工学院，第十一、十二章），苏艳（洛阳理工学院，第二章），李月红（洛阳理工学院，第三章），王安婷（洛阳理工学院，第六、七章），孙雪平（洛阳理工学院，第八、九章），方晖（长沙环保职业技术学院，第十章），戴启昌（三峡电力职业学院，第十三、十四章），张少文（洛阳理工学院，第十五章）。

由于编者水平有限，书中内容难免存在疏漏和错误，恳切希望使用本书的师生和其他读者多多指正，提出宝贵的意见和建议。

编　者

2006年12月

目录

第一章 物质及其变化

【学习要求】

1. 掌握理想气体状态方程式及其应用。
2. 掌握道尔顿分压定律。
3. 明确液体的蒸气压、沸点的含义及其应用。
4. 学会盖斯定律及其应用。
5. 会正确书写热化学方程式，明确其含义。

第一节 物质的聚集状态

物质是由分子或原子构成的，它们都以一定的形态存在于自然界，但物质是由无数个分子、原子聚集而成，对于单个的分子或原子没有什么状态可言。在常温、常压下，物质通常有气体（gas）、液体（liquid）和固体（solid）三种存在状态，通称为物质的“三态”。在一定的温度和压力条件下，同一种物质的“三态”可以相互转化。此外，现已发现物质还有第四种存在形式——等离子体状态。

物质的存在状态主要由其组成微粒间的相互作用力所决定。从微粒间相互作用的强弱来看，一般来说，气体微粒间的作用最弱，液体微粒间的作用较强，固体微粒间的作用最强。物质的每一种聚集状态有各自的特征。在一定的条件下，物质总是以一定的聚集状态参加化学反应，对于某一特定的反应，由于物质的聚集状态不同，其反应的速率和能量关系也不同。在化学反应中，气体物质与其他反应物接触面积大，使得反应能充分进行，液体燃料燃烧时尽量使之汽化，以便燃烧完全。

一、气体的一般性质和理想气体状态方程式

物质处在气体状态时，气体分子间的距离远大于气体分子本身的大小，分子间的引力非常小，各个分子都在作无规则地高速运动（布朗运动），因此，可认为气体的存在状态几乎和它们的化学组成无关，致使气体具有许多共同性质，主要是扩散性和可压缩性，这对于研究气体的存在状态带来了方便。气体没有固定的形状和体积，将气体引入任何形状和体积的容器中，由于它可向各个方向运动，都能自动

扩散并均匀地充满整个容器（扩散性）；又由于气体分子间的距离很大，所以气体又很容易被压缩（可压缩性），这给气体的贮存和运输带来了很大的方便。有关气体的研究，对于原子论和近代化学的发展起着重要的作用。

（一）理想气体的经验公式

气体的存在状态主要由四个因素决定，即体积、压力、温度和物质的量。在 17～19 世纪，许多科学家研究了在较低压力下的气体性质，从大量实验事实总结出一些经验规律。

（1）波义耳定律　在一定温度下，一定量气体的体积（V）与它的压力（p）成反比，即：

$$V \propto \frac{1}{p}$$

或 $$pV = \text{恒量} \quad (T,\ n\ \text{恒定}) \tag{1-1}$$

（2）查理-盖吕萨克定律　在一定压力下，一定量气体的体积（V）和热力学温度（T）成正比，即：

$$V \propto T$$

或 $$\frac{V}{T} = \text{恒量} \quad (p,\ n\ \text{恒定}) \tag{1-2}$$

热力学温度以前也称绝对温度，其单位名称为开尔文，用符号 K 表示，它与摄氏温度（t℃）的关系为：

$$T = 273.15 + t \tag{1-3}$$

（3）阿佛加德罗定律　在一定的温度与压力下，气体的体积（V）与其物质的量（n）成正比，即：

$$V \propto n$$

或 $$\frac{V}{n} = \text{恒量}\ (T,\ p\ \ \text{恒定}) \tag{1-4}$$

（二）理想气体状态方程式

上述有关气体性质的三个实验定律，都各自反映了气体行为的一个侧面，如果综合上述三个定律，就可得到下面的关系式：

$$V \propto \frac{nT}{p}$$

或 $$\frac{pV}{nT} = \text{恒量}$$

这一恒量称为摩尔气体常数（简称气体常数），用符号 R 表示，代入上式可得：

$$pV = nRT \tag{1-5}$$

式中：p —— 气体压力，Pa；

V —— 气体体积，m^3；

n —— 气体物质的量，mol；

T —— 气体热力学温度，K；

R —— 摩尔气体常数，实验证明其值与气体种类无关。

式（1-5）称为理想气体状态方程式，它反映了决定气体存在状态的四个物理量，即：体积、压力、温度和物质的量之间的关系。

气体常数可由实验测定。如测得 1.000 mol 气体在 273.15 K、101.325 kPa 的条件下所占有的体积为 22.414×10^{-3} m^3，代入式（1-5）则得：

$$\begin{aligned} R &= \frac{pV}{nT} = \frac{101.325\times10^3\times22.414\times10^{-3}}{1.000\times273.15} \\ &= 8.314\ \mathrm{N\cdot m\cdot mol^{-1}\cdot K^{-1}} \\ &= 8.314\ \mathrm{J\cdot mol^{-1}\cdot K^{-1}} \end{aligned}$$

我们把行为完全符合式（1-5）要求的气体叫理想气体。理想气体实际上是不存在的，它是一种科学的抽象，是一种人为的气体模型，它要求气体分子间完全没有作用力，气体分子本身完全不占有体积，实际气体都不能完全符合这一要求。但是当实际气体处于低压（低于数百千帕）、高温（高于 273 K）的条件下，这时分子间距离甚大，气体的体积已远远超过分子本身所占的体积，因而可忽略后者，而且分子间作用力也因分子间距离拉大而迅速减小，故可把它近似地看做理想气体。

【例 1-1】 在 298.15 K 下，一个体积为 50 dm^3 的氧气钢瓶，当它的压力降为 1 500 kPa 时，试计算钢瓶中剩余的氧气质量为多少？

解：由理想气体状态方程式（1-5）可得：

$$\begin{aligned} n &= \frac{pV}{RT} = \frac{1\,500\times10^3\times50\times10^{-3}}{8.314\times298.15} \\ &= 30.26\ \mathrm{mol} \end{aligned}$$

氧气的摩尔质量为 32.00 $g\cdot mol^{-1}$，所以剩余的氧气质量为：

$$30.26\times32.00=968.3\ \mathrm{g}\approx0.97\ \mathrm{kg}$$

答：钢瓶中剩余的氧气质量为 0.97 kg。

（三）理想气体分压定律和分体积定律

我们在日常生活、工业生产以及科学实验中所遇到的气体大多为混合气体，如空气就是一种混合气体。气体的特性之一是具有扩散性，能够均匀地充满整个容器。

在任何容器内的气体混合物中，如果各组分气体间不发生化学反应，则在达到扩散平衡时，每一种气体都能均匀地分布在整个容器内，它所产生的压力和它单独占有整个容器时所产生的压力相同。也就是说，一定物质的量的气体在一定容积的容器中所产生的压力仅与温度有关。各组分气体占有与混合气体相同体积时所产生的压力叫做该组分的分压力（p_i）。

例如，0℃时，1 mol 氧气在容积 22.4 L 的容器内所产生的压力是 101.3 kPa。如果向容器内加入 1 mol 氮气并保持容器体积不变，则氧气的压力还是 101.3 kPa，但容器内的总压力却增大一倍，可见，1 mol 氮气在这种状态下产生的压力也是 101.3 kPa。

英国科学家道尔顿（J. Dalton）总结了这些实验事实，得出下列结论：某一气体在气体混合物中产生的分压等于它单独占有整个容器时所产生的压力；而气体混合物的总压力等于其中各气体分压力之和。这就是气体分压定律，它有两种表现形式。

分压定律可表示为：

$$p_{总} = p_1 + p_2 + p_3 + \cdots + p_i = \sum_i p_i \tag{1-6}$$

图 1-1 是分压定律的示意图，图中（a）、（b）、（c）、（d）为体积相同的四个容器，（a）、（b）、（c）中的砝码表示 A、B、C 三种气体单独存在时所产生的压力，（d）表示 A、B、C 混合气体所产生的总压力。

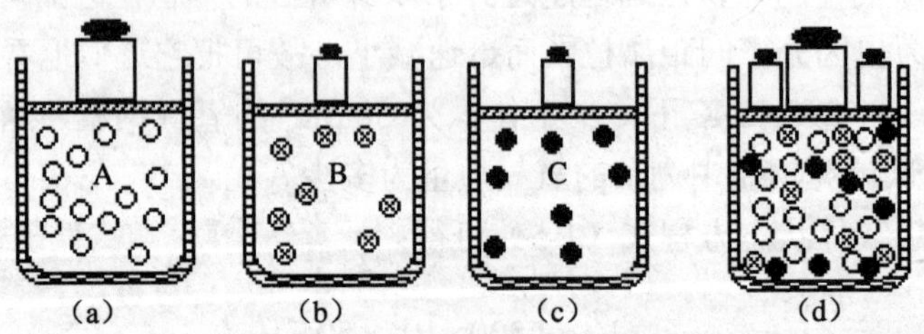

图 1-1　分压定律

理想气体定律同样适用于气体混合物，如混合气体中各气体物质的量之和为 $n_{总}$，温度 T 时混合气体总压为 $p_{总}$，体积为 V，则由式（1-5）可得：

$$p_{总}V = n_{总}RT$$

如果以 n_i 表示混合气体中组分 i 的物质的量，p_i 表示其分压力，V 为混合气体体积，温度为 T，则：

$$p_iV = n_iRT$$

将该式除以上式可得：

$$\frac{p_i}{p_{总}}=\frac{n_i}{n_{总}} \quad (1\text{-}7，a)$$

或

$$p_i = p_{总} \times \frac{n_i}{n_{总}} \quad (1\text{-}7，b)$$

令 $\frac{n_i}{n_{总}}=x_i$，则：

$$p_i = x_i p_{总} \quad (1\text{-}7，c)$$

其中 $\frac{n_i}{n_{总}}$ 为组分气体的物质的量与混合气体物质的量总数之比，称为该组分的物质的量分数即摩尔分数。式（1-7，c）表明，混合气体每一组分气体的分压力等于混合气体总压力乘以该组分的摩尔分数，这是分压定律的另一种表现形式。

道尔顿分压定律对于研究气体混合物非常重要。在实验室中常用排水集气法收集气体（图 1-2）。用这种方法收集的气体中总是含有饱和的水蒸气。在这种情况下所测出的压力应是混合气体的总压力，即：

$$p_{总}=p_{气体}+p_{水蒸气}$$

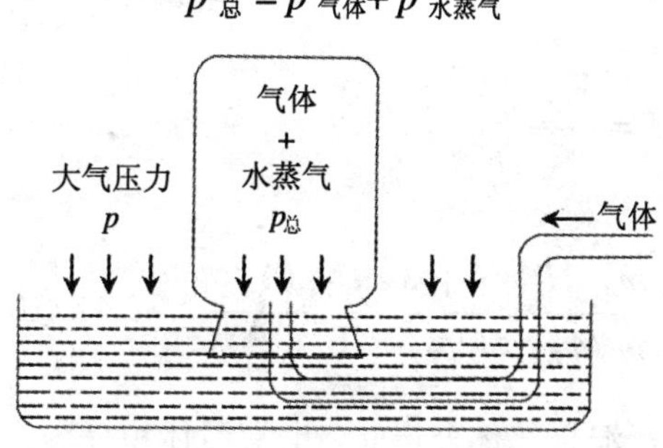

图 1-2 用排水集气法收集气体

水的饱和蒸气压仅与水的温度有关，其值可从相关手册中查出（表 1-1）。

表 1-1 水的饱和蒸气压

温度/℃	饱和蒸气压/kPa	温度/℃	饱和蒸气压/kPa	温度/℃	饱和蒸气压/kPa
0	0.611	35	5.623	70	31.160
5	0.872	40	7.376	75	38.540
10	1.228	45	9.583	80	47.340
15	1.705	50	12.330	85	57.810
20	2.338	55	15.740	90	70.100
25	3.167	60	19.920	95	84.510
30	4.243	65	25.000	100	101.325

【例1-2】 用锌和盐酸制备氢气：$Zn(s)+2H^+ = Zn^{2+}+H_2(g)$，如果在 25℃时用排水集气法收集氢气，总压为 98.6 kPa（已知 25℃时水的饱和蒸气压为 3.17 kPa），收集的气体体积为 2.50×10^{-3} m³。求：

（1）试样中氢气的分压；

（2）收集到的氢气的质量；

（3）若经干燥剂干燥后，在相同的条件下能得到多少体积的干燥氢气？

解：

（1）用排水集气法收集的气体为被水蒸气饱和了的氢气，其总压等于氢气的分压与水蒸气的分压之和，由分压定律可得：

$$p_{总} = p_{H_2} + p_{H_2O}$$

$$p_{H_2} = p_{总} - p_{H_2O} = (98.6 - 3.17)\ \text{kPa} = 95.4\ \text{kPa}$$

（2）$p_{H_2}V = n_{H_2}RT = \dfrac{m_{H_2}}{M_{H_2}}RT$

$$m_{H_2} = \frac{p_{H_2}VM_{H_2}}{RT} = \frac{95.4\times10^3\times0.002\,5\times2.02}{8.314\times298} = 0.194\ \text{g}$$

（3）$p_{总}V_{H_2} = n_{H_2}RT = \dfrac{m_{H_2}}{M_{H_2}}RT$

$$V_{H_2} = \frac{m_{H_2}RT}{p_{总}M_{H_2}} = \frac{0.194\times8.314\times298}{98.6\times10^3\times2.02} = 2.41\times10^{-3}\ \text{m}^3$$

在实际工作中，进行混合气体分析时，也常用体积分数来表示混合气体的组成。当组分气体的温度和压力与混合气体相同时，即温度相同时组分气体单独承受混合气体总压力的情况下，组分气体所占有的体积称为该组分的分体积，混合气体的总体积等于各组分气体的分体积之和：

$$V_{总} = V_1 + V_2 + V_3 + \cdots + V_i = \sum_i V_i \tag{1-8}$$

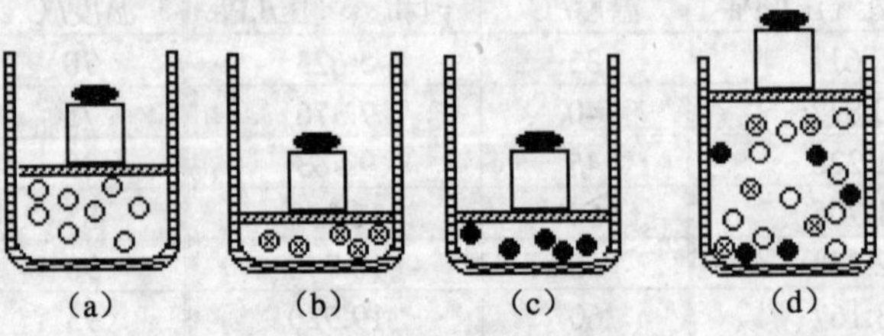

图 1-3　分体积定律

图 1-3 中（a）、（b）、（c）分别表示 A、B、C 三种组分气体的分体积，（d）为混合气体的总体积。

分体积定律　根据理想气体的气态方程式，同温同压下，各气体物质体积比必等于它们的“物质的量”之比。即：

$$\frac{V_i}{V}=\frac{n_i}{n}=x_i$$

分体积与总体积之比$\frac{V_i}{V}$，称组分气体的体积分数，它在数值上即等于其摩尔分数，即：

$$p_i=x_i p=\frac{n_i}{n}p=\frac{V_i}{V}p \tag{1-9}$$

气体的分压力与气体的分体积概念的定义前提条件不同，分压力是在总体积一定的情况下求得的，而分体积是在各组分气体单独承受总压力的条件下求出的。

【例 1-3】 在 18℃时，取 0.200 L 煤气进行分析，得到有关气体的体积含量为 CO 59.4%，H_2 10.2%，其他气体为 30.4%。假设测定是在 100 kPa 的压力下进行的，试求煤气中 CO 和 H_2 的物质的量及物质的量分数。

解：由式（1-9）可知，CO 和 H_2 的分压如下：

$$p_{CO}=p_{总}\times\frac{V_{CO}}{V_{总}}\times100\%=100\times59.4\%=59.4\ \text{kPa}$$

$$p_{H_2}=p_{总}\times\frac{V_{H_2}}{V_{总}}\times100\%=100\times10.2\%=10.2\ \text{kPa}$$

已知$V_{总}=0.200\ \text{L}$，$T=273+18=291\ \text{K}$，$R=8.314\ \text{kPa}\cdot\text{L}\cdot\text{mol}^{-1}\cdot\text{K}^{-1}$

代入理想气体方程式可得：

$$n_{CO}=\frac{p_{CO}V_{总}}{RT}=\frac{59.4\times0.200}{8.314\times291}=0.004\ 91=4.91\times10^{-3}\ \text{mol}$$

$$n_{H_2}=\frac{p_{H_2}V_{总}}{RT}=\frac{10.2\times0.200}{8.314\times291}=0.000\ 834=8.34\times10^{-4}\ \text{mol}$$

由于组分气体物质的量分数与体积分数相等，所以，CO 物质的量分数应为 0.594，H_2 的物质的量分数应为 0.102。

二、液体

液体分子间的距离比气体小得多，分子间的相互作用较强。液体分子运动既不像气体分子那样呈现自由运动状态，也不像固体分子那样呈现出规则排列。液体具有较好的流动性，有一定的体积而无一定形状，与气体相比，液体的可压缩性小得多。这种既有较强的分子间作用力又有较好流动性的特点，使得一些物质可以很好地溶解在液体中，成为均匀的溶液。

如对气体加压或降温，或同时加压并降温，气体可凝聚为液体，将液体冷却又可凝固为固体；反之，对固体加热可熔化为液体，液体受热又可汽化为气体。在化学上我们把所研究的对象内物理和化学性质完全相同的部分叫一相，固—液、液—气、气—固之间的转化称为相变，相变时两相之间的动态平衡称相平衡。

（一）液体的蒸发

物质的分子始终处于不断的热运动中，在液体中分子运动的速度及分子具有的能量各不相同，大多数分子具有中间的平均能量状态。液体表面某些运动速度较大的分子所具有的能量足以克服分子间的吸引力而逸出液面，成为气态分子，这一过程叫做蒸发。在一定温度下，蒸发将以恒定速度进行。在敞口容器中液体会汽化变成气体而进入外部空间，直到全部液体都蒸发；而在密闭容器中液体的蒸发却是有限度的。在一定温度下，密闭容器中的液体分子一方面进行蒸发变成气态分子；另一方面，一些气态分子撞击液体表面会重新返回液体，这个与液体汽化现象相反的过程叫做凝聚。初始时，由于没有气态分子，凝聚速度为零，随着气态分子逐渐增多，凝聚速度逐渐增大，直到凝聚速度等于蒸发速度，即在单位时间内，脱离液面变成气体的分子数等于返回液面变成液体的分子数，达到蒸发与凝聚的动态平衡（图 1-4）。

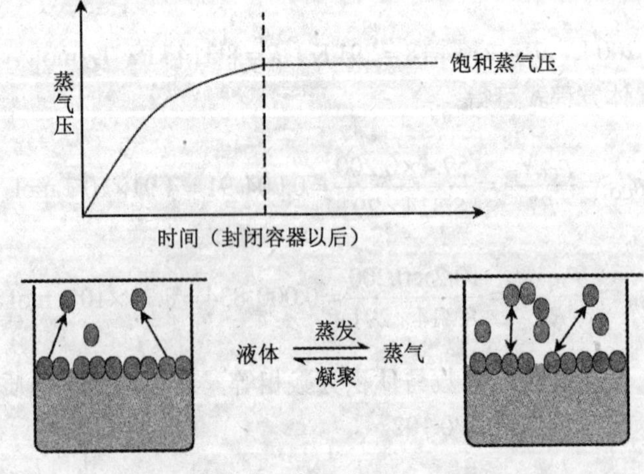

图 1-4　蒸发与凝聚平衡

此时，在液体上部的蒸气量不再改变，蒸气便具有恒定的压力。在恒定温度下，与液体平衡的蒸气称为饱和蒸气，饱和蒸气的压力就是该温度下该液体的饱和蒸气压，简称蒸气压。

蒸气压是物质的一种特性，常用来表征液态分子在一定温度下蒸发成气态分子的倾向大小。蒸气压的大小取决于液体的本性而与液体的量无关。在某温度下，蒸气压大的物质为易挥发物质，蒸气压小的为难挥发物质。例如，20℃时，水的蒸气压为 2.36 kPa；乙醇的蒸气压是 5.85 kPa。

液体的蒸气压总是随温度的升高而增大。蒸气压与温度的关系可以用作图的方法表示出来。以压力为纵坐标，温度为横坐标作图得液体的蒸气压曲线，曲线上的每一点代表相应液体与蒸气呈平衡状态时的温度和压力（图 1-5）。

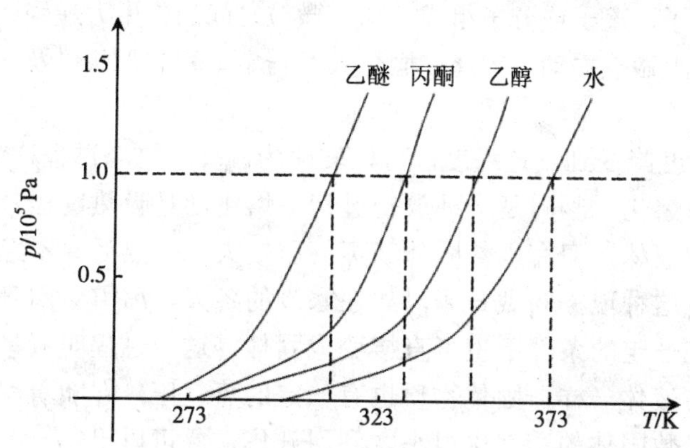

图 1-5　几种液体的蒸气压曲线

（二）液体的沸点

加热敞口容器中的液体时，汽化现象仅先发生在液体表面，随着温度升高，液体的蒸气压将增大，当温度增加到蒸气压等于外界压力时，汽化不仅在液面上进行，并且也在液体的内部发生。内部液体的汽化产生了大量气泡上升到液面，随即破裂而逸出，这种现象叫做沸腾。此时，气泡内部的压力至少应等于液面上的压力，即外界压力（对敞口容器即大气压力），而气泡内部的压力为蒸气压。故液体沸腾的条件为液体的蒸气压等于外界压力，沸腾时的温度叫做该液体的沸点。蒸发和沸腾是液体汽化的两种形式。

液体在常压下（101.325 kPa）的沸点，称液体的正常沸点。如水在 101.325 kPa 压力下的沸点为 100℃（373.15 K）。

显然，液体的沸点随外界压力而变化，增大外压可使液体的沸点升高；相反，降低外压可使液体在较低温度下沸腾。如我国昆明的地势高，气压低，在这里水的沸点只有 96℃。青藏高原气压更低，水的沸点就更低了。在化学上利用这一性质，对于在正常沸点下易分解、氧化或正常沸点很高的物质，在减压下对其进行蒸馏操作，以达到分离或提纯的目的。这种在低于大气压下进行蒸馏的操作过程称为减压蒸馏，减压蒸馏是分离和提纯液体的一种主要方法。

需要注意，在实验中常遇到把液体加热到沸点时并不沸腾，必须超过沸点后才能沸腾的现象，这一现象称为过热，其液体称为过热液体。过热液体一旦沸腾便相当剧烈，液体往往大量溅出，造成事故，所以过热现象对生产和实验是有害的。实验中给液体加热时，常常要加入沸石和搅拌，这些都是减少过热现象的有效措施。

三、固体

固体可由原子、离子或分子组成，这些微粒之间的作用力最强，使它们只能在一定的平衡位置上做热振动。因此，固体具有一定体积和形状以及一定程度的坚实性（刚性）。

将液体的温度降低到一定程度，可以转化为固体，这个过程称为液体的凝固，相反的过程称为熔化。凝固是一种放热过程，熔化则是吸热过程。多数固体物质受热时能熔化成液体，但有少数固体（蒸气压较大）受热后并不经液体阶段而是直接变成气体，这种现象叫做升华，如在寒冷的冬天，冰雪会因升华而消失；另外，一些气体在一定的条件下也可直接变成固体，这一过程叫凝华，晚秋降霜就是凝华过程。与液体一样，固体物质也有一定的蒸气压，并随着温度的升高而增大，只是绝大多数固体的蒸气压很小。利用升华现象可以提纯一些挥发性固体物质如碘、萘等。

固体可分成晶体和非晶体两大类，多数固体都是晶体。与非晶体相比较，晶体通常有如下一般特征。

（一）有一定的几何外形

自然界的晶体一般都有规则的几何外形。如图 1-6 所示，发育完整的食盐晶体是立方体，石英（SiO_2）晶体是六角柱体，方解石（$CaCO_3$）晶体是菱形体（也称三方晶体）。

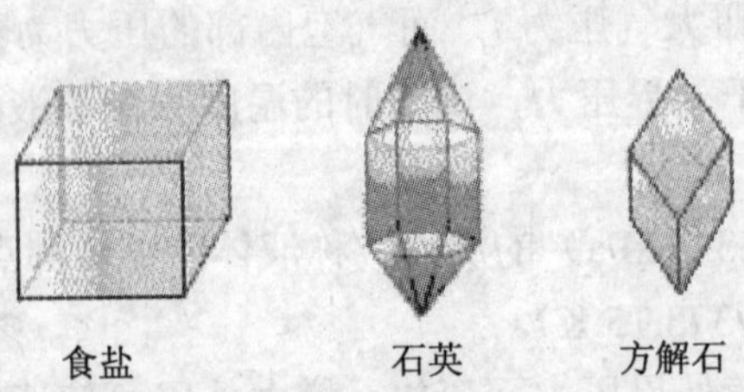

图 1-6 几种晶体的外型

不过，有一些物质在形成晶体时，由于受到外界条件的影响，并不具备完整的外形，却具有晶体的性质。如很多矿石和土壤的外形不像水晶等那样有规则，但它们基本上属于结晶形态的物质。大多数无机和有机化合物，甚至植物的纤维和动物的蛋白质都可以以结晶形态存在。非晶体如玻璃、松香、石蜡、动物胶和沥青等，没有一定的几何外形，所以又叫无定形体。可见，几何外形并不是晶体与非晶体的本质区别。

（二）有固定的熔点

在一定的外界压力下，将晶体加热到某一温度（熔点）时，晶体才开始熔化，在晶体全部熔化之前，即使继续加热，温度仍保持恒定不变，直到晶体全部熔化，这时所吸收的热能都消耗在使晶体从固态转变为液态。然后，继续加热温度才会升高，这说明晶体都具有固定的熔点。常压下冰水共存系统的温度始终为 0℃。非晶体则不同，加热时先软化（塑化）成黏度很大的物质，随着温度的升高黏度不断变小，最后成为流动性的熔体，从开始软化到完全熔化的过程中，温度是不断上升的，没有固定的熔点，只能说有一段软化的温度范围，例如松香在 50～70℃软化，70℃以上才基本成为熔体。我们把非晶体开始软化的温度叫软化点。

（三）某些性质各向异性

晶体的某些性质（如光学性质、力学性质、导热导电性和机械强度等），从晶体的不同方向去测定时，常常是不同的。例如，云母特别容易按纹理面（称解理面）的方向裂成薄片；石墨晶体内，平行于石墨层方向比垂直于石墨层方向的热导率和电导率大得多。晶体的这种性质称为各向异性。非晶体是各向同性的。如图 1-7 为石英晶体和石英玻璃（非晶体）中微粒排列示意图。

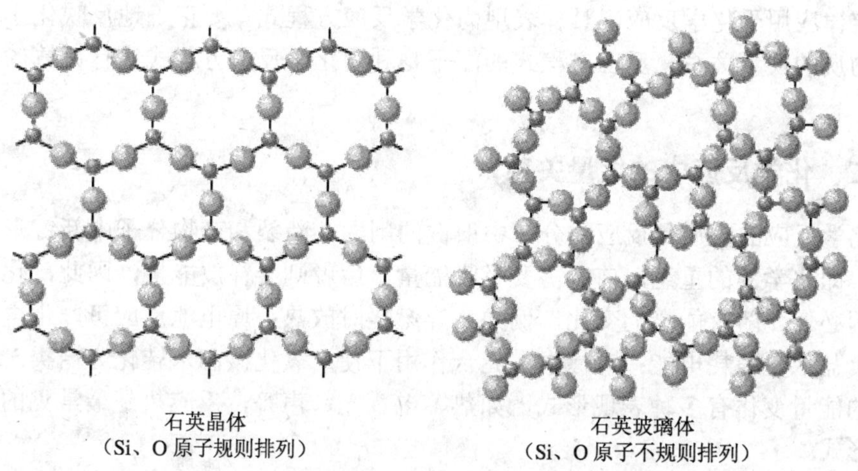

图 1-7　石英晶体和石英玻璃中微粒排列

晶体和非晶体性质上的差异，反映了两者内部结构的差别。X 射线衍射分析结果表明，晶体内部微粒（原子、离子或分子）的排列是有次序的、有规律的，它们总是在不同方向上按某些确定的规则重复性地排列，这种有次序的、周期性的排列规律贯穿于整个晶体内部，而且在不同方向上的排列方式往往不同，因而造成晶体的各向异性。非晶体内部微粒的排列是无次序的、不规律的。

晶体与非晶体之间并不存在不可逾越的鸿沟。在一定条件下，晶体与非晶体可以互相转化，例如把石英晶体熔化并迅速冷却，可以得到石英玻璃。涤纶熔体若迅速冷却，可得无定形体；若慢慢冷却，则可得晶体。由此可见，晶态与非晶态是物质在不同条件下形成的两种不同的固体状态。

第二节　化学反应中的质量关系和能量关系

利用化学反应我们可以获得不同性质的产物和能量。化学反应总是伴随着能量的变化。本节讨论化学反应所遵循的两个基本定律，即质量守恒定律和能量守恒定律，这对于科学实验和生产实践都有重要的指导意义。

一、质量守恒定律

“在化学反应中，质量既不能创造，也不能毁灭，只能由一种形式转变为另一种形式”，这是质量守恒定律的文字表述。从宏观上看，化学反应是由反应物转变为生成物，既有旧的物质的消耗，也有新的物质的生成；从微观上看，则是物质内部的分子、原子、离子或原子团的重新排列和组合。质量守恒定律不但是化学上的一个基本定律，也是自然界物质发生一切变化所遵循的一个普遍定律。质量守恒定律应用于化学反应，具体表现为化学反应方程式。要正确地反映化学反应中各物质的质量关系，反应方程式的配平是利用化学反应方程式进行计算的必要前提。

二、化学反应中的能量关系

化学反应的实质是反应物分子中旧键的削弱、断裂和产物分子中新键形成的过程，即化学键的重组，前者需要吸收能量，后者则会释放能量，因此，化学反应过程必然伴随有能量的变化。例如：煤燃烧时放热；原电池反应可产生电能，电解食盐水要消耗电能；叶绿素在光合作用下使二氧化碳和水转化为糖类。化学反应的能量变化有多种表现形式，如热、电、光、声等，反应热是最常见的能量变化形式。

（一）基本概念和术语

1．系统和环境

宇宙间各事物总是相互联系的。为了研究方便，常把要研究的那部分物质和空间与其他物质或空间人为地分开。被划分出来作为研究对象的那部分物质或空间称为系统（或体系）；系统之外并与系统有密切联系的其他物质或空间称为环境。例如：一杯水，如果只研究杯中的水，水就是系统，而杯和杯以外的物质和空间则为环境。

按照系统和环境之间物质和能量的交换情况，可将系统分为以下三类：

- 敞开系统——系统和环境之间，既有物质交换，又有能量交换。
- 封闭系统——系统和环境之间，没有物质交换，但有能量交换。
- 孤立系统——系统和环境之间，既没有物质交换，又没有能量交换。

2．状态和状态函数

任何系统都可以用一系列宏观可测的物理量（系统的性质），如物质的种类、质量、体积、压力、温度等来描述系统所处的状态，即系统的状态就是这些性质的综合表现。当系统的所有性质都有确定值时，我们说系统处于一定的状态。我们把这些能够表征系统状态的宏观性质的物理量称为状态函数。

系统的各个状态函数之间是互相制约的。例如，对于理想气体来说，如果知道了它的压力、体积、温度和物质的量，这四个状态函数中的任意三个，就能用理想气体状态方程式确定第四个状态函数。通常把系统变化前的状态称为始态，变化后的状态称为终态。状态函数具有如下特征：

（1）系统的状态确定后，每一个状态函数都具有单一的确定值，而与系统如何形成和将来如何变化无关；

（2）系统由始态变化到终态，状态函数的改变值仅取决于系统的始态和终态，与系统变化的途径无关；

（3）系统经历循环过程后（始、终态相同），各个状态函数的变化值都等于零。

掌握状态函数的性质和特点，对于学习化学热力学是很重要的。因为，状态函数的特性是热力学研究问题的重要基础，也是进行热力学计算的依据。

3．过程与途径

系统状态发生的变化叫过程，而完成状态变化的具体步骤则称作途径。像气体的升温、压缩，液体蒸发，晶体从液体中析出以及发生化学反应等，均称进行了一个热力学过程。应该指出，系统在一定的始态和终态之间完成状态变化的具体途径可能有无数条，但其状态函数的变化量则总是相同的，与所经历变化的具体途径无关。例如，把20℃的水升温至35℃，可以通过多种途径达到，如可以直接升温至35℃，也可以先冷却至0℃然后升温至35℃，等等，但其状态函数（温

度 T）的改变量却相同，即$\Delta T=T_{终态}-T_{始态}=15℃$。这是因为在状态一定时，状态函数就有一个相应的确定值；始态和终态一定时，状态函数的改变量就只有一个唯一的数值（图 1-8）。

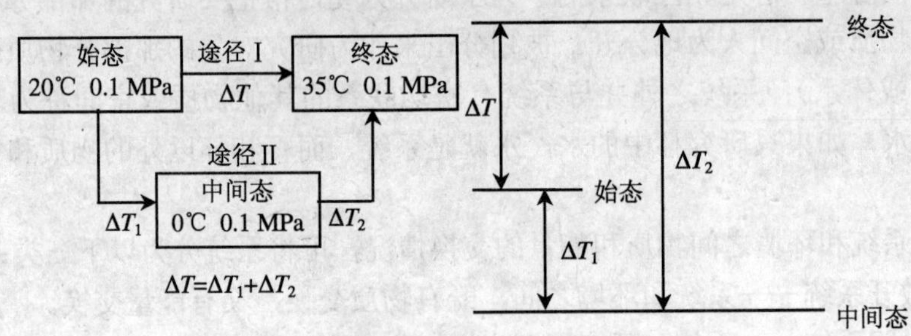

图 1-8 过程与途径

4．**热力学能**（U）

热力学能（以往称为内能）是系统内部能量的总和，用符号“U”表示。它包括系统内部各种物质的分子平动能、分子间转动能、分子振动能等。由于系统内部质点运动及相互作用的复杂性，因而热力学能的绝对值难以确定。不过既然它是系统自身的属性，系统在一定状态下，其热力学能应有一定的数值，因此热力学能（U）是一个状态函数，其改变量（ΔU）只取决于系统的始、终态，而与系统变化过程的具体途径无关。

5．**热和功**

系统处于一定状态时，具有一定的热力学能。在状态变化过程中，系统与环境之间可能发生能量的交换，使系统和环境的热力学能发生改变。这种能量交换通常有热和功两种形式。

系统和环境之间因温差而传递的能量称为热；除热以外，其他各种形式被传递的能量都称为功。功有多种形式，化学反应涉及较广的是那种由于系统体积变化反抗外力作用而与环境交换的功，这种功称为体积功。除体积功外的其他功统称为非体积功（如电功等）。通常以 Q 表示热量，以 W 表示功，它们的单位均以焦耳（J）或千焦[耳]（kJ）来表示。

必须注意，既然热和功都是系统发生某过程时与环境之间交换或传递能量的两种形式，因此热和功不仅与系统始、终态有关，而且与变化的具体途径有关，所以热和功不是状态函数（图 1-9）。

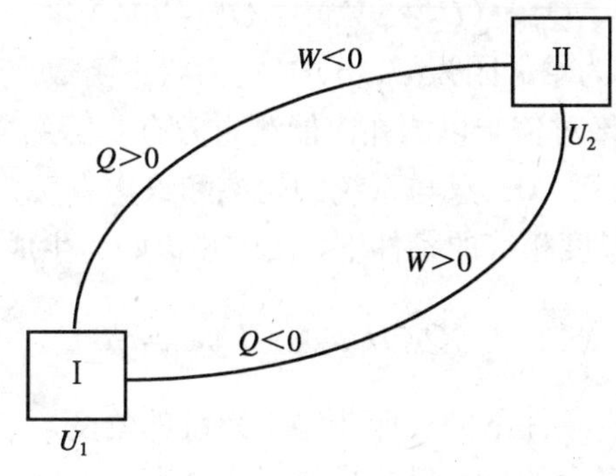

图 1-9　系统热力学能的变化

6．能量守恒（热力学第一定律）

人们经过长期实践认识到，在孤立系统中能量是不会自生自灭的，它可以变换形式，但总量不变，这就是能量守恒定律。

若一个封闭系统，环境对其做功（W），并从环境吸热（Q），使其热力学能由 U_1 的状态变化到 U_2 的状态，根据能量守恒定律，系统热力学能的变化（ΔU）为：

$$\Delta U=U_2-U_1=Q+W \tag{1-10}$$

此即为热力学第一定律的数学表达式，它的含义是指封闭系统热力学能的变化等于系统吸收的热与系统从环境所得的功之和，实为能量守恒定律在热传递过程中的具体表述。

（二）反应热效应

化学反应系统与环境进行能量交换的主要形式是热。通常把只做体积功，且始态和终态具有相同温度时，系统吸收或放出的热量叫做反应的热效应。按反应条件的不同，反应热效应又可分为：恒容热效应（Q_V）和恒压热效应（Q_p）。

1．恒压热效应和反应焓变

通常化学反应是在恒压条件下进行的，如在敞口容器内进行的反应，如果系统不做非体积功，此过程的反应热称为恒压热效应，由符号 Q_p 表示。对有气体参加或产生的反应，可能会引起体积变化（由 V_1 变到 V_2），则系统对环境所做的体积功为：

$$W=-p(V_2-V_1)$$

对于封闭系统，系统只做体积功的恒压过程，由热力学第一定律可得出：

$$\Delta U=Q_p+W=Q_p-p(V_2-V_1)$$

$$Q_p = (U_2 + pV_2) - (U_1 + pV_1)$$

令 $H=U+pV$，H 称为焓。因为 U、p、V 均为状态函数，所以 H 也是状态函数。焓和热力学能一样，其绝对值难以测知，能测定并有实际意义的则是状态改变时焓的变化值 ΔH（称为焓变）。ΔH 只与系统的始态和终态有关，而与变化过程无关。在恒压及反应始、终态温度相等的条件下，反应热恰好为生成物与反应物焓的差值：

$$Q_p = H_{\text{生成物}} - H_{\text{反应物}} = \Delta H \tag{1-11}$$

式（1-11）表示恒压条件下的反应热等于系统的焓变。若生成物的焓小于反应物的焓，则反应过程中多余的焓将以热量的形式放出，该反应为放热反应，$\Delta H<0$；反之，若生成物的焓大于反应物的焓，则反应过程中要吸收热量，该反应为吸热反应，$\Delta H>0$。

2．热化学方程式

表示化学反应与其热效应关系的化学方程式称为热化学方程式。例如：

$$H_2(g) + \frac{1}{2}O_2(g) \rightarrow H_2O(g) \tag{a}$$

$$\Delta_r H_m^{\ominus}(298.15\ K) = -241.8\ kJ \cdot mol^{-1}$$

上式表明，温度为 298.15 K，各气体压力均为标准压力 $p^{\ominus}$（100 kPa）时，在恒压条件下，消耗 1 mol $H_2(g)$和$\frac{1}{2}$ mol $O_2(g)$，生成 1 mol $H_2O(g)$时所放出的热量为 241.8 kJ。

由于反应热效应与反应方向、反应条件、物质的聚集状态等因素有关，因此书写热化学方程式时应注意以下几点：

（1）应注明反应的温度和压力。如果是 298.15 K 和 100 kPa，可略去不写。严格说来，反应温度对化学反应的焓变值是有影响的，但一般影响不大，通常计算可按 298.15 K 时处理。

（2）必须标出物质的聚集状态。因为聚集状态不同，热效应的数值亦不同。如上例，若生成的 H_2O 为液态，则：

$$H_2(g) + \frac{1}{2}O_2(g) \rightarrow H_2O(l) \tag{b}$$

$$\Delta_r H_m^{\ominus}(298.15\ K) = -286.0\ kJ \cdot mol^{-1}$$

由于 H_2O 的聚集状态不同，使反应式（a）和（b）的 $\Delta_r H_m^{\ominus}$ 值也不同，差值恰为反应中 1 mol H_2O 由气态转变为液态的焓变 $\Delta_{\text{变相}} H_m^{\ominus}$。

（3）反应的焓变（ΔH）值与反应式中的化学计量数有关。同一反应以不同的计量数表示时，则ΔH 值也不相同。如上述反应式（a）的计量数乘以 2，则其ΔH 值也加倍。

$$2H_2(g) + O_2(g) \rightarrow 2H_2O(g) \qquad (c)$$

$$\Delta_r H_m^{\ominus}(298.15\ K) = -483.6\ kJ \cdot mol^{-1}$$

（4）正、逆反应的热效应绝对值相同，符号相反。例如：

$$HgO(s) \rightarrow Hg(s) + \frac{1}{2}O_2(g) \qquad (d)$$

$$\Delta_r H_m^{\ominus}(298.15\ K) = +90.7\ kJ \cdot mol^{-1}$$

$$Hg(s) + \frac{1}{2}O_2(g) \rightarrow HgO(s) \qquad (e)$$

$$\Delta_r H_m^{\ominus}(298.15\ K) = -90.7\ kJ \cdot mol^{-1}$$

3．热化学定律

化学反应效应一般可以通过实验测得，但有些反应由于自身的反应特点，如反应速率慢、副反应多等，或测试条件的限制，很难准确测定。因此，用热化学方法计算反应热效应是化学家们十分关注的问题。1840 年，俄籍瑞士化学家盖斯（G.H. Hess）在总结大量的实验事实的基础上，提出了著名的热化学定律——盖斯定律，其文字表述为：若一个反应可分几步完成，则总反应的热效应等于各步反应热效应之和。换言之，化学反应的热效应只取决于反应的始态和终态，而与变化过程的具体途径无关。

从热力学角度看，盖斯定律是能量守恒定律的一种具体表现形式，也就是说该定律是状态函数性质的体现。因为焓（或热力学能）是状态函数，只要反应的始态和终态一定，则ΔH（ΔU）便是定值，至于通过什么途径来完成这一反应，则就无关紧要了。

例如，碳完全燃烧生成 CO_2 有两种途径，如图 1-10 所示：

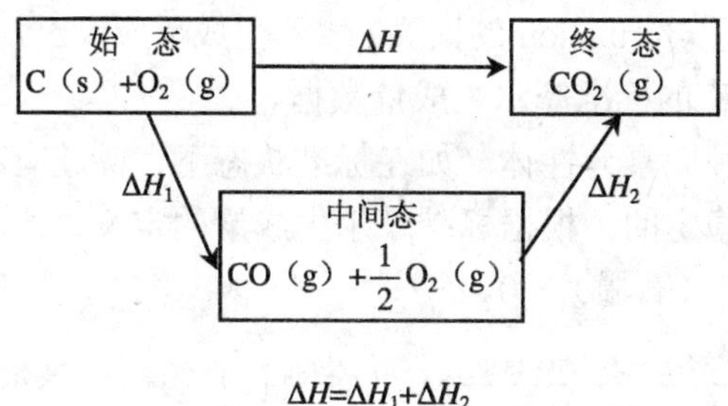

$\Delta H = \Delta H_1 + \Delta H_2$

图 1-10 反应热的间接计算

盖斯定律有着广泛的应用。应用这个定律可以计算反应的反应热，尤其是一些不能或难以用实验方法直接测定的反应热。如煤气生产中，反应 $C(s)+\frac{1}{2}O_2(g)\rightarrow CO(g)$ 是很重要的，工厂设计时需要该反应的反应热数据，因不能控制单质碳只被氧化成纯的 CO，而使实验难以准确测定。但是，下面两个反应的反应热是容易测定的，在 100.00 kPa 和 298.15 K 下，它们的反应热为：

$$C(s) + O_2(g)\rightarrow CO_2(g) \qquad \Delta H = -393.51\ kJ\cdot mol^{-1}$$

$$CO(g) + \frac{1}{2}O_2(g)\rightarrow CO_2(g) \qquad \Delta H_2 = -282.99\ kJ\cdot mol^{-1}$$

由盖斯定律得：$\Delta H=\Delta H_1 + \Delta H_2$，所以$\Delta H_1=\Delta H-\Delta H_2$。

ΔH_1=（−393.51）−（−282.99）= −110.52（$kJ\cdot mol^{-1}$）

通过应用盖斯定律计算不仅可以得到某些恒压反应热，从而减少大量实验测定工作，而且可以计算出难以或无法用实验测定的某些反应的反应热。常用的基本反应热数据是标准摩尔生成焓。

4．应用标准摩尔生成焓计算标准摩尔反应焓变

（1）标准摩尔生成焓

用盖斯定律计算反应热，需要知道许多相关反应的反应热，有时将一个复杂反应分解成几个已知反应热的反应并不是很容易的。为此化学家们寻求计算反应热的更简单的方法。前面已经推导出恒压反应热在数值上等于该条件下系统状态发生变化时的焓变，即 $Q_p=\Delta H=H_2-H_1$，如果知道反应物和产物的焓，则反应热的计算将变得非常简单。但焓的绝对值是无法得到的，人们采取了一种相对的方法定义了物质的标准摩尔生成焓，从而计算反应热。

在标准状态下，由元素的稳定单质生成单位物质的量的某化合物的焓变，称为该化合物的标准摩尔生成焓，简称生成焓（生成热），用符号 $\Delta_f H_m^{\ominus}$ 表示，上标“$\ominus$”表示标准态，下标“f”（formation 的词头）表示生成反应。$\Delta_f H_m^{\ominus}$ 的单位为 $kJ\cdot mol^{-1}$，通常使用的是 298.15 K 的标准摩尔生成焓数据。

一种元素若有几种同素异性体，如在标准状态下，碳就有石墨、金刚石等多种单质，其中石墨是最稳定的。根据标准摩尔生成焓的定义，最稳定单质的标准摩尔生成焓为零，即 $\Delta_f H_m^{\ominus}$（石墨）= 0。

已知 C（石墨）$\xrightarrow{\text{标准状态下, 298.15 K}}$ C（金刚石）的标准摩尔反应焓变（$\Delta_r H_m^{\ominus}$）为 1.895 $kJ\cdot mol^{-1}$，这样金刚石的标准摩尔生成焓：

$$\Delta_f H_m^{\ominus}（金刚石）= \Delta_r H_m^{\ominus} + \Delta_f H_m^{\ominus}（石墨）$$

$$= 1.895\ kJ\cdot mol^{-1} + 0 = 1.895\ kJ\cdot mol^{-1}$$

表 1-2 列出了一些物质的标准摩尔生成焓。从表中可以看出，除了 NO、NO_2 等少数物质外，绝大多数化合物的生成焓都是负值。这反映了一个事实，即由单质生成化合物时一般是放热的，而化合物分解时通常是吸热的。

表 1-2　一些物质的标准摩尔生成焓（298.15 K）

物质	$\Delta_f H_m^\ominus$ kJ·mol^{-1}	物质	$\Delta_f H_m^\ominus$ kJ·mol^{-1}
AgCl（s）	−127.07	CO_2（g）	−393.51
Ag_2O（s）	−31.05	Fe_2O_3（s）	−824.25
Al（s）	0	HCl（g）	−92.31
Al_2O_3（s，α，刚玉）	−1 675.69	HBr（g）	−36.40
C（s，石墨）	0	HI（g）	26.48
C（s，金刚石）	1.895	H_2O（l）	−286
$CaCO_3$（s，方解石）	−1 206.92	H_2O（g）	−241.8
CaO（s）	−635.09	NH_3（g）	−46.11
$Ca(OH)_2$（s）	−986.09	NO（g）	90.25
CO（g）	−110.525	NO_2（g）	33.18

（2）标准摩尔反应焓变的计算

一般的化学反应及其反应热可以通过实验直接测定，也可以通过热力学数据通过计算得出。根据标准摩尔生成焓的定义，应用盖斯定律可以导出：化学反应物的标准摩尔反应焓变等于生成物的标准摩尔生成焓的总和减去反应物的标准摩尔生成焓的总和。

对于一般的化学反应：　$aA + bB = yY + zZ$

任一物质均处于温度 T 的标准态下，它的标准摩尔反应焓变为：

$$\Delta_r H_m^\ominus = [y\Delta_f H_m^\ominus(Y) + z\Delta_f H_m^\ominus(z)] - [a\Delta_f H_m^\ominus(A) + b\Delta_f H_m^\ominus(B)] \qquad (1\text{-}12)$$

或表示为：$\Delta H_m^\ominus = \sum v_i \Delta_f H_m^\ominus(\text{生成物}) - \sum v_i \Delta_f H_m^\ominus(\text{反应物})$

标准状态：对于同一系统在不同的状态时，其性质是不同的。为了研究的方便，热力学对物质和系统规定了热力学标准状态，简称标准态。物质的标准状态是指在 1×10^5 Pa 的压力（或 100 kPa）和某一指定温度下物质的物理状态。热力学对物质的标准状态规定（GB 3100～3102—93）如下：

（1）气体物质的标准状态是指该物质的物理状态为气态，并且气体的压力或混合气体中的分压值为 1×10^5 Pa（即 100 kPa）。热力学将 1×10^5 Pa（100 kPa）规定为标准压力，用符号 $p^\ominus$表示，即 $p^\ominus$=100 kPa。

（2）液体和固体物质的标准状态是指处于一个标准压力下纯物质的物理状态。

（3）溶液中溶质的标准状态是指在标准压力下（$p=p^{\ominus}$），溶质的质量摩尔浓度 $b=1\ mol\cdot kg^{-1}$ 时的状态。热力学用 $b^{\ominus}$表示标准浓度，即 $b^{\ominus}=1\ mol\cdot kg^{-1}$。在通常的化学计算中，作近似处理，用物质的量浓度（c）代替质量摩尔浓度 b，这样溶质的标准状态近似地看成是溶质的物质的量浓度为 $1\ mol\cdot L^{-1}$，符号为 $c^{\ominus}$，$c^{\ominus}=1\ mol\cdot L^{-1}$。

若热力学系统内所有的物质都处于标准状态，则该系统处于标准状态；对于一个化学反应，若参加反应的物质（产物和反应物）都处于标准状态，该反应为标准状态下的反应。

在热力学的有关计算中，状态函数及其变化要注明其状态，如标准状态下的焓变记为$\Delta H^{\ominus}$，标准状态下的熵变记为$\Delta S^{\ominus}$，标准状态下的吉布斯自由能变记为$\Delta G^{\ominus}$。非标准态下则分别记为ΔH、ΔS、ΔG。需要注意的是标准状态没有具体的温度规定。

式中 v_i 表示反应式中物质 i 的化学计量系数。当查到有关物质的标准摩尔生成焓的数据后，应用式（1-12）可计算出反应的标准摩尔反应焓变。

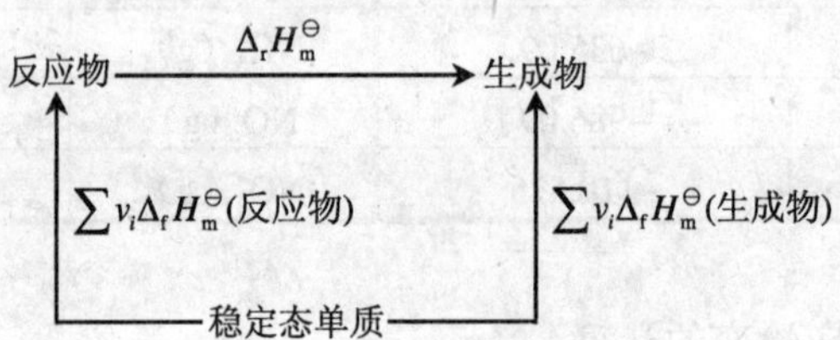

图 1-11　标准摩尔反应焓变的计算

【例 1-4】 已知下列光合作用的$\Delta_r H_m^{\ominus} = 2\ 802\ kJ\cdot mol^{-1}$。

$$6CO_2(g) + 6H_2O(l) \xrightarrow{h\nu,\ 叶绿素,\ \Delta_r H_m^{\ominus}} C_6H_{12}O_6(s) + 6O_2(g)$$

（1）试计算葡萄糖（$C_6H_{12}O_6$）的标准摩尔生成焓；（2）每合成 1 kg 葡萄糖需要吸收多少千焦太阳能。

解：（1）查表得：

$$\Delta_f H_m^{\ominus}(CO_2,\ g) = -393.51\ kJ\cdot mol^{-1};\quad \Delta_f H_m^{\ominus}(H_2O,\ l) = -286\ kJ\cdot mol^{-1};$$

$$6CO_2(g) + 6H_2O(l) \xrightarrow{h\nu,\ 叶绿素,\ \Delta_r H_m^{\ominus}} C_6H_{12}O_6(s) + 6O_2(g)$$

$$\Delta_r H_m^{\ominus} = [\Delta_f H_m^{\ominus}(C_6H_{12}O_6, s) + 6\Delta_f H_m^{\ominus}(O_2, g)] - [6\Delta_f H_m^{\ominus}(CO_2, g) + 6\Delta_f H_m^{\ominus}(H_2O, l)]$$

$$\Delta_f H_m^\ominus(C_6H_{12}O_6, s) = [\Delta_r H_m^\ominus - 6\Delta_f H_m^\ominus(O_2, g)] + [6\Delta_f H_m^\ominus(CO_2, g) + 6\Delta_f H_m^\ominus(H_2O, l)]$$
$$= 2\,802 - 0 + 6\times(-393.51) + 6\times(-286)$$
$$= -1\,275\ (kJ \cdot mol^{-1})$$

光合作用的 $\Delta_r H_m^\ominus > 0$，表明其为吸热反应，热量来自太阳光；其逆过程为放热反应，所以氧化摄入生物体内的葡萄糖能供给热量。

（2）$M(C_6H_{12}O_6)$=[(12.01×6)+(1.01×12)+(16.00×6)]$g \cdot mol^{-1}$=180.1 $g \cdot mol^{-1}$

$$Q_p = (m/M) \times \Delta_r H_m^\ominus = \frac{1\,000}{180.1} \times 2\,802$$
$$= 15.56 \times 10^3\ kJ$$

复习与思考题

1. 1 g 氢气，1 g 氦气，1 g 氮气和 1 g 二氧化碳气体。在 101.325 kPa 和 25℃条件下混合后，混合气体中谁的分压最大，谁的分压最小，为什么？

2. 丁烷 C_4H_{10} 是一种易液化的气体燃料，计算在 23℃，90.6 kPa 下，丁烷气体的密度。

3. 0℃时将同一初压的 4.00 L N_2 和 1.00 L O_2 压缩到一个体积为 2.00 L 的真空容器中，混合气体的总压为 255.0 kPa，试求：

（1）两种气体的初压；

（2）混合气体中各组分气体的分压；

（3）各气体的物质的量。

4. 在 25℃和相同压力下，将 5 L N_2 和 15 L O_2 压缩到体积为 10.0 L 的容器内，混合后的压力为 152 kPa。计算：

（1）这两种气体的初始压力是多少？

（2）混合后两种气体的分压是多少？

（3）如果保持气体体积不变（10 L），将温度升至 210℃，此容器内气体的总压是多少？

5. 潜水员的肺中可容纳 6.0 L 空气，在某深海中的压力为 980 kPa。在温度 37℃条件下，如果潜水员很快升至水面，压力为 100 kPa，则他的肺将膨胀至多大体积？这样安全吗？

6. 某气体化合物是氧化物，其中含氮的质量分数为 ω（N）=30.5%；今有一容器中装有该氧化物的质量是 4.107 g，其体积为 0.500 L，压力为 202.65 kPa，温度为 0℃。试求：

（1）在标准状况下，该气体的密度；

（2）该气体的相对分子质量 M_r 和化学式。

7. 在 0.237 g 某碳氢化合物中，其ω(C)=80.0%，ω(H)=20.0%。22℃，756.8mmHg（1 mmHg=133.322 Pa）下，体积为 191.7 mL。确定该化合物的化学式。

8. 在容积为 50.0 L 的容器中，含有 140.0 g 的 CO 和 20.0 g 的 H_2，温度为 300 K。试计算：

（1）CO 与 H_2 的分压；

（2）混合气体的总压。

9. 在 27℃，将电解水所得的氢、氧混合气体干燥后贮于 60.0 L 容器中，混合气体总质量为 40.0 g，求氢气、氧气的分压。

10. 为了行车安全，可在汽车上装备有气袋，以便遭到碰撞时使司机不受到伤害。这种气袋是用氮气充填的，所用氮气是由叠氮化钠与三氧化二铁在火花的引发下反应生成的。总反应为：

$$6NaN_3(s)+Fe_2O_3(s) \longrightarrow 3Na_2O(s)+2Fe(s)+9N_2(g)$$

在 25℃，748 mmHg（1 mmHg=133.322 Pa）下，要产生 75.0 L 的 N_2 需要叠氮化钠的质量是多少？

11. 已知在 250℃时 PCl_5 能全部汽化，并部分离解为 PCl_3 和 Cl_2。现将 2.98 g PCl_5 置于 1.00 L 容器中，在 250℃时全部汽化后，测定其总压为 113.4 kPa。其中有哪几种气体？它们的分压各是多少？

12. 一定体积的氢和氖混合气体，在 27℃时压力为 202 kPa，加热使该气体的体积膨胀至原体积的 4 倍时，压力变为 101 kPa。试问：

（1）膨胀后混合气体的最终温度是多少？

（2）若混合气体中 H_2 的质量分数是 25.0%，原始混合气体中氢气的分压是多少？（相对原子质量：Ne 20.2）

13. 利用下面两个反应热，求 NO 的生成热：

（1）$4NH_3(g)+5O_2(g) \longrightarrow 4NO(g)+6H_2O(l)$

$$\Delta_r H_m^{\ominus} = -1\,170\ \text{kJ}\cdot\text{mol}^{-1}$$

（2）$4NH_3(g)+3O_2(g) \longrightarrow 2N_2(g)+6H_2O(l)$

$$\Delta_r H_m^{\ominus} = -1\,530\ \text{kJ}\cdot\text{mol}^{-1}$$

14. 铝热法的反应如下：

$$8Al+3Fe_3O_4 \longrightarrow 4Al_2O_3+9Fe$$

（1）利用 $\Delta_r H_m^{\ominus}$ 数据计算恒压反应热；

（2）在此实验中，若用去 267.0 g 铝，问能释放出多少热量？已知：

$\Delta_r H_m^\ominus(Fe_3O_4) = -1\ 118\ kJ \cdot mol^{-1}$； $\Delta_r H_m^\ominus(Al_2O_3) = -1\ 676\ kJ \cdot mol^{-1}$。

15. 已知：$Fe_2O_3(s) + 3CO(g) = 2Fe(s) + 3CO_2(g)$　（a）

$\Delta_r H_m^\ominus(a) = -24.7\ kJ \cdot mol^{-1}$

$3Fe_2O_3(s) + CO(g) = 2Fe_3O_4(s) + CO_2(g)$　（b）

$\Delta_r H_m^\ominus(b) = -46.4\ kJ \cdot mol^{-1}$

$Fe_3O_4(s) + CO(g) = 3FeO(s) + CO_2(g)$　（c）

$\Delta_r H_m^\ominus(c) = -36.1\ kJ \cdot mol^{-1}$

求反应：$FeO(s) + CO(g) = Fe(s) + CO_2(g)$　（d）

$\Delta_r H_m^\ominus$（d）=?

第二章 化学反应计量基础、误差与数据处理

【学习要求】

1. 理解有效数字的意义，掌握它的运算规则。
2. 了解定量分析误差产生的原因和误差的各种表示方法。
3. 了解提高分析结果准确度的方法。
4. 掌握分析结果有限实验数据的处理方法。

第一节 有效数字及其运算规则

在定量分析过程中，为了获得准确的测定结果，不仅需要准确的分析测量，而且还要正确地记录试验所得数据和结果。分析的结果不仅能表示测量值的大小，还能反映测量的精确程度，因此，需要了解有效数字的修约及运算规则。

一、有效数字

有效数字是指在分析工作中实际可以测量的数字，它包括确定的数字和最后一位估计的不确定的数字。例如，用分析天平称量某物质的质量为 6.353 6 g，则表示该物质的质量为 6.353 5～6.353 7 g，因为天平有±0.000 1 的误差。6.353 6 有五位有效数字。前四位是确定的，最后一位是不确定的可疑的数字。如果将此物质放在物理天平上称量，其质量应为(6.35±0.01)g。因为物理天平的称量精度为 0.01 g，6.35 为三位有效数字。同样，如果用量筒量取某水溶液体积为 15.2 mL，表示有±0.1 mL 的误差，“15.2”数字中前两位是准确的，后一位是估计的、可疑的，但它们都是实际测量的，应全部有效，是三位有效数字。如果错误地保留了有效数字的位数，则会把测量结果的误差扩大或缩小。如分析天平称得某物质质量为 2.250 0 g，误差为±0.000 1，相对误差为：

$$相对误差=\frac{\pm 0.000\,1}{2.250\,0}\times 100\%=\pm 0.004\%$$

如果将称量结果记录为 2.25 g，那么误差为±0.01 g，相对误差为：

$$相对误差=\frac{\pm0.01}{2.25}\times100\%=\pm0.4\%$$

在记录时少了两个零就把相对误差扩大了 100 倍。因此，在定量分析中，要求记录的数据和计算结果不仅都必须是有效数字，而且也必须与所用的分析方法和所用仪器的精密程度相适应。不得任意增加或减少有效数字的位数。

下面以几组数据来说明有效数字的位数：

1.000 8	461.81	五位有效数字
0.100 0	10.98	四位有效数字
0.038 2	1.98×10^{-10}	三位有效数字
0.54	0.000 40	二位有效数字
3 600	100	有效数字位数含糊

在以上数据中“0”可能是有效数字，也可能是非有效数字。当“0”用来表示与测量精度有关的数值时，是有效数字；当“0”用来指示小数点的位置，只起定位作用时，不是有效数字。例如：0.015 6 可以写成 1.56×10^{2}，两种写法准确度相同，所以 0.015 6 中的两个“0”都不是有效数字。对于以“0”结尾的正整数，有效数字位数不确定。例如：3 600 这个数字有效数字位数可能是两位、三位或四位。这时最好用指数形式来表示，写成 3.6×10^{3}，3.60×10^{3} 或 3.600×10^{3}。

分析化学中常用的数值，有效数字位数如下：

用天平称得的物质质量	1.253 7 g	五位有效数字
标准溶液的浓度	0.100 0 mol/L	四位有效数字
滴定时消耗的标准溶液的体积	12.35 mL	四位有效数字
配合物的稳定常数	$K_{稳}=1.00\times10^{8}$	三位有效数字
解离常数	$K_a=1.6\times10^{-4}$	二位有效数字
pH 值	11.20	二位有效数字

对于 pH 值等对数的有效数字取决于对数的尾数。

二、有效数字的修约规则

通常的分析测定过程，往往包括几个环节，然后根据所得的数据进行计算，最后求得分析结果。但是，各个测量环节的测量精度不一定完全一样，因而几个测量数据的有效数字的位数也不相同，在计算中要对多余的数字进行修约。修约规则为：“四舍六入，五后有数就进一，五后没数看单双”。

例如：将下列数据修约到只保留一位小数。

26.245 4　26.360 8　26.450 2　26.650 0　26.350 0　26.050 0

解：根据上述修约规则

（1）修约前　　26.245 4

修约后　　26.2

只保留一位小数时，应看小数点后第二位小数，而小数点后第二位小数等于或小于 4 时应予舍弃。

（2）修约前　　26.360 8

修约后　　26.4

小数点后第二位小数为 6，应予进一。

（3）修约前　　26.450 2

修约后　　26.5

小数点后第二位小数为 5，应予考虑，但 5 的后面并非全部为零，应予进一。

（4）修约前　　26.650 0

修约后　　26.6

小数点后第二位小数为 5，应予考虑，5 的后面全部为零，则应看“5”左面的数字，6 为偶数，则不进。

（5）修约前　　26.350 0

修约后　　26.4

小数点后第二位小数为 5，应予考虑，5 的后面全部为零，则应看“5”左面的数字，3 为奇数，则进一。

（6）修约前　　26.050 0

修约后　　26.0

零视为偶数，故不进。

拟舍弃的数字若为两位以上时，不得连续进行多次修约。例如：将 17.456 5 修约成整数，应一次修约为 17，若 17.456 5→ 17.456 → 17.46 → 17.5 → 18 则是错误的。

三、有效数字的运算规则

在处理数据时，常遇到一些准确度不同的数据，对于这些数据应按照一定的规则进行计算。

下面介绍在运算过程中应遵循的规则。

（一）加减法

当几个数字相加减时，其和或差的有效数字保留，以小数点后位数最少的数据为依据（绝对误差最大的），将多余的数字进行修约后再进行计算。

例如：0.030 1+18.64+1.061 32

正确的计算为：Sum = 0.03+18.64+1.06 = 19.73

错误的计算为：Sum = 0.030 1+18.64+1.061 32 = 19.731 42

上面三个数据中，18.64 的小数点后面的数字位数最少，绝对误差最大，应以 18.64 为准，保留到小数点后面第二位，并且应先修约再加减。

（二）乘除法

当几个数字相乘除时，其积或商的有效数字保留，以有效数字位数最少的数据为依据（相对误差最大的），将多余的数字进行修约后再进行计算。

例如：0.012 1×25.64×1.057 82

三个数字的相对误差分别为：

0.012 1　　相对误差 $= \frac{\pm 0.000\,1}{0.012\,1} \times 100\% = \pm 0.8\%$

25.64　　相对误差 $= \frac{\pm 0.01}{25.64} \times 100\% = \pm 0.04\%$

1.057 82　　相对误差 $= \frac{\pm 0.000\,01}{1.057\,82} \times 100\% = \pm 0.000\,9\%$

可见，0.012 1 的相对误差最大，应以此数的有效数字的位数为准，将其余两个数字进行修约为 25.6 和 1.06。

计算结果为：0.012 1×25.6×1.06=0.032 8

另外，在计算和取舍有效数字时，还应注意以下几点：

（1）若某一数据中第一位有效数字大于或等于 8 时，则有效数字的位数可多算一位。例如：96 可视为三位有效数字。

（2）分析过程中遇到的倍数、分数，如 1/3，1/5，8 等，这样的数字是十分准确的，不能只认为它是一位有效数字，计算结果应由其他数据决定。

（3）在分析过程中对于高含量组分（＞10%）的测定，要求分析结果为四位有效数字；对于中含量组分（1%～10%）的测定，一般要求分析结果为三位有效数字；对于微量组分（＜1%）的测定，一般要求分析结果为两位有效数字。

（4）在分析化学计算中，对于化学平衡常数的计算，一般只保留两位或三位有效数字；对于各种误差的计算，最多取两位有效数字；对于 pH 值，由于它是 c（H^+）负对数值，有效数字的位数取决于小数部分。例如：pH=11.20，有效数字的位数是两位，而不是四位。

定量分析的结果应根据以上规则进行计算，在使用计算器的过程中，切不可照抄计算器上显示的八位数字或十位数字。

第二节　测量或计量中的误差

定量分析的任务是测定试样中组分的含量，因此分析结果必须达到一定的准确程度。不准确的分析结果会导致生产上的损失、资源的浪费、科学上的错误结论。

在定量分析中，由于受分析方法、测量仪器、所使用的试剂和分析人员等方面因素的限制，使测得的结果不可能和真实值完全一致，这种在数值上的差别就是误差。随着科学技术水平的提高和人们经验、技巧及专门知识的丰富，误差可能被控制的越来越小，但不可能减小为零。因此，分析工作者在一定条件下应尽可能减小误差，并且对分析结果做出正确的评价，找出产生误差的原因及减小误差的途径。

一、误差的基本概念

（一）准确度与误差

准确度的高低用误差来衡量，误差表示测定结果与真实值的差异。误差越大准确度越低，误差越小准确度越高。根据表示方式的不同误差分为绝对误差和相对误差。测量值与真实值之差称为绝对误差，常用 E 表示：

$$E = \text{测定值} - \text{真实值} = x - \mu \qquad (2\text{-}1)$$

绝对误差在真实值中所占的比例叫相对误差，分析化学中的相对误差常用百分率来表示：

$$\text{相对误差}（RE）= \frac{E}{\mu} \times 100\% = \frac{x-\mu}{\mu} \times 100\% \qquad (2\text{-}2)$$

【例 2-1】 已知测得某试样中含铜量为 86.06%，已知其真实值为 86.02%，求其相对误差和绝对误差。

$$E = \text{测定值} - \text{真实值} = 86.06\% - 86.02\% = +0.04\%$$

$$RE = \frac{E}{\mu} \times 100\% = \frac{x-\mu}{\mu} \times 100\%$$

$$= \frac{+0.04\%}{86.02\%} \times 100\% = 0.05\%$$

绝对误差和相对误差都有正值和负值，测定值大于真实值时绝对误差为正，表示测定结果偏高；测定值小于真实值时绝对误差为负，表示测定结果偏低。由于相对误差能够反映误差在真实值中所占的比例，故常用相对误差来表示或比较各种情况下测定结果的准确度。

一个真实值要通过测量结果来获得。由于任何测量方法和测量结果都难免有误差，因此，真实值不可能准确知道，分析化学上所谓的真实值是由具有丰富经验的工作人员采用多种可靠的分析方法反复测定得出的比较准确的结果。

（二）精密度与偏差

精密度是指几次平行测定结果相互接近的程度，体现了测定结果的再现性。平行测定结果越接近，分析结果的精密度越高。精密度的高低用偏差来衡量。偏差是个别测量值（x_i）与多次测量平均值的差，它分为绝对偏差、相对偏差、平均偏差和标准偏差等。

1．偏差

对同一试样，在同一条件下重复测定 n 次，结果分别为：x_1，x_2，…，x_n。其算数平均值为：

$$\bar{x}=\frac{x_1+x_2+\cdots+x_n}{n}=\frac{\sum_{i=1}^{n}x_i}{n} \tag{2-3}$$

绝对偏差是单次测量值与平均值之差，即：

$$d_i=x_i-\bar{x} \tag{2-4}$$

相对偏差是绝对偏差与平均值之比（常用百分数表示）：

$$\text{相对偏差}(Rd_i)=\frac{d_i}{\bar{x}}\times100\% \tag{2-5}$$

通常以单次测量偏差的绝对值的算术平均值即平均偏差来表示精密度，即：

$$\bar{d}=\frac{|d_1|+|d_2|+\cdots+|d_n|}{n}=\frac{\sum_{i=1}^{n}|d_i|}{n} \tag{2-6}$$

相对平均偏差是平均偏差与平均值之比（用百分数来表示）：

$$\text{相对平均偏差}\ \overline{d_r}=\frac{\bar{d}}{\bar{x}}\times100\% \tag{2-7}$$

【例 2-2】 测定钢样中铬的百分含量，得如下结果：1.11，1.16，1.12，1.15 和 1.12。计算此结果的平均偏差及相对平均偏差。

解：由式（2-3）、式（2-6）可得：

$$\bar{x}=\frac{\sum_{i=1}^{n}x_i}{n}=1.13(\%)$$

$$\overline{d}=\frac{\sum_{i=1}^{n}|d_i|}{n}=\frac{0.09}{5}=0.02(\%)$$

$$相对平均偏差\ \overline{d_{\mathrm{r}}}=\frac{\overline{d}}{\overline{x}}\times100\%=\frac{0.02}{1.13}\times100\%=1.8\%$$

【例 2-3】 用碘量法测定某铜合金中铜的百分含量，得到两批数据，每批有 10 个。测定的平均值为 10.0%。各次测量的偏差分别为：

第一批 d_i：+0.3，−0.2，−0.4*，+0.2，+0.1，+0.4*，±0.0，−0.3，+0.2，−0.3

第二批 d_i：±0.0，+0.1，−0.7*，+0.2，−0.1，−0.2，+0.5*，−0.2，+0.3，+0.1

试以平均偏差表示两批数据的精密度。

解：$$\overline{d}_1=\frac{\sum_{i=1}^{n}|d_i|}{n}=\frac{2.4}{10}=0.24$$

$$\overline{d}_2=\frac{\sum_{i=1}^{n}|d_i|}{n}=\frac{2.4}{10}=0.24$$

两批数据平均偏差相同，但第二批数据（−0.7～+0.5）明显比第一批数据（−0.4～+0.4）分散，即第二批数据精度低一些。因此，平均偏差在某些情况下不能反映测定的精密度。

2．**标准偏差和相对标准偏差**

在数据处理中常用标准偏差来衡量精密度。标准偏差能更好地反映测定的精密度，当测定次数趋于无穷大时，总体标准偏差表达式为：

$$总体标准偏差\ (\sigma)=\frac{\sum_{i=1}^{n}(x_i-\mu)^2}{n} \tag{2-8}$$

式中，μ为总体平均值，在校正系统误差的情况下，μ即为真实值。

在一般的分析工作中，有限测定次数时的标准偏差表达式为：

$$s=\sqrt{\frac{\sum_{i=1}^{n}(x_i-\overline{x})^2}{n-1}} \tag{2-9}$$

式中的 n–1 称为自由度，一组数据中共有 n 个值，其平均值为 $\overline{x}$，而 x_n 受 $\overline{x}$，x_1，x_2,…，x_{n-1} 的制约，它可以由 $\overline{x}$，x_1，x_2，…，x_{n-1} 的关系中计算出来，因此 x_n 不是独立变量。所以，对于一组有 n 个数据，其独立变量只有 n–1 个，即自由度为 n–1。由于标准偏差的计算中是单次测量的绝对偏差平方后再求和，所以，它可比平均偏差更灵敏地反映测量结果的离散程度。

在例题 2-3 中，计算两批测定结果的标准偏差分别为：

$$s_1=\sqrt{\frac{\sum_{i=1}^{n}d_i^2}{n-1}}=\sqrt{\frac{0.3^2+0.2^2+\cdots+0.3^2}{10-1}}=0.28$$

$$s_2=\sqrt{\frac{\sum_{i=1}^{n}d_i^2}{n-1}}=\sqrt{\frac{0.1^2+0.7^2+\cdots+0.1^2}{10-1}}=0.33$$

$s_1<s_2$，可见第一批数据的精密度比第二批好。

用标准偏差表示精密度的优点是标准偏差更灵敏地反映出较大偏差的存在，能更确切地评价出一组数据的精密度。

相对标准偏差又称变异系数，它定义为标准偏差在 $\bar{x}$ 中所占的比例。

相对标准偏差：$CV=\frac{s}{\bar{x}}\times100\%$

【例 2-4】 重铬酸钾法测得某铁矿中铁的百分含量为：20.03%，20.04%，20.02%，20.05%和 20.06%。计算分析结果的平均值，标准偏差和相对标准偏差。

$$\text{平均值}\quad \bar{x}=\frac{\sum x_i}{n}=\frac{20.03+20.04+\cdots+20.06}{5}=20.04(\%)$$

$$\text{标准偏差：}\quad s=\sqrt{\frac{\sum_{i=1}^{n}(x_i-\bar{x})^2}{n-1}}=\sqrt{\frac{0.001}{5-1}}=0.016(\%)$$

$$\text{相对标准偏差}\quad CV=\frac{s}{\bar{x}}\times100\%=\frac{0.016}{20.04}\times100\%=0.080\%$$

如上所述，准确度是测定值与真实值的相符程度，用误差来衡量；精密度是表示 n 次测定结果相接近的程度，用偏差来衡量，两者的含义是不同的。因此，精密度高并不一定准确度也高，精密度高只能说明测定结果的偶然误差较小，只有在消除系统误差后，精密度高，准确度才高。

二、误差的种类及产生原因

误差是分析结果与真实值之差，根据性质和产生原因可将误差分为三类。

（一）系统误差

这类误差是由于在分析过程中某些经常性原因造成的，它对分析结果的影响比较恒定，会在同一条件下的重复测定中显现出来，使测定结果系统的误差偏高或偏低。若能找出原因，并设法加以校正，系统误差就可以消除，因而它又称为可测误差。系统误差产生的主要原因有：

（1）方法误差。这是由于分析测定用的方法不够完善而引起的误差。例如：重量分析中沉淀的溶解损失，因共沉淀或后沉淀现象使沉淀带有杂质；滴定分析中指示剂选择不当，而使滴定终点与化学计量点不符合；干扰组分的存在等，系统地导致结果偏高或偏低。

（2）仪器误差。这是由于仪器本身缺陷造成的误差。如天平、容量器皿不准确等，在使用过程中就会使测定结果产生误差。

（3）试剂不纯引起的误差。如试剂不纯，配试剂的蒸馏水不符合要求等，就会引入干扰组分，造成误差。

（4）操作误差。由于操作者生理特点引起的误差，如有人对颜色的变化不敏感，对滴定终点判断过迟；滴定管读数时的偏高或偏低，造成误差。

（二）偶然误差

偶然误差也称随机误差，这类误差是由一些偶然和意外的原因产生的，例如，测定时环境的温度、湿度、气压的微小变化都会引起误差，在同一条件下多次测定出现的偶然误差其大小、正负不定，是非单向性的，因此，不能用校正的方法来减小或避免此项误差。但是，在同样条件下多次测定可发现偶然误差服从正态分布规律。用曲线表示时称为正态分布曲线，如图 2-1 所示，可以看出偶然误差有如下特点：

（1）大小相等的正负误差出现的机会相等。

（2）小误差出现的机会多，大误差出现的机会少。

（3）随测定次数的增加，偶然误差的算术平均值将逐渐接近于零（正、负抵消），因此，多次测定的结果的平均值更接近真值。

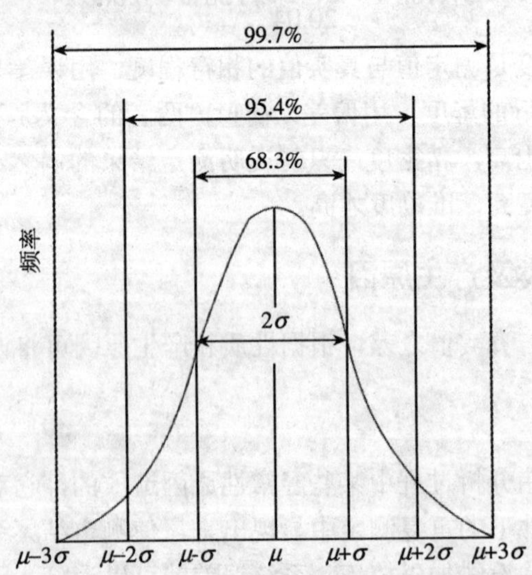

图 2-1　偶然误差的正态分布曲线

（三）过失误差

由于分析人员工作上粗枝大叶、不遵守操作规程等导致的较大误差为过失误差。例如，器皿不清洁、试剂加错、滴定管读数读错，以及记录和计算的错误等。含有过失误差的数据是错误的，应舍弃不用。不允许有过失误差的数据参加平均值的计算。

三、提高分析结果准确度的方法

准确度表示分析结果的正确性，决定于系统误差和偶然误差的大小，因此，要获得准确的分析结果，必须尽可能地减小系统误差和偶然误差。

（一）消除系统误差

1．选择合适的分析方法

不同的分析方法，其准确度和灵敏度各不相同，为了减小系统误差对测定结果的影响，必须对不同方法的准确度和灵敏度有所了解，一般情况下，重量分析法和滴定分析法的灵敏度不高，但相对误差较小，适用于高含量组分的测定。仪器分析法的灵敏度虽高，但相对误差较大，适用于低含量组分的测定。例如，用重铬酸钾滴定法测得铁的含量为 40.20%，若方法的相对误差为 0.2%，则铁的含量在 40.12%～40.28%，如果用比色法对该样品进行直接测定，由于方法的相对误差为 2%，则铁的含量在 39.40%～41.00%，误差显然大得多。假如用比色法测得某样品中铁的含量为 0.05%，分析结果的绝对误差只有 0.05%×2%=0.001%，可见对分析结果的影响不大。重量分析和容量分析由于灵敏度较低，一般不能用于低含量组分的测定，否则将会造成很大的误差，因此在对样品进行分析时，必须对样品的性质和待测组分的含量有所了解，以便选择合适的分析方法。

2．减小测量误差

在定量分析中，一般要经过很多测量步骤，而每一测量步骤都有可能引入误差，因此要获得准确的分析结果，必须减小每一步骤的测量误差。

不同仪器的准确度是不一样的，因此必须掌握每一种仪器的性能，才能提高分析测定的准确度。例如，万分之一的分析天平，其绝对误差为±0.000 1 g，为了使称量的相对误差在 0.1%以下，试样的质量必须在 0.2 g 以上。又如一般的酸碱滴定管，其读数的绝对误差为±0.01 mL，为了使称测量体积的相对误差在 0.1%以下，溶液的体积必须在 20 mL 以上。

3．对照试验

对照试验是用已知准确含量的标准样品，按分析试样所用的方法，在相同的条件下进行测定。对照试验用于检验分析方法的系统误差，若误差太大，说明需要改进分析方法或变换分析方法，若误差不大，可以通过对照试验求出校正系数，用来校正分析结果。

在生产中，常常在分析试样的同时，用同样的方法作标样分析，以检查操作是否正确和仪器是否正常。另外，在许多生产单位，为了检查分析人员之间是否存在系统误差和其他方面的问题，常在安排试样分析任务时，将一部分试样重复安排在不同分析人员之间，互相进行对照试验，这种方法称为“内检”。有时，又将部分试样送交其他单位进行对照分析，这种方法称为“外检”。

4．空白试验

空白试验是在不加待测试样的情况下，按分析试样所用的办法，在相同的条件下进行测定，其测定结果称为空白值。从试样分析结果扣除空白值，就可以得到比较可靠的分析结果，空白试验主要用于消除由试剂、蒸馏水和仪器带入的杂质所引入的系统误差。

5．仪器校正

仪器不准确引起的系统误差，可以通过校准仪器减少影响。例如，砝码、移液管和滴定管等，在精确的分析中必须进行校准。在日常分析中，因仪器出厂时已校准，一般不需要再进行校正。

（二）减小偶然误差

由于偶然误差的分布服从正态分布规律，因此采用多次重复测定取其算术平均值的办法，可以减小偶然误差。重复测定的次数越多，偶然误差的影响越小，但过多的测定次数不仅耗时太多，而且浪费试剂，因而受到一定的限制。在一般的分析中，通常要求对同一样品平行测定 2～4 次即可。

第三节　分析数据的统计处理

在分析工作中，最后处理数据时，都要校正系统误差和剔除由于明显原因而与其他结果相差甚远的那些错误的测定结果。在常量的分析试验中，一般对同一样品平行测定 2～4 次，然后算出结果的相对平均偏差，若其相对平均偏差小于等于 0.1%，可认为符合要求，取平均值写出报告，否则须重做。

对于要求非常准确的分析，就不能简单的处理，须进行多次测定，然后用统计的办法进行结果处理。

一、可疑数据的取舍

在一系列平行测定数据中，有时会出现个别数据和其他数据相差较远的情况，这一数据通常称为可疑数据。对于确定该次测定有错误的可疑数据，应将该值舍去，否则不能随意舍弃，要根据数据统计原理，判断是否符合取舍标准，检验的方法较多，对于少数几次平行测定中出现的可疑值的取舍，最常用的有 $4\bar{d}$ 法和 Q 检验法，当一组数据中有多个可疑值时，可采用格鲁布斯（Grubbs）检验法。

（一）Q 检验法

该方法由 Dean 和 Dixon 提出，适用于 3～10 次测定值的检验。检验方法如下：

（1）将所有测定值由小到大排序，x_1，x_2，…，x_n，设其可疑值为 x_1 或 x_n。

（2）将可疑值与相邻的一个数值的差，除以级差（最大值与最小值之差），所得的商为 Q 值，即：

当可疑值为 x_1 时：$Q_{计}=\dfrac{x_2-x_1}{x_n-x_1}$

当可疑值为 x_n 时：$Q_{计}=\dfrac{x_n-x_{n-1}}{x_n-x_1}$

（3）根据要求的置信度 P 和测定次数 n 查 Q 值表（表 2-1）。

（4）将 $Q_{计}$与 $Q_{表}$相比，若 $Q_{计}\geqslant Q_{表}$，则可以舍去可疑值，否则保留。

表 2-1　舍弃可疑数据的 Q 值表

测定次数 n	3	4	5	6	7	8	9	10
置信度 90%	0.94	0.76	0.64	0.56	0.51	0.47	0.44	0.41
置信度 96%	0.98	0.85	0.73	0.61	0.59	0.54	0.51	0.48
置信度 99%	0.99	0.93	0.82	0.74	0.68	0.63	0.60	0.57

【例 2-5】 用 Na_2CO_3 作基准试剂对 HCl 溶液的浓度进行标定，共做 6 次，其结果为 0.505 0，0.504 2，0.508 6，0.506 3，0.505 1 和 0.506 4 mol · L^{-1}。试问 0.508 6 这个数据用 Q 检验法是否应舍去？置信度为 90%。

解：6 次测定结果的顺序为 0.504 2，0.505 0，0.505 1，0.506 3，0.506 4，0.508 6 mol · L^{-1}。

$$Q_{计}=\frac{0.508\ 6-0.506\ 4}{0.508\ 6-0.504\ 2}=0.50$$

查表 2-1 得 $Q_{0.90,\,6}$=0.56　　$Q_{计}<Q_{表}$　　0.508 6 应该保留

（二）$4\bar{d}$ 法

对于少量实验数据也可用 $4\bar{d}$ 法判断可疑值的取舍。检验方法如下：

（1）除去可疑值求其余测定值的平均值 $\bar{x}_{n-1}$ 和平均偏差 $\bar{d}_{n-1}$。

（2）如果 | 可疑值$-\bar{x}_{n-1}$ | $> 4\bar{d}_{n-1}$ 则应舍去可疑值，否则应保留。

【例 2-6】 例 2-5 中的 0.508 6 这个数据用 $4\bar{d}$ 检验法是否应舍去？

解：除去 0.508 6，求其余数据的平均值和平均偏差：

$$\bar{x}_{n-1}=0.506\,4 \qquad \bar{d}_{n-1}=0.000\,76$$

根据 $|x_{可疑}-\bar{x}_{n-1}|=|0.508\,6-0.506\,4|=0.002\,2$

$4\bar{d}_{n-1}=4\times0.000\,76=0.003\,04$

$0.003\,04>0.002\,2$ 故 0.508 6 应该保留。

用 $4\bar{d}$ 法处理可疑数据的取舍误差较大，但是，由于这种方法简单，不必查表，故至今仍为人们采用。当 $4\bar{d}$ 检验法与其他检验法矛盾时，应以其他法为准。Q 检验法结合置信度对数据进行取舍，更适用于舍弃测定次数较少的测量中的可疑值。以上两种方法只适合可疑值只有一个的情况。

（三）格鲁布斯检验法

当一组测定数据中可疑值不止一个时，用前两种方法都不好处理，而格鲁布斯检验法在各种情况下都适用。其方法具体步骤如下：

（1）先将一组数据按从小到大顺序排列：x_1，x_2，…，x_n，设其可疑值为 x_1 或 x_n。

（2）求出这组数据的平均值 $\bar{x}$ 和标准偏差 s。

（3）求出 G 值。

若 x_1 为可疑值时：$G_{计}=\dfrac{\bar{x}-x_1}{s}$

若 x_n 为可疑值时：$G_{计}=\dfrac{x_n-\bar{x}}{s}$

若计算出的 G 值大于或等于表中的 $G_{P,\ n}$ 值（表 2-2），舍去可疑值，否则应保留。如果可疑值有两个或两个以上，又均在同侧，应先检验最内侧的一个 x_2 或 x_{n-1}，这时用 $n-1$ 个测定值来计算 s（不包括 x_1 或 x_n），通过 G 来判断 x_2 或 x_{n-1} 是否应舍去。如果 x_2 或 x_{n-1} 应舍去，则 x_1 或 x_n 更应舍去。

表 2-2 格鲁布斯检验法的 G 值

测定次数	置信度		测定次数	置信度	
n	95%	99%	n	95%	99%
3	1.15	1.15	14	2.37	2.66
4	1.46	1.49	15	2.41	2.71
5	1.67	1.75	16	2.44	2.75
6	1.82	1.94	17	2.47	2.79
7	1.94	2.10	18	2.50	2.82
8	2.03	2.22	19	2.53	2.85
9	2.11	2.32	20	2.56	2.88
10	2.18	2.41	21	2.58	2.91
11	2.23	2.48	22	2.60	2.94
12	2.29	2.55	23	2.62	2.96
13	2.33	2.61	24	2.64	2.99

【例 2-7】 有一组测定值为 73.5，69.5，69.0，69.5，67.0，67.0，63.5，69.5，70.0，70.5。问可疑值 63.5 和 73.5 是否应该舍去？置信度 95%。

解：$\bar{x}=68.9$（10 个测定值）

63.5 的偏差 $d=-5.4$

73.5 的偏差 $d=4.6$

暂时舍去 63.5，用其余数据计算 $\bar{x}$ 和 s

$\bar{x}=69.5$　　　　$s=1.9$

$$G_{计}=\frac{x_n-\bar{x}}{s}=\frac{73.5-69.5}{1.9}=2.1$$

查表 $G_{0.95,9}=2.11$　　$Q_{计}<G_{p,n}$，　故 73.5 不应舍弃。

再用 10 个测定值计算 $\bar{x}$ 和 s

$\bar{x}=68.9$　　　　$s=2.6$

$$G_{计}=\frac{68.9-63.5}{2.6}=2.1$$

$G_{0.95,10}=2.18>G_{计}$，故 63.5 也不能舍弃。

格鲁布斯法最大的优点是，在判断异常值的过程中引入了正态分布中的两个重要参数 $\bar{x}$ 和 s，故此方法的准确度最高。这种方法的缺点是需要计算 $\bar{x}$ 和 s，手续麻烦。

二、置信度与平均值的置信区间

如前所述，当测定次数 n 趋于无限多次时，在消除了系统误差的前提下，总体平均值μ即为真值。通常分析工作中平行测定的次数（n）比较少，无法得到总体的平均值μ和标准偏差σ，只能由得到的样品平均值$\bar{x}$和样品标准偏差s来估计测量数据的分散程度。

如图 2-1 所示的误差正态分布曲线，横坐标是以σ为单位所表示的误差（即 $x_i-\mu$）的数值，曲线与横坐标之间所包围的面积，代表具有各种大小误差的测定值出现的几率总和，设为 100%。由数学计算可知，当误差在$-\sigma$到$+\sigma$之间时，曲线与横坐标所包围的面积为 68.3%，即分析结果落在$\mu\pm\sigma$区间的几率为 68.3%。同样分析结果在$\mu\pm2\sigma$区间和$\mu\pm3\sigma$区间的几率分别为 95.5%和 99.7%。在数理统计中将测定结果在某一范围内出现的几率称为置信度（或置信水平），它是人们所作判断的可信程度。相应的$\mu\pm\sigma$，$\mu\pm2\sigma$，…这样的范围称为置信区间。以上是对无限多次测定而言。

由数理统计可以推导出总体平均值μ（即真值）与有限测定次数的平均值$\bar{x}$之间的关系为：

$$\mu=\bar{x}\pm\frac{t\cdot s}{\sqrt{n}} \tag{2-10}$$

式中：s —— 标准偏差；

n —— 测定次数；

t —— 选定的某置信度下的几率系数。

t 随置信度和测定次数（n）的不同而异。各种不同置信度和不同测定次数时的 t 值见表 2-3。

表 2-3　不同测定次数和不同置信度时的 t 值

测定次数 n	自由度 $f=n-1$	置信度 50%	90%	95%	99%	99.5%
2	1	1.000	6.314	12.706	63.657	127.32
3	2	0.816	2.920	4.303	9.925	14.089
4	3	0.765	2.353	3.182	5.841	7.453
5	4	0.741	2.312	2.776	4.604	5.598
6	5	0.727	2.015	2.571	4.032	4.773
7	6	0.718	1.943	2.447	3.707	4.317
8	7	0.711	1.895	2.365	3.500	4.029
9	8	0.706	1.860	2.306	3.355	3.832
10	9	0.703	1.833	2.262	3.250	3.690
11	10	0.700	1.812	2.228	3.169	3.581
21	20	0.687	1.725	2.086	2.845	3.153
∞	∞	0.674	1.645	1.960	2.576	2.807

从表中数据可知，随着置信度的增加，t 值增大；测定次数增加，t 值减小，但 $n>20$ 以后，t 值减少的幅度已不大。这表明当测定次数超过 20 次以上时，再增加测定次数对提高测定结果的准确度已经没有什么意义了。

式（2-10）表明了平均值 $\bar{x}$ 与真值 μ 之间的关系，也说明了平均值的可靠性。平均值不是真值，但我们可以期望真值处于以平均值为中心的一定的可靠范围内，亦即包括 t 和 s 在内的由式（2-10）表示的区间，称为平均值的置信区间。例如，用邻菲罗啉比色法测定样品中 Fe 的含量，分析结果为 Fe（%）=（52.44±0.17）%，置信度为 95%。那么，可以认为，该样品的真实值有 95%的把握在 52.27～52.61 区间（即为置信区间）内。

在报告分析结果时，不仅要报告测定的平均值，还应根据测定次数和要求的置信度，算出标准偏差，进而按式（2-10）计算出平均值的置信区间，以此报出结果。在分析化学中通常取 95%的置信度（有时也采用 90%）。

【例 2-8】 测定黏土中 SiO_2 的百分含量，得到下列数据：28.62，28.59，29.51，28.48，28.52，28.63。求平均值、标准偏差、置信度为 90%和 95%时的平均值的置信区间。

解：$$\bar{x}=\frac{28.62+28.59+29.51+28.48+28.52+28.63}{6}=28.56(\%)$$

$$s=\sqrt{\frac{0.06^2+0.03^2+0.05^2+0.08^2+0.04^2+0.07^2}{6-1}}=0.06$$

查表 2-3，置信度为 95%，n=6 时，t=2.571

$$\mu=28.56\pm\frac{2.751\times0.06}{\sqrt{6}}=28.56\pm0.07$$

同理，置信度为 90%，n=6 时，t=2.015

$$\mu=28.56\pm\frac{2.015\times0.06}{\sqrt{6}}=28.56\pm0.05$$

上述计算说明，若平均值的置信区间取 28.56±0.05，则真实值在其中出现的概率为 90%，而若使真实值出现的概率提高为 95%，则其平均值的置信区间将扩大为 28.56±0.07。

三、显著性检验

在实际的分析工作中，常遇到以下两种情况：其一是样本测量的平均值 $\bar{x}$ 与标准值或真实值 μ 不一致；其二是两组测量的平均值 $\bar{x}_1$ 和 $\bar{x}_2$ 不一致。这些分析结果的差异是由偶然误差引起的，还是它们之间存在系统误差呢？如果分析结果之间存在明显的系统误差，就认为它们之间有“显著性差异”；否则就没有显著性差异，即分析结果之间的差异纯属偶然误差造成的，是可以接受的。因此，必须对两组分析结果的准确度或精密度是否存在显著性差异进行判断（显著性检验）。现常用的检验准确度的方法是 t 检验法，而检验精密度的方法是 F 检验法。

（一）t 检验法

为判断一种新的分析方法、分析仪器，一种试剂或某一分析工作者的操作是否可靠，即准确度如何，主要判断系统误差是否存在。

由式（2-10）可知，平均值 $\bar{x}$ 和总体的平均值 μ（即真实值）之间，存在以下关系：

$$\mu = \bar{x} \pm \frac{t \cdot s}{\sqrt{n}}$$

由此可得：

$$t = \frac{|\bar{x} - \mu|}{s} \times \sqrt{n}$$

t 检验法要求计算出的 t 值与按测定次数和置信度查表 2-3 得到的 $t_{表}$值比较。如 $t_{计} < t_{a,f}$，证明被检验的方法、仪器、试剂或操作无显著的系统误差；如 $t_{计} > t_{a,f}$，表明测定存在明显的系统误差，需要校正。

【例 2-9】 用某种新方法测定基准明矾中铝的百分含量，得到下列 9 个分析结果：10.74，10.77，10.77，10.77，10.81，10.82，10.73，10.86，10.81。已知明矾中铝的标准值（以理论值代替）为 10.77。

试问采用新方法后是否引起系统误差（置信度为 95%）？

解：$n=9$，$f=8$

$\bar{x}=10.79$，$s=0.042$

$$t = \frac{|\bar{x} - \mu|}{s} \times \sqrt{n} = \frac{|10.79 - 10.77|}{0.042} \times \sqrt{9} = 1.43$$

查表 2-3，$n=9$，95%置信度时 $t_{表}=2.306$，$t_{计} < t_{表}$

故 $\bar{x}$ 和 μ 之间不存在显著性差异，即采用新方法后没有引起系统误差。

（二）F 检验法

对于两组测定数据，它们的精密度是否有显著的差别，可用 F 检验法进行比较。F 检验法要求计算 F 值与表 2-4 查得 F 值比较。如果计算值小于表中值，说明两组数据精密度无显著性差异，反之有显著性差异。

表 2-4 95%置信水平（a=0.05）时单侧检验 F 值（部分）

	分子的自由度											
	2	3	4	5	6	7	8	9	10	15	20	∞
2	19.00	19.16	19.25	19.30	19.33	19.36	19.37	19.38	19.39	19.43	19.44	19.50
3	9.55	9.28	9.12	9.01	8.94	8.89	8.84	8.81	8.78	8.70	8.66	8.53
4	6.94	6.59	6.39	6.26	6.16	6.09	6.04	6.00	5.96	5.86	5.80	5.63
5	5.79	5.41	5.19	5.05	4.95	4.88	4.82	4.78	4.74	4.62	4.56	4.36
6	5.14	4.76	4.53	4.39	4.28	4.21	4.15	4.10	4.06	3.94	3.87	3.67
7	4.74	4.35	4.12	3.97	3.87	3.79	3.73	3.68	3.63	3.51	3.44	3.23
8	4.46	4.07	3.84	3.69	3.58	3.50	3.44	3.39	3.34	3.22	3.15	2.93
9	4.26	3.86	3.63	3.48	3.37	3.29	3.23	3.18	3.13	3.01	2.93	2.71
10	4.10	3.71	3.48	3.33	3.22	3.14	3.07	3.02	2.97	2.85	2.77	2.54
15	3.68	3.29	3.06	2.90	2.79	2.70	2.64	2.59	2.55	2.40	2.33	2.07
20	3.49	3.10	2.87	2.71	2.60	2.51	2.45	2.39	2.35	2.20	2.12	1.84
∞	2.99	2.60	2.37	2.21	2.09	2.01	1.94	1.88	1.83	1.67	1.75	1.00

精密度是否有显著的差别检验步骤如下：

（1）先计算两组数据的方差，s_1^2 和 s_2^2，然后计算 F 值。

$$F=\frac{s_1^2}{s_2^2}\quad (s_1^2>s_2^2)$$

（2）由 F 表根据两种测定方法的自由度，查相应 F 值进行比较。

（3）若 $F<F_{表}$，说明 s_1 和 s_2 差异不显著，若 $F>F_{表}$，说明 s_1 和 s_2 差异显著。

当两组数据无显著性差异时，再用 t 检验法检验两组数据均值之间有无显著性差异。检验步骤如下：

① 根据公式计算 t 值

$$t=\frac{\left|\overline{x}_1-\overline{x}_2\right|}{s_{小}}\sqrt{\frac{n_1\cdot n_2}{n_1+n_2}}$$

式中，$\overline{x}_1$ 和 $\overline{x}_2$ 分别为两组数据的均值；$s_{小}$为 s_1 和 s_2 中数值较小者；n_1 和 n_2 分别为两组数据的个数，总自由度为 n_1+n_2-2。

② 当自由度 $f=n_1+n_2-2$ 时，查 t 值表。

③ 若 $t>t_{表}$，说明两组平均值有显著差异，若 $t<t_{表}$，说明两组平均值无显著差异。

【例 2-10】 某检验人员分别用新方法和标准方法测定一药物中的钙含量，得到以下数据：

新方法：32.22%、32.26%、32.33%、32.28%、32.30%

标准方法：32.22%、32.31%、32.40%、32.27%、32.35%

试比较两方法精密度和均值之间有无显著差异（置信度为95%）。

解：根据题意

$\overline{x}_1 = 32.28\%$，$\overline{x}_2 = 23.31\%$，$s^2_{标} = 0.001\,7$，$s^2_{新} = 0.004\,8$

$$F_{计} = \frac{s^2_{新}}{s^2_{标}} = \frac{0.004\,8}{0.001\,7} = 2.82$$

$f_1 = 5 - 1 = 4$，$f_2 = 5 - 1 = 4$

查表2-4得，$F_{表} = 6.39 > 2.82$，两组数据的精密度无显著性差异。

$$t = \frac{|\overline{x}_1 - \overline{x}_2|}{s_{小}}\sqrt{\frac{n_1 \cdot n_2}{n_1 + n_2}} = \frac{|32.28 - 32.31|}{\sqrt{0.001\,7}}\sqrt{\frac{5 \times 5}{5 + 5}} = 1.15$$

查表 2-3 得，$t_{表} = 2.31 > 1.15$

两种方法测量值的均值之间无显著性差异，说明新方法测定的数据可靠。

（三）回归分析法

在分析化学实验中，常用标准曲线法进行定量分析，通常情况下的标准工作曲线是一条直线。标准曲线的横坐标（x）表示可以精确测量的变量（如标准溶液的浓度），称为普通变量，纵坐标（y）表示仪器的响应值（也称测量值，如吸光度、电极电位等），称为随机变量。当 x 取值为 x_1，x_2，…，x_n 时，仪器测得的 y 值分别为 y_1，y_2，…，y_n。将这些测量点 x_i，y_i 描绘在坐标系中，用直尺绘出一条表示 x 与 y 之间的直线线性关系，这就是常用的标准曲线法。用做绘制标准曲线的标准物质，它的含量范围应包括试样中被测物质的含量，标准曲线不能任意延长。用做绘制标准曲线的绘图纸的横坐标和纵坐标的标度以及实验点的大小均不能太大或太小，应能近似地反映测量的精度。

由于误差不能完全避免，实验点完全落在工作曲线上的情况是极少的，尤其是在误差较大时，实验点比较分散，它们通常并不在同一条直线上，这样凭直觉很难判断怎样才能使所连接的直线对于所有实验点来说误差是最小的，目前较好的方法是对实验点（数据）进行回归分析。

研究随机现象中变量之间相关关系的数理统计方法称为回归分析，当自变量只有一个或 x 与 y 在坐标图上的变化轨迹近似一条直线时，称为一元线性回归。

1．一元线性回归方程

设以 x 表示自变量，y 为因变量，则一元线性回归方程表示为：

$$y = a + bx$$

式中：a —— 截距；

b —— 斜率。

假设 x_i 和 y_i（i=1，2，3，…，n）是变量 x 和 y 的一组测量数据。对于每一个 x_i 值，在直线 $y=a+bx$ 上都有一个确定的值。

通常假设 x_i 具有足够的精密度，所有的随机误差都来源于测量值 y。

根据最小二乘法的原理，最佳的回归线应是各测量值 y_i 与相对应的落在回归线上的值之差的平方和（Q）为最小。

$$Q=\sum_{i=1}^{n}(y_i-a-bx_i)^2$$

欲使 Q 达到最小，对 Q 分别求 a 和 b 的偏微分，并令其为零：

$$\frac{\partial Q}{\partial a}=-2\sum_{i=1}^{n}(y_i-a-bx_i)=0 \qquad \frac{\partial Q}{\partial b}=-2\sum_{i=1}^{n}x_i(y_i-a-bx_i)=0$$

上两式求解得：$a=\dfrac{\sum_{i=1}^{n}y_i-b\sum_{i=1}^{n}x_i}{n}=\overline{y}-b\overline{x}$

$$b=\frac{\sum_{i=1}^{n}(x_i-\overline{x})(y_i-\overline{y})}{\sum_{i=1}^{n}(x_i-\overline{x})^2}$$

式中，$\overline{y}=\dfrac{1}{n}\sum_{i=1}^{n}y_i$，$\overline{x}=\dfrac{1}{n}\sum_{i=1}^{n}x_i$

【例 2-11】 用比色法测定 SiO_2 的含量时得到下表数据，试求标准曲线的斜率和未知试液的含量。测定 SiO_2 含量时的实验数据如下：

x（SiO_2，mg）	y（吸光度）
0	0.032
0.02	0.135
0.04	0.187
0.06	0.268
0.08	0.359
0.10	0.435
0.12	0.511
未知液	0.242

解：由公式计算标准曲线的斜率 b 值，将有关数据列表如下：

x（SiO_2，mg）	y（吸光度）	x^2	xy
0	0.032	0	0
0.02	0.135	0.000 4	0.002 7
0.04	0.187	0.001 6	0.007 5
0.06	0.268	0.003 6	0.016 0
0.08	0.359	0.006 4	0.028 7
0.10	0.435	0.010 0	0.043 5
0.12	0.511	0.014 4	0.006 13
∑0.42	∑1.927	0.035 4	0.159 7

$$\overline{x}=\frac{0.42}{7}=0.06,\quad \overline{y}=\frac{1.927}{7}=0.275$$

所以由公式可得：$b=\dfrac{\sum_{i=1}^{n}x_iy_i-\frac{1}{n}\left(\sum_{i=1}^{n}x_i\right)\left(\sum_{i=1}^{n}y_i\right)}{\sum_{i=1}^{n}x_i^2-\frac{1}{n}(\sum_{i=1}^{n}x_i)^2}=\dfrac{0.159\,7-\frac{1}{7}\times 0.42\times 1.927}{0.036\,4-\frac{1}{7}\times(0.42)^2}=3.94$

$$a=\overline{y}-b\overline{x}=0.039$$

故标准曲线的回归方程为：$y=0.039+3.94x$

当 y=0.242 时，x=0.052，即未知液的含量为 0.052 mg。

2．相关系数

一组自变量 x_i 与因变量 y_i 之间，用回归的方法总可以配出一条直线，但也只有在 x_i 与 y_i 之间确实存在线性相关的关系时，回归方程才具有实际意义，因此得到的回归方程必须进行相关性检验，以衡量回归效果的好坏。在分析测试中，一元回归分析通常采用相关系数 r 这一统计量来检验 x 与 y 是否确实相关以及相关的程度如何。相关系数 r 的值总是在−1 与+1 之间，相关系数 r 的计算公式如下：

$$r=b\sqrt{\frac{\sum_{i=1}^{n}(x_i-\overline{x})^2}{\sum_{i=1}^{n}(y_i-\overline{y})^2}}=\frac{\sum_{i=1}^{n}(x_i-\overline{x})(y_i-\overline{y})}{\sqrt{\sum_{i=1}^{n}(x_i-\overline{x})^2\sum_{i=1}^{n}(y_i-\overline{y})^2}}\tag{2-11}$$

x 与 y 的相关关系有如下几种情况：

（1）当 r=1 时，所有的点都落在一条直线即回归直线上，此时称 y 与 x 完全线性相关，如图 2-2 中（a）和（f）所示，表明 y 与 x 之间存在着确定的线性函数关系，而且实验误差等于 0。

（2）当 $1>|r|>0$ 时（绝大多数下的情况），x 与 y 之间存在着一定的线性相关关系。当 $r>0$ 时，$b>0$，y 值随 x 值增大而增大，此时称 y 与 x 属正相关关系，如图 2-2 中（b）所示。当 $r<0$ 时，$b<0$，y 值随 x 值增大而减小，此时称 y 与 x

是负相关关系，如图 2-2 中（e）所示。再从 r 的绝对值看，当 r 的绝对值越趋近于 1 时，实验点就越靠近回归直线，y 与 x 线性关系越密切。

（3）当 $r=0$ 时，$b=0$，即回归直线平行于 x 轴，如图 2-2 中（c）及（d）所示，说明 y 的变化与 x 无关，此时 x 与 y 毫无线性关系。因此图 2-2 中（c）及（d）的回归直线是没有意义的。

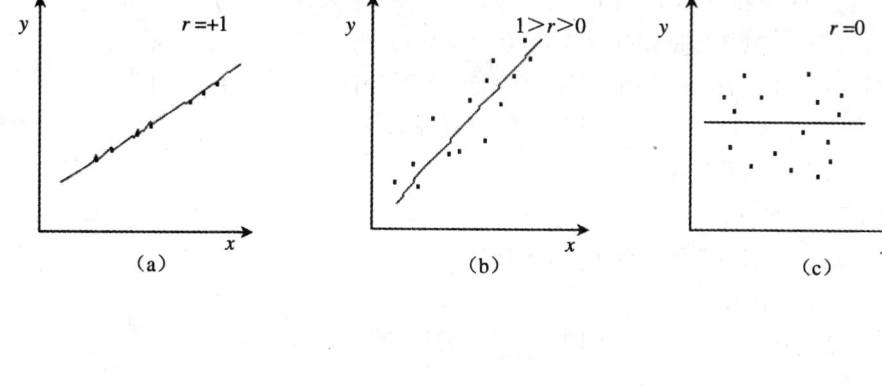

（a）　（b）　（c）

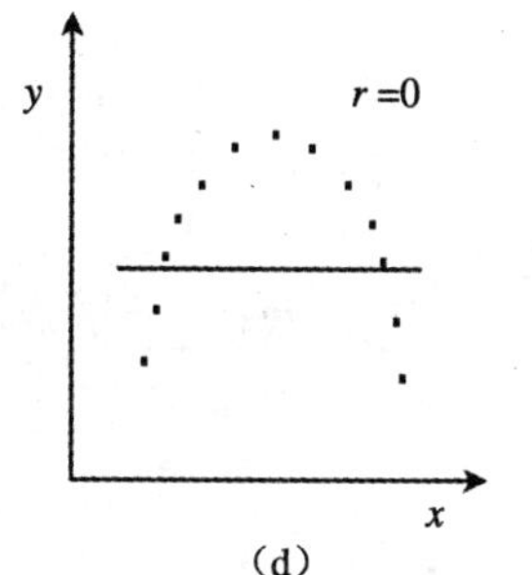

（d）

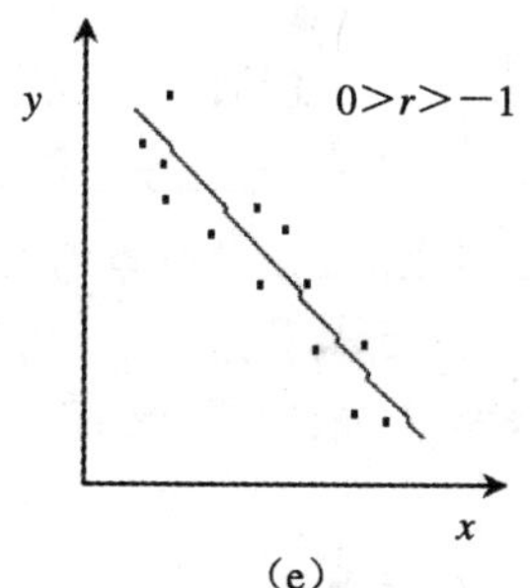

（e）

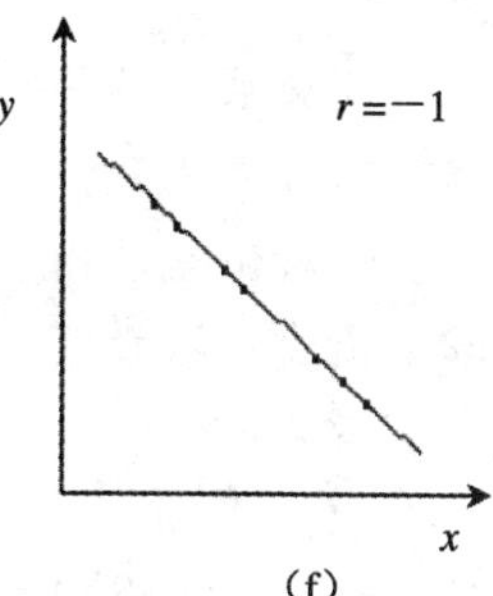

（f）

图 2-2　几种相关图形

复习与思考题

1. 下列情况会引起什么误差？如果是系统误差，应如何消除？

（1）砝码被腐蚀；

（2）天平的两臂不等长；

（3）滴定管未校准；

（4）容量瓶和移液管不配套；

（5）在称量时试样吸收了少量水分；

（6）蒸馏水或试剂里含有微量的被测组分；

（7）天平的零点突然有变动；

（8）读取滴定管读数时，最后一位数字估计不准；

(9) 重量法测定二氧化硅时，试液中硅酸沉淀不完全；

(10) 以含量约为98%的碳酸钠为基准试剂来标定盐酸溶液。

2. 解释下列各名词的意义：

绝对误差　相对误差　绝对偏差　相对偏差　平均偏差　标准偏差　准确度　精密度　置信度　置信区间　有效数字　可疑数据　相关系数

3. 下列数据各包括几位有效数字？

(1) 4.050　(2) 36 000　(3) 0.030　(4) 135.02　(5) 235.00

(6) 2.0×10^2 (7) 62.05%　(8) 0.005% (9) pH=8.5 (10) pH=1.25

4. 根据有效数字的运算规则计算下列结果。

(1) 14.1+1.2+112.14

(2) 7.993 6÷0.996 7−2.35

(3) 3.256×1.25+2.006−0.024×0.001 23

(4) 0.024 60×6.35÷13.61×25.2

(5) (1.276×4.17) + (1.7×10^4) − (0.002 176 4×0.012 1)

5. 填空题

(1) 消除系统误差的方法有三种，分别为________、________、________。

(2) 随机误差是____向性的，它符合____规律，可以用____方法来减小。

(3) 相对误差是指________在________中所占的百分率。

(4) 衡量一组数据的精密度，可以用_____，也可以用_____，用_____更准确。

(5) 滴定分析中，化学计量点与滴定终点之间的误差称为_____，它属于____误差。

(6) 对3～10次测定，可疑值的取舍通常用__________法。

6. 如果要求分析结果达到 0.2%的准确度，问至少应用分析天平称取多少克试样？滴定时所用溶液体积至少要多少毫升？

7. 甲乙两人同时分析某食品中蛋白质的含量，每次称取 2.6 g，进行两次平行测定，分析结果报告为：甲 5.654%，5.646%；乙 5.7%，5.6%；试问哪一份报告更合理？为什么？

8. 有一铜矿试样，经两次测定，得知铜的质量分数为 24.87%，24.93%，而铜的实际质量分数为 24.95%，求分析结果的绝对误差和相对误差。

9. 测定黏土中 SiO_2 的百分含量，得到下列数据：28.10%，27.86%，27.92%，28.36%，28.11%，27.77%，28.19%，27.98%。求平均值、标准偏差和置信度为 95%时的平均值的置信区间。

10. 某铁矿标样中含铁 54.46%。某分析人员分析四次，测得平均值为 54.26%，标准偏差为 0.05%，问在置信度为 95%时，分析结果是否存在系统误差？

化学反应速率与化学平衡

【学习要求】

1. 熟悉化学反应速率、化学平衡和标准平衡常数的基本概念。
2. 理解活化能、活化分子的概念及其意义。
3. 掌握化学反应速率的表示方法、有效碰撞理论、影响化学反应速率的因素、标准平衡常数及平衡的有关计算、影响化学平衡移动的因素。

工厂每天都在生产，人们总希望在生产中用一定的原料以最快的速度来生产最多的产品，以提高经济效益。化工生产是以化学反应为基础生产的，对于反应人们不仅关心其质量关系、能量关系（前面已讨论过），还关心化学反应进行的快慢和反应进行的程度，即化学反应速率和化学平衡。这两方面的理论在生产中直接关系着产品的质量、产量、原料的转化率等，同样也在人类生活、科学研究等领域具有十分重要的意义。

本章将引入活化能、活化分子的概念，从微观的角度讨论影响化学反应速率的各种因素；并以此为基础，论述化学平衡理论及相关计算。

第一节　化学反应速率

化学反应有些进行得很快，一瞬间就能完成，例如酸碱中和反应、爆炸反应、沉淀反应等。有的反应进行得很慢，例如煤和石油的形成需要几万年甚至几十万年。即使是同一反应，在不同条件下，反应速率也不相同。例如，钢铁在低温时氧化较慢，高温时氧化较快。因而对生产有利的一些反应常需要采取措施来加快反应速率以便缩短生产周期，例如氨、橡胶的合成，钢铁的冶炼等。而有些反应（如金属的腐蚀）则应设法抑制其发生，所以我们必须掌握化学反应速率的变化规律。

化学反应速率的表示方法

化学反应速率是指给定条件下反应物通过化学反应转化为产物的速率，常用单位时间内反应物浓度的减少或生成物浓度的增加来表示。为使反应速率是正值，当用反应物浓度的减少来表示时，要在反应物浓度的变化值Δc前加一个负号。

例如，对于化学反应：A+B ⟶ Y+Z，其反应速率为：

$$v=\frac{\Delta c(\mathrm{Y})}{\Delta t} \quad \text{或} \quad v=-\frac{\Delta c(\mathrm{A})}{\Delta t}$$

浓度单位通常用 mol·L^{-1}，时间单位常用 s、min、h 等，反应速率单位则为 mol·L^{-1}·s^{-1}、mol·L^{-1}·min^{-1} 或 mol·L^{-1}·h^{-1} 等。下面以 N_2O_5 在 CCl_4 中的分解反应为例来说明反应速率的表示。在 25℃测定 N_2O_5 分解反应（$2N_2O_5=4NO_2+O_2$）速率的实验中，数据见表 3-1。

表 3-1　N_2O_5 在 CCl_4 中的分解反应速率（25℃）

t/s	Δt/s	$c(N_2O_5)$/(mol·L^{-1})	$c(NO_2)$/(mol·L^{-1})	$c(O_2)$/(mol·L^{-1})	$\bar{v}(N_2O_5)$/(mol·L^{-1}·s^{-1})	$\bar{v}(NO_2)$/(mol·L^{-1}·s^{-1})	$\bar{v}(O_2)$/(mol·L^{-1}·s^{-1})
0	0	2.10	0	0	0	0	0
100	100	1.95	0.30	0.075	1.5×10^{-3}	3.0×10^{-3}	7.5×10^{-4}
300	200	1.70	0.50	0.125	1.3×10^{-3}	2.6×10^{-3}	6.5×10^{-4}
700	400	1.31	0.78	0.195	9.9×10^{-4}	19.8×10^{-4}	4.95×10^{-4}
1 000	300	1.08	0.46	0.115	7.7×10^{-4}	15.4×10^{-4}	3.85×10^{-4}
1 700	700	0.76	0.64	0.160	4.5×10^{-4}	9.0×10^{-4}	2.25×10^{-4}

（一）平均反应速率 $\bar{v}$

如果实验测定的是某一段时间间隔内的浓度变化，这样可得到平均反应速率。如在第一个时间间隔 100 s 内：

$$\bar{v}(\mathrm{N_2O_5})=-\frac{\Delta c(\mathrm{N_2O_5})}{\Delta t}=-\frac{(1.95-2.10)}{(100-0)}=1.5\times10^{-3}\ \mathrm{mol\cdot L^{-1}\cdot s^{-1}}$$

$$\bar{v}(\mathrm{NO_2})=\frac{\Delta c(\mathrm{NO_2})}{\Delta t}=\frac{(0.30-0)}{(100-0)}=3.0\times10^{-3}\ \mathrm{mol\cdot L^{-1}\cdot s^{-1}}$$

$$\bar{v}(\mathrm{O_2})=\frac{\Delta c(\mathrm{O_2})}{\Delta t}=\frac{(0.075-0)}{(100-0)}=7.5\times10^{-4}\ \mathrm{mol\cdot L^{-1}\cdot s^{-1}}$$

依此类推。

（二）瞬时速率

从表 3-1 可知随着反应的进行，各物质的浓度每时每刻都在变化着，化学反应速率随时间不断变化，在某一时间间隔内的平均速率不能真实地反映实际变化，而要用瞬时速率才能表示化学反应在某一时刻的真实速率。瞬时速率等于时间间隔 Δt 趋于无限小时的平均速率的极限值，即：

$$v_{瞬}(\mathrm{N_2O_5})=\lim_{\Delta t\to 0}\left[-\frac{\Delta c(\mathrm{N_2O_5})}{\Delta t}\right]=-\frac{\mathrm{d}c(\mathrm{N_2O_5})}{\mathrm{d}t}$$

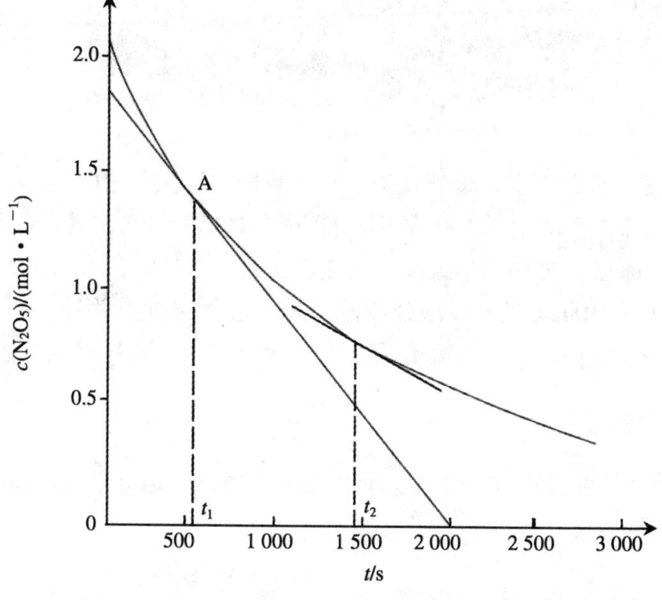

图 3-1　在 CCl_4 中 N_2O_5 的浓度随时间的变化曲线

反应速率由实验测定，实验中只能测出不同时刻的浓度。然后通过作图法求得不同时刻的瞬时速率。如图 3-1 所示，先作出浓度 c（纵坐标）—时间 t（横坐标）图，得浓度随时间变化的曲线。曲线上各点切线的斜率就是该时刻的瞬时速率。图 3-1 中 A 点所对应的纵坐标表示 560 s 时的浓度，A 点切线的斜率就是 560 s 时的瞬时速率。

$$\text{A 点切线的斜率}=\frac{1.85-0}{2\ 000-0}=9.25\times10^{-4}$$

560 s 时的瞬时速率为：

$$v_{瞬}(N_2O_5)=9.25\times10^{-4}\ \text{mol}\cdot\text{L}^{-1}\cdot\text{s}^{-1}$$

由表 3-1 可以看出，用不同物质来表示反应速率时，其数值就可能不一致。这是由于反应式中各物质的化学计量数不同。如用 $v(N_2O_5)$、$v(NO_2)$、$v(O_2)$ 来表示反应速率时，由于这三种物质的化学计量系数分别为 2、4、1，所得的反应速率在数值上的关系为：

$$v(N_2O_5)=\frac{1}{2}v(NO_2)=2v(O_2)$$

因此，为避免混淆在表示反应速率时必须指明具体物质。通常用易于测定其浓度的物质来表示。还需注意，以后提到的反应速率均指瞬时速率。

第二节 反应速率理论简介

化学反应速率千差万别，爆炸反应、中和反应可在大约 10^{-9} s 之内完成，反应 $2H_2+O_2=2H_2O$ 在 283 K 时，100 亿年只能生成 0.15%的水，若用铂绒催化或点燃（873K 以上），即可以爆炸的形式完成（H_2、O_2 混合物中，H_2 体积占 4.65%～93.9% 时才发生爆炸）。由此可见，反应速率除了与反应物本性有关外，还与一些外界条件有关，为了说明这些情况，需要介绍反应速率理论——碰撞理论和过渡状态理论。

一、碰撞理论

1918 年，路易斯（W. C. M. Lewis）运用气体分子运动理论的成果，提出了反应速率的碰撞理论。

碰撞理论基本要点

1. 反应物分子（或原子、粒子）相互碰撞是化学反应发生的前提

路易斯假定把起反应的分子、离子或原子看成是一个没有内部结构和没有内部运动的刚性球体，相互反应的粒子之间必须碰撞才有可能发生化学反应。

2. 反应速率与单位时间、单位体积内反应物分子的碰撞次数成正比

反应物分子碰撞的频率越高，反应速率越大。下面以碘化氢气体的分解为例，对碰撞理论进行讨论。

$$2HI(g) \longrightarrow H_2(g)+I_2(g)$$

通过理论计算，浓度为 1.0×10^{-3} mol·L^{-1} 的 HI 气体，在 973 K 时，分子碰撞次数为 3.5×10^{28} L^{-1}·s^{-1}。如果每次碰撞都发生反应，反应速率应约为 5.8×10^{4} mol·L^{-1}·s^{-1}。但实验测得，该条件下实际反应速率约为 1.2×10^{-8} mol·L^{-1}·s^{-1}。这个数据告诉我们，在为数众多的碰撞中，大多数碰撞并不引起反应，是无效的弹性碰撞。只有极少数碰撞可以发生化学反应，是有效的碰撞。我们把能够发生化学反应的碰撞称为有效碰撞。

3．发生有效碰撞的基本条件

（1）反应物分子在碰撞时必须有适当的取向，使相应的原子能互相接触而形成生成物。

（2）相互碰撞的分子必须具有足够的能量。这样在碰撞时原子的外电子层才能相互渗透，成键电子重新排列，使旧键破裂，形成新键（即发生化学反应）。

只有具有较高能量的分子，在适当的碰撞方向上，反应才能发生。用下面反应来说明这个问题，见图 3-2。

$$NO_2(g) + CO(g) \longrightarrow NO(g) + CO_2(g)$$

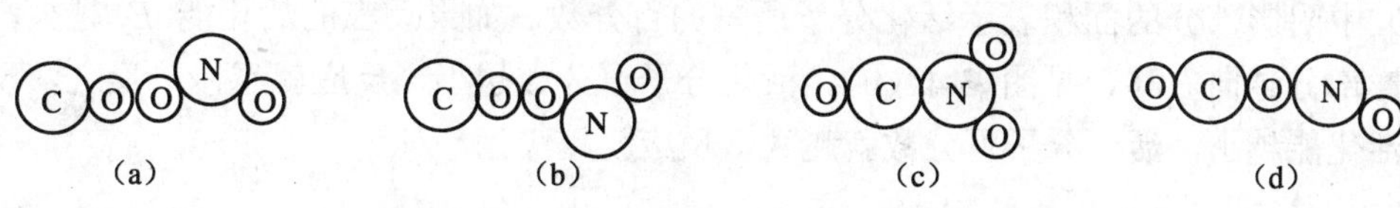

图 3-2　CO 和 NO_2 分子间几种可能的碰撞

反应中必须有一个氧原子从 NO_2 分子转移到 CO 分子上去。但是在碰撞时两种分子的多种取向都是无效的，不可能实现这种转移，如图 3-2（a)，(b)，(c)。只有当 CO 分子中的碳原子与 NO_2 中的氧原子相互碰撞时，才能发生重排反应，见图 3-2（d)。还需指出，当 NO_2 的氧原子向 CO 的碳原子靠近时，二者的外电子层有相互排斥作用，导致它们在靠近到一定距离之前就分开了，见图 3-3（a)。只有当分子运动速度足够快、动能超过了某一限定值，电子之间的排斥不足以使它们分开时，才可能发生反应，见图 3-3（b)。这种具有足够能量、能够发生有效碰撞的分子称为活化分子。

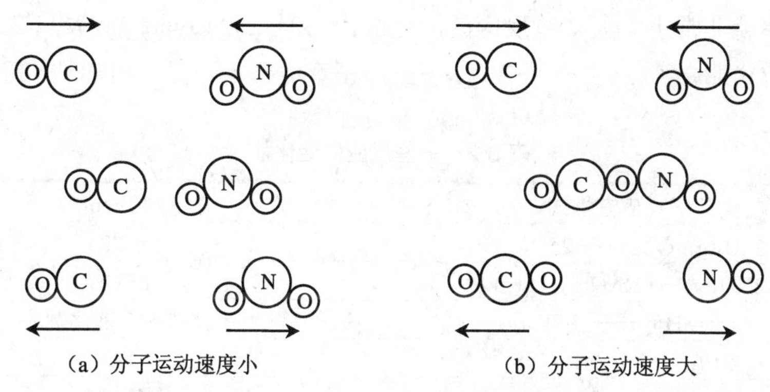

图 3-3　运动速度不同的 CO 和 NO_2 分子碰撞示意图

一定温度下气体能量分布情况如图 3-4 所示。横坐标为分子的能量，纵坐标表示分子能量处于 $E \sim E+\Delta E$ 区间内的分子数 ΔN 占总分子数 N 的百分数，故曲线下的总面积表示分子百分数的总和为 100%。$E_{平均}$为该温度下气体分子的平均能量，$E_{活化}$是活化分子应具有的最低能量，$E_{活化平均}$是活化分子的平均能量，只有能量大于 $E_{活化}$的分子碰撞后才能发生反应。活化分子的平均能量（$E_{活化平均}$）与反应物分子的平均能量 $E_{平均}$之差叫做活化能 E_a[①]（或把 $E_{活化}$与 $E_{平均}$之差称为活化能)。活化能 E_a 可以理

① 具有的最低能量是指个体，平均能量是指群体，后者具有统计性。我们研究的对象是群体，故本书采用 $E_{活化平均}$与 $E_{平均}$之差表示活化能。

解为：要使 1 mol 具有平均能量的分子变成活化分子所需吸收的最低能量。图 3-4（a）中阴影部分的面积表示活化分子所占的百分数。如果反应的活化能 E_a 越大，阴影部分越向右移，见图 3-4（b）。活化分子百分数越小，反应就越慢；反之，反应活化能越小，活化分子百分数就越大，反应就越快。

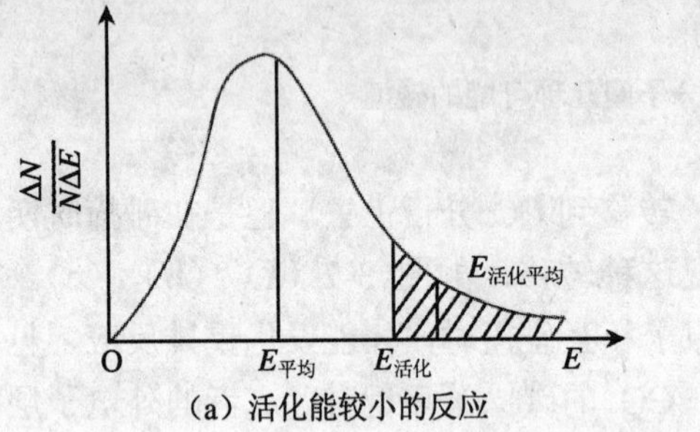

（a）活化能较小的反应

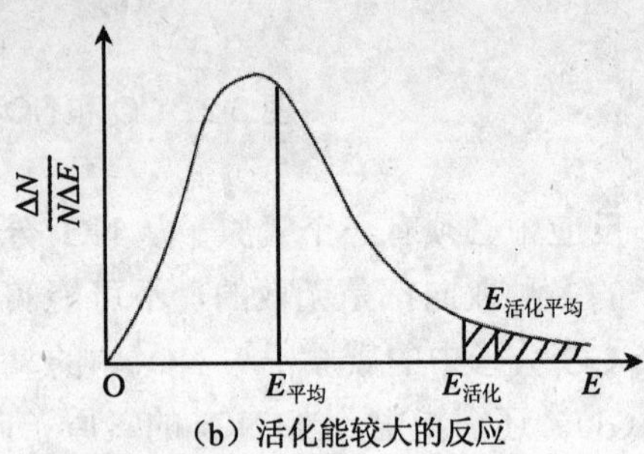

（b）活化能较大的反应

图 3-4　气体分子能量分布曲线

活化能可通过实验测定。一般化学反应的活化能在 40～400 $kJ\cdot mol^{-1}$。活化能小于 40 $kJ\cdot mol^{-1}$ 的反应速率很大，可瞬间完成，如中和反应等。活化能大于 400 $kJ\cdot mol^{-1}$ 的反应速率就非常小。大多数反应的活化能为 60～250 $kJ\cdot mol^{-1}$。表 3-2 列举了一些反应的活化能。

表 3-2　一些反应的活化能

化学反应方程式	$E_a/(kJ\cdot mol^{-1})$
$2SO_2(g)+O_2(g) \longrightarrow 2SO_3(g)$	251.84
$2NO_2(g) \longrightarrow 2NO(g)+O_2(g)$	133.89
$N_2(g)+3H_2(g) \longrightarrow 2NH_3(g)$	175.7（有催化剂）
$2HI(g) \longrightarrow H_2(g)+I_2(g)$	183
$HCl(aq)+NaOH(aq) \longrightarrow NaCl(aq)+H_2O$	13～25

碰撞理论比较直观，用于简单的双分子反应比较成功。而对分子结构比较复杂的反应，如分子量较大的有机物发生的反应，这个理论通常不能解释。这是由于碰撞理论简单地把分子看成没有内部结构和内部运动的刚性球。随着原子结构和分子结构理论的发展，20 世纪 30 年代艾林（Eyring）在量子力学和统计力学的基础上提出了化学反应速率的过渡状态理论。

二、过渡状态理论

反应速度的另一个重要理论是过渡状态理论，该理论用量子力学的方法计算出反应物分子在相互作用过程中势能的变化，这里的势能是指分子间的相互作用以及分子内原子间的相互作用等，这些作用与粒子间的相对位置有关。

过渡状态理论认为，化学反应不是只通过反应物分子之间的简单碰撞就能完成，在反应物相互接近时，要经过一个中间过渡状态，即反应物分子先形成活化配合物（因此过渡状态理论也叫活化配合物理论）。这时，由于分子的化学键要重排，分子的能量也要重新分配。中间状态的活化配合物的势能既高于始态也高于终态，因此它是不稳定的，本身既可以分解为反应物分子，也可以分解为产物分子。图 3-5 表示了反应历程的变化。

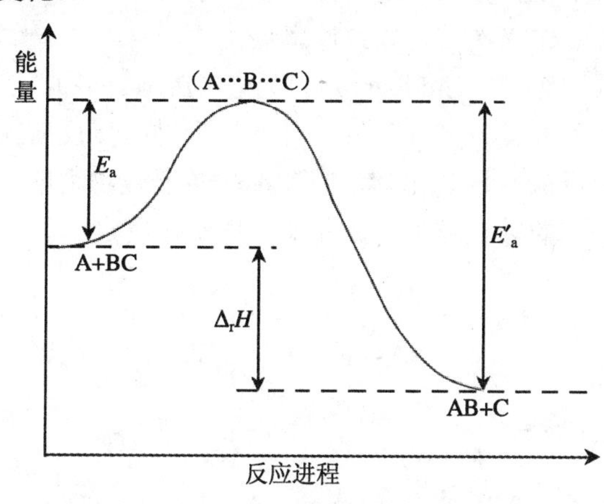

图 3-5　活化配合物能量示意图

由图 3-5 可见，活化配合物和反应物（或生成物）间存在能垒，过渡状态理论中把活化配合物具有的最低能量与反应物（生成物）能量之差称为正反应（或逆反应）的活化能，只有那些具有足够能量的分子才能克服这一能垒，由反应物转化为生成物。显然，在活化配合物理论中，活化能的概念与碰撞理论中活化能的定义有本质的区别，它将活化能与键能联系起来，被赋予更明确的意义，揭示了活化能的本质。

由图 3-5 可知，正、逆反应活化能之差就是反应热：

$$E_{a\,正}-E_{a\,逆}=\Delta_r H$$

由于不同分子的化学键不同，键能也不同，所以在反应中要改组这些键需消耗的能量也不同（活化能不同）。因此，不同物质的反应有不同的反应速率，即活化能是决定反应速率的内在因素。

第三节　影响反应速率的因素

化学反应速率的大小首先决定于反应物的本性，此外还受浓度、温度、催化剂等外界条件的影响，以下分别给予讨论。

一、浓度对反应速率的影响

大量实验表明，在一定温度下，增加反应物的浓度可以加快反应速率。这是由于在一定温度下，对某一化学反应来说，反应物中活化分子分数是一定的。单位体积内反应物的活化分子数与反应物分子总数成正比，即与反应物的浓度成正比。当增加反应物浓度时，单位体积内分子总数增多，活化分子数也相应的增多，从而增加了单位时间内的有效碰撞次数，导致速率加快。

1863 年古德贝克（C. M. Guldberg）和瓦格（P. Waage）从大量的实验中得出，在一定温度下，对某一基元反应（反应物分子只经过一步反应就直接转变为生成物分子的反应称为基元反应），其化学反应速率与各反应物浓度（以化学方程式中该物质的计量数为指数）的乘积成正比，此即为质量作用定律。

对于基元反应：

$$aA+bB \longrightarrow yY+zZ$$

$$\upsilon \propto (c_A)^a \cdot (c_B)^b = k(c_A)^a \cdot (c_B)^b \qquad (3\text{-}1，a)$$

式（3-1，a）也称为经验速率方程。式中，k 为用浓度表示的速率常数，它可以被理解为当反应物浓度都为单位浓度时的反应速率。如为气体反应，因体积恒定时，各组分气体的分压与浓度成正比，故速率方程也可表示为：

$$\upsilon = k'(p_A)^a \cdot (p_B)^b \qquad (3\text{-}1，b)$$

式中，k'为用分压表示的速率常数。

k 或 k'是由化学反应本身决定的，是化学反应在一定温度下的特征常数。在相同条件下，k 值越大，反应速率越大，反之则小。对一定的反应，k 的数值与反应物浓度无关，而与温度、催化剂等因素有关。

根据反应速率的质量作用定律，以下基元反应的反应速率方程可以很容易地写出：

$2NO_2 \longrightarrow 2NO+O_2 \qquad \upsilon = k_1(c_{NO_2})^2$

$NO_2+CO \longrightarrow NO+CO_2 \qquad \upsilon = k_2(c_{NO_2}) \cdot (c_{CO})$

对于非基元反应（即反应物分子需经几步反应才能转化为生成物的反应），质量作用定律不适用于总反应，但适用于其中每一步变化。非基元反应的速率方程是由实验确定的。

二、温度对反应速率的影响

温度是影响反应速率的重要因素。实验表明，对多数反应来说，在浓度一定时，反应温度每升高 10℃，反应速率增加到原来的 2～4 倍。对此的直观解释是由于升高温度时，分子的运动速度增大，活化分子数目增多，有效碰撞次数随之增大，反应速率增大。例如，食物在夏天腐败变质要比冬天快得多；高压锅煮饭要比常压下快，是由于在高压锅内沸腾的温度比常压下高出 10℃左右。表 3-3 列出了温度对 H_2O_2 与 HI 反应速率的影响。

表 3-3 温度对 H_2O_2 与 HI 反应速率的影响

t/℃	0	10	20	30	40	50
相对反应速率	1.00	2.08	4.32	8.38	16.19	39.95

对于每升高 10℃，反应速率增大一倍的反应，100℃时的反应速率约为 0℃时的 2^{10} 倍，即在 0℃需要 7 天才能完成的反应，在 100℃只需 10 分钟左右。

三、催化剂对反应速率的影响

催化剂（又称触媒）是一种能显著地改变反应速率而其本身的化学组成、质量、化学性质在反应前后保持不变的物质。催化剂能改变反应速率的作用叫催化作用。根据催化剂对反应速率影响的不同，催化剂可分为正催化剂（加快反应速率）和负催化剂（减慢反应速率）。由于负催化剂压抑了反应进行，常称为抑制剂，如橡胶、塑料工业中采用的抗老化剂等。本书提到的催化剂都指正催化剂。

催化剂为什么能改变化学反应速率？这是由于催化剂参加了反应，改变了反应历程，降低了反应的活化能，提高了反应的活化分子分数，因而提高了反应速率。如图 3-6 所示。

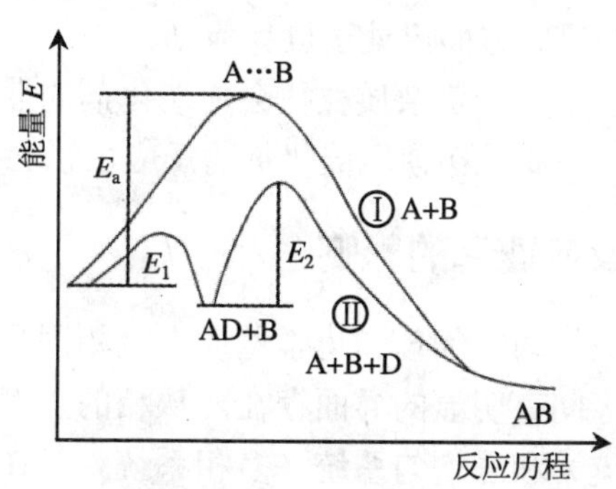

图 3-6 催化剂对反应历程的改变

既然活化能可以用实验测定，我们就可以用实验数据来证实上述判断。例如：N_2O分解反应，活化能为 250 kJ·mol^{-1}，而在金的表面上，其活化能变为 120 kJ·mol^{-1}；又如在 527℃时，氨的分解反应，其活化能为 376.5 kJ·mol^{-1}，当用铁催化剂时，反应的活化能变为 163.17 kJ·mol^{-1}，由于催化作用，使氨的分解速率在 527℃时竟提高了 8.5×10^{13} 倍。催化剂除可以大大地提高化学反应速率外，它还具有独特的选择性。一种催化剂往往只对某些特定的反应具有催化作用，这一性质叫做催化剂的选择性。如 V_2O_5 宜于 SO_2 氧化成 SO_3，铁宜于合成氨等。此外，相同的反应物如采用不同的催化剂，会得到不同的产物。例如，以乙醇为原料，使用不同的催化剂可以得到下述不同的产物：

$$C_2H_5OH\begin{cases}\xrightarrow[550℃]{Ag} 2CH_3CHO+2H_2\\ \xrightarrow[350℃]{Al_2O_3} CH_4+2H_2O\\ \xrightarrow[450℃]{ZnO\sim Cr_2O_3} CH_2{=}CHCH{=}CH_2+2H_2O+H_2\\ \xrightarrow[140℃]{H_2SO_4} C_2H_5O\ C_2H_5+H_2O\end{cases}$$

根据催化剂的这一特性，可由一种原料制取多种产品。

值得一提的是在生命过程中，酶（生物体内的催化剂）起着重要作用。研究表明，人体内的部分能量是由蔗糖氧化产生的。蔗糖在纯水溶液中几年也不与氧发生反应，但在特殊酶的催化下，只需几小时就能完成反应。人体内有许多种酶，它们不但选择性高，而且能在常温、常压和近于中性的条件下加速某些反应的进行。而工业生产中不少催化剂往往需要高温、高压等比较苛刻的条件。因此，为了适应发展新技术的需要，模拟酶的催化作用已成为当今重要的研究课题。我国科学工作者在化学模拟生物固氮酶的研究方面已处于世界前列。

在采用催化剂的反应中，少量杂质往往会使催化剂的催化活性大大降低，这种现象就是催化剂的中毒。因此，在使用催化剂的反应中，必须保持原料的纯净。

四、其他因素对反应速率的影响

系统中任何化学组成均匀，物理和化学性质完全相同且可用机械方法分离出来的部分称为相。相与相之间有明显的界面存在。从相的角度，我们可以把反应体系分为均匀系统（单相系统）和非均匀系统（多相系统）。在非均匀系统中进行的反应，如固体和液体、固体和气体或液体和气体的反应等，除了上述几种影响因素外，还与反应物接触面积的大小和接触机会有关。对固液反应来说，如将大块固体破碎成小块或磨成粉末，反应速率必然增大。对于气液反应，可将液态物质采用喷淋的方式以扩大与气态物质的接触面。对反应物进行搅拌，同样可以增加反应物的接触机会。此外，让生成物及时离开反应界面，也能增大反应速率。紫外光、激光、高能射线和超声波等会对某些反应的速率产生影响。

第四节 化学平衡及化学平衡的移动

以上我们讨论了化学反应速率的问题，下面讨论化学反应进行的程度，即有关化学平衡的问题。

一、可逆反应与化学平衡

各种化学反应中，反应物转化为生成物的程度各有不同。有些反应几乎能进行到底，即使在密闭容器中，这类反应的反应物实际上全部转化为生成物。例如氯酸钾的分解反应：

$$2KClO_3 \xrightarrow[\triangle]{MnO_2} 2KCl+3O_2$$

反应逆向进行的趋势很小。通常认为，KCl 不能与 O_2 反应生成 $KClO_3$。像这种实际上只能向一个方向进行“到底”的反应，叫不可逆反应。但是，大多数化学反应都是可逆的。即在一定条件下反应既能按反应方程式从左向右进行（正反应），也能从右向左进行（逆反应），这种同时能向正、逆两个方向进行的反应，称为可逆反应。例如，氢气和碘蒸气相互作用生成气态碘化氢，同样条件下气态碘化氢也能分解成碘蒸气和氢气。这两个反应可用方程式表示为：

$$H_2(g)+I_2(g) \rightleftharpoons 2HI(g)$$

在一定温度下把定量氢气和碘蒸气置于一密闭容器中，反应开始后，每隔一定时间取样分析，发现反应物 $H_2(g)$、$I_2(g)$的分压逐渐减小，而生成物 HI(g)的分压逐渐增大。若保持温度不变，待反应进行到一定时间，将发现混合气体中各组分的分压维持恒定，不再随时间而改变，此时即达到化学平衡状态。这一过程可用反应速率解释。反应刚开始，反应物浓度或分压最大，具有最大的正反应速率 $v_{正}$，此时尚无生成物，故逆反应速率为零 $v_{逆}=0$。随着反应进行，反应物不断消耗，浓度或分压不断减小，正反应速率随之减小。另外，生成物浓度或分压不断增加，逆反应速率增大，至某一时刻 $v_{正}=v_{逆}\neq 0$（图 3-7），即单位时间内因正反应使反应物减小的量等于因逆反应使反应物增加的量。此时宏观上，各种物质的浓度或分压不再改变，达到平衡状态；微观上，反应并未停止，正、逆反应仍在进行，只是两者速率相等而已，故化学平衡是一种动态平衡。

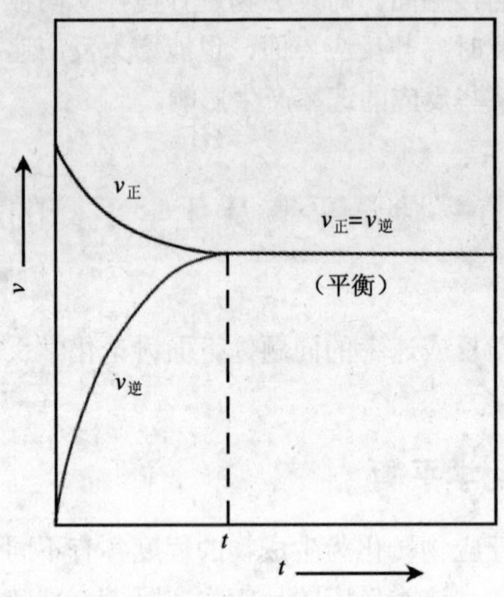

图 3-7 可逆反应的正、逆反应速率变化

必须指出，化学平衡是有条件的、相对的和可以改变的。当平衡条件改变时，系统内各物质的浓度或分压就会发生改变，原平衡状态随之破坏。

二、平衡常数的物理意义

为了定量的研究化学平衡，必须找出平衡时，反应系统内各组分之间的关系，平衡常数就是衡量平衡状态的一种数量标志。

（一）实验平衡常数

对反应 $H_2(g)+I_2(g) \rightleftharpoons 2HI(g)$，经实验测定，不管怎样改变反应系统的开始组成，当在一定温度下，达到平衡时，$\frac{(c_{HI})^2}{c_{H_2} \cdot c_{I_2}}$ 这一比值总是常数（表 3-4）。这一关系可以表示为：

$$K_c = \frac{(c_{HI})^2}{c_{H_2} \cdot c_{I_2}} \qquad (3\text{-}2，a)$$

表 3-4 445℃时 $H_2(g)+I_2(g) \rightleftharpoons 2HI(g)$反应系统的组成

	开始浓度/($mol \cdot L^{-1}$)			平衡浓度/($mol \cdot L^{-1}$)			$\frac{(c_{HI})^2}{c_{H_2} \cdot c_{I_2}}$
	c_{H_2}	c_{I_2}	c_{HI}	c_{H_2}	c_{I_2}	c_{HI}	
1	0.020 0	0.020 0	0	0.004 35	0.004 35	0.031 3	51.8
2	0	0	0.040 0	0.004 35	0.004 35	0.031 3	51.8
3	0.002 05	0.013 3	0.052 4	0.003 35	0.014 6	0.049 8	50.7
4	0.020 6	0.014 5	0	0.007 75	0.001 65	0.025 7	51.7
5	0.007 9	0.019 2	0.025 7	0.002 05	0.013 3	0.037 4	51.3

人们从大量实验事实总结出：对任何可逆反应，在一定温度下，达到平衡时以化学计量数为指数的各生成物浓度的乘积与各反应物浓度乘积的比值是一常数。这个常数叫做化学反应平衡常数。用符号 K_c 表示。如：

$$aA+bB \rightleftharpoons yY+zZ$$

$$K_c = \frac{(c_Y)^y (c_Z)^z}{(c_A)^a (c_B)^b} \tag{3-3}$$

习惯上称 K_c 为浓度平衡常数。式中 c_A、c_B、c_Y、c_Z 是反应达到平衡时相应各物质的浓度。显然，K_c 的量纲为（$mol \cdot L^{-1}$）$^{(y+z)-(a+b)}$，令 $\Delta v=(y+z)-(a+b)$。在 $\Delta v=0$ 时，K_c 无量纲；在 $\Delta v \neq 0$ 时，K_c 有量纲。对于气相反应，在恒温恒容下，气体的分压与浓度成正比，因此，在平衡常数表达式中，可以用平衡时气体的分压来代替浓度。仍以氢气与碘蒸气反应生成 HI 气体为例。其平衡常数表达式为：

$$K_p = \frac{(p_{HI})^2}{p_{H_2} \cdot p_{I_2}} \tag{3-2，b}$$

式中：p_{HI}、p_{H_2}、p_{I_2} ——分别表示 HI、H_2、I_2 的平衡分压；

K_p——压力平衡常数。

显然，K_p 的量纲随选用压力单位不同而不同，常见的有（Pa）$^{\Delta v}$、（kPa）$^{\Delta v}$ 等。在 $\Delta v=0$ 时，K_p 无量纲；在 $\Delta v \neq 0$ 时，K_p 有量纲。

对于复相反应（反应物或生成物中同时存在固体状态、气体状态、溶液状态），例如：

$$Zn(s)+2H^+(aq) \rightleftharpoons H_2(g)+Zn^{2+}(aq)$$

$$K = \frac{c_{Zn^{2+}} \cdot p_{H_2}}{(c_{H^+})^2}$$

这里，K具有混合单位的量纲，称为混合平衡常数。

K_c、K_p、K 统称为实验平衡常数。这些平衡常数在应用时会产生一系列问题：它应该是有量纲还是没有量纲？一个反应式为什么具有不同单位、不同数值的平衡常数？这些问题在进一步讨论热力学时会引起不必要的混乱。因此，为避免混乱引入热力学平衡常数。

（二）标准平衡常数

标准平衡常数也叫热力学平衡常数，以 $K^{\ominus}$表示。它只是温度的函数。因为最新的国家标准中将标准压力 $p^{\ominus}$定为 100 kPa，所以本书的计算，均采用100 kPa 下的热力学数据。

1．标准平衡常数表达式

对于反应：

$$a\mathrm{A(s)} + b\mathrm{B(aq)} \rightleftharpoons d\mathrm{D(aq)} + f\,\mathrm{H_2O(l)} + e\mathrm{E(g)}$$

系统达平衡时，其标准平衡常数表达式为：

$$K^{\ominus} = \frac{(c_D / c^{\ominus})^d (p_E / p^{\ominus})^e}{(c_B / c^{\ominus})^b}$$

即以平衡时的反应物及生成物的相对压力，相对浓度的数值应用到平衡常数表达式中。溶液的相对浓度为 $c/c^{\ominus}$（$c^{\ominus} = 1\ \mathrm{mol \cdot L^{-1}}$）。气体的相对压力为 $p/p^{\ominus}$（$p^{\ominus} = 100\ \mathrm{kPa}$）。在标准平衡常数表达式中使用的都是浓度与标准浓度之比，或分压与标准压力之比，因此标准平衡常数是一个无因次的量（它们的单位都互相抵消）。

标准平衡常数 $K^{\ominus}$，无浓度平衡常数与压力平衡常数之分。在以后提到的平衡常数均指标准平衡常数。

2. 标准平衡常数的几点说明

（1）写入平衡常数表达式中的各物质的浓度或分压，须是系统达平衡状态时的值。指数就是反应方程式中相应的化学计量数，气体只能用分压表示，这与气体规定的标准状态有关。

（2）平衡常数表达式必须与反应方程式相对应，同一化学反应以不同计量方程式表示时，平衡常数表达式不同，其数值也不同。例如在 500℃时，合成氨反应：

$$N_2(g)+3H_2(g) \rightleftharpoons 2NH_3(g) \qquad K_1^{\ominus}=1.5\times10^{-5}$$

$$\frac{1}{2}N_2(g)+\frac{3}{2}H_2(g) \rightleftharpoons NH_3(g) \qquad K_2^{\ominus}=3.87\times10^{-2}$$

$K_1^{\ominus} \neq K_2^{\ominus}$　　　$K_1^{\ominus}=(K_2^{\ominus})^2$

因此在使用平衡常数的数据时，必须注意它所对应的反应方程式。

（3）反应方程式中若有纯固体、纯液体或稀溶液中的溶剂，它们的浓度可看做常数不列入平衡常数表达式。例如：

$$CaCO_3(s) \rightleftharpoons CaO(s)+CO_2(g)$$

$$K^{\ominus}=p_{CO_2}/p^{\ominus}$$

在稀溶液中进行的反应，如反应有水参加，由于作用掉的水分子数与总水分子数相比很少，故水的浓度可视为常数，合并入平衡常数，不必出现在平衡关系式中（但在非水溶液中的反应，若有水参加反应，则水的浓度不可以视为常数，必须写在平衡常数表达式中）。例如：

$$Cr_2O_7^{2-}+H_2O \rightleftharpoons 2CrO_4^{2-}+2H^+$$

$$K^{\ominus}=\frac{(c_{CrO_4^{2-}}/c^{\ominus})^2\cdot(c_{H^+}/c^{\ominus})^2}{(c_{Cr_2O_7^{2-}}/c^{\ominus})}$$

（4）$K^{\ominus}$只表示反应达到平衡时，体系中反应物或生成物之间量的关系，即反应进行的程度，而不能表示反应达到平衡时所需的时间（反应的快慢）。

（5）标准平衡常数是温度的函数，无单位。使用时需注明相应的温度（若未注明温度，一般是指 T=298.15 K）。一个确定的化学反应在一个确定的温度下，只有唯一的一个 $K^{\ominus}$。

（6）多重平衡规则。当一个反应是另外几个反应的加和时，总反应的平衡常数等于另外各个反应平衡常数之积；当一个反应是另外两个反应之差时，总反应的平衡常数等于另外两个反应平衡常数之商。例如：

$$2NO(g)+O_2(g) \rightleftharpoons 2NO_2(g) \qquad K_1^{\ominus}$$

$$2NO_2(g) \rightleftharpoons N_2O_4(g) \qquad K_2^{\ominus}$$

$$2NO(g)+O_2(g) \rightleftharpoons N_2O_4(g) \qquad K^{\ominus}=K_1^{\ominus}\times K_2^{\ominus}$$

又如：$C(s)+H_2O(g) \rightleftharpoons CO(g)+H_2(g) \qquad K_1^{\ominus}$

$$CO(g)+H_2O(g) \rightleftharpoons CO_2(g)+H_2(g) \qquad K_2^{\ominus}$$

$$C(s)+CO_2(g) \rightleftharpoons 2CO(g) \qquad K^{\ominus}=K_1^{\ominus}/K_2^{\ominus}$$

一个化学过程中若有多个平衡同时存在，并且一种物质同时参与几种平衡，这种现象叫做多重平衡。若干反应方程式相加（减），所得到的反应的平衡常数等于这些反应的平衡常数之积（商），此即多重平衡规则。

（7）上述平衡常数与平衡体系各组分分压或浓度的关系，严格地说只是对于气体分压不太高、溶质的浓度比较稀的情况下适用，在高压及高浓度下，由于分子间或离子间的相互作用，应加以一定的修正。修正方法可参考相关的书籍。

3. 平衡常数的意义

（1）$K^{\ominus}$是可逆反应的特征常数，是一定条件下可逆反应进行程度的标志。同一反应，$K^{\ominus}$越大，只说明该反应进行的越彻底，反应倾向性越大。通常 $K^{\ominus}$在 10^{-7}～10^{7} 范围内可以认为反应是可逆的；$K^{\ominus}>10^{7}$ 或 $K^{\ominus}<10^{-7}$ 可以认为是单向反应。$K^{\ominus}=1$ 是典型的可逆反应。

（2）由 $K^{\ominus}$可以判断反应是否处于平衡状态以及处于非平衡状态时反应进行的方向。若将任意量的 A、B、Y、Z 放入一容器中，在一定温度下有下列可逆反应：

$$aA+bB \rightleftharpoons yY+zZ$$

此时系统是否处于平衡态？若处于非平衡态。则反应进行的方向如何？为回答该问题，引入反应商 Q 的概念。在一定温度下对于任一可逆反应（包括平衡态或非平衡态），将其各物质的浓度或分压按平衡常数的表达式列成分式，即得反应商 Q。对于溶液中的反应或气体反应分别有：

$$Q=\frac{(c_Y/c^{\ominus})^y(c_Z/c^{\ominus})^z}{(c_A/c^{\ominus})^a(c_B/c^{\ominus})^b} \quad 和 \quad Q=\frac{(p_Y/p^{\ominus})^y(p_Z/p^{\ominus})^z}{(p_A/p^{\ominus})^a(p_B/p^{\ominus})^b}$$

当 $Q<K^{\ominus}$时，说明生成物的浓度（分压）小于平衡浓度（分压），系统处于不平衡状态，反应将正向进行；反之，当 $Q>K^{\ominus}$时，系统也处于不平衡状态，反应将逆向进行；当 $Q=K^{\ominus}$时，系统处于平衡状态。这就是化学反应进行方向的反应商判据。

【例 3-1】 目前我国合成氨工业多采用中温（500℃）、中压（2.03×10^4 kPa）操作。已知此条件下反应 $N_2(g)+3H_2(g) \rightleftharpoons 2NH_3(g)$的 $K^{\ominus}=1.57\times10^{-5}$，若反应进行至某一阶段时取样分析，其组分的体积比为 NH_3 14.4%，N_2 21.4%，H_2 64.2%。试判断此时的合成氨反应是否达到平衡状态？若没达到平衡状态，指明反应进行的方向。

解：先计算各组分的分压：

$$p_{NH_3}=2.03\times10^4\times14.4\%=2.92\times10^3\ \text{kPa}$$

$$p_{N_2}=2.03\times10^4\times21.4\%=4.34\times10^3\ \text{kPa}$$

$p_{H_2} = 2.03\times10^4\times64.2\%=1.30\times10^4$ kPa

$$Q=\frac{(p_{NH_3}/p^{\ominus})^2}{(p_{N_2}/p^{\ominus})\cdot(p_{H_2}/p^{\ominus})^3}$$
$$=\frac{(2.92\times10^3/100)^2}{(4.34\times10^3/100)(1.30\times10^4/100)^3}$$
$$=8.94\times10^{-6}$$

因为 $Q<K^{\ominus}$，所以反应还没达到平衡状态，反应正向进行。

（三）化学平衡的计算

有关化学平衡的计算，主要是利用平衡常数求反应物或产物的浓度（或分压）以及反应物的转化率。再者就是利用实验数据求平衡常数。对于后者，计算较为简单，在此不再介绍。

可逆反应进行的程度不仅可以用平衡常数来表示，也可以用平衡转化率来表示。平衡转化率简称为转化率，它是指反应达平衡时，反应物转化为生成物的百分率，以 α 表示。

$$\alpha=\frac{\text{某反应物消耗掉的数量}}{\text{该反应物的原始数量}}\times100\%$$

若反应前后体积不变，反应物的量又可用浓度表示，则：

$$\alpha=\frac{\text{反应物起始浓度}-\text{反应物平衡浓度}}{\text{反应物起始浓度}}\times100\%$$

转化率越大，表示反应向右进行的程度越大。平衡常数和转化率虽然都能表示反应进行的程度，但二者有不同之处，平衡常数与系统的起始状态无关，仅与反应温度有关。转化率除与温度有关外还与系统起始状态有关，并须指明是哪种反应物的转化率，反应物不同，转化率的数值往往不同。

【例 3-2】 硝酸银和硝酸亚铁两种溶液发生下列反应：

$$Fe^{2+}+Ag^{+}\rightleftharpoons Fe^{3+}+Ag$$

在 25℃时，将硝酸银和硝酸亚铁溶液混合，开始时溶液中银离子和亚铁离子浓度都为 0.100 $mol\cdot L^{-1}$，达到平衡时银离子的转化率为 19.4%。求：

（1）平衡时 Fe^{2+}、Ag^{+}、Fe^{3+} 的浓度；（2）该温度下的平衡常数。

解：（1）	Fe^{2+}	+	Ag^{+}	$\rightleftharpoons$	Fe^{3+}	+	Ag
起始浓度 c_0/(mol·L^{-1})	0.100		0.100		0		
变化浓度 $c_{变}$/(mol·L^{-1})	−0.1×19.4% =−0.019 4		−0.1×19.4% =−0.019 4		0.1×19.4% =0.019 4		
平衡浓度 c/(mol·L^{-1})	0.100−0.019 4 =0.080 6		0.100−0.019 4 =0.080 6		0.019 4		

平衡时 Fe^{2+}、Ag^{+}、Fe^{3+}的浓度分别为：0.080 6 mol·L^{-1}、0.080 6 mol·L^{-1}、0.019 4 mol·L^{-1}。

（2）$K^{\ominus}=\dfrac{c_{Fe^{3+}}/c^{\ominus}}{(c_{Fe^{2+}}/c^{\ominus})\cdot(c_{Ag^{+}}/c^{\ominus})}=\dfrac{0.019\,4}{(0.080\,6)^2}=2.99$

【例 3-3】 水煤气的转化反应为：$CO(g)+H_2O(g)\rightleftharpoons CO_2(g)+H_2(g)$。在 850℃时平衡常数 $K^{\ominus}$=1.0，在该温度下于 5.0 L 密闭容器中加入 0.040 mol CO 和 0.040 mol 的水蒸气，求该条件下 CO 的转化率和达到平衡时的各组分的分压。

解：设 CO 的转化率为α

	$CO(g)$	+	$H_2O(g)$	$\rightleftharpoons$	$CO_2(g)$	+	$H_2(g)$
起始物质的量 n_0/mol	0.040		0.040		0		0
平衡时物质的量 n/mol	0.040−0.040α		0.040−0.040α		0.040α		0.040α

$p_{CO}=n_{CO}RT/V$；$p_{H_2O}=n_{H_2O}RT/V$；

$p_{CO_2}=n_{CO_2}RT/V$；$p_{H_2}=n_{H_2}RT/V$；

$$K^{\ominus}=\frac{(p_{CO_2}/p^{\ominus})\cdot(p_{H_2}p^{\ominus})}{(p_{CO}/p^{\ominus})\cdot(p_{H_2O}/p^{\ominus})}=\frac{(n_{CO_2}RT/V)\cdot(n_{H_2}RT/V)}{(n_{CO}RT/V)(n_{H_2O}RT/V)}$$

$$=\frac{n_{CO_2}\cdot n_{H_2}}{n_{CO_2}\cdot n_{H_2}}=\frac{(0.040\alpha)^2}{0.040^2(1-\alpha)^2}=\frac{\alpha^2}{(1-\alpha)^2}=1.0$$

$$\alpha=50\%$$

平衡时各组分的分压为：

$p_{CO}=p_{H_2O}=n_{CO}RT/V$

$=[0.040（1−0.50）×8.314×112\ 3]÷（5.0×10^{-3}）= 37.3$ kPa

$p_{CO_2}=p_{H_2}=n_{CO}RT/V$

$=[（0.040×0.50）×8.314×112\ 3]÷（5.0×10^{-3}）= 37.3$ kPa

三、化学平衡的移动

一切平衡都只是相对的、暂时的。化学平衡是在一定条件下可逆反应达到 $v_{正}=v_{逆}$时的一种动态平衡，此时表观上，$Q=K^{\ominus}$。当外界条件改变时，就有可能使 $v_{正}\neq v_{逆}$、

$Q \neq K^{\ominus}$，由平衡变为不平衡，旧的平衡被破坏。当外界条件重新固定后，最终建立起适应新条件下的新的平衡状态，在新的平衡建立时，反应物和生成物的浓度和原来平衡时是不同的。我们把可逆反应因外界条件变化而从原来的平衡状态转变到新的平衡状态的过程称为化学平衡的移动。

影响化学平衡移动的因素是浓度、压力和温度。下面分别讨论这些因素对化学平衡的影响。

（一）浓度对化学平衡的影响

可逆反应：

$$aA+bB \rightleftharpoons yY+zZ$$

在一定温度下达到平衡时，若增加 A 的浓度，$v_{正}$将增大，$v_{正}>v_{逆}$（图 3-8），反应向正方向进行。随着反应的进行，生成物 Y、Z 的浓度不断增加，反应物 A、B 的浓度不断减小。所以 $v_{正}$随之下降，$v_{逆}$上升，当正、逆反应速率再次相等（$v'_{正}=v'_{逆}$）时，系统又一次达到平衡。在新的平衡中，各组分的平衡浓度均已改变，但 $K^{\ominus}=\dfrac{(c_Y/c^{\ominus})^y(c_Z/c^{\ominus})^z}{(c_A/c^{\ominus})^a(c_B/c^{\ominus})^b}$ 仍保持不变。

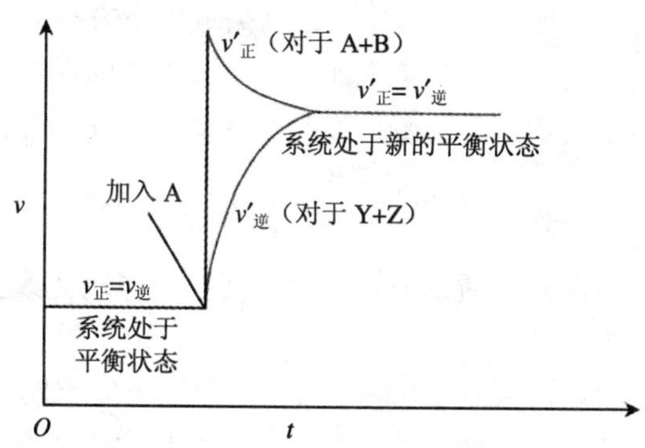

图 3-8　增大反应物浓度对平衡系统的影响

在上述平衡系统中，生成物 Y、Z 的浓度有所增加，反应物 A 的浓度比增加后有所减小，而比未增加前也有一定增加，但 B 的浓度有所减小，反应向正反应方向移动，即平衡向右移动。若增加生成物 Y、Z 的浓度，反应向逆反应方向移动，即平衡向左移动。若将生成物从平衡系统中取出，这时逆反应速率下降，平衡向右移动。

【例 3-4】 在例 3-2 讨论的平衡体系中，在恒温下将 Fe^{2+}浓度增至 0.181 mol·L^{-1}

时，问：（1）平衡向哪个方向移动？（2）求新平衡后各物质浓度；（3）Ag^{+}的转化率α。

解：（1）因为在原有的平衡体系中仅增加了反应物浓度，所以平衡向右移动；

（2）设达到新平衡时将有 x mol·L^{-1} 的亚铁离子被银离子氧化，则：

	Fe^{2+}	+ Ag^{+} $\rightleftharpoons$	Fe^{3+} + Ag
起始浓度 c_0/(mol·L^{-1})	0.181	0.080 6	0.019 4
平衡浓度 c/(mol·L^{-1})	0.181−x	0.080 6−x	0.019 4+x

$$K^{\ominus}=\frac{c_{Fe^{3+}}/c^{\ominus}}{(c_{Fe^{2+}}/c^{\ominus})\cdot(c_{Ag^{+}}/c^{\ominus})}=\frac{0.019\ 4+x}{(0.181-x)(0.080\ 6-x)}=2.99$$

$$x=0.013\ 9$$

$c_{Fe^{2+}}$ =（0.181−0.013 9）mol·L^{-1}=0.167 mol·L^{-1}

$c_{Ag^{+}}$ =（0.080 6−0.013 9）mol·L^{-1}=0.066 7 mol·L^{-1}

$c_{Fe^{3+}}$ =（0.019 4+0.013 9）mol·L^{-1}=0.033 3 mol·L^{-1}

（3）$\alpha_{Ag^{+}}=\dfrac{0.100-0.066\ 7}{0.100}\times100\%=33.3\%$

对于任何可逆反应，提高某一反应物的浓度或降低某一产物的浓度，都能使平衡向着增加生成物的方向移动。在生产中，常采取以下方法：

- 为了充分利用某一原料，常常加大另一反应物的量，以提高其转化率；
- 不断分离出生成物，使平衡持续向右移动，使反应进行得较彻底。

（二）压力对化学平衡的影响

压力变化对平衡的影响实质是通过浓度的变化起作用。改变压力对无气相参与的系统影响甚微。

可逆反应 $aA(g)+bB(g)\rightleftharpoons yY(g)+zZ(g)$，在一密闭容器中达到平衡，维持温度一定，将系统总压增至原来的 x 倍（各组分分压也增至原来的 x 倍）（$x>1$）。此时，反应商为：

$$Q=\frac{(xp_{Y}/p^{\ominus})^{y}\cdot(xp_{Z}/p^{\ominus})^{z}}{(xp_{A}/p^{\ominus})^{a}\cdot(xp_{B}/p^{\ominus})^{b}}=\frac{(p_{Y}/p^{\ominus})\cdot(p_{Z}/p^{\ominus})\cdot x^{y}\cdot x^{z}}{(p_{A}/p^{\ominus})\cdot(p_{B}/p^{\ominus})\cdot x^{a}\cdot x^{b}}=K^{\ominus}x^{\Delta\nu}$$

$$\Delta\nu=(y+z)-(a+b)$$

（1）当 $\Delta\nu<0$，即生成物气体分子总数小于反应物气体分子总数时，$Q<K^{\ominus}$，平衡向右移动。例如，反应 $2SO_2(g)+O_2(g)\rightleftharpoons 2SO_3(g)$，增大压力有利于 SO_3 的生成。

（2）当 $\Delta\nu>0$，即生成物气体分子总数大于反应物气体分子总数时，$Q>K^{\ominus}$，平衡向左移动。例如，反应 $N_2O_4(g)$（无色）$\rightleftharpoons$ $2NO_2(g)$（红棕），增大压力，平衡向左移动，系统的红棕色变浅。

（3）当 $\Delta\nu=0$，反应前后气体分子总数相等，$Q=K^{\ominus}$，平衡不移动。例如，反应 $H_2(g)+I_2(g) \rightleftharpoons 2HI(g)$。

由此可得出以下结论：①压力变化只对那些反应前后气体分子数目有变化的反应有影响；在恒温下，增大总压力，平衡向气体分子总数减小的方向移动，减小总压力，平衡向气体分子总数增加的方向移动。②反应前后气体分子数不变的反应，压力变化时对化学平衡不产生影响。压力对固相或液相反应系统的平衡没有影响。

需要指出：在一定温度下向一平衡系统中加入惰性气体（不参与反应的气体）。①若体积不变，则系统的总压增加，但各物质的分压并无改变，Q 和 $K^{\ominus}$仍相等，平衡状态不变（无论 $\Delta\nu<0$，$\Delta\nu>0$ 或 $\Delta\nu=0$，平衡都不移动）。②若总压不变，则系统体积增大（相当于系统原来的压力减小），此时若 $\Delta\nu\neq0$，$Q\neq K^{\ominus}$，平衡将移动。平衡移动情况与前述压力减小一样。例如，对于合成氨，$\Delta\nu<0$，若保持总压不变，充入惰性气体，则产率减低；但充入惰性气体时，保持体积不变，增加总压，产率不下降。

【例 3-5】 在 1 000℃及总压力为 3 000 kPa 下，反应 $CO_2(g)+C(s) \rightleftharpoons 2CO(g)$ 达到平衡时，CO_2 的摩尔分数为 0.17。求：（1）该温度下此反应的平衡常数；（2）压力减至 2 000 kPa 时，CO_2 的摩尔分数为多少？（3）由此可得出什么结论？

解：（1）先求平衡常数，在原有平衡时：

$p_{CO_2}=3\,000\times0.17=510\text{ kPa}$

$p_{CO}=3\,000\times(1-0.17)=2\,490\text{ kPa}$

$$K^{\ominus}=\frac{(p_{CO}/p^{\ominus})^2}{p_{CO_2}/p^{\ominus}}=\frac{(2\,490/100)^2}{510/100}=122$$

（2）在 2 000 kPa 总压下的新平衡中，设 CO_2 的摩尔分数为 x，则 CO 的摩尔分数为（$1-x$）。

$p_{CO_2}=2\,000x$　　$p_{CO}=2\,000\times(1-x)$

$$K^{\ominus}=\frac{(p_{CO}/p^{\ominus})^2}{p_{CO_2}/p^{\ominus}}=\frac{[2\,000(1-x)/100]^2}{2\,000x/100}=122$$

$$20(1-x)^2=122x$$

$$x^2-8.1x+1=0$$

$$x=(8.1-7.85)/2=0.13$$

（3）可见，当总压减小时，平衡向着 CO_2 减少的方向（向右）移动，或者说向着体积增大的方向移动。

（三）温度对化学平衡的影响

温度对化学平衡的影响与浓度、压力有本质的区别。在一定温度下，浓度或压力改变时，因系统组成改变而使平衡发生移动，$K^{\ominus}$并未改变。而温度变化时，主要改变了 $K^{\ominus}$，从而导致平衡的移动。例如合成氨的反应：

$$N_2(g)+3H_2(g) \rightleftharpoons 2NH_3(g) \qquad \Delta_r H_m^{\ominus} = -92.22\ kJ\cdot mol^{-1}$$

$K^{\ominus}$与温度的关系如表 3-5 所示。

表 3-5　温度对合成氨反应标准平衡常数的影响

t/℃	200	300	400	500	600	700
$K^{\ominus}$	4.4×10^{-2}	4.9×10^{-3}	1.9×10^{-4}	1.6×10^{-5}	2.3×10^{-6}	4.8×10^{-7}

由表 3-5 可知，升高温度，平衡向吸热反应方向移动；降低温度，平衡向放热反应方向移动。

催化剂对化学平衡的移动无影响，它只能缩短或改变达到化学平衡的时间。由于它以同样的倍数加快正、逆反应速率，平衡常数 $K^{\ominus}$ 并不改变，因此不会使平衡发生移动。

四、平衡移动原理——吕·查德里原理

1884 年，法国物理学家吕·查德里（Le Chêtelier）归纳了平衡移动原理，即若改变平衡体系的条件之一（如浓度、温度或压力），平衡就会向着减弱这个改变的方向移动。例如，增加平衡系统中反应物的浓度，平衡将向正反应方向即消耗反应物的方向移动；增加平衡系统总压力，平衡将向气体分子总数减少即降低压力的方向移动；升高温度，平衡向吸热即使温度降低的方向移动等。

最后必须指出：平衡移动原理只适用于任何已建立动态平衡的体系，它不适用于非平衡体系；它只能判别平衡移动的方向，而不涉及达到平衡所需要的时间。

第五节　反应速率与化学平衡的应用

化工生产中必须兼顾反应的程度和速率问题。如合成氨是放热反应，从平衡的角度看，温度越低，越有利于氨的生成；但是由速率的观点看，温度越低，反应越

慢，达到平衡所需要的时间越长。为解决这一矛盾，一般采用催化剂。不过为了保证催化剂的活性，必须有一定的活化温度。所以，要结合实际生产综合加以考虑，才能确定有利的生产工艺条件，做到充分利用原料、提高产量、缩短生产周期、降低成本。

（1）为提高一种原料的转化率，让另一种价廉易得的原料适当过量。例如，接触法制取 H_2SO_4，SO_2 氧化生成 SO_3 的反应中，让氧气过量，使 SO_2 充分转化；在水煤气转化反应中使水蒸气过量，提高 CO 的转化率。但需注意，一种原料的过量应适可而止。若过量太多会使另一种原料变得太稀，影响反应速率和产量。再者，对于气相反应，要注意原料气的性质，使它们的配比在爆炸范围之外，以免引起安全事故。

（2）对于气体反应，加大压力会使反应速率加快，对分子数减少的反应还能提高转化率。但提高压力，会提高对设备材质的要求。故需结合国情，综合考虑。例如合成氨反应，若在 101.3×10^3 kPa 的高压下，可以不用催化剂就能得到很高的转化率。然而这种高压设备价格昂贵，我国目前大多数工厂仍采用中压（200×101.3 kPa）法合成。

（3）升高温度能增大反应速率，对于吸热反应，还能提高转化率。但须注意，有时温度过高会使反应物或生成物分解，加大能源的消耗。

（4）选用催化剂时，需注意催化剂的活化温度，对容易中毒的催化剂需注意原料的纯化，还需考虑催化剂的价格。

现以二氧化硫氧化成三氧化硫为例，来说明如何选择最佳生产工艺条件。

SO_2 氧化成 SO_3 的反应是一个典型的可逆反应：

$$2SO_2(g)+O_2(g) \rightleftharpoons 2SO_3(g) \quad \Delta_r H_m^{\ominus}(298)=-197.8\ kJ\cdot mol^{-1}$$

原料气中，SO_2 的价格较高，来自空气的 O_2 较廉价，故使 O_2 适当过量以提高 SO_2 的转化率（表 3-6）。

表 3-6 原料气的组成及 SO_2 的转化率（500℃）

原料气组成 φ/%			SO_2 转化率 α/%
SO_2	O_2	N_2	
5.0	13.9	81.1	95.0
6.0	12.4	81.6	94.3
7.0	11.0	82.0	93.5
8.0	9.6	82.4	92.9
9.0	8.2	82.8	91.6

温度升高，使 SO_2 的转化率下降。温度降低，虽可提高 SO_2 的转化率，但反应速率减慢。故应选取一个适当的温度（表 3-7）。

表 3-7 相对反应速率①与反应温度之间的关系

t/℃	425	450	475	500	525	550	575
$v_t/v_{425℃}$	1	3.2	5.1	7.7	11.6	16.1	23.8

①原始气体组成：SO_2 7%、O_2 11%、N_2 82%，以 425℃时反应速率为基准的相对反应速率。

从反应方程式看，压力似乎越大越好。但从实验数据（表 3-8）可知，常压下 SO_2 的转化率已很高，不需加压。实际生产正是在常压下进行的。

表 3-8 不同温度下压力对 SO_2 转化率的影响

t/℃ \ α/% \ p/kPa	101.3	506.5	1 013	2 532	10 130
400	99.2	99.6	99.7	99.9	99.9
500	97.5	98.9	99.2	99.5	99.7
600	93.5	96.9	97.8	98.6	99.3
700	85.6	92.9	94.9	96.7	98.3

此外，为提高 SO_2 的转化率，须采用催化剂。几种催化剂的试验结果见图 3-9。

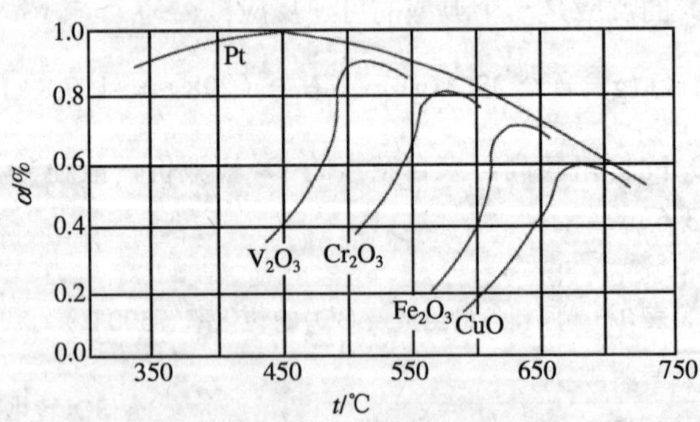

图 3-9 SO_2 氧化成 SO_3 的催化剂选择

综合考虑各种因素，目前一般采取以下措施：

（1）原料配比（体积比）为：7%SO_2、11%O_2（其余是 N_2），O_2 比理论上大大过量。

（2）多次转化、多次吸收。SO_2 通过转化炉后（α 可达 90%）进入吸收塔，其

中的 SO_3 被吸收。剩余气体返回转化炉。因为 SO_3 不断从系统取走，有利于 SO_2 继续转化，总转化率可达 99.7%。

（3）采用 V_2O_5 为催化剂，温度控制在 500℃左右。由于该反应为放热反应，生产中常采用多段催化氧化，通过热交换器将放出的热量不断取走，以维持系统的温度在控制的范围内。

复习与思考题

1. 试简要说明下列化学术语的含义:

（1）化学反应速率

（2）有效碰撞、活化能、活化分子

（3）基元反应、非基元反应、质量作用定律

（4）可逆反应、标准平衡常数、平衡的移动、平衡移动原理

（5）反应商

2. 试用活化分子的概念解释温度、浓度、催化剂是如何影响化学反应速率的？

3.可逆反应达到平衡时的特征是什么？怎样可使平衡移动，请举例说明。

4. 反应 $2N_2O_5 \longrightarrow 4NO_2+O_2$ 在某温度下的实验数据如下:

$c_{N_2O_5}$/(mol·L^{-1})	5.00	3.52	2.48	1.75	1.23	0.87	0.61
t/s	0	500	1 000	1 500	2 000	2 500	3 000

（1）计算反应开始 500 s 和 1 500 s 内的平均速率;

（2）计算 1 500 s 内分别用三种物质表示同一反应的平均速率。

5. 反应 $S_2O_8^{2-}+3I^- \longrightarrow 2SO_4^{2-}+I_3^-$ 在某温度下的实验数据如下:

起始浓度		v/(mol·L^{-1}·s^{-1})
$c_{S_2O_8^{2-}}$/(mol·L^{-1})	c_{I^-}/(mol·L^{-1})	
0.038	0.060	1.4×10^{-5}
0.076	0.060	2.8×10^{-5}
0.076	0.030	1.4×10^{-5}

写出反应的速率方程，指出该反应是否为基元反应。

6. 已知在 660 K 时，反应 $2NO+O_2 \longrightarrow 2NO_2$ 的实验数据如下:

c_{NO}/(mol·L^{-1})	c_{O_2}/(mol·L^{-1})	NO 浓度降低的速度/(mol·L^{-1}·s^{-1})
0.010	0.010	2.5×10^{-3}
0.010	0.020	5.0×10^{-3}
0.030	0.020	45.0×10^{-3}

试计算：（1）写出速率方程、计算速率常数；

（2）当 c_{NO}=0.015 mol·L^{-1}、c_{O_2}=0.025 mol·L^{-1}时，其反应速率应为多少？

7. 写出下列反应标准平衡常数的表达式。

（1）$Al_2O_3(g)+3H_2(g) \rightleftharpoons 2Al(s)+3H_2O(g)$

（2）$CaCO_3(s) \rightleftharpoons CaO(s)+CO_2(g)$

（3）$BiCl_3(aq)+H_2O(l) \rightleftharpoons BiOCl(s)+2HCl(aq)$

（4）$\frac{1}{2}N_2(g)+\frac{3}{2}H_2(g) \rightleftharpoons NH_3(g)$

8. 已知 25℃时反应：

（1）$2BrCl(g) \rightleftharpoons Cl_2(g)+Br_2(g)$的 $K_1^\ominus$=0.45

（2）$I_2(g)+Br_2(g) \rightleftharpoons 2IBr(g)$的 $K_2^\ominus$=0.051

计算反应（3）$2ClBr(g)+I_2(g) \rightleftharpoons 2IBr(g)+Cl_2(g)$的 $K_3^\ominus$。

9. 在一个容器为 500 mL 的密闭容器中，充入 5 mol H_2和 2 mol CO。在一定压力、一定温度和催化剂作用下，发生反应：$2H_2(g)+CO(g) \rightleftharpoons CH_3OH(g)$，经 5 min 后达到平衡状态。若此时测得 CH_3OH 蒸气的浓度为 2 mol·L^{-1}，求：

（1）以 H_2 的浓度变化表示的该反应的速率；

（2）达平衡时 CO 的转化率。

10. 某温度下，Br_2和 Cl_2在 CCl_4溶剂中发生下述反应：

$$Br_2+Cl_2 \rightleftharpoons 2BrCl$$

平衡建立时，$c_{Br_2}=c_{Cl_2}$=0.004 3 mol·L^{-1}，c_{BrCl}=0.011 4 mol·L^{-1}，试求：

（1）反应的平衡常数；

（2）如果平衡建立后，再加入 0.01 mol·L^{-1}的 Br_2 至系统中（体积变化可忽略），计算平衡再次建立时，系统中各组分的浓度。

11. 反应：$H_2(g)+I_2(g) \rightleftharpoons 2HI(g)$在 350℃时 $K^\ominus$=17.0，若在该温度下 H_2、I_2 和 HI 三种气体在一密闭容器中混合，测得其初始分压分别为 405.2 kPa、405.2 kPa 和 202.6 kPa，反应将向何方进行？

12. 1 000℃时，在一盛有 2.0 mol FeO(s)的密闭容器中进行如下反应：

$$FeO(s)+CO(g) \rightleftharpoons Fe(s)+CO_2(g)$$

已知 $K^\ominus$=0.403，问欲制得 1.0 mol 的 Fe(s)，需通入多少摩尔的 CO？

13. 在一密闭容器中，反应：$CO(g)+H_2O(g) \rightleftharpoons CO_2(g)+H_2(g)$的平衡常数 $K^\ominus$= 2.6（476℃），求：

（1）当 H_2O 和 CO 的物质的量之比为 1 时，平衡时 CO 的转化率为多少？

（2）当 H_2O 和 CO 的物质的量之比为 3 时，平衡时 CO 的转化率为多少？

（3）根据计算结果，能得到什么结论？

14. 气体 NH_3 和 HCl 反应生成固体 NH_4Cl，在 300℃时该反应的平衡常数 $K^{\ominus}=17.8$。在同温下若将 NH_3 和 HCl 气体导入一真空容器，假如两组物质起始压力数据如下，各是否有固体 NH_4Cl 生成？

（1）$p_{NH_3}=113.0$ kPa　　$p_{HCl}=152.0$ kPa

（2）$p_{NH_3}=8.10$ kPa　　$p_{HCl}=6.08$ kPa

15. 反应：$NH_4Cl(s) \rightleftharpoons NH_3(g)+HCl(g)$，在 275℃时的平衡常数为 0.010 4。将 1.470 g 固体 NH_4Cl 样品放入 1.50 L 密闭容器中，加热到 275℃，计算：

（1）达平衡时，NH_3 和 HCl 的分压各是多少？

（2）达平衡时，容器中固体 NH_4Cl 的质量为多少？

*16. 体积比为 3∶1 的 H_2 和 N_2 混合气体在催化剂存在下，400℃和 1.00×10^3 kPa 时达到平衡，此时生成 NH_3 的体积分数为 3.80%。计算：

（1）反应的平衡常数；

（2）如欲使生成 NH_3 的体积分数为 5.00%，总压应为多少？

（3）当总压应为 5.00×10^3 kPa 时，NH_3 的体积分数又为多少？

*17. 在 5.0 L 密闭容器中含有相等物质的量的 PCl_3 和 Cl_2，进行反应：

$PCl_3(g)+Cl_2(g) \rightleftharpoons PCl_5(g)$。在 250℃达平衡时（$K^{\ominus}=0.533$），$PCl_5$ 的分压为 100 kPa。求原来 PCl_3 和 Cl_2 物质的量为多少？

原子结构与元素周期律

【学习要求】

1. 了解核外电子运动的特殊性——波粒二象性。
2. 了解原子轨道、波函数、概率、概率密度、电子云的概念，了解原子轨道和电子云的角度分布特征。
3. 掌握四个量子数的量子化条件及其物理意义；掌握电子层、电子亚层、能级和轨道等的含义。
4. 能运用不相容原理，能量最低原理和洪特规则写出一般元素的原子核外电子排布式和价电子构型。
5. 理解原子结构和元素周期表的关系，理解元素若干性质（原子半径、电离能、电子亲和能和电负性）与原子结构的关系，初步掌握其递变规律。

物质世界精彩纷呈，种类繁多。你也许会认为宇宙中必然存在着巨量的各种各样的原子以组成这丰富多彩的物质世界，事实上与物质的种类相比，原子的种类却是出奇的少，物质的多样性并不是由于原子的多样性，而是由于有限种类的原子相互化合的多样性所造成的。化学正是研究物质的产生、组成、结构、性质及其变化规律的科学。迄今经 IUPAC[①]正式公布的已有 109 种元素，其中天然元素有 90 余种，其他为人造元素。

人们对原子、分子的认识经历了一个漫长而又曲折的历程。19 世纪 80 年代，确立了原子—分子论，发现了元素周期律。19 世纪末，物理学的一系列重大发现为近代原子结构理论的建立提供了实验基础，电子、X 射线和放射性的发现，打破了原子不可再分割的旧观点。原子是由带正电荷的原子核和绕核运动的带负电荷的电子所组成，原子核又包含了带正电荷的质子与不带电荷的中子。化学反应不涉及原子核的变化，只是原子核外电子的运动状态发生了改变。因此，本章重点介绍原子核外电子的运动规律和特征，原子核外电子的排布以及元素周期表和元素性质的周期性变化规律。

---

① IUPAC 为国际纯粹与应用化学联合会（International Union of Pure and Applied Chemistry）的缩写。另据报道，已经合成出 110、111、112 号元素。

第一节 氢原子光谱和玻尔原子模型

原子非常小（直径约为 10^{-10} m），一个篮球内所能容纳的原子数目与把地球大小的空球体装满乒乓球的数目相当。由于原子的大小比眼睛所能看见的可见光的波长要短，所以借助显微镜人们也看不见单个的原子（在 20 世纪 80 年代中期，研究人员利用扫描隧道显微镜（STM）间接绘制了原子的轮廓图）。为了对原子结构进行形象的描述，人们沿用了描述宏观物体采用比例模型的方法，提出了原子（概念）模型。在众多的原子模型中，丹麦科学家玻尔（N. Bohr）的原子模型的提出，对原子结构理论的发展起到了重要的作用。

一、氢原子光谱

近代原子结构理论是在氢原子光谱实验研究的基础上建立起来的。用火焰、电弧或电火花等方法灼热气体或蒸气时，它就能发出不同频率的光，这些光通过棱镜（色散系统）后，因折射率不同而被分开，变成一系列按波长长短的次序排列的线条（谱带），这些线条叫做谱线，我们把由谱线（谱带）组成的影像叫做光谱。原子光谱都是线状光谱，每种原子都有自己的特征光谱，它反映了原子本身微观结构上的特征。当氢气受到激发以后所辐射的光线通过棱镜，就产生了氢原子光谱。氢原子光谱（图 4-1）是最简单的一种光谱。

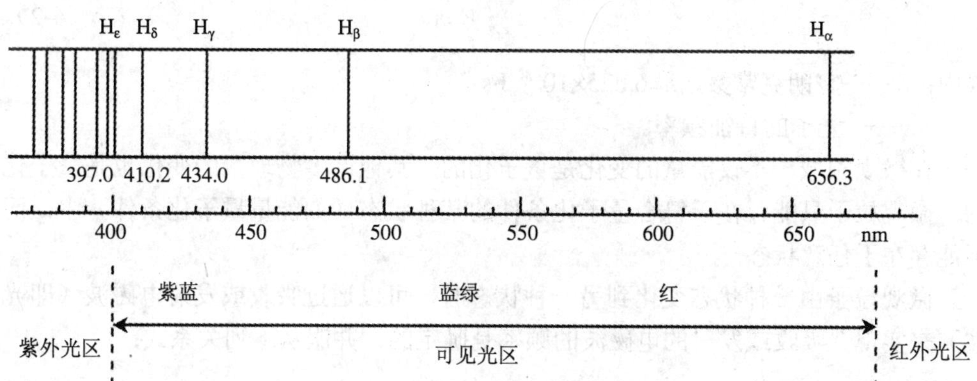

图 4-1 氢原子光谱

氢原子光谱在可见光区有五条比较明显的谱线：H_α、H_β、H_γ、H_δ、H_ε。后来在氢光谱的紫外光区和红外光区分别发现若干谱线。这一系列光谱线组的频率可用下列公式计算：

$$\nu = 3.29 \times 10^{15}\left(\frac{1}{n_1^2} - \frac{1}{n_2^2}\right) \tag{4-1}$$

式中，ν 为谱线频率；n_1、n_2 分别为正整数，且 $n_1 < n_2$，氢原子可见光范围的 5 条谱线的 n_1 等于 2，n_2 分别为 3、4、5、6、7。由式（4-1）可见，氢原子光谱的谱线频率不是任意的，而是随着 n_1 和 n_2 的改变做跳跃式的改变，即频率是不连续的。

经典电磁理论和卢瑟福（E. Rutherford）原子模型不能解释氢原子光谱的实验及其经验公式。这引起了科学家的关注，推动了近代原子结构理论的发展。

二、玻尔原子模型

1913 年，玻尔在卢瑟福原子模型的基础上，引用了德国物理学家普朗克关于辐射的量子论和爱因斯坦的光子学说，提出了原子结构模型假说。

（一）普朗克量子论

量子理论认为微观粒子的能量是量子化的，只能以某一最小单位的整数倍发生变化，即其变化是不连续的、是跳跃式的，这种物理量的不连续变化称为量子化。把不连续变化的物理量的最小单位称为量子，如能量变化的最小单位称为能量子，光的最小能量单位称为光量子，简称光子。一个光子所具有的能量 E 与光的频率 ν 成正比。

$$E=h\nu \tag{4-2}$$

式中：h——普朗克常数，$h=6.625\times10^{-34}$ J·s；

ν——光子的特征频率。

在微观领域，不仅能量的变化是量子化的，其他许多物理量的变化也是量子化的。微观粒子只能存在于符合量子化条件的某种状态（如能量量子化条件）中，而不能存在于任意状态。

微观粒子由一种状态变化到另一种状态时，可以通过吸收或发射电磁波（即光波）来实现。吸收或发射的电磁波的频率是确定的，并服从下列关系式：

$$h\nu=E_2-E_1 \tag{4-3}$$

式中：E_2、E_1——分别表示微观粒子处于两个不同状态时的能量。

根据能量量子化条件，E_2、E_1 是确定的值，因此式中的频率也是确定的值。

由量子论可知，原子光谱中辐射波频率的不连续性是能量量子化的必然结果。

（二）玻尔原子模型的要点

（1）原子核外电子不能在任意的轨道上运动，只能在符合量子化条件的轨道上运动。电子在这种原子轨道上运动时，既不吸收能量也不放出能量，这种轨道称为稳定轨道，沿着某种稳定轨道运动的电子，称为处于某种稳定态。

（2）电子在不同的稳定轨道上运动，其能量状态是不同的，轨道离核越远，能量越高，轨道的这些能量状态称为能级。在正常情况下，电子总是尽量靠近原子核，处于较低的能级。

当原子处于能量最低的状态时称为基态，其他的状态称为激发态。

（3）电子在不同的原子轨道间跃迁时，就要发生能量的辐射或吸收，其值为两种稳定状态的能量差，它与光的频率的关系由式（4-3）可知为：

$$v = \frac{E_2 - E_1}{h}$$

当电子由能量较高（激发态）的各个轨道跃迁回能量较低的各轨道时，同时以光的形式放出能量，表现为一定频率的光，在光谱上就产生了一定频率的特征谱线。

玻尔认为，氢的可见光区各条谱线的产生，是由于电子由能级较高的轨道跃迁回 n=2 的轨道时放出辐射能的结果。氢原子中各轨道的能级见图 4-2（玻尔在建立其模型时，取氢原子中电子与核完全分离，即电离状态为原子能态的零点）。

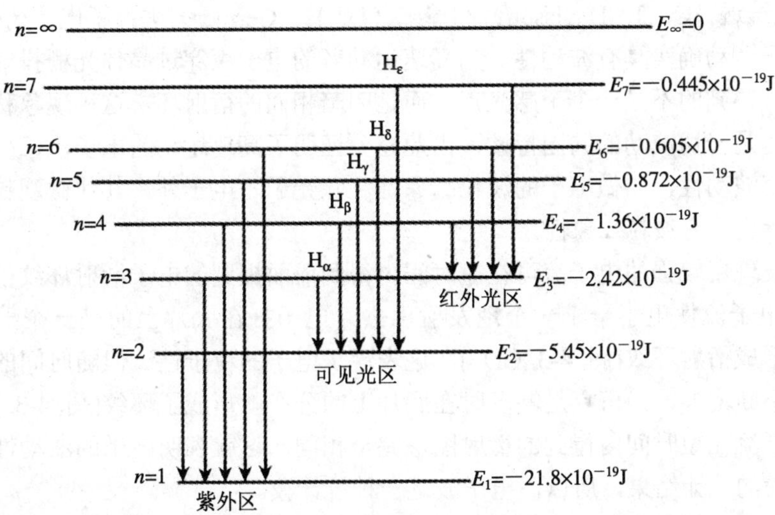

图 4-2 氢原子轨道能级和氢原子光谱产生示意图

玻尔理论成功地解释了氢原子光谱，阐明了谱线的波长（λ）与电子在不同轨道之间跃迁时能级差的关系，因而在原子结构理论的发展过程中作出了很大的贡献。但是该理论不能解释多电子原子光谱、氢原子光谱的精细结构（在精密的分光镜下，发现氢光谱的每一条谱线是由几条波长相差甚微的谱线所组成）等新的实验事实。其原因是该理论没有完全摆脱经典力学的束缚，不能正确反映微观粒子的运动规律，不可能认识到电子这种微观粒子运动的本质。随着量子力学的形成和发展，微观粒子的运动特征才逐渐被认识。

第二节　原子核外电子的运动状态

一、电子的波粒二象性

20 世纪初对光的本性的研究结果，使人们认识到光既具有波动性，又有粒子性。比如，与光的传播有关的现象，如干涉、衍射等，只能用波动性来解释；而光电效应、原子光谱等现象又说明光具有粒子性。所以光既有波动性又有粒子性，称为光的波粒二象性。

从电子的发现和光电效应等实验事实，早就证实了电子的粒子性。电子的质量和体积都很小，但它在原子核外运动的速度却大得惊人，接近光速（$3\times10^8\ m\cdot s^{-1}$）。人们受到光的波粒二象性的启发，想到高速运动的电子是否也具有波粒二象性？1927 年戴维逊（C. J. Davisson）和革末（L. H. Germer）进行了电子衍射实验，证实了电子运动确实具有波动性。当高速运动着的电子束穿过晶体光栅投射到感光底片上时，得到的不是一个个感光点，而是明暗相间的衍射环，这种现象称为电子衍射。衍射是一切波动的共同特性，由此充分证明了高速运动的电子流，除有粒子性外，也有波动性，叫做电子的波粒二象性。除光子、电子外，其他微观粒子如质子、中子等也具有波粒二象性。

人们发现用较强的电子流可在短时间内得到前面提到的电子衍射环纹；若以一束极弱的电子流使电子一个一个地发射出去，电子打在底片上的是一个一个的斑点，并不形成衍射环纹[图 4-3（a）]，这表现了电子的粒子性。但随时间的延长，衍射斑点不断增多，当斑点足够多时在底片上的分布就形成了环纹[图 4-3（b）]，与较强电子流在短时间内得到的衍射图形完全相同。这就表明电子的波动性是电子无数次行为的统计结果，所以，电子波是一种统计波。

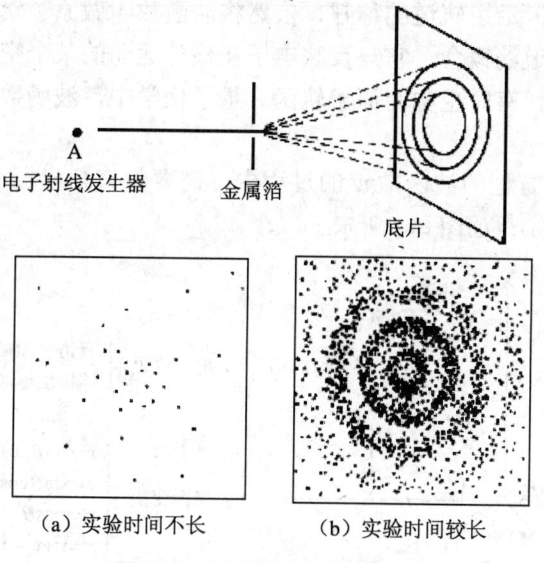

(a) 实验时间不长　　(b) 实验时间较长

图 4-3　电子衍射实验示意图

二、波函数与原子轨道

1926 年奥地利物理学家薛定谔（E. Schrödinger）根据德布罗依关于物质波的观点，引用电磁波的波动方程，提出了描述微观粒子起动规律的波动方程——薛定谔方程，这是一个二阶偏微分方程：

$$(\frac{\partial^2\psi}{\partial x^2}+\frac{\partial^2\psi}{\partial y^2}+\frac{\partial^2\psi}{\partial z^2})+\frac{8\pi^2 m}{h^2}(E-V)\psi=0 \tag{4-4}$$

式中：ψ——波函数；

h——普朗克常数；

m——微粒的质量；

x、y、z——微粒的空间坐标；

E——总能量；

V——势能。

其中描述电子粒子性的物理量是电子的位置坐标、电子的质量、总能量和势能；表征电子波动性的是波函数。因此，薛定谔方程体现了电子运动的波粒二象性的特征。

求解薛定谔方程是一项艰巨而复杂的工作，不是本课程的教学内容，只需要知道它的一些重要结论即可。

解薛定谔方程得到的解是一系列波函数，其中满足一定量子化条件的解是合理的，这些合理的解对应着电子的不同的运动状态，每一个合理解对应一种电子可能的运动状态。因此，沿用轨道的称呼，依然将波函数叫做原子轨道，但已经完全没有了玻尔模型的轨道的概念，它只反映电子在核外运动的某个空间范围。为了与玻尔的原子轨道区别，有时也称为原子轨函。量子化学中，波函数、原子轨道、原子轨函是同义词。

在求解薛定谔方程的波函数ψ的过程中，需要将直角坐标（x，y，z）改成为球极坐标（r，θ，φ），如图 4-4 所示。

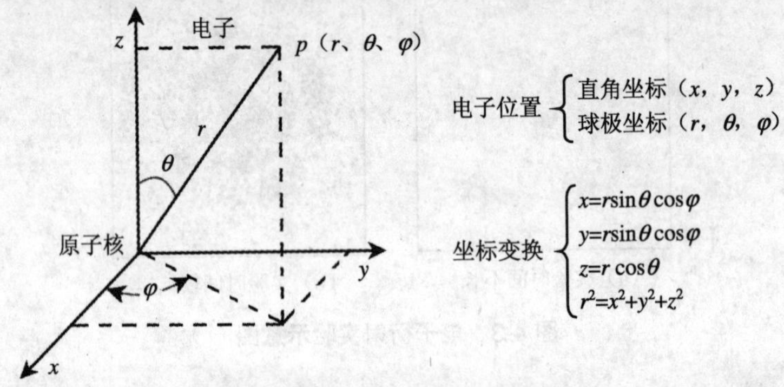

图 4-4　直角坐标和球极坐标的转换关系

由于波函数ψ涉及三个变量（r，θ，φ），为讨论方便起见，通常将波函数分解为两部分：

$$\psi(r,\ \theta,\ \varphi)=R(r)\,Y(\theta,\ \varphi) \tag{4-5}$$

函数 $R(r)$ 是波函数的径向部分，只含一个变量 r，它代表电子运动时离核的远近。由 $R(r)$ 可以了解到电子在核外运动的空间范围的大小；函数 $Y(\theta,\ \varphi)$ 是波函数的角度部分，包含两个变量θ和φ，它表示电子在核周围运动的方位角，由它可以了解电子在核外各个方向上的空间分布；如果将 Y 随θ、φ角的变化作图，即可得波函数的角度分布图（原子轨道角度分布图）。将这两部分综合起来，就可以反映出核外电子的运动状态。

用波函数的数学形式描述核外电子的运动状态不如用其图像更直观，因此，在讨论原子结构时，许多时候是用原子轨道的角度分布图来描述核外电子的运动状态。图 4-5 为波函数的角度分布图。注意，图中的“+”、“−”号表示波函数的角度部分在某一象限数值的正、负，不代表正、负电荷。

- s 轨道为球形对称的。
- p 轨道为哑铃形，在三个轴上有极值分布，每一个极值分布称为一个伸展方向，共有三个伸展方向，依极值分布对称轴的不同分别称为 p_x、p_y、p_z。
- d 轨道为四瓣花形，有 5 个伸展方向。
- f 轨道有 7 个伸展方向，其形状较为复杂，本课程不作介绍。

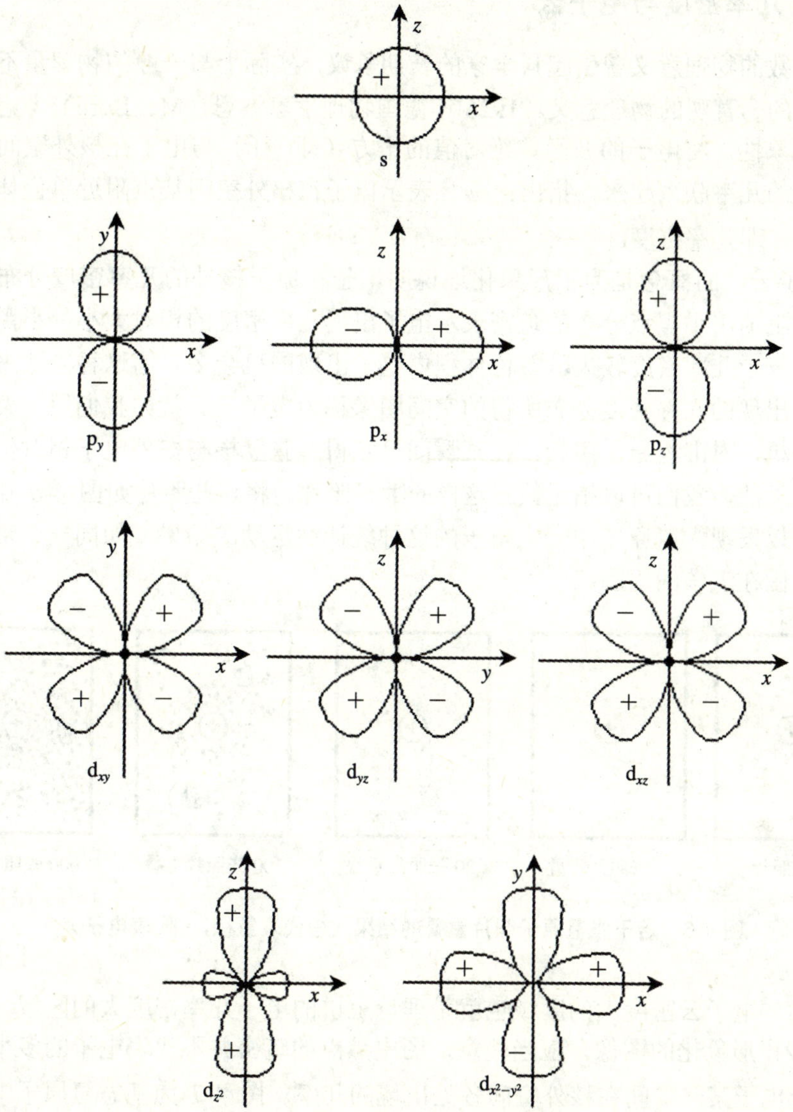

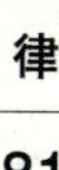

图 4-5 原子轨道角度分布（平面图）

习惯上，将波函数的角度分布图作为原子轨道的直观形象。原子轨道在讨论化学键的形成时非常有用。对其极值的分布及“+”、“−”号应予以特别的关注。

为了更形象地说明原子核外电子的运动状态，有时还借用电子云的概念。

三、几率密度与电子云

波函数的物理意义曾引起科学家的长期争议，实际上与一般的物理量不同，它没有明确的、直观的物理意义。1926 年德国物理学家波恩（M. Born）考虑到电子的波粒二象性，将电子的波函数绝对值的平方（即$|\psi|^2$）与电子在核外空间单位体积内出现的几率联系起来，指出：$|\psi|^2$ 表示电子在核外空间某点附近单位体积内出现的几率，即几率密度。

“电子云”的概念是为了形象化地说明电子在原子核外的几率密度分布而引入的。化学上惯用小黑点分布的疏密表示电子出现几率密度的相对大小。小黑点较密的地方，表示几率密度较大，单位体积内电子出现的机会多。用这种方法来描述电子在核外出现的几率密度分布所得的空间图像称为电子云。就如我们用一架很小的原子照相机，对准氢原子照相，在某瞬间可获得一张氢核与核外电子相对位置的照片。如果可能，我们可以拍无数张这样的瞬时照片。将这些照片如图 4-6 那样重叠起来就可以发现，氢原子中一个电子的这种统计性运动的结果，如同一个带负电荷的云团包围在氢核的周围。

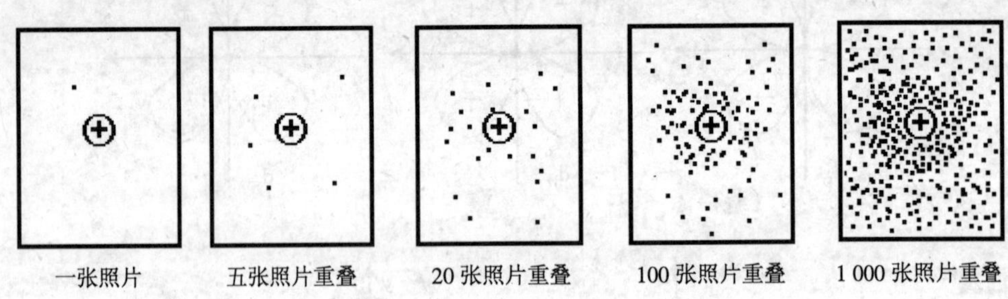

图 4-6　若干张氢原子照片重叠的结果（⊕代表氢核，·代表电子）

显然，电子云密度大的区域也就是理论上讲的电子几率密度大的区域。所以电子云是$|\psi|^2$ 形象化的图像。应当注意，图中黑点的疏密并不代表电子的多少，而是代表一个电子某一瞬间在核外空间各处出现的几率。图 4-7 为基态氢原子中电子的几率密度分布及电子云示意图，图的上部分表示电子的几率密度随其离核远近（r）的变化；下部分表示电子云分布。

类似于作原子轨道角度分布图，也可以作电子云的角度分布图（图 4-8）。电子云的角度分布剖面图与相应的原子轨道角度分布剖面图基本相似，但有两点不同：

（1）原子轨道角度分布图带有正、负号，而电子云角度分布图均为正值（习惯不标出正号）。

（2）电子云角度分布图比原子轨道角度分布图要“瘦”些，这是因为 Y 值一般是小于 1 的，所以$|Y|^2$值就更小些。

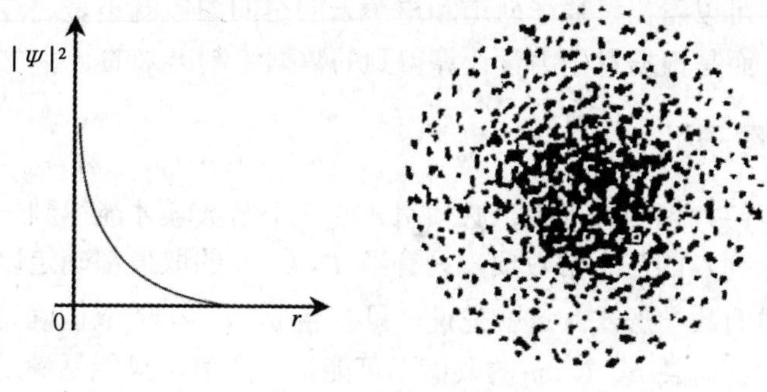

图 4-7　氢原子电子云

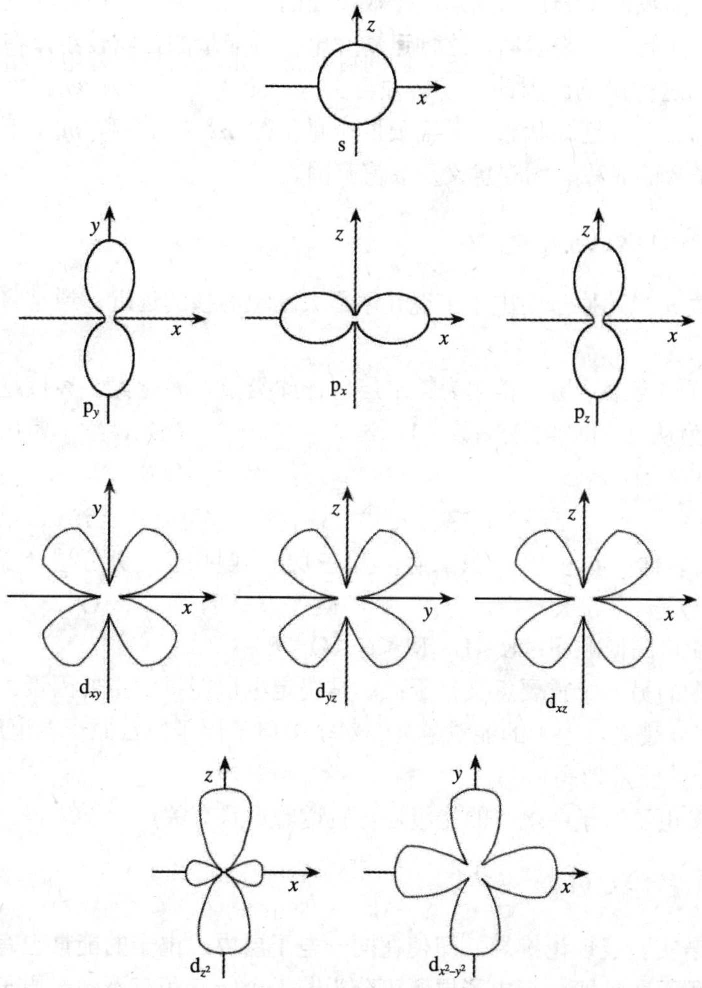

图 4-8　电子云角度分布（平面图）

从以上介绍可以看出，原子轨道和电子云的空间图像既不是通过实验、更不是直接观察到的，而是根据量子力学计算得到的数据绘制出来的。

四、四个量子数

在求解薛定谔方程的过程中，必须引入的三个常数项才能得到一个合理的解。用 n、l、m 表示列入的三个常数项，只有当 n、l、m 的取值都确定以后，波函数 ψ 才有确定的具体的数学形式。这就是说，只有当 n、l、m 的取值确定后，薛定谔方程才有确定的解。而且 n、l、m 的取值不可能是任意值，只能是满足一定条件的特定值，否则，相应的波函数将失去其物理意义。n、l、m 本身的取值必须是量子化的，因此我们把 n、l、m 称为量子数；其次 n、l、m 的取值必须按一种特定的组合关系排列，下面我们将分别介绍这三个取值间的关系。另外，由实验发现，电子除绕核运动外，还具有自旋运动，这种运动对电子总能量的影响较小，在精密的实验中仍能观察到这种影响。因此，还必须再引入一个新的量子数 m_s。由此可知，描述核外电子的某一种运动状态，共需要四个量子数 n、l、m 和 m_s。下面分别予以说明四个量子数的名称、物理意义及取值范围。

（一）主量子数（n）

主量子数 n 描述原子中电子出现几率最大区域离核的远近，通常将其称为电子层，即主层。

离核最近的为第一层，稍远为第二层，依此类推。n 越大，离核越远。主量子数 n 的取值为从 1 开始的正整数（1，2，3，4……）。在光谱学上常用符号来表示电子所处的主层数。

n	1	2	3	4	5	6
电子层名称	第一层	第二层	第三层	第四层	第五层	第六层
光谱符号	K	L	M	N	O	P

电子层能量高低顺序：K<L<M<N<O<P

主量子数的另一个重要意义在于：n 是决定电子能量的主要因素。对于单电子原子或离子，n 越大，电子的能量越高。对于多电子原子，在原子轨道形状相同时，n 越大，电子的能量越高。

可见，多电子原子中电子的能级还与轨道的形状有关。

（二）角量子数（l）

根据光谱实验及理论推导，即使在同一电子层内，电子的能量也有所差别，运动状态也有所不同，即一个电子层还可分为若干个能量稍有不同、原子轨道形状不同的亚层。

角量子数（又称副量子数）l 描述的是电子在核外运动时所处的轨道的形状。l 的取值不同，轨道的形状各异。

它的取值受 n 限制，当 $n=1$ 时，l 只能取 0；$n=2$ 时，l 可以取 0，1。依此类推 $l=0$，1，2，3，…，$(n-1)$，即 l 的最大值为 $n-1$。

l 的每个取值对应着轨道的一种形状。

l	0	1	2	3
亚层符号	s	p	d	f
原子轨道或电子云形状	球形	哑铃形	花瓣形	花瓣形

同一电子层中，随着 l 数值的增大，原子轨道能量也依次升高，即 $E_{ns}<E_{np}<E_{nd}<E_{nf}$。故从能量角度讲，每一个亚层有不同的能量，也常称之为相应的能级。与主量子数决定的电子层间的能量差别相比，角量子数决定的亚层间的能量差要小得多。

（三）磁量子数（m）

根据光谱线在磁场中会发生分裂的现象得出：原子轨道不仅有一定的形状，并且还具有不同的空间伸展方向。磁量子数（m）就是用来描述原子轨道在空间的伸展方向的。磁量子数（m）的取值受角量子数的制约。当角量子数为 l 时，m 的取值可以从 $+l$ 到 $-l$ 并包括 0 在内的 $2l+1$ 个值，即 $m=0$，±1，±2，…，$\pm l$。每个取值表示亚层中的一个有一定空间伸展方向的轨道。因此，一个亚层中 m 有几个数值，该亚层中就有几个不同伸展方向的同类的轨道。n，l，m 的关系见表 4-1。

表 4-1 n，l 和 m 的关系

主量子数（n）	1	2		3			4			
电子层符号	K	L		M			N			
角量子数（l）	0	0	1	0	1	2	0	1	2	3
电子亚层符号	1s	2s	2p	3s	3p	3d	4s	4p	4d	4f
磁量子数（m）	0	0	0 ±1	0	0 ±1	0 ±1 ±2	0	0 ±1	0 ±1 ±2	0 ±1 ±2 ±3
亚层轨道数（$2l+1$）	1	1	3	1	3	5	1	3	5	7
电子层轨道数 n^2	1	4		9			16			

如当 n=1，l=0 时，m=0，表示 1s 亚层在空间只有一种伸展方向（球形对称）。

当 n=2，l=1 时，m=0，+1，−1，表示 2p 亚层中有三个空间伸展方向不同的 p 轨道，即 p_x，p_y，p_z 原子轨道。

当 n=3，l=2 时，m=0，±1，±2，表示 3d 亚层中有五个空间伸展方向不同的 d 轨道，即 d_{xy}，d_{xz}，d_{yz}，d_{z^2}，$d_{x^2-y^2}$ 原子轨道。

磁量子数 m 与原子轨道的能量无关。当 n，l 相同，m 不同的原子轨道（即形状相同，空间取向不同）其能量是相同的，这些能量相同的各原子轨道称为简并轨道或等价轨道。如：np_x，np_y，np_z 为等价轨道；nd_{xy}，nd_{xz}，nd_{yz}，nd_{z^2}，$nd_{x^2-y^2}$ 也是等价轨道。

综上所述，用 n，l，m 三个量子数即可决定一个特定原子轨道的大小、形状和伸展方向。

（四）自旋量子数（m_s）

电子除绕核运动外，本身还做两种相反方向的自旋运动，描述电子自旋运动的量子数称为自旋量子数。取值为 $+\frac{1}{2}$ 和 $-\frac{1}{2}$，用符号“↑”和“↓”表示。由于自旋量子数只有 2 个取值，因此每个原子轨道最多可以容纳 2 个电子。

以上讨论了四个量子数的意义和它们之间的既相互联系又相互制约的关系。有了这四个量子数就能够比较全面地描述一个核外电子的运动状态。如原子轨道的分布范围、轨道形状和伸展方向以及电子的自旋状态等。此外，由 n 值可以确定 l 的最大限量（几个亚层或能级）；由 l 值又可以确定 m 的最大限量（几个伸展方向或几个等价轨道），这样就可以推算出各电子层和各亚层上的轨道总数，见表 4-1。再结合 m_s，也很容易得出各电子层和各亚层的电子最大容量。

【例 4-1】 某一多电子原子，试讨论在其第三电子层上：

（1）亚层数是多少？请用符号表示各亚层。

（2）各亚层上的轨道数是多少？该电子层上的轨道总数是多少？

（3）哪些是等价轨道？

（4）最多能容纳多少电子？

解：第三电子层，即主量子数 n=3

（1）亚层数是由角量子数 l 的数目确定的。n=3 时，l 可以取三种值，即 l=0，1，2。故第三电子层上有三个亚层，分别为 3s、3p、3d。

（2）各亚层上轨道数目由磁量子数 m 的取值确定的：

当 n=3 及 l=0 时，m=0，即只有一个 3s 轨道。

当 n=3 及 l=1 时，m=0，−1，+1，即可有 3 个 3p 轨道：$3p_x$、$3p_y$、$3p_z$。

当 n=3 及 l=2 时，m=0，±1，±2，即可有 5 个 3d 轨道：$3d_{xy}$、$3d_{yz}$、$3d_{xz}$、$3d_{z^2}$、

$3d_{x^2-y^2}$；故第三电子层上共有 9 条轨道。

（3）等价轨道是能量相同的轨道，轨道的能量主要由 n，其次是 l 决定，所以 n、l 相同的轨道具有相同的能量；故等价轨道分别为 3 个 3p 和 5 个 3d 轨道。

（4）每条轨道上最多能容纳自旋反平行的两个电子。故第三电子层上最多能容纳 2×9=18 个电子。

第三节 原子中电子的排布

一、多电子原子轨道的能级

氢原子核外只有一个电子，它的原子轨道能级只取决于主量子数 n。在多电子原子中，由于电子间的相互排斥作用，使得原子轨道能量除决定于主量子数 n 以外，还与角量子数 l 有关。原子中各原子轨道能级的高低主要根据光谱实验确定，但也可从理论上去推算。原子轨道能级的相对高低情况，若用图示法近似表示，就是所谓近似能级图。在无机化学中比较实用的是鲍林（L. Pauling）近似能级图，见图 4-9。在图中，每一个小圆圈代表一个原子轨道，小圆圈位置的高低表示原子轨道能级的高低。

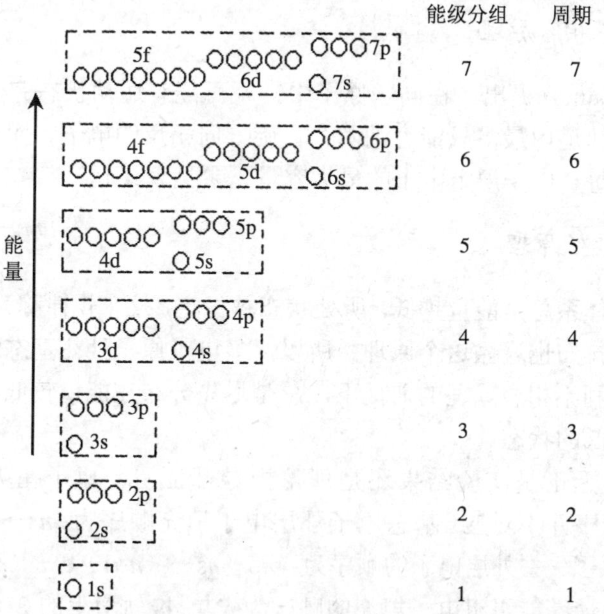

能量	能级分组	周期
7s 5f 6d 7p	7	7
6s 4f 5d 6p	6	6
5s 4d 5p	5	5
4s 3d 4p	4	4
3s 3p	3	3
2s 2p	2	2
1s	1	1

图 4-9 原子轨道近似能级图

近似能级图按照能量由低到高的顺序排列，并将能量相近的能级划分成若干个能级组，用虚线框起来，通常分为七个能级组。能级组之间的能量差较大，能级组内的能量差较小。每个能级组（除第一能级组）都是从 s 能级开始，于 p 能级终止。能级组数等于核外电子层数。从图 4-9 可以看出：

（1）主量子数相同时，角量子数越大，轨道的能级越高。

$$E_{ns}<E_{np}<E_{nd}<E_{nf}$$

（2）角量子数相同时，轨道的能级取决于主量子数 n，n 越大，其能级越高。如：

$$E_{1s}<E_{2s}<E_{3s}\cdots$$

（3）同一原子中的第三层以上的电子层中，不同类型的亚层之间，在能级组中常出现能级交错现象。例如：

$$E_{4s}<E_{3d}<E_{4p};\ E_{5s}<E_{4d}<E_{5p};\ E_{6s}<E_{4f}<E_{5d}<E_{6p}$$

必须指出，鲍林近似能级图反映了多电子原子中原子轨道能量的近似高低，较好地解决了电子填充的次序问题，但不能认为所有元素原子中的能级高低都是一成不变的，更不能用它来比较不同元素原子轨道能级的相对高低。

二、基态原子中电子的排布原理

通过对原子光谱实验结果与原子中电子排布的关系研究，人们归纳、总结出原子处于基态时，核外电子排布的三个基本原理。

（一）泡利不相容原理

泡利（W. Pauli）提出：在同一原子中，不可能有运动状态完全相同的两个电子存在，即同一轨道内最多只能容纳两个自旋方向相反的电子。应用泡利不相容原理，可以推算出每一电子层上电子的最大容量。参见表 4-1。

（二）能量最低原理

自然界任何体系总是能量越低，所处状态越稳定，这个规律称为能量最低原理，原子核外电子的排布也遵循这个原理。所以，多电子原子处在基态时，核外电子的分布在不违反泡利不相容原理的前提下，总是尽先分布在能量较低的轨道上，以使原子处于能量最低的状态。

需要指出，无论是实验结果还是理论推导都证明：原子在失去电子时的次序与填充时的次序并不对应。基态原子外层电子填充顺序为：ns→（n–2）f→（n–1）d→np；而基态原子失去外层电子的顺序为：np→ns→（n–1）d→（n–2）f。

例如，Fe 的最高能级组电子填充的顺序为先填 4s 轨道上的 2 个电子，再填 3d 轨道上的 6 个电子；而在失去电子时，却是先失去 2 个 4s 电子（变为 Fe^{2+}离子），再失去 1 个 3d 电子（变为 Fe^{3+}离子）。

（三）洪特规则

洪特（F. Hund）提出：在同一亚层的等价轨道上，电子将尽可能地占据不同的轨道，并且自旋方向相同（这样排布时能量最低）。例如，$_7N$ 原子的电子排布式为 $1s^22s^22p^3$，其轨道上的电子排布为：1s ⇅ 2s ⇅ 2p ↑ ↑ ↑

而不是 1s ⇅ 2s ⇅ 2p ⇅ ↑ ○ 或 1s ⇅ 2s ⇅ 2p ↑ ↓ ↑

此外，根据光谱实验结果，又归纳出了一个规律：在等价轨道中，电子处于全充满、半充满、全空时的状态能量较低，体系稳定。即：

p^6 或 d^{10} 或 f^{14}　　全充满

p^3 或 d^5 或 f^7　　半充满

p^0 或 d^0 或 f^0　　全　空

例如铬和铜原子核外电子的排布式：

$_{24}Cr$ 不是 $1s^22s^22p^63s^23p^63d^44s^2$，而是 $1s^22s^22p^63s^23p^63d^54s^1$。$3d^5$ 为半充满。

$_{29}Cu$ 不是 $1s^22s^22p^63s^23p^63d^94s^2$，而是 $1s^22s^22p^63s^23p^63d^{10}4s^1$。$3d^{10}$ 为全充满。

为了书写方便，以上两例的电子排布式也可简写为：

$_{24}Cr$：[Ar] $3d^54s^1$　　$_{29}Cu$：[Ar]$3d^{10}4s^1$

方括号中所列稀有气体表示该原子内层的电子结构与此稀有气体原子的电子结构相同，[Ar]、[Kr]、[Xe]等称为原子实（也叫原子芯）。

三、基态原子中核外电子的排布

应用鲍林近似能级图，再根据泡利不相容原理、能量最低原理和洪特规则，就可以写出元素周期表中绝大多数元素的核外电子分布式（对于少数不相符的，还应以光谱实验结果为准），见表 4-2。

（一）核外电子的填充顺序

电子在核外的分布依电子分布三原则，按鲍林能级图的能级顺序依次填充。顺序为：1s2s2p3s3p4s3d4p5s4d5p6s4f5d6p7s5f6d7p，按从左到右的顺序依次填充。

（二）核外电子分布式

将电子按上述顺序充填并在轨道符号的右上角标出电子的数目即为核外电子分布式。

11 号元素 Na 的电子分布式为：$1s^22s^22p^63s^1$；

19 号元素 K 的电子分布式为：$1s^22s^22p^63s^23p^64s^1$；

26 号元素 Fe 的电子分布式为：$1s^22s^22p^63s^23p^64s^23d^6$。

表 4-2　基态原子的电子分布

周期	原子序数	元素名称	元素符号	电子分布式
（一）	1	氢	H	$1s^1$
	2	氦	He	$1s^2$
（二）	3	锂	Li	$[He]2s^1$
	4	铍	Be	$[He]2s^2$
	5	硼	B	$[He]2s^22p^1$
	6	碳	C	$[He]2s^22p^2$
	7	氮	N	$[He]2s^22p^3$
	8	氧	O	$[He]2s^22p^4$
	9	氟	F	$[He]2s^22p^5$
	10	氖	Ne	$[He]2s^22p^6$
（三）	11	钠	Na	$[Ne]3s^1$
	12	镁	Mg	$[Ne]3s^2$
	13	铝	Al	$[Ne]3s^23p^1$
	14	硅	Si	$[Ne]3s^23p^2$
	15	磷	P	$[Ne]3s^23p^3$
	16	硫	S	$[Ne]3s^23p^4$
	17	氯	Cl	$[Ne]3s^23p^5$
	18	氩	Ar	$[Ne]3s^23p^6$
（四）	19	钾	K	$[Ar]4s^1$
	20	钙	Ca	$[Ar]4s^2$
	21	钪	Sc	$[Ar]3d^14s^2$
	22	钛	Ti	$[Ar]3d^24s^2$
	23	钒	V	$[Ar]3d^34s^2$
	24	铬	Cr	$[Ar]3d^54s^1$
	25	锰	Mn	$[Ar]3d^54s^2$
	26	铁	Fe	$[Ar]3d^64s^2$
	27	钴	Co	$[Ar]3d^74s^2$
	28	镍	Ni	$[Ar]3d^84s^2$
	29	铜	Cu	$[Ar]3d^{10}4s^1$
	30	锌	Zn	$[Ar]3d^{10}4s^2$
	31	镓	Ga	$[Ar]3d^{10}4s^24p^1$
	32	锗	Ge	$[Ar]3d^{10}4s^24p^2$
	33	砷	As	$[Ar]3d^{10}4s^24p^3$
	34	硒	Se	$[Ar]3d^{10}4s^24p^4$
	35	溴	Br	$[Ar]3d^{10}4s^24p^5$
	36	氪	Kr	$[Ar]3d^{10}4s^24p^6$

周期	原子序数	元素名称	元素符号	电子分布式
	37	铷	Rb	$[Kr]5s^{1}$
	38	锶	Sr	$[Kr]5s^{2}$
	39	钇	Y	$[Kr]4d^{1}5s^{2}$
	40	锆	Zr	$[Kr]4d^{2}5s^{2}$
	41	铌	Nb	$[Kr]4d^{4}5s^{1}$
	42	钼	Mo	$[Kr]4d^{5}5s^{1}$
	43	锝	Tc	$[Kr]4d^{5}5s^{2}$
	44	钌	Ru	$[Kr]4d^{7}5s^{1}$
	45	铑	Rh	$[Kr]4d^{8}5s^{1}$
（五）	46	钯	Pd	$[Kr]4d^{10}$
	47	银	Ag	$[Kr]4d^{10}5s^{1}$
	48	镉	Cd	$[Kr]4d^{10}5s^{2}$
	49	铟	In	$[Kr]4d^{10}5s^{2}5p^{1}$
	50	锡	Sn	$[Kr]4d^{10}5s^{2}5p^{2}$
	51	锑	Sb	$[Kr]4d^{10}5s^{2}5p^{3}$
	52	碲	Te	$[Kr]4d^{10}5s^{2}5p^{4}$
	53	碘	I	$[Kr]4d^{10}5s^{2}5p^{5}$
	54	氙	Xe	$[Kr]4d^{10}5s^{2}5p^{6}$
	55	铯	Cs	$[Xe]6s^{1}$
	56	钡	Ba	$[Xe]6s^{2}$
	57	镧	La	$[Xe]5d^{1}6s^{2}$
	58	铈	Ce	$[Xe]4f^{1}5d^{1}6s^{2}$
	59	镨	Pr	$[Xe]4f^{3}6s^{2}$
	60	钕	Nd	$[Xe]4f^{4}6s^{2}$
	61	钷	Pm	$[Xe]4f^{5}6s^{2}$
	62	钐	Sm	$[Xe]4f^{6}6s^{2}$
	63	铕	Eu	$[Xe]4f^{7}6s^{2}$
（六）	64	钆	Gd	$[Xe]4f^{7}5d^{1}6s^{2}$
	65	铽	Tb	$[Xe]4f^{9}6s^{2}$
	66	镝	Dy	$[Xe]4f^{10}6s^{2}$
	67	钬	Ho	$[Xe]4f^{11}6s^{2}$
	68	铒	Er	$[Xe]4f^{12}6s^{2}$
	69	铥	Tm	$[Xe]4f^{13}6s^{2}$
	70	镱	Yb	$[Xe]4f^{14}6s^{2}$
	71	镥	Lu	$[Xe]4f^{14}5d^{1}6s^{2}$
	72	铪	Hf	$[Xe]4f^{14}5d^{2}6s^{2}$
	73	钽	Ta	$[Xe]4f^{14}5d^{3}6s^{2}$
	74	钨	W	$[Xe]4f^{14}5d^{4}6s^{2}$

周期	原子序数	元素名称	元素符号	电子分布式
（六）	75	铼	Re	$[Xe]4f^{14}5d^{5}6s^{2}$
	76	锇	Os	$[Xe]4f^{14}5d^{6}6s^{2}$
	77	铱	Ir	$[Xe]4f^{14}5d^{7}6s^{2}$
	78	铂	Pt	$[Xe]4f^{14}5d^{9}6s^{1}$
	79	金	Au	$[Xe]4f^{14}5d^{10}6s^{1}$
	80	汞	Hg	$[Xe]4f^{14}5d^{10}6s^{2}$
	81	铊	Tl	$[Xe]4f^{14}5d^{10}6s^{2}6p^{1}$
	82	铅	Pb	$[Xe]4f^{14}5d^{10}6s^{2}6p^{2}$
	83	铋	Bi	$[Xe]4f^{14}5d^{10}6s^{2}6p^{3}$
	84	钋	Po	$[Xe]4f^{14}5d^{10}6s^{2}6p^{4}$
	85	砹	At	$[Xe]4f^{14}5d^{10}6s^{2}6p^{5}$
	86	氡	Rn	$[Xe]4f^{14}5d^{10}6s^{2}6p^{6}$
（七）	87	钫	Fr	$[Rn]7s^{1}$
	88	镭	Ra	$[Rn]7s^{2}$
	89	锕	Ac	$[Rn]6d^{1}7s^{2}$
	90	钍	Th	$[Rn]6d^{2}7s^{2}$
	91	镤	Pa	$[Rn]5f^{2}6d^{1}7s^{2}$
	92	铀	U	$[Rn]5f^{3}6d^{1}7s^{2}$
	93	镎	Np	$[Rn]5f^{4}6d^{1}7s^{2}$
	94	钚	Pu	$[Rn]5f^{6}7s^{2}$
	95	镅	Am	$[Rn]5f^{7}7s^{2}$
	96	锔	Cm	$[Rn]5f^{7}6d^{1}7s^{2}$
	97	锫	Bk	$[Rn]5f^{9}7s^{2}$
	98	锎	Cf	$[Rn]5f^{10}7s^{2}$
	99	锿	Es	$[Rn]5f^{11}7s^{2}$
	100	镄	Fm	$[Rn]5f^{12}7s^{2}$
	101	钔	Md	$[Rn]5f^{13}7s^{2}$
	102	锘	No	$[Rn]5f^{14}7s^{2}$
	103	铹	Lr	$[Rn]5f^{14}6d^{1}7s^{2}$
	104		Rf	$[Rn]5f^{14}6d^{2}7s^{2}$
	105		Db	$[Rn]5f^{14}6d^{3}7s^{2}$
	106		Sg	$[Rn]5f^{14}6d^{4}7s^{2}$
	107		Bh	$[Rn]5f^{14}6d^{5}7s^{2}$
	108		Hs	$[Rn]5f^{14}6d^{6}7s^{2}$
	109		Mt	$[Rn]5f^{14}6d^{7}7s^{2}$

第四节　原子核外电子排布与元素周期率

人们根据大量的实验事实总结得出：元素及其形成的单质与化合物的性质，随着原子序数（核电荷数）的递增，呈现周期性变化，这一规律称为元素周期律。元素周期律的图表形式称为元素周期表，常用的长式周期表附于本书末。随着原子结构理论的深入发展，周期系的本质也就被不断地揭示出来，现分几个问题讨论如下。

一、周期与能级组

周期表中一个横行叫一个周期，周期表中现有 7 个周期。按周期中所含元素的多少将周期表分为特短周期（第 1 周期），短周期（第 2，第 3 周期），长周期（第 4、第 5 周期），超长周期（第 6 周期）和未完成周期（第 7 周期，若填满也为超长周期，但目前仍有空缺，因此称为不完全周期）。

由表 4-3 可以看出，每建立一个新能级组，即出现一个新的周期。元素在周期表中所处的周期数就是其电子充填的最高能级组数（或核外电子层数）；而每一周期的元素数目等于该能级组中各轨道所能容纳的电子总数。

表 4-3　能级组与周期的关系

周期		能级组		原子序数	可填充电子数	元素种数
特短周期	1	Ⅰ	1s	1～2	2	2
短周期	2	Ⅱ	2s2p	3～10	8	8
	3	Ⅲ	3s3p	11～18	8	8
长周期	4	Ⅳ	4s3d4p	19～36	18	18
	5	Ⅴ	5s4d5p	37～54	18	18
超长周期	6	Ⅵ	6s4f5d6p	55～86	32	32
未完周期	7	Ⅶ	7s5f6d7p	87～未完	23（未填满）	23（尚待发现）

每一周期中的元素随着原子序数的递增，总是从活泼的碱金属开始（第 1 周期例外），逐渐过渡到稀有气体为止。对应于其电子结构的能级组则总是从 ns^1 开始至 np^6 结束，如此周期性地重复出现。在长周期或超长周期中，其电子层结构还夹着（n−1）d 或（n−2）f，（n−1）d 亚层。

可见，元素划分为周期的本质在于能级组的划分。元素性质周期性的变化，是原子核外电子层结构周期性变化的反映。

二、族与价层电子构型

电子构型是指局部的电子分布，原子的最外层和次外层电子构型对原子的性质影响较大；原子参加化学反应时仅涉及其最高能级组的电子构型的变化，我们把能用于成键的电子叫做价电子。价电子所在的亚层统称为价电子层，简称价层。原子的价层电子构型，是指价层电子的排布式，它能反映出该元素原子在电子层结构上的特征。

周期表中共有 18 个纵行，分为 8 个主（A）族和 8 个副（B）族。同族元素虽然电子层数不同，但价层电子构型基本相同（少数例外），所以原子的价层电子构型相同是元素分族的实质，元素在周期表中的族数取决于元素的价层电子构型。

（一）主族元素

在各族号罗马数字旁加 A 表示主族。周期表中共有 8 个主族，即ⅠA～ⅧA。凡原子核外最后一个电子填入 ns 或 np 亚层上的元素，都是主族元素。其价层电子构型为 $ns^{1\sim2}$ 或 $ns^2np^{1\sim6}$，价电子总数等于其族数。例如，元素 $_{17}Cl$ 核外电子排布式为 $1s^22s^22p^63s^23p^5$，最后的电子填入 3p 亚层，为主族元素，其价层电子构型为 $3s^23p^5$，即ⅦA 族。

ⅧA 族为稀有气体。这些元素原子的最外层（$nsnp$）上电子都已填满，价层电子构型为 ns^2np^6，成为 8 电子稳定结构（He 只有 2 个电子即 $1s^2$）。它们的化学性质很不活泼，故过去曾称为零族或惰性气体。

（二）副族元素

在各族号罗马数字旁加 B 表示副族。周期表中共有 8 个副族，即ⅠB～ⅧB（其中ⅧB 族也称Ⅷ族）。凡是原子核外最后一个电子填入（n–1）d 或（n–2）f 亚层上的元素，都是副族元素，也称过渡元素（最后一个电子填在（n–2）f 亚层上的元素，称内过渡元素）。$(n-1)d^{1\sim10}$，$ns^{1\sim2}$ 为过渡元素的价层电子构型。ⅢB 到ⅦB 族元素原子的价层电子总数等于其族数。ⅧB 族有三个纵列，它们的价层电子构型为 $(n-1)d^{6\sim10}ns^{0\sim2}$（$_{46}Pd$ 无 ns 电子），价层电子总数为 8～10 个，ⅧB 族的多数元素在化学反应中表现出的价电子数并不等于其族数。ⅠB，ⅡB 族元素由于其（n–1）d 亚层已经填满，所以最外层（即 ns）上的电子数等于其族数。

这种划分主、副族的方法，将主族割裂为前后两部分，且副族的排列也不是由低到高，ⅧB 族又包含 8，9，10 三列，其依据不多。IUPAC 于 1988 年建议将 18 列定为 18 个族，不分主、副族，并仍以元素的价层电子构型作为族的特征列出。这样虽然避免了上述问题，但 18 族不分类，显得多而乱，不易为初学者把握，故本书仍使用过去的主、副族分类法。

（三）周期表中元素的分区

元素的化学性质主要决定于价电子，而周期表中“区”的划分主要是基于价电子构型的不同。根据元素最后 1 个电子填充的能级不同，将周期表中的元素分为 5 个区，如图 4-10 所示。

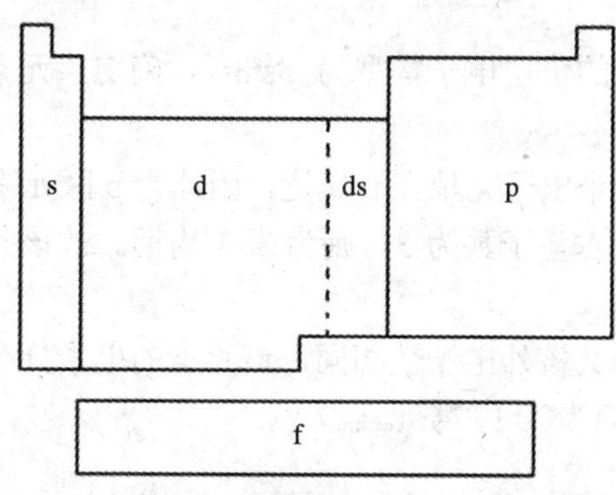

图 4-10　周期表中元素分区

s 区元素：最后 1 个电子填充在 s 轨道上的元素，价电子的构型是 ns^1 或 ns^2，位于周期表的左侧，包括ⅠA 族和ⅡA 族，它们容易失去电子形成+1 或+2 价离子，它们是活泼金属。

p 区元素：最后 1 个电子填充在 p 轨道上的元素，价电子构型是 $ns^2np^{1\sim6}$，位于长周期表右侧，包括ⅢA～ⅦA 族元素。稀有气体元素也属于 p 区。

s 区和 p 区的共同特点是：最后 1 个电子都排布在最外层，最外层电子的总数等于该元素的族数。s 区和 p 区就是按族划分的周期表中的主族。

d 区元素：它的电子构型是（n–1）$d^{1\sim9}ns^{1\sim2}$，最后 1 个电子基本都是填充在次外层，即（n–1）层 d 轨道上的元素（个别也有例外），位于长周期的中部。这些元素常有可变化的氧化态。它包括ⅢB～ⅦB 族和ⅧB 族元素。

ds 区元素：价电子层结构是（n–1）$d^{10}ns^{1\sim2}$，即次外层 d 轨道是充满的，最外层轨道上有 1～2 个电子。它们既不同于 p 区，也不同于 d 区，故称为 ds 区，它包括ⅠB 族和ⅡB 族，周期表中处于 d 区和 p 区之间。

f 区元素：价电子层结构是（n–2）$f^{0\sim14}$（n–1）$d^{0\sim2}$ ns^2，最后 1 个电子填充在 f 轨道上，它包括镧系和锕系元素，由于本区包括的元素数较多（各有 15 种元素），故常将其列于周期表之下。

综上所述，原子的电子层结构与元素周期表之间有着密切的关系。对于多数元素来说，如果知道了元素的原子序数，便可写出该元素原子的电子层结构，从而判断其在周期表中的位置；反之，如果已知某元素在周期表中的位置（周期数和族数），也可写出该元素原子的电子层结构，也可推知它的原子序数。

【例 4-2】 确定 25 号元素在周期表中的位置。

解：25 号元素的价层电子构型为 $3d^54s^2$，由于 3d 未充满，即其最后一个电子充填入 d 轨道，因此为 d 区元素；价层（$3d^54s^2$）电子数为 7，为第ⅦB 族；最大主量子数为 4，因而是第 4 周期元素。即该元素位于周期表 d 区，第 4 周期，第ⅦB 族。

【例 4-3】 某元素的价层电子构型为 $3s^23p^5$，确定该元素在周期表中的位置，并推断其原子序数。

解：由于其最后一个电子充填在 p 轨道，因此为 p 区元素；最外层电子数为 7，因而为第ⅦA 族；最大主量子数为 3，则为第 3 周期。故该元素的位置为 p 区，第 3 周期，第ⅦA 族。

元素的原子序数与其核外电子数相同，该元素的电子分布式为 $1s^22s^22p^63s^23p^5$，电子总数为 17 个，因而为第 17 号元素。

第五节　元素性质的周期性

元素的性质由其内部结构所决定。由于元素原子的电子层结构呈周期性变化，导致了元素基本性质呈周期性变化。元素的基本性质是指其原子半径、电离能、电子亲和能和电负性等。

一、有效核电荷数（Z^*）

有效核电荷数是指作用于某一电子上的实际的核电荷数。

在多电子原子中，由于内层电子和同层电子对某一电子的相互排斥，相当于抵消了一部分核电荷对该电子的作用，使实际作用于该电子上的有效核电荷数降低。这种作用称为屏蔽效应。若用 Z 表示核电荷数，用 Z^*表示有效核电荷数，则屏蔽效应的大小可用屏蔽常数（σ）来表示：

$$Z^*=Z-\sigma$$

可见屏蔽常数可以理解为被抵消的那部分核电荷。

在周期表中元素的原子序数依次递增，原子核外电子层结构呈周期性变化。由于屏蔽常数σ与电子层结构有关，所以有效核电荷也呈现周期性的变化。

根据理论计算，有效核电荷与原子序数的关系如图 4-11 所示。

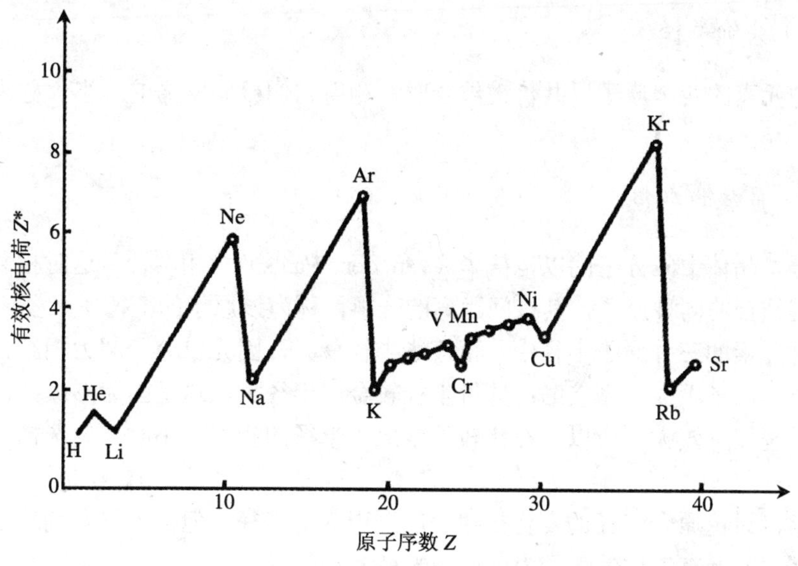

图 4-11　有效核电荷的周期性变化

由该图可以看出：(1) 有效核电荷随原子序数增加而增加，并呈周期性变化。(2) 同一周期的主族元素，从左到右随原子序数的增加，Z^*有明显的增加，而副族元素 Z^*增加的幅度要小许多。造成这种差别的原因是前者为同层电子之间的屏蔽，屏蔽作用较小；而后者是内层电子对外层电子的屏蔽，屏蔽作用较大。(3) 同族元素由上到下，虽然核电荷增加得较多，但上、下相邻两元素的原子依次增加一个电子层，屏蔽常数较大，故有效核电荷增加得并不多。

二、原子半径（r）

原子半径是元素的一个重要参数，对元素及化合物的性质有较大影响。严格地说，由于核外电子的运动具有波动性，电子云没有明显的边界，所以原子的大小无法直接测定。现在讨论的原子半径是人为规定的物理量。在单质或化合物中元素的原子往往以化学键结合的形式存在，可以通过测定原子核间的距离求得所谓的原子半径。

通常所说的原子半径，是根据相邻原子间作用力（化学键）的差异来定义的，常用的有以下三种。

（一）金属半径

把金属晶体看成是由金属原子紧密堆积而成。因此，测得两相邻金属原子核间距离的一半，称为该金属原子的金属半径。

（二）共价半径

同种元素的两个原子以共价键结合时，测得它们核间距离的一半，称为该原子的共价半径。

（三）范德华半径

在分子晶体中，分子间以范德华（van der Waals）力相结合，这时相邻分子间两个非键结合的同种原子，其核间距离的一半，称为该原子的范德华半径。

同种元素的三种原子半径中，范德华半径最大，因为以分子间力相结合时，结合力较小，原子不能紧密接触；共价半径较金属半径大，这是因为形成共价键时，轨道的重叠程度较大。所以，在比较元素原子半径的相对大小时，要选择同一类型的原子半径。

通常，讨论原子半径的变化规律一般采用共价半径，但由于稀有气体不形成共价键，因此，稀有气体的半径为范德华半径。

原子半径的大小主要取决于原子的核外电子层数和有效核电荷数。周期表中各元素原子的共价半径见表 4-4。由表中数据可总结出原子半径的变化有以下规律：

表 4-4　元素的原子半径 r（单位：pm）

H																	He
32																	93
Li	Be											B	C	N	O	F	Ne
123	89											82	77	70	66	64	112
Na	Mg											Al	Si	P	S	Cl	Ar
154	136											118	117	110	104	99	154
K	Ca	Sc	Ti	V	Cr	Mn	Fe	Co	Ni	Cu	Zn	Ga	Ge	As	Se	Br	Kr
203	174	144	132	122	118	117	117	116	115	117	125	126	122	121	117	114	169
Rb	Sr	Y	Zr	Nb	Mo	Tc	Ru	Rh	Pd	Ag	Cd	In	Sn	Sb	Te	I	Xe
216	191	162	145	134	129	127	125	125	128	134	148	144	140	141	137	133	190
Cs	Ba	ΔLu	Hf	Ta	W	Re	Os	Ir	Pt	Au	Hg	Tl	Pb	Bi	Po	At	Rn
235	198	158	144	134	130	128	126	127	130	134	144	148	147	146	146	145	220

Δ	La	Ce	Pr	Nd	Pm	Sm	Eu	Gd	Tb	Dy	Ho	Er	Tm	Yb
	169	165	164	164	163	162	185	162	161	160	158	158	158	170

（1）同一周期从左到右原子半径逐渐减小，原因是同一周期元素原子的电子层数相同，有效核电荷数逐渐递增，核对外层电子的引力增强，故从左到右原子半径逐渐减小。主族元素有效核电荷数增加比过渡元素显著，所以同一周期主族元素的原子半径减小的幅度较大。

（2）同一主族，从上到下原子的电子层数增加，原子半径依次增大。同一副族元素，自上而下原子半径增大幅度较小。第 5 周期和第 6 周期的同副族元素间，由于“镧系收缩[①]”的影响，原子半径非常接近。如第 5 周期的锆的半径（145 pm）与第 6 周期的铪的半径（144 pm）很接近，第 5 周期的钼的半径（129 pm）与第 6 周期的钨的半径（130 pm）很接近。

三、元素的金属性和非金属性

从化学的观点来看，金属原子易失去电子成为阳离子，而非金属原子易结合电子变成阴离子。我们常用电离能（I）来表示原子失去电子的难易，并用电子亲和能（E）来表示原子和电子结合的难易。因此周期系中元素的金属性和非金属性的递变，可用电离能和电子亲和能的改变来说明。

（一）电离能（I）

从基态原子移去电子，需要消耗能量以克服核电荷的吸引力，我们把在定温定压下，基态的气态原子失去电子所需要的能量称为元素的电离能，以 I 表示，其单位为 $kJ \cdot mol^{-1}$。

对于多电子原子，单位物质的量的基态气态原子失去第一个电子成为气态+1 价阳离子所需要的能量称为该元素的第一电离能 I_1。由气态+1 价阳离子再失去一个电子变成气态+2 价阳离子所需要的能量，称为元素的第二电离能 I_2，依此类推。通常 $I_1 < I_2 < I_3 \cdots$，例如：

$$Al(g) - e^- \rightarrow Al^+(g); \qquad I_1 = 577.6\ kJ \cdot mol^{-1}$$

$$Al^+(g) - e^- \rightarrow Al^{2+}(g); \qquad I_2 = 1\,817\ kJ \cdot mol^{-1}$$

$$Al^{2+}(g) - e^- \rightarrow Al^{3+}(g); \qquad I_3 = 2\,745\ kJ \cdot mol^{-1}$$

电离能的大小反映原子失电子的难易。电离能越大，原子失电子越难；反之，电离能越小，原子失电子越容易。通常用第一电离能来衡量元素原子失去电子的能力。

电离能的大小主要取决于有效核电荷、原子半径和电子层结构等，周期表中各元素原子的第一电离能也呈周期性的变化，见图 4-12 和表 4-5。

---

① 镧系收缩现象：镧系元素从镧到镱因增加的电子填入靠近内层的 f 亚层，而使有效核电荷数 Z^* 增加变得更为缓慢，故镧系元素的原子半径自左而右的递减更趋缓慢，这种现象称为镧系收缩。

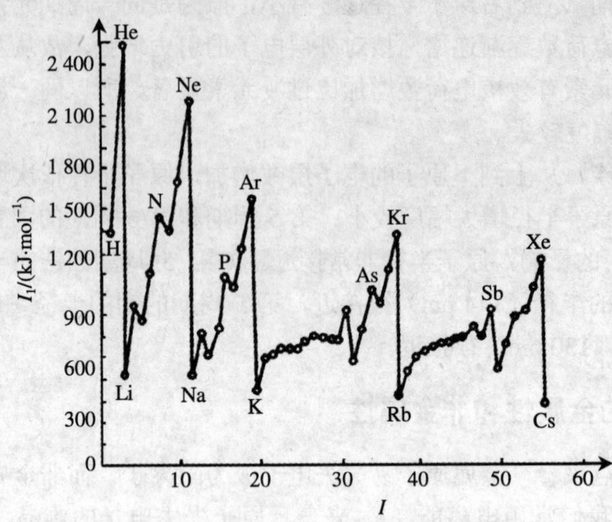

图 4-12　元素的第一电离能的周期变化

表 4-5　元素的第一电离能 I_1（单位：$kJ \cdot mol^{-1}$）

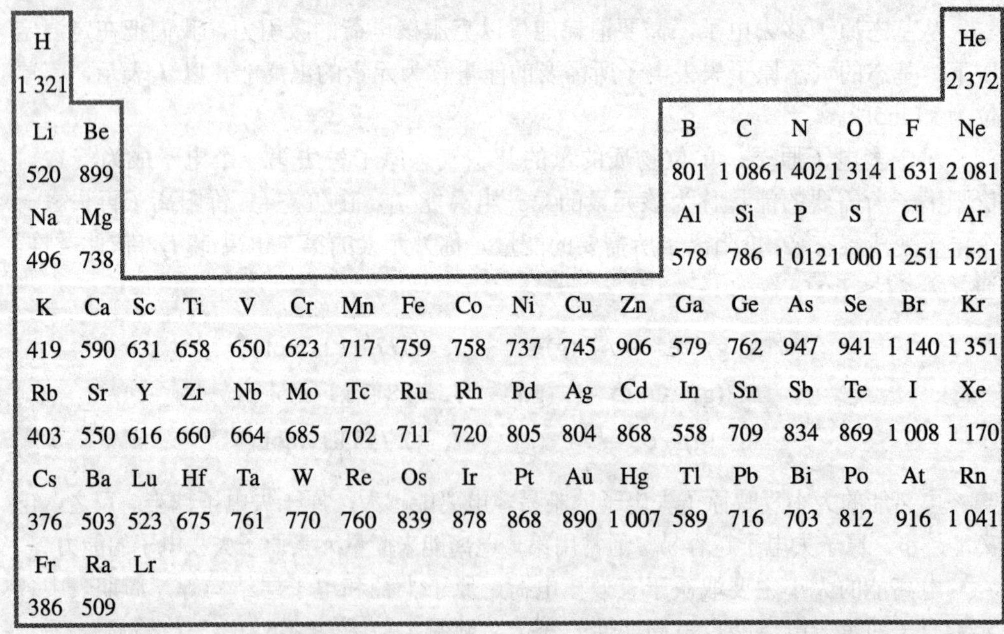

H																	He
1 321																	2 372
Li	Be											B	C	N	O	F	Ne
520	899											801	1 086	1 402	1 314	1 631	2 081
Na	Mg											Al	Si	P	S	Cl	Ar
496	738											578	786	1 012	1 000	1 251	1 521
K	Ca	Sc	Ti	V	Cr	Mn	Fe	Co	Ni	Cu	Zn	Ga	Ge	As	Se	Br	Kr
419	590	631	658	650	623	717	759	758	737	745	906	579	762	947	941	1 140	1 351
Rb	Sr	Y	Zr	Nb	Mo	Tc	Ru	Rh	Pd	Ag	Cd	In	Sn	Sb	Te	I	Xe
403	550	616	660	664	685	702	711	720	805	804	868	558	709	834	869	1 008	1 170
Cs	Ba	Lu	Hf	Ta	W	Re	Os	Ir	Pt	Au	Hg	Tl	Pb	Bi	Po	At	Rn
376	503	523	675	761	770	760	839	878	868	890	1 007	589	716	703	812	916	1 041
Fr	Ra	Lr															
386	509																

元素的电离能在周期和族中都呈现规律的变化，同一周期元素原子的第一电离能从左到右总的趋势是逐渐增大。某些元素如氮、磷等，具有全充满或半充满的电子构型，稳定性高，其第一电离能比左右相邻元素都高。过渡元素的电离能升高比

较缓慢，这种现象和它们的有效核电荷增加缓慢、半径减小缓慢是一致的。

同一主族元素从上到下有效核电荷增加不明显，但原子的电子层数相应增多，原子半径增大显著，因此，核对外层电子的引力逐渐减弱，电子移去就较为容易，故电离能逐渐减小。

（二）电子亲和能（Y）

原子失去电子要消耗能量，反过来，原子得到电子就要放出能量。单位物质的量的基态气态原子得到一个电子成为气态−1 价阴离子时所放出的能量，称为电子亲和能，用符号 Y 表示，其单位也为 $kJ \cdot mol^{-1}$。

电子亲和能也有 Y_1，Y_2…之分，如果没有特别说明，通常说的电子亲和能，就是指第一电子亲和能。例如：

$$O(g)+e^- \rightarrow O^-(g); \qquad Y_1 = -141\ kJ \cdot mol^{-1}$$

$$O^-(g)+e^- \rightarrow O^{2-}(g); \qquad Y_2 = +780\ kJ \cdot mol^{-1}$$

电子亲和能的大小反映原子获得电子的难易。电子亲和能越负，原子获得电子的能力越强。电子亲和能的大小与有效核电荷、原子半径和电子层结构有关，故也呈周期性变化。以主族元素为例，同一周期从左到右，各元素的原子结合电子时放出的能量总的趋势是增加的或更负的（稀有气体除外），表明原子越来越容易结合电子形成阴离子。但是也表现出了与电离能相似的波浪形变化。

（三）电负性（X）

电离能和电子亲和能都只是从一个侧面反映元素原子失去或得到电子能力的大小，为了较全面地衡量分子中原子争夺电子的能力，引入电负性的概念。

元素电负性是指在分子中原子吸引成键电子的能力。我们并不需要确定元素电负性的绝对值，而只是给一个元素以任意值，建立相对电负性标度。通常采用的是鲍林标度，鲍林指定最活泼的非金属元素氟的电负性为 4.0，然后通过计算得出其他元素电负性的相对值。元素电负性越大，表示该元素原子在分子中吸引成键电子的能力越强。反之，则越弱。一般来说，非金属的电负性大于 2，金属的电负性小于 2。表 4-6 列出了鲍林的元素电负性数值。

由表 4-6 可见，同一周期主族元素的电负性从左到右依次递增。也是由于原子的有效核电荷数逐渐增大，半径依次减小的缘故，使原子在分子中吸引成键电子的能力逐渐增加。在同一主族中，从上到下电负性趋于减小，说明原子在分子中吸引成键电子的能力趋于减弱。过渡元素电负性的变化没有明显的规律。

表 4-6　元素电负性（鲍林标度）

Li	Be						H					B	C	N	O	F
1.0	1.5						2.1					2.0	2.5	3.0	3.5	4.0
Na	Mg											Al	Si	P	S	Cl
0.9	1.2											1.5	1.8	2.1	2.5	3.0
K	Ca	Sc	Ti	V	Cr	Mn	Fe	Co	Ni	Cu	Zn	Ga	Ge	As	Se	Br
0.8	1.0	1.3	1.5	1.6	1.6	1.5	1.8	1.9	1.9	1.9	1.6	1.6	1.8	2.0	2.4	2.8
Rb	Sr	Y	Zr	Nb	Mo	Tc	Ru	Rh	Pd	Ag	Cd	In	Sn	Sb	Te	I
0.8	1.0	1.2	1.4	1.6	1.8	1.9	2.2	2.2	2.2	1.9	1.7	1.7	1.8	1.9	2.1	2.5
Cs	Ba	La～Lu	Hf	Ta	W	Re	Os	Ir	Pt	Au	Hg	Tl	Pb	Bi	Po	At
0.7	0.9	1.0～1.2	1.3	1.5	1.7	1.9	2.2	2.2	2.2	2.4	1.9	1.8	1.9	1.9	2.0	2.2
Fr	Ra	Ac	Th	Pa	U	Np～No										
0.7	0.9	1.1	1.3	1.4	1.4	1.4～1.3										

（数据来源：董元彦，等. 无机及分析化学. 北京：科学出版社，2000：57.）

元素的金属性是指原子失去电子成为阳离子的能力，通常可用电离能来衡量。元素的非金属性是指原子得到电子成为阴离子的能力，通常可用电子亲和能来衡量。元素的电负性综合反映了原子得失电子的能力，故可作为元素金属性与非金属性统一衡量的依据。一般来说，金属的电负性小于 2，非金属的电负性则大于 2。

同一周期主族元素从左到右，元素的金属性逐渐减弱，非金属性逐渐增强。同一主族从上到下，元素的非金属性逐渐减弱，金属性逐渐增强。

复习与思考题

1. 何为微观粒子的波粒二象性，举例说明。

2. 原子轨道、几率密度和电子云等概念有何联系和区别？

3. 原子光谱是线状光谱还是连续光谱，为什么？

4. 简要说明四个量子数的物理意义、符号及取值规则。哪些量子数决定了原子中电子的能量。

5. 指出下列概念与量子数的关系：电子层　能级　轨道　自旋

6. 写出下列各轨道的名称：

（1）n=2　l=0　（2）n=3　l=2　（3）n=4　l=1　（4）n=5　l=3

7. 下列轨道中哪个是等价轨道？

2s　3s　$3p_x$　$4p_x$　$2p_x$　$2p_y$　$2p_z$

8. 一个原子中，量子数 n=3，l=2，m=0 时可允许的最多电子数是多少？

9. 在下列各组量子数中，填入合适的量子数：

（1）n=?　l=2　m=0　$m_s=+\frac{1}{2}$　　（2）n=2　l=?　m=−1　$m_s=-\frac{1}{2}$

（3）n=4　l=2　m=0　m_s=?　（4）n=2　l=0　m=?　$m_s=+\frac{1}{2}$

10. 根据泡利不相容原理，当主量子数为 4 时，有多少个原子轨道？最多能容纳多少电子？

11. 下列各组量子数是否有不合理的？为什么？

（1）n=3，l=2，m=2　（2）n=2，l=2，m= −1

（3）n=2，l=0，m= −1　（4）n=2，l=3，m= +2

（5）n=3，l=0，m=0　（6）n=3，l=2，m= −1

12. 判断下列说法是否正确：

（1）波尔的假定反映了微观粒子的物理量具有量子化的特征，适用于多电子原子系统。（ ）

（2）电子具有波粒二象性，它循着有形的轨道或途径运动。（ ）

（3）每一电子层的最大容量为 $2n^2$，每一电子亚层中的电子数不超过 2（2l+1）。（ ）

（4）凡是微小的物体都具有明显的波动性。（ ）

（5）原子轨道角度分布图有正、负号，代表正、负电荷。（ ）

（6）多电子原子中，能量与 n、l 有关。n 相同时，能量随 l 增大而升高；l 相同时，能量随 n 增大而升高。（ ）

（7）宏观物体的波动性极小，不能被人们观察出来。（ ）

（8）因内层电子的屏蔽作用而减弱核电荷对指定电子的作用称为屏蔽常数。（ ）

（9）电子亲和能与电离能的变化规律基本上相同，即同一周期从左到右是逐渐增加，同一主族从上到下是逐渐减小。（ ）

（10）通常元素电负性在 2.0 以上为非金属元素，而在 2.0 以下为金属元素。但不能把电负性 2.0 作为划分金属和非金属的绝对界限。（ ）

13. 写出原子序数分别为 22，14，25 的电子排布式，它们各有几个未成对电子？

14. 填充下表：

原子序数	电子排布式	价电子构型	所在周期	所在族	所属区
19					
22					
30					
33					
60					

15. 写出下列各原子电子构型代表的元素名称及符号。

（1）[Ar]$3d^6 4s^2$　　（2）[Ar]$3d^2 4s^2$

（3）[Kr]$4d^{10} 5s^2 5p^5$　　（4）[Xe]$4f^{14} 5d^{10} 6s^2$

16. 如何划分 s 区、p 区、d 区、f 区元素？

17. 为什么任何原子的最外层上最多只能有 8 个电子，次外层上最多只能有 18 个电子？（提示从能级考虑）

18. 满足下列条件之一的是什么元素？

（1）某元素的正二价阳离子与氩元素的电子构型相同；

（2）某元素正二价阳离子的 3d 轨道完全充满电子；

（3）某元素正三价阳离子与氟元素的负一价阴离子的电子构型相同。

19. 不参看周期表，试推测下列每一对原子中哪一个原子具有较高的第一电离能和较大的电负性。

（1）19 号和 29 号元素　（2）37 号和 55 号元素　（3）37 号和 38 号元素

20. 选出下列各组中第一电离能最大的元素。

（1）Na　Mg　Al　　（2）Na　K　Rb

（3）Si　P　S　　（4）Li　Be　B

21. 下列元素中哪组电负性依次减小？

（1）K　Na　Li　　（2）O　Cl　Br

（3）As　P　H　　（4）Zn　Cr　Ni

22. 在某一周期（其稀有气体原子的最外层电子构型为 $4s^2 4p^6$）中有 A、B、C、D 四种元素，已知它们的最外层电子数分别为 2，2，1，7；A、C 的次外层电子数为 8，B、D 的次外层电子数为 18。问 A、B、C、D 分别是哪种元素？

*23. 下列各种元素有哪些主要的价态（氧化数）？举出与各价态相应的化合物各一种。

Cl，Pb，Mn，Cr

第五章 化学键与分子结构

【学习要求】

1. 掌握离子键的基本概念，离子键和离子的特征及对化合物结构、性能的影响。
2. 掌握共价键的价键理论，理解共价键的本质、共价键的类型和各种键参数。
3. 了解杂化轨道理论，了解该理论在预测和解释分子的空间构型方面的应用。
4. 了解分子极化、离子极化的基本概念以及离子极化对离子型化合物性质的影响。
5. 熟悉三种分子间作用力、氢键以及它们对分子、对物质性质的影响。

在丰富多彩的物质世界里，人们通常所遇到的物质，除稀有气体以单原子形式存在外，其他物质都是以一种或几种元素的原子按一定方式结合而成的分子或晶体的形式存在的。例如，氧气是以两个氧原子结合而成的氧分子存在，金属铜是以为数众多的铜原子结合而成的金属晶体存在。

分子是保持物质化学性质的最小微粒，通常是物质参与化学反应的基本单元。物质的化学性质主要决定于分子的性质，而分子的性质又是由分子的内部结构决定的，因此，研究原子与原子是怎样结合成分子的、分子的内部结构如何等，对了解物质的化学性质、探求化学反应基本规律的本质等都是非常重要的。分子或晶体既然能存在，说明了分子或晶体内原子（或离子）之间必定存在着某种较强的相互吸引作用。化学上把分子或晶体中相邻原子（或离子）之间强烈的相互作用力称为化学键。根据原子或离子间相互作用的不同方式，化学键大致可分为离子键、共价键和金属键三种类型。

在上一章里，介绍了原子结构方面的知识。根据物质的原子结构可以解释物质的一些宏观性质，如元素金属性、非金属性及其递变规律。但仅此是不够的，譬如根据原子结构还无法解释物质的同素异性、同分异构现象。这是因为物质的性质不仅与原子的结构有关，还与物质的分子结构或晶体结构有关。

所谓分子结构，通常包括两个方面：化学键问题和分子的空间构型问题。

第一节　化学键的类型

一般说来，原子在相互结合形成分子（或晶体）时，只是其价层电子才与化学键的形成有关，而且从能量的观点来看，只有当原子在反应过程中取得稳定的电子构型时才会形成分子。稀有气体具有最稳定的电子构型，它们的最外层通常具有 8 电子（氦为 2 电子）构型，由此凡最外层具有稀有气体 8 电子（或 2 电子）构型，便被看做是稳定结构。

原子可以通过失去、获得或共用电子取得稳定的外层电子构型，从而形成不同类型的化学键。

一、离子键

（一）离子键的形成

1916 年，德国化学家科塞尔（W. Kossel）提出了离子键的概念。他认为原子可以通过失去或得到电子来达到稀有气体原子的稳定电子结构，通过所形成的阴、阳离子间的静电引力相互吸引结合成分子，这样便形成了离子键。

当电负性相差较大的两种元素的原子相互接近时，电子从电负性小的原子转移到电负性大的原子，从而形成了阳离子和阴离子。相邻的阴、阳离子之间的吸引作用即为离子键。阴、阳离子分别是键的两极，故离子键呈强极性。以 NaCl 的形成为例：

$$\left.\begin{array}{l} Na(3s^1) \xrightarrow{-e^-} Na^+(2s^22p^6) \\ Cl(3s^23p^5) \xrightarrow{+e} Cl^-(3s^23p^6) \end{array}\right\} \xrightarrow{\text{静电引力}} Na^+Cl^- \text{（离子型“分子”）}$$

当两者相互靠近时，电负性较小的 Na 原子失去电子，形成 Na^+；电负性较大的 Cl 原子得到电子形成 Cl^-。

Na^+与 Cl^-相互靠近时，正、负离子间相互吸引，当达到一定的距离时，体系出现能量最低点，此时形成 NaCl。不能认为靠得越近，结合力越强，因为当正负离子相互接近时，除有静电引力，还存在着两离子核外电子云间的斥力、两原子核间的斥力。因此，两离子距离较远时，吸引力是主要的，体系的能量（势能）随两离子间距的缩短而降低，当达到一定的距离时，体系能量最低；若再靠近，则斥力急剧增大。只有当吸引和排斥达平衡时，体系能量才达最低值，形成稳定的离子键，如图 5-1 所示。

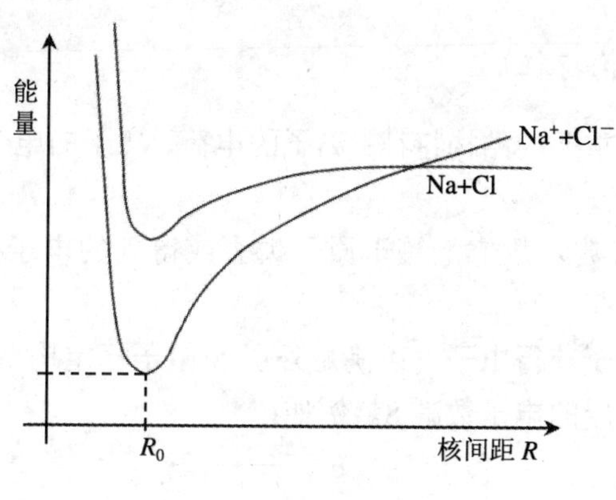

图 5-1 NaCl 的势能曲线

显然，原子间欲要发生电子转移形成阴、阳离子，并组成离子键的必要条件是二者的电负性差值应当足够大。鲍林认为，电负性差在 1.7 以上的两个原子间可形成离子键，不过例外的情况也不少。一般说来，极活泼金属的氟化物、氯化物、溴化物和氧化物均为离子键形成的化合物，称为离子型化合物。

（二）离子键的特征

离子键的特征是没有方向性和没有饱和性。

离子键的本质是静电引力，阴、阳离子分别是键的两极，故离子键呈强极性。由于离子的电荷所产生的电场是球形对称的，所以它在空间各个方向静电效应是相同的，可以从任何方向吸引电荷相反的离子，因而离子键没有方向性。

离子键没有饱和性是指离子晶体中，只要周围空间条件许可，每个离子将尽可能多地吸引带异号电荷的离子，使体系处于尽量低的能量状态，即离子键无饱和性。

根据上述特征，可以较好地说明离子键形成的化合物往往是三维的巨型分子。例如，Na^{+}和 Cl^{-}，它们彼此都能从各个方向接近对方，且绝不因其只带一个电荷，而只与一个带异号电荷的离子结合，这样就可以在空间三个方向上相间结合，形成多聚分子。但没有饱和性并不是说可以吸引任意多个带相反电荷的离子，实际上每一种离子都各有自己的配位数（图 5-2）。

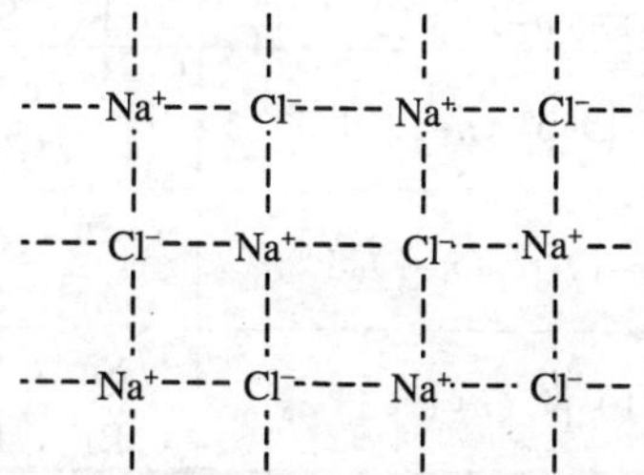

图 5-2 NaCl 分子离子键结合平面

（三）离子的结构特征

离子主要有三个重要的结构特征：离子的电荷、离子的电子层结构和离子半径。

1．离子的电荷

简单离子的电荷数在数值上等于原子失去或得到的电子数，失去电子带正电荷，得到电子带负电荷。

简单阴离子是原子获得电子，以满足外层 8 电子稳定构型形成的。故其离子电荷往往是其原子最外层的电子数减 8。例如：

$$\underset{(1s^22s^22p^5)}{F} + e^- \longrightarrow \underset{(1s^22s^22p^6)}{F^-}$$

$$\underset{(1s^22s^22p^3)}{N} + 3e^- \longrightarrow \underset{(1s^22s^22p^6)}{N^{3-}}$$

简单阳离子是原子失去电子形成的。因其失去的电子数不同，就形成电荷数不同的阳离子。例如：

$$\underset{([Kr]4d^{10}5s^25p^2)}{Sn} - 2e^- \longrightarrow \underset{([Kr]4d^{10}5s^2)}{Sn^{2+}}$$

$$\underset{([Ar]3d^64s^2)}{Fe} - 3e^- \longrightarrow \underset{([Kr]3d^5)}{Fe^{3+}}$$

2．离子的电子构型

（1）简单阴离子。所有简单阴离子的电子构型均与同周期稀有气体原子相同，其最外层均是 ns^2np^6 的 8 电子稳定构型。

（2）简单阳离子。简单阳离子的构型较为多样。常见的有 2 电子型、8 电子型、9～17 电子型、18 电子型及 18+2 电子型 5 种。实例可见表 5-1。

表 5-1　简单阳离子的电子构型*

分　类	电子构型通式	实例	
		离子符号	电子构型
2 电子型	$(n-1)s^2$	Li^+，Be^{2+}	$1s^2$
8 电子型	$(n-1)s^2(n-1)p^6$	K^+，Sc^{3+}	$[Ne]\,3s^2\,3p^6$
9～17 电子型	$(n-1)s^2(n-1)p^6(n-1)d^{1\sim9}$	Fe^{3+} Cu^{2+}	$[Ne]\,3s^2\,3p^6\,3d^5$ $[Ne]\,3s^2\,3p^6\,3d^9$
18 电子型	$(n-1)s^2(n-1)p^6(n-1)d^{10}$	Cu^+，Zn^{2+} Ag^+，Sn^{4+}	$[Ne]\,3s^2\,3p^6\,3d^{10}$ $[Ar]\,4s^2\,4p^6\,4d^{10}$
18+2 电子型	$(n-1)s^2(n-1)p^6(n-1)d^{10}ns^2$	Sn^{2+}，Sb^{3+} Bi^{3+}，Pb^{2+}	$[Ar]\,4s^2\,4p^6\,4d^{10}\,5s^2$ $[Kr]\,5s^2\,5p^6\,5d^{10}\,6s^2$

*：原子的最外层为 n。

总之，外层具有 18、18+2 或 9～17 个电子结构的阳离子有一定程度的稳定性。过去那种认为原子相互作用使外层达到 8 个电子的提法，具有很大的局限性，它只适用于部分离子。

3．离子半径

严格地说，离子和原子一样，其半径是难以确定的。通常采用的离子半径数值是把离子晶体中的阴、阳离子看做是相互接触的两个球，两个原子核之间的平均距离，即核间距 d，定义为两个离子半径 r 之和：$d=r_{+}+r_{-}$，核间距 d 的数值可由实验测得（图 5-3）。

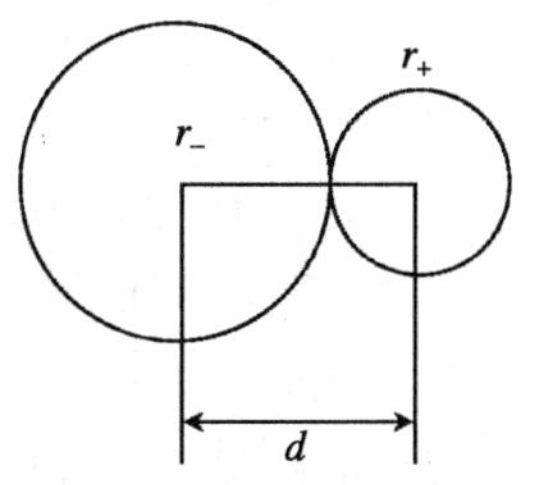

图 5-3　离子半径

离子半径在周期表中的变化趋势及其影响因素和原子半径相似（表 5-2），各元素离子半径有如下一些变化规律：

表 5-2　离子半径（单位：pm）

			H^-	Li^+	Be^{2+}								B^{3+}	C^{4+}	N^{5+}		
			208	60	31								20	15	11		
C^{4-}	N^{3-}	O^{2-}	F^-	Na^{2+}	Mg^{2+}								Al^{3+}	Si^{4+}	P^{5+}	S^{6+}	Cl^{7+}
260	171	140	136	95	65								50	41	34	29	26
Si^{4-}	P^{3-}	S^{2-}	Cl^-	K^+	Ca^{2+}	Sc^{3+}	Ti^{4+}	V^{5+}	Cr^{6+}	Mn^{7+}	Cu^+	Zn^{2+}	Ga^{3+}	Ge^{4+}	As^{5+}	Se^{6+}	Br^{7+}
271	212	184	181	133	99	81	68	59	52	46	96	74	62	53	47	42	39
Ge^{4-}	As^{3-}	Se^{2-}	Br^-	Rb^+	Sr^{2+}	Y^{3+}	Zr^{4+}	Nb^{5+}	Mo^{6+}	Tc^{7+}	Ag^+	Cd^{2+}	In^{3+}	Sn^{4+}	Sb^{5+}	Te^{3+}	I^{7+}
272	222	198	195	148	113	93	80	70	62	[97.9]	126	97	81	71	62	56	50
Sn^{4-}	Sb^{3-}	Te^{2-}	I^-	Cs^+	Ba^{2+}	Lu^{3+}	Hf^{4+}	Ta^{5+}	W^{6+}	Re^{7+}	Au^+	Hg^{2+}	Tl^{3+}	Pb^{4+}	Bi^{5+}	Po^{6+}	At^{7+}
294	245	221	216	169	135	85	[78]	[68]	[62]	[56]	137	110	95	84	74	[67]	[62]

（1）阳离子的半径比该元素的原子半径小，阴离子半径比相应的原子半径大。如：$r_{(Na)}>r_{(Na^+)}$，$r_{(F^-)}>r_{(F)}$。

（2）同一元素的原子形成不同价态的阳离子时，阳离子的价态越高，离子半径越小；阴离子的价态越高，离子半径越大。如：$r_{(Sn^{2+})}>r_{(Sn^{4+})}$，$r_{(Fe^{2+})}>r_{(Fe^{3+})}$。

（3）同一周期的主族元素，从左至右，电子构型相同时，阳离子的电荷数越多，离子半径越小。如：$r_{(Na^{+})}>r_{(Mg^{2+})}>r_{(Al^{3+})}$。

（4）同族元素离子电荷数相同的阴离子或阳离子的半径随电子层数的增多而增大。$r_{(K^{+})}>r_{(Na^{+})}$，$r_{(Cl^{-})}>r_{(F^{-})}$。

二、共价键

对于两个电负性相同或相差不大的原子之间的成键问题，早在 1914—1916 年，路易斯（G. N. Lewis）就提出了“共价键”的设想，认为这类原子之间是通过共用电子对达到 8 电子稳定结构而结合成键的。一般来说，电负性相差不大的元素的原子间常形成共价键，由共价键形成的化合物叫共价化合物。

两个原子之间可以共用一对电子而形成共价单键如 Cl_2、HCl；也可以共用两对或三对电子而形成共价双键和共价三键（如乙烯分子中两个 C 原子之间形成共价双键，乙炔分子中两个 C 原子之间形成共价三键）；也有一个原子可以同时和几个其他原子形成几个共价键（如 H_2O、NH_3 和 CH_4 中的 O、N、C 原子，它们分别与 2、3、4 个 H 原子形成 2、3、4 个共价单键）。

共价键形成时，共用电子对通常是由成键原子双方提供，也有这样的情况，即共用电子对是由成键原子的某一方单独提供的成对电子（孤对电子），另一方仅提供成键的空轨道，这样形成的共价键称为配位共价键。当这种键一旦形成，它们就与正常的共价键没有什么区别了。

由于路易斯的理论仅仅从静止的电子对观念出发，因而对于原子间共用电子对为什么会导致生成稳定的分子及共价键的本质则无法予以说明。

三、金属键

非金属元素的原子都有足够多的价电子，以共用电子对互相结合形成共价键（如 Cl_2 等）。而金属元素外层电子常常只有 1 个或 2 个，价电子与核的联系比较松弛，容易失去电子而形成金属阳离子，而金属阳离子又随时可结合电子而成为金属原子，金属中的这种变化是极其频繁的，而且是瞬间的。金属原子上脱离下来的电子可以在整个金属晶体中自由地运动，故称为自由电子（图 5-4），这些自由电子为许多原子或离子所共有，这些共用电子起着把许多原子或离子“黏合”在一起的作用，形成了所谓的金属键，这种键可以认为是改性的共价键。一般的共价键是二电子二中心键，而金属是由多个原子共用一些能够流动的自由电子所组成，可看做少电子多中心键，这也是把金属键称为改性共价键的原因。这种理论称为金属键的改性共价键理论，随着量子力学的发展，又建立了金属键的能带理论。

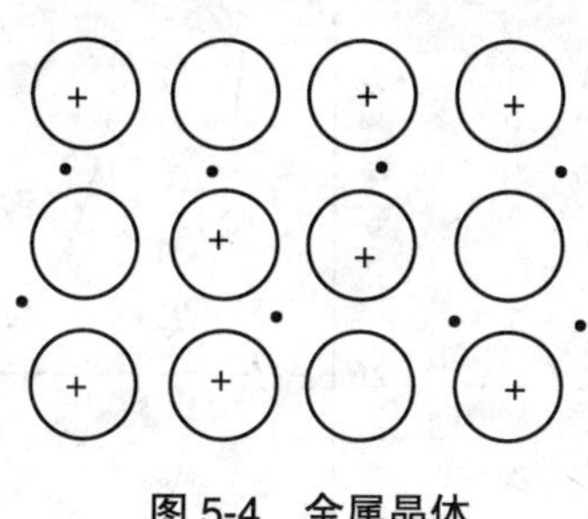

图 5-4 金属晶体

第二节 共价键理论

由上述可知，由于原子之间结合方式的不同，可以把化学键分为离子键、共价键和金属键三种基本类型。但是，对于化学键本质的认识直到量子力学建立以后才得到真正的解决，随后现代化学键理论，尤其是共价键理论开始获得了迅猛的发展。

1927 年，海特勒（W. Heitler）和伦敦（F. London）成功地应用量子力学研究了氢分子的形成，从而初步揭示了共价键的本质。现代共价键理论是以量子力学为基础的，但因分子的薛定谔方程比较复杂，对它严格求解至今还是极为困难的，为此只好采用某些近似的假定以简化计算。不同的假定产生了不同的物理模型。一种认为成键电子只能在以化学键相连的两原子间的区域内运动，另一种认为成键电子可以在整个分子的区域内运动。前者发展为价键理论，后者则发展为分子轨道理论。下面我们对价键理论作初步介绍。

一、共价键的形成

海特勒和伦敦在用量子理论处理 H 原子形成 H_2 的系统时，认为当两个氢原子相距很远时，彼此孤立存在，而一旦两个原子相互靠近，原子间就要产生相互作用，发生原子轨道的重叠。运用量子力学理论可以建立描述两个电子运动状态的薛定谔方程，近似求解 H_2 分子的薛定谔方程得到描述两个电子运动状态的波函数（ψ）和能量方程（E），由波函数可以了解电子云密度的分布，由能量方程可以了解体系的能量状态变化。处理的结果，得到了 H_2 分子形成的两种状态（图 5-5）。

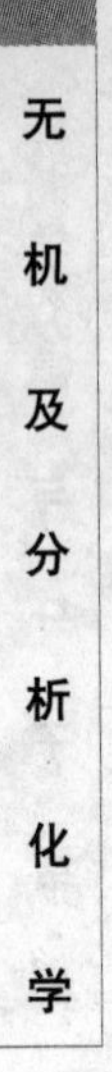

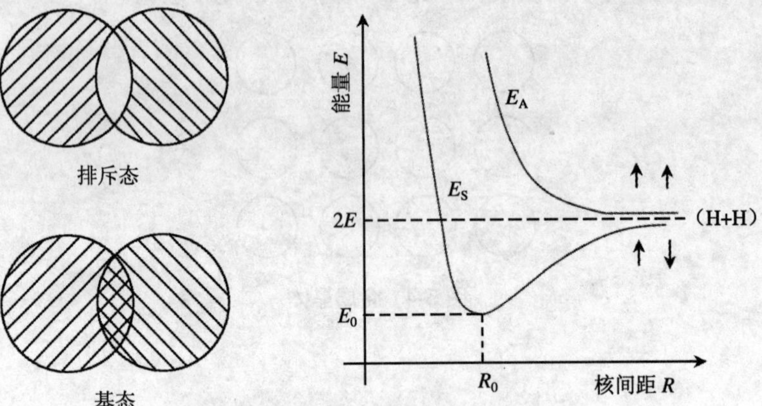

图 5-5　H_2 分子能量与核间距关系曲线

（E_A—排斥态能量曲线；E_S—偶合态能量曲线）

（一）两个 H 原子中电子的自旋方向相反

当两个 H 原子相互靠近到一定距离时，每个 H 原子核除吸引自己核外的 1s 电子外，还可以吸引另一个 H 原子的 1s 电子，即发生两个 1s 轨道的重叠，使两核间电子出现的概率密度增大，从而增强了核对其的吸引，同时也部分抵消了两核间的排斥。体系的能量 E 随核间距 R 的减小而降低，当核间距达到平衡距离 R_0（实验值为 74 pm）时，此时体系的能量最低，吸引和排斥达到平衡状态，从而形成稳定的化学键，此时称为氢分子的基态，如图 5-5 中曲线 E_S 所示。若两个原子进一步靠近，两核间的斥力将迅速增大。

（二）两个 H 原子的自旋方向相同

当它们相互靠近到一定距离时，两核间电子出现的概率密度减小，斥力加大，体系的能量高于两个氢原子单独存在的能量之和，且体系能量随核间距 R 减小而升高，不能形成化学键。此状态称为排斥态，如图 5-5 中曲线 E_A 所示，此时不能形成 H_2。

量子化学对氢 H_2 形成过程的解释更重要的是说明了共价键的本质。自旋状态相反的两个成单电子发生原子轨道的重叠时，电子云密集在两个原子核之间，既降低了两个原子核正电荷间的排斥作用，又增加了两个原子核对密集于核间的负电荷区域的吸引，相当于用一个负电荷的桥梁将两个正电荷连接起来，有利于体系能量的降低。由此可见，共价键的本质是电性的，是原子轨道的重叠，是电子波的叠加，但这种电性作用是不能用经典的静电理论来解释的，它是通过量子力学用原子轨道的线性组合来说明的。

二、价键理论要点

1930年鲍林把研究H_2分子的成果推广到其他分子体系，发展为现代价键理论，价键理论的基本要点如下。

（一）电子配对原理

两个键合原子相互接近时，各提供一个自旋相反的电子相互配对（偶合），形成稳定的共价键，故价键理论又称电子配对法，简称VB法。例如，分子的形成可表示为：H⇧+⇩H ⟶ H⇅H，简写为H∶H或H—H。

一个原子有几个未成对电子，便能和几个来自其他原子的自旋方向相反的电子配对，形成几个共价键（它与共用电子对有本质的区别）。

（二）最大重叠原理

原子轨道重叠时，必须考虑原子轨道的"+"、"−"号（轨道的对称性）。因电子运动具有波动性，两个原子轨道只有同号才能实行有效重叠。而原子轨道重叠时总是沿着重叠最多的方向进行，重叠越多、形成的共价键越牢固。s轨道和p_x轨道的几种可能重叠方式见图5-6。

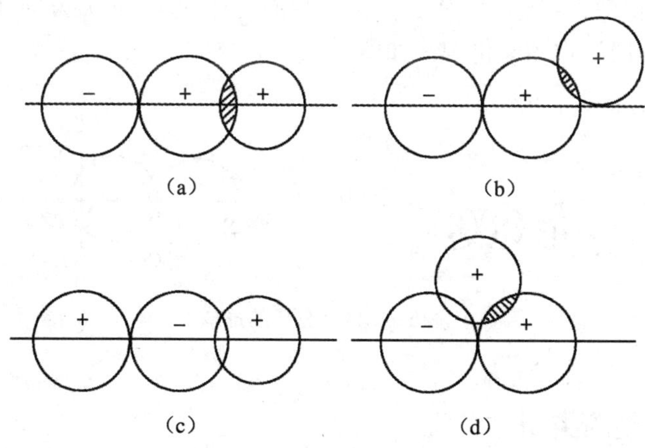

图5-6 s和p_x轨道可能的重叠的方式

三、共价键的特征

价键理论的两个基本要点，决定了共价键既具有饱和性又有方向性。

（一）饱和性

根据自旋方向相反的单电子可以配对成键的论点，在形成共价键时，一个原子有几个单电子，就只能和相同数目的自旋方向相反的单电子配对成键，即原子所能形成共价键的数目受到单电子数目的限制，这便是共价键的饱和性。例如，氮原子的电子排布为 $[He]2s^22p^3$，2p 轨道上的电子排布为↑↑↑，有三个未成对电子。因此，可以与另一个氮原子自旋方向相反的三个电子配对，形成 N_2 分子，而第三个氮原子无法再与之结合。

上述形成共价键的配对电子，它们只在两个原子的核间附近运动，所以这种电子常称为定域电子。

（二）方向性

根据最大重叠原理，在形成共价键时，原子间总是尽可能地沿着原子轨道的最大伸展方向成键。共价键具有方向性的原因是因为原子轨道除了 s 轨道是球形对称没有方向性外，p、d、f 原子轨道都具有一定的空间伸展方向，在形成共价键时，只有沿着它具有的方向才能满足最大重叠的条件，形成稳定的共价键。

例如：在形成 HCl 分子时，H 原子的 1s 电子与 Cl 原子的一个未成对电子（设为 $2p_x$）形成共价键，s 电子只有沿着 p_x 轨道的对称轴（x 轴）方向才能达到最大程度地重叠，而形成稳定的共价键，如图 5-7。

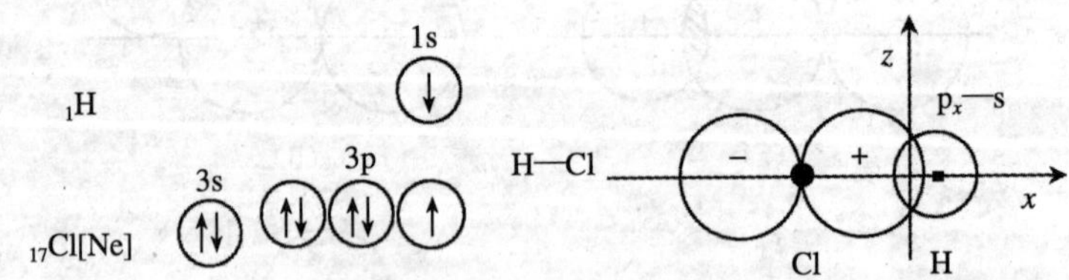

图 5-7　HCl 分子的形成

四、共价键的类型

可以从不同的角度对共价键进行分类。若按原子轨道重叠部分所具有的对称性进行分类，可分为σ键和π键；按共价键是否有极性，又可分为非极性共价键和极性共价键两大类型。

（一）σ键和π键

σ键 原子轨道沿两原子核的连线（键轴），以“头碰头”方式重叠，重叠部分集中于两核之间，通过并对键轴（两原子的核间连线）具有圆柱形对称性，这种键就称为σ键。形成σ键的电子称为σ电子，由于原子轨道在轴向上能发生最大程度地重叠，故σ键的键能大而且稳定性高。图 5-8（a）所示的 H—H 键、H—Cl 键、Cl—Cl 键均为σ键。

π键 原子轨道垂直于两核连线，以“肩并肩”方式重叠，重叠部分在键轴的两侧，并对称于与键轴垂直的平面。所成的键就称为π键[图 5-8（b）]。形成π键的电子称为π电子。通常π键形成时原子轨道重叠程度小于σ键，故π键没有σ键牢固，较易断裂，故分子中含有π键的化合物化学反应活性一般较高，如烯烃和炔烃容易发生加成反应。

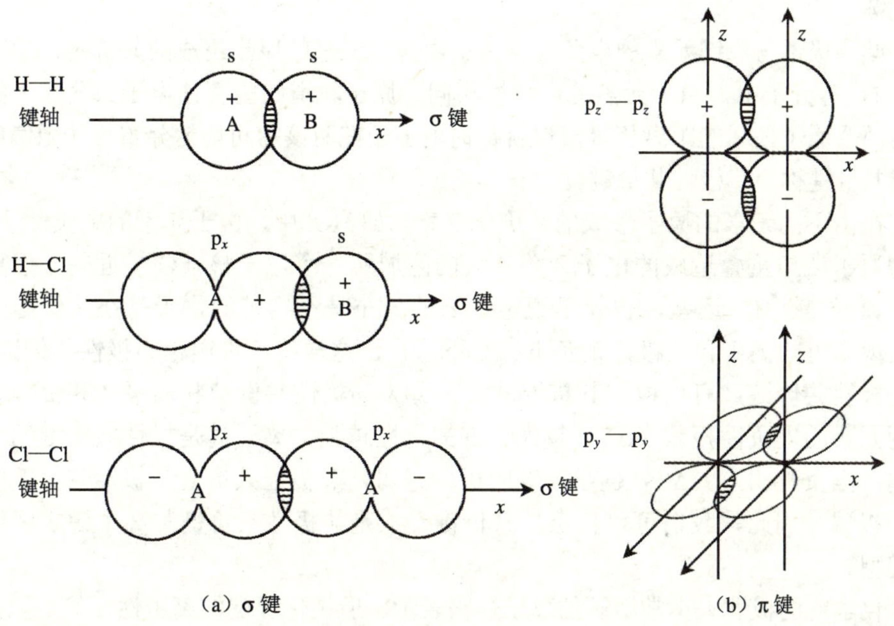

图 5-8 σ键和π键

当两原子间形成共价单键时一般是σ键，形成共价双键或三键时，其中只有一个σ键，其余为π键。例如，N_2 分子中的 N 原子的价层电子构型为 $2s^22p^3$，3 个未成对的 p 电子分别分布在三个相互垂直的 $2p_x$、$2p_y$、$2p_z$ 原子轨道上，2 个 N 原子间除形成一个（只能有一个）σ（p_x—p_x）键外，还形成 2 个互相垂直的π（p_y—p_y，p_z—p_z）键，如图 5-9。

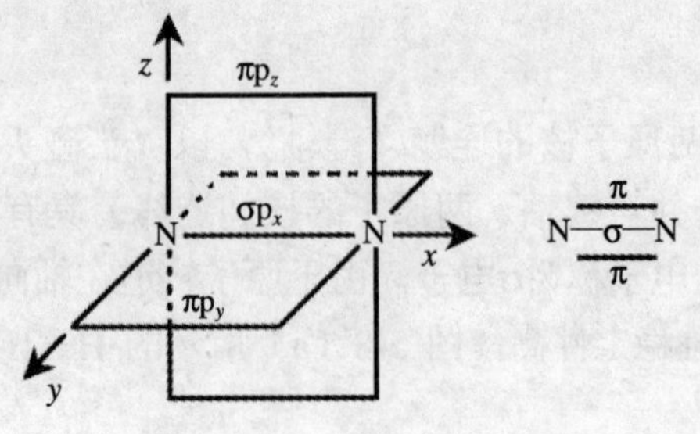

图 5-9　N_2 分子中σ键和π键

（二）非极性共价键和极性共价键

根据共价键的极性情况，可分为非极性共价键和极性共价键（简称极性键和非极性键）。

键的极性与成键元素的电负性有关。由同种元素的原子组成的共价键，如 H_2、Cl_2、N_2 等分子中，由于元素的电负性相同，原子轨道的重叠使电子云分布大的区域与两个原子核间的距离相等，也就是说电子云在两核中间均匀分布（并无偏向），这类共价键称为非极性共价键。

在由不同元素的原子形成的共价化合物，如 HCl 中，由于元素的电负性不同，因此原子轨道重叠造成的电子云分布大的区域距一个原子核（Cl）近些，而离另一个原子核（H）远些，也就是说电子云的分布是不均匀的，于是在共价键的两端出现了电的正极和负极，正负电中心不重合，这样的共价键称为极性共价键。

极性共价键又可以根据其极性的大小分为强极性共价键和弱极性共价键。成键两元素的电负性相差（ΔX）越大，键的极性越强，离子键是极性共价键的一个极端；电负性相差（ΔX）越小，键的极性越弱，非极性共价键是极性共价键的另一个极端。因此，我们可以把极性共价键看成是非极性共价键与离子键之间的过渡键型。

化学键的极性大小常用键的离子性来表示。所谓化学键的离子性，就是把完全得失电子而构成的离子键定为离子性 100%；把非极性共价键定为离子性 0；一种化学键的离子性与电负性（ΔX）的关系，就 AB 型分子而言，其键的离子性成分与电负性差值（ΔX）之间的关系见表 5-3。

从表 5-3 可以看出，如果ΔX 值大于 1.7，离子性就大于 50%，可以认为该化学键属于离子键。但是，以最典型的离子化合物 CsF 来说，化学键的离子性也只达到 92%，其中还有 8%的共价性成分。也就是说，纯粹的离子键是没有的。实际上绝大多数的化学键，既不是纯粹的离子键，也不是纯粹的共价键，它们都具有双重性。对某一具体的化学键来说，只是哪一种性质占优势而已。

表 5-3 AB 型分子键的离子性成分与ΔX之间关系的经验值

$X_A—X_B$	离子性百分数/%	$X_A—X_B$	离子性百分数/%
0.2	1	1.8	55
0.4	4	2.0	63
0.6	9	2.2	70
0.8	15	2.4	76
1.0	22	2.6	82
1.2	30	2.8	86
1.4	39	3.0	89
1.6	47	3.2	92

（三）配位共价键

配位共价键简称配位键或配价键。配位键的形成是由一个原子单方面提供一对电子（孤对电子），而与另一个有空轨道的原子（或离子）共用。这种共价键称为配位键。在配位键中，提供电子对的原子称为电子给予体；接受电子对的原子称为电子接受体。配位键的符号用箭号"→"表示，箭头指向接受体。下面以 NH_4^+为例说明配位键的形成。

N 原子的价层电子构型是 $2s^22p^3$，有三个单电子，H 的价层电子构型是 $1s^1$，三个 H 原子的 1s 电子与 N 原子的三个 p 电子形成三个σ键。若要形成 NH_4^+，则由 H^+提供 1s 空轨道，N 原子提供 2s 上的一对电子（孤对电子），由两者共用，形成 NH_4^+。

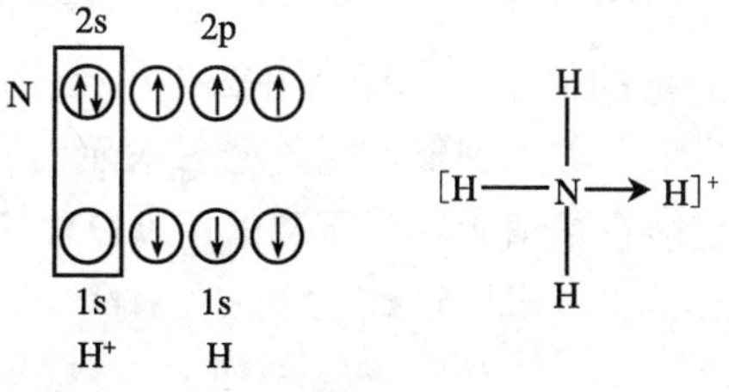

2s 2p
N ⇅ ↑ ↑ ↑
○ ↓ ↓ ↓
1s 1s
H^+ H

H
|
[H—N→H]$^+$
|
H

此类共价键在无机化合物中是大量存在的，如 CO、SO_4^{2-}、ClO_4^- 等中都有配位共价键。配位键的本质仍是共价键，属于σ键，只是共用电子对由成键原子的一方单独提供，而另一方提供价层空轨道。

五、键参数

表征化学键性质的物理量称为键参数，常见的键参数有键长、键能、键角等，这些键参数在理论上可以由量子力学算出，也可以通过实验直接或间接的测出。

（一）键长（l）

分子中成键两原子核间的平衡距离（即核间距），称为键长或键距，常用单位为皮米（pm）。

利用分子光谱和 X 射线衍射方法可以精确地测得各种化学键的键长。键长对确定分子的几何构型以及键的强弱有重要的影响，通常键长越长，共价键越弱，形成的分子越活泼；键长越短，共价键越牢固，形成的分子越稳定。常见共价键的键长见表 5-4。

表 5-4 一些双原子分子的键长

分子	键长/pm	分子	键长/pm
F—F	142	H—Cl	127
Cl—Cl	199	H—Br	141
Br—Br	228	H—I	161
I—I	267	H—H	74
Cl—F	163	N—N	110
Br—F	176	O—O	148
Br—Cl	214	N—O	115.1
I—Cl	232	C—O	143
H—F	92		

（二）键能（E）

键能是表示化学键强弱的物理量。它的定义是：在一定温度和标准压力下，断裂气态分子的单位物质的量的化学键（即 6.022×10^{23} 个化学键），使它变成气态原子或原子团时所需要的能量，称为键能，用符号 E 表示，其单位为 $kJ\cdot mol^{-1}$。

对于双原子分子，键能在数值上等于键离解能（D）。例如：1 mol H_2 分子离解时所吸收的能量为 436 $kJ\cdot mol^{-1}$，即：

$$H_2(g) = H(g) + H(g)$$

$$E_{(H-H)} = D_{(H-H)} = 436\ kJ\cdot mol^{-1}$$

$$N_2(g) = N(g) + N(g)$$

$$E_{(N\equiv N)} = D_{(N\equiv N)} = 941.69\ kJ\cdot mol^{-1}$$

对于 A_mB 或 AB_n 类的多原子分子所指的是 m 个或 n 个等价键的离解能的平均键能。例如，CH_4 分子有四个等价的 C—H 键，其离解能各不相同。

$$
\begin{array}{llr}
 & CH_4(g) \rightarrow CH_3(g) + H(g) & D_1 = 435.34 \quad kJ \cdot mol^{-1} \\
 & CH_3(g) \rightarrow CH_2(g) + H(g) & D_2 = 460.46 \quad kJ \cdot mol^{-1} \\
 & CH_2(g) \rightarrow CH\ (g) + H(g) & D_3 = 426.97 \quad kJ \cdot mol^{-1} \\
+ & CH(g) \rightarrow C\ (g) + H(g) & D_4 = 339.07 \quad kJ \cdot mol^{-1} \\
\hline
 & CH_4(g) \rightarrow C\ (g) + 4\,H(g) & D_{总} = 1\,661.84 \quad kJ \cdot mol^{-1}
\end{array}
$$

$$E_{(C-H)} = \frac{D_{总}}{4} = \frac{1\,661.84}{4} = 415.46 \quad kJ \cdot mol^{-1}$$

键能的大小反映了共价键的稳定性。键能越大，说明破坏该键需要的能量越多，键越牢固，相应的分子越稳定；反之，共价键就越弱，越易被破坏。化学反应的实质往往就是化学键的改组，化学反应的热效应本质上就来源于化学键改组时键能的变化。因此，键能是表征共价键强弱的重要物理量，常见共价键的键能见表 5-5。

表 5-5　常见共价键的键能（298.15 K，$kJ \cdot mol^{-1}$）

键能		H	F	Cl	Br	I	O	S	N	P	C	Si
单键	H	436										
	F	565	155									
	Cl	431	252	243								
	Br	368	239	218	193							
	I	297	—	209	180	151						
	O	465	184	205	—	201	138					
	S	364	340	272	214	—	—	264				
	N	389	272	201	243	201	201	247	159			
	P	318	490	318	272	214	352	230	300	214		
	C	415	486	327	276	239	343	289	293	264	331	
	Si	320	540	360	289	214	368	226	—	214	281	197
双键		C=C	620	C=N	615	C=O	708	C=S	578			
		O=O	498	N=N	419	S=O	420	S=S	423			
三键		C≡C	812	N≡N	945	C≡N	879	C≡O	1 072			

注：数据录自 Steudel R. Chemistry of the Non-metals，1997.

从表中的键参数可以看出，在两个原子间双键或三键的键能比单键的键能高，但一般来说，双键（或三键）的键能并不刚好是相应单键键能的两倍（或三倍）。

（三）键角（α）

分子中相邻两个共价键键轴之间的夹角定义为键角。键角反映了分子的空间构型。对于双原子分子，总是直线型的；但对于多原子分子，就存在一个空间构型问题。例如，实验测得 H_2O 分子中，两个 O—H 键之间的夹角为 104.5°，O—H 键长 98 pm，由此可说明水分子是 V 形结构而不是直线形；NH_3 分子中的三个 N—H 键之间的夹角为 107.3°，N—H 键长 107 pm，从而决定了 NH_3 分子的三角锥型结构。另外，键角对多原子分子的极性也有重要影响。

键角也可用分子光谱及 X 射线衍射实验确定。如果知道一个分子中所有的化学键的键长及键角，则其几何构型就可以确定，见表 5-6。

表 5-6　一些分子的键长、键角和分子构型

分子式	键长/pm（实验值）	键角（实验值）	分子构型
CO_2	116.2	180°	 直线型
H_2S	134	93.3°	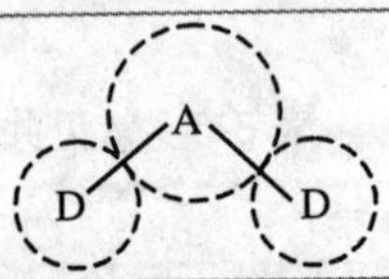 角型
BF_3	131	120°	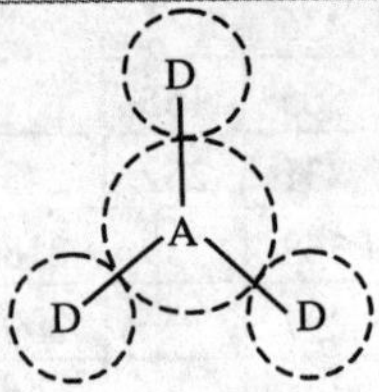 三角型
NH_3	101.5	107.3°	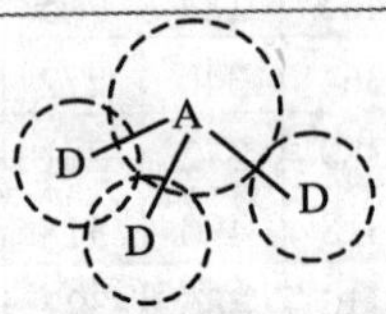 三角锥型
CH_4	109	109.5°	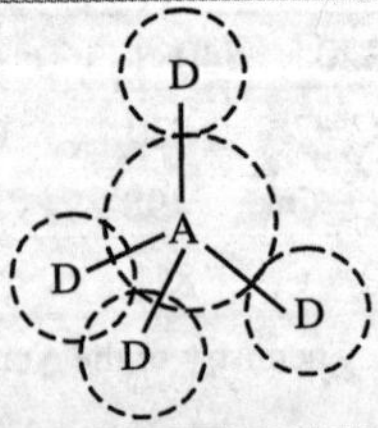 正四面体

第三节　杂化轨道理论与分子几何构型

价键理论比较简明地阐述了共价键的形成和本质，成功地解释许多双原子分子化学键的形成，但对多原子分子的空间构型的解释却遇到了困难。如甲烷 CH_4 分子，

按价键理论碳原子 C（$2s^22p^2$）有两个成单电子，故只能形成两个共价单键（C—H），与 H 的最简单化合物应是 CH_2，而且这两个共价键应当相互垂直，键角为 90°。据现代实验指出 CH_4 分子为正四面体，碳原子位于正四面体的中心，每个 H 原子占据正四面体的四个顶角，分子中有四个相等的 C—H 共价键，其键角为 109.5°。为了解释多原子分子的空间构型，1931 年鲍林在电子配对法的基础上提出了轨道杂化的概念，较好地解释了许多分子的空间构型问题，形成杂化轨道理论，进一步发展了价键理论。

一、杂化轨道理论要点

在原子相互结合的过程中，引起原子内部能量相近的（同一能级组）各原子轨道叠加、混杂、重新分配能量和空间方向，重新组合成一组新的成键能力更强的原子轨道，以满足化学结合的需要。这个过程叫做原子轨道的“杂化”，所得新的原子轨道叫做杂化原子轨道，简称杂化轨道。

必须指出，孤立原子本身不会杂化，因而不会出现杂化轨道。只有原子在相互结合的过程中需要发生原子轨道的最大限度地重叠，才会使原子内原来的轨道杂化以发挥其更强的成键能力。

杂化轨道理论的基本要点如下：

（1）某原子成键时，在键合原子的作用下，同一原子中能级相近的几个原子轨道有可能改变原有的状态，通过叠加“混杂”起来，并重新组合成一组成键更强的新轨道即杂化轨道。

（2）原子轨道杂化时，一般可使成对电子激发到空轨道而成单，其所需的能量完全可由成键后放出的能量予以补偿。

（3）形成的杂化轨道数目等于参加杂化的原子轨道总数。杂化轨道的类型随参与杂化的原子轨道的种类和数目的不同而不同，不同类型的杂化轨道成键能力不同。杂化轨道的空间伸展方向决定了分子的空间构型。

由于成键原子轨道杂化后，轨道角度分布图的形状发生了变化（形状是一头大，一头小），杂化轨道在某些方向上的角度分布，比未杂化的 p 轨道和 s 轨道的角度分布大得多，成键时从分布比较集中的一方（大的一头）与别的原子成键轨道重叠，能得到更大程度地重叠，形成的化学键比较牢固，因此杂化轨道比原有的原子轨道成键能力更强。

二、杂化轨道类型与分子几何构型的关系

杂化轨道类型与分子的几何构型密切相关。根据杂化时参与杂化的原子轨道种类不同，杂化轨道有多种类型。s 轨道和 p 轨道参与杂化的方式通常有三种，即 sp、sp^2、sp^3 杂化（统称“sp 杂化”），现分别扼要介绍如下。

（一）sp 杂化

由同一原子内的一个 *n*s 轨道和一个 *n*p 轨道杂化而成，形成两个等价的 sp 杂化轨道，每个 sp 杂化轨道含有$\frac{1}{2}$s 轨道的成分和$\frac{1}{2}$p 轨道的成分，两个杂化轨道之间的夹角为 180°，呈直线型（图 5-10）。

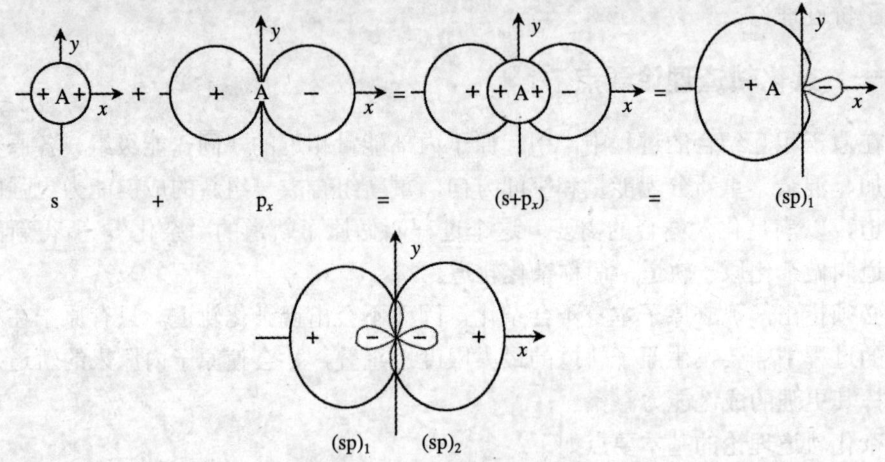

图 5-10　sp 杂化轨道的形成

如 $BeCl_2$ 分子中，Be 的价层电子构型为 $2s^2$，成键时其 2s 电子中的 1 个激发到 2p 轨道上（成为激发态 $2s^1\ 2p^1$），形成两个单电子，成单电子所在的轨道实施 sp 杂化，组成 2 个等价 sp 杂化轨道。Be 的 2 个杂化轨道分别与 2 个 Cl 的 3p 轨道重叠形成两个σ键。由于 sp 杂化轨道间的夹角为 180°，所以 $BeCl_2$ 分子的空间构型为直线型，$BeCl_2$ 分子中的三个原子在一直线上，Be 原子位于中间（又称其为中心原子），如图 5-11 所示。

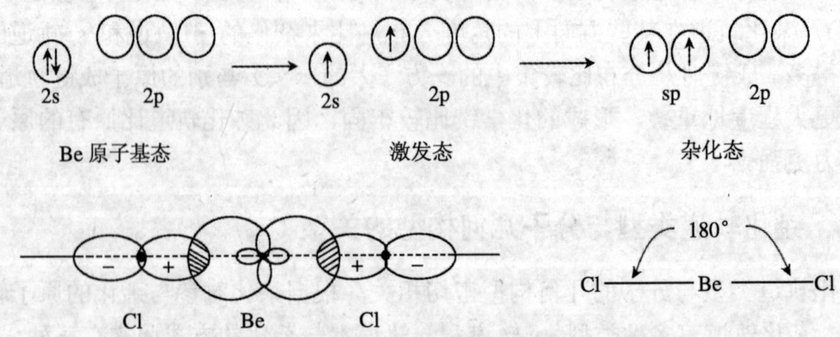

图 5-11　$BeCl_2$ 分子的形成

（二）sp^2 杂化

sp^2 杂化是指由同一原子的 1 个 *n*s 轨道和 2 个 *n*p 轨道杂化而成，形成三个等价的 sp^2 杂化轨道，每个 sp^2 杂化轨道含有 $\frac{1}{3}$ s 轨道的成分和 $\frac{2}{3}$ p 轨道的成分，每两个杂化轨道之间的夹角为 120°，呈平面正三角形。以 BF_3 分子的形成为例，实验测得 BF_3 分子的几何构型是平面正三角形，键角为 120°，该分子的形成过程和几何构型如图 5-12。

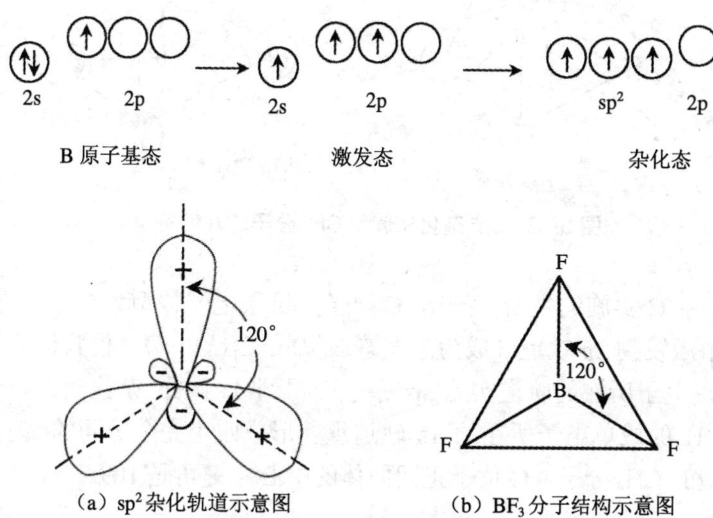

（a）sp^2 杂化轨道示意图　（b）BF_3 分子结构示意图

图 5-12　sp^2 杂化轨道和 BF_3 分子的形成

B 原子的价层电子构型为 $2s^22p^1$，只有 1 个未成对电子，成键时其 2s 电子中的 1 个激发到 2p 空轨道上（成为激发态 $2s^1\ 2p_x^1\ 2p_y^1$），此时的价层单电子数为 3 个，成单电子所在的轨道实施 sp^2 杂化，得到 3 个等价的 sp^2 杂化轨道。该杂化轨道分别与三个 F 的成单电子所在的 p 轨道重叠形成三个完全等同的σ键，从而构成了平面正三角形的 BF_3 分子，B 位于三角形的中心，键角是 120°。

（三）sp^3 杂化

杂化是指由同一原子的一个 *n*s 轨道和三个 *n*p 轨道杂化而成，形成四个等价的 sp^3 杂化轨道，每个 sp^3 杂化轨道含有 $\frac{1}{4}$ s 轨道的成分和 $\frac{3}{4}$ p 轨道的成分，四个杂化轨道之间的夹角为 109.5°，在空间呈正四面体构型。例如，CH_4 分子的形成过程见图 5-13。

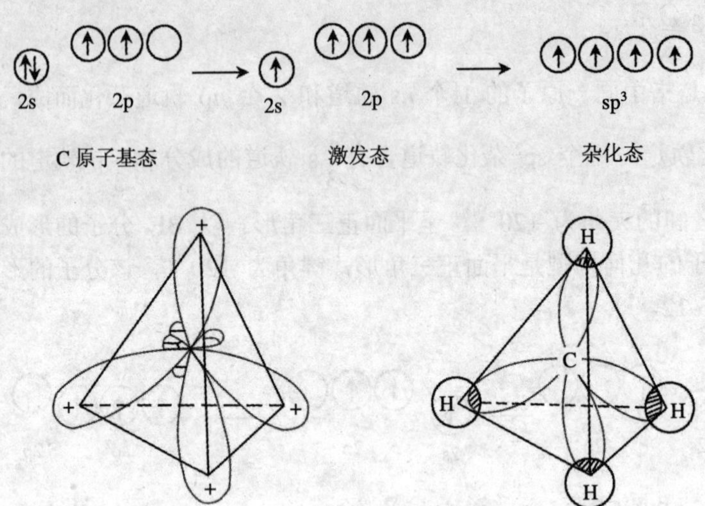

图 5-13　sp^3 杂化轨道和 CH_4 分子的几何构型

CH_4 分子中 C 实施的是 sp^3 杂化，C 原子的价层电子构型为 $2s^2p^2$，成键时其 2s 电子中的 1 个激发到 2p 轨道（成为激发态 $2s^1\ 2p_x^{\ 1}\ 2p_y^{\ 1}\ 2p_z^{\ 1}$），使其价层单电子数增为 4 个，成单电子所在的轨道实施 sp^3 杂化，得到 4 个 sp^3 杂化轨道。该杂化轨道分别与 4 个 H 的成单电子所在的 1s 轨道重叠形成四个完全等同的σ键，从而形成正四面体构型的 CH_4 分子，C 位于正四面体的中心，键角是 109.5°。

（四）不等性杂化

以上几种杂化都是能量和成分完全等同的杂化，称为等性杂化。如果参加杂化的原子轨道中有不参加成键的孤对电子存在，杂化后所形成的杂化轨道的形状和能量不完全等同，这类杂化称为不等性杂化。例如，NH_3 分子中，N 原子的价层电子构型为 $2s^22p^3$，它的 1 个 s 轨道和 3 个 p 轨道杂化形成 4 个 sp^3 杂化轨道，其中 1 个杂化轨道有一对成对电子，称为孤对电子，另外 3 个杂化轨道各有 1 个单电子与 H 原子的 1s 原子轨道重叠，单电子配对成键。由于孤对电子对另外 3 个成键的轨道有排斥挤压作用，致使 NH_3 分子的键角为 107.3°，略小于正四面体的键角，NH_3 的几何构型是三角锥形，如图 5-14 所示。

H_2O 分子的形成与此类似，其中 O 原子也采取不等性 sp^3 杂化，只是 4 个杂化轨道中有 2 个被孤对电子所占有，对成键的两个杂化轨道的挤压作用更大，以致两个 O—H 键间的夹角压缩成 104.5°，所以水分子的几何构型呈“V”字形，如图 5-14 所示。

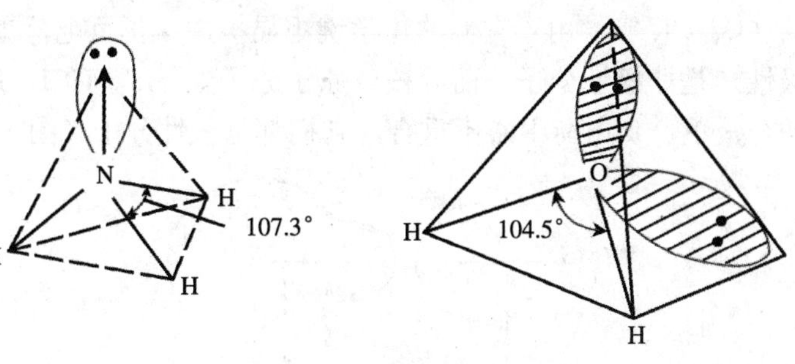

图 5-14 NH_3 和 H_2O 分子几何构型

如果键合原子不完全相同，也可引起中心原子轨道的不等性杂化。如 $CHCl_3$ 分子中，C 原子采取 sp^3 杂化，其中与 Cl 原子键合的 3 个 sp^3 杂化轨道，每个含 s 轨道成分为 0.258，而与 H 原子键合的 1 个 sp^3 杂化轨道所含 s 轨道成分为 0.226，所以 $CHCl_3$ 分子中 C 原子的 sp^3 杂化也是不等性的。

第四节　分子间力与氢键

分子中除有化学键外，在分子与分子之间还存在着一种比化学键弱得多的相互作用力。当液体蒸发时，需要克服液体分子间的引力，分子间力越大，汽化潜热越大，液体沸点就越高；当固体熔化时，也要部分地克服分子间力，分子间力越大，熔化热越大，固体的熔点就越高。分子间作用力是 1873 年由荷兰物理学家范德华（van der Waals）首先提出的，故又称范德华力。随着人们对原子、分子结构研究的深入，认识到分子间力本质上也属于一种电性引力，分子间力是决定物质物理性质（如沸点、熔点、汽化热、熔化热以及溶解度等）的主要因素。为了说明这种引力的由来，先介绍分子的极性与变形性。

一、分子的极性和变形性

（一）分子的极性

任何以共价键结合的分子中，都存在带正电荷的原子核和带负电的电子，尽管整个分子是电中性的，但可设想分子中两种电荷分别集中于一点，各称为正电荷中心和负电荷中心，即“+”极和“−”极。如果两个电荷中心之间存在一定的距离，即形成偶极，这样分子就有了极性，称为极性分子。如果两个电荷中心重合，分子就无极性，称为非极性分子。

对于双原子分子来说，分子的极性和键的极性是一致的。如一些同核双原子分

子如 H_2、N_2、O_2、Cl_2 等，由于它们的化学键不显极性，正负电荷重心重合，整个分子也不显极性，是非极性分子。而异核双原子分子如 HF、HCl、HI 等分子由极性共价键相结合，正、负电荷中心不重合，它们都是极性分子（图 5-15）。

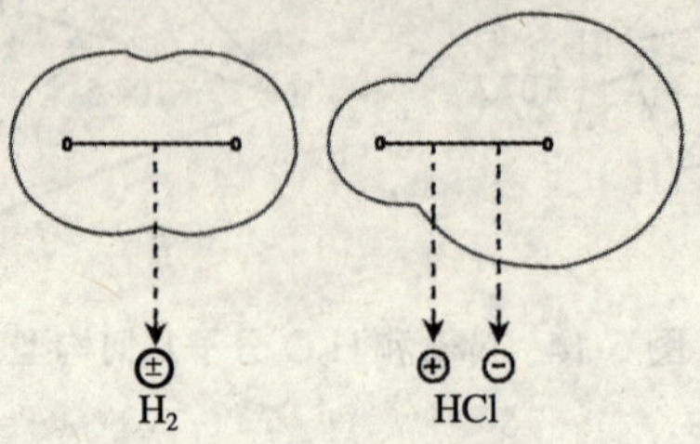

图 5-15 H_2 和 HCl 分子的电荷分配

对于多原子分子情况比较复杂。由极性键组成的多原子分子可能是极性分子，也可能是非极性分子，这要视分子的组成和分子的几何构型而定。

例如，在 CO_2（O=C=O）分子中，虽然 C=O 键为极性键，但由于 CO_2 分子是直线型，结构对称（图 5-16），两边键的极性互相抵消，整个 CO_2 分子中正、负电荷中心重合，所以 CO_2 分子是非极性分子。

但是在 H_2O 分子中，O—H 键为极性键，H_2O 分子为角型结构，两个 O—H 键的夹角为 104.5°，两个 O—H 键的极性没有互相抵消，H_2O 分子中正负电荷中心不重合，因此，水分子是极性分子（图 5-16）。

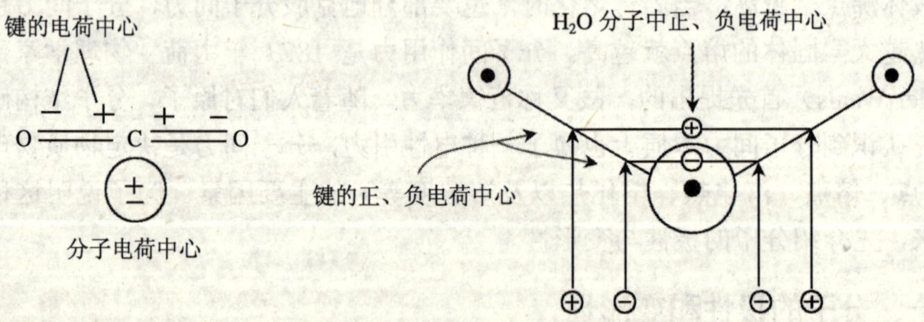

图 5-16 CO_2 和 H_2O 中正、负电荷中心的分布

总之，共价键是否有极性，取决于相邻原子间共用电子对是否有偏移；而分子是否有极性，不仅取决于共价键是否有极性，而且还取决于分子的空间构型。含有极性键的多原子分子，如果结构对称（正负电荷中心重合）、分子仍然为非极性分子；如果结构不对称，分子才是极性分子。

分子极性的大小通常用偶极矩来衡量。物理学中把大小相等，符号相反，彼此相距为 d 的两个电荷（$+q$ 和 $-q$）组成的体系称为偶极子，其荷电量与距离之积就是偶极矩（μ）。

$$\mu = q \cdot d$$

d 又称偶极长度。偶极矩的单位是 C·m，它是一个矢量，规定方向是从正极到负极。测定分子的偶极矩，有助于比较物质极性的强弱和推断分子的几何构型。例如，测得 CS_2 分子偶极矩为零。其正、负电荷中心重合，是非极性分子，然而 C 与 S 之间的共价键是有极性的。由此可以推断 CS_2 分子具有直线形对称结构。因此，测定出分子偶极矩的大小，就为推断分子的空间构型提供了依据（图 5-17、表 5-7）。

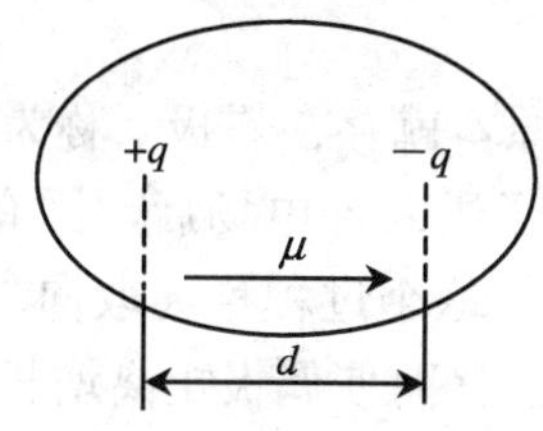

图 5-17 分子的偶极矩

表 5-7 一些物质分子的偶极矩与几何构型

分子式	偶极矩（μ）/（$\times10^{-30}$C·m）	分子构型	分子式	偶极矩（μ）/（$\times10^{-30}$C·m）	分子构型
H_2	0	直线型	SO_2	5.33	角型
N_2	0	直线型	H_2O	6.17	角型
CO_2	0	直线型	NH_3	4.90	三角锥型
CS_2	0	直线型	HCN	9.85	直线型
CH_4	0	正四面体	HF	6.37	直线型
CO	0.40	直线型	HCl	3.57	直线型
H_2S	3.67	角型	HBr	2.67	直线型
$CHCl_3$	3.50	四面体型	HI	1.40	直线型

（二）分子的变形性

前面讨论的极性分子和非极性分子的结构，是在没有外界影响下分子本身的属性。若将分子置于外加电场中，分子内部电荷的分布因同电相斥、异电相吸的作用而发生相对位移，因而它的性质也要受到影响。例如，非极性分子在未受电场的作用前，正、负电荷中心重合，如图 5-18 所示。当受到电场作用后，分子中带正电荷的核被吸向负极，带负电的电子云被引向正极，使正、负电荷中心发生位移而产生偶极（这种偶极称为诱导偶极），整个分子发生了变形，这一过程叫做分子的极化。外电场消失时，诱导偶极也随之消失，分子恢复为原来的非极性分子。

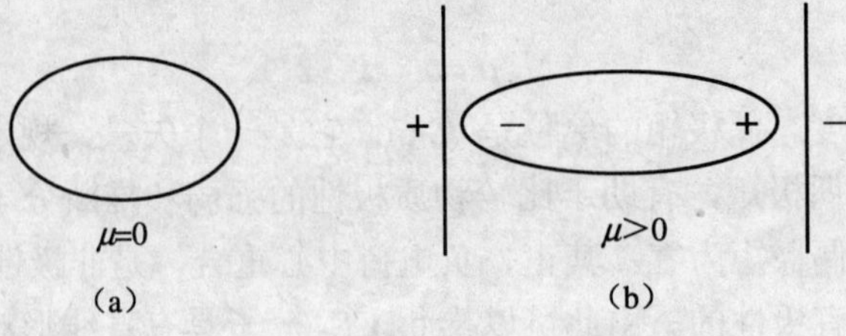

图 5-18　非极性分子在电场中的变形极化

对于极性分子来说，分子原本就存在偶极（称为固有偶极），通常这些极性分子在做不规则的热运动，当分子进入外电场后，固有偶极的正极转向负电场，负极转向正电场，进行定向排列，这个过程称为取向。在电场的持续作用下，分子的正、负电荷中心也随之发生位移而使偶极矩离增长，即固有偶极加上诱导偶极，使分子极性增加，分子发生变形。如果外电场消失，诱导偶极也随之消失，但固有偶极不变（图 5-19）。

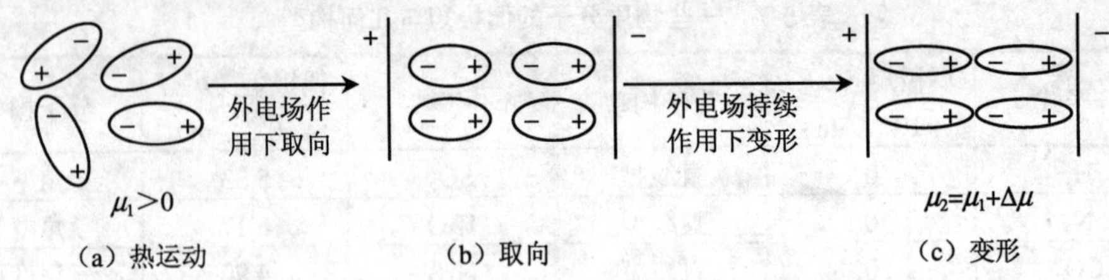

图 5-19　极性分子在电场中的极化

非极性分子或极性分子受外电场作用而产生诱导偶极的过程，称为分子的极化（或称变形极化）。分子受极化后外形发生改变的性质，称为分子的变形性。电场越强，产生的诱导偶极也越大，分子的变形越显著；另外，分子越大，所含电子越多，它的变形性也越大。

二、分子间力

分子具有极性和变形性是分子间产生作用力的根本原因。现在认为，分子间存在三种作用力，即色散力、诱导力和取向力，通称范德华力。

（一）色散力

由于瞬时偶极而产生的相互作用力，称为色散力。

非极性分子的偶极矩为零，似乎不存在相互作用。事实上当两个非极性分子相互靠近时，由于每个分子内电子和原子核的不断运动，在某一瞬间，会出现正、负电荷中心发生相对位移，使分子产生瞬时偶极。而当分子间距只有几百皮米时，相邻分子会在瞬时产生异极相邻的状态，分子间会产生吸引力，这种吸引力是瞬时偶极作用的结果。由于从量子力学导出的这种力的理论公式与光色散公式相似，因此把这种力叫做色散力。虽然瞬时偶极在瞬时出现，但因分子数量多并处于不断运动之中，因而色散力也是一直存在的，如图 5-20 所示。

色散力的大小与分子的变形性或极化率有关。极化率越大，分子之间的色散力越大。必须指出色散力是存在于一切分子之间的。

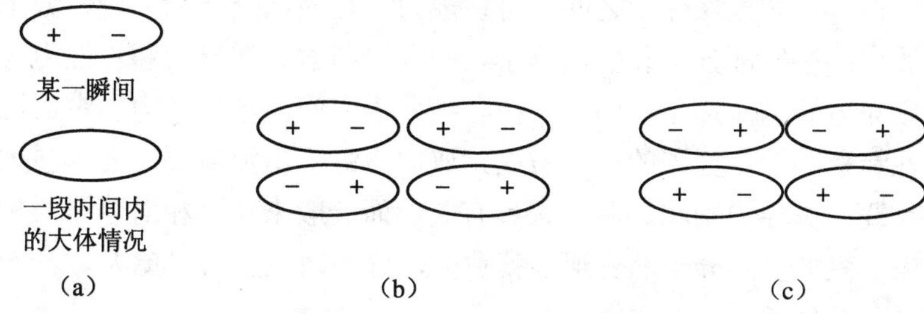

图 5-20　非极性分子间的相互作用

（二）诱导力

极性分子中存在固有偶极，可以作为一个微小的电场。当非极性分子与它充分靠近时，就会被极性分子极化而产生诱导偶极（图 5-21），诱导偶极与极性分子固有偶极之间有作用力；同时，诱导偶极又可反过来作用于极性分子，使其也产生诱导偶极，从而增强了分子之间的作用力，这种由于形成诱导偶极而产生的作用力，称为诱导力。诱导力与分子的极性和变形性有关，分子的极性和变形性越大，其产生的诱导力也越大。当然，极性分子与非极性分子之间也存在色散力。

图 5-21　极性分子和非极性分子的相互作用

（三）取向力

当两个极性分子充分靠近时，由于极性分子中存在固有偶极，就会发生同极相斥、异极相吸的取向（或有序）排列，如图 5-22（b）。取向后，固有偶极之间产生的作用力，称为取向力。取向力的大小决定于极性分子的偶极矩，偶极矩越大，取向力越大。当然，极性分子之间也存在着诱导力[图 5-22（c）]和色散力。

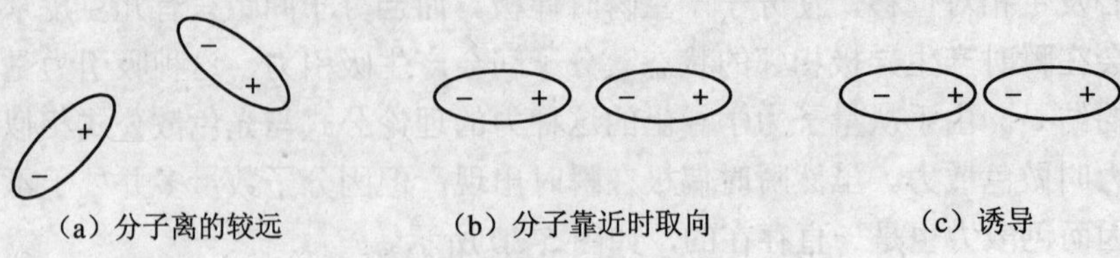

图 5-22 极性分子间的相互作用

综上所述，在非极性分子之间只有色散力；在极性分子和非极性分子之间有诱导力和色散力；在极性分子和极性分子之间有取向力、诱导力和色散力。色散力、诱导力和取向力的总和称分子间力。在各种分子之间，这三种力所占的比例决定于分子的极性和变形性。分子的极性愈高，取向力的作用愈重要；变形愈大、色散力的作用愈重要；诱导力则和这两个因素有关。而一般来说，相对分子质量愈大，分子所含的电子就愈多，分子的变形性就愈大，分子间色散力也愈大。表 5-8 列出了某些物质中各种分子间力的比例。

表 5-8 分子间力的分配（单位：$kJ\cdot mol^{-1}$）

分子	取向力	诱导力	色散力	总计
Ar	0.000	0.000	8.49	8.49
CO	0.002 9	0.008 4	8.74	8.75
HI	0.025	0.113 0	25.86	26.00
HBr	0.686	0.502	21.92	23.11
HCl	3.305	1.004	16.82	21.13
NH_3	13.31	1.548	14.94	29.80
H_2O	36.38	1.925	8.996	47.30

这些力本质上都是静电引力，一般分子间色散力往往是主要的，只有偶极矩很大的分子，取向力才显得重要。

（四）范德华力对物质性质的影响

分子间的吸引作用比化学键弱得多，即使在分子晶体中或分子靠得很近时，其作用力也不过是化学键的 1/100 到 1/10，并且只是在分子间的距离为几百皮米时，才表现出分子间力，且随分子间距离的增加分子间力迅速减小（研究表明，分子间的结合力为几个到几十个 $kJ\cdot mol^{-1}$，比一般化学键能小 1～2 个数量级，这种力的作用范围在 300～500 pm 内）。

分子间力普遍存在于各种分子之间，它不影响物质的化学性质，但它对物质的物理性质如熔点、沸点、硬度、溶解度等都有一定的影响。一般说来，分子间力越大，物质的熔点、沸点越高，聚集状态由气态到固态。如 F_2、Cl_2、Br_2、I_2 都是非极性分子，随着相对分子质量的增加，分子体积增大，变形性增大，分子间色散力依次增大，因此它们的熔点、沸点依次增高（表 5-9）。在常温常压下，氟、氯为气体，溴为液体，碘为固体，它们的颜色依次加深。对于相同类型的单质和化合物来说，通常分子的极性对化合物熔点、沸点影响不大，一般随相对分子质量的增加，分子体积的增大，其色散力增加，则熔点、沸点也增加。如 HCl、HBr、HI，当相对分子质量相同或相近时，极性分子化合物的熔点、沸点比非极性分子高。如 CO 和 N_2 的相对分子质量均为 28，分子大小也相近，变形性也相近，所以色散力相当，但在 CO 中还有诱导力、取向力的作用，故 CO 的沸点（−192℃）比 N_2（−196℃）略高。

表 5-9　卤素和卤化氢的熔点与沸点

	F_2	Cl_2	Br_2	I_2	HF	HCl	HBr	HI
熔点/K	50	170.6	265.7	386.6	189.6	158.9	186.3	222.4
沸点/K	85.1	239	331	457.5	292.7	188.1	206.4	237.8

分子间力还可以说明物质的相互溶解情况。如 NH_3 和 H_2O 都是极性分子，存在着强的取向力，所以可以互溶。而 CCl_4 是非极性分子，CCl_4 分子间的引力及 H_2O 分子本身间的引力均大于 CCl_4 与 H_2O 分子间的引力，所以 CCl_4 不溶于 H_2O。而 I_2 是非极性分子，I_2 与 CCl_4 分子间的色散力较大，因此 I_2 易溶于 CCl_4。

三、氢键

我们已经知道，HCl、HBr、HI 的熔点、沸点随着相对分子质量的增加而升高，这主要是由于色散力逐渐增大的缘故。而 HF 相对分子质量最小，沸点却是同族氢化物中最高的，类似情况也存在于ⅣA～ⅦA 族各元素与氢的化合物中（图 5-23）。

从图 5-23 可以看出：HF、H_2O 和 NH_3 有着反常高的熔点、沸点，说明这些分子除了普遍存在的分子间力外，还存在着另一种作用力。如在 HF 分子中，由于 F 原子的半径小、电负性大，共用电子对强烈偏向于 F 原子一方，使 H 原子核几乎“裸露”出来。这个半径很小、又无内层电子的带正电荷的氢核，能和相邻 HF 分子中 F 原子的孤对电子相吸引，这种静电吸引力称为氢键。由于氢键的形成，使简单 HF 分子缔合，如图 5-24 所示。

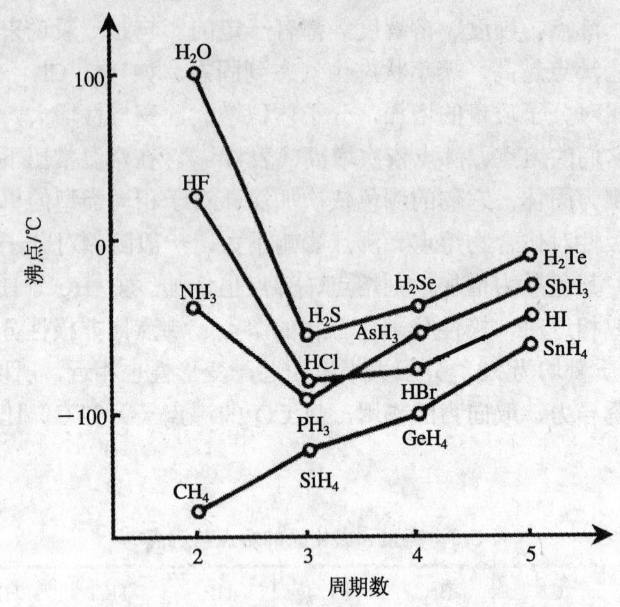

图 5-23　ⅣA～ⅦA 族元素的氢化物沸点的递变

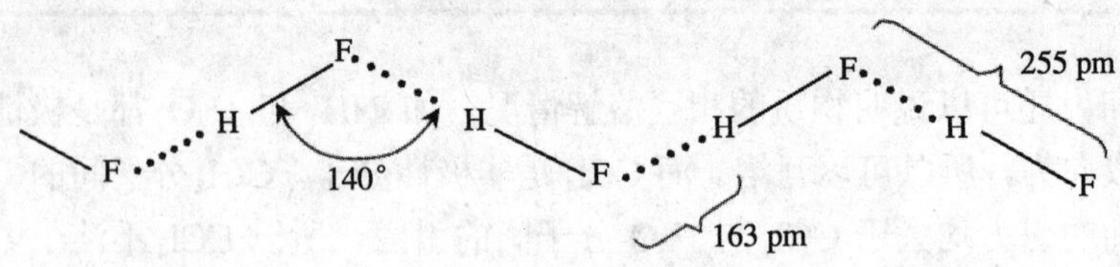

图 5-24　HF 分子间的氢键

氢键可表示为 X—H……Y（虚线表示氢键，实线表示共价键），X 和 Y 代表 F、O、N 等电负性大，且半径较小的原子。形成氢键的两个条件：（1）有一个与电负性很大的原子 X 形成共价键的 H 原子；（2）有另一个电负性很大，且有孤对电子的原子 Y、X 和 Y 可以是两种相同的元素，也可以是不同种的元素。H、O、F 和 C 同属于第二周期，都可形成氢化物（CH_4、NH_3、H_2O、HF），C 原子电负性较小，一般不易形成氢键，所以 CH_4 的沸点没出现反常，而 NH_3、H_2O、HF 的分子间由于可形成氢键，使得它们的沸点比同族的氢化物都要高出许多。

在分子之间借助氢键结合的分子，通常称为缔合分子。在分子之间形成的氢键称为分子间氢键，如 HF 分子间形成的缔合分子$(HF)_n$ 和 H_2O 分子间形成的缔合分子$(H_2O)_n$。

除了分子间氢键外，某些化合物的分子还可形成分子内氢键，它们多是一些有机化合物（例如邻硝基苯酚）。一般要求 H 原子与邻近基团电负性大的元素相隔 4～5 个化学键，这样在形成氢键后便于形成五元环或六元环的稳定形式。如图 5-25 所示。

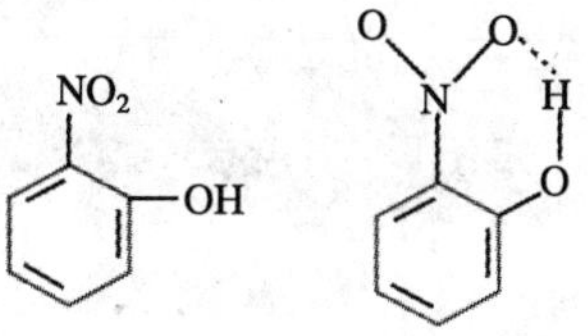

图 5-25 邻硝基苯酚分子内氢键

在生物体内，特别是在蛋白质分子内部，氢键是十分普遍。蛋白质是由许多氨基酸通过肽键（$-NH-\overset{\overset{\displaystyle O}{\|}}{C}-$）缩合而成。蛋白质长链分子之间又是靠羰基上的氧（$>C=O$）和氨基上的氢（$>N-H$）以氢键（$>C=O\cdots\cdots H-N<$）彼此在折叠平面上相连接[图 5-26（a）]。蛋白质长链分子本身又可以成螺旋形排列，螺旋各圈之间也因存在上述氢键而增强其稳定性[图 5-26（b）]。此外，在生物遗传中重要的基础物质 DNA 中，它是两条长长的高分子链，主要靠大量氢键[图 5-26（c）中虚线表示]连接成双螺旋式的稳定结构。由此可见，没有氢键的存在，也就没有这些特殊而又稳定的大分子结构，也正是这些大分子支撑了生物机体，担负着贮存营养、传递信息等生物功能。氢键容易形成和破坏，这在生理过程中是重要的，如温度对蛋白质的结构和性能的影响很大。

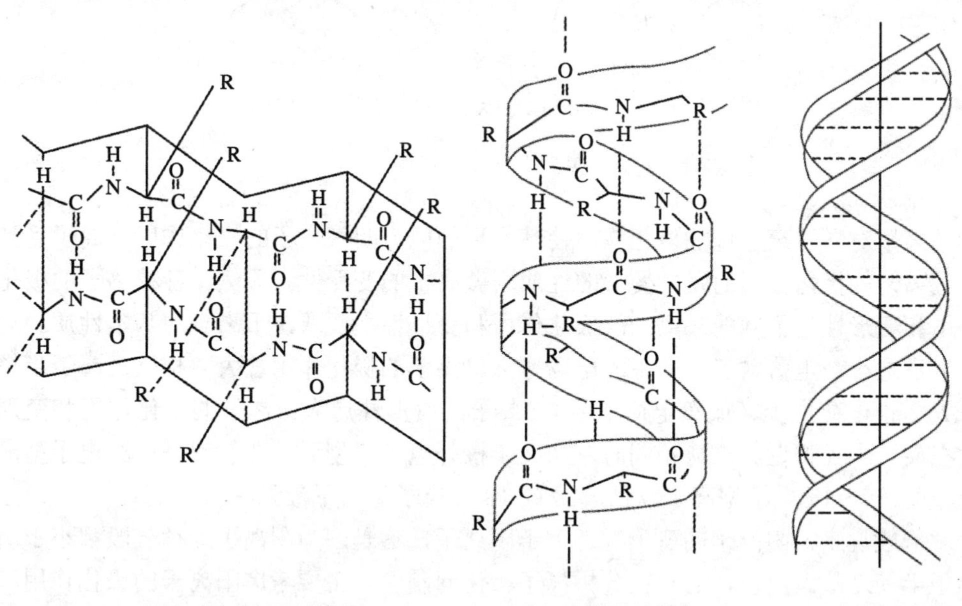

（a）蛋白质多肽折叠结构式　（b）蛋白质α螺旋结构式　（c）DNA 双螺旋结构式

图 5-26 DNA 的结构

第五节　离子极化

对孤立的简单离子来说，离子的电荷分布基本上是球形对称的，离子本身正负电荷重心重合于核心，但如果设想把一个离子放在外电场中，则离子中的原子核和核外电子云，就受到外电场正负极的吸引和排斥作用，使离子的正负电荷中心产生相对位移，其结果是离子发生变形并产生偶极，这种现象称为离子的极化。事实上，在离子型化合物中，相邻的阴离子和阳离子相互之间都可视为外电场，一方面阴离子在阳离子的电场下产生极化变形，另一方面阳离子又在阴离子的电场下产生极化变形，它们之间存在着相互的极化作用，见图 5-27。

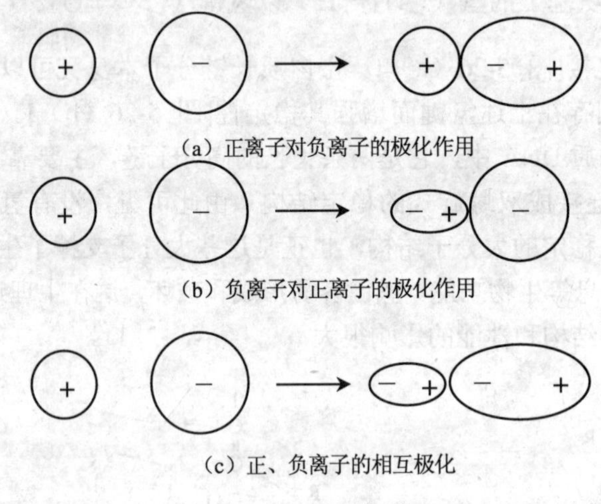

图 5-27　离子极化

离子对异号离子施加极化作用使其变形的能力叫做离子的极化作用；离子受到异号离子的极化作用而发生变形的性质叫做离子的变形性。显然，各种离子的极化作用和变形性是不同的，离子的极化作用和变形性主要取决于离子的基本性质。离子半径愈小，电荷愈多，产生的电场愈强，离子的极化作用愈大；相反，离子半径愈大，正电荷愈少（或负电荷愈多），离子的变形性愈大。离子的极化作用和变形性在离子半径相近、电荷相同时，从离子核外电子构型看，一般都是：8 电子型离子较弱，9～17 电子型离子较强，18 或 18+2 电子型离子最强。

一般说来，阴离子的变形性远大于阳离子，这是因为阳离子半径一般都小于阴离子半径之故。所以，通常在分析离子极化问题时，主要考虑阳离子的极化作用和阴离子的变形性。当然，对于一些极化作用和变形性都强的离子，如 Ag^{+}、Hg^{2+}、Pb^{2+}等的化合物，必须考虑到离子的相互极化作用和变形性。离子型化合物中离子间的极化使离子变形，其结果使电子云彼此重叠，核间距离缩短；化学键的离子性成分减少、共价键成分增加而产生键型的变异，从而导致化学性质的改变。现以卤化银为例来说明这些问题。Ag^+是18电子构型，极化作用和变形性都很强。F^-、Cl^-、Br^-、I^-离子半径依次增大，因此 Ag^+与它们之间的相互极化作用也依次增大，即电子云重叠程度增加，致使由离子键 AgF（F^-离子半径很小不易发生变形）经过过渡键型（AgCl 和 AgBr）转变为共价键型（AgI）。随着键型的转变，某些化学性质有所不同，AgF 在水中的溶解度大，热分解温度高，反映了离子键型的性质。AgCl、AgBr、AgI 的溶解度小，热稳定性低，则反映了共价键型的性质，颜色的加深也反映了共价键成分的依次增加（表 5-10）。

表 5-10 卤化银的键型和性质

卤化银	AgF	AgCl	AgBr	AgI
Ag^+离子半径/pm	126	126	126	126
卤离子半径/pm	136	181	196	216
理论核间距值	262	307	322	342
实测核间距值	246	277	288	299
化学键型	离子键	过渡型	过渡型	共价键
颜色	白色	白色	浅黄色	黄色
溶解度/（$mol \cdot L^{-1}$）	14	$10^{-4.86}$	$10^{-6.49}$	$10^{-8.17}$
热分解温度	很高	很高	700℃	552℃

复习与思考题

1. 判断下列说法是否正确：

（1）不存在离子性成分为100%的离子键。

（2）由于离子键无饱和性，因此正、负离子的周围吸引带相反电荷的数目是任意的。

（3）离子键的实质是正、负离子间的静电作用。

（4）具有稀有气体的电子层构型的离子才能稳定存在。

2. 判断下列说法是否正确：

（1）成键原子的原子轨道沿电子云出现几率最大的方向重叠。

（2）原子轨道重叠越多，形成的共价键越稳定。

（3）原子的基态电子构型中有几个未成对电子，就决定它只能形成几个共价键。稀有气体没有未成对电子，就不能形成共价键。

（4）成键原子有多少个价层轨道就能形成多少个共价键。

（5）成键原子有多少个价电子就能形成多少个共价键。

（6）在 NH_3 分子中的 N—H 键的键能是一样的，因此破坏每个 N—H 键所消耗的能量也相同。

(7) 两原子之间形成共价键时，首先形成的一定是σ型共价键。

(8) 极性分子中的化学键一定是极性键，非极性分子中的化学键一定是非极性键。

3. 举例说明以下概念:

(1) 分子的极化　(2) 固有偶极　(3) 诱导偶极　(4) 瞬时偶极

(5) 取向力　(6) 诱导力　(7) 色散力　(8) 氢键

4. 离子键和共价键是怎样形成的？为什么共价键具有方向性和饱和性，而离子键没有？

5. 根据电负性数据指出下列两类化合物中哪个化合物键的极性最小？哪个化合物键的极性最大？

(1) NaCl　$MgCl_2$　$AlCl_3$　$SiCl_4$

(2) HF　HCl　HBr　HI

6. 试根据电负性的数据定性比较下列分子中键的离子性成分的多少。

NaF　NaCl　NaBr　NaI

7. 分子的极性与化学键的极性有何不同？它们之间有什么关系？举例说明。

8. 下列分子中哪些是极性分子？哪些是非极性分子？为什么？

CH_4　$CHCl_3$　CO_2　BCl_3　H_2S　HCl

9. 按化学键的极性大小排列下列物质:

NaF　HCl　F_2　HI　HF

10. 从分子间力的观点说明下列问题:

(1) F_2、Cl_2、Br_2、I_2的熔点和沸点为什么随相对分子质量的增加而升高？

(2) HCl、HBr、HI的熔点和沸点为什么随相对分子质量的增加而升高？

11. 对于①H_2；②CH_4；③$CHCl_3$；④氨水；⑤溴与水之间，只存在色散力的是________，只有色散力和诱导力的是________；既有色散力又有诱导力的是________；不仅有分子间力，还有氢键的是________。

12. 什么是配位共价键？形成配位键的条件是什么？

13. BF_3分子具有平面三角形的构型，而NH_3分子的构型却是三角锥，试用杂化轨道理论解释之。

14. CH_4分子中的C和H_2O分子中的O实施的都是sp^3杂化，其空间构型是否相同？为什么？

15. NH_3分子中的N实施的是不等性sp^3杂化吗？其空间构型是什么？为什么其键角小于109° 28′？

16. 判断下列各组分子间存在哪些分子间力:

(1) 苯和CCl_4；(2) 氨和H_2O；(3) CO_2气体；(4) H_2S气体；(5) 乙醇和水。

17. 说明离子极化作用对键型转化的影响。

第六章 分析化学概述

【学习要求】

1. 熟悉定量分析的一般程序；理解分析化学的任务和作用；掌握分析化学分类的方法。
2. 掌握化学计量点、滴定终点及终点误差的基本概念。
3. 掌握标准溶液配制方法、基准物质的用途及其应用符合的条件，了解常用基准物质的干燥条件和应用范围。
4. 掌握滴定度和物质的量浓度的表示方法；掌握滴定分析中的定量依据及各种计算方法，了解分析化学的发展趋势。

第一节　分析化学的任务、方法及发展趋势

分析化学是获取物质化学组成和结构信息的科学，分析化学包括成分分析和结构分析，成分分析是分析化学的基本内容。分析化学不仅对化学本身的发展起着重大的作用，而且在医药卫生、工业、农业、国防、资源开发等许多领域中都有广泛的应用（都需要分析化学的理论、知识和技术）。因此，人们常将分析化学称为生产、科研的“眼睛”，是认知“未知”的强有力手段，是让人们“放心”的科学，是打击伪科学和犯罪科学的有力工具。它在实现我国工业、农业、国防和科学技术现代化宏伟目标中具有举足轻重的作用。

一、分析化学的任务

分析化学是获取物质化学组成、含量、结构及相关信息的科学。分析化学是化学的一个重要分支。它的任务主要有三个方面：确定物质的化学组分（由哪些元素、离子、官能团或化合物组成）、测定有关成分的含量、确定物质中原子间的结合方式（化学结构、晶体结构、空间分布等），它们分别属于分析化学的定性分析、定量分析及结构分析的内容。

二、分析化学方法的分类

按照不同的分类方法，可将分析化学方法归属于不同的类别。现将根据分析化学任务、分析对象、分析原理、操作方法等分类方法简要说明如下。

（一）定性、定量、结构分析

根据分析化学任务不同可分为定性、定量、结构分析。定性分析是根据反应现象、特征鉴定物质的化学组成，鉴定试样有哪些元素、原子、原子团、官能团或化合物；定量分析是根据反应中反应物与生成物之间的计量关系测定各组分的相对含量；结构分析是研究物质的分子结构或晶体结构。

（二）无机分析与有机分析

根据分析对象不同可分为无机分析与有机分析。无机分析的对象是无机物，由于组成无机物的元素多种多样，因此在无机分析中要求鉴定试样是由哪些元素、离子、原子团或化合物组成，以及各组分的相对含量。这些内容分属于无机定性分析和无机定量分析。

有机分析的对象是有机物，虽然组成有机物的元素并不多（主要为碳、氢、氧、氮、硫等），但化学结构却很复杂，不仅需要鉴定组成元素，更重要的是进行官能团、空间结构等的分析。

（三）化学分析与仪器分析

根据分析原理不同可分为化学分析与仪器分析。

化学分析是以物质的化学反应为基础的分析方法，它历史悠久，是分析化学的基础，故又称经典分析方法。化学分析法使用的仪器、设备简单，常量组分分析结果准确度高，但对于微量和痕量（$<0.01\%$）组分分析，灵敏度低、准确度不高。

仪器分析是以物质的物理或物理化学性质为基础的分析方法，如电化学分析法及比色分析法等。常需要精密仪器，故称仪器分析法。仪器分析法特点是快速、灵敏、所需试样量少，适于微量、痕量成分分析，但对常量组分准确度低。

（四）常量、半微量、微量分析、超微量分析

根据操作方法及用量的不同可分为常量、半微量、微量分析、超微量分析。各种分析方法的试样用量见表 6-1。

表 6-1　各种分析方法的试样用量

方法	试样质量/mg	试样体积/mL
常量分析	＞100	＞10
半微量分析	10～100	1～10
微量分析	0.1～10	0.01～1
超微量分析	＜0.1	＜0.01

常量组分分析、微量组分分析、痕量组分分析：根据待测组分在试样中的相对含量不同的分析方法分类，各种分析方法试样相对含量见表 6-2。

表 6-2　各种分析方法试样相对含量

分类名称	常量组分	微量组分	痕量组分
相对含量	＞1%	0.01%～1%	＜0.01%

以上两种概念不能混淆，如痕量组分分析不一定是微量分析，自来水中痕量污染物分析是常量分析。

（五）常规分析和仲裁分析

根据分析目的不同可分为常规分析和仲裁分析。常规分析是指一般化验室在日常生产或工作中的分析，又称例行分析。仲裁分析是指不同的单位对同一试样的分析结果有争议时，要求某一单位用法定方法，进行准确分析，以仲裁原分析的结果是否正确，又称裁判分析。

三、定量分析的一般程序

定量分析的任务是确定样品中有关组分的含量，完成一项定量分析任务，一般要经过以下步骤。

（一）取样

所谓样品或试样是指分析工作中被采用来进行分析的体系，它可以是固体、液体或气体。分析化学对试样的基本要求是其在组成和含量上具有一定的代表性，能代表一定的总体。合理的取样是分析结果是否准确可靠的基础，取有代表性的样品必须采用特定的方法和程序。一般来说要多点取样（指不同部位、深度），然后将各点的样品粉碎之后混合均匀，再从混合均匀的样品中取少量作为试样进行分析。

（二）试样的分解

定量分析一般用湿法分解，即将试样分解后转入溶液中，然后进行测定。分解试样的方法很多，主要有酸溶法、碱溶法和熔融法，操作时可根据试样的性质和分析要求选用适当的分解方法。

（三）测定

根据分析要求以及样品的性质选取合适的分析方法进行测定。

（四）数据处理

根据测定的有关数据计算出组分的含量，并对分析结果的可靠性进行分析，最后得出结论。

四、分析化学的作用和发展趋势

（一）分析化学的作用

"分析化学"是化学学科的一个重要分支，它不仅对化学各学科的发展起着重要作用，而且几乎与国民经济的所有部门都有重要的关系，在生产和科研工作中有着十分重要的意义。

1．化学学科

只要涉及物质及其变化的研究都需要使用分析化学的方法，如：质量不灭定律的证实（18 世纪中叶），原子量的测定（19 世纪前半期），门捷列夫周期律的创建（19 世纪后半期），有机合成、催化机理、溶液理论等的确证。

2．医药、卫生

分析化学在临床医学中用于诊断和治疗的临床检验，预防医学中用于环境检测、职业中毒检验、营养成分分析等，法医学上用于法医检验，药学领域用于药物成分含量的测定、药物代谢动力学的研究及新药的药物分析等。

在卫生领域，分析化学广泛应用于水中三氮（NH_3、HNO_2、HNO_3）的测定；水中有毒物质的测定（Pb、Hg、HCN 等）；食品、蔬菜中 Vc 的测定，农药残留量的检测；血液中有毒物质的测定；血液中药物浓度的分析；血液、头发中微量元素的分析等。

3．生命科学

确定糖类、蛋白质、DNA、酶和各种抗原抗体、激素及激素受体的组成、结构、生物活性及细胞工程、基因工程、发酵工程等都离不开分析化学的应用。

4．工业

工业上，分析化学广泛应用于资源勘探，生产原料、中间体、产品的检验分析，工艺流程的控制，产品质量的检验，三废的处理等。

5．农业

农业中的土壤、肥料成分的分析，农产品质量检验等都离不开分析化学。

6．国防

在国防方面，分析化学应用于核武器的燃料、武器结构材料、航天材料及环境气氛的研究等。

（二）分析化学的发展过程和趋势

分析化学是一门古老的科学，它的起源可以追溯到古老的炼金术。当时依靠人们的感觉与双手进行分析与判断，至 16 世纪出现了第一个使用天平的实验室，才使分析化学赋有科学的内涵。至 19 世纪末，虽然分析化学由鉴定物质组成的化学定性手段与定量技术所组成，但还只能算是一门技术。

20 世纪以来，由于现代科学技术的发展，相邻学科间的相互渗透，使分析化学的发展经历了三次变革。

第一次变革在 20 世纪初，由于物理化学溶液理论的发展，为分析化学提供了理论基础，建立了溶液四大平衡理论，才使分析化学由一门技术发展为一门科学。

第二次变革在第二次世界大战后至 20 世纪 60 年代，物理学与电子学的发展，促进了分析化学中的物理方法的发展。一些简便、快速的仪器分析方法，取代了烦琐费事的经典分析方法。分析化学从以化学分析法为主的经典分析化学，发展到仪器分析法为主的现代分析化学。

第三次变革是由 20 世纪 70 年代末至今。以计算机应用的信息时代的来临为主要标志。由于生产和现代科学技术的发展，对分析化学的要求不再限于一般的“有什么”（定性分析）和“有多少”（定量分析）的范围，而是要求能提供物质更多、更全面的信息。从常量到微量及微粒分析；从组成到形态分析；从总体到微区分析；从宏观组分到微观结构分析；从整体到表面及逐层分析；从静态到快速反应追踪分析；从破坏试样到无损分析；从离线到在线分析等。

分析化学是近年来发展最为迅速的学科之一，这是同现代科学技术总的发展密切相关的。现代科学技术的飞速发展就给分析化学提出了越来越高的要求，同时由于各门学科向分析化学渗透，也向分析化学提供了新的理论、方法和手段，使分析化学不断丰富和发展。现代分析化学已突破了纯化学领域，它将化学与数学、物理学、计算机学及生物学紧密地结合起来，发展成为一门多学科性的综合科学。著名分析化学家 Kowalski 认为：“分析化学已由单纯提供数据，上升到从分析数据获取有用的信息和知识，成为生产和科研中实际问题的解决者。”总之，分析化学吸收了当代科学技术的最新成就，利用物质一切可利用的性质，建立分析化学的新方法与新技术。

第二节 滴定分析

一、滴定分析的基本概念

滴定分析法是化学分析法中的重要分析方法之一。此法必须使用一种已知准确浓度的溶液，这种溶液称为标准溶液。用滴定管将标准溶液滴加到被测物质的溶液中，直到按化学计量关系完全反应为止，根据所加标准溶液的浓度和体积可以计算出被测物质的含量。

用滴定管将标准溶液滴加到被测物质的溶液中的过程叫滴定。在滴定过程中标准溶液与被测物质发生的反应称为滴定反应。当滴定到达标准溶液与被测物质正好符合滴定反应式完全反应时，称反应到达了化学计量点。为了确定化学计量点通常加入一种试剂，它能在化学计量点时发生颜色的变化，称为指示剂，指示剂发生颜色变化，停止滴定的那一刻称为滴定终点，简称终点。滴定终点与化学计量点并不一定完全相符，由此而造成的误差称为滴定误差。滴定误差的大小取决于指示剂的性能和实验条件的控制。

二、滴定分析方法的特点

（1）加入标准溶液物质的量与被测物的物质的量恰好是化学计量关系。

（2）此法适于组分含量在 1%以上各种物质的测定；测定的相对误差为 0.1%。

（3）该法快速、准确、仪器设备简单、操作简便。

（4）用途广泛，具有很大实用价值。

三、滴定分析方法的分类

根据标准溶液和待测组分间的反应类型的不同，分为四类：

（1）酸碱滴定法：以质子传递反应为基础的一种滴定分析方法。

$$\text{反应实质}\ H_3O^+ + OH^- \longrightarrow 2H_2O$$

$$\text{（质子传递）}\ H_3O^+ + A^- \longrightarrow HA + H_2O$$

（2）配位滴定法：以配位反应为基础的一种滴定分析方法。

$$Mg^{2+} + Y^{4-} \longrightarrow MgY^{2-}\text{（产物为配合物或配合离子）}$$

$$Ag^+ + 2CN^- \longrightarrow [Ag(CN)_2]^-$$

（3）氧化还原滴定法：以氧化还原反应为基础的一种滴定分析方法。

$$Cr_2O_7^{2-} + 6\,Fe^{2+} + 14H^+ \longrightarrow 2Cr^{3+} + 6\,Fe^{3+} + 7H_2O$$
$$I_2 + 2S_2O_3^{2-} \longrightarrow 2I^- + S_4O_6^{2-}$$

（4）沉淀滴定法：以沉淀反应为基础的一种滴定分析方法。

$$Ag^+ + Cl^- \longrightarrow AgCl\downarrow$$（白色）

四、滴定分析对滴定反应的要求

并不是所有的化学反应都能适用于滴定分析法。凡适用于滴定分析的化学反应必须具备以下条件：

（1）反应必须定量完成：待测物质与标准溶液之间的反应要严格按一定的化学计量关系进行，反应定量完成程度要到达 99.9%以上。

（2）反应必须迅速完成：对于速率慢的反应可通过加热或加入催化剂等方法来加快反应速率。

（3）必须有简便可靠的方法确定滴定终点：如有合适的指示剂指示滴定终点。

五、常用的滴定方式

（一）直接滴定法

用标准溶液直接滴定被测物质的方式叫直接滴定。适用于完全符合滴定反应要求的滴定反应：如 HCl 标准溶液滴定 NaOH 溶液试样溶液。这是最常用、最基本的滴定方式。

（二）返滴定法

当滴定反应速率较慢或无合适的指示剂的滴定反应时，先加入一种过量的标准溶液，待其完全反应后，再用另一种标准溶液滴定剩余的前一种标准溶液。这种滴定方式称返滴定法，又称回滴法。例如 Al^{3+}测定，EDTA 与 Al^{3+}反应慢，先加入过量的 EDTA 与 Al^{3+}反应，再用 Zn^{2+}标准溶液滴定剩余的 EDTA。

（三）置换滴定法

对于不按确定的反应式进行或伴有副反应发生的滴定反应，可用置换滴定法进行测定。即先用适当的试剂与被测物质起反应，使其置换出另一种物质，再用标准溶液滴定此生成物。这种滴定方式称为置换滴定法。例如，$Na_2S_2O_3$ 不能直接滴定 $K_2Cr_2O_7$。因为在酸性溶液中强氧化剂将 $S_2O_3^{2-}$氧化为 $S_4O_6^{2-}$ 和 SO_4^{2-}等混合物，反应没有一定的计量关系，无法进行计算。但在 $K_2Cr_2O_7$ 的酸性溶液中加入过量的 KI，I^- 被置换出来生成定量的 I_2，I_2 再用标准溶液 $Na_2S_2O_3$ 滴定。

（四）间接滴定法

不能直接与标准溶液反应的物质，有时可以通过另外的化学反应间接进行滴定。例如，NH_4Cl、$(NH_4)_2SO_4$ 等铵盐，$K_{NH_4}=5.5\times10^{-10}$，离解常数较小，不能与碱定量反应。现将 NH_4^+ 与甲醛反应生成可被准确滴定的 H^+，再以酚酞作指示剂，用 NaOH 标液滴定此混合液至呈微红色即为终点。

$$4NH_4^+ + 6HCHO \longrightarrow (CH_2)_6N_4H^+ + 3H^+ + 6H_2O \text{（定量进行）}$$

返滴定法、置换滴定法、间接滴定法等的应用，使滴定分析应用更加广泛。

六、标准溶液和基准物质

标准溶液：已知准确浓度的溶液。

基准物质：能直接配成标准溶液的物质。

（一）基准物质必须具备的条件

（1）试剂组成恒定：实际组成（包括其结晶水含量）与化学式完全符合。

（2）试剂纯度高：一般纯度应在 99.9%以上。

（3）试剂性质稳定：保存或称量过程中不分解、不吸湿、不风化、不易被氧化等。

（4）试剂最好具有较大的摩尔质量：称量的相对误差小。

（5）使用条件下易溶于水（或稀酸、稀碱）。

常用的基准物质的干燥条件及其应用，见表 6-3。

（二）标准溶液的配制

1．标准溶液浓度大小选择的依据

规定标准溶液浓度大小，应当根据下面四个原则来考虑：

（1）滴定终点的敏锐程度。

（2）测量标准溶液体积的相对误差。

（3）分析试样的成分和性质。

（4）对分析结果准确度的要求。

2．配置标准溶液的方法

标准溶液的配置方法，通常有两种，即直接配制法和间接配制法（又称标定法）。

（1）直接配制：准确称量一定量的基准物质，溶解于适量溶剂后定量转入容量瓶中，用水稀释至刻度，根据称取基准物质的质量和容量瓶的体积即可算出该标准溶液的准确浓度。

（2）间接配制：先配制成近似浓度，然后再用基准物或标准溶液标定。标定一般要求至少进行 3～4 次平行测定，相对偏差在 0.1%～0.2%。

表 6-3 常用的基准物质的干燥条件及其应用

基准物质		干燥后的组成	干燥条件	测定对象
名称	分子式			
碳酸氢钠	$NaHCO_3$	Na_2CO_3	270～300℃	酸
十水碳酸钠	$NaHCO_3 \cdot 10H_2O$	Na_2CO_3	270～300℃	酸
硼砂	$Na_2B_4O_7 \cdot 10H_2O$	$Na_2B_4O_7 \cdot 10H_2O$	放在装有 NaCl 和蔗糖饱和溶液的密闭容器中	酸
碳酸氢钾	$KHCO_3$	K_2CO_3	270～300℃	酸
二水合草酸	$H_2C_2O_4 \cdot 2H_2O$	$H_2C_2O_4 \cdot 2H_2O$	室温干燥空气	碱或 $KMnO_4$
邻苯二甲酸氢钾	$KHC_8H_4O_4$	$KHC_8H_4O_4$	110～120℃	碱
重铬酸钾	$K_2Cr_2O_7$	$K_2Cr_2O_7$	140～150℃	还原剂
溴酸钾	$KBrO_3$	$KBrO_3$	130℃	还原剂
碘酸钾	KIO_3	KIO_3	130℃	还原剂
铜	Cu	Cu	室温下干燥器中保存	还原剂
三氧化二砷	As_2O_3	As_2O_3	室温下干燥器中保存	氧化剂
草酸钠	$Na_2C_2O_4$	$Na_2C_2O_4$	130℃	氧化剂
碳酸钙	$CaCO_3$	$CaCO_3$	110℃	EDTA
锌	Zn	Zn	室温下干燥器中保存	EDTA
氧化锌	ZnO	ZnO	900～1 000℃	EDTA
氯化钠	NaCl	NaCl	500～600℃	$AgNO_3$
氯化钾	KCl	KCl	500～600℃	$AgNO_3$
硝酸银	$AgNO_3$	$AgNO_3$	220～250℃	氯化物

七、滴定分析误差（一般要求相对误差≤±0.1%）

（一）称量误差

每次称量误差：±0.000 1 g，一份试样称量误差为±0.000 2 g。

若相对误差≤±0.1%，则每一份试样的称量至少为 0.2 g。

（二）量器误差

滴定管读数误差：±0.01 mL，一份试样量取误差为±0.02 mL。

若相对误差≤±0.1%，则每一份试样体积量至少为±20 mL。

（三）方法误差

方法误差主要是终点误差。终点误差为滴定终点与理论终点（化学计量点）不符引起的误差。终点误差可以由以下几种原因引起：

（1）指示剂不能准确地在化学计量点时改变颜色。

（2）标准溶液的加入不可能恰好在指示剂变色时结束。

（3）指示剂本身会消耗少量标准溶液做空白试验。

（4）杂质消耗标准溶液。

八、标准溶液浓度的表示方法

（一）物质的量及其单位——摩尔

物质的量（n）的单位为摩尔（mol），它是一系统的物质的量，该系统中所包含的基本单元数与 0.012 kg ^{12}C 中所含原子数目相等。物质的量是由第 14 届国际计量大会通过的国际单位制的第 7 个基本单位。

基本单元可以是原子、分子、离子、电子等基本粒子，或是这些基本粒子的特定组合。如硫酸的基本单元可以是 H_2SO_4，也可以是 1/2 H_2SO_4，单元不同，物质的量也就不同。用 H_2SO_4 作基本单元时，98.08 g 的 H_2SO_4 即为 1 mol，用 1/2 H_2SO_4 作基本单元时，98.08 g 的 H_2SO_4 即则为 2 mol。在使用摩尔时，应予指明基本单元。基本单元的选择，一般是以化学反应的计量关系为依据的。在分析化学中常以标准溶液的物质为基本单元。

物质 B 的物质的量与质量的关系是：

$$n_B=m/M \tag{6-1}$$

式中：n——物质的量，mol；

m——物质的质量，g；

M——物质的摩尔质量，$g \cdot mol^{-1}$。

（二）物质的量浓度

标准溶液的浓度通常用物质的量浓度表示。物质的量浓度简称浓度，是指单位体积溶液中所含溶质的物质的量。物质 B 的物质的量浓度表示为：单位体积溶液所含溶质 B 的物质的量 n_B。

$$c_B=n_B/V \tag{6-2}$$

式中：c_B——物质 B 的物质的量浓度，$mol \cdot L^{-1}$；

n_B——溶液中溶质 B 的物质的量，mol；

V——溶液的体积，L。

（三）滴定度

在生产单位例行分析中，有时用滴定度（T）表示标准溶液的浓度。滴定度是指 1 mL 滴定剂溶液相当于待测物质的质量（单位为克），用 $T_{待测物/滴定剂}$表示。滴定度的单位为 g · mL^{-1}。

如：$T_{Fe/KMnO_4}$=0.005 682 g/mL，表示 1 mL $KMnO_4$相当于 0.005 682 g Fe。如滴定消耗 V（mL）标准溶液，则被测物质的质量为：$m = TV$。

第三节　滴定分析法的计算

基本公式：

设 A 为待测组分，B 为标准溶液，滴定反应为：

$$aA + bB \longrightarrow cC + dD$$

当 A 与 B 按化学计量关系完全反应时，则：

$$n_A : n_B = a : b \longrightarrow \frac{n_A}{n_B} = \frac{a}{b} \tag{6-3}$$

一、求待测溶液浓度 c_A

若已知待测溶液的体积 V_A 和标准溶液的浓度 c_B 和体积 V_B，

则：

$$c_A \cdot V_A = \frac{a}{b} \cdot c_B \cdot V_B$$

所以，

$$c_A = \frac{a}{b} \cdot \frac{V_B}{V_A} \cdot c_B \tag{6-4}$$

$$n_A = \frac{a}{b} \cdot n_B \rightarrow \frac{m_A}{M_A} = \frac{a}{b} \cdot n_B = \frac{a}{b} \cdot c_B \cdot V_B \times \frac{1}{1\,000} \tag{6-5}$$

$m_A = \frac{a}{b} \cdot c_B \cdot V_B \cdot M_A \times 10^{-3}$（体积 V 以 mL 为单位时）

二、求试样中待测组分的质量分数ω_A

$$\omega_A = \frac{m_A}{m_{S(试样)}} = \frac{\frac{a}{b} \cdot c_B \cdot V_B \cdot M_A}{m_S} \times 10^{-3} \tag{6-6}$$

【例 6-1】 已知硫酸密度为 1.84 g · mL^{-1}，其中 H_2SO_4 质量分数约为 95%，求

每升硫酸中含有的$n_{H_2SO_4}$，$n_{\frac{1}{2}H_2SO_4}$ 及其$c_{H_2SO_4}$和$c_{\frac{1}{2}H_2SO_4}$。

解:
$$n_{H_2SO_4}=\frac{m_{H_2SO_4}}{M_{H_2SO_4}}=\frac{1.84\times1\,000\times0.95}{98.08}=17.8\ \text{mol}$$

$$n_{\frac{1}{2}H_2SO_4}=\frac{m_{H_2SO_4}}{M_{\frac{1}{2}H_2SO_4}}=\frac{1.84\times1\,000\times0.95}{49.04}=35.6\ \text{mol}$$

$$c_{H_2SO_4}=\frac{n_{H_2SO_4}}{V_{H_2SO_4}}=17.8\ (\text{mol}\cdot\text{L}^{-1})$$

$$c_{\frac{1}{2}H_2SO_4}=\frac{n_{\frac{1}{2}H_2SO_4}}{V_{H_2SO_4}}=35.6\ (\text{mol}\cdot\text{L}^{-1})$$

【例 6-2】 有一 KOH 溶液，22.59 mL 能中和纯草酸（$H_2C_2O_4\cdot2H_2O$）0.300 0 g，求该 KOH 溶液的浓度。

解:此滴定的反应方程式为: $H_2C_2O_4+2OH^-=C_2O_4^{2-}+2H_2O$

所以解法1:
$$\begin{array}{ll} M & 2 \\ 0.300\,0 & 22.59\times10^{-3}\times c \end{array}$$

$$c=\frac{2\times0.300\,0}{M\times22.59\times10^{-3}}=\frac{2\times0.300\,0}{126.1\times22.59\times10^{-3}}=0.210\,6\ (\text{mol}\cdot\text{L}^{-1})$$

解法2:
$$n_{KOH}=2n_{H_2C_2O_4\cdot2H_2O}$$

$$n_{H_2C_2O_4\cdot2H_2O}=\frac{m_{H_2C_2O_4\cdot2H_2O}}{M_{H_2C_2O_4\cdot2H_2O}}$$

而 $n_{KOH}=c_{KOH}V_{KOH}$

所以，$c_{KOH}=\dfrac{2m_{H_2C_2O_4\cdot2H_2O}}{M_{H_2C_2O_4\cdot2H_2O}V_{KOH}}=\dfrac{2\times0.300\,0}{126.1\times22.59\times10^{-3}}=0.210\,6\ \text{mol}\cdot\text{L}^{-1}$

【例 6-3】 选用邻苯二甲酸氢钾作基准物，标定 0.1 mol · L^{-1} NaOH 溶液的准确浓度。今欲把用去的 NaOH 溶液体积控制为 25 mL 左右，应称取基准物质多少克？如改用草酸（$H_2C_2O_4\cdot2H_2O$）作基准物，应称取多少克？邻苯二甲酸氢钾、草酸哪一种作基准物可减少称量上的相对误差？

解：以邻苯二甲酸氢钾（$KHC_8H_4O_4$）作基准物时，其滴定反应式为：

$$KHC_8H_4O_4+OH^-=KC_8H_4O_4^-+H_2O$$

所以，$n_{NaOH}=n_{KHC_8H_4O_4}$

$$c_{NaOH}V_{NaOH}=\frac{m_{KHC_8H_4O_4}}{M_{KHC_8H_4O_4}}$$

$$\begin{aligned}m_{KHC_8H_4O_4}&=c_{NaOH}\times V_{NaOH}\times M_{KHC_8H_4O_4}\\&=0.1\times25\times10^{-3}\times204.2\\&\approx0.5\ g\end{aligned}$$

若以 $H_2C_2O_4\cdot2H_2O$ 作基准物，由上例可知：

$$n_{NaOH}=2n_{H_2C_2O_4\cdot2H_2O}$$

$$c_{NaOH}\times V_{NaOH}=\frac{m_{H_2C_2O_4\cdot2H_2O}}{M_{H_2C_2O_4\cdot2H_2O}}$$

$$\begin{aligned}m_{H_2C_2O_4\cdot2H_2O}&=c_{NaOH}\times V_{NaOH}\times M_{H_2C_2O_4\cdot2H_2O}\\&=\frac{0.1\times25\times10^{-3}\times126.1}{2}\\&\approx0.16\ g\end{aligned}$$

由此可见，采用邻苯二甲酸氢钾作基准物质可减少称量上的相对误差。

【例 6-4】 在 1.000 g $CaCO_3$ 试样中加入 0.510 0 mol·L^{-1}HCl 溶液 50.00 mL，待完全反应后再用 0.490 0 mol·L^{-1}NaOH 标准溶液返滴定过量的 HCl 溶液，用去了 NaOH 溶液 25.00 mL。求 $CaCO_3$ 的纯度。

解：滴定反应式为：

$$2HCl+CaCO_3=CaCl_2+H_2O+CO_2$$
$$HCl+NaOH=NaCl+H_2O$$

$$\omega_{CaCO_3}=\frac{(0.510\,0\times50.00-0.490\,0\times25.00)\times100.09\times\frac{1}{2}}{1.000\times1\,000}\times100\%=66.31\%$$

【例 6-5】 测定工业纯碱中 Na_2CO_3 的含量时，称取 0.245 7 g 试样，用 0.207 1 mol·L^{-1} 的标准 HCl 溶液滴定，以甲基橙指示终点，用去 HCl 标准溶液 21.45 mL。求纯碱中 Na_2CO_3 的百分含量。

解：滴定反应式为：

$$2HCl+Na_2CO_3=2NaCl+H_2CO_3$$
$$n_{HCl}:n_{Na_2CO_3}=2:1$$

$$\omega_{Na_2CO_3}=\frac{\frac{1}{2}c_{HCl}V_{HCl}M_{Na_2CO_3}}{G}\times100\%$$

$$=\frac{\frac{1}{2}\times 0.207\ 1\times 21.45\times 10^{-3}\times 106.0}{0.245\ 7}\times 100\%$$

$$=95.82\%$$

【例 6-6】有一 $KMnO_4$ 标准溶液，已知其浓度为 0.020 10 mol·L^{-1}，求其 $T_{Fe/KMnO_4}$ 和 $T_{Fe_2O_3/KMnO_4}$。如果称取试样 0.271 8 g，溶解后将溶液中 Fe^{3+}的还原成 Fe^{2+}，然后用标准溶液 $KMnO_4$ 滴定，用去 26.30 mL，求试样中铁的含量。

解：此滴定反应是：

$$5Fe^{2+}+MnO_4^-+8H^+=5Fe^{3+}+Mn^{2+}+4H_2O$$

$$n_{Fe_2O_3}=5n_{KMnO_4}$$

$$n_{Fe_2O_3}=\frac{5}{2}n_{KMnO_4}$$

$$T_{Fe/KMnO_4}=\frac{m_{Fe}}{V_{KMnO_4}}=\frac{n_{Fe}\cdot M_{Fe}}{V_{KMnO_4}}=\frac{5n_{KMnO_4}\cdot M_{Fe}}{V_{KMnO_4}}$$

$$=\frac{5c_{KMnO_4}\cdot V_{KMnO_4}\cdot M_{Fe}}{V_{KMnO_4}}=\frac{5\times 0.020\,10\times 26.30\times 10^{-3}\times 55.85}{26.30}$$

$$=0.005\ 613\ (g\cdot mL^{-1})$$

$$T_{Fe_2O_3/KMnO_4}=\frac{m_{Fe_2O_3}}{V_{KMnO_4}}=\frac{\frac{5}{2}n_{KMnO_4}M_{Fe_2O_3}}{V_{KMnO_4}}$$

$$=\frac{\frac{5}{2}c_{KMnO_4}\cdot V_{KMnO_4}\cdot M_{Fe_2O_3}}{V_{KMnO_4}}=\frac{\frac{5}{2}\times 0.020\,10\times 26.30\times 10^{-3}\times 159.7}{26.30}$$

$$=0.008\ 025\ (g\cdot mL^{-1})$$

$$\omega_{Fe}=\frac{T_{Fe/KMnO_4}\cdot V_{KMnO_4}}{G_{试样}}\times 100\%$$

$$=\frac{0.005\ 613\times 26.30}{0.271\ 8}\times 100\%=54.3\%$$

复习与思考题

1. 解释以下名词术语：滴定分析法　滴定　标准溶液（滴定剂）　标定　化学计量点　滴定终点　滴定误差　指示剂　基准物质　滴定度

2. 此基准试剂：（1）$H_2C_2O_4\cdot 2H_2O$ 因保存不当而部分分化；（2）Na_2CO_3 因吸潮带有少量湿存水。用（1）标定 NaOH [或用（2）标定 HCl] 溶液的浓度时，结果是偏高还是偏低？用 NaOH（或 HCl）溶液测定某有机酸（有机碱）的摩尔质量时结果偏高还是偏低？

3. 下列各分析纯物质，用什么方法将它们配制成标准溶液？如需标定，应该选用下列哪些相应的基准物质？

H_2SO_4　KOH　邻苯二甲酸氢钾　无水碳酸钠

4. 下列情况将对分析结果产生何种影响：A.正误差　B.负误差　C.无影响　D.结果混乱

（1）标定 HCl 溶液浓度时，使用的基准物 Na_2CO_3 中含有少量 $NaHCO_3$。

（2）用递减法称量试样时，第一次读数时使用了磨损的砝码。

（3）加热使基准物溶解后，溶液未经冷却即转移至容量瓶中并稀释至刻度，摇匀，马上进行标定。

（4）配制标准溶液时未将容量瓶内溶液摇匀。

（5）用移液管移取试样溶液时事先未用待移取溶液润洗移液管。

（6）称量时，承接试样的锥形瓶潮湿。

5. 配制浓度为 2.0 $mol \cdot L^{-1}$ 下列物质溶液各 5.0×10^{-2} mL，应各取其浓溶液多少毫升？

（1）氨水（密度 0.89 $g \cdot cm^{-3}$，含 $NH_3$29%）。

（2）冰乙酸（密度 1.05 $g \cdot cm^{-3}$，含 HAc100%）。

（3）浓硫酸（密度 1.84 $g \cdot cm^{-3}$，含 $H_2SO_4$96%）。

6. 欲配制 $c_{KMnO_4} \approx 0.020\ mol \cdot L^{-1}$ 的溶液 5.0×10^{-2} mL，需称取 $KMnO_4$ 多少克？如何配制？

7. 应在 500.0 mL 0.080 00 $mol \cdot L^{-1}$ NaOH 溶液中加入多少毫升 0.500 0 $mol \cdot L^{-1}$ NaOH 溶液，才能使最后得到的溶液浓度为 0.200 0 $mol \cdot L^{-1}$？

8. 欲使滴定时消耗 0.10 $mol \cdot L^{-1}$HCl 溶液 20 ~ 25 mL，问应称取基准试剂 Na_2CO_3 多少克？此时称量误差能否小于 0.1%？

9. 用标记为 0.100 0 $mol \cdot L^{-1}$ HCl 标准溶液标定 NaOH 溶液，求得其浓度为 0.101 8 $mol \cdot L^{-1}$，已知 HCl 溶液的真实浓度为 0.099 9 $mol \cdot L^{-1}$，如标定过程中其他误差均可忽略，求 NaOH 溶液的真实浓度。

10. 称取分析纯试剂 $K_2Cr_2O_7$ 14.709 g，配成 500.0 mL 溶液，试计算：

（1）$K_2Cr_2O_7$ 溶液的物质的量浓度。

（2）$K_2Cr_2O_7$ 溶液对 Fe 和 Fe_2O_3 的滴定度。

11. 为了分析食醋中 HAc 的含量，移取试样 10.00 mL 用 0.302 4 $mol \cdot L^{-1}$NaOH 标准溶液滴定，用去 20.17 mL。已知食醋的密度为 1.055 $g \cdot cm^{-3}$，计算试样中 HAc 的质量分数。

第七章 酸碱平衡与酸碱滴定

【学习要求】

1. 熟悉弱电解质的特点，弱电解质的离解平衡，离解度及其影响因素，离解平衡常数，离解度和离解平衡常数之间的关系——稀释定律。掌握酸碱平衡理论及溶液 pH 的计算。
2. 掌握缓冲溶液的含义；掌握缓冲溶液酸碱度的计算，了解缓冲溶液的选择和配制。
3. 了解酸碱指示剂的作用原理，掌握其理论变色点和变色范围，掌握指示剂的选择。
4. 掌握各类酸碱滴定曲线的特点，化学计量点 pH 的计算及指示剂的选择；掌握影响 pH 突跃范围大小的因素。
5. 掌握各类酸碱准确滴定、分步滴定及指示剂的选择依据，了解酸碱滴定法的应用，掌握酸碱滴定结果的计算。

前面已介绍了化学平衡的一般规律，本章主要讨论水溶液中的酸碱平衡。酸碱平衡在生物体中也同样存在，生物体液需要维持一定的 pH 范围，pH 的改变将会影响生物体内细胞的活性。因此酸碱平衡及其有关反应与生物化学反应有密切关系。与气相中的反应相比，溶液的反应活化能较低，热效应较小，因此反应速率快，而且其平衡常数受温度、压力的影响较小，一般可以只考虑浓度[①]对平衡的影响。

酸碱滴定法是酸碱反应为基础的滴定分析方法。它不仅能用于水溶液体系，也可用于非水溶液体系，因此酸碱滴定法是滴定分析中最重要的和应用最广泛的方法之一。

在酸碱滴定中，溶液的 pH 如何随滴定剂的加入而发生变化，如何选择合适指示剂使其变色点与化学计量点接近，如何将酸碱滴定法用于实际测定中等，都是必须掌握的内容，本章将学习酸碱平衡和酸碱滴定法的基本原理和应用实例。

---

① 在本章讨论中的所涉及的溶液都是较稀的溶液，活度系数γ=1，因此处理问题通常可近似地用浓度代替活动度。

第一节 电解质溶液

一、电解质的分类

电解质是一类重要的化合物。凡是在水溶液或熔融状态下能解离出离子而导电的化合物叫做电解质，如 NaCl。1923 年，德拜（P. J. W.Debye）和休克尔（E. Hückel）提出强电解质理论，电解质可分为强电解质和弱电解质两大类。

强电解质在水溶液中是能完全解离成离子的化合物，如离子型化合物：NaCl、KCl、NaOH、KOH 等，强极性键化合物：HCl、H_2SO_4（$H^+ + HSO_4^-$）等。在水溶液中是仅部分解离成离子的化合物是弱电解质，如极性键化合物：HAc、$NH_3 \cdot H_2O$ 等。

强电解质如 NaCl 的解离方程式：$NaCl = Na^+ + Cl^-$。弱电解质的解离是可逆的，解离方程式中用"$\rightleftharpoons$"表示可逆，如：$HAc \rightleftharpoons H^+ + Ac^-$。

二、离解度和离解常数

（一）离解度

离解度是指电解质在水溶液中已离解的部分与弱电解质的起始浓度之比，符号为α，一般用百分数表示。

$$\alpha = \frac{\text{已电离的电解质浓度}}{\text{弱电解质的起始浓度}} \times 100\% \qquad (7\text{-}1)$$

（二）离解常数

在一定温度下，弱电解质离解成离子的速率与离子重新结合成弱电解质的速率相等，则离解达到平衡状态，称为离解平衡。

通常用 K 表示弱电解质离解平衡常数，简称为离解常数。弱电解质 AB 的离解方程式可表示为：

$$AB \rightleftharpoons A^+ + B^- \qquad K = \frac{c(A^+) \times c(B^-)}{c(AB)}$$

（三）稀释定律

设弱电解质 AB 的起始浓度为 c，离解度 α，达到离解平衡后：

$$c(A^+) = c(B^-) = c\alpha,\ c(AB) = c(1-\alpha)$$

$$K=\frac{c(A^{+})\times c(B^{-})}{c(AB)}=\frac{c\alpha\times c\alpha}{c(1-\alpha)}=\frac{c\alpha^{2}}{1-\alpha}$$

在一般情况下，当电解质很弱时，离解度很小，（c/K_a≥500），可以认为 $1-\alpha\approx1$（此时误差≤2%），故上式可简化为：$K=c\alpha^2$。

$$\alpha=\sqrt{\frac{K}{c}} \tag{7-2}$$

式（7-2）称之为稀释定律，它表明在一定温度下，弱电解质的离解度与其浓度的平方根成反比，即溶液越稀，离解度越大。

（四）影响离解平衡的因素

（1）温度的影响：K 与温度有关，但由于弱电解质离解的热效应不大，在较小的温度范围内一般温度变化不影响它的数量级，所以在室温范围内，通常忽略温度的影响。

（2）同离子效应：例如，在 HAc 水溶液中，当离解达到平衡后，加入适量 NaAc 固体，使溶液中 Ac^-的浓度增大，由浓度对化学平衡的影响可知，$HAc \rightleftharpoons H^++Ac^-$ 平衡向左移动，从而降低了 HAc 的离解度。

在弱电解质溶液中，加入含有相同离子的易溶强电解质，会使弱电解质离解度降低，该现象叫做同离子效应。

（3）盐效应。在弱酸或弱碱溶液中，加入不含相同离子的易溶强电解质，会使弱电解质的离解度增大。如在 HAc 溶液中加入 NaCl。由于溶液中离子强度增大，H^+和 Ac^-的有效浓度降低，平衡向离解的方向移动，HAc 的离解度将增大，这种现象称为盐效应。

同离子效应发生时也伴随有盐效应，二者比较，前者比后者强得多，在一般计算中，可以忽略盐效应。

三、强电解质溶液

（一）表观离解度

表观离解度是反映强电解质（或离子浓度大的）溶液中离子间相互牵制作用的强弱程度。强电解质在水溶液中是完全离解成离子的，其离解度应为 100%，但是实际测得的离解度小于 100%，这是离子间相互作用的结果，实际测得的离解度被称为表观离解度。

（二）离子的活度与离子强度

1. 活度

“活度”是强电解质溶液中离子的理想浓度或热力学浓度，用它来代替真实浓度可以满足质量作用定律。人们常通俗地理解为单位体积内表观上含有的离子浓度。电解质溶液中离子实际发挥作用的浓度称为活度，即有效浓度，用符号“a”来表示。它与真实浓度 c 之间的关系：

$$a_i=\gamma_i c \tag{7-3}$$

式中：γ_i —— 离子 i 的活度系数；

c —— 平衡浓度。

2. 离子强度

强电解质在溶液中离解为阴阳离子。阴阳离子间有库仑引力，因此中心离子为异性离子所包围，使中心离子的反应能力减弱。减弱的程度用 γ_i 来衡量，它与溶液中离子的总浓度和离子的价态有关。

离子强度（I）的公式为：

$$I=\frac{1}{2}\sum_i c_i Z_i^2 \tag{7-4}$$

式中：c_i，Z_i —— 溶液中第 i 种离子的浓度和电荷数。

德拜-休克尔（Debye-Hückel）提出了很稀溶液中计算离子平均活度系数的极限公式：$-\lg\gamma_i=0.512Z_i^2\sqrt{I}$。

第二节　酸碱理论及其有关化学平衡

酸和碱是两类重要的化学物质，人类对酸碱的认识是逐步深入的。到目前为止，关于酸和碱的理论有四种，它们是阿仑尼乌斯提出的酸碱电离理论，布朗斯特（Brönsted）和劳莱（Lowry）提出的酸碱质子理论，路易斯提出的酸碱电子理论及软硬酸碱理论。本节只介绍前两种理论。

一、酸碱电离理论

酸碱电离理论是瑞典化学家阿仑尼乌斯首先提出的，该理论认为，在水中电离时所生成的阳离子全部都是 H^+ 的物质叫做酸；电离时所生成的阴离子全部都是 OH^- 的物质叫做碱；酸碱反应的实质就是 H^+ 与 OH^- 反应生成 H_2O。

酸碱的电离理论从物质的化学组成上揭示了酸碱的本质，酸碱电离理论对化学科学的发展起到了积极作用，直到现在仍普遍地应用着。但这一理论是有局限性的：其一，电离理论中的酸、碱两种物质包括的范围小，不能解释 NaAc 溶液呈碱性，NH_4Cl 溶液呈酸性的事实；其二，电离理论仅适用于水溶液，对于非水溶液和无溶剂体系中的物质及有关反应无法解释，如 HCl 和 NH_3 在苯中反应生成 NH_4Cl 及气态 HCl 与 NH_3 直接反应生成 NH_4Cl。为了克服电离理论的局限性，布朗斯特和劳莱提出的酸碱质子理论。

二、酸碱质子理论

（一）酸碱的定义和共轭酸碱对

酸碱质子理论认为，凡能给出质子的物质称为酸；凡能接受质子的物质称为碱。酸碱可以是分子也可以是离子。

根据酸碱质子理论，酸和碱不是孤立的，每一种酸给出质子后成为该酸的共轭碱；每一种碱接受质子后成为该碱的共轭酸。酸碱的这种相互依存又互相转化的性质称为共轭性。对应的酸碱构成共轭酸碱对，这种关系可用下式表示：

$$\underset{\text{酸}}{HB} \rightleftharpoons H^+ + \underset{\text{碱}}{B^-}$$（H^+与 B^-称为共轭酸碱对）

酸——共轭——碱

如：

$$HAc \rightleftharpoons H^+ + Ac^- \quad (1)$$

$$NH_4^+ \rightleftharpoons H^+ + NH_3 \quad (2)$$

两性物 $$HPO_4^{2-} \rightleftharpoons H^+ + PO_4^{3-} \quad (3)$$

$$HPO_4^{2-} + H^+ \rightleftharpoons H_2PO^{4-} \quad (4)$$

由式（3）、式（4）可知，一种物质（HPO_4^{2-}）在不同条件下，有时给出质子可作为酸，有时接受质子可作为碱，这样的物质称两性物质。

某一物质是酸还是碱取决于给定的条件和该物质在反应中的作用和行为。

（二）酸碱反应

根据酸碱质子理论，酸和碱反应的实质是共轭酸碱对之间的质子转移反应，质子的转移是通过水合质子实现的。

（1）HCl 在水溶液中的离解，作为溶剂的水分子同时起着碱的作用：

$$\underset{\text{酸1}}{HCl} + \underset{\text{碱2}}{H_2O} \rightleftharpoons \underset{\text{酸2}}{H_3O^+} + \underset{\text{碱1}}{Cl^-}$$

简写为： $HCl = H^+ + Cl^-$

（此式仍是一个完整的酸碱反应）

（酸1与碱1共轭；碱2与酸2共轭）

（2）NH_3 与 H_2O 反应，作为溶剂的水分子同时起着酸的作用：

$$\underset{\text{碱1}}{NH_3} + \underset{\text{酸2}}{H_2O} \rightleftharpoons \underset{\text{碱2}}{OH^-} + \underset{\text{酸1}}{NH_4^+}$$

（碱1与酸1共轭；酸2与碱2共轭）

由此可知，NH_3 与 HCl 的反应质子的转移是通过水合质子实现的：

$$HCl+H_2O \rightleftharpoons H_3O^++Cl^-$$

$$NH_3+H_2O \rightleftharpoons OH^-+NH_4^+$$

酸碱反应： $HCl+NH_3 \rightleftharpoons NH_4^++Cl^-$

将酸碱质子理论与酸碱离解理论加以比较，可以看出，酸碱质子理论扩大了酸碱及酸碱反应的范围，质子理论的概念具有更广泛的意义；质子理论的酸碱理论具有相对性，同一种质子在不同的环境中，其酸碱性发生改变；质子理论的应用广泛，适用于水溶液和非水溶液。但它只限于质子的给予和接受，对于无质子参加酸碱反应不能解释，如 SO_3、BF_3 等酸性物质。

（三）溶剂的质子自递反应

H_2O 既能给出质子，又能接受质子，这种质子的转移作用在水分子之间也能发生：

$$H_2O+H_2O \rightleftharpoons H_3O^++OH^-$$

质子自递反应——溶剂分子之间发生的质子传递作用。

此反应平衡常数称为溶剂的质子自递常数，以 K_S 表示。水的质子自递常数又称为水的离子积，以 $K_W^\ominus$ 表示。在一定温度下，$K_W^\ominus$ 是一个常数，25℃时，$c(H_3O^+)=c(OH^-)=1.0\times10^{-7}$，$K_S=c(H_3O^+)\times c(OH^-)=K_W=1.0\times10^{-14}$。

简写：$K_W^\ominus=c(H^+)\times c(OH^-)=1.0\times10^{-14}$

由于水的质子自递是吸热反应，故 K_W 随温度的升高而增大。如 100℃时 $K_W^\ominus=5.5\times10^{-13}$。在室温下作一般计算时，可以不考虑温度的影响。

其他溶剂如：C_2H_5OH

$C_2H_5OH+C_2H_5OH=C_2H_5OH_2^++C_2H_5O^-$

$K_S=c(C_2H_5OH_2^+)\times c(C_2H_5O^-)=7.9\times10^{-20}$　（25℃）

许多化学反应，是在 H^+浓度较小（$10^{-8}\sim10^{-2}$ mol · L^{-1}）的溶液中进行的，因此用 $c(H^+)$负对数（用符号 pH 代表）表示溶液的酸碱性更方便。

$pH=-\lg c(H^+)$，同理 $pOH=-\lg c(OH^-)$。

$pK_w^{\ominus}=pH+pOH=14.00$

在 $c(H^+)\leqslant1$ mol · L^{-1}，$c(OH^-)\leqslant$ 1 mol · L^{-1}时：

$c(H^+)=c(OH^-)$时，中性，$c(H^+)=10^{-7}$，pH=7；

$c(H^+)>c(OH^-)$时，酸性，$c(H^+)>10^{-7}$，pH <7；

$c(H^+)<c(OH^-)$时，碱性，$c(H^+)<10^{-7}$，pH >7。

在实际工作中，pH 值的测定有很重要的意义，pH 值的测定常采用的两种方法。若需要较准确测定溶液的 pH 值时可以用酸度计，否则用 pH 试纸就可以了。

（四）酸碱强度及共轭酸碱对 K_a 与 K_b 的关系

酸碱强度取决于：酸碱本身的性质和溶剂的性质。

在水溶液中：酸碱的强度取决于酸将质子给予水分子或碱从水分子中夺取质子的能力的大小，通常用酸碱在水中的离解常数大小衡量，酸的解离常数，用 K_a 表示，碱的解离常数，用 K_b 表示。

$$HAc+H_2O \rightleftharpoons H_3O^+ + Ac^- \qquad K_a=\frac{c(H_3O^+)\times c(Ac^-)}{c(HAc)} \tag{7-5}$$

$$NH_3+H_2O \rightleftharpoons OH^-+NH_4^+ \qquad K_b=\frac{c(OH^-)\times c(NH_4^+)}{c(NH_3)} \tag{7-6}$$

附录中列出了常见弱酸弱碱的解离常数 K_a、K_b。弱酸的 K_a 越大，表示它给出质子的能力越强，即是越强的酸；反之，它的酸性越弱。

如：$HAc \rightleftharpoons H^++Ac^-$　　$K_a=1.8\times10^{-5}$

$NH_4^+ \rightleftharpoons H^++NH_3$　　$K_a=5.6\times10^{-10}$

$HS^- \rightleftharpoons H^++S^{2-}$　　$K_a=7.1\times10^{-15}$

这三种酸的强弱顺序为：$HAc>NH_4^+>HS^-$。

对于　Ac^-　NH_3　S^{2-}

K_b 为　5.6×10^{-10}　1.8×10^{-5}　7.1×10^{-1}

同样，K_b 越小的碱在水中它接受质子的能力越差，碱性越弱；K_b 越大则碱性越强。这三种碱的强弱顺序为 $S^{2-}>NH_3>Ac^-$。

由此可见，对于任何一种酸，若其本身的酸性愈强，其 K_a 愈大，则其共轭碱的碱性就愈弱，K_b 就愈小。例如 HCl，它是强酸，它的共轭碱 Cl^-，几乎没有从 H_2O 中夺 H^+取转化为 HCl 的能力，是一种极弱的碱，它的 K_b 小到测不出来。

多元酸在溶液中逐级解离，溶液中存在多个共轭酸碱对。例如，三元酸 H_3A 的解离平衡和三元碱 A^{3-} 的解离平衡关系如下：

$$H_3A \rightleftharpoons H^+ + H_2A^- \qquad A^{3-} + H_2O \rightleftharpoons HA^{2-} + OH^-$$

$$H_2A^- \rightleftharpoons H^+ + HA^{2-} \qquad HA^{2-} + H_2O \rightleftharpoons H_2A^{2-} + OH^-$$

$$HA^{2-} \rightleftharpoons H^+ + A^{3-} \qquad H_2A^{2-} + H_2O \rightleftharpoons H_3A + OH^-$$

$$K_{a_1} = \frac{c(H^+)c(H_2A^-)}{c(H_3A)} \qquad K_{b_1} = \frac{c(OH^-)c(HA^{2-})}{c(A^{3-})}$$

$$K_{a_2} = \frac{c(H^+)c(HA^{2-})}{c(H_2A^-)} \qquad K_{b_2} = \frac{c(OH^-)c(H_2A^{2-})}{c(HA^{2-})}$$

$$K_{a_3} = \frac{c(H^+)c(A^{3-})}{c(HA^{2-})} \qquad K_{b_3} = \frac{c(OH^-)c(H_3A)}{c(H_2A^{2-})}$$

酸 H_3A 的解离常数为 K_{a_1}、K_{a_2}、K_{a_3}，通常 $K_{a_1} > K_{a_2} > K_{a_3}$。

碱 A^{3-} 的解常数则为 $K_{b_1} > K_{b_2} > K_{b_3}$, 共轭酸碱对 K_a 与 K_b 的关系为：

$$K_{a_1} \cdot K_{b_3} = K_{a_2} \cdot K_{b_2} = K_{a_3} \cdot K_{b_1} = K_w$$

$$pK_{a_1} + pK_{b_3} = pK_{a_2} + pK_{b_2} = pK_{a_3} + pK_{b_1} = pK_w$$

三、滴定分析中的化学平衡

化学反应必须在平衡状态才能达到定量分析的要求。通过化学平衡计算可以判断一个化学反应是否符合分析的要求；化学分析体系中常常存在多种成分，因而也存在多种平衡。选择实验条件及评价副反应对测定的干扰都可以从化学平衡体系的分析入手。化学平衡的系统处理方法提供了处理复杂体系的基本工具，系统处理方法的基本方法是在写出体系中所有化学平衡关系式的基础上增加物料平衡、电荷平衡或质子平衡。

（一）水溶液中的物料平衡、电荷平衡、质子平衡

1．水溶液中的物料平衡

物料平衡又称质量平衡，指在一个化学平衡体系中某一组分的分析浓度等于该组分各种存在型体的平衡浓度之和，其代数表达式叫做物料平衡式。物料平衡表达式称为物料等衡式 MBE。

例如，C mol · L^{-1} H_3PO_4 溶液的物料等衡式为：

$$c(H_3PO_4) + c(H_2PO_4^-) + c(HPO_4^{\ 2-}) + c(PO_4^{\ 3-}) = C$$

2．水溶液中的电荷平衡

电荷平衡表达式也叫电荷等衡式，用 CBE 表示。根据电中性原则，当某一电解质溶于水后而生成带正负电荷的离子时，溶液中所有阳离子的浓度乘以各自价数的总和应等于所有阴离子的浓度乘以各自的价数的总和，即溶液是电中性的。对于水溶液中的电荷平衡，还应包括水本身离解所产生的 H^+和 OH^-。

例如，KH_2PO_4 溶液的电荷平衡式为：

$$c(OH^-) + c(H_2PO_4^-) + 2c(HPO_4^{2-}) + 3c(PO_4^{3-}) = c(H^+) + c(K^+)$$

3．水溶液中的质子平衡

酸碱溶液中得质子产物得到质子的物质的量与失质子产物失去质子的物质的量应该相等，这种数量关系称为“质子平衡”或“质子条件”。质子条件表达式称为质子等衡式 PBE。

酸给出质子的总数=碱得到质子的总数

书写酸碱溶液的质子平衡一般经过以下步骤：

①选取参考水准（零水准）。通常选溶液中大量存在的参与质子转换的起始酸碱组分和溶剂分子作为基准态物质。

②以基准态物质作参照，与溶液中其他组分比较质子得失关系和得失数目。

③根据得失质子等衡原理，写出质子平衡。

如 $NaHCO_3$ 溶液的质子平衡，选 HCO_3^-和 H_2O 作基准态物质。溶液中还存在组分为 H_2CO_3、CO_3^{2-}、H^+、OH^-等，Na^+不参与质子转移。其中 H_2CO_3 与 HCO_3^-比较，得一个质子，H^+（H_3^+O）与 H_2O 比较，也得一个质子，而 CO_3^{2-}、OH^-分别是失一个质子后的组分，因此，PBE 为：

$$c(H^+) + c(H_2CO_3) = c(CO_3^{2-}) + c(OH^-)$$

或质子等衡式也可根据酸碱平衡体系的组成直接写出。

书写质子平衡时应注意以下几点：

①与基准态物质比较得失质子数为 2 个或更多时，应写出系数。

②当溶液中同时存在一对共轭酸碱对时，只能其中某一型体作基准态物质。

如 a mol·L^{-1} $NH_3·H_2O$ 和 b mol·L^{-1} NH_4Cl 混合液的 PBE。当选 $NH_3·H_2O$ 和 H_2O 为基准态物质时，有 $c(H^+) + c(NH_4^+) - b = c(OH^-)$，同理，选 NH_4^+和 H_2O 为基准态物质时，有 $c(H^+) = c(NH_3) - a + c(OH^-)$。

【例 7-1】 写出 Na_2S 质子平衡式。

离解平衡：

$$Na_2S \longrightarrow 2Na^+ + S^{2-}$$

$$S^{2-} + H_2O \longrightarrow OH^- + HS^-$$

$$HS^- + H_2O \longrightarrow OH^- + H_2S$$

$$H_2O \longrightarrow OH^- + H^+$$

选择基准物：S^{2-}和 H_2O 都是大量的，且都参与了质子反应可得到质子等衡式：

$$c(HS^-) + c(H_2S) + c(H^+) = c(OH^-)$$

【例 7-2】 写出 NH_4HCO_3 溶液的 PBE。

基准物为：NH_4^+、HCO_3^-、H_2O

PBE 为：$c(H_2CO_3) + c(H^+) = c(OH^-) + c(NH_3) + c(CO_3^{2-})$

$$c(H^+) = c(OH^-) + c(NH_3) + c(CO_3^{2-}) - c(H_2CO_3)$$

由此可见，PBE 式中既考虑了酸式离解（$HCO_3^- \longrightarrow CO_3^{2-}$），又考虑了碱式离解，同时又考虑了 H_2O 的质子自递作用，因此，质子平衡式反映了酸碱平衡体系中得失质子的严密的数量关系，它是处理酸碱平衡的依据。

（二）水溶液中酸碱组分不同型体的分布

在弱酸碱溶液的平衡体系中，一种物质可能以多种形体存在。平衡状态时，溶液中溶质各型体的浓度，称为平衡浓度，平衡浓度之和称为总浓度或分析浓度，即各简称浓度。在弱酸碱溶液中，酸碱以各种形式存在的平衡浓度与其分析浓度的比值即各型体在总浓度中所占分数称为分布系数，分布系数用符号δ表示。各存在型体的平衡浓度的大小由溶液中氢离子浓度所决定，因此每种型体的分布系数也随着溶液氢离子浓度而变化。分布系数δ与溶液 pH 间的关系曲线称为分布曲线。学习分布曲线，可以帮助我们深入理解酸碱滴定、配位滴定等反应过程，并且对于反应条件的选择和控制具有指导意义。

1．一元弱酸碱溶液中各型体的分布

根据分布系数的定义，一元弱酸 HAc 在溶液中以 HAc 和 Ac^-两种型体存在，分布系数的关系及分布系数与起始浓度的关系用下式表示：

$$\delta_{HAc} = \frac{c(HAc)}{c_0(HAc)} \tag{7-7}$$

$$\delta_{Ac^-} = \frac{c(Ac^-)}{c_0(HAc)} \tag{7-8}$$

$$c_0(HAc) = c(HAc) + c(Ac^-) \tag{7-9}$$

因为：

$$K_a = \frac{c(H^+) \times c(Ac^-)}{c(HAc)} \tag{7-10}$$

所以：

$$\frac{K_a}{c(H^+)} = \frac{c(Ac^-)}{c(HAc)} \tag{7-11}$$

将式（7-7）、式（7-9）代入式（7-10）得：

$$\delta_{HAc} = \frac{c(H^+)}{c(H^+) + K_a} \qquad (7\text{-}12)$$

同理：

$$\delta_{Ac^-} = \frac{K_a}{c(H^+) + K_a} \qquad (7\text{-}13)$$

所以：

$$\delta_{HAc} + \delta_{Ac^-} = 1$$

在 HAc 溶液中，由不同的 pH 值下的 HAc 溶液的δ_{HAc}值和δ_{Ac^-}值作出δ— pH 图，如图 7-1。

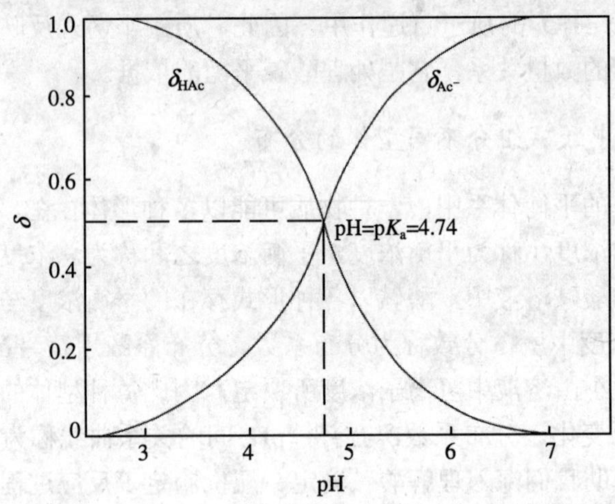

图 7-1　HAc、Ac^-分布系数与溶液 pH 的关系曲线

“δ”只与溶液的酸度有关，而与其分析浓度无关；各种型体的分布系数之和为 1。

从图 7-1 可以看出，δ_{HAc}值随 pH 的增大而减小；δ_{Ac^-}值随 pH 的增大而增大。

当 $pH=pK_a=4.74$ 时，$\delta_{HAc}=\delta_{Ac^-}=0.5$；当 $pH>pK_a$ 时，则$\delta_{HAc}<\delta_{Ac^-}$，即以碱型为主；当 $pH<pK_a$ 时，则$\delta_{HAc}>\delta_{Ac^-}$，即以酸型为主。

同样，可推导出一元弱碱的分布系数：

以 $NH_3 \cdot H_2O$ 溶液为例：

$$\delta_{NH_3} = \frac{c(OH^-)}{c(OH^-) + K_b} \qquad (7\text{-}14)$$

$$\delta_{NH_4^+} = \frac{K_b}{c(OH^-) + K_b} \qquad (7\text{-}15)$$

2．多元酸碱溶液中各型体的分布

以二元酸 $H_2C_2O_4$ 为例，二元酸 $H_2C_2O_4$ 在水溶液中以 $H_2C_2O_4$、$HC_2O_4^-$、$C_2O_4^{2-}$

三种型体存在，则：

$$c_0(H_2C_2O_4)=c(H_2C_2O_4)+c(HC_2O_4^-)+c(C_2O_4^{2-})$$

$$\delta_{H_2C_2O_4}=\frac{c(H_2C_2O_4)}{c_0(H_2C_2O_4)}=\frac{c(H_2C_2O_4)}{c(H_2C_2O_4)+c(HC_2O_4^-)+c(C_2O_4^{2-})} \tag{7-16}$$

由平衡：$H_2C_2O_4 = HC_2O_4^- + H^+$ $\quad K_{a_1}=\frac{c(H^+)\times c(HC_2O_4^-)}{c(H_2C_2O_4)}$ （7-17）

$HC_2O_4^- = C_2O_4^{2-} + H^+$ $\quad K_{a_2}=\frac{c(H^+)\times c(C_2O_4^{2-})}{c(HC_2O_4^-)}$ （7-18）

可推得：

$$\delta_{H_2C_2O_4}=\frac{c(H^+)^2}{c(H^+)^2+c(H^+)K_{a_1}+K_{a_1}K_{a_2}} \tag{7-19}$$

同理可推得：

$$\delta_{HC_2O_4^-}=\frac{c(H^+)K_{a_1}}{c(H^+)^2+c(H^+)K_{a_1}+K_{a_1}K_{a_2}} \tag{7-20}$$

$$\delta_{C_2O_4^{2-}}=\frac{K_{a_1}K_{a_2}}{c(H^+)^2+c(H^+)K_{a_1}+K_{a_1}K_{a_2}} \tag{7-21}$$

$$\delta_{H_2C_2O_4}+\delta_{HC_2O_4^-}+\delta_{C_2O_4^{2-}}=1$$

由不同的 pH 值下的 $H_2C_2O_4$ 溶液的$\delta_{H_2C_2O_4}$、$\delta_{HC_2O_4^-}$和$\delta_{C_2O_4^{2-}}$值作出δ— pH 图，如图 7-2。

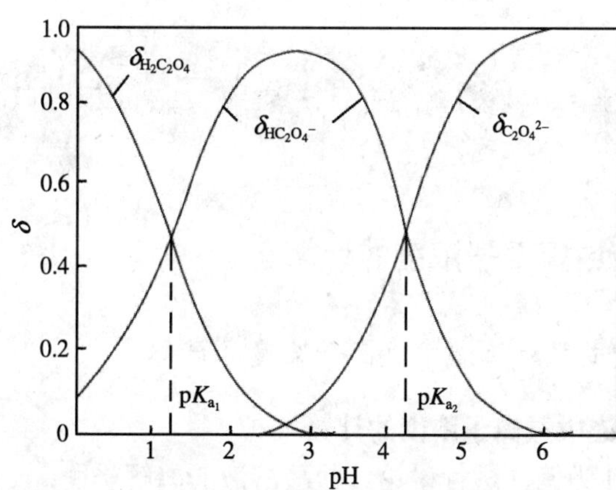

图 7-2　草酸溶液中各种存在形式的分布系数与溶液 pH 的关系曲线

由图 7-2 可知：

当 $pH=pK_a=4.74$ 时，$\delta_{HAc}=\delta_{Ac^-}=0.5$；

当 $pH<pK_{a_1}$ 时，则以 $H_2C_2O_4$ 为主要存在型体；

当 $pH>pK_{a_2}$ 时，则以 $C_2O_4^{2-}$ 为主要存在型体；

当 $pK_{a_1}<pH<pK_{a_2}$ 时，则以 $HC_2O_4^-$ 为主要存在型体。

由式（7-19）计算可知，在 pH=2.75 时，$HC_2O_4^-$ 占 94.5%，而 $H_2C_2O_4$ 和 $C_2O_4^{2-}$ 分别为 2.6%和 3.2%，说明在 $HC_2O_4^-$ 的优势区内存在三种型体交叉同时存在的状况。

其他多元酸或碱，如 H_nA，溶液中存（n+1）种型体，用类似方法可导 H_nA 的（n+1）种型体的δ值。

$$\delta_n=\frac{c(H_nA)}{c}=\frac{\{c(H^+)\}^n}{\{c(H^+)\}^n+K_{a_1}\cdot\{c(H^+)\}^{n-1}+\cdots+K_{a_1}\cdots K_{a_n}\cdot\{c(H^+)\}^0}$$

$$\delta_{n-1}=\frac{c(H_{n-1}A^-)}{c}=\frac{K_{a_1}\cdot\{c(H^+)\}^{n-1}}{\{c(H^+)\}^n+K_{a_1}\cdot\{c(H^+)\}^{n-1}+\cdots+K_{a_1}\cdots K_{a_n}\cdot\{c(H^+)\}^0}$$

…

$$\delta_0=\frac{c(A^{n-})}{c}=\frac{K_{a_1}\cdots K_{a_n}}{\{c(H^+)\}^n+K_{a_1}\cdot\{c(H^+)\}^{n-1}+\cdots+K_{a_1}\cdots K_{a_n}\cdot\{c(H^+)\}^0}$$

分布曲线很直观地反映存在型体与溶液 pH 的关系。在选择反应条件时，了解了酸度对弱酸（碱）型体分布的影响，我们就可合理控制有关型体的浓度，从而按我们的要求控制有关化学反应的进行。例如以 CaC_2O_4 型体沉淀 Ca^{2+}时，沉淀的完全程度与 $C_2O_4^{2-}$浓度有关，而 $C_2O_4^{2-}$的浓度又取决于溶液的酸度。如果希望 CaC_2O_4 沉淀完全，则溶液的酸度就不能太大，否则沉淀就不完全或不能生成。

第三节　酸碱溶液中氢离子浓度的计算

一、酸碱溶液中氢离子浓度的计算

（一）一元强酸或强碱溶液中氢离子浓度的计算

1．一元强酸溶液中氢离子浓度的计算

一元强酸以 HCl 为例，进行讨论。盐酸溶液的离解平衡：

$$HCl \longrightarrow H^+ + Cl^-$$

$$H_2O \longrightarrow H^+ + OH^-$$

PBE 为：$c(H^+) = c(OH^-) + c(HCl)$

（1）当 HCl 的浓度不很稀时，即 $c(HCl) \gg c(OH^-)$（分析化学中计算溶液酸度时允许相对误差为 ±2.5%，当 $c(HCl) \gg 40\,c(OH^-)$时），可忽略 $c(OH^-)$，一般只要 HCl 溶液酸度 $c(HCl) \gg 10^{-6}\,mol \cdot L^{-1}$，则可近似求解：

$$c(H^+) \approx c(HCl)$$

或
$$pH = -\log c(H^+) = -\log c(HCl) \tag{7-22}$$

（2）当 $c(HCl)$较小时（$<10^{-6}\,mol \cdot L^{-1}$），$c(OH^-)$不可忽略：

$$c(H^+) = c(HCl) + c(OH^-) = c(HCl) + \frac{K_w}{c(H^+)} \tag{7-23}$$

$$c(H^+)^2 - c(HCl)c(H^+) - K_w = 0 \tag{7-24}$$

$$c(H^+) = \frac{c(HCl) + \sqrt{c(HCl)^2 + 4K_w}}{2} \tag{7-25}$$

2．一元强碱溶液中氢离子浓度的计算

一元强碱溶液以 NaOH 溶液为例。用处理一元强酸相似的方法，可得到相对应的一组公式，即：

$c \geqslant 10^{-6}\,mol \cdot L^{-1}$　　　　$c(OH^-) \approx c$

$c < 10^{-6}\,mol \cdot L^{-1}$　　　　$$c(OH^-) = \frac{c + \sqrt{c^2 + 4K_w}}{2} \tag{7-26}$$

（二）一元弱酸或弱碱溶液中氢离子浓度的计算

1．一元弱酸溶液中氢离子浓度的计算

对于弱酸 HA，其溶液的 PBE 为：

$$c(H^+) = c(A^-) + c(OH^-) = \frac{c(HA)K_a}{c(H^+) + K_a} + c(OH^-) \tag{7-27}$$

或写成精确公式：$$c(H^+)^2 = K_a\{c(HA) - [c(H^+) - c(OH^-)]\} + K_w \tag{7-28}$$

近似处理：

（1）当 K_a、c 均不太小时，$K_a \cdot c \geqslant 20K_w$，忽略水的离解：

$$c(H^+) \approx \frac{c(HA)K_a}{c(H^+) + K_a} \tag{7-29}$$

$$c(H^+)^2 = K_a\{c(HA) - c(H^+)\}$$

得近似式：$$c(H^+) \approx \frac{-K_a + \sqrt{K_a^2 + 4c(HA)K_a}}{2} \tag{7-30}$$

（2）在 K_a 和 c 均不太小时，且 $c \geqslant K_a$ 时，即 $K_a \cdot c \geqslant 20K_w$，$c/K_a \geqslant 500$，不仅可以忽略水的离解，且弱酸的离解 $c(H^+)$对总浓度的影响也可以忽略，即 $c(HA)-c(H^+) \approx c(HA)$。

所以得最简公式：$$c(H^+) \approx \sqrt{c(HA)K_a} \tag{7-31}$$

（3）当酸极弱（K_a 很小）或溶液极稀（c）时，$c \cdot K_a \approx K_w$（$c \cdot K_a < 20K_w$），此式水的离解不能忽略，但由于 K_a 小，当 $c/K_a \geqslant 500$ 时：

$$c(HA) - \{c(H^+) - c(OH^-)\} \approx c(HA)$$

得近似式：$$c(H^+) = \sqrt{c(HA) \times K_a + K_w} \tag{7-32}$$

2．一元弱碱溶液中氢离子浓度的计算

PBE 为：$c(HB^+) + c(H^+) = c(OH^-)$

用处理一元弱酸相似的方法，可得到相对应的一元弱碱一组公式，即：

（1）当 $K_b \cdot c \geqslant 20\,K_w$，$c\,/K_b < 500$，忽略水的离解：

得近似式：$$c(OH^-) \approx \frac{-K_b + \sqrt{{K_b}^2 + 4c(HB^+)K_b}}{2} \tag{7-33}$$

（2）在 $K_b \cdot c \geqslant 20K_w$，$c\,/\,K_b \geqslant 500$ 时：

得最简式：$$c(OH^-) = \sqrt{c(HB^+)K_b} \tag{7-34}$$

（3）当 $c \cdot K_b < 20K_w$，$c/K_b \geqslant 500$ 时：

得近似式：$$c(OH^-) = \sqrt{c(HB^+)K_b + K_w} \tag{7-35}$$

二、二元酸溶液中氢离子浓度的计算

二元弱酸水溶液中存在下列平衡：

$$H_2A \longrightarrow H^+ + HA^-$$
$$HA^- \longrightarrow H^+ + A^{2-}$$
$$H_2O \longrightarrow H^+ + OH^-$$

PBE 为：$c(H^+) = c(OH^-) + c(HA^-) + 2c(A^{2-})$

由于二元酸的 $K_{a_1} \gg K_{a_2}$，故溶液中的 H^+主要决定于第一步质子的传递，第二步的质子传递产生的 H^+极少，可忽略不计，将二元酸作为一元酸近似处理。

二元碱溶液中 OH^-的计算同二元酸相似，可按一元弱碱近似处理。

三、两性物质溶液中氢离子浓度的计算

常见的两性物质如 $NaHCO_3$、NaH_2PO_4、NH_4Ac 等，以酸式盐 NaHA 为例进行讨论。

PBE：$c(H^+) = c(OH^-) + c(A^{2-}) - c(H_2A)$

$$HA^- \longrightarrow H^+ + A^{2-} \qquad K_{a_2} = \frac{c(H^+)\times c(A^{2-})}{c(HA^-)} \tag{7-36}$$

$$HA^- + H_2O \rightleftharpoons H_2A + OH^- \qquad K_{b_2} = \frac{c(H_2A)\times c(OH^-)}{c(HA^-)} \tag{7-37}$$

$$H_2O \longrightarrow H^+ + OH^- \qquad K_w = c(H^+)\times c(OH^-)$$

代入得：

$$c(H^+) = \frac{K_{a_2}c(HA^-)}{c(H^+)} - \frac{K_{b_2}c(HA^-)}{c(OH^-)} + \frac{K_w}{c(H^+)} \tag{7-38}$$

$$c(H^+) = \frac{K_{a_2}c(HA^-)}{c(H^+)} - \frac{c(H^+)\times c(HA^-)}{K_{a_1}} + \frac{K_w}{c(H^+)} \tag{7-39}$$

整理得精确式：

$$c(H^+) = \sqrt{\frac{K_{a_1}(K_{a_2}c(HA^-) + K_w)}{K_{a_1} + c(HA^-)}} \tag{7-40}$$

一般情况下，K_{a_2}、K_{b_2} 较小，HA^-消耗甚少，$c(HA^-)\approx c$，代入上式，得近似式：

$$c(H^+) = \sqrt{\frac{K_{a_1}(K_{a_2}c + K_w)}{K_{a_1} + c}} \tag{7-41}$$

当 $c\cdot K_{a_2} \geqslant 20K_w$，$c < 20K_{a_1}$ 时，忽略 K_w，则得近似式：

$$c(H^+) = \sqrt{\frac{K_{a_1}K_{a_2}c}{K_{a_1} + c}} \tag{7-42}$$

当 $c\cdot K_{a_2} \geqslant 20\,K_w$，$c \geqslant 20\,K_{a_1}$ 时，得最简式：

$$c(H^+) = \sqrt{K_{a_1}K_{a_2}} \tag{7-43}$$

第四节　缓冲溶液

缓冲溶液在生产、生活和生命活动中均有重要的意义。动物的体液必须维持在一定的 pH 范围内才能进行正常的生命活动。农作物，例如，小麦正常生长需要土壤的 pH 为 6.3～7.5。在容量分析中，某些指示剂必须在一定的 pH 范围内才能显示所需要的颜色。

一、缓冲溶液的缓冲原理

缓冲溶液：能抵抗少量外来或内在产生的酸、碱和水的适当稀释，pH 能保持基本不变的溶液称为缓冲溶液。

缓冲溶液组成：常见的缓冲溶液由弱酸及其共轭碱、弱碱及其共轭酸组成。组成缓冲溶液的弱酸及其共轭碱、弱碱及其共轭酸叫做缓冲对或缓冲系，如 HAc—NaAc。

缓冲原理是以 HAc—NaAc 缓冲溶液为例，缓冲溶液中存在如下平衡：

$$NaAc \longrightarrow Na^{+}+Ac^{-}$$
$$HAc \longrightarrow Ac^{-}+H^{+}$$

由于同离子效应，HAc 的离解度降低，溶液中 H^{+}浓度很小。在缓冲溶液中同时存在较大量的 HAc 分子及其共轭碱 Ac^{-}，当“遇到”少量外来强酸时，强电解质离解出来的 H^{+}绝大部分与 Ac^{-}结合生成 HAc，溶液中 H^{+}浓度改变很少，即 pH 值保持了相对稳定，溶液中的 Ac^{-}是抗酸成分。当“遇到”少量外来强碱时，强电解质离解出来的 OH^{-}绝大部分与 HAc 反应生成 H_2O 和 Ac^{-}，溶液中 OH^{-}浓度没有明显改变，即 pH 值也保持相对稳定，溶液中的 HAc 是抗碱成分。加水稀释缓冲溶液时，H^{+}浓度会降低，但由于弱酸的离解度增加，H^{+}浓度变化不大，pH 值保持了相对稳定。总之，缓冲溶液具有保持 pH 值相对稳定的性能，即具有缓冲作用。

弱碱及其共轭酸体系的缓冲溶液也具有缓冲作用。

二、缓冲溶液 pH 值的计算

以 HAc—NaAc 为例对缓冲溶液 pH 值的计算加以推导。

$$NaAc \longrightarrow Na^{+}+Ac^{-}$$
$$HAc \longrightarrow Ac^{-}+H^{+}$$

在水溶液中，HAc 的离解常数为：

$$K_a = \frac{c(\text{H}^+)\times c(\text{Ac}^-)}{c(\text{HAc})}$$

$$c(\text{H}^+) = K_a \frac{c(\text{HAc})}{c(\text{Ac}^-)} \quad (7\text{-}44)$$

由于 HAc 的离解度很小，加上 Ac^-的同离子效应，使 HAc 的离解度更小，故上式中 HAc 的平衡浓度可近似地认为就是 HAc 的初始浓度，上式中 Ac^-的平衡浓度可近似地认为就是 NaAc 的浓度，带入上式得：

$$c(\text{H}^+) = K_a \frac{c(\text{HAc})}{c(\text{Ac}^-)}$$

得近似式：

$$\text{pH} = pK_a + \lg\frac{c(\text{Ac}^-)}{c(\text{HAc})} \quad (7\text{-}45)$$

【例 7-3】 10.0 mL 0.200 mol · L^{-1} 的 HAc 溶液与 5.5 mL 0.200 mol · L^{-1} 的 NaOH 溶液混合。求该混合液的 pH 值。pK_a=4.74。

解：加入 HAc 的物质的量为：$0.200\times10.0\times10^{-3} = 2.0\times10^{-3}$ mol

加入NaOH的物质的量为：$0.200\times5.5\times10^{-3} = 1.1\times10^{-3}$ mol

反应后生成的Ac^-的物质的量为：1.1×10^{-3} mol

$$c(\text{Ac}^-) = \frac{1.1\times10^{-3}}{(10.0+5.5)\times10^{-3}} = 0.071\ \text{mol}\cdot\text{L}^{-1}$$

剩余的HAc的物质的量为：$2.0\times10^{-3} - 1.1\times10^{-3} = 0.9\times10^{-3}$ mol

$$c(\text{HAc}) = \frac{0.9\times10^{-3}}{(10.0+5.5)\times10^{-3}} = 0.058\ \text{mol}\cdot\text{L}^{-1}$$

$$\text{pH} = \text{p}K_a + \lg\frac{c(\text{A}^-)}{c(\text{HA})} = 4.74 + \lg\frac{0.071}{0.058} = 4.74 + 0.09 = 4.83$$

【例 7-4】 在 NH_3—NH_4Cl 混合溶液中，NH_3 浓度为 0.8 mol · L^{-1}，NH_4Cl 浓度为 0.9 mol · L^{-1}。求该混合液的 pH 值。

解：因为 pK_b=4.74，所以 pK_a=9.26，则：

$$\text{pH} = \text{p}K_a + \lg\frac{c(\text{NH}_3)}{c(\text{NH}_4^+)} = 9.26 + \lg\frac{0.8}{0.9} = 9.21$$

三、缓冲容量和缓冲范围

对任何一种缓冲溶液，当加入少量强碱或强酸，或将溶液稍加稀释时，溶液的

pH 值基本保持不变，但是如果继续加入强酸或强碱，缓冲溶液对酸或碱的抵抗能力就要减弱，甚至失去它的缓冲能力，可见缓冲溶液的缓冲作用是有一定限度的，就每一种缓冲溶液而言，只能加入有限量的酸或碱才能保持溶液的 pH 值。缓冲溶液的缓冲作用的大小常用缓冲容量来衡量。对于一种缓冲溶液，它的 pH 决定共轭酸碱对的浓度比，即 $c_{酸}/c_{碱}$的比值，只有当少量外来酸、碱对这个比值的影响不大时，溶液的 pH 才不会有大的变化。

例如，当缓冲溶液的总浓度为 2.0 mol · L^{-1}时：

若 $c(Ac^-)/c(HAc)=1:1$，$pH=pK_a$，向每升溶液中加入 0.01 mol HCl，则：

$$pH = pK_a + \log\frac{c(Ac^-)}{c(HAc)} = pK_a - 0.01$$

pH 仅改变了 0.01。

若 $c(Ac^-)/c(HAc)=99:1$，$pH=pK_a-2.0$，向每升溶液中也加入 0.01 mol HCl，则

$pH = pK_a + \log\frac{c(Ac^-)}{c(HAc)} = pK_a - 2.3$，pH 仅改变了 0.3。

可见缓冲溶液中共轭酸碱对的浓度比越接近 1，缓冲能力越大。实验证明，若缓冲溶液中保持 $c(Ac^-)/c(HAc)=1/10$ 至 10/1 之间，其缓冲能力就能满足一般实验需要。即 $pH=pK_a\pm1$ 为缓冲溶液的有效缓冲范围。显然，不同缓冲体系的缓冲范围决定于它们弱酸的 K_a 值。

缓冲能力也与共轭酸碱对的浓度有关。例如，保持共轭酸碱对的浓度比为 1：$pH= pK_a$，共轭酸碱对总浓度为 0.2 mol · L^{-1} 时，向每升溶液中也加入 0.01 mol HCl，则：

$pH= pK_a-0.1$ pH 改变了 0.1。可见共轭酸碱对的浓度越大，缓冲溶液的缓冲能力越强。

四、缓冲溶液的选择和配制

(一) 缓冲溶液的选择

常用的缓冲溶液是由一定浓度的缓冲对组成的，一般说，不同的缓冲溶液具有不同的缓冲容量和缓冲范围。在实际工作中，为了满足需要，在选择缓冲溶液时应注意以下几点：

缓冲溶液对测量无干扰，缓冲溶液的缓冲组分不参与反应；所需控制的 pH 应在缓冲溶液的缓冲范围之内；为了保证缓冲溶液有足够的缓冲容量，缓冲对除了有足够浓度外，根据 $pH = pK_a + \log\frac{c(Ac^-)}{c(HAc)}$，$c(Ac^-):c(HAc)=1:1$ 时缓冲容量最大，

所以应选择 pH pK_a 与所需 pH 接近的缓冲对来配制。

（二）缓冲溶液的配制

下面举例说明缓冲溶液的配制方法。

【例 7-5】 欲配制 pH=9.20，$c(NH_3)$=1.0 mol · L^{-1} 的缓冲溶液 500 mL，如何用浓 $NH_3 \cdot H_2O$ 和 NH_4Cl 固体配制？

解：pH=9.20，则 $c(OH^-)=1.6\times10^{-5}$ mol · L^{-1}

若 $c(NH_3)$=1.0 mol · L^{-1}

$$\frac{c(NH_3)}{c(NH_4^+)}=\frac{c(OH^-)}{K_b}=\frac{1.6\times10^{-5}}{1.77\times10^{-5}}=0.9$$

则 $c(NH_4Cl)$=1.0/0.9=1.1 mol · L^{-1}

配制 500 mL 溶液，需要固体 NH_4Cl（摩尔质量为 53.5）和浓 $NH_3 \cdot H_2O$（15 mol · L^{-1}）的量分别为：

$$m_{NH_4Cl}=0.5\times1.1\times53.5=29\ g$$

$$V_{NH_3\cdot H_2O}=（1.0\times0.500）/15=33\ mL$$

配制方法：称取 29 g 固体 NH_4Cl 溶于少量水中，加入 33 mL 浓 $NH_3 \cdot H_2O$ 溶液，然后加水至 500 mL。

【例 7-6】 欲配制 pH=4.70 的缓冲溶液 500 mL，现有 50 mL 1.0 mol·L^{-1} NaOH 溶液，问需要多少毫升 1.0 mol·L^{-1} 的 HAc 溶液与之混合？需加水多少毫升？

解：HAc 被 NaOH 部分中和得到缓冲对 HAc—Ac^-，Ac^-的浓度由 NaOH 的量确定：

$c(Ac^-)$=（1.0×50）/500=0.1（mol·L^{-1}），$c(HAc)$=（1.0×V_{HAc}−1.0×50）/500（mol·L^{-1}）

pH=4.70 时，$c(HAc)/c(Ac^-)$=（1.0×V_{HAc}−1.0×50）/（1.0×50）=$c(H^+)/K_a$=1.1

得：V_{HAc}=105 mL

混合溶液中加水 500−50−105=345 mL

另解：pH=4.70 时，$\delta_{Ac^-}=\frac{K_a}{c(H^+)+K_a}$=0.47，$c$（HAc）= c (Ac^-)/δ_{Ac^-}=0.21 mol·L^{-1}；故需要加入醋酸 V_{HAc}=0.21×500/1.0=105 mL。

混合溶液中加水 500−50−105=345 mL。

缓冲溶液通常认为有两类，一类是由缓冲对组成的缓冲溶液（表 7-1），它是用来控制溶液酸度的；另一类是所谓的标准缓冲溶液，是用做测量溶液的 pH 值的参照溶液。

表 7-1 常用缓冲溶液体系

缓冲溶液	酸的存在形式	碱的存在形式	pK_a
氨基乙酸-HCl	$H_3N^+CH_2COOH$	$H_3N^+CH_2COO^-$	2.35
一氯乙酸-NaOH	$CH_2ClCOOH$	CH_2ClCOO^-	2.86
甲酸-NaOH	HCOOH	$HCOO^-$	3.74
HAc-NaAc	HAc	Ac^-	4.74
六亚甲基四胺-HCl	$(CH_2)_6N_4H^+$	$(CH_2)_6N_4$	5.15
NaH_2PO_4-Na_2HPO_4	$H_2PO_4^-$	$HPO^2{}_4^-$	7.20
三乙醇胺-HCl	$HN^+(CH_2CH_2OH)_3$	$N(CH_2CH_2OH)_3$	7.76
三（羟甲基）甲胺-HCl	$H_3N^+C(CH_2OH)_3$	$H_2NC(CH_2OH)_3$	8.21
$Na_2B_4O_7$-HCl	H_3BO_3	$H_2BO_3^-$	9.24
NH_3-NH_4Cl	NH_4^+	NH_3	9.26
乙醇胺-HCl	$H_3N^+CH_2CH_2OH$	$H_2NCH_2CH_2OH$	9.50
氨基乙酸-NaOH	H_2NCH_2COOH	$H_2NCH_2COO^-$	9.60
$NaHCO_3$-$NaCO_3$	$HCO^-{}_3$	CO_3^{2-}	10.25

第五节 酸碱指示剂

一、酸碱指示剂的变色原理

酸碱滴定过程本身不发生任何外观的变化，常借用其他物质来指示滴定终点，在酸碱滴定中用来指示滴定终点的物质叫酸碱指示剂。

酸碱指示剂本身是弱的有机酸或碱，其酸式与其共轭碱式具有不同结构，且颜色不同。当溶液中的 pH 值改变时，指示剂得到质子指示剂由碱式转变为酸式，或者失去质子由酸式转变为碱式。由于结构的改变而发生颜色的改变。而且这种结构变化和变色反应都是可逆的。

例如，酚酞是一种有机弱酸，在水溶液中存在以下平衡：

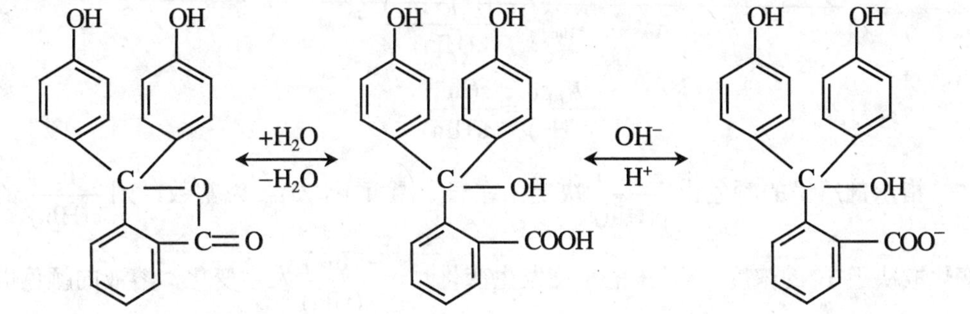

无色分子（内酯式）　　无色分子　　无色离子

上述结构的变化可以用下列简式表示：

$$H_2In \underset{H^+}{\overset{OH^-}{\rightleftharpoons}} HIn^- \underset{H^+}{\overset{OH^-}{\rightleftharpoons}} In^{2-} \xrightarrow{\text{强碱}} \text{羧式盐}$$

无色分子　无色离子　红色离子　无色离子

这个过程是可逆的。当 H^+浓度增大时，平衡自右向左移动，酚酞变成无色分子；当 OH^-浓度增大时，平衡自左向右移动，pH 约为 8 时，在浓碱液中酚酞的结构由醌式又变羧酸盐式，呈现红色。酚酞指示剂在 pH=8.0～10.0 时，它由无色逐渐变为红色。常将指示剂颜色变化的 pH 区间称为“变色范围”。

甲基橙是一种有机弱碱，在水溶液中存在以下解离平衡和颜色变化：

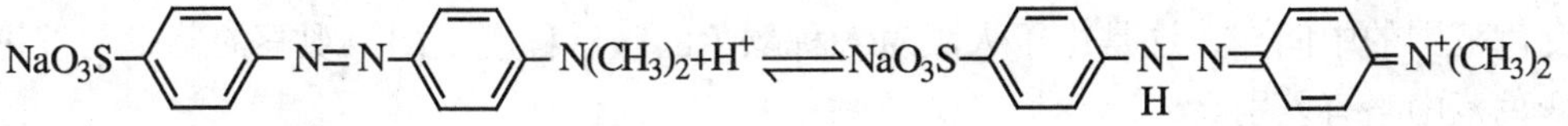

黄色分子　　获得 H^+变成红色离子

由平衡关系可见，当 H^+浓度增大时，平衡自左向右移动，甲基橙主要以醌式结构的离子形式存在，溶液呈红色；当 OH^-浓度增大时，平衡自右向左移动定，则主要以偶氮式结构，溶液呈黄色。当溶液的 pH＜3.1 时甲基橙为红色，pH＞4.4 则为黄色。因此 pH=3.1～4.4 为甲基橙的变色范围。

由此可知，溶液 pH 值变化引起共轭酸碱对的分子结构相互发生转变从而引起颜色变化，溶液的颜色变化能指示终点到达。

二、指示剂变色的 pH 范围

下面以有机弱酸指示剂 HIn 为例，讨论指示剂颜色的变化与酸度的关系。

HIn 在水溶液中存在下列解离平衡：

$$HIn \rightleftharpoons H^+ + In^-$$

酸式色 ⟶ 碱式色

$$K_{HIn}=\frac{c(H^+)c(In^-)}{c(HIn)}$$

$$\frac{K_{HIn}}{c(H^+)}=\frac{c(In^-)}{c(HIn)}$$

指示剂所呈的颜色由$\frac{c(In^-)}{c(HIn)}$决定。在一定温度下，K_{HIn}为常数，则$\frac{c(In^-)}{c(HIn)}$的变化取决于 H^+的浓度。当 H^+的浓度发生变化时，$\frac{c(In^-)}{c(HIn)}$发生变化，溶液的颜色也逐渐改变。人眼对颜色过渡变化的分辨能力是有限度的，当某种颜色占一定优势之后，就再观察不出色调的变化。一般来说，若指示剂的酸型色与碱型色浓度相差 10 倍后，就只能看到浓度大的那种型式的颜色，指示剂颜色变化与溶液 pH 有如下关系：

当$\frac{c(In^-)}{c(HIn)}<\frac{1}{10}$，观察到的是 HIn 的颜色，此时 $pH=pK_{HIn}-1$；

当$\frac{c(In^-)}{c(HIn)}>10$ 时，观察到的是 In^-的颜色，此时 $pH=pK_{HIn}+1$；

当$\frac{1}{10}<\frac{c(In^-)}{c(HIn)}<10$ 时，观察到的是混合色，此时 $pH=pK_{HIn}\pm1$。

因此“$pH=pK_{HIn}\pm1$”称为指示剂的变色范围。$pH=pK_{HIn}$ 的 pH 值称为指示剂的理论变色点。从上面推算得出，指示剂的变色范围为 2 个 pH 单位。但实际人眼观察到的大多数指示剂的变化范围小于 2 个 pH 单位，且指示剂的理论变色点不是变色范围的中间点，这是由于人眼对各种颜色的敏感程度不同，观察的范围与理论变色范围略有差别。

常用酸碱指示剂见表 7-2。

表 7-2 常用酸碱指示剂

指示剂	变色范围	颜色		HIn 的 pK_a	浓度
		酸色	碱色		
百里酚蓝（第一次变色）	1.2～2.8	红	黄	1.6	0.1%的 20%乙醇溶液
甲基黄	2.9～4.0	红	黄	3.3	0.1%的 90%乙醇溶液
甲基橙	3.1～4.4	红	黄	3.4	0.05%的水溶液
溴酚蓝	3.1～4.6	黄	紫	4.1	0.1%的 20%乙醇溶液或其钠盐的水溶液
溴甲酚绿	3.8～5.4	黄	蓝	4.9	0.1%水溶液，每 100 mL 指示剂加 0.05 mol·L^{-1}NaOH 溶液 9 mL
甲基红	4.4～6.2	红	黄	5.2	0.1%的 60%乙醇溶液或其钠盐的水溶液

指示剂	变色范围	颜色		HIn 的 pK_a	浓度
		酸色	碱色		
溴百里酚蓝	6.0～7.6	黄	蓝	7.3	0.1%的 20%乙醇溶液或其钠盐的水溶液
中性红	6.8～8.0	红	黄橙	7.4	0.1%的 60%乙醇溶液
苯酚红	6.7～8.4	黄	红	8.0	0.1%的 60%乙醇溶液或其钠盐的水溶液
酚酞	8.0～10.0	无	红	9.1	0.1%的 90%乙醇溶液
百里酚蓝（第二次变色）	8.0～9.6	黄	蓝	8.9	0.1%的 20%乙醇溶液
百里酚酞	9.4～10.6	无	蓝	10.0	0.1%的 90%乙醇溶液

三、影响指示剂变色范围的其他因素

（一）指示剂用量

对双色指示剂如甲基橙，溶液的颜色决定于 $\frac{c(\mathrm{In^-})}{c(\mathrm{HIn})}$ 的比值，与指示剂的用量无关。但因指示剂本身也要消耗滴定剂，当指示剂浓度大时将致使终点时颜色变化不敏锐，双色指示剂用量少一些为宜。而单色指示剂如酚酞，指示剂的用量有较大的影响。因为一种单色指示剂。若 HIn 无色，颜色的深度仅决定于 $c(\mathrm{In^-})$。

由于人眼能感觉到的 $c(\mathrm{In^-})$应为一定值，当指示剂浓度增大时，$\delta_{\mathrm{In^-}}$减小，即 $c(\mathrm{H^+})$增大，pH 降低，则单色指示剂的变色范围向酸性区移动。例如，在 50～100 mL 溶液中加入 0.1%的酚酞指示剂 2～3 滴，pH 为 9 时出现红色；在同样条件下加入 10～15 滴，则在 pH 为 8 时出现红色。因此，用单色指示剂要严格控制指示剂的用量。

（二）温度

温度改变时指示剂常数 K_{HIn} 和水的离子积 K_w 都要改变，因此指示剂的变色范围也随之改变，温度上升对碱性指示剂的影响比对酸性指示剂的影响显著。例如，甲基橙在室温下的变色范围是 3.1～4.4，在 100℃时为 2.5～3.7。因此，滴定宜在室温下进行，如必须加热，应该将溶液冷却后再进行滴定。

（三）溶剂

指示剂在不同的溶剂中，其 pK_{HIn} 值是不同的。例如，甲基橙在水溶液中 pK_{HIn}=3.4，在甲醇 pK_{HIn}=3.8。因此指示剂在不同的溶剂中具有不同的变色范围。

（四）盐类

盐类的存在对于指示剂的影响有两个方面：一是影响指示剂颜色的深度，这是由于盐类具有吸收不同波长光波的性质所引起的，指示剂颜色深度的改变，势必影响指示剂变色的敏锐性；二是影响指示剂的离解常数，从而使指示剂的变色范围发生移动。

（五）滴定的顺序

在实际工作中，如果指示剂使用不当也会影响其变色的敏锐性。例如，酚酞由酸式变为碱式，即由无色变到红色，颜色变化明显，易于辨别；反之则不明显，滴定剂容易滴过了量。同样，甲基橙由黄变红，比由红变黄易于辨别。因此用强酸滴定强碱，一般用甲基橙作指示剂，用强碱滴定强酸，一般用酚酞作指示剂。

四、混合指示剂

在酸碱滴定中，指示剂一般都约有 2 个单位的变色范围，但有时需要将滴定终点控制在很窄的 pH 范围内，此时可采用混合指示剂。常见的混合指示剂配制有两种方法：一种是由两种或两种以上指示剂按一定比例混合而成，利用颜色的互补作用，使指示剂的变色范围变窄，有利于判断终点，减少滴定误差，提高分析的准确度。例如，用甲基红（pK_a=5.2）与溴甲酚绿（pK_a=4.9）两者按 3∶1 混合后，在 pH＜5.1 的溶液中呈酒红色，而在 pH＞5.1 的溶液中呈绿色，且变色非常敏锐。另一种混合指示剂在某种指示剂中加入一种惰性染料。以惰性染料作为背衬，也是由于两种颜色叠合，而出现变色点或较窄变色范围。例如，中性红与次甲基蓝按 1∶1 混合而配置的指示剂，在 pH=7.0 时呈紫蓝色，其酸色为紫蓝色，碱色为绿色，且只有 0.2 pH 变色范围，比单独使用中性红范围要窄得多。常用的酸碱混合指示剂见表 7-3。

表 7-3 几种常用的酸碱混合指示剂

指示剂溶液的组成	变色时pH值	颜色		备注
		酸色	碱色	
1 份 0.1%甲基黄乙醇溶液 1 份 0.1%次甲基蓝乙醇溶液	3.25	蓝紫	绿	pH3.4 绿色，pH3.2 蓝紫色
1 份 0.1%甲基橙水溶液 1 份 0.25%靛蓝二磺酸水溶液	4.1	紫	黄绿	
1 份 0.1%溴甲酚绿钠盐水溶液 1 份 0.02%甲基橙水溶液	4.3	橙	蓝绿	pH 3.5 黄色，pH 4.05 绿色，pH 4.8 浅绿

指示剂溶液的组成	变色时pH值	颜色		备注
		酸色	碱色	
1份0.1%溴甲酚绿乙醇溶液 1份0~2%甲基红乙醇溶液	5.1	酒红	绿	
1份0.1%溴甲酚绿钠盐水溶液 1份0.1%氯酚红钠盐水溶液	6.1	黄绿	蓝紫	pH 5.4蓝绿色，pH 5.8蓝色，pH 6.0蓝微带紫，pH 6.2蓝紫
1份0.1%中性红乙醇溶液 1份0.1%次甲基蓝乙醇溶液	7.0	蓝紫	绿	pH 7.0蓝紫
1份0.1%甲酚红钠盐水溶液 3份0.1%百里酚蓝钠盐水溶液	8.3	黄	紫	pH 8.2玫瑰红 pH 8.4清晰的紫色
1份0.1%百里酚蓝50%乙醇溶液 3份0.1%酚酞50%乙醇溶液	9.0	黄	紫	从黄到绿再到紫
1份0.1%酚酞乙醇溶液 1份0.1%百里酚酞乙醇溶液	9.9	无	紫	pH 9.6玫瑰红，pH 10紫色
2份0.1%百里酚酞乙醇溶液 1份0.1%茜素黄R乙醇溶液	10.2	黄	紫	

第六节　酸碱滴定曲线和指示剂的选择

在酸碱滴定过程中，随着滴定剂不断地加入到被滴定溶液中，溶液的 pH 值不断地变化，根据滴定过程中 pH 值的变化规律，选择合适的指示剂，才能正确的指示滴定终点。在酸碱滴定过程中溶液的 pH 值可以利用酸度计直接测量出来，也可以通过公式进行计算。以滴定剂的加入量为横坐标，溶液的 pH 值为纵坐标，作图便可得到滴定曲线。

一、强酸碱的滴定

例如 HNO_3、HCl、NaOH、KOH、$(CH_3)_4NOH$ 之间的相互滴定，它们在溶液中是全部离解的，酸是以 H^+（H_3O^+）的形式存在，碱是以 OH^-形式存在，滴定过程的基本反应为：

$$H^+ + OH^- \rightleftharpoons H_2O$$

现以 0.100 0 $mol \cdot L^{-1}$ NaOH 滴定 20.00 mL 0.100 0 $mol \cdot L^{-1}$ HCl 为例，讨论滴定过程中 pH 值的变化，滴定曲线的形状和指示剂的选择。

（1）滴定前：0.100 0 $mol \cdot L^{-1}$ HCl 溶液，溶液的酸度等于 HCl 的浓度。

$$c(H^+)=c(HCl)=0.100\,0\ mol \cdot L^{-1}，pH=1.0$$

（2）滴定开始至计量点前：溶液的酸度取决于剩余 HCl 的浓度。

（分别以 V_{NaOH} 、V_{HCl} 表示加入 NaOH 溶液的总体积以及 HCl 溶液的总体积）

$$c(H^+)=\frac{(V_{HCl}-V_{NaOH})c(HCl)}{V_{HCl}+V_{NaOH}}$$

例如，滴入 NaOH 溶液 19.98 mL，即当其相对误差为–0.1%时：

$$c(H^+)=\frac{(20.00-19.98)0.100\,0}{20.00+19.98}=5.00\times10^{-5}(mol\cdot L^{-1})\qquad pH=4.30$$

（3）化学计量点时：滴入 NaOH 溶液为 20.00 mL，HCl 全部被中和，溶液呈中性 $c(H^+)=1.00\times10^{-7}\ (mol\cdot L^{-1})$　　pH=7.00

（4）化学计量点后：溶液的酸度取决于过量 NaOH 的浓度。

$$c(OH^-)=\frac{(V_{NaOH}-V_{HCl})c(NaOH)}{V_{HCl}+V_{NaOH}}$$

例如，当滴入 20.02 $mol\cdot L^{-1}$ 的 NaOH 溶液，相对误差为+0.1%时：

$$c(OH^-)=\frac{(20.02-20.00)\times0.100\,0}{20.00+20.02}=5.00\times10^{-5}(mol\cdot L^{-1})$$

pOH=4.30，pH=9.70

如此逐一计算，将计算结果列于表 7-4 中，以 NaOH 溶液的加入量为横坐标，相对应的 pH 值为纵坐标作图，可得滴定曲线如图 7-3。

表 7-4　0.100 0 $mol\cdot L^{-1}$　NaOH 溶液滴定 20.00 mL 0.100 0 $mol\cdot L^{-1}$　HCl 溶液

加入 NaOH 溶液体积/mL	剩余 HCl 溶液体积/mL	过量 NaOH 体积/mL	溶液 H^+浓度/（$mol\cdot L^{-1}$）	pH 值
0.00	20.00		1.00×10^{-1}	1.00
18.00	2.00		5.26×10^{-3}	2.28
19.80	0.20		5.00×10^{-4}	3.30
19.98	0.02		5.00×10^{-5}	4.30
20.00	0.00		1.00×10^{-7}	7.00
20.02		0.02	2.00×10^{-10}	9.70
20.20		0.20	2.00×10^{-11}	10.70
22.00		2.00	2.00×10^{-12}	11.70
44.00		20.00	3.00×10^{-13}	12.50

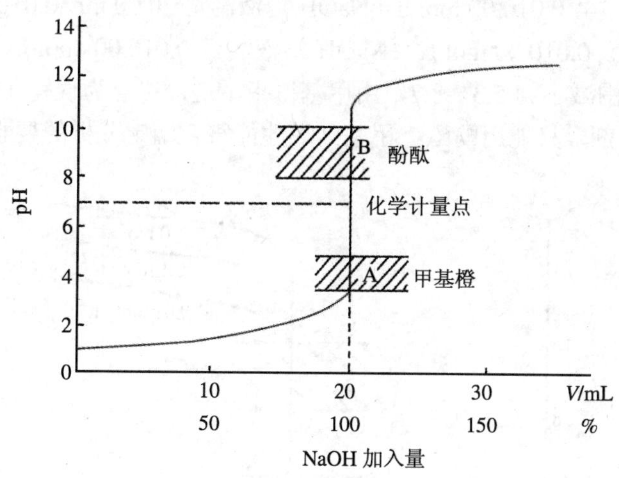

图 7-3 0.100 0 mol · L^{-1} NaOH 滴定 20.00 mL 0.100 0 mol · L^{-1} HCl 的滴定曲线

从图 7-3 和表 7-4 上可以看出，从滴定开始到加入 19.98 mL NaOH 溶液，即 99.9% 的 HCl 被滴定，溶液的 pH 值变化较慢，只改变了 3.3 个 pH 单位；但从 19.98 mL 到 20.02 mL 即由剩余 0.1%HCl（0.02 mL）滴定到 NaOH 过量 0.1%（0.02 mL），虽然只加 0.04 mL，不过 1 滴左右的 NaOH，但溶液的 pH 值却从 4.31 增高至 9.70，即 pH 值改变了 5.4 个 pH 单位，$c(H^+)$改变了 2.5×10^5 倍，溶液由酸性变为碱性。这种 pH 的突然改变称为“滴定突跃”。这一 pH 区间称为滴定“pH 突跃”范围。pH 突跃范围是化学计量点前后滴定由不足 0.1% 到过量 0.1%内溶液 pH 的变化范围。化学计量点的 pH 为 7.00，正处于突跃范围的中间。在 pH 突跃范围后继续加入 NaOH 溶液，pH 值的变化又逐渐趋缓，滴定曲线又趋于平坦。根据滴定曲线或 pH 突跃范围，就可选择适当指示剂。指示剂选择的原则是：指示剂的变色范围处于或部分处于 pH 突跃范围内。凡在 pH 突跃范围内变化的指示剂都可以相当正确地指示终点，如甲基橙、甲基红、酚酞等。

总之，在强酸强碱滴定中，选择指示剂应根据 pH 突跃范围进行，凡在 pH 突跃范围内变色的指示剂都可以选择。若溶液浓度改变，化学计量点时溶液 pH 值依然是 7，但 pH 突跃范围却不相同。在强酸强碱滴定中，影响 pH 突跃大小的唯一因素是滴定剂和被滴定溶液的浓度。若酸碱浓度增大 10 倍，滴定突跃范围增加 2 个 pH 单位；若酸碱浓度降低 10 倍，滴定突跃范围减少 2 个 pH 单位，浓度改变一个数量级则滴定突跃改变 2 个 pH 单位。从图 7-4 可以看出，若用 0.010 00 mol·L^{-1}、0.100 0 mol·L^{-1}、1.000 mol·L^{-1} 三种浓度强碱溶液进行滴定，滴定的 pH 突跃范围分别为 5.3～8.7、4.3～9.7、3.3～10.7。可见，酸碱溶液浓度越浓，pH 突跃范围越大，可供选择的指示剂越多；酸碱溶液浓度越稀，pH 突跃范围越小，指示剂选择就越受限制。例如，图 7-4 0.010 00 mol·L^{-1} NaOH 溶液滴定 20.00 mL 0.010 00 mol·L^{-1} HCl 溶液的滴定曲线。0.010 00 mol·L^{-1} NaOH 溶液滴定 0.010 00 mol·L^{-1} HCl 溶液，由于其 pH 突跃范围减小到 5.3～8.7，用甲基橙指示剂，终点为误差 1%，显然就不能用甲基橙作指示剂，只能用酚酞、甲基红等才能符合滴定分析的要求。

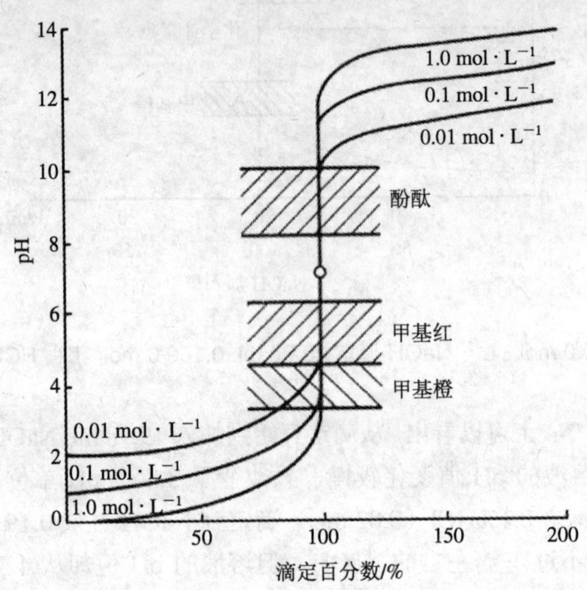

图 7-4 不同浓度的强碱滴定强酸的滴定曲线

强酸滴定强碱的情况与强碱滴定强酸相似。如果用 0.100 0 mol·L^{-1} HCl 滴定 0.100 0 mol·L^{-1} NaOH 滴定过程 pH 变化由大到小，滴定曲线形状与强碱滴定强酸时恰好相反。

二、强碱滴定一元弱酸

滴定时的基本反应：$OH^- + HA \rightleftharpoons A^- + H_2O$

现以 0.100 0 mol·L^{-1} NaOH 滴定 20.00 mL 0.100 0 mol·L^{-1} HAc 为例，计算滴定过程中溶液的 pH 值。

（1）滴定前：由于滴定前为 0.100 0 mol·L^{-1}HAc 溶液的离解

$$c/K_a=0.100\,0/1.8\times10^{-5}>500，c\cdot K_a>25K_w$$

$$c(H^+)=\sqrt{1.8\times10^{-5}\times0.100\,0}=1.24\times10^{-3}\ mol\cdot L^{-1}$$

$$pH=2.87$$

（2）滴定开始至计量点前：溶液中未反应的 HAc 和反应产物 Ac^-同时存在，此时溶液为缓冲体系。

$$OH^- + HAc \rightleftharpoons Ac^- + H_2O$$

$$pH = pK_a + \log\frac{c(Ac^-)}{c(HAc)}$$

而：
$$c(Ac^-) = \frac{c(NaOH)V_{NaOH}}{V_{HCl} + V_{NaOH}}$$

$$c(HAc) = \frac{c(HCl)V_{HCl} - c(NaOH)V_{NaOH}}{V_{HCl} + V_{NaOH}}$$

已知：c（HAc）$= c$（NaOH）$= 0.100\ 0\ mol \cdot L^{-1}$

$$pH = pK_a + \log\frac{V_{NaOH}}{V_{HCl} + V_{NaOH}}$$

当滴入 19.98 mL NaOH，即相对误差为–0.1%时：

$$pH = pK_a + \log\frac{19.98}{20.00 + 19.98} = 7.74$$

（3）化学计量点时：当加入 20.00 mL NaOH 溶液时，HAc 全部被中和生成 NaAc，此时溶液的体积增大为原来的 2 倍，即 $0.05\ mol \cdot L^{-1}$ Ac^-溶液的水解

$$\frac{c(Ac^-)}{K_b} = \frac{0.050\ 00}{5.6\times10^{-10}} > 500 \qquad c（Ac^-）K_b \gg 25\ K_w$$

$$c(OH^-) = \sqrt{cK_b} = \sqrt{0.050\ 00\times5.6\times10^{-10}} = 5.3\times10^{-6}(mol/L)$$

pOH=5.28，pH=8.72（此时溶液呈弱碱性）

（4）化学计量点后：过量的 NaOH 抑制了 Ac^-的水解：$Ac^- + H_2O \rightleftharpoons HAc + OH^-$，pH 决定于过量的 NaOH 浓度，当滴入 20.02 mL NaOH 溶液时，即相对误差为+0.1%时：

$$c(OH^-) = \frac{0.100\ 0\times0.02}{20.00 + 20.02} = 5.0\times10^{-5}$$

pOH=4.30，pH=9.70

按照上述方法可逐一计算出其他各点的 pH 值，将以上计算结果列于表 7-5，以 NaOH 溶液的加入量为横坐标，相对应的 pH 值为纵坐标作图，可得滴定曲线（图 7-5）。

表 7-5 0.100 0 mol·L^{-1} NaOH 溶液滴定 20.00 mL 0.100 0 mol·L^{-1} HAc 溶液

加入 NaOH 溶液体积/mL	剩余 HAc 溶液体积/mL	过量 NaOH 体积/mL	pH 值
0.00	20.00		2.87
18.00	2.00		5.70
19.80	0.20		6.74
19.98	0.02		7.75
20.00	0.00		8.72
20.02		0.02	9.70
20.20		0.20	10.70
22.00		2.00	11.70
44.00		20.00	12.50

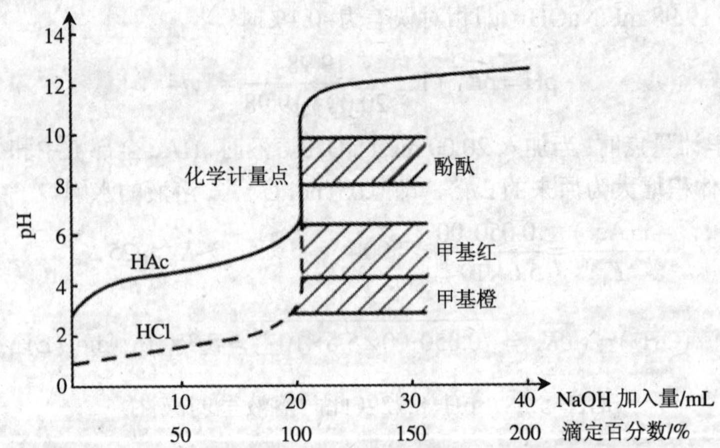

图 7-5 0.100 0 mol · L^{-1} NaOH 滴定 20.00 mL 0.100 0 mol · L^{-1} HAc 的滴定曲线

图 7-5 中的虚线是相同浓度 NaOH 滴定 HCl 的滴定曲线。将两条曲线对比可以看出，NaOH 滴定 HAc 有以下特点：

（1）滴定曲线的起点高

因为弱酸 HAc 离解度要比等浓度的 HCl 小。因此用 NaOH 滴定 HAc 的滴定曲线起点比 NaOH 滴定 HCl 的滴定曲线起点高 2 个 pH 单位。

（2）滴定曲线的形状不同

从滴定曲线可知，滴定过程中的 pH 变化开始变化较快，其后变化稍慢，接近化学计量点时又逐渐加快。这是由滴定不同阶段的反应特点决定的。滴定开始后，反应产生的 Ac^-与 HAc 形成共轭体系，随着滴定的进行，Ac^-浓度逐渐增大，HAc

浓度不断减少，溶液的缓冲容量增大，pH 变化缓慢。50%的 HAc 被滴定时，溶液的缓冲能力最大，曲线平坦，此时溶液的 $pH=pK_a$。接近化学计量点时，HAc 浓度已很低，溶液的缓冲作用显著减弱，继续加入 NaOH，溶液的 pH 较快地增大。到达化学计量点时，体系为 Ac^-弱碱溶液，曲线在弱碱性范围出现突跃。化学计量点后为 NaAc-NaOH 混合溶液，Ac^-碱性较弱，它的解离可以忽略，曲线与 NaOH 滴定 HCl 的滴定曲线基本重合。

（3）突跃范围小

从滴定曲线可知，NaOH 滴定 HAc 的滴定曲线突跃范围比同样浓度的 NaOH 滴定 HCl 的滴定曲线突跃范围小很多，而且是在弱碱性范围内。因此在酸性范围内变色的指示剂，如甲基橙、甲基红等都不能用，而酚酞、百里酚酞均是合适的指示剂。

图 7-6 是用 0.100 0 $mol·L^{-1}$ NaOH 滴定 0.100 0 $mol·L^{-1}$不同强度弱酸的滴定曲线。从图 7-6 可以看出，酸的强弱是影响突跃大小的重要因素，当酸的浓度一定时，它的离解常数 K_a 越大，即酸越强，滴定 pH 突跃范围越大。当 $K_a \leqslant 10^{-9}$ 时，已无明显的 pH 突跃了，在此情况下，已无法利用一般的酸碱指示剂确定滴定终点。酸的浓度也影响 pH 突跃的大小。化学计量点后不同浓度的弱酸的滴定曲线合而为一；化学计量点前，弱酸浓度增大 10 倍，增加 0.5 个 pH 单位；不过浓度对滴定时 pH 突跃的影响比强酸时小。考虑到酸的浓度和强度两方面对滴定 pH 突跃大小的影响，以及人眼观察指示剂变色点存在±0.3 个 pH 单位的出入，在浓度不太稀的情况下，通常以 $c \cdot K_a \geqslant 1.0 \times 10^{-8}$ 作为判断弱酸能否准确进行滴定的界限。此时，滴定突跃可以大于 0.3 个 pH 单位，终点误差在±0.1%。

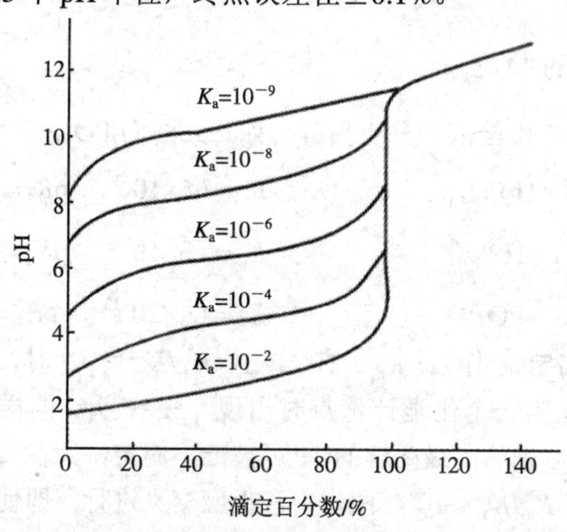

图 7-6　0.100 0 $mol \cdot L^{-1}$ NaOH 滴定 0.100 0 $mol \cdot L^{-1}$ 不同 K_a 的一元弱酸的滴定曲线

三、强酸滴定一元弱碱

强酸（HCl）滴定弱碱（$NH_3 \cdot H_2O$）的情况与强碱滴定弱酸的情况相似，可采用类似方法处理。滴定过程 pH 变化由大到小，滴定曲线如图 7-7 所示，滴定曲线形状与强碱滴定弱酸时恰好相反。化学计量点及 pH 突跃都在酸性范围内，只能选用酸性区变色的指示剂，如甲基橙、甲基红等指示终点。同样，当 $c \cdot K_b \geqslant 1.0 \times 10^{-8}$ 作为判断弱碱能否准确进行滴定的界限。

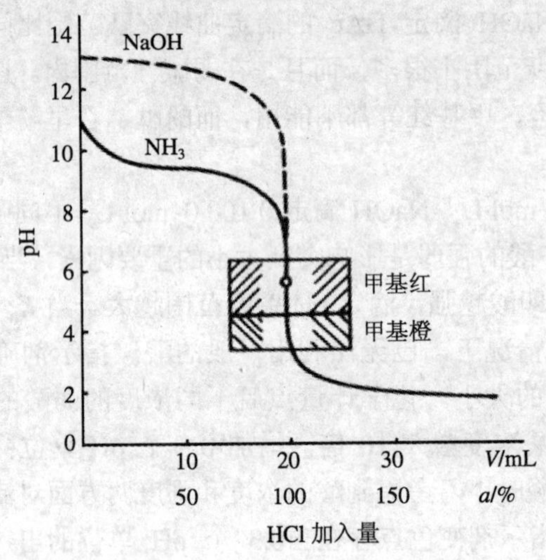

图 7-7　0.100 0 mol · L^{-1} HCl 滴定 20.00 mL 0.100 0 mol · L^{-1} NH_3 的滴定曲线

四、多元酸的滴定

常见的多元酸在水溶液中分步离解，如三元酸 H_3PO_4，水溶液中分三步离解：

$H_3PO_4 \rightleftharpoons H^+ + H_2PO_4^-$　　　$K_{a_1}=7.6\times10^{-3}$　　$pK_{a_1}=2.12$

$H_2PO_4^- \rightleftharpoons H^+ + HPO_4^{2-}$　　　$K_{a_2}=6.3\times10^{-8}$　　$pK_{a_2}=7.21$

$HPO_4^{2-} \rightleftharpoons H^+ + PO_4^{3-}$　　　$K_{a_3}=4.4\times10^{-13}$　　$pK_{a_3}=12.66$

对多元酸的滴定，当 $c \cdot K_{a_1} \geqslant 10^{-8}$，且 $K_{a_1}/K_{a_2} > 10^4$ 时，则第一级离解的 H^+ 可被准确滴定，在第一个化学计量点时出现 pH 突跃。同样如果 $c \cdot K_{a_2} \geqslant 10^{-8}$，且 $K_{a_2}/K_{a_3} > 10^4$ 时，则第二级离解的 H^+ 可被准确滴定，又在第二个化学计量点时出现 pH 突跃。如果 $K_{a_2}/K_{a_3} < 10^4$，两步中和反应交叉进行，即使是分步离解的两个质子 H^+ 也将被同时滴定，只有一个突跃。

用 NaOH 滴定 H_3PO_4，H_3PO_4 第一个先被滴定至 $H_2PO_4^-$，在第一计量点形成第一个突跃；$H_2PO_4^-$ 后被继续滴定生成 HPO_4^{2-} 产生第二个突跃。

多元酸滴定过程中溶液的组成及滴定曲线比较复杂，可以通过实验测定和记录绘制滴定曲线，图 7-8 是强碱 NaOH 滴定 H_3PO_4 的滴定曲线。

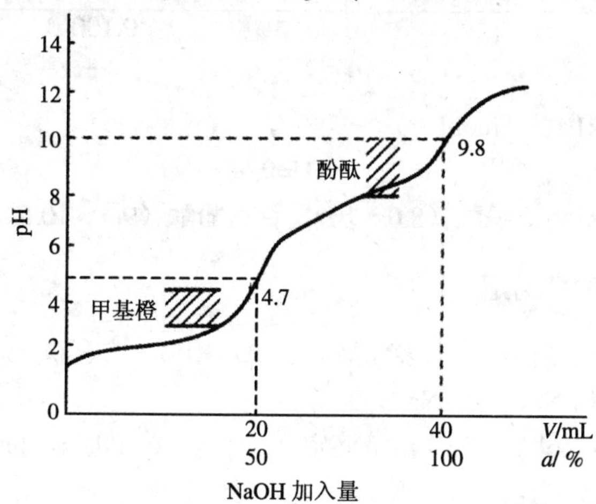

图 7-8 NaOH 滴定 H_3PO_4 溶液的滴定曲线

在实际工作中，为了选择指示剂，通常是需要计算化学计量点时溶液的 pH 值，然后在此附近选择指示剂指示滴定终点。

【例 7-7】 用 0.100 0 $mol \cdot L^{-1}$ NaOH 滴定 20.00 mL 0.100 0 $mol \cdot L^{-1}$ H_3PO_4。

第一化学计量点时：$H_3PO_4+OH^- \rightleftharpoons H_2PO_4^-+H_2O$

反应产物是 $H_2PO_4^-$，其为酸式盐，浓度为 0.05 $mol \cdot L^{-1}$

此时：$c \cdot K_{a_2} = 0.05\times6.3\times10^{-8} > 20\ K_w$

$c = 0.05 < 20\ K_{a_1} = 20\times7.6\times10^{-3}$

$$c(H^+)=\sqrt{\frac{c\cdot K_{a_1}\cdot K_{a_2}}{c+K_{a_1}}}=\sqrt{\frac{0.05\times7.6\times10^{-3}\times6.3\times10^{-8}}{7.6\times10^{-3}+5.0\times10^{-2}}}=2.0\times10^{-5}\ (mol\cdot L^{-1})$$

$$pH=4.74$$

可选用指示剂为：溴酚蓝（3.0～4.6），终点 pH 为 4.6，误差在−0.35%内；甲基橙（3.1～4.4），终点 pH 为 4.4，误差在−0.5%内。

第二化学计量点时：$H_2PO_4^- \rightleftharpoons H^++HPO_4^{2-}$

反应产物是 HPO_4^{2-}，其为酸式盐，浓度为 0.100 0/3 $mol \cdot L^{-1}$。

此时：$c \cdot K_{a_3} =$（0.100 0/3）$\times4.4\times10^{-13} \approx K_w$

$c > 20\ K_{a_2} = 20\times6.5\times10^{-8}$

$$c(H^+)=\sqrt{\frac{K_{a_2}(c\cdot K_{a_3}+K_w)}{c}}=\sqrt{\frac{6.3\times10^{-8}(4.4\times10^{-13}\times\frac{0.100\ 0}{3}+1.0\times10^{14})}{\frac{0.100\ 0}{3}}}$$

$=2.2\times10^{-10}$（mol·L^{-1}）

$$pH=9.66$$

可选用指示剂为：酚酞（8.0～10），百里酚酞（9.4～10.6），误差约为+0.3%。

五、多元碱的滴定

多元碱分步滴定的方法和多元酸分步滴定相似，多元碱一般是指多元酸与强碱作用生成的盐，如 Na_2CO_3、$Na_2B_2O_7$ 等。

现以 0.100 0 mol·L^{-1} HCl 溶液滴定 20.00 mL 0.100 0 mol·L^{-1} Na_2CO_3 溶液为例说明多元碱的分步滴定。

$$HCl+CO_3^{2-}\rightleftharpoons HCO_3^-+Cl^- \qquad K_{b_1}=1.8\times10^{-4}$$

$$HCl+HCO_3^-\rightleftharpoons H_2CO_3+Cl^- \qquad K_{b_2}=2.4\times10^{-8}$$

$c\cdot K_{b_1}=0.10\times1.8\times10^{-4}>10^{-8}$

$c\cdot K_{b_2}=0.10\times2.4\times10^{-8}=2.4\times10^{-9}\approx10^{-8}$

$K_{b_1}/K_{b_2}=1.8\times10^{-4}/2.4\times10^{-8}\approx10^{4}$

对于高浓度的溶液，近似地认为两级离解可以分步滴定，形成两个滴定突跃，滴定曲线如图 7-9 所示。

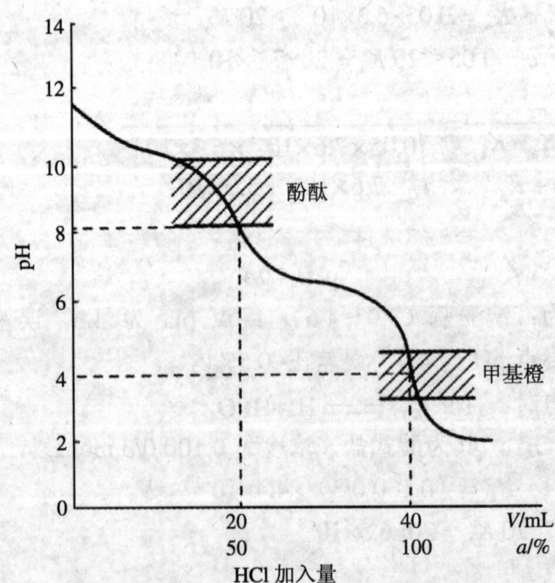

图 7-9　HCl 溶液滴定 Na_2CO_3 溶液的滴定曲线

又因为 $K_{b_1}/K_{b_2}\approx10^4$，两步反应有交叉进行，第一个 pH 突跃较短，误差约为 1%，通常需采用 $NaHCO_3$ 溶液作为参比溶液，或使用混合指示剂（变色敏锐）。

第一化学计量点时：

$$c(OH^-)=\sqrt{K_{b_1}K_{b_2}}=\sqrt{1.8\times10^{-4}\times2.4\times10^{-8}}=2.08\times10^{-6}\ (mol\cdot L^{-1})$$

$$pOH=5.68 \qquad pH=8.32\text{（碱性范围）}$$

可选用指示剂为：酚酞（10～8.0），误差大于 1%；甲基红+百里酚兰（8.4～8.2），紫—粉红，误差约为 0.5%。

第二化学计量点时：产物为 CO_2 的饱和水溶液，约 0.04 $mol\cdot L^{-1}$ 的 H_2CO_3。

$$c(H^+)=\sqrt{c\cdot K_{a_1}}=\sqrt{0.04\times4.2\times10^{-7}}=1.3\times10^{-4}\ (mol\cdot L^{-1})$$

$$pH=3.89$$

可选用指示剂为：甲基橙（4.4～3.1）、甲基红（6.2～4.4），或混合指示剂溴甲酚绿+甲基橙（4.3）。由于 K_{b_2} 不够大，且溶液中 CO_2 易过多，指示终点过早出现。为提高测定的准确度，通常在接近终点时剧烈地摇晃溶液，以加快 H_2CO_3 的分解，或加热除去 CO_2，冷却后再滴定至终点。

第七节 酸碱滴定法的应用

一、酸碱标准溶液的配制和标定

酸碱滴定中最常用的标准溶液是 HCl（酸性强、无氧化性）和 NaOH，特殊情况下用 H_2SO_4、KOH 等其他强酸强碱，浓度一般在 0.01～1 $mol\cdot L^{-1}$，最常用的浓度为 0.1 $mol\cdot L^{-1}$。

（一）酸标准溶液

HCl 由于其易挥发性，先配成近似浓度，然后再进行标定。标定的基准物质，最常用的是无水碳酸钠和硼砂。

无水碳酸钠（Na_2CO_3）易制得纯品，价格便宜，但吸湿性强，应用前应在 270～300℃干燥至恒重，置干燥器中保存备用。标定反应如下：

$$Na_2CO_3+2HCl=2NaCl+H_2CO_3$$

$$H_2CO_3\longrightarrow H_2O+CO_2$$

用无水碳酸钠标定盐酸时选用甲基橙作指示剂，用 HCl 溶液滴定，溶液由黄色变为橙色，即为滴定终点。

硼砂（$Na_2B_2O_7 \cdot 10H_2O$）有较大的相对分子质量，称量误差小，无吸湿性，也易制得纯品，其缺点是在空气中容易风化失去结晶水，因此应保存在湿度为 60%的密闭容器中备用。标定反应如下：

$$Na_2B_4O_7+2HCl+5H_2O = 4H_3BO_3+2NaCl$$

用硼砂标定盐酸时选用甲基红作指示剂，用 HCl 溶液滴定溶液由黄色变为橙红色，即为滴定终点。

（二）碱标准溶液

NaOH 易吸收水分和空气中的 CO_2，其标准溶液应用间接法配制。标定标准溶液的基准物质常用的是邻苯二甲酸氢钾（$KHC_8H_4O_4$）和草酸等。

邻苯二甲酸氢钾（$KHC_8H_4O_4$），易制得纯品，不吸潮，相对分子质量较大，标定反应如下：

$$KHC_8H_4O_4+NaOH \rightleftharpoons KNaC_8H_4O_4+H_2O$$

用邻苯二甲酸氢钾标定氢氧化钠时，化学计量点时溶液呈碱性（pH=9.1），可以选用酚酞为指示剂，溶液由无色变为粉红色，即滴定终点。

草酸（$H_2C_2O_4 \cdot 2H_2O$），相当稳定，相对湿度在 5%～95%时不会风化而失水。因此应保存在密闭器中备用。标定反应如下：

$$H_2C_2O_4+NaOH = Na_2C_2O_4+H_2O$$

用草酸标定氢氧化钠时，化学计量点溶液呈碱性（pH=8.4），可以选用酚酞为指示剂，溶液由无色变为粉红色，即滴定终点。

二、酸碱滴定法的应用

酸碱滴定法除能滴定一般的酸碱性物质，以及能与酸或碱起反应的物质外，也能间接地测定许多并不呈酸性或碱性的物质，因此其应用非常广泛。按照滴定方法的不同大致可分为两大类。

（一）直接滴定法

一般来说，凡 $c \cdot K_a \geqslant 1.0 \times 10^{-8}$ 酸性物质和 $c \cdot K_b \geqslant 1.0 \times 10^{-8}$ 碱性物质均可用酸和碱标准溶液直接滴定。

1．食品中苯甲酸钠的滴定

苯甲酸钠是食品防腐剂之一，最高允许误差 0.1%。

测定时在含食品的样品中加 HCl，使苯甲酸钠转化成苯甲酸，在溶液中加入乙醚，萃取乙醚，加热，除去乙醚，用中性乙醇溶解后，再用 NaOH 标准溶液滴定，选用酚酞作指示剂，滴定至呈现粉红色即为终点。

$$\omega_{C_7H_5O_2Na}=c_{NaOH}\cdot V_{NaOH}\frac{M_{C_7H_5O_2Na}\times10^{-3}}{m_S}\times100\%$$

2．食用醋中总酸度的测定

HAc 是一种重要的农产加工品，又是合成有机农药的一种重要原料。食醋中的主要成分是 HAc，也有少量其他弱酸，如乳酸等。测定时，将食醋用不含 CO_2 的蒸馏水适当稀释后，用 NaOH 标准溶液滴定。选用酚酞作指示剂，滴定至呈现粉红色即为终点。由消耗的标准溶液的体积及浓度计算总酸度。

3．混合碱的分析

工业品烧碱（NaOH）中常含有 Na_2CO_3，纯碱（Na_2CO_3）中也常含有 $NaHCO_3$，这两种工业品都称为混合碱。对于混合碱的分析叙述如下。

（1）烧碱中 NaOH 和 Na_2CO_3 含量的测定。

采用双指示剂法测定。称取试样质量为 m_S（mg）溶解于水，用 HCl 标准溶液滴定，先用酚酞作指示剂，滴定至溶液由红色变为无色，则到达第一化学计量点。此时 NaOH 全部被中和，而 Na_2CO_3 被中和一半，所消耗的 HCl 标准溶液体积记为 V_1。然后加入甲基橙，继续用 HCl 标准溶液滴定，使溶液由黄色恰好变为橙色，到达第二化学计量点。溶液中 $NaHCO_3$ 被完全中和，所消耗的 HCl 标准溶液体积记为 V_2。因 Na_2CO_3 被中和先生成 $NaHCO_3$，继续用 HCl 滴定使 $NaHCO_3$ 又转化为 HCO_3，二者所需 HCl 量相等，故 V_1-V_2 为中和 NaOH 所消耗 HCl 的体积，$2V_2$ 为滴定 Na_2CO_3 所需 HCl 的体积。分析结果计算公式为：

$$\omega_{NaOH}=\frac{c(V_1-V_2)M_{NaOH}}{m_S}\times10^{-3}$$

$$\omega_{Na_2CO_3}=\frac{2cV_2M_{Na_2CO_3}/2}{m_S}\times10^{-3}$$

（2）纯碱中 Na_2CO_3 和 $NaHCO_3$ 的测定。

工业纯碱中常含有 $NaHCO_3$，此两组分的测定可参照上述 NaOH 和 Na_2CO_3 的测定方法。但注意，此时滴定 Na_2CO_3 所消耗的体积为 $2V_1$，而滴定 $NaHCO_3$ 所消耗的体积为 V_2-V_1。分析结果计算公式为：

$$\omega_{Na_2CO_3}=\frac{2cV_1M_{Na_2CO_3}/2}{m_S}\times10^{-3}$$

$$\omega_{NaHCO_3}=\frac{c(V_2-V_1)M_{NaHCO_3}}{m_S}\times 10^{-3}$$

NaOH 和 $NaHCO_3$ 是不能共存的，若某试样中可能含有 NaOH、Na_2CO_3 或 $NaHCO_3$，或由它们组成的混合物，假若以酚酞及甲基橙为指示剂的滴定终点用去 HCl 的体积分别为 V_1、V_2，则未知试样的组成与 V_1、V_2 的关系见表 7-6。

表 7-6　V_1、V_2 的大小与试样组成的关系

V_1 和 V_2 的大小关系	$V_1\neq0$，$V_2=0$	$V_1=0$，$V_2\neq0$	$V_1=V_2\neq0$	$V_1>V_2>0$	$V_2>V_1>0$
试样的组成	OH^-	HCO_3^-	CO_3^{2-}	$OH^- + CO_3^{2}$	$HCO_3^- + CO_3^{2-}$

（二）间接滴定法

对于许多极弱的酸碱，不能直接滴定，可以通过与酸碱的反应产生可以滴定的酸碱，或增强其酸碱性后予以测定。

1．氮的测定

肥料或土壤试样中常需要测定氮的含量，如硫酸铵化肥中含氮量的测定。由于铵盐作为酸，它的 K_a 值为 $K_a=K_w/K_b=10^{-14}/1.8\times10^{-4}=5.6\times10^{-10}$。

它不能直接用碱标准溶液滴定，需采用间接的测定方法，常用的方法有两种：

（1）蒸馏法。将一定质量的铵盐溶液中加入过量的 NaOH 溶液，加热煮沸。如果将蒸出的 NH_3 用过量的硫酸或盐酸标准溶液吸收，过量的酸用标准溶液反滴定，用甲基红或甲基橙作指示剂。测定过程反应如下：

$$NH_4^+ + OH^- \xrightarrow{\Delta} NH_3\uparrow + H_2O$$

$$NH_3 + HCl \longrightarrow NH_4^+ + Cl^-$$

$$NaOH + HCl（过量）\longrightarrow NaCl + H_2O$$

如果将蒸出的 NH_3 用硼酸吸收，生成的 $H_2BO_3^-$ 是较强碱，可以用酸标准溶液滴定，用甲基红和溴甲酚绿混合指示剂。测定过程反应和计算方法如下：

$$NH_3 + H_3BO_3 = NH_4H_2BO_3$$

$$HCl + H_2BO_3^- \longrightarrow H_3BO_3 + Cl^-$$

$$N\% = \frac{c_{HCl}\cdot V_{HCl}\times10^{-3}\cdot M_N}{G}\times100$$

（2）甲醛法。铵盐在水中全部解离，甲醛与 NH_4^+ 的反应如下：

$$4NH_4^+ + 6HCHO = (CH_2)_6N_4H^+ + 3H^+ + 6H_2O \text{（定量进行）}$$

在滴定前溶液为酸性，生成物$(CH_2)_6N_4H^+$是六亚甲基四胺$(CH_2)_6N_4$的共轭酸，其K_a=7.1×10^{-6}，可用NaOH直接滴定。在NaOH滴定至终点时，被中和成$(CH_2)_6N_4$。用酚酞作指示剂，终点为粉红色。

$$\omega_N = \frac{c_{NaOH} \times V_{NaOH} \times 14.0}{m_S} \times 10^{-3}$$

如果试样中含有游离酸，事先用甲基红作指示剂，用NaOH中和。

蒸馏法操作麻烦，分析流程长，但准确度高。甲醛法简便、快速，其准确度比蒸馏法差些，但可以满足工、农业生产要求，应用较广。

2. 硼酸的测定

硼酸（H_3BO_4）的$K_a=5.8\times10^{-10}$，它是极弱的酸，不能用NaOH直接滴定。但在H_3BO_4中加入乙二醇、丙三醇、甘露醇等反应生成络合酸，形成的该络合酸的$K_a=5.5\times10^{-5}$，使弱酸强化。用NaOH标准溶液直接滴定，可选用酚酞或百里酚酞作为指示剂。

$$2\begin{matrix} R-CH-OH \\ | \\ R-CH-OH \end{matrix} + H_3BO_3 = H\left[\begin{matrix} R-CH-O & & & O-CH-R \\ | & & B & | \\ R-CH-O & & & O-CH-R \end{matrix}\right] + 3H_2O$$

3. 醛、酮的测定

（1）盐酸羟胺法。醛、酮与盐酸羟胺作用生成肟和游离HCl，可用碱标准溶液滴定。醛、酮与盐酸羟胺的反应式如下：

$$\underset{R-C=O}{\overset{R_1(\text{或H})}{|}} + NH_2OH\cdot HCl \rightleftharpoons \underset{R-C=N-OH}{\overset{R_1(\text{或H})}{|}} + H_2O + HCl$$

因为溶液中存在过量的盐酸羟胺，溶液呈弱酸性，用溴酚蓝作指示剂。

（2）亚硫酸钠法。过量的亚硫酸钠与醛、酮发生加成反应产生游离碱：

$$\underset{R-C=O}{\overset{R'(\text{或H})}{|}} + \underset{\text{过量}}{\underline{Na_2SO_3 + H_2O}} \rightleftharpoons R-\underset{SO_3Na}{\overset{R'(\text{或H})}{C}}-OH + NaOH$$

生成的游离碱可用盐酸标准滴定，以百里酚酞作指示剂。

$$1\text{醛或酮} \rightarrow 1NaOH \rightarrow 1HCl$$

所以：
$$醛或酮\%=\frac{c_{H^+}\cdot V_{H^+}\times 10^{-3}\times M_{醛或酮}}{G}\times 100$$

醛、酮自身不是酸、碱，但它们与盐酸羟胺、亚硫酸钠作用产生 HCl 和 NaOH，因而可以测定其含量。由于使用的是强还原剂，易被空气氧化，故实验时测定速度要快，而且试剂要新配制，同时要做空白试验、对照试验，扣除空白值。

*第八节　非水溶液中的酸碱滴定

酸碱滴定大多数都在水溶液中进行。水是最常用的溶剂，它安全、价廉。但是很多有机试样难溶于水；有些 $c\cdot K_a\leqslant 1.0\times 10^{-8}$ 的酸性物质和 $c\cdot K_b\leqslant 1.0\times 10^{-8}$ 的碱性物质，也不能用酸碱直接酸碱滴定；还有些多元酸或碱的 K_a 或 K_b 较接近不能分步滴定。为了解决这些问题，可采用非水溶剂体系滴定，简称非水滴定。下面简介非水溶液中的酸碱滴定。

一、溶剂的分类

(一) 质子性溶剂

即能给出质子或能接受质子的溶剂，称为质子性溶剂。按其接受质子能力的大小，质子性溶剂又分为三类：

（1）中性溶剂：得失质子能力接近，酸碱性与水相似的称为中性溶剂，也称两性溶剂，如甲醇，乙醇等，它们适于滴定较强酸、碱的介质。

（2）酸性溶剂：给出的质子能力比水强，酸性明显大于水的称为酸性溶剂，也称疏质子性溶剂，如甲酸，乙酸等。酸性溶剂适于作滴定弱碱性物质的介质。

（3）碱性溶剂：接受的质子能力比水强，碱性明显大于水的称为碱性溶剂，又叫亲质子性溶剂，如液氨、乙二胺等。碱性溶剂适于作滴定弱酸性物质的介质。

(二) 非质子性溶剂

分子中无转移性质子的溶剂叫非质子溶剂。这类溶剂又可分为偶极亲质子性溶剂和惰性溶剂。

（1）偶极亲质子性溶剂：　分子中无转移性质子，与水比较几乎无酸性，也无两性特征，但有较弱的接受质子倾向和程度不同的成氢键能力，如酰胺类、酮类、腈类、二甲亚砜、吡啶等，这类溶剂适于作弱酸性物质的介质。

（2）惰性溶剂： 惰性溶剂与质子之间几乎不发生质子转移反应，这类溶剂不具酸碱性质或酸碱性极弱，自身无质子转移过程，当溶质酸和碱在溶剂中起反应时，溶剂分子不参与反应，质子转移直接发生在被滴定物质和滴定剂之间。常用的惰性溶剂有苯、氯仿等。

（三）混合溶剂

质子性溶剂与惰性溶剂混合使用，能使样品易于溶解，并能增大滴定突跃，终点时指示剂变色敏锐。

二、溶剂的性质和作用

（一）质子性溶剂的质子自递反应及质子自递常数 K_s

许多非水溶剂像水一样，即能给出质子或能接受质子，既有酸性又有碱性，具有质子自递作用。质子自递反应的平衡常数称质子自递常数，用 K_s 表示，质子自递反应为：

$$SH+SH=SH_2^{+}+S^{-} \qquad K_s=a_{SH_2^+}\times a_{S^-}$$

$$HAc+HAc=H_2Ac^{+}+Ac^{-} \qquad K_s=3.6\times10^{-15}$$

$$C_2H_5OH+C_2H_5OH=C_2H_5OH_2^{+}+C_2H_5O^{-} \qquad K_s=1.0\times10^{-20}$$

$$H_2O+H_2O \rightleftharpoons H_3O^{+}+OH^{-} \qquad K_s=K_w=1.0\times10^{-14}$$

溶剂的酸碱性越强，K_s 值越小。溶剂的 K_s 值是非水溶剂的重要特征，它决定了酸碱反应的完全程度，对滴定突跃范围有一定的影响，可以用来判断混合酸碱能否连续滴定。

（二）溶剂的酸碱性

1．溶剂的酸碱性对物质的酸碱性强弱的影响

物质的酸碱性取决于：①物质的本性；②溶剂的酸碱性。酸的强弱与溶剂的碱性有关，同一种酸 HB，溶剂的碱性越强，在溶剂中 HB 表现出的酸性就越强。同样，碱的强弱取决于溶剂的酸性。如苯酚，在水中的酸性极弱（$pK_a=10$），而在碱性较强的乙二胺中则表现为强酸，吡啶在水中碱性很弱（$pK_b\approx9$），但在酸性较强的冰醋酸中则成为较强的碱。

2．溶剂的酸碱度对滴定反应完全程度的影响

用强酸 SH_2^+滴定弱碱 B，滴定反应为：

$$SH_2^{+}+B=HB^{+}+SH \qquad K_T=a_{HB^+}/(a_{SH_2^+}\times a_B)=K_b/K_s$$

滴定反应的实质是质子由强酸 SH_2^+转移到弱碱（B），溶剂的碱性越弱，它越易给出质子，滴定反应完全程度越高。如吡啶在水中碱性很弱，不能被准确滴定，但在碱性比水弱的冰醋酸中则能被准确滴定。

（三）溶剂的拉平效应和区分效应

（1）拉平效应

在两性溶剂 SH 中，最强的酸是 SH_2^+，比 SH_2^+更强的酸都被拉平到 SH_2^+ 的水平；最强的碱是 S^-，比 S^-更强的碱都被拉平到 S^-的水平。此现象称为拉平效应，这种溶剂称为拉平性溶剂。例如，$HClO_4$、H_2SO_4、HCl 和 HNO_3 的强度是有差别的，其强度顺序为 $HClO_4>H_2SO_4>HCl>HNO_3$，但在水溶液中看不到它们之间的强度有什么差别。它们的酸的强度，全部被拉平到 H_3O^+的水平。这种将各种不同强度的酸（或碱）拉平到溶剂化质子（或溶剂阴离子）的现象，称拉平效应，这时溶剂水被称为这几种酸的拉平性溶剂。

（2）区分效应

在溶剂 SH 中，对于比 SH_2^+更弱的酸，能分辨其强弱，对于比 S^-更弱的碱，能分辨其强弱，这种现象就是区分效应，这种溶剂被称为区分性溶剂。

同一种溶剂，对于某一些物质是拉平性溶剂，而对另一些物质，则可能是区分性溶剂。例如，对于 $HClO_4$、H_2SO_4、HCl 和 HNO_3 来说水是拉平性溶剂，而对于 HCl、HAc、HCN 来说水则是区分性溶剂。溶剂的酸碱性越弱，其区分效应越大。惰性溶剂没有明显的接受质子的现象，故无拉平效应，是很好的区分性溶剂。

三、非水滴定的应用

（一）弱碱和混合碱的滴定

滴定弱碱应当选择碱性弱的溶剂。最常用的是冰醋酸，其碱性很弱，K_s 比水稍小。滴定弱碱应选用强酸为滴定剂。在冰醋酸中，$HClO_4$ 是强酸，常以 $HClO_4$ 为滴定剂。指示终点可采用电位法或指示剂法，常用结晶紫、甲基紫为指示剂。分别滴定强度不同的碱，必须用酸碱性均弱的溶剂，即选用惰性溶剂或 pK_s 大的溶剂，如三丁胺和乙基苯胺的混合物。

（二）弱酸和混合酸的滴定

滴定弱酸要用酸性弱的溶剂，如乙二胺、正丁胺，吡啶等，若酸不是很弱，用苯-甲醇混合溶剂即可。常用的滴定剂甲醇钾或甲醇钠，以及氢氧化四丁胺的苯-甲醇混合酸的分别滴定要选择酸碱性均弱的溶剂。

复习与思考题

1. 写出下列各酸的共轭碱：H_2O，$H_2C_2O_4$，$H_2PO_4^-$，HCO_3^-，C_6H_5OH，$C_6H_5NH_3^+$，HS^-，$Fe(H_2O)_6^{3+}$，R-NH^+CH_2COOH。

2. 写出下列各碱的共轭酸：H_2O，NO_3^-，HSO_4^-，S^{2-}，$C_6H_5O^-$，$Cu(H_2O)_2(OH)_2$，$(CH_2)_6N_4$，R-$NHCH_2COO^-$。

3. 电离平衡常数的意义是什么?浓度对其有无影响?

4. 什么叫同离子效应和盐效应?它们对弱酸、弱碱的电离度各有什么影响?

5. 什么叫稀释定律？试计算下列不同浓度氨溶液的 $c(OH^-)$和电离度。

（1）1.0 mol·L^{-1} （2）0.10 mol·L^{-1} （3）0.01 mol·L^{-1}

当溶液稀释时，怎样影响电离度？怎样影响 OH^-浓度？二者是否矛盾？试解释之。

6. 根据物料平衡和电荷平衡写出 $(NH_4)_2CO_3$ 和 NH_4HCO_3 溶液的 PBE，浓度为 c（mol·L^{-1}）。

7. 写出下列酸碱组分的 MBE、CBE 和 PBE（设定质子参考水准直接写出），浓度为 c（mol·L^{-1}）。

（1）$NaNH_4HPO_4$ （2）$NH_4H_2PO_4$ （3）NH_4CN

8. 若要配制（1）pH=3.0，（2）pH=4.0 的缓冲溶液，现有下列物质，问应该选那种缓冲体系？有关常数见附录。

（1）HCOOH （2）$CH_2ClCOOH$ （3）$NH_3^+CH_2COOH$（氨基乙酸盐）

9. 下列酸碱溶液浓度均为 0.10 mol·L^{-1}，能否采用等浓度的滴定剂直接准确进行滴定？

（1）HF （2）C_6H_5OH （3）$NH_3^+CH_2COONa$ （4）NaHS （5）$NaHCO_3$
（6）$(CH_2)_6N_4$ （7）$(CH_2)_6N_4$·HCl （8）CH_3NH_2

10. 下列多元酸（碱）溶液中每种酸（碱）的分析浓度均为 0.10 mol·L^{-1}（标明的除外），能否用等浓度的滴定剂准确进行分步滴定或分别滴定？

（1）H_3AsO_4 （2）$H_2C_2O_4$ （3）0.40 mol·L^{-1} 乙二胺 （4）邻苯二甲酸
（5）联氨

11. 判断下列情况对测定结果的影响：

（1）用混有少量的邻苯二甲酸的邻苯二甲酸氢钾标定 NaOH 溶液的浓度；

（2）用吸收了 CO_2 的 NaOH 标准溶液滴定 H_3PO_4 至第一计量点；继续滴定至第二计量点时，对测定结果各有何影响？

12. 一试液可能是 NaOH、$NaHCO_3$、Na_2CO_3或它们的固体混合物。用 20.00 mL 0.100 0 mol·L^{-1} HCl 标准溶液，以酚酞为指示剂可滴定至终点。问在下列情况下，继续以甲基橙作指示剂滴定至终点，还需加入多少毫升 HCl 溶液？第三种情况试液的组成如何？

（1）试液中所含 NaOH 与 Na_2CO_3 物质的量比为 3∶1；

（2）原固体试样中所含 $NaHCO_3$ 和 NaOH 的物质量比为 2∶1；

（3）加入甲基橙后滴半滴 HCl 溶液，试液即成终点颜色。

13. 酸碱滴定法选择指示剂时可以不考虑的因素：

（1）滴定突跃的范围　（2）指示剂的变色范围

（3）指示剂的颜色变化　（4）指示剂相对分子质量的大小

（5）滴定方向

14. 计算下列各溶液的 pH：

（1）2.0×10^{-7} mol·L^{-1} HCl　（2）1.0×10^{-4} mol·L^{-1} HCN

（3）0.10 mol·L^{-1} NH_4Cl　（4）1.0×10^{-4} mol·L^{-1} NaCN

（5）0.10 mol·L^{-1} NH_4CN　（6）0.10 mol·L^{-1} Na_2S

15. 250 mg $Na_2C_2O_4$ 溶解并稀释至 500 mL，计算 pH=4.00 时该溶液中各种型体的浓度。

16. 若配制 pH=10.00，$c_{NH_3}=c_{NH_4^+}=1.0$ mol·L^{-1} 的 NH_3-NH_4Cl 缓冲溶液 1.0 L，问需要 15 mol·L^{-1}的氨水多少毫升？需要 NH_4Cl 多少克？

17. 欲配制 100 mL 氨基乙酸缓冲溶液，其总浓度 c = 0.10 mol·L^{-1}，pH=2.00，需氨基乙酸多少克？还需加多少毫升 1.0 mol·L^{-1}酸或碱？已知氨基乙酸的摩尔质量 M=75.07 g · mol^{-1}。

18.（1）在 100 mL 由 1.0 mol·L^{-1} HAc 和 1.0 mol·L^{-1} NaAc 组成的缓冲溶液中，加入 1.0 mL　0.100 0 mol·L^{-1} NaOH 溶液滴定后，溶液的 pH 有何变化？

（2）若在 100 mL pH=5.00 的 HAc-NaAc 缓冲溶液中加入 1.0 mL 6.0 mol·L^{-1} NaOH 后，溶液的 pH 增大 0.10 个单位。问此缓冲溶液中 HAc、NaAc 的分析浓度各为多少？

19. 取 25.00 mL 苯甲酸溶液，用 20.70 mL 0.100 0 mol·L^{-1} NaOH 溶液滴定至计量点。

（1）计算苯甲酸溶液的浓度为多少？（2）求计量点的 pH 为多少？（3）滴定突跃为多少？应选择哪种指示剂指示终点？

20. 称取含硼酸及硼砂的试样 0.601 0 g，用 0.100 0 mol·L^{-1} HCl 标准溶液滴定，以甲基红为指示剂，消耗 HCl 20.00 mL；再加甘露醇强化后，以酚酞为指示剂，用 0.200 0 mol·L^{-1} NaOH 标准溶液滴定消耗 30.00 mL。计算试样中硼砂和硼酸的质量分数。

21. 某试样中仅含 NaOH 和 Na_2CO_3。称取 0.372 0 g 试样用水溶解后，以酚酞为指示剂，消耗 0.150 0 mol·L^{-1} HCl 溶液 40.00 mL，问还需多少毫升 HCl 溶液达到甲基橙的变色点？

22. 干燥的纯 NaOH 和 $NaHCO_3$ 按 2∶1 的质量比混合后溶于水，并用盐酸标准溶液滴定。使用酚酞指示剂时用去盐酸的体积为 V_1，继续用甲基橙作指示剂，用去盐酸的体积为 V_2。求 V_1/V_2（结果保留 3 位有效数字）。

23. 粗氨盐 1.000 g，加入过量 NaOH 溶液并加热，逸出的氨吸收于 56.00 mL 0.250 0 $mol \cdot L^{-1}$ H_2SO_4 中，过量的酸用 0.500 0 $mol \cdot L^{-1}$ NaOH 回滴，用去碱 1.56 mL。计算试样中 NH_3 的质量分数。

24. 某试样 2.000 g，采用蒸馏法测氮的质量分数，蒸出的氨用 50.00 mL 0.500 0 $mol \cdot L^{-1}$ 硼酸标准溶液吸收，然后以溴甲酚绿与甲基红为指示剂，用 0.050 0 $mol \cdot L^{-1}$ HCl 溶液 45.00 mL 滴定，计算试样中氮的质量分数。

沉淀溶解平衡与沉淀滴定法

【学习要求】

1. 掌握溶度积原理、溶度积规则及有关沉淀溶解平衡的计算。
2. 了解沉淀溶解平衡的特点。
3. 了解莫尔法、佛尔哈德法以及吸附指示剂法的基本原理和特点。
4. 熟悉沉淀滴定法的应用和计算。
5. 了解重量分析法的基本原理，熟悉重量分析法的应用。

在含有难溶电解质固体的饱和溶液中，存在着固体与其已解离的离子间的平衡，这是一种多相的离子平衡，称为沉淀—溶解平衡。在科研和生产中，经常需要利用沉淀反应和溶解反应来制备所需要的产品，或进行离子分离、除去杂质、进行定量分析。怎样判断沉淀能否生成或溶解，如何使沉淀的生成或溶解更加完全，又如何创造条件，在含有几种离子的溶液中使某一种或某几种离子完全沉淀，而其余离子保留在溶液中，这些都是实际工作中经常遇到的问题。

第一节　沉淀溶解平衡

一、溶度积常数与溶解度

绝对不溶于水的物质是不存在的，习惯上把在水中溶解度极小的物质称为难溶物，而在水中溶解度很小，溶于水后电离生成水合离子的物质称为难溶电解质，例如 $BaSO_4$，$CaCO_3$，AgCl 等。

难溶电解质的溶解是一个可逆过程。例如在一定温度下，把难溶电解质 AgCl 放入水中，一部分 Ag^+和 Cl^-离子脱离 AgCl 的表面，成为水合离子进入溶液（这一过程称为沉淀的溶解）；水合 Ag^+和 Cl^-离子不断运动，其中部分碰到 AgCl 固体的表面后，又重新形成难溶固体 AgCl（这一过程称为沉淀的生成）。经过一段时间，溶解的速率和生成的速率达到相等，溶液中离子的浓度不再变化，建立了固体和溶液中离子间的沉淀—溶解平衡。

$$AgCl(s) \rightleftharpoons Ag^+ + Cl^-$$

这是一种多相离子平衡，其标准平衡常数表达式为：

$$K^{\ominus}=\{c(Ag^+)/c^{\ominus}\}\cdot\{c(Cl^-)/c^{\ominus}\}$$[①]

难溶电解质沉淀溶解平衡的平衡常数称为溶度积常数（solubility product constant），简称溶度积，记为 $K_{sp}^{\ominus}$。

组成为 A_mB_n 的任一难溶强电解质，在一定温度下的水溶液中达到沉淀溶解平衡时，平衡方程式为：

$$A_mB_n(s) \rightleftharpoons mA^{n+}(aq) + nB^{m-}(aq)$$

溶度积常数为：

$$K_{sp}^{\ominus}=\{c(A^{n+})/c^{\ominus}\}^m\cdot\{c(B^{m-})/c^{\ominus}\}^n$$

$K_{sp}^{\ominus}$ 和其他平衡常数一样，只是温度的函数而与溶液中离子浓度无关，$K_{sp}^{\ominus}$ 反映了难溶电解质的溶解能力，其数值可以通过实验测定，本书附录中列出了常见难溶电解质的溶度积常数。

难溶电解质的溶解度是指在一定温度下该电解质在纯水中饱和溶液的浓度。溶解度的大小都能表示难溶电解质的溶解能力。同类型难溶电解质的 $K_{sp}^{\ominus}$ 越大，其溶解度也越大，$K_{sp}^{\ominus}$ 越小，其溶解度也越小。不同类型的难溶电解质，由于溶度积表达式中离子浓度的幂指数不同，不能从溶度积的大小来直接比较溶解度的大小。

【例 8-1】 Ag_2CrO_4 和 AgCl 在 25℃时的 $K_{sp}^{\ominus}$ 为 1.1×10^{-12} 和 1.8×10^{-10}，在此温度下，Ag_2CrO_4 和 AgCl 在纯水中的溶解度哪个大？

解：这两种难溶电解质不是同一种类型，不能直接从溶度积的大小判断其溶解度的大小，须先计算出溶解度，然后进行比较。

首先计算 Ag_2CrO_4 在纯水中的溶解度：

$$Ag_2CrO_4(s) \rightleftharpoons 2Ag^+ + CrO_4^{2-}$$

$$K_{sp}^{\ominus}(Ag_2CrO_4)=\{c(Ag^+)/c^{\ominus}\}^2\cdot\{c(CrO_4^{2-})/c^{\ominus}\}$$

设饱和溶液中溶解的 Ag_2CrO_4 的浓度为 c_1 mol·L^{-1}，则溶液中 $c(Ag^+)$ 为 $2c_1$ mol·L^{-1}，$c(CrO_4^{2-})$ 为 c_1 mol·L^{-1}。

---

① 对于难溶电解质，其平衡常数的表达式为活度式，即：$K^{\ominus}=a(Ag^+)a(Cl^-)$。在本章，我们讨论难溶电解质溶液，由于溶液通常很稀，离子间牵制作用较弱，浓度与活度间在数值上相差不大，我们用离子的浓度来代替活度进行计算。

$$K_{sp}^{\ominus}(Ag_2CrO_4)=(2c_1)^2 \cdot c_1=4c_1^3$$

$$c_1=\sqrt[3]{\frac{K_{sp}^{\ominus}(Ag_2CrO_4)}{4}}=7.9\times10^{-5}\ (mol\cdot L^{-1})$$

同理设 AgCl 的饱和溶液中，AgCl 的溶解度为 c_2 $mol\cdot L^{-1}$。

$$AgCl(s) \rightleftharpoons Ag^+ + Cl^-$$

$$K_{sp}^{\ominus}(AgCl)=c_2\cdot c_2=c_2^2$$

$$c_2=\sqrt{K_{sp}^{\ominus}(AgCl)}=1.25\times10^{-5}$$

从计算的结果可看出，Ag_2CrO_4 的溶度积常数比 AgCl 的小，但在纯水中的溶解度比 AgCl 在纯水中的溶解度大。

需要注意的是，上面关于溶度积与溶解度关系是有前提的，要求所讨论的难溶电解质溶于水的部分全部以简单的水合离子存在，而且离子在水中不会发生如水解、聚合、配位等反应。

二、溶度积规则

前面提到，对任一难溶电解质，在水溶液中都存在下列离解过程：

$$A_mB_n(s) \rightleftharpoons mA^{n+}(aq)+nB^{m-}(aq)$$

在此过程中的任一状态，离子浓度的乘积用 Q_i 表示为：

$$Q_i=c(A^{n+})^m\cdot c(B^{m-})^n$$

Q_i 称为该难溶电解质的离子积。离子积与前面讲过的浓度商相似，可用于判断溶液的平衡状态和沉淀反应进行的方向。

当 $Q_i=K_{sp}^{\ominus}$ 时，溶液处于沉淀溶解平衡状态，此时的溶液为饱和溶液，溶液中既无沉淀生成，又无固体溶解。

当 $Q_i>K_{sp}^{\ominus}$ 时，溶液处于过饱和状态，会有沉淀生成，随着沉淀的生成，溶液中离子浓度下降，直至 $Q_i=K_{sp}^{\ominus}$ 时达到平衡。

当 $Q_i<K_{sp}^{\ominus}$ 时，溶液未达到饱和，若溶液中有沉淀存在，沉淀会发生溶解，随着沉淀的溶解，溶液中离子浓度增大，直至 $Q_i=K_{sp}^{\ominus}$ 时达到平衡。若溶液中无沉淀存在，两种离子间无定量关系。

上述判断沉淀生成和溶解的关系称为溶度积规则。利用溶度积规则，我们可以通过控制溶液中离子的浓度，使沉淀产生或溶解。

【例 8-2】 在浓度为 0.10 mol·L^{-1} $CaCl_2$ 溶液中，加入少量 Na_2CO_3，使 Na_2CO_3 浓度为 0.001 0 mol·L^{-1}，是否会有沉淀生成？若向混合后的溶液中滴入盐酸，会有什么现象？

解：在 $CaCl_2$ 溶液中，加入少量 Na_2CO_3，可能会生成 $CaCO_3$ 沉淀，需要通过溶度积规则来判断。

$$Ca^{2+} + {CO_3}^{2-} \rightleftharpoons CaCO_3(s)$$

$$Q_i = c(Ca^{2+}) \cdot c({CO_3}^{2-}) = 0.10 \times 0.001\,0 = 1.0 \times 10^{-4}$$

查表可得：$K_{sp}^{\ominus}(CaCO_3) = 8.7 \times 10^{-9}$

$Q_i > K_{sp}^{\ominus}$，按溶度积规则，有 $CaCO_3$ 生成。

反应完成后，$Q_i = K_{sp}^{\ominus}$，溶液中的离子与生成的沉淀建立起平衡。如果此时再向溶液中滴入几滴稀盐酸，溶液中的 ${CO_3}^{2-}$因为与 H^+发生反应而浓度减小，使得 $Q_i < K_{sp}^{\ominus}$，按溶度积规则，原先生成的沉淀溶解，直至 $Q_i = K_{sp}^{\ominus}$ 时为止。若加入的盐酸量足够多，生成的 $CaCO_3$ 沉淀有可能全部溶解。

【例 8-3】 向 0.50 L 的 0.10 mol·L^{-1} 的氨水中加入等体积 0.50 mol·L^{-1} 的 $MgCl_2$，问：（1）是否有 $Mg(OH)_2$ 沉淀生成？（2）欲控制 $Mg(OH)_2$ 沉淀不产生，问需加入多少克固体 NH_4Cl？（设加入固体 NH_4Cl 后溶液体积不变）

解：（1）0.50 L 的 0.10 mol·L^{-1} 的氨水与等体积 0.50 mol·L^{-1} 的 $MgCl_2$ 混合后，Mg^{2+}和 $NH_3 \cdot H_2O$ 的浓度都减至原来的一半，即：

$$c(Mg^{2+}) = 0.25\ \text{mol·L}^{-1}，c(NH_3) = 0.05\ \text{mol·L}^{-1}$$

溶液中 OH^-由 $NH_3 \cdot H_2O$ 离解产生：

$$c'(OH^-) = \sqrt{K_b^{\ominus}(NH_3) \cdot c'(NH_3)} = \sqrt{1.8 \times 10^{-5} \times 0.05} = 9.5 \times 10^{-4}$$

$Mg(OH)_2$ 的沉淀溶解平衡为：$Mg(OH)_2(s) \rightleftharpoons Mg^{2+} + 2OH^-$

$$Q_i = c'(Mg^{2+}) \cdot \{c'(OH^-)\}^2 = 0.25 \times (9.5 \times 10^{-4})^2 = 2.3 \times 10^{-7}$$

查表得 $K_{sp}^{\ominus} = 1.8 \times 10^{-11}$

则：$Q_i > K_{sp}^{\ominus}$，故有 $Mg(OH)_2$ 沉淀析出。

（2）若在上述系统中加入 NH_4Cl，由于同离子效应使氨水离解度降低，从而降低 OH^-的浓度，有可能不产生沉淀。

系统中有两个平衡同时存在：

$$Mg(OH)_2(s) \rightleftharpoons Mg^{2+} + 2OH^-$$

$$NH_3 \cdot H_2O \rightleftharpoons NH_4^+ + OH^-$$

欲使 $Mg(OH)_2$ 不沉淀，所允许的最大 OH^-浓度为：

$$c'(OH^-) = \frac{\sqrt{K_{sp}^{\ominus}\{Mg(OH)_2\}}}{c'(Mg^{2+})} = \sqrt{\frac{1.8\times10^{-11}}{0.25}} = 8.5\times10^{-6}$$

需加入 NH_4^+的最低浓度为：

$$c'(NH_4^+) = \frac{K_b^{\ominus} \cdot c'(NH_3)}{c'(OH^-)} = \frac{1.8\times10^{-5}\times0.050}{8.5\times10^{-6}} = 0.11$$

所以需加入的 NH_4Cl 的质量为：

$$m(NH_4Cl) = 1.0\times0.11\times53.5 = 5.9\,(g)$$

当向含有某种被沉淀离子的溶液中滴加沉淀剂，例如在含有 Ag^+的溶液中滴加 NaCl，随着 Cl^-的加入，离子浓度变化曲线如图 8-1 所示。

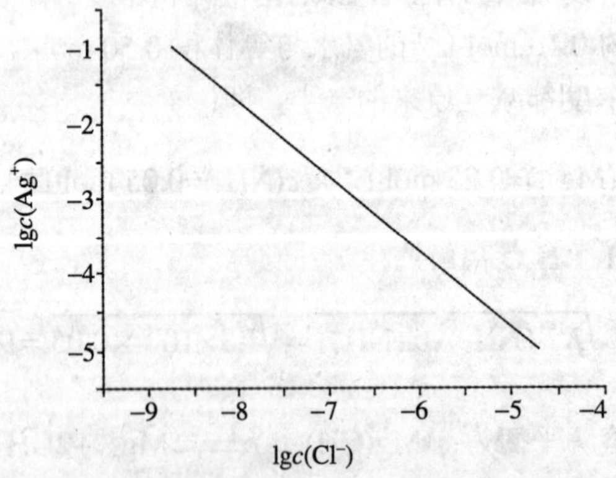

图 8-1　沉淀溶解平衡曲线

图中的直线上的任意一点，表示在该点所对应的银离子和氯离子浓度下，沉淀和溶解处于暂时的平衡状态。直线的右上方区域为沉淀区，表示溶液中银离子和氯离子不能稳定存在，它们将生成沉淀，直到银离子和氯离子降到直线上为止。直线下方的区域是溶解区，表示氯化银固体不能稳定存在，它将溶解，直到银离子和氯离子浓度升到直线上为止。

根据图 8-1，我们就可以判断随着沉淀剂加入，被沉淀离子浓度的变化情况。

【例 8-4】 向 0.010 mol·L^{-1} 的硝酸银溶液中滴入盐酸溶液（不考虑体积的变化），（1）当氯离子浓度为多少时开始生成氯化银沉淀？（2）加入过量的盐酸溶液，反应完成后，溶液中氯离子浓度为 0.010 mol·L^{-1}，此时溶液中银离子是否沉淀完全？

解：（1）向 0.010 mol·L^{-1} 的硝酸银溶液中滴入盐酸溶液，根据溶度积规则，当 Cl^-浓度增大到使 AgCl 的 $Q_i \geqslant K_{sp}^{\ominus}$ 时开始有沉淀生成：

$$Q_i = c(Ag^+) \cdot c(Cl^-) = 0.010 \times c(Cl^-) \geqslant K_{sp}^{\ominus}$$

$$c(Cl^-) \geqslant 1.8 \times 10^{-8} \ \ mol \cdot L^{-1}$$

即，当 Cl^-浓度等于 1.8×10^{-8} mol·L^{-1} 时开始有沉淀生成，沉淀生成后，在 Ag^+浓度比原来低的情况达到沉淀溶解平衡状态，若要银离子继续析出，必须增大沉淀剂的浓度，使两种离子的离子积再次超过溶度积常数。在滴加沉淀剂过程中，银离子浓度随着氯离子浓度增加而沿着曲线减小。

（2）若加入过量的盐酸溶液，使反应完成后，溶液中氯离子浓度为 0.010 mol·L^{-1}，此时溶液中的 Ag^+浓度可根据溶度积规则计算而得：

$$c(Ag^+) = \frac{K_{sp}^{\ominus}}{c(Cl^-)} = 1.8 \times 10^{-8} \ \ mol \cdot L^{-1}$$

此时银离子的浓度已经非常小，只有原来离子浓度的十万分之一残留在溶液中，我们认为银离子已经沉淀完全。

由于离子之间存在一定的平衡关系，所以离子浓度不会随着沉淀剂的加入而降至 0，但当被沉淀离子的浓度小于 10^{-5} mol·L^{-1} 时，带来的影响已经非常小，我们就认为此时离子已经完全沉淀。

三、分步沉淀

如果在溶液中含有几种离子能与同一种沉淀剂反应，当向溶液中加入该沉淀剂时，根据溶度积规则，生成沉淀时所需沉淀剂浓度小的离子先生成沉淀，需要沉淀剂浓度大的离子后生成沉淀，这种现象称为分步沉淀。

例如，向含有 Cl^-和 I^-均为 0.01 mol·L^{-1} 的混合溶液中慢慢加入 $AgNO_3$ 溶液时，随着 $AgNO_3$ 溶液的加入，Q(AgCl)和 Q(AgI)都不断增大，由于 $K_{sp}^{\ominus}(AgI) < K_{sp}^{\ominus}(AgCl)$，所以沉淀碘离子所需的银离子浓度显然比沉淀氯离子所需的银离子浓度小，所以 AgI 先沉淀。由于 AgI 的不断析出，使得溶液中碘离子的浓度不断降低，为了继续析出沉淀，必须不断增加银离子的浓度。当银离子浓度达到生成 AgCl 沉淀所需的条件时，AgCl 也开始沉淀。I^-、Cl^-、Ag^+应当同时满足 AgI 和 AgCl 的溶度积。

值得注意的是，沉淀顺序并不总是与 K_{sp} 的大小一致，它与溶液中要沉淀的离子的浓度有关。上例中如果 $c(Cl^-) > 1.1\times10^6 c(I^-)$（实际上达不到），先析出的是 AgCl 而不是 AgI。

应用分步沉淀方法分离离子，首先两种离子应该先后沉淀，并且还必须保证先开始沉淀的离子沉淀完全（离子浓度小于 10^{-5} mol·L^{-1}）以后，第二种离子才开始生成沉淀。

【例 8-5】 溶液中 Ba^{2+}浓度为 0.10 mol·L^{-1}，Pb^{2+}浓度为 0.001 0 mol·L^{-1}，向溶液中慢慢加入 Na_2SO_4。先生成哪一种沉淀？当第二种沉淀开始生成时，先生成沉淀的那种离子的剩余浓度是多少？（不考虑 Na_2SO_4 溶液加入所引起的体积变化）

解：开始生成 $BaSO_4$ 沉淀所需 $SO_4{}^{2-}$的最低浓度为：

$$c(SO_4^{2-}) = \frac{K_{sp}^{\ominus}(BaSO_4)}{c(Ba^{2+})} = \frac{1.1\times10^{-10}}{0.10}$$

$$=1.1\times10^{-9} \quad (\text{mol}\cdot\text{L}^{-1})$$

开始生成 $PbSO_4$ 沉淀所需 $SO_4{}^{2-}$的最低浓度为：

$$c(SO_4^{2-}) = \frac{K_{sp}^{\ominus}(PbSO_4)}{c(Pb^{2+})} = \frac{1.6\times10^{-8}}{0.001\,0}$$

$$=1.6\times10^{-5} \quad (\text{mol}\cdot\text{L}^{-1})$$

由于生成 $BaSO_4$ 沉淀所需 $SO_4{}^{2-}$的最低浓度较小，所以先生成 $BaSO_4$ 沉淀。在继续加入 Na_2SO_4 溶液的过程中，随着 $BaSO_4$ 不断沉淀出来，溶液中 Ba^{2+}浓度不断下降，$SO_4{}^{2-}$的浓度必须不断上升，当 $SO_4{}^{2-}$的浓度达到 1.6×10^{-5} mol·L^{-1} 时，同时满足 $PbSO_4$ 和 $BaSO_4$ 两种沉淀生成的条件，两种沉淀同时生成。但在 $PbSO_4$ 沉淀开始生成时，溶液中剩余 Ba^{2+}浓度为：

$$c(Ba^{2+}) = \frac{K_{sp}^{\ominus}(BaSO_4)}{c(SO_4^{2-})} = \frac{1.1\times10^{-10}}{1.6\times10^{-5}}$$

$$=6.9\times10^{-6} \quad (\text{mol}\cdot\text{L}^{-1})$$

实际上在 $PbSO_4$ 开始沉淀时，Ba^{2+}已经沉淀得相当完全了，后生成的 $PbSO_4$ 沉淀中基本不含有 $BaSO_4$ 沉淀。

四、沉淀溶解平衡的移动

沉淀溶解平衡是化学平衡的一种，它的平衡移动规律也遵从吕·查德里原理，当外界影响使溶液中某种离子浓度减小时，平衡就向这种离子浓度增加（沉淀溶解）的方向移动；反之，则平衡向沉淀生成的方向移动。

（一）同离子效应与盐效应

1．同离子效应

向难溶电解质的溶液中加入与其具有相同离子的可溶性强电解质时，按照平衡移动原理，平衡将向生成沉淀的方向移动。这种因加入含有相同离子的强电解质而使难溶电解质的溶解度减小的现象称作同离子效应。

【例 8-6】 试计算 298 K 时 $BaSO_4$ 在纯水中和在 0.1 $mol \cdot L^{-1}$ Na_2SO_4 溶液中的溶解度，并进行比较。

解：设在纯水中 $BaSO_4$ 的溶解度为 c_1 $mol \cdot L^{-1}$

则 $c(Ba^{2+})=c_1\ mol \cdot L^{-1}$

$c(SO_4^{2-})=c_1 mol \cdot L^{-1}$

$$K_{sp}^{\ominus}(BaSO_4)=c(Ba^{2+}) \cdot c(SO_4^{2-})=c_1^2=1.1\times10^{-10}$$

$$c_1=2.42\times10^{-6}$$

设在 0.1 $mol \cdot L^{-1}$$Na_2SO_4$ 溶液中 $BaSO_4$ 的溶解度为 c_2 $mol \cdot L^{-1}$

则 $c(Ba^{2+})=c_2\ mol \cdot L^{-1}$

$c(SO_4^{2-})=（0.1+c_2）mol \cdot L^{-1}$

由于 $BaSO_4$ 的溶解度非常小，$c_2 \ll 0.1$，所以 $c(SO_4^{2-})=（0.1+c_2）\approx 0.1\ mol \cdot L^{-1}$

$$K_{sp}^{\ominus}(BaSO_4)=c(Ba^{2+}) \cdot c(SO_4^{2-})=c_2 \cdot 0.1=1.1\times10^{-10}$$

$$c_2=1.1\times10^{-9}\ mol \cdot L^{-1}$$

比较 $BaSO_4$ 在纯水中和在 0.1 $mol \cdot L^{-1}$ Na_2SO_4 溶液中的溶解度可以看出，同离子效应使难溶电解质的溶解度大为降低。

同离子效应可以应用在沉淀的洗涤过程中。从溶液中分离出的沉淀物，常常吸附有各种杂质，必须对沉淀进行洗涤。沉淀在水中总有一定程度的溶解，为了减少沉淀的溶解损失，常常用含有与沉淀具有相同离子的电解质稀溶液作洗涤剂对沉淀进行洗涤。例如，在洗涤硫酸钡沉淀时，可以用很稀的 H_2SO_4 溶液或很稀的$(NH_4)_2SO_4$溶液洗涤。

2．盐效应

当用沉淀反应来分离溶液中离子时，加入适当过量的沉淀剂可以使难溶电解质沉淀得更加完全。但如果沉淀剂过量太多，沉淀反而会出现溶解度增大现象。实验证明，在难溶电解质如 $PbSO_4$ 的饱和溶液中，加入过量的沉淀剂 Na_2SO_4，开始时 Na_2SO_4 对 $PbSO_4$ 产生同离子效应，使 $PbSO_4$ 的溶解度减小。但当 Na_2SO_4 的浓度超过 0.04 $mol \cdot L^{-1}$ 时，$PbSO_4$ 的溶解度却随着 Na_2SO_4 浓度的增大而增大，见表 8-1。

表 8-1 $PbSO_4$ 在 Na_2SO_4 溶液中的溶解度（25℃）

Na_2SO_4/（$mol \cdot L^{-1}$）	0	0.001	0.01	0.02	0.04	0.10	0.20
$PbSO_4$/（$mol \cdot L^{-1}$）	1.5×10^{-4}	2.4×10^{-5}	1.6×10^{-5}	1.4×10^{-5}	1.3×10^{-5}	1.5×10^{-5}	2.3×10^{-5}

这种在难溶电解质的饱和溶液中加入其他易溶解电解质，使难溶电解质的溶解度比其同温度时在纯水中的溶解度增大的现象称为盐效应。例如，在 KNO_3 强电解质存在的情况下，AgCl、$BaSO_4$ 的溶解度都比在纯水中大。

产生盐效应的原因是由于易溶强电解质的存在，溶液中阴、阳离子的浓度增大，离子间的相互吸引和相互牵制作用加强，阻碍了离子的自由运动，使离子与沉淀表面相互碰撞的次数减少，导致沉淀速率减慢，破坏了原来的沉淀—溶解平衡，使平衡向溶解方向移动。当建立起新的平衡时，沉淀的溶解度必然有所增大。

盐效应常会减弱同离子效应对降低沉淀溶解度的效果。因此，欲使沉淀完全，沉淀剂的加入量必须适当，并非沉淀剂加入越多，沉淀越完全。在分析工作中，不少沉淀剂都是强电解质，因此在进行沉淀反应时，沉淀剂不可过量太多，以防止盐效应等副反应对溶解度的影响。此外，加入过多的沉淀剂不仅浪费试剂，而且易造成试剂杂质的污染。一般而言，对在烘干或灼烧时易挥发除去的沉淀剂可过量 50%～100%，对不易挥发除去的沉淀剂以过量 20%～30%为宜。

通常，盐效应对沉淀溶解度的影响比较小，只有当沉淀的溶解度本来就较大，溶液中离子强度很高时，才需要考虑盐效应。

（二）酸度对沉淀溶解平衡的影响

许多沉淀的生成和溶解与酸度有着十分密切的关系。例如，在达到饱和的 CaC_2O_4 中加入酸，溶液中的 $C_2O_4^{2-}$与 H^+结合成 $HC_2O_4^-$和 $H_2C_2O_4$，溶液中 $C_2O_4^{2-}$浓度减少，CaC_2O_4 的沉淀溶解平衡向沉淀溶解的方向移动，使草酸钙的溶解度增加。当酸度很大时，溶液中将主要是 $HC_2O_4^-$和 $H_2C_2O_4$，$C_2O_4^{2-}$浓度极小，甚至不能生成沉淀。

对于弱酸盐，酸度通过影响弱酸根离子的浓度而使平衡移动；对于难溶氢氧化物或弱酸，酸度对沉淀的生成的影响更为直接。以难溶的金属氢氧化物为例，大多数的金属氢氧化物都难溶于水，其溶解度与溶液 pH 的关系如图 8-2 所示，根据图中数据，我们可以通过控制溶液的 pH，分离金属离子。

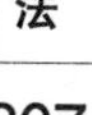

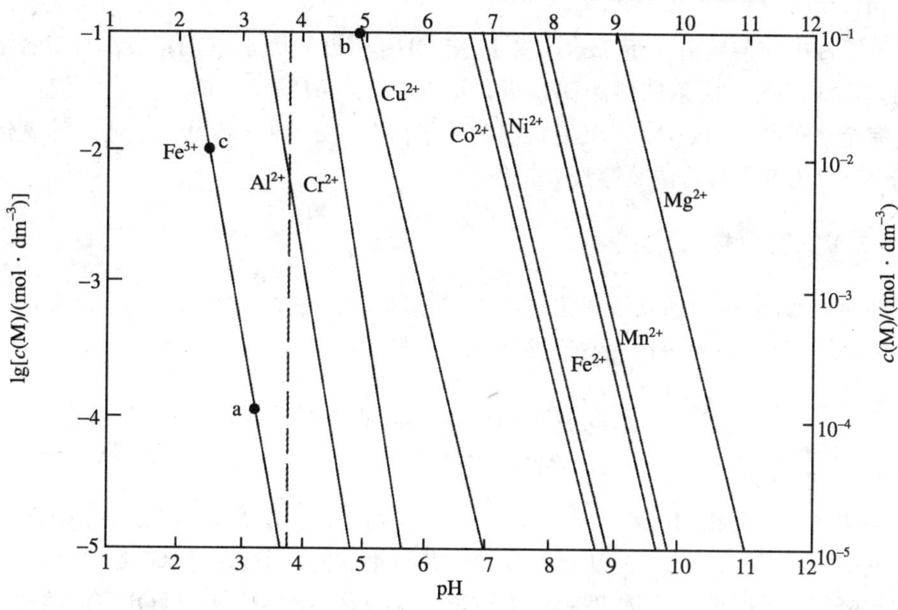

图 8-2 金属氢氧化物和溶液 pH 的关系

由图 8-2 可见：①所有难溶氢氧化物的溶解性随着溶液的酸度的增大而增大，这是因为提高溶液酸度会使金属氢氧化物的沉淀溶解平衡 $M(OH)_n \rightleftharpoons M^{n+} + nOH^-$ 向右移动。②对于确定的一条直线，与前面图 8-1 相似，右上方区域是沉淀区，左下方区域是溶解区，直线上任何一点所表示的状态均为氢氧化物的饱和状态。如果金属离子的浓度已知，则可由横坐标读出氢氧化物开始沉淀时的 pH。例如 a 点表示：当 $c(Fe^{3+})=1\times10^{-4}$ mol·L^{-1} 时，溶液的 pH 上升至 3.3 即开始析出 $Fe(OH)_3$ 沉淀。③ 比较各条直线间的距离可以判断离子相互分离的难易程度。例如，将含有 0.1 mol·L^{-1} Cu^{2+}和 0.01 mol·L^{-1} Fe^{3+}的混合溶液（相应于图上 b 点和 c 点），调节 pH 至 3.7（图 8-2 上虚线），此时 $c(Fe^{3+})=1\times10^{-5}$ mol·L^{-1}，已经沉淀完全，Cu^{2+}则尚未开始沉淀。又如 Co^{2+}和 Ni^{2+}离子的两条直线非常接近，不能通过控制 pH 的方法进行分离。

氢氧化物的溶解性与溶液 pH 的关系图所提供的信息常被用来指导生产和科学研究。

【例 8-7】 工业上生产硫酸镍，溶液中常含有 Fe^{3+}杂质离子，应如何除去？若溶液中的杂质离子为 Fe^{2+}，又应如何处理？

解：查图可知，杂质离子 Fe^{3+}完全沉淀时，pH=3.2，而 Ni^{2+}开始沉淀时的 pH 与 Ni^{2+}浓度有关，设若 Ni^{2+}浓度为 0.1 mol·L^{-1}，则其开始沉淀时的 pH 为 6.9，即控制 pH＞3.2 可保证 Fe^{3+}沉淀完全，pH＜6.9 可保证不使产品沉淀析出，生产中一般控制 pH 为 4～5。

若溶液中的杂质离子是 Fe^{2+}，由于 $Ni(OH)_2$ 溶度积比 $Fe(OH)_2$ 小，且二者溶度积相差不大，图中两条曲线距离很近，即在加入 OH^-时，$Ni(OH)_2$ 先沉淀，尚未沉淀完全，就会有 $Fe(OH)_2$ 沉淀析出。为了除去 Fe^{2+}杂质，可先用适当的氧化剂将 Fe^{2+}氧化为 Fe^{3+}然后调节溶液 pH 除去。

（三）沉淀的转化

在 $AgNO_3$ 溶液中加入淡黄色 K_2CrO_4 溶液后，产生砖红色 Ag_2CrO_4 沉淀，再加入 NaCl 溶液后，溶液中同时存在两种沉淀溶解平衡：

$$Ag_2CrO_4 \rightleftharpoons 2Ag^+ + CrO_4^{2-}$$
$$AgCl \rightleftharpoons Ag^+ + Cl^-$$

当阴离子浓度相同时，生成 AgCl 沉淀所需的 Ag^+浓度较小，在 Ag_2CrO_4 的饱和溶液中，Ag^+浓度对于 AgCl 沉淀来说却是过饱和的，所以会生成 AgCl 沉淀，同时 Ag^+降低；此时的 Ag^+浓度对于 Ag_2CrO_4 来说是不饱和，Ag_2CrO_4 沉淀溶解而使 Ag^+浓度增加，随后继续生成 AgCl 沉淀。最终，绝大部分砖红色 Ag_2CrO_4 沉淀转化为白色 AgCl 沉淀。这种由一种难溶化合物借助某试剂转化为另一种难溶化合物的过程叫做沉淀的转化。

在生活中有时需要将一种沉淀转化为另一种沉淀。例如，有的地区的水质永久硬度较高，锅炉中会形成主要含 $CaSO_4$ 的锅垢，这种锅垢不溶于酸中，不易除去。如果用 Na_2CO_3 溶液处理，就可以转化成 $CaCO_3$ 沉淀，清除起来就方便多了。

一般来说，从溶解度较大的沉淀转化为溶解度较小的沉淀容易进行，两种沉淀的溶解度差别越大转化反应进行的趋势越大。反之，从溶解度较小的沉淀转化为溶解度较大的沉淀则难以进行，两种沉淀的溶解度差别越大，转化反应进行的趋势越小。当两种沉淀的溶解度差别不大时，两种沉淀可以相互转化，转化反应是否能够进行完全，则与所用转化溶液的浓度有关。

（四）氧化还原反应对沉淀溶解平衡的影响

当难溶电解质的组成离子具有氧化性或还原性时，沉淀—溶解平衡会受到氧化还原反应的影响。例如，CuS 沉淀不溶于浓盐酸而能溶解于浓硝酸中，是因为浓硝酸具有强氧化性，可以将 S^{2-}氧化为 SO_4^{2-}：

$$3CuS + 8NO_3^- + 8H^+ = 3Cu^{2+} + 8NO + 3SO_4^{2-} + 4H_2O$$

氧化还原反应的发生，使溶液中 S^{2-}浓度降低，沉淀溶解平衡向沉淀溶解的方向移动。

氧化还原反应会影响到沉淀溶解平衡的移动，沉淀的形成也会改变一些物质的氧化还原性质，从而影响氧化还原反应进行的方向，这一部分内容在下一章将详细讨论。

（五）配位化合物形成对沉淀溶解平衡的影响

若难溶电解质的离子可以与配位剂生成可溶性配离子，则也会使离子浓度降低而导致沉淀溶解。例如，在含有 Ag^+的溶液中加入盐酸，生成的 AgCl 沉淀不溶于稀盐酸溶液，但可溶于浓盐酸溶液，这是因为 Ag^+与浓盐酸形成了配位离子$[AgCl_2]^-$而溶解。同样，HgS 沉淀不溶于浓硝酸，但可溶于王水中，是因为王水中存在大量的 Cl^-，可以与 Hg^{2+}离子形成$[HgCl_4]^{2-}$配位离子，对 HgS 的溶解起着促进作用。

前面提到，为了使离子沉淀完全，我们会根据同离子效应原理，加入过量的沉淀剂，但由于有时过量的沉淀剂可以与金属离子形成配位化合物，使已经产生的沉淀发生溶解，所以对于能与过量的沉淀剂形成配位化合物的离子，沉淀剂应适当过量，而且尽可能在稀溶液中进行沉淀。

配位化合物的形成使沉淀溶解涉及两个平衡，一个是沉淀溶解平衡，一个是配位平衡，一般情况下，配离子越稳定，沉淀就越容易溶解。例如，AgCl 可溶于氨水中，对于溶解度更小的 AgBr 则难溶于氨水中，若 AgBr 中加入 $Na_2S_2O_3$ 溶液，由于$[Ag(S_2O_3)_2]^{3-}$比$[Ag(NH_3)_2]^+$更为稳定，AgBr 可以生成$[Ag(S_2O_3)_2]^{3-}$而溶解。

第二节 沉淀滴定法

沉淀滴定法是以沉淀反应为基础的一种滴定分析方法。用于沉淀滴定的反应必须符合下列条件：① 反应必须具有确定的化学计量关系，即沉淀剂与被测组分之间有确定的化合比。② 沉淀反应可以迅速、定量地完成。③ 生成的沉淀溶解度必须足够小。④ 有确定终点的简单方法。

一、滴定曲线

沉淀滴定法的滴定过程中，溶液中离子浓度的变化情况与酸碱滴定法相似，可以用滴定曲线表示。

$$Ag^+ + Cl^- \rightleftharpoons AgCl(s)$$

以 $AgNO_3$ 溶液（0.100 mol·L^{-1}）滴定 20.00 mL NaCl 溶液（0.100 mol·L^{-1}）为例，随着 $AgNO_3$ 溶液的滴入，Cl^-浓度不断变化。

从滴定开始到化学计量点前，Cl^-浓度由溶液中剩余的 Cl^-计算。例如，加入

$AgNO_3$溶液 18.00 mL 时，溶液中氯离子浓度为：

$$c(Cl^-) = \frac{0.100\ 0 \times 2.00}{20.00 + 18.00} = 5.26 \times 10^{-3}\ mol \cdot L^{-1}$$

化学计量点时，溶液中银离子浓度与氯离子浓度相同，$c(Ag^+)=c(Cl^-)=\sqrt{K_{sp}^{\ominus}}$。

化学计量点后，溶液中 Ag^+过量时，溶液中 Ag^+浓度由过量的 $AgNO_3$浓度决定，氯离子浓度则由过量的 Ag^+和 $K_{sp}^{\ominus}$计算。例如当加入 $AgNO_3$溶液 20.02 mL 时：

$$c(Ag^+) = \frac{0.100 \times 0.02}{20.00 + 20.02} = 5.0 \times 10^{-5}\ mol \cdot L^{-1}$$

$$c(Cl^-) = \frac{K_{sp}^{\ominus}}{c(Ag^+)} = 3.11 \times 10^{-6} mol \cdot L^{-1}$$

滴定过程中离子浓度的变化曲线如图 8-3 所示：

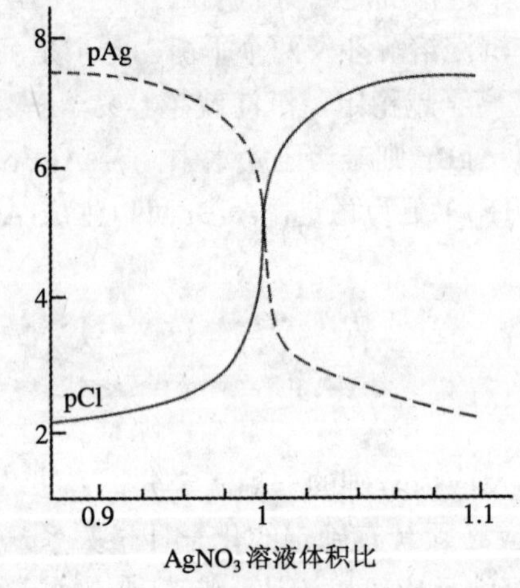

图 8-3　0.100 0 mol·L^{-1} $AgNO_3$溶液滴定　0.100 0 mol·L^{-1} NaCl 溶液的滴定曲线

与酸碱滴定相似，滴定开始时溶液中 Cl^-浓度较大，滴入 Ag^+所引起的 Cl^-浓度改变不大，曲线比较平坦，接近化学计量点时，溶液中 Cl^-浓度已经很小，再滴入少量的 Ag^+即引起 Cl^-浓度发生很大的变化而形成突跃。

突跃范围的大小，取决于溶液的浓度和沉淀的溶度积常数。溶液浓度越大，则突跃范围越大。沉淀的 $K_{sp}^{\ominus}$越小，突跃范围越大。例如，相同浓度的 Cl^-、Br^-、I^-与 Ag^+的沉淀滴定，由于 $K_{sp}^{\ominus}$(AgI)＜$K_{sp}^{\ominus}$(AgBr)＜$K_{sp}^{\ominus}$(AgI)，所以其滴定曲线如图 8-4 所示。

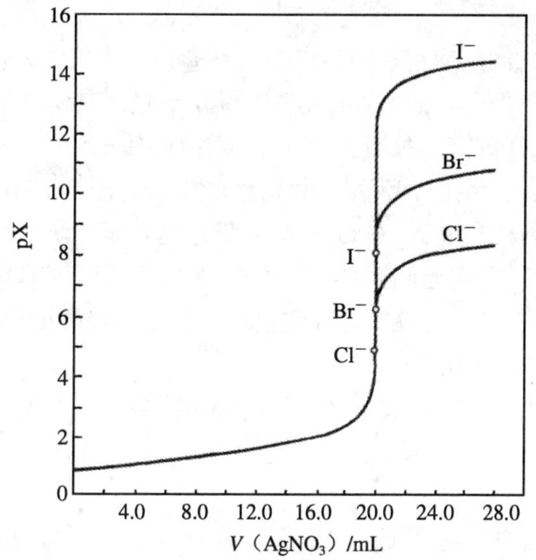

图 8-4 用 0.100 mol · L^{-1} $AgNO_3$ 溶液滴定

20.00 mL 0.100 mol · L^{-1} Cl^{-1}、Br^{-1}、I^{-1} 的滴定曲线

二、银量法

由于很多沉淀的组成不恒定，或溶解度较大，或易形成过饱和溶液，或达到平衡的速度慢，或共沉淀现象严重等，使得能用于沉淀滴定的反应并不多。目前，比较有实际意义的是生成微溶性银盐的沉淀反应，称为银量法。

$$Ag^{+}+X^{-}= AgX\downarrow$$

$$Ag^{+}+SCN^{-}=AgSCN\downarrow$$

根据滴定过程中指示终点所用指示剂不同，银量法分为三种：铬酸钾指示剂法（莫尔法），铁铵矾指示剂法（佛尔哈德法）和吸附指示剂法（法扬斯法）。

（一）铬酸钾指示剂法

1．原理

在中性溶液中，加入适量的 K_2CrO_4 作指示剂，以 $AgNO_3$ 标准溶液滴定 Cl^{-}或 Br^{-}，卤化银首先沉淀，当卤化银定量沉淀后，过量的滴定剂与指示剂反应，生成砖红色的铬酸银沉淀，指示终点。

2．滴定条件

① 指示剂用量。指示剂 CrO_4^{2-}的浓度必须合适，若浓度太大将会引起终点提前，且 CrO_4^{2-}本身的黄色会影响对终点的观察；若浓度太小又会使终点滞后，会影响滴

定的准确度。实际滴定时，通常在反应液总体积为 50～100 mL 的溶液中，加入 5%铬酸钾指示剂 1～2 mL。

② 溶液的酸度。滴定应该在中性或微碱性介质中进行。若酸度过高，CrO_4^{2-}将因酸效应致使其浓度降低，导致 Ag_2CrO_4 沉淀出现过迟甚至不沉淀；但溶液的碱性太强，又将生成 Ag_2O 沉淀，故适宜的酸度范围为 pH=6.5～10.5。

如果溶液中有铵盐存在，溶液呈碱性时溶液中会有产生 NH_3，生成的 NH_3 与 Ag^+形成配离子，致使 AgCl 和 Ag_2CrO_4 沉淀出现过迟甚至不沉淀。当铵盐浓度比较低时（<0.05 mol·L^{-1}），采用控制溶液 pH=6.5～7.2 范围内可消除铵根离子的影响，若铵根离子浓度大于 0.15 mol·L^{-1} 时，仅仅通过控制溶液酸度已经不能消除其影响，此时需要在滴定前将大量铵盐除去。

③ 滴定时应剧烈振摇，使被 AgCl 或 AgBr 沉淀吸附的 Cl^-或 Br^-及时释放出来，防止终点提前。

3．应用范围

铬酸钾指示剂法主要用于 Cl^-、Br^-和 CN^-的测定，不适用于滴定 I^-和 SCN^-。这是因为 AgI、AgSCN 沉淀对 I^-和 SCN^-有强烈的吸附作用，致使终点过早出现。

铬酸钾指示剂法也不适用于以 NaCl 直接滴定 Ag^+。因为 Ag^+溶液中加入指示剂，立刻形成 Ag_2CrO_4 沉淀，用 NaCl 溶液滴定时，Ag_2CrO_4 转化成 AgCl 的速度非常慢，致使终点推迟。如用铬酸钾指示剂法测定 Ag^+，必须采用返滴定法。

铬酸钾指示剂法的选择性比较差，凡能与银离子生成沉淀的阴离子（如 S^{2-}、CO_3^{2-}、PO_4^{3-}、SO_3^{2-}、$C_2O_4^{2-}$等），能与铬酸根离子生成沉淀的阳离子（如 Ba^{2+}、Pb^{2+}等），能与银或氯配位的离子（如 $S_2O_3^{2-}$、NH_3、EDTA、CN^-等），能发生水解的高价金属离子（如 Fe^{3+}、Al^{3+}、Bi^{3+}、Sn^{4+}等），均对测定有干扰。此外，大量的 Cu^{2+}、Co^{2+}、Ni^{2+}等有色离子的存在，对终点的颜色的观察也有影响。以上干扰应预先除去。如 S^{2-}可在酸性溶液中使生成 H_2S 加热除去，SO_3^{2-}氧化为 SO_4^{2-}后不再产生干扰，Ba^{2+}可通过加入过量的 Na_2SO_4 使生成 $BaSO_4$ 沉淀。

铬酸钾指示剂法的优点是操作简便，方法的准确度也较好，不足之处是干扰较多，且只能直接测定氯、溴、硫氰酸根离子，想直接测定银离子，除了刚才讲的用返滴定法外，可采用铁铵矾指示剂法。

（二）铁铵矾指示剂法

1．原理

在酸性（HNO_3）介质中，以 $NH_4Fe(SO_4)_2$ 作指示剂，用 NH_4SCN 或（KSCN）滴定 Ag^+，当 AgSCN 定量沉淀后，稍过量的 SCN^-便与 Fe^{3+}生成红色的配离子$[FeSCN]^{2+}$指示终点。

$$Ag^+ + SCN^- = AgSCN\text{（白色）} \qquad K_{sp}^{\ominus} = 1.0\times10^{-12}$$

$$Fe^{3+} + SCN^- = [FeSCN]^{2+}\text{（红色）} \qquad K = 138$$

2．滴定条件

① 溶液的酸度。由于指示剂是 Fe^{3+}，滴定必须在酸性溶液中进行，通常在 0.1～1 mol·L^{-1} HNO_3 介质中进行滴定，Fe^{3+}以$[Fe(H_2O)_6]^{3+}$存在，颜色较浅，如果酸度较低，Fe^{3+}发生水解，以羟基化合物或多羟基化合物 $[Fe(H_2O)_5(OH)]^{2+}$、$[Fe(H_2O)_4(OH)_2]^+$ 的形式存在，呈棕色，影响终点观察，如果酸度更低，甚至产生 $Fe(OH)_3$ 沉淀。

在酸性溶液中进行滴定是铁铵矾指示剂法的最大优点，一些在中性或弱碱性介质中能与 Ag^+产生沉淀的阴离子都不能干扰滴定，选择性比较好。

② 指示剂用量。当滴定至计量点时，$c(SCN^-) = c(Ag^+) = 1.0\times10^{-6}$ mol·L^{-1}，要求此时正好生成$[FeSCN]^{2+}$以确定终点，故此时 $c(Fe^{3+}) = \dfrac{c(FeSCN^{2+})}{138\times c(SCN^-)}$。一般说来，要能观察到$[FeSCN]^{2+}$的颜色，$c(FeSCN^{2+})$要达到 6×10^{-6} mol·L^{-1}，则 $c(Fe^{3+}) = 0.04$ mol·L^{-1}，这样高浓度的 Fe^{3+}使溶液呈较深的橙黄色，影响终点的观察，故通常保持在 0.015 mol·L^{-1}，引起的误差很小，小于±0.1%。

③ 充分摇动，减少吸附。

3．应用范围

采用直接滴定法可以测定 Ag^+等；采用返滴定法可以测定 Cl^-、Br^-、I^-和 SCN^-等离子。

（三）吸附指示剂法

1．滴定原理

用吸附指示剂指示滴定终点的银量法，称为吸附指示剂法，也叫法扬斯法。吸附指示剂一般是有机染料，当它被沉淀表面吸附后，会因为结构的改变而引起颜色的变化，从而指示滴定的终点。吸附指示剂可以分为两类，一类是酸性染料，如荧光黄及其衍生物，它们是有机弱酸，解离出指示剂阴离子；另一类是碱性染料，如甲基紫、罗丹明 6G 等，解离出指示剂阳离子。

如用 $AgNO_3$ 滴定 Cl^-时，用荧光黄作指示剂。荧光黄是一种有机弱酸（用 HFI 表示），在溶液中解离为黄绿色的阴离子。计量点前，溶液中剩余 Cl^-，生成的 AgCl 优先吸附 Cl^-而带负电荷，荧光黄阴离子受排斥而不被吸附，溶液呈黄绿色；计量点后，Ag^+过量，AgCl 沉淀胶粒因吸附过量构晶离子 Ag^+而带正电荷，它将强烈吸附荧光黄阴离子。荧光黄阴离子被吸附后，因结构变化而呈粉红色，从而指示滴定终点。

$$AgCl\cdot Cl^-+FI^-\rightarrow AgCl\cdot Ag^+\cdot FI^-$$

如果用 NaCl 滴定 Ag^+，则颜色变化正好相反。

2．滴定条件

① 加保护胶。由于颜色的变化是沉淀的表面吸附引起的，沉淀的颗粒越小，沉淀的比表面越大，吸附能力越强。为了防止胶状沉淀微粒的凝聚，通常加入糊精或淀粉来保护胶体，使沉淀微粒处于高度分散状态，使更多的沉淀表面暴露在外面，以利于对指示剂的吸附，变色敏锐。

此法不适宜用于测定浓度过低的溶液，否则由于生成的沉淀量太少，使终点不明显。测氯离子时，其浓度要求在 0.005 $mol\cdot L^{-1}$ 以上，测溴、碘、硫氢根离子时灵敏度稍高，0.001 $mol\cdot L^{-1}$ 仍可准确滴定。

② 酸度要适当。常用的吸附指示剂大都是有机弱酸，而起指示作用的主要是阴离子，因此必须控制适宜的酸度，使指示剂在溶液中保持阴离子状态。

③ 胶体颗粒对指示剂的吸附能力应略小于对被测离子的吸附能力，否则指示剂将在化学计量点前变色。但也不能太小，否则终点出现过迟。卤化银对卤化物和几种常见吸附指示剂的吸附能力次序如下：

I^-＞二甲基二碘荧光黄＞Br^-＞曙红＞Cl^-＞荧光黄

因此，滴定 Cl^-时只能选用荧光黄，滴定 Br^-选曙红为指示剂。

④ 滴定应避免在强光照射下进行，因为吸附着指示剂的卤化银胶体对光极为敏感，遇光易分解析出金属银，溶液很快变成灰色或黑色。

3．应用范围

吸附指示剂法可测定氯、溴、碘、硫氢根、银离子，一般在弱酸性到弱碱性下进行，方法简便，终点亦明显，较为准确，但反应条件较为严格，要注意溶液的酸度，浓度及胶体的保护等。

实际工作需要根据测定对象选合适的测定方法，如银合金中银测定，由于用硝酸溶解试样，用铁铵矾指示剂法；测氯化钡中氯离子的含量，用铁铵矾指示剂法或用吸附指示剂法，不能用铬酸钾指示剂法，因会生成铬酸钡沉淀，天然水中氯含量的测定，用铬酸钾指示剂法。

三、银量法应用示例

（一）天然水中氯离子含量的测定

天然水中一般含氯离子，其含量范围变化很大，河流和湖泊的水中 Cl^-含量一般较低，海水、盐湖及某些地下水中则含量较高，水中氯化物主要以钠、镁、钙盐的形式存在，测定水中氯的含量多用铬酸钾指示剂法，若水中还含有亚硫酸根、硫离子及磷酸根等，可采用铁铵矾指示剂法。

（二）有机化合物中卤素离子的测定

有机卤化物必须经过处理，使其转化成卤离子后，方能用银量法测定。

如粮食中溴甲烷残留量的测定。溴甲烷是粮食的熏蒸剂之一，在室温下是一种易挥发的气体，测定时是利用吹气法将粮食中残留的溴甲烷吹出，用乙醇胺吸收，此时溴甲烷与乙醇胺作用分解出溴离子：

$$HOCH_2CH_2NH_2+CH_3Br=HOCH_2CH_2NHCH_3+HBr$$

用水稀释后，加硝酸使呈酸性，再加入一定量的过量的硝酸银，以铁铵矾为指示剂，用 NH_4SCN 标准溶液滴定至终点。

又如有机氯农药六六六（学名：$C_6H_6Cl_6$ 六氯环己烷）的测定，测定前将试样与 KOH 乙醇溶液一起加热回流，使有机氯以 Cl^-形式转入溶液中：

$$C_6H_6Cl_6+3OH^-=C_6H_3Cl_3+3Cl^-+3H_2O$$

冷却后，加 HNO_3 调至酸性，用铁铵矾指示剂法测定释放出的 Cl^-。

（三）味精中 NaCl 的测定

味精主要成分是谷氨酸钠，另外还含有一定量的 NaCl，味精的等级与谷氨酸钠和氯化钠的含量有关，一般要求氯化钠含量不超过 20%。测定味精中 NaCl 含量时，取一定量味精用水溶解，用铬酸钾作指示剂，用硝酸银标准溶液滴定至终点。

四、沉淀滴定结果计算

沉淀滴定结果的计算较简单，直接以滴定反应的摩尔数关系进行计算，有时沉淀滴定法还与别的分析方法配合，进行双组分或多组分测定，则分析结果由联立方程求得。

【例 8-8】 今有一 KCl 与 KBr 的混合物。现称取 0.302 8 g 试样，溶于水后用 $AgNO_3$ 标准溶液滴定，用去 0.101 4 $mol\cdot L^{-1}$ $AgNO_3$ 30.20 mL。试计算混合物中 KCl 和 KBr 的质量分数。

解：

$M(KCl)=74.55\ g\cdot mol^{-1}$　　　　$M(KBr)=119.0\ g\cdot mol^{-1}$

$$\begin{cases} m(KCl)+m(KBr)=0.302\,8 \\ \dfrac{m(KCl)}{74.55}+\dfrac{m(KBr)}{119.0}=0.101\,4\times30.20\times10^{-3} \end{cases}$$

解得：

$$\begin{cases} m(\text{KCl}) = 0.103\ 4 \\ m(\text{KBr}) = 0.199\ 4 \end{cases}$$

$$\omega(\text{KCl}) = \frac{0.103\ 4}{0.302\ 8} \times 100\% = 34.15\%$$

$$\omega(\text{KBr}) = \frac{0.199\ 4}{0.302\ 8} \times 100\% = 65.85\%$$

【例 8-9】 称取某含砷农药 0.200 0 g，溶于 HNO_3 后转化为 H_3AsO_4，调至中性，加 $AgNO_3$ 使其沉淀为 Ag_3AsO_4。沉淀经过滤、洗涤后，再溶解于稀 HNO_3 中，以铁铵矾为指示剂，滴定时消耗了 0.118 0 $mol \cdot L^{-1}$ NH_4SCN 标准溶液 33.85 mL。计算该农药中的 As_2O_3 的质量分数。

解：$As_2O_3 \sim 2H_3AsO_4 \sim 2Ag_3AsO_4 \sim 6AgSCN$

$$\omega(\text{As}_2\text{O}_3) = \frac{c(\text{NH}_4\text{SCN}) \cdot V(\text{NH}_4\text{SCN}) \cdot M\left(\frac{1}{6}\text{As}_2\text{O}_3\right)}{m_s \times 10^3} \times 100\%$$

$$= \frac{0.118\ 0 \times 33.85 \times 197.8}{0.200\ 0 \times 10^3 \times 6} \times 100\% = 65.84\%$$

第三节　重量分析法

一、重量分析法的分类和特点

重量分析法也叫称量分析法，是通过称量物质的质量进行含量测定的方法。使用重量分析法进行测定，必须把被测组分从试样中分离出来并转化为一定的称量形式，按照分离方法的不同，重量法可分为以下几种。

（一）挥发法

一般是通过加热或其他方法使试样中的被测组分挥发逸出，然后根据试样重量的减轻计算该组分的含量；或者当该组分逸出时，选择一吸收剂将其吸收，然后根据吸收剂重量的增加计算该组分的含量。

例如，测定试样中的吸湿水或结晶水时，可将试样烘干至恒重，试样减少的重量，即所含水分的重量。也可将加热后产生的水汽吸收在干燥剂里，干燥剂增加的重量，即所含水分的重量。根据称量结果，可求得试样中吸湿水或结晶水的含量。

（二）沉淀重量法

利用沉淀反应使被测组分生成溶解度很小的沉淀，将沉淀过滤、洗涤后，烘干或灼烧成为组成一定的物质，然后称其质量，再计算被测组分的含量。

（三）萃取法

利用被测组分与其他组分在互不混溶的两种溶剂中分配比不同，加入某种提取剂使被测组分从原来的溶剂中定量转移至提取剂中而与其他组分分离，除去提取剂，通过称量干燥提取器的质量来计算被测组分的含量。

如测粮食中脂肪含量，用乙醚作提取剂，在提取器中通过低温回流将试样中的脂肪全部浸提到乙醚中。再将提取液中乙醚蒸发除去，根据前后提取容器的质量之差就可知脂肪的含量。

重量分析法测定中全部数据通过直接称量得到，不需要基准物质，不需要从容量器皿中引入数据，因而没有这方面的误差，如果方法可靠，操作小心，则测定误差不大于 0.1%。对高含量的 P、W、稀土、Si、Mo、Ni 等元素的分析至今仍使用重量分析法。重量分析法不适用于低含量组分分析，而且使用该法进行测定需要经过沉淀、过滤、洗涤等一系列操作，烦琐费时，所以也不适用于快速分析。

重量分析法中以沉淀法应用最广，故习惯上也常把沉淀重量法简称为重量分析法。它与滴定分析法同属于经典的定量化学分析方法。

二、沉淀重量法对沉淀的要求

沉淀重量法是利用沉淀反应，将被测组分转化为难溶物，以沉淀形式从溶液中分离出来，经过过滤、洗涤、烘干或灼烧后称量，计算其含量的方法。沉淀的化学组成称为沉淀形式；沉淀经处理后，供最后称量的化学组成称为称量形式。沉淀形式和称量形式可以相同也可以不相同。例如，用重量法测定 SO_4^{2-}，加 $BaCl_2$ 为沉淀剂，沉淀形式和称量形式都是 $BaSO_4$；在 Ca^{2+}的测定中，沉淀形式是 CaC_2O_4，灼烧后所得的称量形式是 CaO。

为了保证足够的准确度并便于操作，重量法对沉淀形式和称量形式有一定要求。对沉淀形式的要求：①沉淀的溶解度要小。要求沉淀的溶解损失不应超过天平的称量误差。一般要求溶解损失应小于 0.1 mg。②沉淀必须纯净，不应混进沉淀剂和其他杂质。③沉淀应易于过滤和洗涤。在进行沉淀时，我们希望得到粗大的晶形沉淀。如果只能得到无定形沉淀，则必须控制一定的沉淀条件，改变沉淀的性质，以便得到易于过滤和洗涤的沉淀。④沉淀应易于转化为具有固定组成的称量形式。

对称量形式的要求：①应有固定的已知的组成。②要有足够的化学稳定性，不应吸收空气中的水分和 CO_2 而改变质量，也不应受 O_2 的氧化作用而发生结构的改变。③应具有尽可能大的摩尔质量，这样可增大称量形式的质量，减少称量误差，提高分析结果的准确度。

三、影响沉淀的因素

（一）影响沉淀溶解度的因素

重量分析中常常要求被测组分留在溶液中的量小于分析天平的允许称量误差（<0.000 1 g），通常需要控制条件来实现这个目的。

影响沉淀溶解度的因素很多，比如同离子效应、盐效应、酸效应和络合效应等，这些我们在前面已经讨论过了。此外温度、介质、晶体结构和颗粒大小也对溶解度有影响。

1．温度的影响

一般情况下溶解度随着温度升高而增大。对一些在热溶液中溶解度较大的晶形沉淀而言，为了降低溶解度造成的损失，过滤、洗涤等操作应在室温下进行；无机制备中有时还在低温条件下过滤。对溶解度通常很小的无定形沉淀而言，温度对沉淀的溶解度影响不大，但由于其他因素的影响，通常要趁热过滤并用热溶液洗涤。

2．沉淀粒度的影响

对同一沉淀而言，大晶粒的溶解度小于小晶粒。同一溶液中，构晶离子的浓度如果对大晶粒饱和，对小晶粒则为不饱和，这种情况意味着小晶粒将继续溶解，直至对小晶粒饱和，此时溶液对大晶粒则为过饱和，大晶粒将会继续长大。

3．溶剂的影响

无机物沉淀大多属于离子晶体，在有机溶剂中的溶解度较小。水溶液中加入能与水混溶的有机溶剂（如乙醇、丙酮等）可以降低沉淀的溶解度。变换溶剂是无机和有机制备中获得产物的一条重要途径。

（二）影响沉淀粒度的因素

根据沉淀的物理性质将沉淀分为三种类型：晶形沉淀、凝乳状沉淀和无定形沉淀。

①晶形沉淀：颗粒最大，其直径为 0.1～1 μm。在晶形沉淀底部，离子按晶体结构有规则地排列，因而结构紧密，整个沉淀所占体积较小。极易沉降于容器的底部。比如 $BaSO_4$、$MgNH_4PO_4$ 等属于晶形沉淀。

②无定形沉淀：颗粒最小，其直径大约在 0.02 μm 以下。无定形沉淀的内部离子排列杂乱无章，并且包含有大量水分子，因而结构疏松，整个沉淀所占体积较大，是疏松的絮状沉淀。比如 $Fe(OH)_3$、$Al(OH)_3$ 等就属于无定形沉淀，因此也常写成 $Fe_2O_3 \cdot nH_2O$ 和 $Al_2O_3 \cdot nH_2O$。

③凝乳状沉淀，沉淀颗粒大小介于晶形沉淀与无定形沉淀之间，其直径为 0.02～0.1 μm，因此它的性质也介于二者之间，属于二者之间的过渡形。比如，AgCl 就属于凝乳状沉淀。

沉淀的粒度与沉淀的本性和溶液的过饱和度有关。

在过饱和的溶液中，组成沉淀物质的离子（也称构晶离子），由于静电作用而缔合起来，自发地形成晶核，这种过程称均相成核。溶液的相对过饱和度越大，形成的晶核数目就越多，得到的是小晶型沉淀。一般情况下，溶液中不可避免地混有大量肉眼看不到的固体微粒，在沉淀过程中，这些微粒起着晶核的作用，离子或离子群扩散到这些微粒上，诱导沉淀形成，这个过程称为异相成核。异相成核形成的晶核数目则与溶液中存在的固体微粒数目有关。在过饱和度相对较小的溶液中，形成的晶核数目少，可得到大沉淀晶体。

溶液中有了晶核以后，构晶离子向晶核表面扩散，并沉积在晶核上，使晶核逐渐长大，到一定程度时，成为沉淀微粒。这种沉淀微粒有聚集为更大的聚集体的倾向，同时，构晶离子具有按一定的晶格排列而形成大晶粒的倾向。前者是聚集过程，聚集速度主要是与溶液的相对过饱和度有关，相对过饱和度越大，聚集速度也越大。后者是定向过程，定向速度主要与物质的性质有关。如果聚集速度小于定向速度，得到晶形沉淀，反之则得到无定形沉淀。

（三）影响沉淀纯度的因素

1. 共沉淀

当沉淀从溶液中析出时，溶液中的某些其他组分在该条件下本来是可溶的，但它们却被沉淀带下来而混杂于沉淀之中，这种现象称为共沉淀现象。产生共沉淀的原因有：

（1）表面吸附

表面吸附是由沉淀表面的构晶力场不平衡引起的。以 Ag^+溶液中加入过量沉淀剂 NaCl 溶液为例，反应生成 AgCl 沉淀，晶体内部的每个 Ag^+周围排布着 6 个 Cl^-，每个 Cl^-周围也排布着 6 个 Ag^+，力场处于平衡状态。晶体表面的每个 Ag^+（或 Cl^-）仅与 5 个相反电荷的构晶离子为邻，从而导致力场不平衡。晶棱和晶角上构晶离子的力场不平衡状态更甚。力场不平衡的构晶离子具有吸附异电荷微粒的能力，强烈吸附溶液中过量的构晶离子 Cl^-形成吸附层，吸附层的 Cl^-还可以通过静电引力吸附溶液中的 Na^+形成扩散层，扩散层中的部分离子还会因 Cl^-的强烈吸引力而进入吸附层。

吸附杂质的多少与沉淀的总表面积和溶液的温度有关。对等量沉淀而言，颗粒越小比表面越大，与沉淀的接触面积也越大，吸附的杂质也越多。无定形沉淀的比表面特别大，表面吸附现象也尤其严重。由于吸附是放热过程，因而提高温度有利于减少对杂质的吸附。

（2）吸留

因沉淀生成速率太快导致表面吸附的杂质离子来不及离开沉淀表面，而被后来沉淀上去的粒子覆盖在沉淀内部的现象叫做吸留。有时母液也可能被包夹在沉淀中，引起共沉淀。

洗涤方法不能除去由吸留造成的玷污，除去这类杂质一般通过沉淀陈化或重结晶的途径实现。

（3）混晶的生成

晶形沉淀都有一定的晶体结构。如果溶液中存在与构晶离子电荷相同、半径相近的杂质离子，晶格中的构晶离子就可能部分地被杂质离子取代而形成混晶。生成混晶的条件十分严格，但只要具备了条件，避免生成混晶也很困难。例如，Pb^{2+}和Ba^{2+}的电荷和半径就满足生成混晶的条件，只要有Pb^{2+}存在，不论浓度多么低，$BaSO_4$沉淀过程中就难以避免生成$BaSO_4$-$PbSO_4$混晶。如果有这种杂质，只能在沉淀操作之前分离。

2．后沉淀

溶液中被测组分以沉淀形式析出后，一些本来难以析出的杂质在沉淀表面沉积的现象叫后沉淀。例如，含有Cu^{2+}和Zn^{2+}的溶液中通入H_2S后析出CuS沉淀，放置一段时间后发现CuS的黑色沉淀上沉积了一层白色ZnS沉淀。产生后沉淀的原因可能是主沉淀表面吸附过量沉淀剂，导致主沉淀表面杂质离子浓度与沉淀剂离子浓度的乘积大于其溶度积常数而析出沉淀。

共沉淀现象对化学家并不总是带来烦恼，通过共沉淀作用从溶液中富集微量或痕量组分是非常有效的。

四、沉淀条件的选择

在重量分析中，为了获得准确的分析结果，要求沉淀完全、纯净，而且易于过滤洗涤。为此，必须根据不同形态的沉淀，选择不同的沉淀条件，以获得合乎重量分析要求的沉淀。

（一）晶形沉淀的沉淀条件

（1）在适当稀的溶液中进行沉淀。这样溶液的相对过饱和度不大，减弱均相成核趋势，有利于减少成核数量。溶液的相对过饱和度不大使构晶离子聚集速率相对较小，若聚集速率小于定向排列速率，就可以得到大颗粒晶型沉淀，易于过滤洗涤。同时，沉淀的晶粒越大，比表面越小，表面吸附作用引起的共沉淀现象也越小，有利于得到纯净沉淀。但对溶解度较大的沉淀，必须考虑溶解损失，即溶液不能太稀。

（2）慢慢加入沉淀剂并在充分搅拌下进行沉淀。当沉淀剂加入到试液中时，由于来不及扩散，所以在两种溶液混合的地方，沉淀剂的浓度比溶液中其他地方的浓度高。这种现象称为“局部过浓”现象。局部过浓会使该部分溶液的相对过饱和度变大，导致产生严重的均相成核作用，形成颗粒小、纯度差的沉淀。在不断搅拌下，缓慢地加入沉淀剂，可以减小局部过浓现象。

（3）在热溶液中沉淀。在热溶液中进行沉淀，一方面可以增大沉淀的溶解度，降低溶液的相对过饱和度，以获得大的晶粒；另一方面，又能减少杂质的吸附量，有利于得到纯净的沉淀。此外，升高溶液的温度，可以增加构晶离子的扩散速度，从而加快晶体的成长，有利于获得大的晶粒。但应指出，对于溶解度较大的沉淀，在热溶液中析出沉淀，宜冷却至室温后再过滤，以减小沉淀溶解的损失。

（4）陈化。沉淀完全后，让初生的沉淀与母液一起放置一段时间，这个过程称为“陈化”。因为在同样条件下，小晶粒的溶解度比大晶粒大。在同一溶液中，对大晶粒为饱和溶液时，对小晶粒则为未饱和，因此小晶粒就要溶解，同时溶液中的构晶离子沉积在大晶粒上，陈化一段时间后，小晶粒逐渐消失，大晶粒逐渐长大，如图 8-5 和图 8-6 所示。

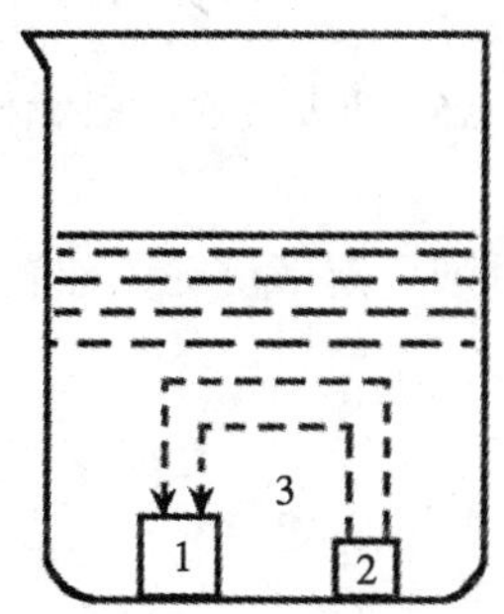

1—大晶粒；2—小晶粒；3—溶液

图 8-5　陈化过程

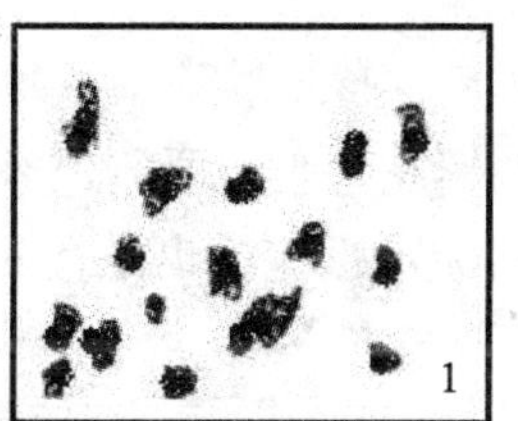

1—未陈化；2—室温下陈化四天

图 8-6　$BaSO_4$ 沉淀的陈化效果

在陈化过程中，还可以使不完整的晶粒转化为较完整的晶粒，亚稳态的沉淀转化为稳定态的沉淀。陈化作用也能使沉淀变得更加纯净。这是因为晶粒变大后，比表面减小，吸附杂质量少；同时，由于小晶粒溶解，原来吸附、吸留或包夹的杂质，也将重新进入溶液中，因而提高了沉淀的纯度。

（二）无定形沉淀的沉淀条件

无定形沉淀（如 $Fe_2O_3 \cdot nH_2O$、$Al_2O_3 \cdot nH_2O$ 等）溶解度一般都很小，所以很难通过减小溶液的相对过饱和度来改变沉淀的物理性质。无定形沉淀是由许多沉淀微粒聚集而成的，沉淀的结构疏松，比表面大，吸附杂质多，含水量大，而且容易胶溶，不易过滤和洗涤。对于无定形沉淀，主要是设法破坏胶体、防止胶溶、加速沉淀微粒的凝聚和减少杂质吸附。因此，无定形沉淀的沉淀条件是：

（1）在较浓的溶液中沉淀。在较浓的溶液中，离子的水化程度小，得到的沉淀含水量少，体积较小，结构较紧密。同时，沉淀微粒也容易凝聚。但是，在浓溶液中，杂质的浓度也相应提高，增大了杂质被吸附的可能性，因此，在沉淀反应进行完毕后，需要加热水稀释，充分搅拌，使大部分吸附在沉淀表面上的杂质离开沉淀表面而转移到溶液中去。

（2）在热溶液中进行沉淀。在热溶液中，离子的水化程度大为减少，有利于得到含水量少，结构紧密的沉淀。同时，在热溶液中进行沉淀，可以促进沉淀微粒的凝聚，防止形成胶体溶液，而且还减少沉淀表面对杂质的吸附，有利于提高沉淀纯度。

（3）加入大量电解质或某些能引起沉淀微粒凝聚的胶体。电解质可防止胶体溶液的形成，这是因为电解质能中和胶体微粒的电荷，降低其水化程度，有利于胶体微粒的凝聚。为了防止洗涤时发生胶溶现象，洗涤液中也应加入适量的电解质。通常采用易挥发的铵盐或稀的强酸溶液。

例如测定 SiO_2 时，通常是在强酸性介质中析出硅胶沉淀，由于硅胶能形成带负电荷的胶体，所以沉淀不完全。如果向溶液中加入带正电荷的动物胶，由于相互凝聚作用，可使硅胶沉淀较完全。

（4）不必陈化。沉淀完毕后，趁热过滤，不要陈化。否则无定形沉淀因放置后，将逐渐失去水分而聚集得更为紧密，使已吸附的杂质难以洗去。

此外，沉淀时不断搅拌对无定形沉淀也是有利的。

（三）均匀沉淀法

为了改进沉淀结构，也常采用均匀沉淀法。均匀沉淀法是化学反应时溶液中缓慢地逐渐产生所需的沉淀剂，待沉淀剂达到一定浓度时即开始产生沉淀。这样溶液中过饱和度很小，但又较长时间维持溶液过饱和，而且沉淀剂的产生是均匀地分布于溶液的各处，无局部过浓现象，因此可以得到颗粒大、结构紧密、纯净而易于过滤洗涤的沉淀。

例如，为了使溶液中 Ca^{2+} 与 $C_2O_4^{2-}$ 能生成较大的晶形沉淀，在 Ca^{2+} 的酸性溶液中加入草酸铵，然后加入尿素加热煮沸。尿素逐渐水解：

$$(NH_2)_2CO + H_2O = 2NH_3 + CO_2$$

生成的 NH_3，中和溶液中的 H^+，使 $C_2O_4^{2-}$ 浓度逐渐增加，最后 pH 达到 4～4.5，CaC_2O_4 沉淀完全，这样得到的沉淀晶形颗粒大、纯净。

此外，利用酯类和其他有机化合物的水解、络合物的分解、氧化还原反应或能缓慢地产生所需的沉淀剂等方式，均可进行均匀沉淀。

五、称量形式与结果的计算

在重量分析中，多数情况下称量形式与被测组分的形式不同，这就需要将称得的称量形式的质量换算成被测组分的质量。被测组分的摩尔质量与称量形式的摩尔质量之比是常数，称为换算因数或重量分析因数，常以 F 表示。

a（被测组分）～b（称量形式）

$$换算因数（F）=\frac{a\times 被测组分的摩尔质量}{b\times 称量形式的摩尔质量}$$

由称得的称量形式的质量 $m_{称量}$，试样的质量 $m_{试样}$及换算因数 F，即可求得被测组分的质量分数。

$$\omega=\frac{m_{称量}\cdot F}{m_{样品}}\times 100\%$$

【例 8-10】 测定四草酸氢钾的含量，用 Ca^{2+}为沉淀剂，最后灼烧成 CaO 称量。称取样品质量为 0.517 2 g。最后得 CaO 为 0.226 5 g，计算样品中 $KHC_2O_4\cdot H_2C_2O_4\cdot 2H_2O$ 的质量分数。

解：因为 $KHC_2O_4\cdot H_2C_2O_4\cdot 2H_2O \sim 2CaC_2O_4 \sim 2CaO$

所以 $F=\frac{254.2}{2\times 56.08}=2.266$

$$\omega=\frac{0.226\ 5\times 2.266}{0.517\ 2}\times 100\%=99.24\%$$

复习与思考题

1. 什么是溶度积常数？影响溶度积常数的因素有哪些？影响沉淀溶解平衡的因素有哪些？

2. 如何应用溶度积规则来判断沉淀的生成和溶解？

3. 什么是分步沉淀？根据什么来判断沉淀生成的次序？

4. 什么叫沉淀滴定法？沉淀滴定法所用的沉淀反应必须具备哪些条件？

5. 写出铬酸钾指示剂法、铁铵矾指示剂法和吸附指示剂法测定 Cl^-的主要反应，并指出各种方法选用的指示剂和酸度条件。

6. 根据 AgI 的溶度积，计算：

（1）AgI 在纯水中的溶解度（$g\cdot L^{-1}$）；

（2）在 0.001 0 $mol\cdot L^{-1}$ KI 溶液中 AgI 的溶解度（$g\cdot L^{-1}$）；

（3）在 0.010 $mol\cdot L^{-1}$ $AgNO_3$溶液中 AgI 的溶解度（$g\cdot L^{-1}$）。

7. 将固体 AgBr 和 AgCl 加入到 50.0 mL 纯水中，不断搅拌使其达到平衡。计

算溶液中 Ag^+的浓度。

8. 通过计算说明将下列各组溶液以等体积混合时，哪些可以生成沉淀？哪些不能？各混合溶液中 Ag^+和 Cl^-的浓度分别是多少？

（1）1.5×10^{-6} mol·L^{-1} $AgNO_3$ 和 1.5×10^{-5} mol·L^{-1} NaCl;

（2）1.5×10^{-4} mol·L^{-1} $AgNO_3$ 和 1.5×10^{-4} mol·L^{-1} NaCl;

（3）1.0×10^{-2} mol·L^{-1} $AgNO_3$ 和 1.0×10^{-3} mol·L^{-1} NaCl;

（4）8.5 mg·L^{-1} $AgNO_3$ 和 5.85 mg·L^{-1} NaCl（各溶于 1.0 L 水）;

9. $MgNH_4PO_4$ 的饱和溶液中，$c(H_3O^+)=2.0\times10^{-10}$ mol·L^{-1}，$c(Mg^{2+})=5.6\times10^{-4}$ mol·L^{-1}，计算 $MgNH_4PO_4$ 在该温度下的溶度积常数。

10. 于 100 mL 含 0.100 0 mol·L^{-1} Ba^{2+}的溶液中，加入 50 mL 0.010 mol·L^{-1} H_2SO_4 溶液，溶液中还剩余多少克的 Ba^{2+}？如沉淀用 100 mL 纯水或 100 mL 0.010 mol·L^{-1} H_2SO_4 溶液洗涤，假设洗涤时达到了沉淀平衡，问各损失 $BaSO_4$ 多少毫克？

11. 设溶液中 $c(Cl^-)$和 $c(CrO_4{}^{2-})$均为 0.010 mol·L^{-1}，当慢慢滴加 $AgNO_3$ 溶液时，AgCl 和 Ag_2CrO_4 哪个先沉淀出来？当 Ag_2CrO_4 沉淀时，溶液中 $c(Cl^-)$是多少？

12. 称取 NaCl 基准试剂 0.117 3 g，溶解后加入 30.00 mL $AgNO_3$ 标准溶液，过量的 Ag^+需要 3.20 mL NH_4SCN 标准溶液滴定至终点。已知 20.00 mL $AgNO_3$ 标准溶液与 21.00 mL NH_4SCN 标准溶液能完全作用，计算 $AgNO_3$ 和 NH_4SCN 溶液的浓度各为多少？

13. 称取银合金试样 0.300 0 g，溶解后加入铁铵矾指示剂，用 0.100 0 mol·L^{-1} NH_4SCN 标准溶液滴定，用去 23.80 mL，计算银的质量分数。

14. 称取可溶性氯化物试样 0.226 6 g 用水溶解后，加入 0.112 1 mol·L^{-1} $AgNO_3$ 标准溶液 30.00 mL。过量的 Ag^+用 0.118 5 mol·L^{-1} NH_4SCN 标准溶液滴定，用去 6.50 mL，计算试样中氯的质量分数。

15. 计算下列各组的换算因数。

沉淀形式	称量形式	含量表示形式	换算因数
$MgNH_4PO_4$	$Mg_2P_2O_7$	P_2O_5	
Ag_3AsO_4	AgCl	As_2O_3	
$KB(C_6H_5)_4$	$KB(C_6H_5)_4$	K_2O	
$Ni(C_4H_7N_2O_2)_2$	$Ni(C_4H_7N_2O_2)_2$	Ni	

16. 称取过磷酸钙肥料试样 0.489 1 g，经处理后得到 0.113 6 g $Mg_2P_2O_4$，试计算试样中 P_2O_5 和 P 的质量分数。

17. 今有纯 CaO 和 BaO 的混合物 2.212 g，转化为混合硫酸盐后其质量为 5.023 g，计算原混合物中 CaO 和 BaO 的质量分数。

18. 称取硅酸盐试样 0.500 0 g，得到不纯的 SiO_2 0.283 5 g。将不纯的 SiO_2 用

HF 和 H_2SO_4 处理，使 SiO_2 以 SiF_4 的形式逸出，残渣经灼烧后为 0.001 5 g，计算试样中 SiO_2 的质量分数。若不用 HF 及 H_2SO_4 处理，测定结果的相对误差为多大？

19. 植物试样中磷的定量测定方法是先处理试样，使磷转化为 PO_4^{3-}，然后将其沉淀为磷钼酸铵$(NH_4)_3PO_4 \cdot 12MoO_3$，并称量其质量。如果由 0.271 1 g 试样中得到 1.168 2 g 沉淀，计算试样中 P 和 P_2O_3 的质量分数。

20. 称取含有 NaCl 和 NaBr 的试样 0.628 0 g，溶解后用 $AgNO_3$ 溶液处理，得到干燥的 AgCl 和 AgBr 沉淀 0.506 4 g。另外取相同质量的试样 1 份，用 0.105 0 $mol \cdot L^{-1}$ $AgNO_3$ 溶液滴定至终点，消耗 28.34 mL。计算试样中 NaCl 和 NaBr 的百分含量各为多少？

21. 称取含硫的纯有机化合物 1.000 0 g，首先用 Na_2O_2 熔融，使其中的硫定量转化为 Na_2SO_4，然后溶解于水，用 $BaCl_2$ 溶液处理，定量转化为 $BaSO_4$ 1.089 0 g。计算:（1）有机化合物中硫的百分含量。（2）若有机化合物的摩尔质量为 214.33 $g \cdot mol^{-1}$，求该有机化合物中硫的原子个数。

第九章 氧化还原平衡与氧化还原滴定

【学习要求】

1. 理解氧化还原反应的本质，掌握氧化还原方程式的配平方法。
2. 理解原电池、电极电势、电池电动势等基本概念。
3. 理解能斯特（Nernst）方程式的意义，了解浓度、酸度对电极电势的影响，掌握电极电势在有关方面的应用及计算。
4. 掌握元素的电势图及其应用。
5. 理解氧化还原滴定曲线绘制所依据的原理。
6. 理解氧化还原滴定法准确滴定的判据；熟悉氧化还原滴定法的特点、主要方法所用指示剂、滴定条件、应用及计算。

第一节 氧化还原反应的基本概念

氧化还原的概念在历史上有个演变过程。人们最早把与氧结合的过程叫做氧化，后来产生的定义是，失去电子的过程叫做氧化。在引入氧化数的概念之后，对氧化还原以及有关的概念将给予新的表述。

一、氧化数

氧化数是指元素一个原子的表观电荷数，这种表观电荷数由假设把每个键中的电子指定给电负性较大的原子求得。例如：在氯化钠中，Na 的一个电子转移给 Cl，氯的氧化数为–1，钠为+1；PCl_3 分子中，P 分别与三个 Cl 形成三个共价键，将共用电子对划归电负性较大的 Cl 原子，P 的氧化数为+3，Cl 为–1。

这种方法确定原子的氧化数有时会遇到困难，我们可以按如下规则确定一般元素原子的氧化数：

（1）在单质中，元素的氧化数皆为零。

（2）在正常氧化物中，氧的氧化数为–2，但在过氧化物、超氧化物和 OF_2 中，氧的氧化数分别为–1、–1/2 和+2。

（3）氢除了在活泼金属氢化物中氧化数为–1 外，在一般氢化物中氧化数为+1。

（4）碱金属和碱土金属在化合物中氧化数分别为+1 和+2。

（5）单原子离子的氧化数等于它所带的电荷数，多原子离子中所有原子的氧化数的代数和等于该离子所带的电荷数，中性分子中，各原子氧化数的代数和为零。

【例 9-1】 通过计算确定下列化合物中 S 原子的氧化数

H_2SO_4　$Na_2S_2O_3$　$K_2S_2O_8$　SO_3^{2-}　$S_4O_6^{2-}$

解：设所给化合物中 S 的氧化数分别为 x_1、x_2、x_3、x_4 和 x_5，根据上述有关规则可得：

$2\times(+1)+1x_1+4\times(-2)=0$　　$x_1=+6$

$2\times(+1)+2x_2+3\times(-2)=0$　　$x_2=+2$

$2\times(+1)+2x_3+8\times(-2)=0$　　$x_3=+7$

$1x_4+3\times(-2)=-2$　　$x_4=+4$

$1x_5+6\times(-2)=-2$　　$x_5=+2.5$

二、氧化还原反应

根据氧化数的概念，我们可以定义：在反应前后元素的氧化数发生变化的反应为氧化还原反应。氧化数降低的过程称为还原，氧化数升高的过程称为氧化。

（一）氧化剂与还原剂

氧化还原反应中，元素的氧化数变化，实质是反应物之间发生电子的得失或电子对的偏移，失去电子的元素氧化数升高，得到电子的元素氧化数降低。也就是说，一个氧化还原反应必然包括氧化和还原两个同时发生的过程。例如，CuO 与氢气反应：

氧化数降低，被还原

$$\overset{+2}{Cu}O+\overset{0}{H_2}=\overset{0}{Cu}+\overset{+1}{H_2}O$$

氧化数升高，被氧化

氧化数降低的物质是氧化剂，发生还原反应，得到还原产物；氧化数升高的物质是还原剂，发生氧化反应，得到氧化产物，即：

氧化数降低，被还原

氧化剂+还原剂=还原产物+氧化产物　　（9-1）

氧化数升高，被氧化

如果氧化数的升高和降低都发生在同一化合物中，这种氧化还原反应称为自氧化还原反应。例如：$2K\overset{+5}{Cl}\overset{-2}{O_3}=2K\overset{-1}{Cl}+3\overset{0}{O_2}$。

如果氧化数的升降都发生在同一物质的同一元素上，则这种氧化还原反应称为歧化反应。例如：$\overset{0}{Cl_2}+H_2O=H\overset{+1}{Cl}O+H\overset{-1}{Cl}$。

（二）氧化还原半反应和氧化还原电对

在氧化还原反应中，氧化剂发生还原反应，还原剂发生氧化反应，它们各自与自己的反应产物构成一个半反应。如：

$$Cu^{2+}+Zn \rightleftharpoons Cu+Zn^{2+}$$

氧化反应：$Zn-2e^- \rightleftharpoons Zn^{2+}$

还原反应：$Cu^{2+}+2e^- \rightleftharpoons Cu$

氧化还原半反应式中，同一元素的两个不同氧化数的物种组成了一个氧化还原电对，其中氧化数较高的物质称为氧化型物质，氧化数较低的物质称为还原型物质。电对常用“氧化型/还原型”表示，如 Cu^{2+}/Cu 电对，Zn^{2+}/Zn 电对。

氧化还原电对中存在如下的共轭关系：

$$\text{氧化型}+ne^- \rightleftharpoons \text{还原型} \tag{9-2}$$

或者记做：

$$Ox+ne^- \rightleftharpoons Re \tag{9-3}$$

这种共轭关系与酸碱共轭相似，如果氧化型物质的氧化能力越强，则其共轭还原型物质的还原能力越弱；同样，若还原型物质的还原能力越强，则其共轭氧化型物质的氧化能力越弱。

氧化还原反应实质上就是电子在两对电对 Ox_1/Re_1 和 Ox_2/Re_2 之间发生交换：

氧化数降低，发生还原反应

$$\underset{\text{氧化剂}}{Ox_1}+\underset{\text{还原剂}}{Re_2} \rightleftharpoons \underset{\text{还原产物}}{Re_1}+\underset{\text{氧化产物}}{Ox_2} \tag{9-4}$$

氧化数升高，发生氧化反应

三、氧化还原反应方程式的配平

氧化还原反应方程式往往比较复杂，除氧化剂和还原剂外，往往还有第三种物质参加。这种物质在反应过程中氧化值不发生变化，称为介质，介质常为酸或碱。此外，H_2O 也常常作为反应物或生成物存在于反应方程式中，因此需要按一定的方法将其配平。配平氧化还原方程式最常用的方法是氧化数法和离子-电子法。

中学已经学过氧化数法配平方程式，这种方法简单便捷，但对于比较复杂的氧化还原反应，特别是有有机化合物参加的氧化还原反应，如在碱性介质中：

$$Cu^{2+} + C_6H_{12}O_6 \longrightarrow Cu_2O\downarrow + C_6H_{12}O_7$$

由于其中有些元素的氧化数较难确定，用氧化数法配平存在困难，对于这类反应，用离子电子法可以避免求氧化数的麻烦。本课程主要介绍离子-电子法。

以酸性溶液中 $KMnO_4$ 与 K_2SO_3 的反应为例说明离子-电子法配平方程式的具体步骤。

① 将反应物和产物以离子的形式写出，只写氧化数发生了变化的离子：

$$MnO_4^- + SO_3^{2-} \longrightarrow Mn^{2+} + SO_4^{2-}$$

② 由于任何一个氧化还原反应都是由两个共轭氧化还原电对组成的，因此可以将上式分成两个未配平的半反应式，一个代表氧化，一个代表还原：

$$MnO_4^- \longrightarrow Mn^{2+}$$
$$SO_3^{2-} \longrightarrow SO_4^{2-}$$

③ 调整化合物前的计量系数使反应前后各种元素的原子数相等。如果半反应式两边的氢、氧原子数不相等，则应按反应进行的酸碱条件添加适当数目的 H^+、OH^- 或 H_2O。例如，上步所得的两个半反应是在酸性条件下进行的，在氧原子数目少的一边添加 H_2O，在另一边加上 H^+，调整系数使半反应前后原子数目相等。

$$MnO_4^- + 8H^+ \longrightarrow Mn^{2+} + 4H_2O$$
$$SO_3^{2-} + H_2O \longrightarrow SO_4^{2-} + 2H^+$$

④ 加入一定数目的电子，使半反应式两端的电荷数目都相等。

$$MnO_4^- + 8H^+ + 5e^- \longrightarrow Mn^{2+} + 4H_2O$$
$$SO_3^{2-} + H_2O \longrightarrow SO_4^{2-} + 2H^+ + 2e^-$$

⑤ 根据氧化剂获得的电子数和还原剂失去的电子数必须相等的原则，将两个半反应式合并为一个配平的离子反应式。

$$MnO_4^- + 8H^+ + 5e^- \longrightarrow Mn^{2+} + 4H_2O \qquad \times 2$$
$$+)\qquad SO_3^{2-} + H_2O \longrightarrow SO_4^{2-} + 2H^+ + 2e^- \qquad \times 5$$
$$\overline{2MnO_4^- + 6H^+ + 5SO_3^{2-} \longrightarrow 2Mn^{2+} + 5SO_4^{2-} + 3H_2O}$$

【例 9-2】 配平 $CrO_2^- + H_2O_2 \longrightarrow CrO_4^{2-} + H_2O$（在碱性介质中）

解：第一步：$CrO_2^- + H_2O_2 \longrightarrow CrO_4^{2-} + H_2O$

第二步：$CrO_2^- \longrightarrow CrO_4^{2-}$

$H_2O_2 \longrightarrow H_2O$

第三步：在碱性介质中，在半反应式中氧原子数目少的一边加 OH^-，另一边加 H_2O，并调整系数使半反应式两边各种原子数目相等。

$CrO_2^- + 4OH^- \longrightarrow CrO_4^{2-} + 2H_2O$

$H_2O_2 + H_2O \longrightarrow H_2O + 2OH^-$ 即：$H_2O_2 \longrightarrow 2OH^-$

第四步：加一定数目的电子使半反应式两边的电荷数相等。

$CrO_2^- + 4OH^- \longrightarrow CrO_4^{2-} + 2H_2O + 3e^-$

$H_2O_2 + 2e^- \longrightarrow 2OH^-$

第五步：合并。

$$
\begin{array}{lr}
CrO_2^- + 4OH^- \longrightarrow CrO_4^{2-} + 2H_2O + 3e^- & \times 2 \\
+)\quad H_2O_2 + 2e^- \longrightarrow 2OH^- & \times 3 \\
\hline
2CrO_2^- + 2OH^- + 3H_2O_2 = 2CrO_4^{2-} + 4H_2O &
\end{array}
$$

应当指出的是，如果反应在酸性介质中进行，反应式中不能出现 OH^-；同样，如果反应在碱性介质中进行，反应式中不能出现 H^+。对于上述例子，若配平成：

$$2CrO_2^- + 3H_2O_2 = 2CrO_4^{2-} + 2H_2O + 2H^+$$

表面上看是配平了，但与事实不符。

氧化数法配平化学反应方程式，对于在水溶液和非水溶液中进行的反应，高温反应及熔融态物质间的反应均适用。离子-电子法则只适用于配平水溶液中进行的化学反应，但学习这种方法可以比较方便地配平用氧化数法难以配平的反应方程式，此外可以很好地掌握书写半反应式的方法，而半反应式是电极反应的基本反应式。

第二节 电极电势

一、电极电势的产生

当我们把金属插入含有该金属盐的溶液中时，金属晶体中的金属离子受到极性水分子的作用，有可能脱离金属晶格以水合离子的状态进入溶液，而把电子留在金属上，这是金属溶解的趋势，金属越活泼或者溶液中金属离子浓度越小，金属溶解的趋势就越大；同时溶液中的金属离子也有可能从金属表面获得电子而沉积在金属表面，这是金属沉积的趋势，金属越不活泼或溶液中金属离子浓度越大，金属沉积的趋势越大。在一定条件下，这两种相反的倾向可达到动态平衡：

$$M(s) \underset{\text{沉积}}{\overset{\text{溶解}}{\rightleftharpoons}} M^{n+}(aq) + ne$$

如果溶解倾向大于沉积倾向，达到平衡后金属表面将有一部分金属离子进入溶液，使金属表面带负电，由于这些负电荷的静电引力的作用，使金属附近的溶液带正电（图 9-1a）。反之，如果沉积倾向大于溶解倾向，达到平衡后金属表面则带正电，而金属附近的溶液带负电（图 9-1b）。

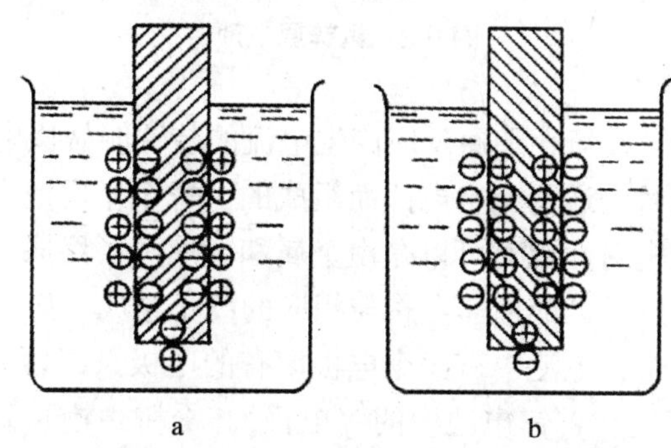

图 9-1　金属的电极电势

不论是上述哪一种情况，金属与其盐溶液界面之间会因带相反电荷而形成双电层结构，这种由于双电层的作用在金属和它的盐溶液之间产生的电位差称为电极的电极电势。

二、电极电势的测定

（一）原电池

氧化还原反应在发生过程中，会涉及电子的转移。例如，在硫酸铜溶液中放入锌片，将发生如下反应：$Zn+Cu^{2+}= Zn^{2+}+Cu$。这是一个自发的氧化还原反应，由于反应中锌片和 $CuSO_4$ 溶液接触，所以电子直接从 Zn 转移给 Cu^{2+}，反应释放出的化学能转变为了热能。如果我们如图 9-2 所示，在一个盛有 $CuSO_4$ 溶液的烧杯中插入 Cu 片，组成铜电极，在另一个盛有 $ZnSO_4$ 溶液的烧杯中插入 Zn 片，组成锌电极，把两个烧杯中溶液用一个倒置的 U 型管（盐桥）连接起来。当用导线把铜电极和锌电极连接起来时，检流计指针就会发生偏转。从指针的偏转方向我们可以看出，导线中有电流从 Cu 极流向 Zn 极。

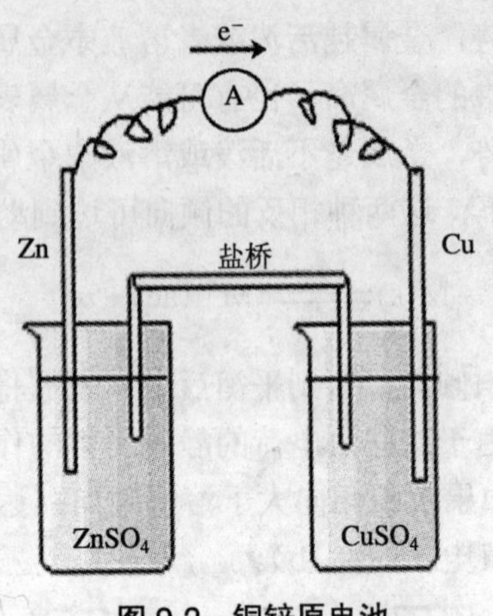

图 9-2 铜锌原电池

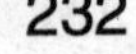

我们把这类利用自发氧化还原反应产生电流的装置叫做原电池。

原电池即是由盐桥沟通两个半电池而组成的。每个半电池由元素的氧化态和还原态组成，常称之为电对。电对可以是由金属和金属离子组成，也可以由同一金属的不同氧化态的离子组成，或由非金属与相应的离子组成，如 Zn^{2+}/Zn，Fe^{3+}/Fe^{2+}，Cl_2/Cl^-，O_2/OH^-。每个半电池中有一个电极，有的电极只起导电作用，有些电极也参加氧化还原反应（例如铜锌电池中的锌电极）。盐桥由饱和氯化钾溶液和琼脂装入 U 形管中制得。当电池反应发生后，Zn 半电池溶液中，由于 Zn^{2+}增加，正电荷过剩；铜半电池溶液中由于 Cu^{2+}减少，负电荷过剩。这样会阻碍电子从 Zn 极流向 Cu 极而使电流中断。通过盐桥，离子运动的方向总是氯离子向锌半电池运动，钾离子向铜半电池运动，从而使锌盐和铜盐溶液维持着电中性。使得锌的溶解和铜的析出得以继续进行，电流得以继续流通。

原电池的结构可以用简单的电池符号表示出来，以 Cu—Zn 原电池为例，其电池符号为：

$$(-)\ Zn|Zn^{2+}\ (c_2)\ \|\ Cu^{2+}\ (c_2)\ |Cu\ (+)$$

在书写电池符号时，一般把负极写在左边，正极写在右边；以化学式表示电池中物质的组成，注明物质的状态，气体物质要注明压力，溶液要注明浓度（严格地讲应该用活度，若溶液的浓度很小，也可用体积摩尔浓度代替活度）。其中单垂线“|”表示不同物相的界面，双垂线“‖”表示盐桥。

在原电池中有电流的产生，说明组成原电池的两个电极的电极电势大小不同，由于电流是从电势高的地方流向电势低的地方，可知在铜锌原电池中，接受电子的铜电极电势比较高。

我们定义电势高的电极为正极，正极接受电子，发生还原反应；电势低的电极为负极，负极流出电子，发生氧化反应。原电池的电动势表示电池正负极之间的电势差，即：

$$E_{电池} = E_{正} - E_{负} \tag{9-5}$$

（二）标准氢电极

金属的电极电势的大小可以反映金属在水溶液中的失电子能力的大小。如果能确定电极电势的绝对值，就可以定量地比较金属在溶液中的活泼性。迄今为止电极电势的绝对值仍无法测量，我们采用比较的方法确定出其相对值。通常所说的“电极电势”就是相对电极电势。为了获得各种电极的电极电势，必须选则一个通用的标准电极，正如测量某山的高度选用海洋的平均高度为零一样，测量电极电势时选用标准氢电极作为比较的标准。标准氢电极的构造如图 9-3 所示。

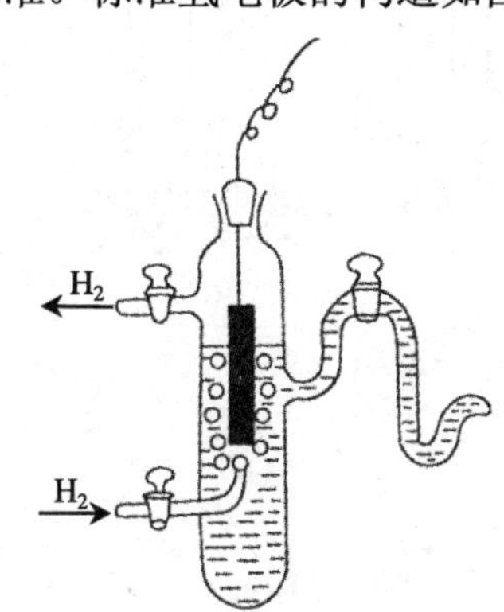

图 9-3　标准氢电极构造

将镀有铂黑的铂片置于 H^+浓度为 1 mol·L^{-1} 的硫酸溶液中，不断通入压力为 10^5 Pa 的纯氢气，使铂黑吸附氢气达到饱和，这时产生在用标准压力的氢气所饱和了的铂片与氢离子浓度为 1 mol·L^{-1} 的溶液间的电势差，就是标准氢电极的电极电势，并规定标准氢电极电极电势为零，即：$E^{\ominus}_{H^+/H_2}$=0，右上角的符号“$\ominus$”代表标准状态。

（三）标准电极电势的测定

当电对处于标准状态[①]时的电极电势称为标准电极电势，以 $E^{\ominus}$ 表示。

① 对气体物质来说标准状态是指其分压为标准压力（100 kPa）；液体或固体物质的标准状态是指在标准压力下的纯净物；对溶液来说，是指在标准压力下溶质的浓度为 1 mol·L^{-1}；对于氧化还原电极来讲，为氧化性离子和还原型离子浓度之比为 1。温度为反应温度（即在任何温度下都有该温度下的标准状态，一般反应在室温中进行，没有特别注明的情况下通常默认温度为 298.15 K）。

测量电极的标准电极电势，可以将处在标准态下的该电极与标准氢电极组成一个原电池，测定该原电池的电动势，由电流方向判断出正负极，根据 $E_{电池}=E_{正}-E_{负}$ 式求出被测电极的标准电极电势。

例如，测定 Zn/Zn^{2+} 电对的标准电极电势，是将纯净的 Zn 片放在 1 $mol·L^{-1}$ 的硫酸锌溶液中，把它和标准氢电极用盐桥连接起来，组成一个原电池，用电流表测定可知，电流从氢电极流向锌电极，即在原电池中，氢电极为正极，锌电极为负极（图 9-4）。

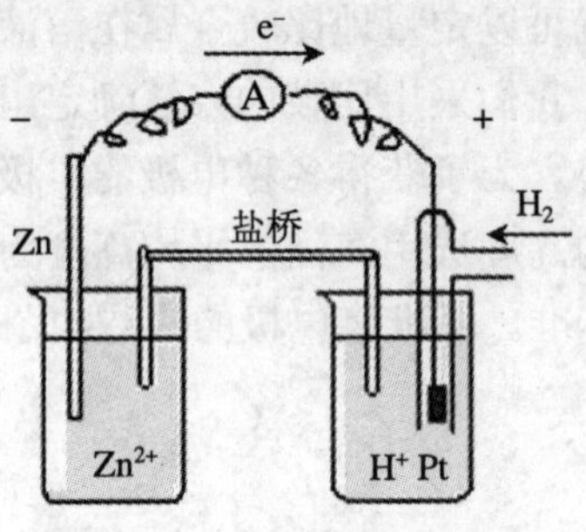

图 9-4　电极电势的测定

测出原电池的电动势：$E^{\ominus}_{电池}$ =0.763 V

因为：

$$E^{\ominus}_{电池}=E^{\ominus}_{正}-E^{\ominus}_{负}=E^{\ominus}_{H^+/H_2}-E^{\ominus}_{Zn^{2+}/Zn}=0.763\ V$$

可以求出锌电极的电极电势：

$$E^{\ominus}_{Zn^{2+}/Zn}=E^{\ominus}_{H^+/H_2}-E^{\ominus}_{电池}=-0.763\ V$$

同样，也可由铜氢电池的电动势求出铜电极的电极电势：

$$E^{\ominus}_{电池}=E^{\ominus}_{正}-E^{\ominus}_{负}=E^{\ominus}_{Cu^{2+}/Cu}-E^{\ominus}_{H^+/H_2}=0.337\ V$$

$$E^{\ominus}_{Cu^{2+}/Cu}=E^{\ominus}_{电池}+E^{\ominus}_{H^+/H_2}=+0.337\ V$$

利用这种方法可以测定大多数电对的电极电势，对于一些与水剧烈反应而不能直接测定的电极（如：Na^{2+}/Na，F_2/F^-等）和不能直接组成可测定电动势的原电池的电极，可通过热力学数据间接计算出其电极的电极电势。

由于标准氢电极为气体电极，使用起来极不方便，通常采用甘汞电极或氯化银电极作为参比电极，这些电极使用方便，工作稳定。

（四）标准电极电势及其应用

将测定和计算所得电极的标准电极电势排列成表，即为标准电极电势表。使用标准电极电势表须注意下面问题：

（1）标准电极电势表中的 $E^{\ominus}$ 值的大小，反映了电对中的氧化型（或还原型）物质在标准状态时的氧化能力（或还原能力）的相对强弱。$E^{\ominus}$ 值越大，表示在标准状态时该电对中氧化型物质的氧化能力越强，或其共轭还原型的还原能力越弱。相反，$E^{\ominus}$ 值越小，表明电对中还原型物质的还原能力越强，或其共轭氧化型物质的氧化能力越弱。如 Cu^{2+}离子的氧化能力比 Zn^{2+}强，而还原能力是 Zn 比 Cu 强。

（2）$E^{\ominus}$ 值的大小是衡量氧化剂氧化能力或还原剂还原能力强弱的标度，它取决于物质的本性，而与物质的量的多少无关，与反应方程式中的计量系数无关。如：

$$Cl_2 + 2e^- \rightleftharpoons 2Cl^- \qquad E^{\ominus} = 1.358\ \text{V}$$

$$\frac{1}{2}Cl_2 + e^- \rightleftharpoons Cl^- \qquad E^{\ominus} = 1.358\ \text{V}$$

（3）同一物质在不同的电对中，可以是氧化型，也可以是还原型。例如，在电对 Fe^{3+}/Fe^{2+}中 Fe^{2+}是还原型，而在点对 Fe^{2+}/Fe 中 Fe^{2+}是氧化型。当判断一个物质的还原能力时，应查该物质作为还原态的电对。例如，判断 MnO_4^-在标准状态下能否氧化 Fe^{2+}离子时，应查 $E^{\ominus}_{Fe^{3+}/Fe^{2+}}$。

（4）物质的氧化还原能力会受到介质的影响，所以在查表时需要注意反应的介质。通常情况，在电极反应中，H^+不论在反应物中还是在产物中出现，皆查酸表；OH^-离子无论在反应物中还是在产物中出现，皆查碱表。如果电极反应中没有 H^+和 OH^-出现时，可以从物质的存在状态来考虑，例如 $E^{\ominus}_{Fe^{3+}/Fe^{2+}}$，因为 Fe^{3+}和 Fe^{2+}只能在酸性溶液中存在，所以该电极电势只能查酸表。若溶液的酸碱度对电极反应没有影响的情况，一般查酸表。

（5）$E^{\ominus}$ 值是在标准状态时的水溶液中测出（或计算出的），对非水溶液，高温、固相反应均不适用。

三、影响电极电势的因素

影响电极电势的因素除了电极的本性外，浓度、温度和压力等外因也会影响电极电势的大小，前面我们对内因做了讨论，在这里我们主要讨论外因的影响。

（一）能斯特方程

对于任一个电极反应：

$$b\text{氧化型} + ze^- \rightleftharpoons a\text{还原型} \qquad (9\text{-}6)$$

电极电势与浓度和温度的关系可用下式来表示：

$$E = E^{\ominus} - \frac{RT}{zF}\ln\frac{\{a(\text{还原型})\}^a}{\{b(\text{氧化型})\}^b} \tag{9-7}$$

忽略离子强度和副反应的影响，则：

$$E = E^{\ominus} - \frac{RT}{zF}\ln\frac{\{c(\text{还原型})/c^{\ominus}\}^a}{\{c(\text{氧化型})/c^{\ominus}\}^b} \tag{9-8}$$

式中：E——氧化型物质和还原型物质为任意浓度时电对的电极电势；

$E^{\ominus}$——电对的标准电极电势；

R——气体常数，等于 8.314 $J\cdot mol^{-1}\cdot K^{-1}$；

z——电极反应得失的电子数；

F——法拉第常数。

这个关系式称为能斯特（Nernst）方程。

298K 时，将各常数代入上式，并将自然对数换算成常用对数，即得：

$$E = E^{\ominus} - \frac{0.059\ 2}{z}\lg\frac{\{c(\text{还原型})/c^{\ominus}\}^a}{\{c(\text{氧化型})/c^{\ominus}\}^b}\ (298\ \text{K}) \tag{9-9}$$

在应用电极电势时应注意以下几点：

（1）Nernst 方程中氧化型和还原型并非专指氧化数有变化的物质的浓度，而是包括参加电极反应的所有物质的浓度，而且浓度的幂次应等于它们在电极反应中的系数。

例如电极反应：$MnO_4^- + 8H^+ + 5e^- \rightleftharpoons Mn^{2+} + 4H_2O$

$$E_{MnO_4^-/Mn^{2+}} = E^{\ominus}_{MnO_4^-/Mn^{2+}} - \frac{0.059\ 2}{2}\lg\frac{\{c(Mn^{2+})/c^{\ominus}\}}{\{c(MnO_4^-)/c^{\ominus}\}\cdot\{c(H^+)/c^{\ominus}\}^8}$$

（2）纯固体、纯液体和 H_2O（l）的浓度为常数，认为是 1。

（3）若电极反应中有气体参加，则气体代入的是分压与标准压力的比值（即相对分压)。如电极反应：$O_2(g) + 4H^+ + 4e^- \rightleftharpoons 2H_2O(l)$

$$E_{O_2/H_2O} = E^{\ominus}_{O_2/H_2O} - \frac{0.059\ 2}{2}\lg\frac{1}{\{p(O_2)/p^{\ominus}\}\cdot\{c(H^+)/c^{\ominus}\}^4}$$

（4）z 代表电极反应中电子的转移数，与电极反应方程式的系数有关。例如，在 $H^+ + e^- \rightleftharpoons \frac{1}{2}H_2$ 中，z=1；在 $2H^+ + 2e^- \rightleftharpoons H_2$ 中，z=2。

（二）浓度对电极电势的影响

【例 9-3】 计算 298 K 时电对 Fe^{3+}/Fe^{2+}在下列情况下的电极电势（忽略离子强度和副反应的影响)：（1）$c(Fe^{3+})$=0.1 $mol\cdot L^{-1}$，$c(Fe^{2+})$=1 $mol\cdot L^{-1}$；（2）$c(Fe^{3+})$=

1 mol·L^{-1}，$c(Fe^{2+})$=0.1 mol·L^{-1}。

解：电对 Fe^{3+}/Fe^{2+}的电极反应为：

$$Fe^{3+} + e^- \rightleftharpoons Fe^{2+}$$

根据能斯特方程，电对的电极电势为：

$$E_{Fe^{3+}/Fe^{2+}} = E^{\ominus}_{Fe^{3+}/Fe^{2+}} - 0.059\,2\lg\frac{c(Fe^{2+})/c^{\ominus}}{c(Fe^{3+})/c^{\ominus}}$$

（1）
$$E_{Fe^{3+}/Fe^{2+}} = 0.771 - 0.059\,2\lg\frac{1}{0.1} = 0.712\text{ V}$$

（2）
$$E_{Fe^{3+}/Fe^{2+}} = 0.771 - 0.059\,2\lg\frac{0.1}{1} = 0.830\text{ V}$$

计算结果表明，如果降低电对中氧化型物质的浓度，电极电势数值减小，即电对中氧化型物质的氧化能力减弱或还原型物质的还原能力增强；反之，若降低电对中还原型物质的浓度，电极电势数值增大，电对中氧化型物质的氧化能力增强或还原型物质的还原能力减弱。

（三）酸度对电极电势的影响

如果电极反应中包含氢离子或氢氧根离子，则酸度会对电极电势产生影响。

【例 9-4】 重铬酸钾是一种常用的氧化剂，已知：

$$CrO_7^{2-} + 14H^+ + 6e^- \rightleftharpoons 2Cr^{3+} + 7H_2O \qquad E^{\ominus} = +1.232\text{ V}$$

试计算当 CrO_7^{2-}和 Cr^{3+}浓度为 1 mol·L^{-1}，而 H^+浓度分别为 10^{-6}、10^{-3} mol·L^{-1} 时的 E 值（忽略离子强度和副反应的影响）。

$$解：E = E^{\ominus} - \frac{0.059\,2}{6}\lg\frac{\{c(Cr^{3+})/c^{\ominus}\}^2}{\{c(Cr_2O_7^{2-})/c^{\ominus}\}\{c(H^+)/c^{\ominus}\}^{14}}$$

当 $c(H^+)=10^{-6}$ mol·L^{-1} 时：

$$E = 1.232 - \frac{0.059\,2}{6}\lg\frac{1}{(10^{-6})^{14}} = 0.405\text{ V}$$

当 $c(H^+)=10^{-3}$mol·L^{-1} 时：

$$E = 1.232 - \frac{0.059\,2}{6}\lg\frac{1}{(10^{-3})^{14}} = 0.818\text{ V}$$

由计算可见，CrO_7^{2-}的氧化能力随着酸度的降低而明显减弱。事实上大多数的含氧酸盐作为氧化剂时存在同样的情况，因此，当含氧酸及其盐或氧化物做氧化剂时，为了增强其氧化能力，常常使在较强的酸性溶液中使用。

凡是有 H^+或 OH^-参加的电极反应，若 H^+或 OH^-是在电极反应中与氧化型在同侧，则其浓度变化与氧化型物质浓度变化对 E 的影响相同；反之若 H^+或 OH^-是在电极反应中与还原型在同侧，则其浓度变化与还原型物质浓度变化对 E 的影响相同。

（四）生成沉淀对电极电势的影响

在一些电极反应中，如果加入某种沉淀剂，使氧化型物质或还原型物质产生沉淀而浓度降低，也会导致电极电势的变化。

【例 9-5】 已知电极反应：

$$Ag^+ + e^- \rightleftharpoons Ag \qquad E^{\ominus} = 0.799\ \mathrm{V}$$

若往该体系中加入 NaCl 使 Ag^+产生 AgCl 沉淀，当达到平衡时，使 Cl^-的浓度为 1 mol·L^{-1}，求此时 Ag^+/Ag 电极的电极电势（忽略离子强度和副反应的影响）。

解：当 Ag^+与 Cl^-离子生成 AgCl 沉淀并达到平衡时，体系中 Ag^+离子浓度受 AgCl 的 $K_{sp}^{\ominus}$ 和 Cl^-离子浓度的控制。已知 $c(Cl^-)$=1 mol·L^{-1}，则：

$$c(Ag^+) = \frac{K_{sp}^{\ominus}}{c(Cl^-)} = \frac{1.6\times10^{-10}}{1} = 1.6\times10^{-10}\ (\mathrm{mol\cdot L^{-1}})$$

$$E = E^{\ominus} - 0.059\,2\ \lg\frac{1}{1.6\times10^{-6}} = 0.221\quad (\mathrm{V})$$

该计算结果也是电极 $AgCl + e^- \rightleftharpoons Ag + Cl^-$ 的标准电极电势。

如果沉淀剂与氧化型物质作用，电极电势减小；相反，沉淀剂与还原型物质作用，电极电势增大。生成的沉淀溶度积越小，影响越显著。

（五）配合物的生成对电极电势的影响

配合物的生成对电极电势也有影响。例如电极 Cu^{2+}/Cu，如果往含有 Cu^{2+}溶液中加入适量氨水，Cu^{2+}会和氨水生成$[Cu(NH_3)_4]^{2+}$配离子而使 Cu^{2+}离子的浓度降低，从而导致 Cu^{2+}/Cu 电极的电极电势减小。

与沉淀的生成对电极电势的影响一样，配位体与氧化型物质生成配合物时，电极电势减小；配位体与还原型物质生成配合物时，电极电势增加。而且，生成的配合物越稳定，影响越显著。

四、电极电势的应用

（一）判断氧化剂和还原剂的相对强弱

电极电势代数值的大小反映了组成电对的物质氧化还原能力的强弱。电极电势的代数值越大，表示该电对氧化型物种氧化性越强，与其相对应的还原型物种的还原性越弱。

【例 9-6】 根据标准电极电势，列出下列各电对中氧化型物种的氧化能力和还原型物种还原能力的强弱。MnO_4^-/Mn^{2+}　Fe^{3+}/Fe^{2+}　I_2/I^-

解：查表得各电对的标准电极电势：

$$I_2 + 2e^- \rightleftharpoons 2I^- \qquad E^{\ominus}=0.535\ V$$

$$Fe^{3+} + e^- \rightleftharpoons Fe^{2+} \qquad E^{\ominus}=0.770\ V$$

$$MnO_4^- + 8H^+ + 5e^- \rightleftharpoons Mn^{2+} + 4H_2O \qquad E^{\ominus}=1.49\ V$$

由于电极电势越大，氧化型物种的氧化能力越强；电极电势越小，还原型物种的还原能力越强。因此：

各氧化型物种氧化能力的顺序为：$MnO_4^- > Fe^{3+} > I_2$

各还原型物种还原能力的顺序为：$I^- > Fe^{2+} > Mn^{2+}$

在实验室或生产上使用的氧化剂，一般是电极电势较大的电对的氧化型物种，如 $KMnO_4$、$K_2Cr_2O_7$、O_2、$(NH_4)_2S_2O_8$ 等；使用的还原剂一般是电极电势较小的电对的还原型物种，如活泼金属、Sn^{2+}、I^-等，选用时视具体情况而定。

（二）判断氧化还原反应进行的方向

从标准电极电势的相对大小比较出氧化剂和还原剂的相对强弱，就能预测出氧化还原反应进行的方向。由于氧化还原反应进行的方向是强氧化剂和强还原剂反应生成弱氧化剂和弱还原剂，也就是说，总是电极电势较大的电对中的氧化型物质与电极电势较小的电对中的还原型物质作用，发生氧化还原反应。

【例 9-7】 在标准状态时，铜粉能否与 $FeCl_3$ 发生反应，产物是什么？

解：查表可知：

$$Cu^{2+} + 2e^- \rightleftharpoons Cu \qquad E^{\ominus} = 0.337\ V$$

$$Fe^{3+} + e^- \rightleftharpoons Fe^{2+} \qquad E^{\ominus} = 0.770\ V$$

$$Fe^{3+} + 3e^- \rightleftharpoons Fe \qquad E^{\ominus} = -0.037\ V$$

因为 $E^{\ominus}_{Cu^{2+}/Cu} < E^{\ominus}_{Fe^{3+}/Fe^{2+}}$

所以：Fe^{3+}氧化性强于 Cu^{2+}，Cu 还原性强于 Fe^{2+}。即，$FeCl_3$ 能把铜粉氧化为 Cu^{2+}，自身被还原为 Fe^{2+}。

由于：$E^{\ominus}_{Cu^{2+}/Cu} > E^{\ominus}_{Fe^{3+}/Fe^{2+}}$

所以铜粉不能把 Fe^{3+}还原为 Fe。

在生产上，印刷电路板的制造工序，$FeCl_3$ 常用作铜板的腐蚀剂，把铜板上需要去掉的部分与 $FeCl_3$ 作用，使铜变成 $CuCl_2$ 而溶解。

【例 9-8】 有 Cl^-、Br^-、I^-三种离子的酸性混合溶液，若要使 I^-氧化为 I_2 而不使 Br^-、Cl^-被氧化，在 $KMnO_4$、Fe^{3+}中选哪一种最合适？

解：查表可知：

$$I_2 + 2e^- \rightleftharpoons 2I^- \qquad E^\ominus=0.535\ V$$

$$Fe^{3+} + e^- \rightleftharpoons Fe^{2+} \qquad E^\ominus=0.770\ V$$

$$Br_2 + 2e^- \rightleftharpoons 2Br^- \qquad E^\ominus=1.085\ V$$

$$Cl_2 + 2e^- \rightleftharpoons 2Cl^- \qquad E^\ominus=1.353\ V$$

$$MnO_4^- + 8H^+ + 5e^- \rightleftharpoons Mn^{2+} + 4H_2O \qquad E^\ominus=1.49\ V$$

由于要使 I^-氧化为 I_2 而不使 Br^-、Cl^-被氧化，即选择一种氧化剂，氧化能力比 I_2 强，而又比 Br_2 和 Cl_2 弱，所以应选择 Fe^{3+}。

（三）判断氧化还原反应进行的程度

所有的氧化还原反应原则上都可以构成原电池，正极电势高，负极电势低。随着反应的进行，正极氧化态物质浓度越来越低，电势不断降低；负极电势则随着还原态和氧化态物质浓度比的降低而增大，最终正极和负极电势相等，达到氧化还原的平衡状态。根据两个电极的电极电势，我们可以计算出氧化还原反应的平衡常数。

【例 9-9】 计算 Cu—Zn 原电池反应的平衡常数（忽略离子强度和副反应的影响）。

解：Cu—Zn 原电池反应式为 $Zn + Cu^{2+} \rightleftharpoons Zn^{2+} + Cu$

此反应处于平衡时，反应的平衡常数为：

$$K^\ominus = \frac{c(Zn^{2+})/c^\ominus}{c(Cu^{2+})/c^\ominus} = \frac{c'(Zn^{2+})}{c'(Cu^{2+})}$$

反应刚开始时，$E_{Zn^{2+}/Zn} < E_{Cu^{2+}/Cu}$，随着反应进行，锌电极电极电势不断升高，铜电极电极电势不断降低，直到二者相等，达到氧化还原平衡状态：

$$E_{Zn^{2+}/Zn}=E^{\ominus}_{Zn^{2+}/Zn}-\frac{0.059\ 2}{2}\lg\frac{1}{c(Zn^{2+})/c^{\ominus}}$$

$$=E_{Cu^{2+}/Cu}=E^{\ominus}_{Cu^{2+}/Cu}-\frac{0.059\ 2}{2}\lg\frac{1}{c(Cu^{2+})/c^{\ominus}}$$

即：$$\frac{0.059\ 2}{2}\lg\frac{c(Zn^{2+})/c^{\ominus}}{c(Cu^{2+})/c^{\ominus}}=E^{\ominus}_{Cu^{2+}/Cu}-E^{\ominus}_{Zn^{2+}/Zn}$$

由于：$$K^{\ominus}=\frac{c(Zn^{2+})/c^{\ominus}}{c(Cu^{2+})/c^{\ominus}}$$

所以：$$\lg K^{\ominus}=\frac{2(E^{\ominus}_{Cu^{2+}/Cu}-E^{\ominus}_{Zn^{2+}/Zn})}{0.059\ 2}$$

$$=37.2$$

$$K^{\ominus}=1.6\times10^{37}$$

推而广之，对任一氧化还原反应：

$$\lg K^{\ominus}=\frac{z(E^{\ominus}_{正}-E^{\ominus}_{负})}{0.059\ 2} \tag{9-10}$$

我们可以看出，对于氧化还原反应，两个电对的标准电极电势的差值越大，平衡常数越大，正反应进行越彻底。需要注意的是，E 的大小可以用来判断氧化还原反应进行的程度，但不能说明反应的速率。

（四）元素电势图及应用

具有多种氧化态的元素可以形成多对氧化还原电对，为了方便比较其各种氧化态的氧化还原性质，可以将这些电对的电极电势以图示的方式表示出来。以铁元素为例：

$$Fe^{3+}\ \overset{0.771}{\rule{3em}{0.4pt}}\ Fe^{2+}\ \overset{-0.440}{\rule{3em}{0.4pt}}\ Fe \qquad (Fe^{3+} \text{ 至 } Fe:\ -0.036\ 3)$$

将铁元素按氧化态由高到低排列，横线左端是电对的氧化态，右端是电对的还原态，横线上的数字是电对 $E^{\ominus}$值。这种表明元素各种氧化态之间标准电极电势关系的图叫做元素电势图。

由于元素的电极电势受溶液酸碱性的影响，所以元素电势图也分为酸表和碱表，例如锰在不同介质中的电势图如下：

酸性介质（$E^{\ominus}_{A}$/V，下角标 A 代表酸性介质）

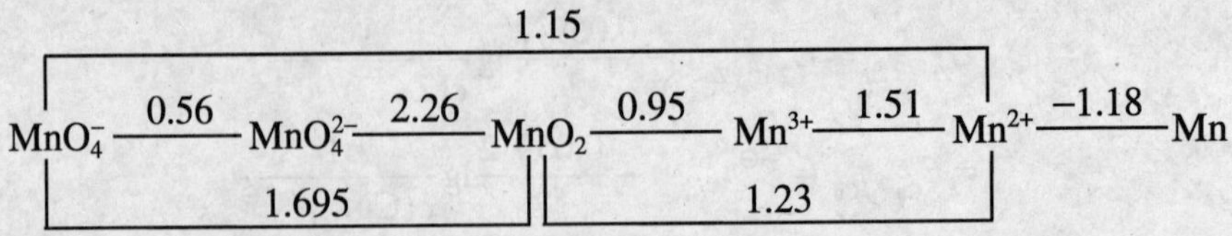

$$MnO_4^- \xrightarrow{0.56} MnO_4^{2-} \xrightarrow{2.26} MnO_2 \xrightarrow{0.95} Mn^{3+} \xrightarrow{1.51} Mn^{2+} \xrightarrow{-1.18} Mn$$

$$MnO_4^- \xrightarrow{1.15} Mn^{2+} \qquad MnO_4^- \xrightarrow{1.695} MnO_2 \qquad MnO_2 \xrightarrow{1.23} Mn^{2+}$$

碱性介质（$E_B^\ominus$ /V，下角标 B 代表碱性介质）

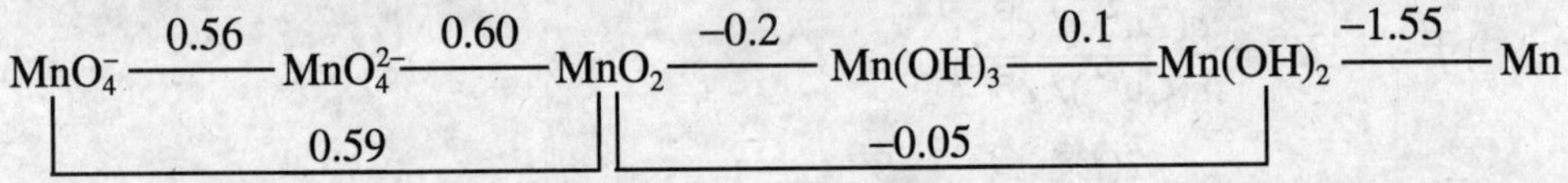

$$MnO_4^- \xrightarrow{0.56} MnO_4^{2-} \xrightarrow{0.60} MnO_2 \xrightarrow{-0.2} Mn(OH)_3 \xrightarrow{0.1} Mn(OH)_2 \xrightarrow{-1.55} Mn$$

$$MnO_4^- \xrightarrow{0.59} MnO_2 \qquad MnO_2 \xrightarrow{-0.05} Mn(OH)_2$$

元素电势图与标准电极电势表相比，简明、综合、直观、形象，元素电势图对了解元素及其化合物的各种氧化还原性能、各物种的稳定性与可能发生的氧化还原反应，以及元素的自然存在等都有重要意义，下面从两个方面予以说明。

1．判断某物质能否发生歧化反应

一些氧化还原反应是某元素由其一种中间氧化态同时向较高和较低氧化态转化，这种反应常称为歧化反应；相应，如果是有元素的较高和较低的两种氧化态相互作用生成其中间氧化态的反应，则是歧化反应的逆反应，或称逆歧化反应。

【例 9-10】 根据 Mn 元素在酸性溶液中（$E_A^\ominus$）的电势图

$$MnO_4^- \xrightarrow{0.56} MnO_4^{2-} \xrightarrow{2.26} MnO_2$$

判断在酸性溶液中 MnO_4^{2-}能否稳定存在。

解：$MnO_4^- + e^- \rightleftharpoons MnO_4^{2-}$ $\qquad E^\ominus = 0.56\ V$

$MnO_4^{2-} + 4H^+ + 2e^- \rightleftharpoons MnO_2 + 2H_2O$ $\qquad E^\ominus = 2.26\ V$

因为 $E^\ominus_{MnO_4^{2-}/MnO_2} > E^\ominus_{MnO_4^-/MnO_4^{2-}}$，在两个电对中，较强的氧化剂和较强的还原剂都是 MnO_4^{2-}，所以发生 MnO_4^{2-}的歧化反应。

推而广之，如果某元素有三种氧化态，氧化数由高到低为 A、B、C，其元素电势图如下：$A \xrightarrow{E_{左}} B \xrightarrow{E_{右}} C$

若 $E^\ominus_{右} > E^\ominus_{左}$，则 B 会发生歧化反应：$B \rightarrow A + C$

若 $E^\ominus_{左} > E^\ominus_{右}$，则会发生逆歧化反应：$A + C \rightarrow B$

2．综合评价元素及其化合物的氧化还原性质

全面分析比较酸、碱介质中的元素电势图，可对元素及其化合物的氧化还原性质作出综合评价，得出许多有实际意义的结论。以 Cl 的电势图为例进行讨论。

酸性介质（$E_A^\ominus$ /V）

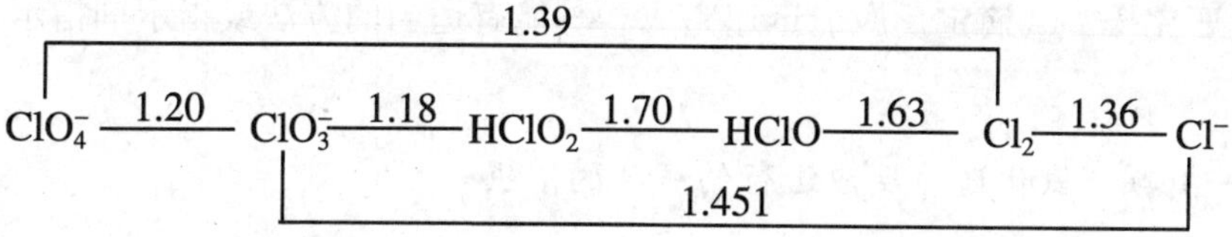

$$ClO_4^- \xrightarrow{1.20} ClO_3^- \xrightarrow{1.18} HClO_2 \xrightarrow{1.70} HClO \xrightarrow{1.63} Cl_2 \xrightarrow{1.36} Cl^-$$

（$ClO_4^- \to Cl_2$：1.39；$ClO_3^- \to Cl^-$：1.451）

碱性介质（$E_B^\ominus$/V）

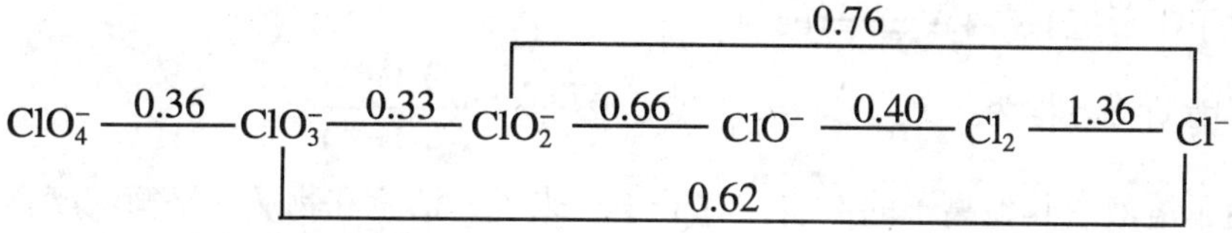

$$ClO_4^- \xrightarrow{0.36} ClO_3^- \xrightarrow{0.33} ClO_2^- \xrightarrow{0.66} ClO^- \xrightarrow{0.40} Cl_2 \xrightarrow{1.36} Cl^-$$

（$ClO_2^- \to Cl^-$：0.76；$ClO_3^- \to Cl^-$：0.62）

从元素电势图可以看出：

（1）无论酸性或是碱性介质中，$HClO_2$ 或 ClO_2^-都是 $E^\ominus_{右}>E^\ominus_{左}$，即都会发生歧化反应，因而它们很难在溶液中稳定存在，迄今还未从溶液中制得其纯物质。Cl_2 在碱性介质中有 $E^\ominus_{右}>E^\ominus_{左}$，会发生歧化反应。所以实验室的氯气尾气，乃至工厂的含氯量较低的废气的处理方法都是将其通入碱性溶液中吸收。

（2）除 $E^\ominus_{Cl_2/Cl^-}$ 值不受介质影响外，其他各电对的 $E^\ominus$均受介质影响，且 $E^\ominus_A \gg E^\ominus_B$，所以氯的含氧酸较其盐都有较强的氧化性，而其盐比酸更为稳定。如果要利用其氧化性，最好在酸性溶液中；如果要从低价制备+3，+5，+7 价的物种，最好在碱性介质中。

（3）氯元素所有电对的 $E^\ominus$均大于 0.33 V，大部分大于 0.66 V，所以氧化性是氯元素及其化合物的主要性质，在运输、贮存中，不让它们接触还原性物质是保证安全的重要条件。

（4）虽然 $HClO_4$，ClO_4^-是氯的最高氧化态，但其相关电对的 $E^\ominus$值并不是最大的，因此其稳定性较高。可见，氧化型强弱与氧化数高低无直接关系。

第三节　氧化还原滴定法

一、氧化还原滴定概述

氧化还原滴定法是以氧化还原反应为基础的滴定分析法，应用范围比较广泛，它能直接测定许多具有氧化性或还原性的物质，也可以间接测定某些不具有氧化还原性的物质，例如土壤有机质、水中耗氧量，溶液中钙离子含量等。

应用于氧化还原滴定的反应必须满足如下要求：①滴定剂与被滴定物质反应进

行程度要完全。②滴定反应能迅速完成。③能有适当的方法或指示剂指示反应的终点。

（一）判断氧化还原反应进行的程度的依据

前面讲过，氧化还原反应进行的程度通常可用平衡常数衡量，平衡常数与参加反应的电对的电极电势之间存在定量的关系。

对于半反应 $Fe^{3+} + e^- \rightleftharpoons Fe^{2+}$

其能斯特方程为：$E_{Fe^{3+}/Fe^{2+}} = E^{\ominus}_{Fe^{3+}/Fe^{2+}} - 0.059\,2\lg\dfrac{a(Fe^{3+})}{a(Fe^{2+})}$

由于溶液中其他离子的影响，对于 Fe^{3+}来说，活度和物质的平衡浓度存在下列的关系：$a(Fe^{3+}) = \gamma \cdot c(Fe^{3+})$，$\gamma$ 为活度系数。

由于 Fe^{3+}在溶液中发生副反应，溶液中还存在 $FeCl^{2+}$、$Fe(OH)^{2+}$等型体，我们很难知道 Fe^{3+}的浓度，只能知道所有氧化数为 3 的铁的化合物的总浓度 $c(Fe_{Ⅲ})$。$c(Fe^{3+}) = \alpha \cdot c(Fe_{Ⅲ})$，$\alpha$为副反应系数。

所以，如果考虑到溶液中的离子强度和副反应的影响，用 $Fe_{Ⅲ}$和 $Fe_{Ⅱ}$的总浓度代入能斯特方程为：

$$E_{Fe^{3+}/Fe^{2+}} = E^{\ominus}_{Fe^{3+}/Fe^{2+}} - 0.059\,2\lg\frac{\alpha(Fe^{2+})}{\alpha(Fe^{3+})}$$

$$= E^{\ominus}_{Fe^{3+}/Fe^{2+}} - 0.059\,2\lg\frac{c(Fe_{Ⅱ})\cdot\alpha(Fe_{Ⅱ})\cdot\gamma(Fe_{Ⅱ})}{c(Fe_{Ⅲ})\cdot\alpha(Fe_{Ⅲ})\cdot\gamma(Fe_{Ⅲ})}$$

$$= E^{\ominus}_{Fe^{3+}/Fe^{2+}} - 0.059\,2\lg\frac{\alpha(Fe_{Ⅱ})\cdot\gamma(Fe_{Ⅱ})}{\alpha(Fe_{Ⅲ})\cdot\gamma(Fe_{Ⅲ})} - 0.059\,2\lg\frac{c(Fe_{Ⅱ})}{c(Fe_{Ⅲ})}$$

因为上式中的 α 和γ在特定条件下是一个固定数值，因而将等式右端前两项合并为一个新常数 $E^{\ominus\prime}$，即：

$$E^{\ominus\prime}_{Fe^{3+}/Fe^{2+}} = E^{\ominus}_{Fe^{3+}/Fe^{2+}} - 0.059\,2\lg\frac{\alpha(Fe_{Ⅱ})\cdot\gamma(Fe_{Ⅱ})}{\alpha(Fe_{Ⅲ})\cdot\gamma(Fe_{Ⅲ})} \tag{9-11}$$

$E^{\ominus\prime}$叫做条件电势，引入条件电势后，半反应 $Fe^{3+} + e^- \rightleftharpoons Fe^{2+}$ 的能斯特方程为：

$$E_{Fe^{3+}/Fe^{2+}} = E^{\ominus\prime}_{Fe^{3+}/Fe^{2+}} - 0.059\,2\lg\frac{c(Fe_{Ⅱ})}{c(Fe_{Ⅲ})} \tag{9-12}$$

条件电势是给定实验条件下氧化型和还原型浓度均为 1 mol·L^{-1}（或两者浓度比为 1）时，校正了各种外界因素影响后的实际电势，它在一定条件下为常数，因此称条件电极电势。它反映了离子强度与各种副反应影响的总结果，用它来处理问题才比较符合实际情况。各种条件下的 $E^{\ominus\prime}$都是由实验测定的，表 9-1 给出了一些氧化还原电对的条件电极电势。若没有相同条件的 $E^{\ominus\prime}$，可采用条件相近的 $E^{\ominus\prime}$值，对于没有条件电极电势的氧化还原电对，则只能采用标准电极电势。

表 9-1　部分氧化还原电对的条件电极电势

半反应	条件电势/V	介质	介质浓度/（mol·L⁻¹）
$Ce^{4+} + e^- \rightarrow Ce^{3+}$	+1.74	$HClO_4$	1
	+1.44	H_2SO_4	0.5
	+1.28	HCl	1
$Co^{3+} + e^- \rightarrow Co^{2+}$	+1.84	HNO_3	3
$Cr^{3+} + e^- \rightarrow Cr^{2+}$	−0.40	HCl	5
$Cr_2O_7^{2-} + 14H^+ + 6e^- \rightarrow 2Cr^{3+} + 7H_2O$	+1.08	HCl	3
	+0.15	H_2SO_4	4
	+0.025	$HClO_4$	1
$Fe^{3+} + e^- \rightarrow Fe^{2+}$	+0.767	$HClO_4$	1
	+0.71	HCl	0.5
	+0.68	H_2SO_4	1
	+0.46	H_3PO_4	2
$[Fe(CN)_6]^{3-} + e^- \rightarrow [Fe(CN)_6]^{4-}$	+0.56	HCl	0.1
$I_3^- + 2e^- \rightarrow 3I^-$	+0.544 6	H_2SO_4	0.5
$I_2 + 2e^- \rightarrow 2I^-$	+0.627 6	H_2SO_4	0.5
$MnO_4^- + 8H^+ + 5e^- \rightarrow Mn^{2+} + 4H_2O$	+1.45	$HClO_4$	1
$SnCl_6^{2-} + 2e^- \rightarrow SnCl_4^{2-} + 2Cl^-$	+0.14	HCl	1
$Pb^{2+} + 2e^- \rightarrow Pb$	−0.32	NaAc	1
$Ti^{4+} + e^- \rightarrow Ti^{3+}$	−0.01	H_2SO_4	0.2

在滴定分析法中，要求到化学计量点时反应进行的完全程度在 99.9%以上，一般情况，两个电对的条件电势差大于 0.35～0.4 V，反应的完全程度就能满足要求。

（二）影响氧化还原反应速率的因素

1．反应物浓度对反应速度的影响

一般来讲，增加反应物浓度都能加快反应速度。对于有 H^+ 参加的反应，提高酸度也能加快反应速度。

例：在酸性溶液中 $K_2Cr_2O_7$ 与 KI 的反应：

$$Cr_2O_7^{2-} + 6I^- + 14H^+ \rightleftharpoons 2Cr^{3+} + 3I_2 + 7H_2O$$

此反应的速度较慢，通常采用增加 H^+ 和 I^- 浓度加快反应速度。实验证明，$c(H^+)$ 保持在 0.2～0.4 mol·L⁻¹，KI 过量 5 倍，放置 5 min，反应可进行完全。

2．温度对反应速度的影响

温度升高可以使反应速度加快，尤其对于速度较慢的氧化还原反应来说，温度的影响不能忽略。例如，当用 $KMnO_4$ 溶液滴定 $H_2C_2O_4$ 溶液时，由于室温下 MnO_4^- 与 $C_2O_4^{2-}$ 的反应速度很慢，必须将溶液加热到 75～85℃。

但是，对于易挥发物质（如 I_2），不能采用升高温度的方法加快反应速度。比如用重铬酸钾法标定硫代硫酸钠，因为碘分子易挥发，用重铬酸钾氧化碘离子的过程不能加热，只能通过增加反应时间，来确保反应定量完成。

3．**催化剂对反应速率的影响**

为了使反应符合滴定反应的要求，有时会使用催化剂加快反应速度，如 Ce^{4+} 氧化 AsO_2^- 的反应速率很慢，如加入少量的 KI 或 OsO_4 作为催化剂，则反应可以迅速进行。

有一类反应，例如高锰酸钾与草酸的反应，初反应即使在强酸溶液中加热至 80℃，反应速率仍相当慢，一旦反应发生，生成的 Mn^{2+} 就会起催化作用，使反应速度变快，这种由反应产物起催化作用的现象叫做自催化现象。

4．**诱导反应**

在氧化还原反应中，一种反应（主反应）的进行，能够诱发原本反应速度极慢或不能进行的另一种反应的现象，叫做诱导作用。后一反应（副反应）叫做被诱导的反应（简称诱导反应）。

例如，$KMnO_4$ 氧化 Cl^- 的速度极慢，但是当溶液中同时存在有 Fe^{2+} 时，由于受到 MnO_4^- 与 Fe^{2+} 反应的诱导，MnO_4^- 与 Cl^- 发生反应。其中 MnO_4^- 称为作用体，Fe^{2+} 称为诱导体，Cl^- 称为受诱体。

$$MnO_4^- + 5Fe^{2+} + 8H^+ \rightleftharpoons Mn^{2+} + 5Fe^{3+} + 4H_2O \text{（初级反应或主反应）}$$
$$2MnO_4^- + 10Cl^- + 16H^+ \rightleftharpoons 2Mn^{2+} + 5Cl_2 + 8H_2O \text{（诱导反应）}$$

诱导与催化不同，催化剂参加反应后，恢复至原来的状态，而在诱导反应中，诱导体参加反应后，变为其他物质，诱导反应增加了作用体高锰酸钾的消耗量而使分析结果产生误差，不利于滴定分析。但利用诱导效应很大的反应，有可能进行选择性的分离和鉴定，如二价铅被 SnO_2^{2-} 还原为金属铅的反应很慢，但只要有少量的三价铋存在，便可立即还原，利用这一诱导反应鉴定三价铋，较之直接用 Na_2SnO_2 还原法鉴定三价铋要灵敏 250 倍。

二、氧化还原滴定曲线

氧化还原滴定过程中被测试液的电极电势随着滴定剂的加入而变化，将二者关系绘制成图，即得氧化还原滴定曲线。因为氧化还原电对分为可逆电对和不可逆电对两大类。可逆电对在反应的任一瞬间能迅速地建立起氧化还原平衡（如 Fe^{3+}/Fe^{2+}，I_2/I^- 等），其实际电势与理论结果相差很小，可以根据理论计算结果绘制滴定曲线。不可逆电对在反应的瞬间不能建立氧化还原平衡（如 MnO_4^{2-}/Mn^{2+}，$Cr_2O_7^{2-}/Cr^{3+}$ 等），其实际电势与理论结果相差颇大，滴定曲线只能由实验数据来绘制。

现以 0.100 0 mol·L^{-1} $Ce(SO_4)_2$ 滴定 20.00 mL 0.100 0 mol·L^{-1} Fe^{2+}溶液为例，说明滴定过程中的滴定曲线。设溶液的酸度为 1 mol·L^{-1} H_2SO_4 时，$E^{\ominus'}_{Fe^{3+}/Fe^{2+}}=0.68V$；

$E^{\ominus'}_{Ce^{4+}/Ce^{3+}}=1.44$ V；Ce^{4+}滴定 Fe^{2+}的反应式为：$Ce^{4+}+Fe^{2+} \rightleftharpoons Fe^{3+}+Ce^{3+}$

滴定过程中电位的变化可计算如下：

（1）滴定前

滴定前虽是 0.100 0 mol·L^{-1} 的 Fe^{2+}溶液，但是由于空气中氧的氧化作用，不可避免地会有痕量 Fe^{3+}存在，组成 Fe^{3+}/Fe^{2+}电对。但由于 Fe^{3+}的浓度不定，所以此时的电位也就无法计算。

（2）计量点前溶液中电极电位的计算

在化学计量点前，溶液中存在有 Fe^{3+}/Fe^{2+}和 Ce^{4+}/Ce^{3+}两个电对，由于溶液中 Ce^{4+}浓度很小，很难直接求得，故此时可利用 Fe^{3+}/Fe^{2+}电对计算 E 值。

当滴定了 99.9%的 Fe^{2+}时：

$$
\begin{aligned}
E &= E^{\ominus'}_{Fe^{3+}/Fe^{2+}} - 0.059\,2\ \log\frac{c(Fe^{2+})}{c(Fe^{3+})} \\
&= 0.68 - 0.059\,2\ \log 10^{-3} \\
&= 0.86\ \text{V}
\end{aligned}
$$

（3）化学计量点时，溶液电极电位的计算

化学计量点时，已加入 20.00 mL 0.100 0 mol·L^{-1} Ce^{4+}标液，此时 Ce^{4+}和 Fe^{2+}的浓度均很小不能直接求得，但两电对的电位相等，即：

$$E_{Ce^{4+}/Ce^{3+}} = E_{Fe^{3+}/Fe^{2+}} = E_{sp}$$

$$
\begin{aligned}
E_{sp} &= \frac{E_{Ce^{4+}/Ce^{3+}} + E_{Fe^{3+}/Fe^{2+}}}{2} \\
&= \frac{E^{\ominus'}_{Ce^{4+}/Ce^{3+}} + E^{\ominus'}_{Fe^{3+}/Fe^{2+}}}{2} \\
&= 1.06\ \text{V}
\end{aligned}
$$

对于一般的氧化还原反应：

$$n_2 Ox_1 + n_1 Red_2 \rightleftharpoons n_2 Red_1 + n_1 Ox_2 \tag{9-13}$$

$$E_{sp} = \frac{n_1 E^{\ominus'}_{Ox_1/Red_1} + n_2 E^{\ominus'}_{Ox_2/Red_2}}{n_1+n_2} \tag{9-14}$$

（4）化学计量点后溶液电极电位的计算

此时溶液中 Ce^{4+}、Ce^{3+}浓度均容易求得，而 Fe^{2+}则不易直接求出，故此时根据 Ce^{4+}/Ce^{3+}电对计算 E 值比较方便。

$$E = 1.44 + 0.059\log\frac{c(Ce^{4+})}{c(Ce^{3+})}$$

例如：当 Ce^{4+} 有 0.1%过量（即加入 20.02 mL）时，则：

$$E = 1.44 + 0.059\log\frac{0.1}{100} = 1.26V$$

同样可计算加入不同量的 Ce^{4+} 溶液时的电位值，将计算的结果绘制成滴定曲线见图 9-5。

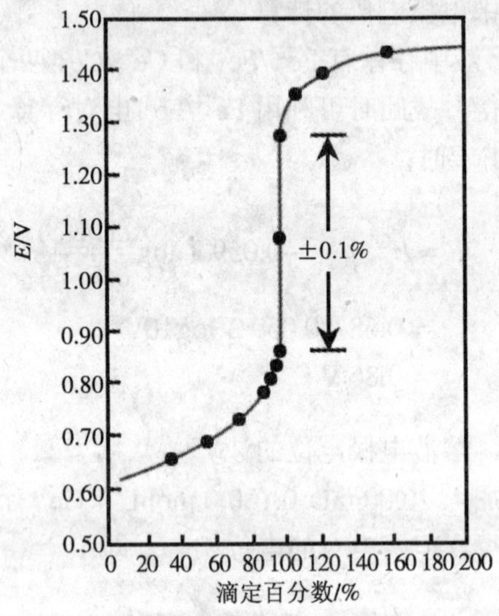

图 9-5 在 0.100 0 mol·L^{-1} H_2SO_4 溶液中用 0.100 0 mol·L^{-1} Ce^{4+} 标准溶液滴定 20.00 mL 0.100 0 mol·L^{-1} Fe^{2+}的滴定曲线

滴定曲线上滴定百分数由 99.9%到 100.1%电势的变化量称为滴定突跃，突跃范围越大，滴定时准确度越高。电势滴定突跃范围是选择氧化还原指示剂的依据。借助指示剂目测化学计量点时，通常要求有 0.2V 以上的电势突跃。

由滴定曲线的计算过程可知，滴定过程的电势突跃与两个电对的条件电极电势有关，差值越大，突跃越大。图 9-6 为 0.100 0 mol·L^{-1} Ce^{4+}标准溶液滴定不同条件电势的 4 种还原剂溶液的滴定曲线（n 值均为 1，浓度为 0.100 0 mol·L^{-1}，体积均为 50.00 mL）。因此，若要使滴定突跃明显，可设法降低还原剂电对的电极电势，如加入配位剂，可使生成稳定的配离子，以使电对的浓度比值降低，从而增大突跃。

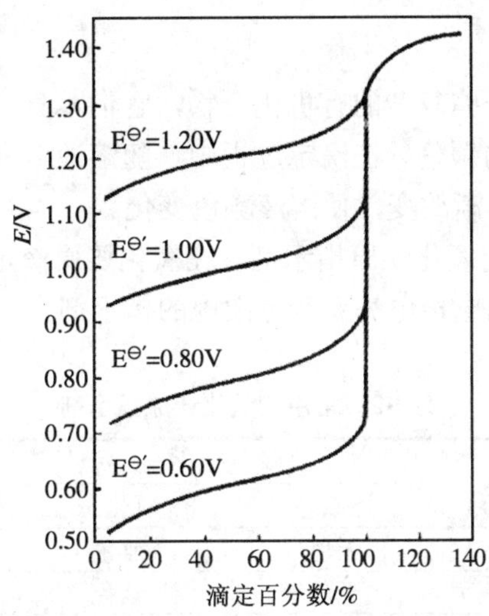

图 9-6　0.100 0 mol・L⁻¹　Ce^{4+}标准溶液滴定不同条件电势的 4 种还原剂溶液的滴定曲线

此外，电势突跃还与滴定剂和被滴定剂的浓度有关，滴定剂和被滴定剂的浓度越大，滴定突跃越大。

三、氧化还原指示剂

在氧化还原滴定中，除了用电位法确定终点外，通常是用指示剂法来指示滴定终点。常用的指示剂有三种。

（一）自身指示剂

有些滴定剂本身或被测物本身有颜色，其滴定产物无色或颜色很浅，这样滴定到出现颜色变化，说明到终点，利用本身的颜色变化起指示剂的作用叫自身指示剂。如高锰酸钾滴定还原性物质时，只要过量的高锰酸钾达到 2×10^{-6} mol·L^{-1}，溶液就呈粉红色。

（二）显色指示剂

有些物质本身不具氧化还原性，但能与滴定剂或被滴定物作用产生颜色指示终点。如淀粉遇碘生成蓝色配合物（碘的浓度可小至 2×10^{-6} mol·L^{-1}），当碘分子被还原为碘离子，蓝色消失。蓝色的出现或消失表示终点，因此在碘量法中，可用淀粉溶液作指示剂。在室温下，用淀粉可检出约 10^{-5} mol·L^{-1} 的碘溶液。温度升高，灵敏度降低。

（三）氧化还原指示剂

氧化还原指示剂是一些复杂的有机化合物，它们本身具有氧化还原性质，其氧化型与还原型具有不同的颜色。在滴定过程中，随溶液电极电势的变化，指示剂氧化型和还原型的浓度比逐渐改变，使溶液颜色变化。

表 9-2 列出的是常用氧化还原指示剂。在氧化还原滴定中，要选择变色点的电极电势应处于滴定体系的电极电势突跃范围内的指示剂。

表 9-2　常用的氧化还原指示剂

指示剂	颜色变化		变色点条件电势
	还原态	氧化态	$c(H^+)$=1 mol·L^{-1}
次甲基蓝	无色	蓝色	+0.53
二苯胺	无色	紫色	+0.76
二苯胺磺酸钠	无色	紫红色	+0.85
邻苯氨基苯甲酸	无色	紫红色	+0.89
邻二氮菲-亚铁	无色	淡蓝色	+1.06

四、氧化还原预处理

氧化还原滴定时，被测物的价态往往不适于滴定，需进行氧化还原滴定前的预处理。例如，测定铁矿石中总铁量时，铁是以两种价态（Fe^{3+}、Fe^{2+}）存在，而 $K_2Cr_2O_7$ 溶液不能与 Fe^{3+}反应，必须预先将 Fe^{3+}还原成 Fe^{2+}，然后用 $K_2Cr_2O_7$ 滴定。

再如，测定试样中 Mn^{2+}、Cr^{3+}的含量。要测定这两种离子的含量，需要选择一种电极电势比 $E^{\ominus}_{Cr_2O_7^{2-}/Cr^{3+}}=1.33\ V$ 和 $E^{\ominus}_{MnO_4^-/Mn^{2+}}=1.51\ V$ 电势大的电对中的氧化态物质，符合条件的只有$(NH_4)_2S_2O_8$ 等少数强氧化剂，但是$(NH_4)_2S_2O_8$ 稳定性差，反应速度又慢，不能作滴定剂。若将它作为预氧化剂，将 Mn^{2+}、Cr^{3+}氧化成 MnO_4^-和 $Cr_2O_7^{2-}$就可以用还原剂标准溶液（如 Fe^{2+}）直接滴定。对具有强还原性的离子也可以用类似的方法处理。

预处理时所用的氧化剂或还原剂，应符合下列要求：①必须将欲测组分定量地氧化或者还原；②预氧化和预还原反应要迅速；③过量的氧化剂或还原剂易于除去（有加热分解、过滤、利用化学反应等方法）；④反应具有一定的选择性，避免其他组分的干扰。预处理中常用的氧化剂、还原剂见表 9-3，表 9-4。

表 9-3 常见的预氧化剂

氧化剂	用途	反应条件	过量试剂除去方法
$NaBiO_3$	$Mn^{2+} \rightarrow MnO_4^-$	在硝酸溶液中	过量 $NaBiO_3$ 微溶于水，可过滤除去
	$Cr^{3+} \rightarrow Cr_2O_7^{2-}$		
	$Ce^{3+} \rightarrow Ce^{4+}$		
$(NH_4)_2S_2O_8$	$Ce^{3+} \rightarrow Ce^{4+}$	硝酸或硫酸溶液有 Ag^+ 催化剂	加热煮沸即可分解
	$VO^{2+} \rightarrow VO_3^-$	硝酸或硫酸溶液	
	$Cr^{3+} \rightarrow Cr_2O_7^{2-}$		
	$Mn^{2+} \rightarrow MnO_4^-$	硝酸或硫酸溶液中，并加入磷酸以防止沉淀出 $MnO(OH)_2$	
$KMnO_4$	$VO^{2+} \rightarrow VO^{3-}$	冷稀酸溶液，并有 Cr^{3+} 存在	先加入尿素，然后小心滴加 $NaNO_2$ 溶液至红色正好褪去
	$Cr^{3+} \rightarrow CrO_4^{2-}$	碱性介质	
	$Ce^{3+} \rightarrow Ce^{4+}$	酸性介质	
H_2O_2	$Cr^{3+} \rightarrow CrO_4^{2-}$	$1mol \cdot L^{-1}$ NaOH 溶液中	碱性溶液中煮沸分解，Ni^{2+} 和 I^- 可使分解加速
	$Co^{2+} \rightarrow Co^{3+}$	$NaHCO_3$ 溶液中	
	Mn（Ⅱ）→Mn（Ⅲ）	碱性介质中	
$HClO_4$	$Cr^{3+} \rightarrow Cr_2O_7^{2-}$	加热	放冷并稀释则失去氧化性，煮沸并除去生成的 Cl_2
	$VO^{2+} \rightarrow VO_3^-$		
	$I^- \rightarrow IO_3^-$		
KIO_4	$Mn^{2+} \rightarrow MnO_4^-$	酸性介质并加热	过量 KIO_4 与加入的 Hg^{2+} 离子反应生成 $Hg(IO_4)_2$ 沉淀，过滤除去
Na_2O_2	$Fe(CrO_2)_2 \rightarrow CrO_4^{2-}$	熔融	酸性溶液中煮沸或通入空气
	$I^- \rightarrow IO_3^-$	酸性或中性溶液	

表 9-4 常见的预还原剂

还原剂	用途	反应条件	过量试剂除去方法
$SnCl_2$	$Fe^{3+} \rightarrow Fe^{2+}$	HCl 溶液	加入过量 $HgCl_2$ 溶液使之氧化
	Mo（Ⅵ）→Mo（Ⅴ）		
	As（Ⅴ）→As（Ⅲ）		
	U（Ⅵ）→U（Ⅳ）	$FeCl_3$ 催化	
H_2S	$Fe^{3+} \rightarrow Fe^{2+}$	强酸性溶液	煮沸
	$MnO_4^- \rightarrow Mn^{2+}$		
	$Ce^{4+} \rightarrow Ce^{3+}$		
	$Cr_2O_7^{2-} \rightarrow Cr^{2+}$		
SO_2	$Fe^{3+} \rightarrow Fe^{2+}$	H_2SO_4 溶液	煮沸或通 CO_2
	$AsO_4^{3-} \rightarrow AsO_3^{3-}$	SCN^- 催化	
	Sb（Ⅴ）→Sb（Ⅲ）		
	V（Ⅴ）→V（Ⅳ）		
	$Cu^{2+} \rightarrow Cu^+$	有 SCN^- 存在	
$TiCl_3$	$Fe^{3+} \rightarrow Fe^{2+}$	酸性溶液	少量过量的 $TiCl_3$ 被水中溶解的 O_2 所氧化
联胺	As（Ⅴ）→As（Ⅲ）		浓硫酸溶液中煮沸
	Sb（Ⅴ）→Sb（Ⅲ）		
	Sn（Ⅳ）→Sn（Ⅱ）	HCl 溶液	
	Ti（Ⅳ）→Ti（Ⅲ）		
锌汞齐	Fe（Ⅲ）→Fe（Ⅱ）		
	Ti（Ⅳ）→Ti（Ⅲ）	酸性溶液	
	V（Ⅴ）→V（Ⅱ）		
	Ce（Ⅳ）→Ce（Ⅲ）		

第四节　重要的氧化还原滴定法

氧化还原滴定法是重要的滴定分析方法，尤其对有机物测定来说是应用广泛。氧化还原反应较酸碱反应、配位反应复杂，不仅存在氧化还原平衡，还受反应速度制约，所以这里要特别注意控制反应条件，另外，实际样品分析时，还需要被测组分呈一定价态，所以滴定之前的预处理也必须要掌握。下面把它结合在具体的测定方法里介绍。

一、高锰酸钾法

(一) 概述

高锰酸钾是一种强氧化剂，在不同酸度条件下，其氧化能力不同。

强酸性：$MnO_4^-+8H^++5e \rightleftharpoons Mn^{2+}+4H_2O$　　　$E^{\ominus}=1.51\ V$

中性：$MnO_4^-+2H_2O^++3e^- \rightleftharpoons MnO_2+4OH^-$　　　$E^{\ominus}=0.59\ V$

强碱性：$MnO_4^-+e^- \rightleftharpoons MnO_4^{2-}$　　　$E^{\ominus}=1.51\ V$

一般控制溶液的 H^+浓度为 1～2 $mol\cdot L^{-1}$。酸度过高会导致 $KMnO_4$ 分解，酸度过低会产生 MnO_2 沉淀。调节酸度时用硫酸调节，因为硝酸具有氧化性，会消耗还原剂；盐酸具有还原性，会被 $KMnO_4$ 氧化。

高锰酸钾法的优点是氧化能力强，可直接或间接测定多种无机物和有机物，而且本身可作指示剂。缺点是高锰酸钾标准溶液不够稳定，滴定的选择性较差。

(二) 高锰酸钾的配制和标定

市售 $KMnO_4$ 常含有二氧化锰及其他杂质，纯度一般为 99%～99.5%，达不到基准物质的要求。同时，蒸馏水中也常含有少量的还原性物质，$KMnO_4$ 会与之逐渐反应生成氢氧化锰，从而促使 $KMnO_4$ 溶液进一步分解，因此 $KMnO_4$ 标准溶液多采用间接法配制。

$KMnO_4$ 标准溶液配制方法如下：称取稍多于理论量的 $KMnO_4$ 溶于一定体积的蒸馏水中，加热至沸腾，保持微沸约 1 小时，使溶液中可能存在的还原性物质完全氧化，放置 2～3 天，用微孔玻璃漏斗或玻璃棉滤去二氧化锰沉淀，滤液储于棕色瓶中，暗处保存。然后用基准物质标定溶液。

标定 $KMnO_4$ 的基准物质有：$Fe(NH_4)_2(SO_4)_2\cdot 6H_2O$、$As_2O_3$、$Na_2C_2O_4$、$H_2C_2O_4\cdot 2H_2O$ 等，其中草酸钠因不含结晶水，没有吸湿性，受热稳定，易于纯制，最为常用。草酸钠标定高锰酸钾反应如下：

$$2MnO_4^- + 5C_2O_4^{2-} + 16H^+ \rightleftharpoons 2Mn^{2+} + 10CO_2 + 8H_2O$$

为使标定准确，需注意以下滴定条件：

（1）温度：此反应在室温下反应速度极慢，需加热至75～85℃，但若超过90℃，$H_2C_2O_4$会分解（$H_2C_2O_4$=CO_2+CO+H_2O），滴定结束时，温度不应低于60℃。

（2）酸度：酸度过低，MnO_4^-会部分分解生成 MnO_2；酸度过高，会促使草酸分解。一般滴定开始时，最佳酸度为1 mol·L^{-1}。为防止MnO_4^-氧化Cl^-的反应发生，应在硫酸介质中进行。

（3）滴定速度：若开始滴定速度太快，加入的 $KMnO_4$ 来不及与 $C_2O_4^{2-}$反应，而发生分解反应，$4MnO_4^-+4H^+=4MnO_2\downarrow+3O_2\uparrow+2H_2O$ 使标定结果偏低，且生成MnO_2棕色沉淀影响终点观察。只有滴入的高锰酸钾反应生成二价锰离子作为催化剂后，滴定才可逐渐加快，或者事先加入少量 Mn^{2+}加速反应。当滴定至出现淡红色且在 30 秒内不褪色就是终点，若放久，由于空气中的还原性气体和灰尘都能与高锰酸根作用而使红色消失。

（三）高锰酸钾法的应用示例

1．直接法测定 H_2O_2

在酸性溶液中H_2O_2被$KMnO_4$定量氧化，其反应为：

$$2MnO_4^- + 5H_2O_2 + 6H^+ \rightleftharpoons 2Mn^{2+} + 5O_2 + 8H_2O$$

可加少量Mn^{2+}催化反应。

市售过氧化氢为30%的水溶液，浓度过大，必须经过适当稀释后方可滴定。H_2O_2样品还时常加有少量乙酰苯胺、尿素或丙乙酰胺等作稳定剂，这些物质也有还原性，能使终点滞后，造成误差。在这种情况下，以采用碘量法测定为宜。

其他还原性物质，如亚铁盐、亚砷酸盐、亚硝酸盐、过氧化物及草酸盐等也可用$KMnO_4$直接滴定法来测定。

2．返滴定法测定 MnO_2**等**

在含有MnO_2试液中加入过量、计量的$C_2O_4^{2-}$，在酸性介质中发生反应：

$$MnO_2 + C_2O_4^{2-} + 4H^+ \rightleftharpoons Mn^{2+} + 2CO_2 + 2H_2O$$

待反应完全后，用$KMnO_4$标准溶液返滴定剩余的$C_2O_4^{2-}$，可求得MnO_2的含量。

采用返滴定法，还可以测定例如MnO_4^-、PbO_2、CrO_4^-、$S_2O_8^{2-}$、ClO_3^-、BrO_3^-和IO_3^-等一些强氧化剂。

3．间接法测定 Ca^{2+}

先用 $C_2O_4^{2-}$将 Ca^{2+}全部沉淀为 CaC_2O_4，沉淀经过滤、洗涤后溶于稀硫酸，然

后用 $KMnO_4$ 标准溶液滴定生成的 $H_2C_2O_4$，间接测得 Ca^{2+}的含量。此外 Ba^{2+}、Zn^{2+}和 Cd^{2+}等金属盐，都可以用间接滴定法来测定含量。

4．碱性溶液中测定具有还原性的有机物

以测定甘油为例。将一定量的碱性（2 mol·L⁻¹ NaOH）$KMnO_4$ 标准溶液与含有甘油的试液反应：

$$\underset{\large OH}{H_2C}-\underset{\large OH}{CH}-\underset{\large OH}{CH_2}+14MnO_4^- +20OH^- \rightleftharpoons 3CO_3^{2-} +14MnO_4^{2-} +14H_2O$$

待反应完全后，将溶液酸化 MnO_4^{2-}歧化成 MnO_4^-和 MnO_2，加入过量、计量的还原剂标准溶液，使所有的锰还原为 Mn^{2+}，再用 $KMnO_4$ 标准溶液滴定剩余的还原剂。计算出甘油的含量。

甲醇、甲醛、甲酸、甘油、乙醇酸、酒石酸、柠檬酸、水杨酸、葡萄糖等均可用此法测定含量。

二、重铬酸钾法

（一）概述

$K_2Cr_2O_7$ 是一种常用的氧化剂，在酸性介质中的半反应为：

$$Cr_2O_7^{2-} +14H^+ +6e^- \rightleftharpoons 2Cr^{3+} +7H_2O$$

重铬酸钾法与高锰酸钾法相比有如下特点：①$K_2Cr_2O_7$ 易提纯，较稳定，在 140～150℃干燥后，可作为基准物质直接配制标准溶液；②$K_2Cr_2O_7$ 标准溶液非常稳定，可以长期保存在密闭容器内，溶液浓度不变。③室温下 $K_2Cr_2O_7$ 不与 Cl^-作用，故可以在 HCl 介质中作滴定剂。④$K_2Cr_2O_7$ 本身不能作为指示剂，需外加指示剂，常用二苯胺磺酸钠或邻苯氨基苯甲酸。

重铬酸钾法最大缺点是六价铬是致癌物，废水会污染环境，应对实验产生的废水加以处理，不能直接排放。

（二）$K_2Cr_2O_7$ 法应用示例

重铬酸钾法有直接、间接法之分，对有机试样，常在其硫酸溶液中加入过量的重铬酸钾标准溶液，加热至一定温度，冷后稀释，再用硫酸亚铁铵标液返滴定，如测电镀液中的有机物，二苯胺磺酸钠作指示剂。

1．铁矿中全铁的测定

试样加热分解，先用氯化亚锡在热浓 HCl 中将三价铁还原为二价铁，冷却后用氯化汞氧化过量的氯化亚锡；加硫酸、磷酸混合酸，以二苯胺磺酸钠为指示剂，重铬酸钾溶液滴定试液，终点为溶液由浅绿变为紫红色。

其中加入硫酸的目的是保证足够的酸度。加入磷酸的目的是与滴定过程中生成的三价铁作用，生成$[Fe(PO_4)_2]^{3-}$（无色）络离子，消除三价铁的黄色，有利观察终点，并且可以降低铁电对的电极电位，使二苯磺酸钠变色点的电位落在滴定的突跃范围内。

这是测铁的经典方法，简便、快速、准确，但汞有毒，环境污染严重。

现介绍氯化亚锡-三氯化钛联合还原剂测定法：试样用硫酸-磷酸混合酸溶解后，先用氯化亚锡把大部分三价铁变为二价铁，然后以钨酸钠作指示剂，用三氯化钛还原剩余的三价铁，当过量一滴三氯化钛时，出现蓝色，30 秒不褪色即可。加水稀释后，以二价铜为催化剂，稍过量的三价钛被水中溶解氧氧化为四价钛：

$$4Ti^{3+} + O_2 + 2H_2O \rightleftharpoons 4TiO_2^{+} + 4H^{+}$$

钨蓝也受氧化，蓝色褪去，或直接滴加重铬酸钾至蓝色褪去，预还原步骤完成，此时应立即用重铬酸价标准溶液滴定，以免空气中氧气氧化二价铁而引起误差。当变成紫红色时为终点。为不使终点提前，须在磷硫混合酸介质中进行测定。

2．土壤中腐殖质含量的测定

腐殖质是土壤中复杂的有机物质，其含量大小反映了土壤的肥力。测定方法是将土壤试样在浓硫酸存在下与已知过量的 $K_2Cr_2O_7$ 溶液共热，使其中的碳被氧化，然后以邻二氮菲-亚铁作为指示剂，用 Fe^{2+}标准溶液滴定剩余的 $K_2Cr_2O_7$。最后通过计算有机碳的含量，再换算成腐殖质的含量。

测定工业废水、污水 COD 方法也大体相似，水样与过量重铬酸钾在硫酸介质中及硫酸银催化下，加热回流 2 小时，冷却后用试亚铁灵为指示剂，硫酸亚铁铵标准溶液回滴剩余的重铬酸钾，换算成 COD 值。

三、碘量法

（一）概述

碘量法是以 I_2 作为氧化剂或以 I^-作为还原剂进行测定的分析方法。由于固体碘分子在水中的溶解度很小且易挥发，常把碘分子溶于过量 KI 溶液中，让 I_2 以 I_3^-的形式存在，其半反应为 $I_3^- + 2e^- = 3I^-$，为简化并强调化学计量关系，一般仍简写成 I_2。

由于 I_3^-/I^-电对的 $E^{\ominus}=0.545V$，I_3^-是较弱的氧化剂，I^-是中等强度的还原剂。用碘标准溶液直接滴定 SO_3^{2-}、As（Ⅲ）、$S_2O_3^{2-}$、维生素 C 等较强的还原剂，这种方法称为直接碘量法或碘滴定法。而利用 I^-的还原性，使它与许多氧化性物质如 $Cr_2O_7^{2-}$、MnO_4^{2-}、BrO_3^-、H_2O_2 等反应，定量地析出 I_2，然后用 $Na_2S_2O_3$ 溶液滴定 I_2，以间接地测定这些氧化性物质，这种方法称间接碘量法或滴定碘法。

碘量法 I_3^-/I^-电对的可逆性好，其电极电势在很宽的 pH 范围内不受溶液酸度及其他配位剂的影响，且副反应少。碘量法采用的淀粉指示剂，灵敏度比较高。这些优点使得碘量法的应用非常广泛。

碘法的两个主要误差来源是碘分子易挥发及在酸性溶液中 I^-容易被空气氧化。为了减少碘分子的挥发和碘离子与空气的接触，滴定最好在碘量瓶中进行，且置于暗处；滴定时不要剧烈摇荡。为了防止 I^-被氧化，一般反应后应立即滴定，且滴定是在中性或弱酸性溶液中进行。

（二）标准溶液的配制和标定

碘量法中使用的标准溶液是硫代硫酸钠溶液和碘液。

1．碘标准溶液的配制

市售碘不纯，用升华法可得到纯碘分子，用它可直接配成标准溶液，但由于碘分子的挥发性及对分析天平的腐蚀性，一般将市售碘配制成近似浓度，再标定。

配制方法：将一定量碘分子与 KI 一起置于研钵中，加少量水研磨，使碘分子全部溶解，再用水稀释至一定体积，放入棕色瓶保存，避免碘液与橡皮等有机物接触，否则碘易与有机物作用，使碘溶液浓度改变。

碘的浓度可用三氧化二砷（砒霜）作基准物来标定，砒霜难溶于水，用氢氧化钠溶解，再加入足够的 HCl 使呈弱酸性，然后加入碳酸氢钠保持溶液的 pH 约为 8，淀粉为指示剂进行滴定，溶液中出现蓝色时为终点。

碘的浓度也可用标定好的硫代硫酸钠标液作为二级基准来标定。

2．硫代硫酸钠的配制和标定

硫代硫酸钠带 5 个结晶水，易风化，并含少量 S、Na_2CO_3、Na_2SO_4、Na_2SO_3、NaCl 等杂质，不能作为基准物质，只能采用间接法配制，配制好的硫代硫酸钠也不稳定，因为水中溶有 CO_2 呈弱酸性，而硫代硫酸钠在酸性溶液中会缓慢分解，水中微生物会消耗硫代硫酸钠中的 S，空气会氧化还原性较强的硫代硫酸钠。

硫代硫酸钠溶液的配制方法：使用新煮沸并冷却了的蒸馏水，煮沸的目的是除去水中溶解的 CO_2、O_2，并杀死细菌，同时加入少量碳酸钠使溶液呈弱酸性，以抑制细菌生长，配好的溶液置于棕色瓶中以防光照分解，一段时间后应重新标定，如发现有浑浊（S 沉淀），应重配或过滤再标定。

标定硫代硫酸钠可用重铬酸钾、碘酸钾等基准物质，常用重铬酸钾。

（三）碘量法滴定方式及应用

1．直接碘量法

凡是能被碘直接氧化的物质，只要反应速率足够快，就可以采用直接碘量法进行测定。比如说硫化物、亚硫酸盐、亚砷酸盐、亚锡酸盐、亚锑酸盐、安乃近、维生素C等。

例如维生素C的测定：维生素C中的烯二醇具有还原性，能被I_2定量地氧化成二酮基。

$$\text{维生素C（烯二醇式）} + I_2 \rightleftharpoons \text{脱氢维生素C（二酮式）} + 2HI$$

由于维生素C的还原性很强，碱性条件下很容易被空气氧化，所以滴定时加入一些醋酸，以淀粉为指示剂，用碘标准溶液进行滴定。

2．返滴定碘量法

为了使被测定的物质与I_2充分作用并达到完全，先加入过量I_2溶液，然后再用硫代硫酸钠标准溶液返滴定剩余的I_2。例如甘汞、甲醛、焦亚硫酸钠、蛋氨酸、葡萄糖等具有还原性的物质，都可用本法进行测定。此外，像安替比林、酚酞等能和过量I_2溶液产生取代反应的物质，以及制剂中的咖啡因等能和过量I_2溶液生成络合物沉淀的物质，也可用本法测定含量。

应用本法时，一般都在条件完全相同的情况下做一空白滴定（不加样品，加入定量的I_2溶液，用硫代硫酸钠标准溶液滴定），这样既可以免除一些仪器、试剂及用水误差，又可从空白滴定与回滴的差数求出被测物质的含量，而无须标定I_2标准溶液。

3．间接碘量法

利用碘离子的还原性测定氧化性物质的方法。先使氧化性物质与过量KI反应定量析出碘分子，然后用硫代硫酸钠滴定I_2，求得待测组分含量。

利用这一方法可以测定很多氧化性物质，如ClO_3^-、ClO^-、CrO_4^{2-}、IO_3^-、BrO_3^-等，以及能与CrO_4^{2-}生成沉淀的阳离子如Pb^{2+}、Ba^{2+}等，所以滴定碘量法应用相当广泛。

4．水的测定——卡尔费休法（Karl Fischer）

卡尔费休法测定微量水是碘量法在非水滴定中的一种应用。卡尔费休法的滴定剂为碘、二氧化硫和吡啶按一定比例溶于无水甲醇的混合溶液。滴定剂与水的总反应可表示为：

$$I_2 + SO_2 + 3C_5H_5N + CH_3OH + H_2O \rightleftharpoons 2C_5H_5N\begin{matrix}H\\I\end{matrix} + C_5H_5N\begin{matrix}H\\SO_4CH_3\end{matrix}$$

卡尔费休法可测定无机物中的水，也可测定有机物中的水，是药物中水分测定的常用方法。根据反应中生成或消耗的水量，可以间接测定某些有机物的官能团。需要注意的是，凡是与卡尔费休法滴定剂溶液中所含组分产生反应的物质，如氧化剂、还原剂、碱性氧化物、氢氧化钠等都干扰测定。

第五节 氧化还原滴定法计算示例

氧化还原反应较为复杂，往往同一物质在不同条件下反应，会得到不同的产物。因此，在计算氧化还原滴定结果时，首先应当把有关的氧化还原反应搞清楚，根据反应式确定化学计量系数，然后进行计算。

【例 9-11】 称取软锰矿 0.321 6 g，分析纯的 $Na_2C_2O_4$ 0.368 5 g，共置于同一烧杯中，加入 H_2SO_4，并加热。待反应完全后，用 0.024 00 mol·L^{-1} $KMnO_4$ 溶液滴定剩余的 $Na_2C_2O_4$，消耗 $KMnO_4$ 溶液 11.26 mL。计算软锰矿中 MnO_2 的质量分数。

解：

$$MnO_2+C_2O_4^{2-}(\text{过})+4H^+ \xrightarrow{\triangle} Mn^{2+}+2CO_2+2H_2O+C_2O_4^{2-}(\text{剩})$$

$$\omega(MnO_2)=\frac{\dfrac{2m(Na_2C_2O_4)}{M(Na_2C_2O_4)}-5c(KMnO_4)\cdot V(KMnO_4)M\left(\dfrac{1}{2}MnO_2\right)}{m_S}\times100\%$$

$$=\frac{\left(\dfrac{2\times0.368\ 5}{134.0}-5\times0.024\ 00\times11.26\times10^{-3}\right)\times\dfrac{86.94}{2}}{0.321\ 6}\times100\%$$

$$=56.08\%$$

【例 9-12】 为测定试样中的 K^+，可将其沉淀为 $K_2NaCo(NO_2)_6$，溶解后用 $KMnO_4$ 滴定（$NO_2^-\rightarrow NO_3^-$，$Co^{3+}\rightarrow Co^{2+}$），计算 K^+与 MnO_4^-的物质的量之比，即 $n(K^+)$∶$n(KMnO_4)$。

解：

$$2K_2NaCo(NO_2)_6 \longrightarrow 4K^++2Na^++2Co^{2+}+NO_3^-+11NO_2^-$$

$$4K^+\sim11NO_2^-\sim11\times\frac{2}{5}KMnO_4$$

所以，$n(K^+):n(KMnO_4)=1:1.1$

【例 9-13】 称取含有苯酚的试样 0.500 0 g。溶解后加入 0.100 0 mol·L^{-1} $KBrO_3$ 溶液（其中含有过量 KBr）25.00 mL，并加 HCl 酸化，放置。待反应完全后，加入 KI。滴定析出的 I_2 消耗了 0.100 3 mol·L^{-1}$Na_2S_2O_3$ 溶液 29.91 mL。计算试样中苯酚

的质量分数。

解：$BrO_3^- + 5Br^- + 6H^+ = 3Br_2 + 3H_2O$

$$C_6H_5OH + 3Br_2 = C_6H_2Br_3OH + 3HBr$$

$$2I^- + Br_2 = I_2 + 2Br^-$$
$$I_2 + 2S_2O_3^{2-} = 2I^- + S_4O_6^{2-}$$

化学计量关系：

$$C_6H_5OH \sim 3Br_2 \sim 3I_2 \sim 6S_2O_3^{2-}$$

$$\omega(\text{苯酚}) = \frac{[6c(KBrO_3)V(KBrO_3) - c(Na_2S_2O_3)V(Na_2S_2O_3)]M\left(\frac{1}{6}C_6H_5OH\right)}{m_s} \times 100\%$$

$$= \frac{(6 \times 0.1000 \times 25.00 - 0.1003 \times 29.91) \times \frac{94.11}{6}}{0.5000 \times 10^3} \times 100\%$$

$$= 37.64\%$$

复习与思考题

1. 在下列两组物质中，分别按 Mn、N 元素的氧化数由低到高的顺序将各物质进行排列：

（1）MnO_2，$MnSO_4$，$KMnO_4$，$MnO(OH)$，K_2MnO_4，Mn

（2）N_2，NO_2，N_2O_5，N_2O，NH_3，N_2H_4

2. 配平下列氧化还原反应式：

（1）$Cr_2O_7^{2-} + Fe^{2+} \longrightarrow Cr^{3+} + Fe^{2+} + H_2O$（酸性介质）

（2）$Mn^{2+} + BiO_3^- + H^+ \longrightarrow MnO_4^- + Bi^{3+} + H_2O$

（3）$H_2O_2 + MnO_4^- + H^+ \longrightarrow O_2 + Mn^{2+} + H_2O$

（4）$H_2S + I_2 \longrightarrow I^- + S$

（5）$ClO_3^- + S^{2-} \longrightarrow Cl^- + S + OH^-$

（6）$H_2O_2 + Cr_2(SO_4)_3 + KOH \longrightarrow K_2CrO_4 + K_2SO_4 + H_2O$

(7) $KIO_3+KI+H_2SO_4 \longrightarrow I_2+K_2SO_4+H_2O$

(8) $PbO_2+Mn(NO_3)_2+HNO_3 \longrightarrow Pb(NO_3)_2+HMnO_4+H_2O$

(9) $KNO_2+H_2SO_4 \longrightarrow KNO_3+K_2SO_4+NO+H_2O$

(10) $As_2S_3+HNO_3$（浓）$\longrightarrow H_3AsO_4+NO+H_2SO_4$

3. 将铜片插入盛有 0.5 mol·L^{-1} $CuSO_4$ 溶液的烧杯中，银片插入盛有 0.5 mol·L^{-1} $AgNO_3$ 溶液的烧杯中，组成一个原电池。

(1) 写出原电池符号。

(2) 写出电极反应式和电池反应式。

(3) 求该电池的电动势。

4. 求出下列原电池的电动势，写出电池反应式，并指出正负极。

(1) Pt | Fe^{2+}（1 mol·L^{-1}），Fe^{3+}（0.000 1 mol·L^{-1}）|| I^-（0.000 1 mol·L^{-1}），I_2（s）| Pt

(2) Pt | Fe^{3+}（0.5 mol·L^{-1}），Fe^{2+}（0.05 mol·L^{-1}）|| Mn^{2+}（0.01 mol·L^{-1}），H^+（0.1 mol·L^{-1}），MnO_2（固）| Pt

5. 已知 $E^{\ominus}_{H_3AsO_4/H_3AsO_3} = 0.559$ V，$E^{\ominus}_{I_2/I^-} = 0.535$ V，试计算下列反应在 298 K 时的平衡常数。如果 pH = 7，反应朝什么方向进行？

$$H_3AsO_3 + I_2 + H_2O \rightleftharpoons H_3AsO_4 + 2I^- + 2H^+$$

6. 已知 $c(Sn^{2+}) = 0.100\,0$ mol·L^{-1}，$c(Pb^{2+}) = 0.100$ mol·L^{-1}

(1) 判断下列反应进行的方向 $Sn + Pb^{2+} \rightleftharpoons Sn^{2+} + Pb$;

(2) 计算上述反应的平衡常数 K。

7. 已知锰的元素电势图为：

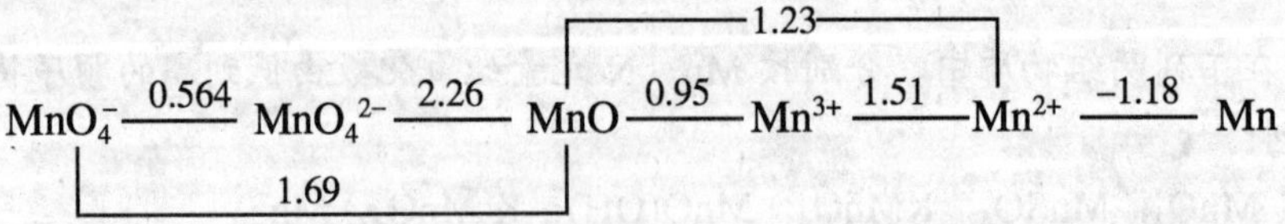

$$MnO_4^- \xrightarrow{0.564} MnO_4^{2-} \xrightarrow{2.26} MnO_2 \xrightarrow{0.95} Mn^{3+} \xrightarrow{1.51} Mn^{2+} \xrightarrow{-1.18} Mn$$

（MnO_4^-—MnO_2：1.69；MnO_2—Mn^{2+}：1.23）

(1) 求 $E^{\ominus}_{MnO_4^-/Mn^{2+}}$。

(2) 确定 MnO_2 可否发生歧化反应？

(3) 指出哪些物质会发生歧化反应并写出反应方程式。

8. 试从下列各题了解同一电对在酸、碱介质中的 $E^{\ominus}_A$ 值和 $E^{\ominus}_B$ 值的联系（系统中）：

(1) $E^{\ominus}_{A(H^+/H_2)} = 0$ V，它在碱性介质中的 $E^{\ominus}_{B(OH^-/H_2)}$ 等于多少？

（2）$E^{\ominus}_{B(O_2/OH^-)}$=0.401 V，它在酸性介质中的$E^{\ominus}_{A(O_2/H_2O)}$等于多少？

提示：标准态时，酸性介质中 $c(H^+)$=1.0 mol·L^{-1}；碱性介质中 $c(OH^-)$=1.0 mol·L^{-1}。

9. 用 30.00 mL 某 $KMnO_4$ 标准溶液恰能氧化一定的 $KHC_2O_4 \cdot H_2O$，同样质量的 $KHC_2O_4 \cdot H_2O$ 又恰能与 25.20 mL 浓度为 0.201 2 mol·L^{-1} 的 KOH 溶液反应。计算此 $KMnO_4$ 溶液的浓度。

10. 某 $KMnO_4$ 标准溶液的浓度为 0.024 84 mol·L^{-1}，求滴定度：（1）$T_{KMnO_4/Fe}$；（2）T_{KMnO_4/Fe_2O_3}；（3）$T_{KMnO_4/FeSO_4 \cdot 7H_2O}$

11. 准确称取铁矿石试样 0.500 0 g，用酸溶解后加入 $SnCl_2$，使 Fe^{3+}还原为 Fe^{2+}，然后用 24.50 mL $KMnO_4$ 标准溶液滴定。已知 1 mL $KMnO_4$ 相当于 0.012 60 g $H_2C_2O_4 \cdot 2H_2O$。试问：（1）矿样中 Fe 及 Fe_2O_3 的质量分数各为多少？（2）取市售双氧水 3.00 mL 稀释定容至 250.0 mL，从中取出 20.00 mL 试液，需用上述溶液 $KMnO_4$ 21.18 mL 滴定至终点。计算每 100.0 mL 市售双氧水所含 H_2O_2 的质量。

12. 准确称取含有 PbO 和 PbO_2 混合物的试样 1.234 g，在其酸性溶液中加入 20.00 mL 0.250 0 mol·L^{-1} $H_2C_2O_4$ 溶液，使 PbO_2 还原为 Pb^{2+}。所得溶液用氨水中和，使溶液中所有的 Pb^{2+}均沉淀为 PbC_2O_4。过滤，滤液酸化后用 0.040 00 mol·L^{-1} $KMnO_4$ 标准溶液滴定，用去 10.00 mL，然后将所得 PbC_2O_4 沉淀溶于酸后，用 0.040 00 mol·L^{-1} $KMnO_4$ 标准溶液滴定，用去 30.00 mL。计算试样中 PbO 和 PbO_2 的质量分数。

13. 仅含有惰性杂质的铅丹（Pb_3O_4）试样重 3.500 g，加一移液管 Fe^{2+}标准溶液和足量的稀 H_2SO_4 于此试样中。溶解作用停止以后，过量的 Fe^{2+}需 3.05 mL 0.040 00 mol · L^{-1} $KMnO_4$ 溶液滴定。同样一移液管的上述 Fe^{2+}标准溶液，在酸性介质中用 0.040 00 mol · L^{-1} $KMnO_4$ 标准溶液滴定时，需用去 48.05 mL。计算铅丹中 Pb_3O_4 的质量分数。

14. 准确称取软锰矿试样 0.526 1 g，在酸性介质中加入 0.704 9 g 纯 $Na_2C_2O_4$。待反应完全后，过量的 $Na_2C_2O_4$ 用 0.021 60 mol·L^{-1} $KMnO_4$ 标准溶液滴定，用去 30.47 mL。计算软锰矿中 MnO_2 的质量分数。

15. 用 $K_2Cr_2O_7$ 标准溶液测定 1.000 g 试样中的铁。试问 1.000 L $K_2Cr_2O_7$ 标准溶液中应含有多少克 $K_2Cr_2O_7$ 时，才能使滴定管读到的体积（单位：mL）恰好等于试样铁的质量分数（%）？

16. 0.498 7 g 铬铁矿试样经 Na_2O_2 熔融后，使其中的 Cr^{3+}氧化为 $Cr_2O_7^{2-}$，然后加入 10 mL 3 mol·L^{-1} H_2SO_4 及 50 mL 0.120 2 mol·L^{-1} 硫酸亚铁溶液处理。过量的 Fe^{2+}需用 15.05 mL K_2CrO_7 标准溶液滴定，而标准溶液相当于 0.006 023 g。试求试样中的铬的质量分数。

17. 将 0.196 3 g 分析纯 $K_2Cr_2O_7$ 试剂溶于水，酸化后加入过量 KI，析出的 I_2

需用 33.61 mL $Na_2S_2O_3$ 溶液滴定。计算 $Na_2S_2O_3$ 溶液的浓度。

18. 称取含有 Na_2HAsO_3 和 As_2O_5 及惰性物质的试样 0.250 0 g，溶解后在 $NaHCO_3$ 存在下用 0.051 50 mol·L^{-1} I_2 标准溶液滴定，用去 15.80 mL。再酸化并加入过量 KI，析出的 I_2 用 0.130 0 mol·L^{-1} $Na_2S_2O_3$ 标准溶液滴定，用去 20.70 mL。计算试样中 Na_2HAsO_3 和质量分数。

19. 今有不纯的 KI 试样 0.350 4 g，在 H_2SO_4 溶液中加入纯 K_2CrO_4 0.194 0 g 与之反应，煮沸逐出生成的 I_2。放冷后又加入过量 KI，使之与剩余的 K_2CrO_4 作用，析出的 I_2 用 0.102 0 mol·L^{-1} $Na_2S_2O_3$ 标准溶液滴定，用去 10.23 mL。问试样中 KI 的质量分数是多少？

20. 燃烧不纯的 Sb_2S_3 试样 0.167 5 g，将所得的 SO_2 通入 $FeCl_3$ 溶液中，使 Fe^{3+} 还原为 Fe^{2+}。再在稀酸条件下用 0.019 85 mol·L^{-1} $KMnO_4$ 标准溶液滴定 Fe^{2+}，用去 21.20 mL。问试样中 Sb_2S_3 的质量分数为多少？

配位平衡与配位滴定法

【学习要求】

1. 掌握配合物的定义，了解其组成和命名。
2. 熟悉配位化合物的价键理论及所解决的问题。
3. 掌握配位平衡的有关计算。
4. 掌握配位滴定法的基本原理及测定对象。
5. 明确酸效应系数和条件稳定常数的意义。
6. 掌握金属离子能被准确滴定的判据和最高允许酸度的计算。
7. 熟悉配位滴定的方式及应用。

第一节 配位化合物的基本概念

配位化合物简称为配合物（以前译为络合物），是一类非常重要的化合物。自然界中绝大多数无机化合物都是以配位化合物的形式存在的，其作为现代无机化学重要的研究对象，在科学研究和生产实践中起着十分重要的作用。

近几十年来，由于现代理论化学、量子力学、现代测量技术和计算技术的发展，促进了配位化学的发展，并使其广泛应用于贵重金属的湿法冶炼、分离提取、电镀与电镀液的处理、工业分析、配位催化、环保、医药、食品以及生命科学等多个领域。随着对配位化合物的研究的不断深入，至今已形成了一门独立的分支学科——配位化学，可以说，配位化学在整个化学领域内已经成为一个不可缺少的组成部分。

一、配位化合物的定义

根据 1980 年中国化学会修订的《无机化合命名原则》，将配位化合物定义为：配位化合物是由可以给出孤对电子或多个不定域电子的一定数目的离子或分子（称为配位体）和具有接受孤对电子或多个不定域电子的空位的原子或离子（统称为中心离子），按一定的组成和空间构型所形成的化合物。

从这个定义中，可以认为配位化合物是由中心离子（或原子）和配位体（阴离子或分子）以配位键的形式结合而成的复杂离子（或分子），通常称这种复杂离子为配位单元，而含有配位单元的化合物都称为配位化合物。

例如，我们常见的化合物 NH_3、H_2O、AgCl、$CuSO_4$ 等，它们之间可以进一步结合形成$[Ag(NH_3)_2]Cl$、$[Cu(H_2O)_4]SO_4$ 等复杂的化合物。这些复杂化合物的共同特征是都含有复杂的组成单元，且这些组成单元内部都存在有配位键。如：$[Ag(NH_3)_2]^+$是由 1 个 Ag^+和 2 个 NH_3 分子以 2 个配位键结合而成；$[Cu(H_2O)_4]^{2+}$是由 1 个 Cu^{2+}和 4 个 H_2O 分子以 4 个配位键结合。根据上述定义，Ag^+、Cu^{2+}为中心离子；NH_3、H_2O 为配位体；$[Ag(NH_3)_2]^+$、$[Cu(H_2O)_4]^{2+}$为配位单元或配位离子；$[Ag(NH_3)_2]Cl$、$[Cu(H_2O)_4]SO_4$ 称为配位化合物。

二、配位化合物的组成

在配合物的分子中，有一个带正电的中心离子，在中心离子的周围结合着负离子或中性分子，这样组成的配位离子，是配合物的内界；而不在内界的其他离子，距中心离子较远，则构成配合物的外界。通常把内界即配位离子用方括号括起来，而外界写在方括号的外面。如$[Cu(NH_3)_4]SO_4$ 配合物，Cu^{2+}是中心离子，$[Cu(NH_3)_4]^{2+}$是配合物的内界，而 SO_4^{2-}是外界（图 10-1）。

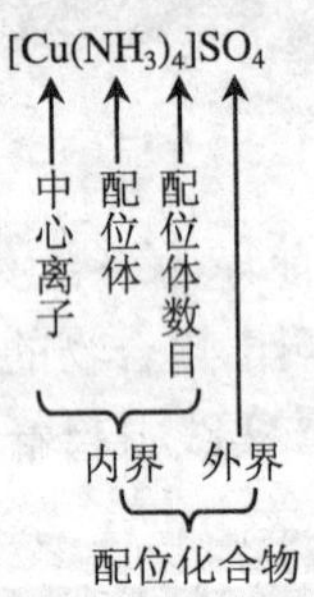

图 10-1　配位化合物的组成

当配位化合物溶于水时，外界离子容易解离出来，而配离子很稳定，很难解离。比如$[Cu(NH_3)_4]SO_4$ 溶于水时，是按照下式解离的：

$$[Cu(NH_3)_4]SO_4 \rightleftharpoons [Cu(NH_3)_4]^{2+} + SO_4^{2-}$$

因此，在$[Cu(NH_3)_4]SO_4$ 溶液中加入 $BaCl_2$ 溶液能产生 $BaSO_4$ 沉淀，但加入少量 NaOH，却并不产生 $Cu(OH)_2$ 沉淀。有些配合物的内界不带电荷，其本身就是一个中性配合物，例如$[PtCl_2(NH_3)_2]$、$[CoCl_3(NH_3)_3]$等，这些配合物便只有内界而没有外界，在水溶液中几乎不解离出离子。

（一）中心体

在配合物的内界，有一个带正电荷的离子（或原子），位于配合物的中心位置，称为配合物的中心体，又称为中心离子或者中心原子，也叫配合物的形成体，用 M 表示，它是配合物的核心。配合物的中心体通常是金属离子，尤其以过渡金属离子居多，如 Cu^{2+}、Ag^{+}、Fe^{3+}等；某些金属原子及高氧化态的非金属元素也可作为配合物的形成体，如 $Ni(CO)_4$ 及 $Fe(CO)_5$ 中的 Ni 及 Fe，$[SiF_6]^{2-}$中的 Si^{4+}。

（二）配位体

在配合物中，与中心体以配位键结合的中性分子和阴离子称为配位体，简称配体，它们与中心离子结合成为配合物内界，如$[Cu(NH_3)_4]^{2+}$中的 NH_3、$[Fe(CN)_6]^{4-}$中的 CN^-。原则上，任何具有未共用电子对（孤对电子）并且可以给出与金属离子形成配位键的分子或离子，都可以作为配体。例如 NH_3、H_2O、OH^-、CN^-和卤素离子等。

实际上，任何配体通常都含有电负性较大的元素，如 C、N、O、S、F、Cl、Br、I 等，形成的配体可以是分子，如 NH_3、H_2O，也可以是离子，如 OH^-、X^-、CN^-。

在配体中给出孤对电子的原子称为配位原子，如 NH_3 中的 N、H_2O 和 OH^-中的 O、CN^-中的 C 等原子。只含有一个配位原子的配位体叫做单基配位体，它与中心离子只形成一个配位键，其组成比较简单，如 NH_3、H_2O、X^-等；含有两个或两个以上的配位体称为多基配位体，如 $C_2O_4^{2-}$、$H_2NCH_2CH_2NH_2$ 等。

（三）配位数

在配体中，直接与中心体结合成键的配位原子的数目称为中心离子的配位数，一般中心离子的配位数为偶数，如$[Ag(NH_3)_2]^+$中 Ag^+的配位数为 2；$[Cu(NH_3)_4]^{2+}$中的 Cu^{2+}的配位数为 4，配离子有平面正方形或四面体的构型；$[Fe(CN)_6]^{4-}$中的 Fe^{2+}的配位数位为 6，配离子具有八面体构型。

具有一定配位数和特定几何构型，是配合物的特征之一。对某一金属离子来说，常表现有一特征配位数，如 Zn^{2+}、Cd^{2+}、Pd^{2+}、Pt^{2+}等离子的特征配位数为 4；Co^{3+}、Fe^{2+}、Fe^{3+}、Pt^{4+}等离子的特征配位数为 6。特征配位数是金属离子形成配合物时的代表性配位数，并非是唯一的配位数，例如 Ni^{2+}就既能形成配位数为 6 的配合物，也能形成配位数为 4 的配合物。

由单基配位体形成的配合物，中心离子的配位数就是与它配位的配体个数，而含有多基配位体时，则不能仅从与中心离子结合的配体个数来确定配位数，而应等于与中心体配位的原子数目。如 $H_2NCH_2CH_2NH_2$ 中有两个配位氮原子，故在 $[Pt(en)_2]Cl_2$ 中 Pt^{2+}的配位数为 $2\times2=4$，而配位体为 2 个。依此类推。

与元素的化合价一样，中心离子配位数的大小取决于中心离子和配位体的性质——它们的电荷、体积、电子层结构以及它们之间的相互影响等，一般来说，中心离子的电荷数越高，离子半径就越大，配位体的半径越小，其配位体的数目就越多。此外，还与形成配位化合物的条件有关，特别是浓度和温度。一般说来，增大配位体的浓度有利于形成高配位的配合物，而温度升高，则常使配位数减小。

（四）配离子电荷

一个配合物同其他一般化合物一样应呈电中性，即净电荷数为零。在配合物的内界，可以带正电荷而称为配阳离子，也可以带负电荷而称为配阴离子，或者不带电荷而称为配合分子。而一个配离子所带的电荷，应等于中心离子和所有配体电荷的代数和。例如$[Fe(CN)_6]^{4-}$的配离子电荷为（+2）+（−1）×6=−4；而$[Cu(NH_3)_4]^{2+}$的配离子电荷为（+2）+（0）×4=+2，根据这一原则很容易算出各个配离子的电荷。配离子都应与电荷数相等的异号离子相结合，才能形成电中性的配合物，因此配离子的电荷数也可以从外界离子的电荷数来确定。

三、配位化合物的命名

配位化合物的组成较为复杂，命名也比较困难。根据 1980 年中国化学会无机专业委员会制订的汉语命名原则，整个配位化合物的命名与一般的无机化合物的命名原则相同，即阴离子在前，阳离子在后。其遵循以下几点规则。

（一）配合物内界（配位离子）

在对配合物的内界进行命名时，将配位体的名称放在中心离子前面，并用“合”字将两者联系在一起。配位体的数目用一、二等数字表示，中心离子的氧化数，可在该元素名称后加上括号，括号内用罗马数字表示它的氧化数。因此，对于配合物的内界，其命名的次序为：配位体个数——配位体——合——中心离子——（氧化数）例如，$[Cu(NH_3)_4]^{2+}$命名为四氨合铜（Ⅱ）离子，$[Co(NH_3)_6]^{3+}$命名为六氨合钴（Ⅲ）离子。

（二）含配阳离子的配合物

对于含有配阳离子的配合物，若配合物的外界为一个简单酸根离子，如 Cl^-等，便称为某化某，例如$[Co(NH_3)_6]Cl_3$称为三氯化六氨合钴（Ⅲ）；若外界为一个复杂的阴离子，如 SO_4^{2-}等，则称为某酸某，例如$[Cu(NH_3)_4]SO_4$称为硫酸四氨合铜（Ⅱ）。因此，含配阳离子的配合物的命名次序为：外界阴离子——配位体——中心离子。

（三）含配阴离子的配合物

对于含有配阴离子的配合物，若外界仅为 H 的配合物，命名时只要在配离子名称后面加上“酸”字即可。例如，$H_2[PtCl_6]$称为六氯合铂（Ⅳ）酸；$H_2[SiF_6]$称为六氟合硅（Ⅳ）酸。而对于其他的情况则只需要在内界和外界名称之间加上“酸”字，例如 $Ca_2[Fe(CN)_6]$称为六氰合铁（Ⅱ）酸钙，其命名的次序为配位体——中心离子——外界阳离子。

（四）含有多个配位体的配合物

如果同一配位离子中含多个配位体，其命名须遵循下列要求：

（1）当既有无机配位体，又有有机配位体存在，命名时须先命名无机配位体，再命名有机配位体。

（2）当无机配位体或有机配位体中既有阴离子又有分子存在，命名时先阴离子，后分子。

（3）同类配位体的名称，按配位原子元素符号的拉丁字母顺序排列。

（4）同类配位体原子也相同时，则将含较少原子数的配位体排在前面。

（5）若配位体原子相同，所含的原子的数目也相同，则按在结构式中与配位原子相连的原子的元素符号的字母顺序排列。

不同配位体之间用“·”隔开。下面列举一些配位化合物命名的实例：

$K[PtCl_3NH_3]$　　三氯·一氨合铂（Ⅱ）酸钾

$[Co(NH_3)_5(H_2O)]Cl_3$　　三氯化五氨·一水合钴（Ⅲ）

$[CrCl_2(H_2O)_4]Cl$　　一氯化二氯·四水合铬（Ⅲ）

$[Pt(NH_2)(NO_2)(NH_3)_2]$　　氨基·硝基·二氨合铂（Ⅱ）

有些配位化合物常有习惯上的名称，比如：$K_4[Fe(CN)_6]$，六氰合铁（Ⅱ）酸钾，又称为亚铁氰化钾，俗称为黄血盐；$K_3[Fe(CN)_6]$，六氰合铁（Ⅲ）酸钾，又称为铁氰化钾，俗称为赤血盐。

第二节　配位化合物的结构

配位化合物的结构是指配位化合物中的化学键及其空间构型。配合物的化学键理论主要有现代的价键理论、晶体场理论和分子轨道理论，其中在解释配合物结构时以价键理论较为常用。

一、配合物中的化学键

配合物的价键理论是 L. Pauling 在电子配对理论和杂化轨道理论的基础上发展起来的，后来逐步完善形成了现代的配合物价键理论。

价键理论认为：中心离子或中心原子 M 与配位体 L 形成配位离子时，中心体的价电子轨道必须进行杂化，组成各种类型的杂化轨道。每个杂化的空轨道可以接受配位体提供的孤对电子，形成一个σ配位共价键，简称为σ配键，而σ配键的数目就是中心原子的配位数。例如，形成$[AlF_6]^{3-}$时，首先 Al^{3+}的 1 个 3s、3 个 3p 和 2 个 3d 轨道进行杂化，形成 6 个能量相同的 sp^3d^2 杂化轨道，容纳由 6 个 F^-提供的 6 对孤对电子，形成 6 个配位键。6 个 sp^3d^2 杂化轨道在空间是对称分布的，指向正八面体的中心，6 个配位离子在正八面体的 6 个顶角上（图 10-2b）。

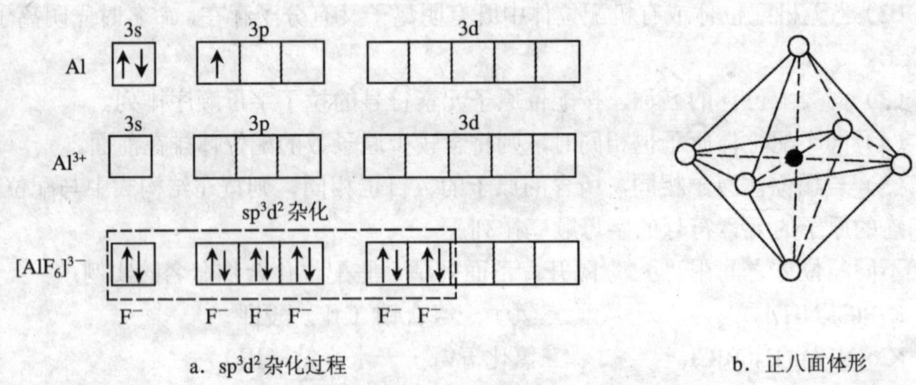

图 10-2 $[AlF_6]^{3-}$中心离子的杂化和配离子空间构型

二、配离子的空间构型

由杂化轨道的数目和类型，可以较好地说明配离子的空间构型和中心原子的配位数。例如，$[Ni(NH_3)_4]^{2+}$配离子的配位键是由 sp^3 型杂化轨道组成的，它的空间结构是正四面体形；$[Ag(NH_3)_2]^+$配离子的配位键是由 sp 型杂化轨道组成的，它的空间结构是直线结构。中心体杂化轨道的类型主要取决于它的价层电子结构，同时也与配位体有一定的关系。

（一）配位数为 2 的配合物

氧化数为+1 的离子常形成配位数为 2 的配合物，如$[Ag(NH_3)_2]^+$、$[AgCl_2]^-$、$[AgI_2]^-$等。中心体的价电子层的 5s 和 5p 轨道是空的，它们以 sp 方式杂化，形成两个直线型的 sp 杂化轨道，可以接受两个配位体中的孤对电子成键。由于两个 sp 杂化轨道的夹角是 180°，所以它们的空间构型是直线型。

（二）配位数为 4 的配合物

配位数为 4 的配合物有两种空间构型，中心体采取 sp^3 杂化，则形成的配合物的空间构型为正四面体；如果是采取 dsp^2 杂化，则形成平面正方形的配合物，而中心离子的杂化类型取决于中心体的价层电子结构和配位体的性质。

比如 Ni^{2+}可以与 NH_3 及 CN^-形成配位数为 4 的配位化合物，但所形成的配离子空间构型却不相同。在$[Ni(CN)_4]^{2-}$中 Ni^{2+}采用的是 dsp^2，而在$[Ni(NH_3)_4]^{2+}$中则采用的是 sp^3 杂化（图 10-3）。

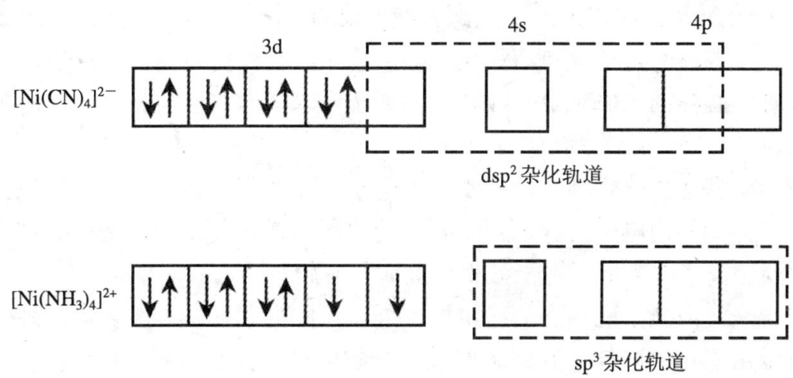

图 10-3 Ni^{2+}的两种杂化类型

（三）配位数为 6 的配合物

配位数为 6 的配合物的空间构型大多数为正八面体型，但是中心体采用的杂化轨道类型有区别。一种是 sp^3d^2 杂化，另一种是 d^2sp^3 杂化。例如，$[FeF_6]^{3-}$和$[Fe(CN)_6]^{3-}$，它们的杂化轨道类型就不一样。$[FeF_6]^{3-}$中 Fe^{3+}价电子构型是 $3d^54s^04p^04d^0$，含有 5 个未成对电子，直接以 1 个 4s，3 个 4p 和 2 个 4d 轨道发生 sp^3d^2 等性杂化，分别与 6 个 F^-配位成键。6 个 sp^3d^2 杂化轨道取最大夹角，指向正八面体的 6 个顶点，因此形成了正八面体构型的$[FeF_6]^{3-}$配离子。而在$[Fe(CN)_6]^{3-}$中，由于 Fe^{3+}受配体 CN^-的影响，4 个分占不同 d 轨道的单电子两两配对，空出 2 个 3d 轨道，这 2 个 3d 轨道与 1 个 4s 和 3 个 4p 轨道发生 d^2sp^3 杂化，与 6 个 CN^-配位成键，形成正八面体构型的$[Fe(CN)_6]^{3-}$配离子。前者使用的是外层 d 轨道，后者使用的是内层 d 轨道。

表 10-1　杂化轨道类型与配位离子空间构型的关系

配位数	杂化轨道	空间构型	实例
2	sp	直线型	$[Ag(NH_3)_2]^+$，$[Ag(CN)_2]^-$
4	sp^3	正四面体	$[Cd(CN)_4]^{2-}$，$[Co(SCN)_4]^{2+}$
4	dsp^2	正方形	$[Ni(CN)_4]^{2-}$，$[Pt(Cl)_4]^{2-}$
6	d^2sp^3 或 sp^3d^2	正八面体	$[Co(NH_3)_6]^{3+}$，$[FeF_6]^{3-}$

三、内轨型配合物与外轨型配合物

中心离子以最外层的轨道组成杂化轨道后与配位体形成的配位键称为外轨配键，其对应的配合物则称为外轨型配合物，如前面提到的$[FeF_6]^{3-}$。在形成外轨型配合物时，中心体的电子排布不受配位体的影响，仍保持自由离子的电子层构型，所以配合物中心体的未成对电子数和自由离子中未成对电子数相同，此时具有较多的未成对电子。

形成内轨型配位化合物时，中心体的电子分布在配位体的影响下发生变化，进行了电子归并，共用电子对深入到中心体的内层轨道，使得配合物中心体的未成对电子数比自由离子中未成对电子数少，此时具有较少的未成对电子。

一般说来，内轨型配离子的稳定性比外轨型配离子的强。配合物是外轨型还是内轨型可以由磁矩的降低来判断。配位化合物磁性的大小以磁矩μ来表示，其与成单电子数之间有如下的近似关系：

$$\mu = \sqrt{n(n+2)}$$

式中：n —— 成单电子数。

磁矩的单位为玻尔磁子。

表 10-2　磁矩的理论值

成单电子数 n	1	2	3	4	5
磁矩μ / 玻尔磁子	1.73	2.83	3.87	4.90	5.92

将磁矩的实验值与理论值相比较，可以推断出配位离子中成单的电子数。如：实验测得$[FeF_6]^{3-}$的磁矩为 5.9 玻尔磁子，可以推断出该配离子中的 Fe^{3+}含有 5 个成单电子，为外轨型配位离子。以$[FeF_6]^{3-}$和$[Fe(CN)_6]^{3-}$为例，比较两种类型的配合物的异同（表 10-3）。

表 10-3 两种类型配合物的比较

配离子	$[FeF_6]^{3-}$	$[Fe(CN)_6]^{3-}$
类型	外轨型配离子	内轨型配离子
自旋状态	高自旋状态	低自旋状态
杂化轨道	$nsnp^3nd^2$	$(n-1)d^2nsnp^3$
空间构型	正八面体	正八面体
实验磁矩测定μ	5.88 玻尔磁子	2.3 玻尔磁子
未配对电子数 n	5	1
稳定性	较差	稳定

第三节 配位平衡及其影响因素

在 AgCl 沉淀中加入氨水，由于 Ag^+能与氨形成稳定的$[Ag(NH_3)_2]^+$，因此我们可以观察到 AgCl 沉淀的溶解。若接着向该溶液中加入 KI 溶液，则又会有黄色的 AgI 沉淀析出。这说明在$[Ag(NH_3)_2]^+$溶液中仍然有 Ag^+存在。即溶液中既有 Ag^+与 NH_3 的配位反应，也有$[Ag(NH_3)_2]^+$的离解反应。

一、配位平衡

在一定条件下，当配合离子的离解过程和生成过程达到平衡状态时，称为配离子的离解平衡，简称为配位平衡。

以 $Ag[Ag(NH_3)_2]^+$为例，到达配位平衡时，其反应式为：

$$Ag^+ + 2NH_3 \rightleftharpoons [Ag(NH_3)_2]^+$$

配位平衡是化学平衡中的一种，因此同样符合质量作用定律，其平衡常数表达式为：

$$K_{稳} = \frac{\{c[Ag(NH_3)_2]^+\}^2}{c(Ag^+)\cdot c(NH_3)}$$

其中 $K_{稳}$称为$[Ag(NH_3)_2]^+$的稳定常数；$c(Ag^+)$、$c(NH_3)$及 $c[Ag(NH_3)_2{}^+]$分别表示平衡状态下，溶液中的 Ag^+、NH_3 和$[Ag(NH_3)_2]^+$浓度。

从平衡常数的表达式中可以看出，$K_{稳}$越大，则形成配位离子的趋势越大，即配位离子越稳定。如：$[Ag(NH_3)_2]^+$的 $K_{稳}=1.7\times10^7$，而$[Ag(CN)_2]^-$的 $K_{稳}=1\times10^{21}$，可见$[Ag(CN)_2]^-$比$[Ag(NH_3)_2]^+$稳定性强很多。在$[Ag(CN)_2]^-$溶液中加入 KI 溶液，就不会析出 AgI。

对于高配位数的配离子的生成和离解一般是分步进行的，因此在溶液中会存在一系列的配位平衡，而这些平衡又对应有一系列的稳定常数。

以 Cu^{2+} 与 NH_3 形成 $[Cu(NH_3)_4]^{2+}$ 为例：

$$Cu^{2+} + NH_3 \rightleftharpoons [Cu(NH_3)]^{2+}; \quad K_1 = \frac{c[Cu(NH_3)]^{2+}}{c(Cu^{2+}) \times c(NH_3)} = 1.35 \times 10^4$$

$$[Cu(NH_3)]^{2+} + NH_3 \rightleftharpoons [Cu(NH_3)_2]^{2+}; \quad K_2 = \frac{c[Cu(NH_3)_2]^{2+}}{c[Cu(NH_3)^{2+}] \times c(NH_3)} = 3.02 \times 10^3$$

$$[Cu(NH_3)_2]^{2+} + NH_3 \rightleftharpoons [Cu(NH_3)_3]^{2+}; \quad K_3 = \frac{c[Cu(NH_3)_3]^{2+}}{c[Cu(NH_3)_2]^{2+} \times c(NH_3)} = 7.41 \times 10^2$$

$$[Cu(NH_3)_3]^{2+} + NH_3 \rightleftharpoons [Cu(NH_3)_4]^{2+}; \quad K_4 = \frac{c[Cu(NH_3)_4]^{2+}}{c[Cu(NH_3)_3]^{2+} \times c(NH_3)} = 1.29 \times 10^2$$

K_1、K_2、K_3、K_4 对应各级配位平衡，称为配离子的逐级稳定常数。将逐级稳定常数依次相乘，则得到各级累积稳定常数(β_n)。

$\beta_1=K_1$　　$\beta_2=K_1 \cdot K_2$　　$\beta_3=K_1 \cdot K_2 \cdot K_3$　　$\beta_4=K_1 \cdot K_2 \cdot K_3 \cdot K_4$

依此类推，$\beta_n=K_1 \cdot K_2 \cdot K_3 \cdots K_n$

最后一级累积稳定常数就是配合物的总稳定常数。

从 $[Cu(NH_3)_4]^{2+}$ 的逐级配位常数可以看出，彼此相差并不大，通常情况下，它们都是在同一体系中共存的，因此在计算离子浓度时必须考虑各级配位离子的存在。但是在实际工作中，总是会加入过量的配位剂，使得配位离子绝大部分处在最高配位数的状态，其他较低级配位离子可忽略不计。

$$Cu^{2+} + 4NH_3 \rightleftharpoons [Cu(NH_3)_4]^{2+}$$

$$K_{稳} = \frac{c[Cu(NH_3)_4]^{2+}}{c(Cu^{2+}) \times [c(NH_3)]^4} = 2.1 \times 10^{13}$$

【例 10-1】 计算溶液中与 1.00×10^{-3} mol·L^{-1} $[Cu(NH_3)_4]^{2+}$ 和 1.00 mol·L^{-1} NH_3 处于平衡状态时的游离 Cu^{2+} 浓度。

解：设平衡时游离 Cu^{2+} 浓度为 x，根据反应：

$$Cu^{2+} + 4NH_3 \rightleftharpoons [Cu(NH_3)_4]^{2+}$$

则：
$$K_{稳}=\frac{c[Cu(NH_3)_4]^{2+}}{c(Cu^{2+})\times[c(NH_3)]^4}$$

已知$[Cu(NH_3)_4]^{2+}$的 $K_{稳}$=2.1×10^13；将题目中的各项平衡浓度带到 $K_{稳}$的表达式中得：

$$K_{稳}=\frac{c[Cu(NH_3)_4]^{2+}}{c(Cu^{2+})\times[c(NH_3)]^4}=\frac{1.00\times10^{-3}}{x\times(1.00)^4}$$

$$x=\frac{1.0\times10^{-3}}{2.1\times10^{13}}=4.8\times10^{-17}\ mol\cdot L^{-1}$$

即游离 Cu^{2+}的浓度为 4.8×10^{-17} mol · L^{-1}。

二、配位平衡的移动

在一个配位反应中：$M^{n+}+xL \rightleftharpoons [ML_x]^{(x-n)-}$

加入各种试剂，如酸、碱、沉淀剂、氧化剂、还原剂或另一配体，如果这些试剂也可以与中心离子 M^{n+}或配位体 L 发生反应，都可以使上述配位平衡发生移动，使得原溶液中各个组分的浓度发生变化。

（一）配位平衡与酸碱平衡

在配位反应中作为配位体的一些物质，如 F^-、CN^-、NH_3 等，按照酸碱质子理论来判断，它们都是碱，可以接受质子生成酸；此外中心离子的存在状态也与溶液的酸度有关。当在配位化合物的溶液中加入少量的酸或者碱的话，可能存在有这样两种反应：① 配位体得到质子生成相应的酸；② 中心离子发生水解反应。

例如：
$$Al^{3+}+6F^- \rightleftharpoons [Al(F)_6]^{3-}$$

当外加少量的酸，则会发生：$F^-+H^+ \rightleftharpoons HF$

F^-浓度降低，导致配位离子$[Al(F)_6]^{3-}$发生离解，配位平衡发生移动。可见，酸度增加，反应向离解的方向进行，酸度越高，离解程度越大。

此外，在配位离子水溶液中，多数中心离子（过渡金属）都有明显的水解作用，若溶液的酸度降低，则会与 OH^-结合生成氢氧化物或羟基化合物，使得溶液中金属离子的浓度降低，配位离子的稳定性减弱，反应同样向配位离子发生离解的方向进行。例如在$[Cu(Cl)_4]^{2-}$的平衡中，当溶液的酸度降低，Cu^{2+}可能发生如下水解反应：

$$Cu^{2+} + 2H_2O \rightleftharpoons [Cu(OH)]^+ + H_3O^+$$

$$[Cu(OH)]^+ + 2H_2O \rightleftharpoons Cu(OH)_2 \downarrow + H_3O^+$$

随着水解反应的进行，溶液中的金属离子浓度降低，配位平衡发生了移动，配位离子被破坏。

（二）配位平衡和沉淀平衡

当配位平衡体系中有能够与金属离子生成沉淀的物质存在时，也会使平衡发生移动。这个过程可以将其看成是配位体和沉淀剂争夺金属离子的过程。例如，AgCl沉淀能溶于 $NH_3 \cdot H_2O$ 生成$[Ag(NH_3)_2]Cl$，就是配位体战胜了沉淀剂，夺取了AgCl中的Ag^+。利用这一关系，实际生产中，往往用一种理想的配位剂来溶解难溶性盐。例如，AgI黄色沉淀难溶于浓氨水，但能溶于氰化钾溶液。

$$AgI \rightleftharpoons Ag^+ + I^-$$

$$Ag^+ + 2CN^- \rightleftharpoons [Ag(CN)_2]^-$$

总反应式为：　$AgI + 2CN^- \rightleftharpoons [Ag(CN)_2]^- + I^-$

实践证明，配位离子与沉淀之间的转化作用取决于配位离子的稳定常数和沉淀的溶度积大小。配位离子的$K_{稳}$越大，或沉淀的K_{sp}越大，则沉淀越容易转化为配合物溶解。相反，配位离子的$K_{稳}$越小，或沉淀的K_{sp}越小，则配离子越容易离解转化为沉淀。

（三）配位离子间的转化与平衡

配位离子之间的相互转化，与配位离子和沉淀间的转化情况类似。配位平衡会向着生成更稳定配合物的方向移动。两种配位离子之间的稳定常数相差越远，就越完全。

例如在$Fe(SCN)_3$的溶液中加入EDTA，血红色的$Fe(SCN)_3$的颜色将会褪去。

$$Fe(SCN)_3 + H_2Y^{2-} \rightleftharpoons FeY^- + 2HSCN + SCN^-$$

我们在实验中常会加入 F^-做掩蔽剂，来消除 $Fe(SCN)_3$ 的颜色对测定的干扰，其原理也就是利用了配位离子间的转化。向$Fe(SCN)_3$溶液中加入饱和NH_4F溶液，会发现红色消失。

$$Fe(SCN)_3 + 3F^- \rightleftharpoons FeF_3 + 3SCN^-$$

第四节 配位滴定法

配位滴定法是以形成配位化合物的化学反应为基础的滴定分析方法。绝大多数金属离子都能与无机配位体发生配位反应，但是生成的配位化合物多数稳定常数较小，特别是对于多配位化合物，体系中有多种配合物同时存在，无法满足滴定分析的基本要求，不能直接用于定量分析。

直到 20 世纪 40 年代，以氨羧配位体为代表的有机配位剂开始用于滴定分析，配位滴定法才得以迅速发展。氨羧配位体能与大多数金属离子生成稳定的、反应系数比较简单的配合物，能用各种金属指示剂判定滴定的终点，还可以利用控制酸度和使用掩蔽剂等方法消除干扰离子的影响，这为配位滴定法的应用开辟了广阔的道路，使之成为应用最为广泛的滴定分析法之一。

一、螯合物

螯合物又称内络合物，是螯合物形成体（中心体）和某些合乎一定条件的螯合剂（配位体）配合而成具有环状结构的配合物。“螯合”即成环的意思，犹如螃蟹的两个螯把形成体（中心离子）钳住似的，故叫螯合物。

形成螯合物的第一个条件是螯合剂必须有两个或两个以上都能给出电子对的配位原子（主要是 N，O，S 等原子）；第二个条件是每两个能给出电子对的配位原子，必须隔着两个或三个其他原子，因为只有这样，才可以形成稳定的五原子环或六原子环。如草酸根 $C_2O_4^{2-}$中的氧原子和乙二胺 $H_2NCH_2CH_2NH_2$（简写成 en）中的氮原子，分别与一个金属离子同时配位。其配位情况示意如图 10-4 所示：

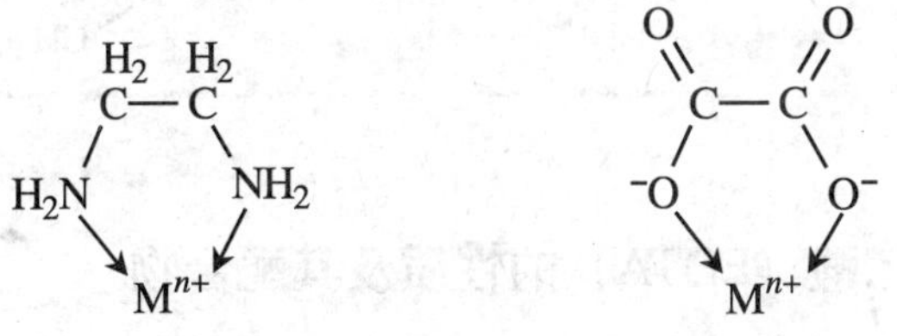

图 10-4 多基配位体配位情况示意图

具有螯环结构的配位离子比一般的配位离子具有较大的稳定性。这种由于螯环的形成而使配位离子稳定性显著增强的作用称为螯合效应。影响螯合物稳定性的主要因素有：① 熵效应。形成螯合物后体系熵增加越多，稳定性越强。② 螯环的大小。以五元环或六元环最稳定。③ 螯环的数目。螯合物中螯环数目越多，稳定性越强。

常用的螯合剂是氨羧螯合剂，是一类以氨基二乙酸 $HN(CH_2COOH)_2$ 为基体的螯合剂，它以 N、O 为螯合原子，与金属离子螯合时形成环状的螯合物。表 10-4 列举了在配位滴定法中常用到的氨羧配位剂。

表 10-4 常用的氨羧配位剂

名称	缩写	结构式
氨三乙酸	NTA	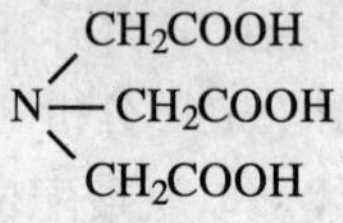
乙二胺四乙酸	EDTA	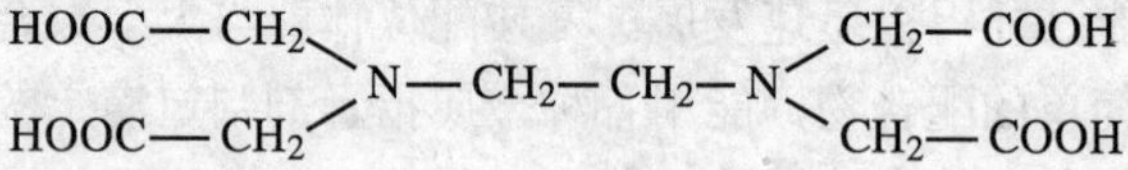
乙二胺四丙酸	EDTP	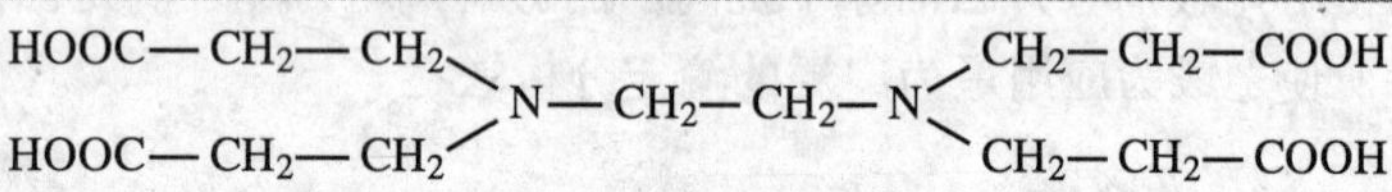
环己烷二胺四乙酸	CyDTA（DCTA）	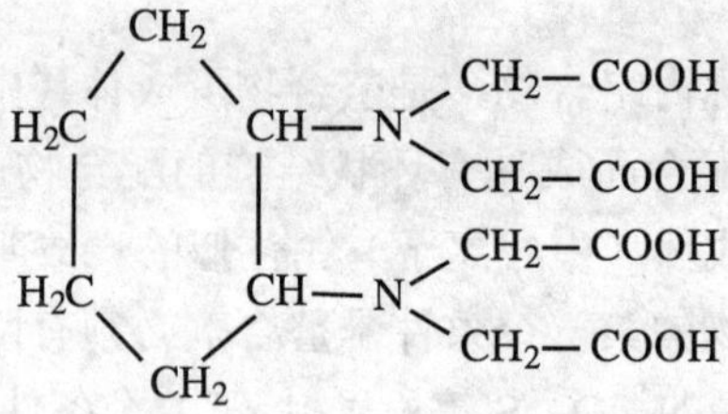
乙二醇二乙醚二胺四乙酸	EGTA	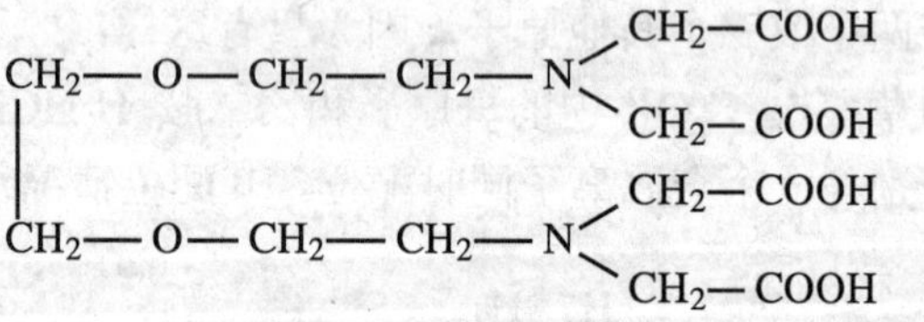

二、乙二胺四乙酸（EDTA）的性质及其配合物

（一）乙二胺四乙酸的结构与性质

乙二胺四乙酸简称为 EDTA，是一种白色粉末状结晶，微溶于水（22℃时 0.02 g/100 mL）难溶于酸和有机溶剂，易溶于碱及氨水。其结构为：

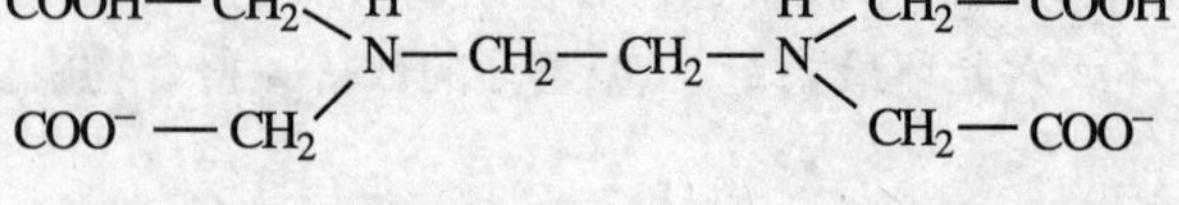

从结构上看，乙二胺四乙酸是四元酸，常用 H_4Y 表示。在水溶液中两个羧基上的氢结合到氮原子上，形成了双偶极离子。

由于乙二胺四乙酸在水中的溶解度较小，因此，实际工作中，配位滴定法一般采用它的二钠盐来配制标准溶液。乙二胺四乙酸二钠通常缩写成EDTA-二钠，它是一种白色结晶，含有两分子结晶水，常温下较易溶于水（22℃时 11.0 g/100 mL），其饱和溶液约为 0.3 mol·L^{-1}，用 $Na_2H_2Y \cdot 2H_2O$ 表示。

在酸度较高的溶液中，H_4Y 的两个羧基可以再接受两个 H^+而形成 H_6Y^{2+}，这时它就相当于一个六元酸，在溶液中有六级离解平衡：

$$H_6Y^{2+} \rightleftharpoons H^+ + H_5Y^+ \qquad K_{a_1} = 10^{-0.9}$$

$$H_5Y^+ \rightleftharpoons H^+ + H_4Y \qquad K_{a_2} = 10^{-1.6}$$

$$H_4Y \rightleftharpoons H^+ + H_3Y^- \qquad K_{a_3} = 10^{-2.0}$$

$$H_3Y^- \rightleftharpoons H^+ + H_2Y^{2-} \qquad K_{a_4} = 10^{-2.67}$$

$$H_2Y^{2-} \rightleftharpoons H^+ + HY^{3-} \qquad K_{a_5} = 10^{-6.16}$$

$$H_2Y^{3-} \rightleftharpoons H^+ + Y^{4-} \qquad K_{a_6} = 10^{-10.26}$$

在水溶液中，EDTA 有七种型体存在，分别为 H_6Y^{2+}、H_5Y^+、H_4Y、H_3Y^-、H_2Y^{2-}、HY^{3-}、Y^{4-}，在不同的酸度下，各种型体的分布情况是不一样的，它们的浓度分布与溶液 pH 之间的关系如图 10-5 所示：

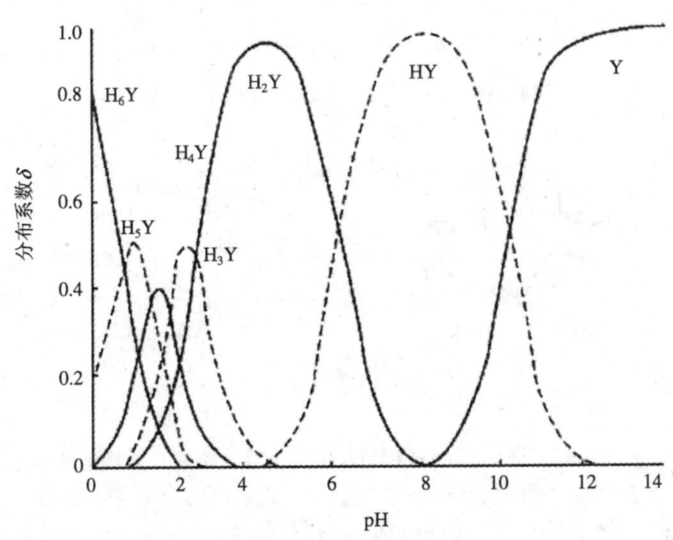

图 10-5 EDTA 各型体在不同 pH 中的分布

由图可见，在 pH<1 的强酸溶液中，EDTA 主要以 H_6Y^{2+} 型体存在；而在 pH>10.26 的碱性溶液中，只以 Y^{4-} 型体存在。

（二）EDTA 的配位特性

EDTA 分子中含有两个氨基和四个羧基，属于多基配体，它的酸根 Y^{4-}（简写成 Y）能直接与金属离子形成配位化合物，而形成的配合物具有以下特性：

（1）广泛性。EDTA 能与元素周期表中大多数金属离子配位生成稳定的配合物，这就使得用配位滴定法直接或间接测定金属离子含量成为可能。但是，也正是因为 EDTA 属于广谱型配位剂，其选择性差，如何提高滴定的选择性成为了 EDTA 滴定中的突出问题。

（2）螯合比恒定。EDTA 的 Y 型体能与多数金属离子按照 1∶1 的螯合比形成配位化合物，只有少数几种高价离子例外。Y 型体由 6 个配位原子，即 2 个氨基上的氮原子和 4 个羧基上的氧原子。这 6 个配位原子在空间位置上均能与同一个金属离子配位生成配位键，而大多数金属离子的配位数为 4 或者为 6，因此 EDTA 与金属离子形成的配合物的螯合比一般为 1∶1。如：

$$Ca^{2+}+H_2Y^{2-}=CaY^{2-}+2H^+$$
$$Al^{3+}+H_2Y^{2-}=AlY^-+2H^+$$
$$Sn^{4+}+H_2Y^{2-}=SnY+2H^+$$

（3）稳定性高。EDTA 与大多数金属离子形成五元环的螯合物，具有较高的稳定性（图 10-6）。

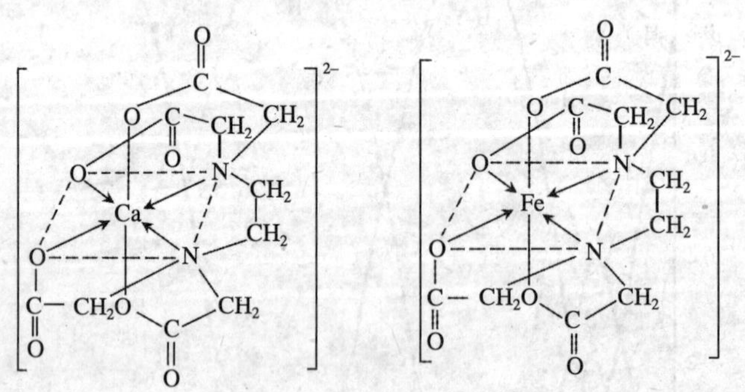

图 10-6 Ca^{2+}，Fe^{3+}与 EDTA 生成的螯合物的立体构型图

一些金属离子与 EDTA 形成的配合物 MY 的稳定常数见表 10-5，从表上可以看出，绝大多数金属离子与 EDTA 形成的配合物都相当稳定。

表 10-5 金属离子配合物的 $\lg K_{MY}$（I=0.1，T=293～298 K）

离子	$\lg K_稳$	离子	$\lg K_稳$	离子	$\lg K_稳$
Na^+	1.66	Ce^{3+}	15.98	Ga^{3+}	20.3
Li^+	2.79	Al^{3+}	16.30	Ti^{3+}	21.3
Ag^+	2.32	Co^{2+}	16.31	Hg^{2+}	21.7
Ba^{2+}	7.86	Cd^{2+}	16.46	Sn^{2+}	22.11
Sr^{2+}	8.73	Zn^{2+}	16.50	Sc^{3+}	23.1
Mg^{2+}	8.79	TiO^{2+}	17.30	Th^{4+}	23.2
Be^{2+}	9.2	Pb^{2+}	18.04	Cr^{3+}	23.4
Ca^{2+}	10.69	Ni^{2+}	18.62	Fe^{3+}	25.1
Mn^{2+}	13.87	VO^{2+}	18.80	Bi^{3+}	27.8
Fe^{2+}	14.32	Cu^{2+}	18.80	ZrO^{2+}	29.5

（4）螯合物的颜色。EDTA 与无色金属离子形成无色配合物，与有色金属离子形成颜色更深的配合物（表 10-6）。

表 10-6 几种有色 EDTA 配合物

配合物	CoY^{2-}	MnY^{2-}	NiY^{2-}	CuY^{2-}	CrY^-	FeY^-
颜色	玫瑰红	紫红	蓝绿	深蓝	蓝紫	黄

三、影响配位平衡的主要因素

在 EDTA 滴定中，被测金属离子 M 与 EDTA 发生配位，生成配位化合物 MY，此反应为主反应。此外，反应物 M 和 Y 以及产物 MY 都可能同溶液中的其他组分发生副反应，影响主反应的进行。

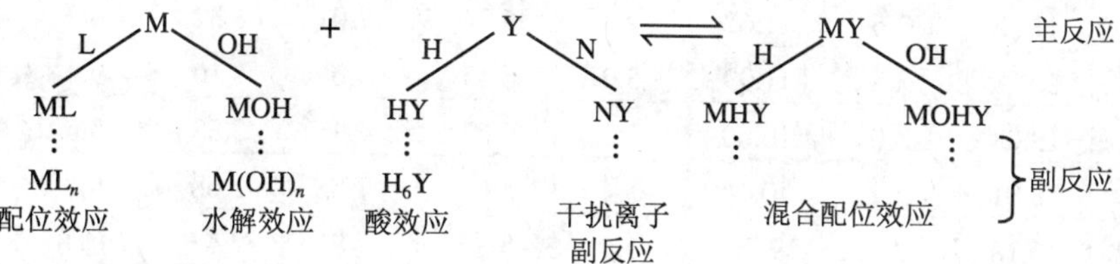

式中：L——辅助配位剂；

N——干扰离子。

可以看出，反应物 M 与 Y 的各种副反应不利于主反应的进行，而产物 MY 的副反应则有利于主反应的进行，但这些混合配合物大多不太稳定，可以忽略不计。在一定条件下，各种副反应对主反应的影响可以由各个副反应的副反应系数 α 反映出来。

（一）酸效应及酸效应系数$\alpha_{Y(H)}$

在滴定体系中当有H^+存在，H^+与 EDTA 之间发生反应，使参与主反应的 Y 浓度减小，配位反应的程度降低。这种由于H^+与 Y 之间发生副反应，而使 EDTA 参与主反应的能力下降的现象称为 EDTA 的酸效应。酸效应的大小可以用酸效应系数$\alpha_{Y(H)}$来衡量。

$$\alpha_{Y(H)} = \frac{c(Y')}{c(Y)}$$

式中：$c(Y)$ —— 溶液中 Y 型体的平衡浓度；

$c(Y')$ —— 未与 M 配位的 EDTA 各种型体的总浓度。

$$c(Y') = c(Y) + c(HY) + c(H_2Y) + c(H_3Y) + c(H_4Y) + c(H_5Y) + c(H_6Y)$$

当$\alpha_{Y(H)} > 1$，即 $c(Y') > c(Y)$，说明有酸效应存在，$\alpha_{Y(H)}$越大，则酸效应对主反应的影响程度也越大；当$\alpha_{Y(H)}=1$，即 $c(Y')=c(Y)$，说明体系中所有的 EDTA 都以 Y 型体存在，没有酸效应。

表 10-7 给出了不同 pH 值下的 $\lg\alpha_{Y(H)}$值，可以看出，随着介质酸度增加，$\lg\alpha_{Y(H)}$也增加，酸效应显著，EDTA 参与主反应的能力显著降低。在 pH=12 时，$\lg\alpha_{Y(H)}$接近于 0，酸效应的影响可以忽略。

表 10-7　不同 pH 值下的 $\lg\alpha_{Y(H)}$值

pH	$\lg\alpha_{Y(H)}$	pH	$\lg\alpha_{Y(H)}$	pH	$\lg\alpha_{Y(H)}$	pH	$\lg\alpha_{Y(H)}$	pH	$\lg\alpha_{Y(H)}$
0.0	23.64	2.2	12.84	4.4	7.64	6.6	3.79	8.8	1.48
0.2	22.47	2.4	12.19	4.6	7.24	6.8	3.55	9.0	1.28
0.4	21.32	2.6	11.62	4.8	6.84	7.0	3.32	9.2	1.10
0.6	20.18	2.8	11.09	5.0	6.45	7.2	3.10	9.4	0.92
0.8	19.08	3.0	10.60	5.2	6.07	7.4	2.88	9.6	0.75
1.0	18.01	3.2	10.14	5.4	5.69	7.6	2.68	9.8	0.59
1.2	16.18	3.4	9.70	5.6	5.33	7.8	2.47	10.0	0.45
1.4	16.02	3.6	8.27	5.8	4.98	8.0	2.27	10.5	0.20
1.6	15.11	3.8	8.85	6.0	4.65	8.2	2.07	11.0	0.07
1.8	14.27	4.0	8.44	6.2	4.34	8.4	1.87	11.5	0.02
2.0	13.51	4.2	8.04	6.4	4.06	8.6	1.67	12.0	0.01

（二）共存离子效应和共存离子效应系数

当金属离子 M 与 N 共存时，如果用 EDTA 滴定 M 时，N 亦能发生配位反应，则会由于生成了 NY 而使溶液中的 c(Y)降低，影响了主反应的进行程度。这种由于共存离子 N 与 Y 之间发生副反应，而使 EDTA 参与主反应的能力下降的现象称为 EDTA 的共存离子效应。共存离子效应的大小可用共存离子效应系数$\alpha_{Y[N]}$表示。

$$\alpha_{Y[N]}=\frac{c(Y')}{c(Y)}=\frac{c(Y)+c(NY)}{c(Y)}=1+c(N)K_{NY}\approx c(N)K_{NY}$$

从式中可以看出，共存离子 N 的浓度越大，以及生成的副反应产物 NY 越稳定，则$\alpha_{Y[N]}$越大，对主反应的影响也越显著。

（三）配位效应和配位效应系数$\alpha_{M(L)}$

如果滴定体系中存在有其他的配位剂 L，并能与被测金属离子 M 反应生成配位化合物，使得参与主反应的金属离子 M 的浓度降低，与 Y 的配位程度减弱。这种由于共存的配位剂的作用而使得被测金属离子参与主反应能力下降的现象，称为配位效应。配位效应的大小用配位效应系数$\alpha_{M(L)}$表示。

$$\alpha_{M(L)}=\frac{c(M')}{c(M)}$$

式中：c(M) —— 溶液中金属离子的平衡浓度；

c(M′) —— 未与 EDTA 发生配位的金属离子总浓度。

$$c(M')=c(M)+c(ML)+c(ML_2)+\cdots+c(ML_n)$$

当$\alpha_{M(L)}>1$，即 $c(M')>c(M)$，说明有配位效应在，$\alpha_{M(L)}$越大，则配位效应对主反应的影响程度也越大；当$\alpha_{M(L)}=1$，即 $c(M')=c(M)$，说明体系中所有的金属离子都以游离态的 M 型体存在，没有配位效应。

配位效应系数$\alpha_{M(L)}$的大小与共存配位剂 L 的种类和浓度有关。L 的浓度越大，与被测金属离子形成的配合物越稳定，则配位效应越显著，对主反应的影响越大。

（四）配合物的条件稳定常数

M 与 Y 的配位反应达到平衡时，可以表示为：

$$M+Y=MY$$

其平衡常数为：$K_{MY}=\dfrac{c(MY)}{c(M)\cdot c(Y)}$

K_{MY}越大，表示配位反应进行得越完全，生成的配位化合物 MY 越稳定。由于K_{MY}是在一定温度和离子强度理想条件下的平衡常数，不受溶液其他条件的影响，故称其为绝对稳定常数。

若体系中存在有酸效应和配位效应，那么 K_{MY} 的大小就不能很好地反映 M 与 Y 的配位反应进行的程度，这个时候可以用 K'_{MY}来表示，K'_{MY}称为条件稳定常数。

$$K'_{MY} = \frac{c(MY)}{c(M') \cdot c(Y')}$$

由前面副反应系数的表达式可以得出：

$$c(M') = \alpha_{M(L)} c(M), \quad c(Y') = \alpha_{Y(H)} c(Y)$$

将其带入到K'_{MY}的表达式中，得到K'_{MY}的计算公式：

$$K'_{MY} = \frac{c(MY)}{\alpha_{M(L)} c(M) \times \alpha_{Y(H)} c(Y)} = \frac{K_{MY}}{\alpha_{M(L)} \times \alpha_{Y(H)}}$$

或

$$\lg K'_{MY} = \lg K_{MY} - \lg \alpha_{M(L)} - \lg \alpha_{Y(H)}$$

如果滴定体系中没有其他配位体存在，主反应只受酸效应的影响，则条件稳定常数表示为：$\lg K'_{MY} = \lg K_{MY} - \lg \alpha_{Y(H)}$

【例 10-2】 计算 pH=2.0 和 pH=5.0 时的 $\lg K'_{ZnY}$

解：已知 $\lg K_{ZnY} = 16.50$

（1）pH=2.0 时，查表 10-7，得 $\lg\alpha_{Y(H)}$=13.51

$$\lg K'_{ZnY} = \lg K_{ZnY} - \lg \alpha_{Y(H)} = 16.50 - 13.51 = 2.99$$

（2）pH=5.0 时，查表 10-7，得 $\lg\alpha_{Y(H)}$=6.45

$$\lg K'_{ZnY} = \lg K_{ZnY} - \lg \alpha_{Y(H)} = 16.50 - 6.45 = 10.05$$

由例题可以看出，当 pH=2.0 时，由于 Y 与 H^+的副反应严重，使得生成的配合物 ZnY 很不稳定，$\lg K'_{ZnY}$仅为 2.99。而在 pH=5.0 时，$\lg K'_{ZnY}$达到 10.05，配合物 ZnY 很稳定。这说明在配位滴定中选择和控制溶液的酸度是非常重要的。

四、配位滴定原理

（一）滴定曲线

在配位滴定中，随着 EDTA 的不断加入，被滴定的金属离子浓度逐渐减少，其改变的情况与酸碱滴定的情况类似。我们以 EDTA 的加入量为横坐标，以金属离子浓度的负对数 pM 为纵坐标作图，可以得到反映滴定过程中金属离子浓度变化规律的曲线，即配位滴定曲线。以 pH=10.0 时，0.010 00 mol · L^{-1} EDTA 滴定 20.00 mL 0.010 00 mol · L^{-1} Ca^{2+}溶液为例，介绍滴定曲线的绘制。

已知：$\lg K_{CaY} = 10.69$ 　则 $K_{CaY} = 10^{10.69}$

（1）滴定前：$c(Ca^{2+}) = 0.010\ 00\ mol \cdot L^{-1}$，pCa=2.0。

（2）滴定开始到化学计量点前：在此阶段，溶液中有 Ca^{2+}剩余，pCa 取决于剩余 Ca^{2+}浓度。

当加入 EDTA 18.00 mL 时：

$$c(Ca^{2+}) = 0.010\ 00 \times \frac{20.00 - 18.00}{20.00 + 18.00} = 5.3 \times 10^{-4}\ (mol \cdot L^{-1})$$

$$pCa = 3.28$$

当加入 EDTA 19.98 mL 时：

$$c(Ca^{2+}) = 0.010\ 00 \times \frac{20.00 - 19.98}{20.00 + 19.98} = 5.0 \times 10^{-6}\ (mol \cdot L^{-1})$$

$$pCa = 5.30$$

（3）化学计量点时：当加入 EDTA 20.00 mL 时，Ca^{2+}与 Y 全部配位成配位化合物 CaY，所以

$$c(CaY) = 0.010\ 00 \times \frac{20.00}{20.00 + 20.00} = 5.0 \times 10^{-3}\ (mol \cdot L^{-1})$$

又因为此时 $c(Ca^{2+}) = c(Y)$，所以：

$$K_{CaY} = \frac{c(CaY)}{c(Ca^{2+})c(Y)} = \frac{c(CaY)}{\{c(Ca^{2+})\}^2}$$

$$c(Ca^{2+}) = \sqrt{\frac{c(CaY)}{K_{CaY}}} = \sqrt{\frac{5.0 \times 10^{-3}}{10^{10.69}}} = 3.2 \times 10^{-7}\ (mol \cdot L^{-1})$$

$$pCa = 6.49$$

（4）化学计量点后，溶液中加入过量的 EDTA，假设加入 EDTA 20.02 mL，此时：

$$c(Y) = 0.010\ 00 \times \frac{20.02 - 20.00}{20.00 + 20.02} = 5.0 \times 10^{-6}\ (mol \cdot L^{-1})$$

$$c(CaY) = 0.010\ 00 \times \frac{20.02}{20.00 + 20.02} = 5.0 \times 10^{-3}\ (mol \cdot L^{-1})$$

$$c(Ca^{2+})=\frac{c(CaY)}{K_{CaY}\times c(Y)}=\frac{5.0\times10^{-3}}{10^{10.69}\times5.0\times10^{-6}}=10^{-7.68}\ (mol\cdot L^{-1})$$

$$pCa=7.68$$

按照这一方法，将滴定过程中所有的结果以 EDTA 的加入体积或者百分数为横坐标，以 pCa 值为纵坐标，绘制出滴定曲线（图 10-7）。

可以看出，曲线在化学计量点附近有明显的突跃，突跃区间为 pCa 5.30～7.68。

（二）影响 pM 滴定突跃的因素

1．配合物的条件稳定常数的影响

在金属离子和 EDTA 的浓度一定的条件下，生成的配位化合物的条件稳定常数越大，则滴定突跃范围越大。由于条件稳定常数 K'_{MY} 的大小取决于绝对稳定常数 K_{MY}，配位效应系数$\alpha_{M(L)}$以及酸效应系数$\alpha_{Y(H)}$，因此：①在一定条件下，K_{MY} 越大，则 K'_{MY} 越大，pM 滴定突跃越大，反之亦然；②滴定体系的酸度越大，则酸效应越显著，$\alpha_{Y(H)}$越大，则 K'_{MY} 越小，导致 pM 滴定突跃变小；③滴定体系的配位效应越显著，$\alpha_{M(L)}$越大，则 K'_{MY} 越小，同样导致 pM 滴定突跃变小。

2．被测金属离子初始浓度的影响

在 K'_{MY} 一定的条件下，金属离子的浓度越低，则滴定曲线的起点越高，滴定突跃越小。

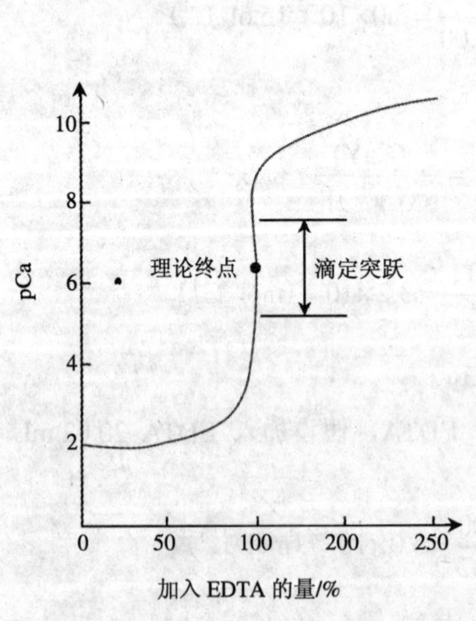

图 10-7　0.010 00 mol·L⁻¹ EDTA 滴定 20.00 mL 0.010 00 mol·L⁻¹ Ca^{2+}溶液的滴定曲线

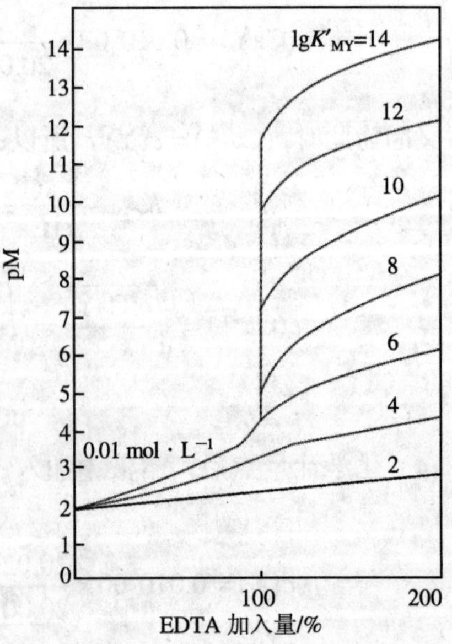

图 10-8　不同 $\lg K'_{MY}$ 时的 EDTA 滴定曲线

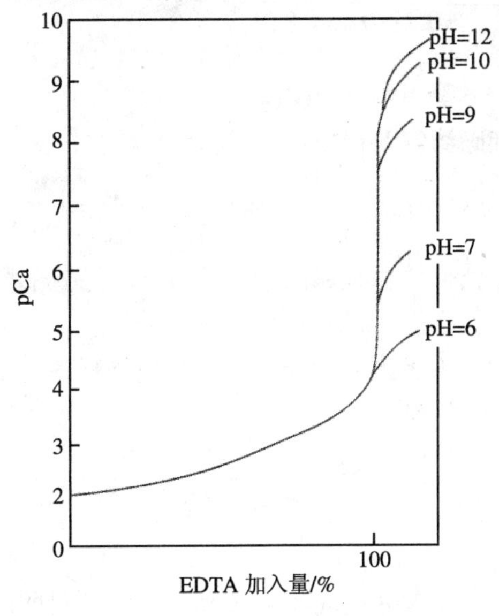

图 10-9　不同 pH 时的 EDTA 滴定曲线

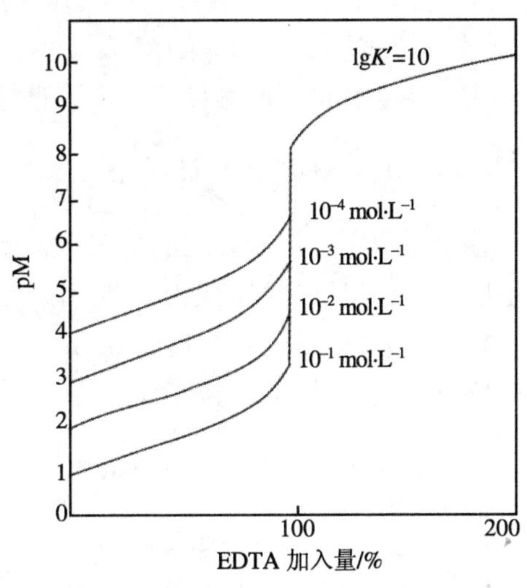

图 10-10　不同浓度金属离子的 EDTA 滴定曲线

（三）金属离子被准确滴定的条件

滴定突跃的大小是决定滴定准确度的重要依据。在采用指示剂颜色变化指示终点的情况下，终点的判断和化学计量点之间会存在有±0.2 pM 单位的差距，根据上面对影响滴定突跃因素的分析，配合物的条件稳定常数和被测金属离子的初始浓度越大，滴定的突跃范围也越大。在配位滴定中，滴定误差不超过 0.1%，就可认为金属离子已被定量滴定，为了达到这一准确度，则被测金属离子的初始浓度 c(M) 与配合物的条件稳定常数 K'_{MY} 的乘积不能小于 10^6，即：

$$\lg[c(\mathrm{M})K'_{\mathrm{MY}}] \geqslant 6$$

这是配位滴定中准确测定单一金属离子的条件。

【例 10-3】 在 pH=5.0 时，能否用 0.02 $mol \cdot L^{-1}$ EDTA 标准溶液直接准确滴定 0.01 $mol \cdot L^{-1}$ Mg^{2+}？在 pH=10.0 的氨性缓冲溶液中呢？

解：pH = 5.0，查表知 $\lg\alpha_{Y(H)} = 6.45$，则：

$$\lg K'_{\mathrm{MgY}} = \lg K_{\mathrm{MgY}} - \lg\alpha_{\mathrm{Y(H)}} = 8.7 - 6.45 = 2.25$$

$$\lg[c(\mathrm{M})K'_{\mathrm{MY}}] = -2 + 2.25 = 0.25 < 6$$

所以在 pH=5.0 的条件下，不能直接准确滴定 Mg^{2+}。

pH=10.0，查表知 $\lg\alpha_{Y(H)}$=0.45，则：

$$\lg K'_{MgY} = \lg K_{MgY} - \lg \alpha_{Y(H)} = 8.7 - 0.45 = 8.25$$

$$\lg[c(M)K'_{MY}] = -2 + 8.25 = 6.25 > 6$$

所以在 pH=10.0 的条件下，可以直接准确滴定 Mg^{2+}。

（四）滴定 M 所允许的最小 pH 及酸效应曲线

在满足一定准确度要求的情况下，滴定任何一种金属离子，都有一个适宜的酸度范围，若超出这一酸度范围，将引起较大的误差。

假设金属离子浓度为 1.0×10^{-2} mol · L^{-1}，不考虑酸效应以外的其他副反应对滴定的影响，要能对其准确滴定，必须满足的条件为：

$$\lg K'_{MY} = \lg K_{MY} - \lg \alpha_{Y(H)} \geqslant 8$$

由此可得：$\lg\alpha_{Y(H)} \leqslant \lg K_{MY} - 8$。

由于 $\lg K_{MY}$ 是常数，根据上式就可以求出最大 $\lg\alpha_{Y(H)}$，再查表 10-7，其对应的 pH 就是滴定某一离子所允许的最小 pH，如果低于此值，将不能被准确滴定。

将表 10-7 中的 pH 对 $\lg\alpha_{Y(H)}$ 作图，所得到的曲线即为 EDTA 的酸效应曲线（图 10-11）。

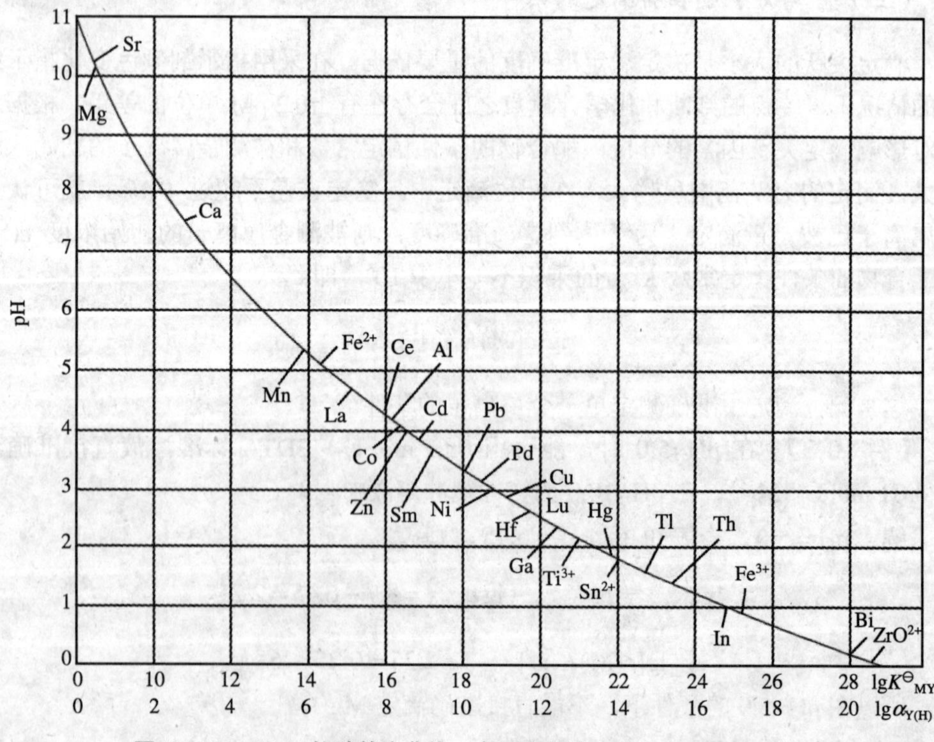

图 10-11　EDTA 的酸效应曲线（金属离子浓度为 0.01 mol · L^{-1}）

利用酸效应曲线不仅可以查到滴定某种离子的允许最小 pH，而且可以预计可能存在的干扰离子。例如，pH≈3.3 可以滴定 Pb^{2+}，但是只要体系里存在有其允许最小 pH≤3.3 的离子，就会对滴定有一定的干扰，而允许最小 pH 很大的离子则不会。此外，利用酸效应曲线，我们还能判断两种离子是否能分布连续滴定。

【例 10-4】 已知 Mg^{2+}和 EDTA 的浓度均为 1.0×10^{-2} mol · L^{-1}，求：（1）pH=6.0 时的 $\lg K'_{MgY}$，并判断能否进行准确滴定；（2）若 pH=6.0 时不能准确滴定，试确定滴定允许的最小 pH。

解：查表得 $\lg K_{MgY}=8.69$

（1）pH=6.0 时，$\lg\alpha_{Y(H)}=4.65$，所以：

$$\lg K'_{MgY}=\lg K_{MgY}-\lg\alpha_{Y(H)}=8.69-4.65=4.04<8$$

故，在 pH=6.0 时不能进行准确滴定。

（2）由于 $c(Mg^{2+})=0.01\ mol\cdot L^{-1}$，所以：

$$\lg\alpha_{Y(H)}\leqslant\lg K_{MgY}-8=8.69-8=0.69$$

查表得对应的 pH=9.7，此即为滴定 Mg^{2+}时所允许的最低 pH。

要注意的是，虽然 pH 增大，酸效应减弱，$\lg K'_{MY}$ 增大，生成的配合物越稳定，但是并非越大越好。因为随着 pH 的增大，金属离子发生水解的趋势也增大，生成多羟基配合物，从而降低了 MY 的稳定性。甚至还有可能生成氢氧化物的沉淀，影响了 MY 的生成，对滴定不利。因此，在考虑了最小 pH 值的同时，我们还要针对不同金属离子的性质，在滴定时控制最大允许 pH。一般来说确定某一金属离子的最大允许 pH，可通过该离子氢氧化物的溶度积 $K_{sp}^{\ominus}$ 加以估算。

【例 10-5】 用 $0.010\ mol\cdot L^{-1}$ EDTA 滴定 $0.010\ mol\cdot L^{-1}$ Fe^{3+}溶液，计算滴定最适宜的酸度范围。

解：已知 $\lg K_{FeY}=25.1$

$$\lg\alpha_{Y(H)}\leqslant\lg K_{FeY}-8=25.1-8=17.1$$

查表得：$pH_{min}=1.2$（最小允许 pH）

最大允许 pH 由 $Fe(OH)_3$ 的溶度积关系式求出：

$$K_{sp}^{\ominus}=c(Fe^{3+})\times[c(OH^-)]^3=4.0\times10^{-38}$$

$$c(OH^-)=\sqrt[3]{\frac{K_{sp}^{\ominus}}{c(Fe^{3+})}}=\sqrt[3]{\frac{4.0\times10^{-38}}{0.010}}=1.6\times10^{-12}\ (mol\cdot L^{-1})$$

$$pOH=11.8\qquad pH_{max}=2.2$$

由此可知，滴定时的最适宜的酸度范围为 pH 1.2～2.2。

五、金属离子指示剂

配位滴定中所用的指示剂通常是能与金属离子生成有色配合物的有机染料显色剂，称为金属指示剂。

（一）作用原理

金属指示剂本身既具有酸碱性，又具有配位性，在一定的 pH 范围内，金属指示剂 In 能与被测金属离子 M 发生反应，形成与染料本身颜色不同的配合物 MIn。

滴定开始前，在待测溶液中加入金属指示剂，则发生下列反应：

$$\underset{\text{色}_1}{M + In} \rightleftharpoons \underset{\text{色}_2}{MIn}$$

随着滴定剂 EDTA 的不断加入，游离的金属离子 M 逐渐与 EDTA 反应生成稳定的配合物 MY。到了化学计量点附近时，Y 夺取 MIn 中的 M，而将 In 释放出来。

$$\underset{\text{色}_2}{MIn} + Y \rightleftharpoons MY + \underset{\text{色}_1}{In}$$

（二）金属指示剂的选择

配位滴定中使用的金属指示剂必须要具备以下几个条件：

（1）金属指示剂与被测金属离子生成的配合物 MIn，其颜色要与指示剂 In 本身颜色有很大的差别。由于金属指示剂多为有机弱酸，在不同的 pH 下可能会显现不同的颜色，因此必须控制合适的 pH 范围。

例如分析中常用到的铬黑 T 指示剂，在溶液中就存在有如下平衡：

$$\underset{\text{(紫红)}}{H_2In^-} \xrightleftharpoons{pK_a\ 6.3} \underset{\text{(蓝)}}{HIn^{2-}} \xrightleftharpoons{pK_a\ 11.6} \underset{\text{(橙)}}{In^{3-}}$$

当 pH<6.3 时，呈现紫红色，pH>11.6 时则为橙色，均与铬黑 T 的金属配合物的酒红色颜色相近，为了使终点颜色明显，使用铬黑 T 做指示剂的 pH 范围应控制在 6.3～11.6。

（2）MIn 的稳定性要合适。

金属离子与金属指示剂生成的配合物 MIn 应该比金属离子与 EDTA 生成的配合物 MY 的稳定性低，这样才能使化学计量点附近，EDTA 能夺取 MIn 中的金属离子，才能有指示剂颜色的变化来指示滴定终点。

但是金属指示剂配合物的稳定性也不能太小，否则在化学计量点以前，指示剂就开始游离出来，使得终点颜色不敏锐，终点过早出现，给测定带来误差。因此，MIn 的稳定性要合适。

（3）指示剂与金属离子的反应必须灵敏、迅速，且有良好的变色可逆性，这样才能符合滴定分析的要求。

此外，要求 MIn 配合物应该易溶于水。因为 MIn 如果是胶体或者是沉淀的，都将使得 EDTA 与 MIn 的交换反应速度变慢，终点滞后。部分常用的金属指示剂见表 10-8。

表 10-8　常见金属指示剂

指示剂	pH 范围	颜色变化		直接滴定的离子	封闭离子	掩蔽剂
		In	MIn			
铬黑 T（EBT）	7～10	蓝	红	Mg^{2+}、Ca^{2+}、Zn^{2+}、Cd^{2+}、Pb^{2+}、稀土元素离子	Al^{3+}、Fe^{3+}、Cu^{2+}、Ni^{2+}、Co^{2+}等	三乙醇胺、NH_4F
二甲酚橙（XO）	<6	亮黄	红紫	pH 1～3.5：Bi^{3+}、Th^{4+} pH 5～6：Ti^{3+}、Zn^{2+}、Hg^{2+}、Cd^{2+}		
PAN	2～12	黄	紫红	pH 2～3：Bi^{3+}、Th^{4+} pH 4～5：Cu^{2+}、Ni^{2+}	Al^{3+}、Fe^{3+}、Ni^{2+}	NH_4F
磺基水杨酸（ssal）	1.5～2.5	无色	紫红	pH 1.5～2.5：Fe^{3+}		
钙指示剂	12～13	蓝	红	Ca^{2+}	与铬黑 T 相似	

（三）金属指示剂使用中存在的现象

1．金属指示剂的封闭现象

配位滴定中，由于金属指示剂和金属离子生成的配位化合物，其稳定性较金属离子与 EDTA 生成的配合物稳定，即 $\lg K'_{MIn} \geqslant \lg K'_{MY}$，以至于到了化学计量点时，滴入过量的 EDTA 也不能把指示剂置换出来，终点颜色不发生变化。这种现象称为金属指示剂的封闭现象。例如：铬黑 T 可以被 Cd^{2+}、Fe^{3+}、Ni^{2+}等离子封闭；钙指示剂可以被 Al^{3+}、Cu^{2+}、F^-等离子封闭；此外 Fe^{3+}、Al^{3+}、Ni^{2+}还能对二甲酚橙起封闭作用。

如果封闭现象是由共存离子引起的，可以采用加掩蔽剂的方法将其消除，例如 Ni^{2+}对铬黑 T 的封闭可以通过加入 KCN 予以消除。

2．金属指示剂的僵化现象

由于金属指示剂和金属离子生成的配位化合物的溶解度很小，使得 EDTA 与指示剂金属离子配合物之间的置换反应缓慢，终点延长。这种现象称为金属指示剂的僵化现象。

为了避免出现指示剂的僵化，可以采用加热溶液或加入有机溶剂的方法，以提高溶解度。比如用 PAN 做指示剂测定 Cu^{2+}、Al^{3+}、Bi^{3+}等离子时，就必须要加入有机试剂，并适当加热才能加快变色过程。

3．金属指示剂的氧化变质现象

金属指示剂大多数为含有双键的有色化合物，在保存和使用的过程中，易被日光、空气及氧化剂所分解，发生变质，从而无法正确指示终点。这种现象称为金属指示剂的氧化变质现象。

为了消除这一现象，可在水溶液中加入还原剂，或者制成固体或有机溶液。例如，铬黑 T 和钙指示剂常用 KCl 或 NaCl 做稀释剂。所以，一般指示剂都不宜久放，最好现配现用。

六、提高配位滴定选择性的方法

EDTA 能与绝大多数的金属离子发生配位反应生成稳定的配位化合物，这是 EDTA 得以广泛应用的主要原因，但是也正是因为这样，使得测定中常会因为其他金属离子的存在而给测定带来干扰。因此，怎样消除干扰，提高配位滴定的选择性，是配位滴定法要解决的主要问题。

当溶液中存在有 M、N 两种金属离子时，共存离子 N 对滴定的干扰情况与两者的条件稳定常数 $K'_{稳}$以及初始浓度 c 有关。一般情况下满足：

$$\frac{c(\mathrm{M})K'_{\mathrm{MY}}}{c(\mathrm{N})K'_{\mathrm{NY}}} \geqslant 10^5 \quad 或 \quad \lg[c(\mathrm{M})K'_{\mathrm{MY}}] - \lg[c(\mathrm{N})K'_{\mathrm{NY}}] \geqslant 5$$

就有可能通过控制溶液酸度的办法排除干扰。

（一）控制溶液的酸度

由于不同的金属离子与 EDTA 生成的配位化合物的稳定常数不同，各金属离子在被滴定时所允许的最小 pH 也不同，溶液中同时存在两种或者两种以上的离子时，若能控制溶液酸度使得其中只有一种离子形成稳定的配位化合物，这样就能避免干扰。

【例 10-6】 若溶液中有 Fe^{3+}、Al^{3+}浓度均为 0.01 mol · L^{-1}，能否通过控制酸度的方法，用 EDTA 滴定 Fe^{3+}?

解：已知 $\lg K_{\mathrm{FeY}} = 25.1$，$\lg K_{\mathrm{AlY}} = 16.3$

同一溶液中的酸效应一定，假设没有其他副反应，根据：

$$\frac{c(\mathrm{Fe^{3+}})K'_{\mathrm{FeY}}}{c(\mathrm{Al^{3+}})K'_{\mathrm{AlY}}} = \frac{K_{\mathrm{FeY}}}{K_{\mathrm{AlY}}} = 10^{8.8} > 10^5$$

判断出可以利用控制酸度的方法来滴定 Fe^{3+}，而 Al^{3+}不受干扰。

（二）利用掩蔽和解蔽的方法

若被测金属离子 M 与 EDTA 生成的配合物与干扰离子 N 与 EDTA 生成的配合

物的稳定常数相差不够大，无法通过控制酸度来消除干扰，这时可加入掩蔽剂，降低溶液中 N 的浓度，来减少或消除其对 M 的干扰。

1．掩蔽剂 L 应具备的条件

所谓掩蔽剂，是指不必分离干扰离子就能消除其干扰作用的试剂，它应符合下列条件：

（1）掩蔽剂 L 与干扰离子 N 形成的配合物应对滴定分析不造成新的影响。这就要求其为无色或浅色的、稳定的水溶性配合物；或者是溶解度很小且不影响终点判断的沉淀等。

（2）掩蔽剂 L 不能影响待测离子 M 与 EDTA 配位。形成的 NL 的稳定性必须要大于 NY 的稳定性，即 $K_{NL}>K_{NY}$，且 L 应不与 M 配位。如果加入的掩蔽剂跟待测金属离子也能发生配位反应，则要求 $K_{ML}<K_{MY}$，在滴定过程中易于置换。

（3）掩蔽剂 L 的加入对溶液 pH 的影响不大。即掩蔽剂 L 适用的 pH 范围应与滴定 M 所要求的 pH 范围一致。

凡具备以上条件的试剂，就可作为配位滴定的掩蔽剂。

2．常用的掩蔽方法

在配位滴定中常用到的掩蔽方法有配位掩蔽法、氧化还原掩蔽法和沉淀掩蔽法。其中以配位掩蔽法用得最多。

（1）配位掩蔽法

加入某种配位剂作为掩蔽剂，与干扰离子 N 形成稳定的配合物，从而降低溶液中 N 离子的浓度，以达到选择性滴定 M 的目的，这种掩蔽方法称为配位掩蔽法。

例如，在测定水中硬度时，如果水样中共存有 Fe^{3+}、Al^{3+}等离子时，会给测定带来干扰。这时可以加入三乙醇胺，与 Fe^{3+}、Al^{3+}生成更为稳定的配合物，从而消除了共存离子的干扰。

（2）沉淀掩蔽法

在待测溶液中加入某种沉淀剂，使干扰离子 N 生成沉淀，以降低其浓度，这种方法称为沉淀掩蔽法。

例如，在 Ca^{2+}、Mg^{2+}共存的溶液中，用 EDTA 滴定 Ca^{2+}，可以先加入 NaOH 使溶液的 pH＞12。在这一 pH 条件下，Mg^{2+}与强碱生成 $Mg(OH)_2$ 沉淀，消除了它对测定 Ca^{2+}干扰。这里的沉淀掩蔽剂为 OH^-。

沉淀掩蔽法不是一种理想的掩蔽方法，它要求用于掩蔽的沉淀反应必须具备这样几个条件：首先，生成沉淀的溶解度要小，反应要充分，要完全，否则掩蔽效果不好；其次，要求生成的产物应为无色或浅色的、致密的沉淀，吸附能力要很小。否则，影响到滴定终点的观察以及测定结果的准确。

（3）氧化还原掩蔽法

在待测溶液中加入某种氧化剂或还原剂，使其与干扰离子发生 N 氧化还原反应，改变其价态，使原价态的 N 浓度降低，从而可选择性滴定 M，这种掩蔽方法称为氧化还原掩蔽法。

例如，用 EDTA 滴定 Bi^{3+}、Zr^{4+}等离子时，如果有 Fe^{3+}存在时，则会对测定带来干扰。这时可以加入抗坏血酸或盐酸羟胺等还原剂将 Fe^{3+}还原成 Fe^{2+}，则可消除干扰。这是因为 FeY^{2-}的稳定常数（$\lg K_{FeY^{2-}}=14.33$）比 FeY^{-}的稳定常数（$\lg K_{FeY^{-}}=24.23$）要小得多。

3．解蔽作用

利用一种试剂，使已被掩蔽剂掩蔽的金属离子释放出来，这一过程称为解蔽，所利用的试剂称为解蔽剂。通过解蔽作用也可以提高配位滴定的选择性。

例如，测定铜合金中的锌和铅时，试样溶解后加氨水中和，加入 KCN，Cu^{2+}被 CN^{-}还原为 Cu^{+}，Cu^{+}和 Zn^{2+}因生成$[Cu(CN)_2]^{-}$和$[Zn(CN)_4]^{2-}$配离子而被掩蔽。这时，可以先在 pH=10.0 的条件下，以铬黑 T 作指示剂，用 EDTA 标准溶液滴定 Pb^{2+}。然后，在该溶液加入甲醛（或三氯乙醛），$[Zn(CN)_4]^{2-}$配离子可被解蔽而释放出 Zn^{2+}，可再用 EDTA 滴定 Zn^{2+}。由于$[Cu(CN)_2]^{-}$不能解蔽，因此就完成了对 Pb^{2+}和 Zn^{2+}的测定。

（三）选用其他配位剂

除了 EDTA 以外，其他的氨羧配位剂，如 EGTA、EDTP 与金属离子形成配位化合物的稳定性各不相同。因此，可以根据需要选择不同的配位剂来做滴定剂，以提高滴定的选择性。

例如，EGTA 与 Ca^{2+}、Mg^{2+}生成的配位化合物的稳定性相差较远，这样，在 Ca^{2+}、Mg^{2+}共存的溶液中，就可以选用 EGTA 做滴定剂，对 Ca^{2+}进行选择性滴定。

（四）化学分离

在利用其他方法都无法很好的消除干扰时，只有预先对溶液进行化学分离，将待测组分与其他组分分开，以达到消除干扰的目的。

第五节　配位滴定法的应用

一、标准溶液的配制和标定

在配位滴定中，通常使用 EDTA 作为滴定剂。由于受到溶解度的影响，在配制 EDTA 标准溶液时，常用 EDTA。EDTA 二钠盐常吸附有 0.3%的水分，并且本身含有一些杂质，因此不能采用直接配制法配制，而只能先配成近似浓度的溶液，再用标准物质标定其准确浓度。配制好的 EDTA 标准溶液需贮存在聚乙烯瓶或硬质玻璃瓶中，以防止 EDTA 溶解玻璃中的某些成分，而使溶液浓度发生改变。

标定 EDTA 标准溶液的标准物质有很多，包括有纯度不低于 99.95%的某些金属，例如 Zn、Cu、Bi 等，以及它们的金属氧化物；某些盐类，如 $CaCO_3$、$ZnSO_4 \cdot 7H_2O$、$MgSO_4 \cdot 7H_2O$ 等。由于金属 Zn 具有纯度高、化学性能稳定、Zn^{2+}和 ZnY 均无色的特点，加上它既可以在 pH 5～6 时以二甲酚橙为指示剂进行滴定，也可以在 pH 9～10 的氨性溶液中以铬黑 T 为指示剂进行滴定，且终点都很敏锐，因此一般多用纯 Zn 来标定 EDTA 标准溶液。

在选用纯金属作为标准物质时，应注意金属表面的氧化膜会给标定带来误差，因此，应先将表面的氧化膜用细砂纸除去，或用稀盐酸将氧化膜溶掉，再分别用蒸馏水、丙酮或乙醇漂洗，于 105℃的烘箱中烘干，放置于干燥器内冷却后再称重。

精确称取处理后的金属锌置于 150 mL 的小烧杯中，加入 6 mL（1+1）HCl，待完全溶解后，定量转移至容量瓶中，用水稀释至刻度，摇匀。按下式计算出 Zn^{2+} 标准溶液的浓度。

$$c(\mathrm{Zn}^{2+}) = \frac{m_{\mathrm{Zn}}}{M_{\mathrm{Zn}} \times V} \times 1\,000\,(\mathrm{mol \cdot L^{-1}})$$

标定时，取一定体积的锌离子标准溶液，加适当的缓冲溶液调节溶液 pH 值，加指示剂，用 EDTA 标准溶液滴定，按下式计算其准确浓度：

$$c(\mathrm{EDTA}) = \frac{c(\mathrm{Zn}^{2+})V_{\mathrm{Zn}}}{V_{\mathrm{EDTA}}}\,(\mathrm{mol \cdot L^{-1}})$$

除了金属锌外，有时也用 $CaCO_3$、ZnO 标准物质标定 EDTA。$CaCO_3$ 需在 110℃下烘干，而 ZnO 需在 800℃灼烧至恒重。标定 EDTA 标准溶液时的标定条件（如选用标准物质、控制酸度、使用指示剂等）应与以后使用此标准溶液测定某种离子时的测定条件尽可能相同，这样由于杂质或其他因素造成的误差就可以相互抵消，从而提高分析结果的准确度。

二、配位滴定法的应用

配位滴定法广泛应用于冶金、地质、环境监测、医药学检验和工业分析。

（一）水硬度的测定

含有钙、镁盐类的水称为硬水。水的硬度通常可以分为总硬度和钙、镁硬度。测定总硬度就是要测定水中钙、镁盐类的总量。总硬度是衡量生活用水和工业用水水质的一项重要指标，例如火力发电厂的锅炉给水，就必须要进行水硬度的分析，为水的处理提供依据。

各国对水中钙、镁总含量的表示方法不尽相同，我国通常采用以下几种方法表示：① 将水中 Ca^{2+}、Mg^{2+}的总含量折合为 $CaCO_3$ 后，以 $CaCO_3$ 的质量浓度来表示水的硬度，单位为 $mg·L^{-1}$。国家标准规定，饮用水的钙、镁总含量以 $CaCO_3$ 计，不得超过 450 $mg·L^{-1}$。② 以水中 Ca^{2+}、Mg^{2+}的总含量的物质的量浓度来表示水的硬度，单位为 $mmol·L^{-1}$。③ 将水中 Ca^{2+}、Mg^{2+}的总含量折合为 CaO 后，以 10 $mg·L^{-1}$ CaO 为 1° 来表示水的硬度，单位为度。这一硬度称为德国度。

测定水的总硬度时，通常在 pH=10 的 NH_3—NH_4Cl 缓冲溶液中，以铬黑 T 作指示剂，用 EDTA 标准溶液直接滴定，直至溶液由酒红色变为纯蓝色为终点。滴定时，水中少量的干扰离子，如 Fe^{3+}、Al^{3+}等可用三乙醇胺掩蔽消除。

因此，总硬度为：

$$\rho = \frac{c(\text{EDTA})V_{\text{EDTA}}M_{\text{CaCO}_3}}{V_{水样}} \times 1\,000\,(\text{CaCO}_3, \text{mg}\cdot\text{L}^{-1})$$

$$c = \frac{c(\text{EDTA})V_{\text{EDTA}}}{V_{水样}} \times 1\,000\,(\text{mmol}\cdot\text{L}^{-1})$$

$$德国度 = \frac{c(\text{EDTA})V_{\text{EDTA}}M_{\text{CaO}}}{V_{水样} \times 10} \times 1\,000\,(°)$$

同理，如果要分别测定钙、镁硬度，即取与做总硬度相同的水样，先用 NaOH 溶液将待测溶液调至 pH=12，在此条件下，Mg^{2+}形成 MgOH 的沉淀，然后加入钙指示剂，用 EDTA 标准溶液进行滴定。这样测定出来的是水样中的钙硬度，将总硬度减去钙硬度即为镁硬度。

（二）铝盐中铝含量的测定

Al^{3+}能与 EDTA 发生配位反应，且反应可以定量进行，但是由于两者间的反应速度缓慢，难以满足直接滴定的要求，故需采用返滴定的方法进行铝盐中铝含量的测定。

将试液调节至 pH 3～4，准确加入适当过量的 EDTA 标准溶液，加热煮沸数分钟，以保证 EDTA 与 Al^{3+}充分反应。冷却后，调节至 pH 5～6，用二甲酚橙做指示剂，用锌标准溶液滴定剩余的 EDTA，至终点颜色由黄色变为紫红色。根据消耗的锌标准溶液的体积，计算出铝盐中铝的含量。

$$\omega_{(\text{Al})} = \frac{[c(\text{EDTA})V_{\text{EDTA}} - c(\text{Zn})V_{\text{Zn}}]M_{\text{Al}}}{m_{样}} \times 100\%$$

（三）盐卤水中 SO_4^{2-}的测定

盐卤水是电解制备烧碱的原料。SO_4^{2-}不能与 EDTA 发生反应，所以也不能用直接滴定的方法来测定，而要用间接滴定法。

在微酸性溶液中加入一定量的 $BaCl_2$—$MgCl_2$ 混合溶液，使得 SO_4^{2-}与 Ba^{2+}反应生成 $BaSO_4$ 的沉淀。然后调节溶液至 pH=10，以铬黑 T 做指示剂，用 EDTA 标准溶液滴定至溶液颜色由酒红色变成纯蓝色，记录滴定消耗的体积为 V。此时，滴定的是溶液中的 Mg^{2+}和剩余的 Ba^{2+}。另取同样体积的 $BaCl_2$—$MgCl_2$ 混合溶液，用同样的步骤做空白实验，记录滴定消耗的 EDTA 标准溶液的体积为 V_0。很显然，V_0—V 就是消耗在与 SO_4^{2-}发生沉淀反应的 Ba^{2+}上的量。

$$\rho = \frac{(V_0 - V)c(\mathrm{EDTA})M_{\mathrm{SO_4}^{2-}}}{V_{样}} \times 1\,000\,(\mathrm{SO_4}^{2-}，\mathrm{mg\cdot L^{-1}})$$

复习与思考题

1. 举例说明什么叫做配位化合物？配位化合物的组成特征是什么？

2. 区分下列概念:

（1）内界和外界　　（2）中心体和配位体

（3）单齿配位体和多齿配位体　　（4）配合物和螯合物

（5）外轨配合物和内轨配合物　　（6）绝对稳定常数和条件稳定常数

3. 试用价键理论说明下列配位离子的杂化类型及空间结构。

（1）$[FeF_6]^{3-}$和$[Fe(CN)_6]^{3-}$　　（2）$[NiCN_4]^{2-}$和$[Ni(NH_3)_4]^{2+}$

4. AgCl 沉淀溶于氨水中生成$[Ag(NH_3)_2]Cl$，若用 HNO_3 酸化溶液，沉淀重新析出。这一现象如何解释？

5. EDTA 和金属离子形成的配合物有哪些特点？

6. 配位滴定中，金属离子能够被准确滴定的条件是什么？提高配位滴定选择性的方法有哪些？

7. 配位滴定中什么是主反应？有哪些副反应？怎样衡量副反应的严重情况？

8. 分别含有 0.01 $mol\cdot L^{-1}$ Zn^{2+}、Cu^{2+}、Cd^{2+}、Ca^{2+}的四种溶液，在 pH=3.5 时，哪些可以用 EDTA 准确滴定？哪些不能被 EDTA 准确滴定？为什么？

9. 金属离子指示剂应具备哪些条件？为什么金属离子指示剂使用时要求一定的 pH 范围？

10. 在配位滴定中控制适当的酸度有什么重要的意义？该如何全面考虑选择滴定的 pH。

11. 指出下列配合物的中心离子、配位体、配位原子和中心离子的配位数，指出配离子和中心离子的电荷数，并给出命名。

（1）$[Cr(H_2O)_4Cl_2]Cl$　　（2）$[Ni(en)_3]Cl_2$

（3）$K_2[Co(NCS)_4]$　　（4）$Na_3[AlF_6]$

（5）$[Pt(NH_3)_2Cl_2]$　　（6）$[Co(NH_3)_4(H_2O)_2]_2(SO_4)_3$

（7）$[Fe(EDTA)]^-$　　（8）$[Co(C_2O_4)_3]^{3-}$

12. 写出下列各配合物的化学式。

（1）四氢合镍（Ⅱ）离子　　（2）五氯·一氨合铂（Ⅳ）酸钾

（3）氯化二氯·四氨合钴（Ⅲ）　　（4）二氯·二氨合铂（Ⅱ）

13. 今有两种配合物异构体，其化学式为 $CoBrSO_4 \cdot 5NH_3$，在向第一种异构体溶液中加入 $BaCl_2$ 溶液时，有 $BaSO_4$ 沉淀产生，加入 $AgNO_3$ 溶液时不产生 AgBr 沉淀。而第二种异构体溶液所产生的现象，恰好与第一种相反。试写出这两种配合物异构体的结构式。

14. 对含有 2.5 mol · L^{-1} $AgNO_3$ 和 0.41 mol · L^{-1} NaCl 的混合溶液，如果不产生 AgCl 沉淀，则需含有 CN^-浓度多大？已知 $K_{sp,AgCl}=1.8\times10^{10}$，$K_{稳,Ag(CN)_2^-}=1.0\times10^{21}$。

15. 在 Bi^{3+}和 Ni^{2+}均为 0.01 mol · L^{-1} 的混合溶液中，试求以 EDTA 标准溶液滴定时所允许的最小 pH 值，并指出能否采取控制溶液酸度的方法实现二者的分别鉴定？

16. 试计算配合物 NiY 在含有 0.1 mol · L^{-1} NH_3—0.1 mol · L^{-1} NH_4Cl 缓冲溶液中的 K'_{NiY}。

17. 用纯锌标定 EDTA 标准溶液，称取纯锌 0.340 6 g，用 HCl 溶解后定量转移到 250 mL 容量瓶中，加水稀释至刻度。用移液管准确移取 25.00 mL 锌标准溶液，在 pH 5 ~ 6 时用二甲酚橙作指示剂，用 EDTA 标准溶液滴定，当溶液由红变黄时，用去溶液 25.46 mL，问此 EDTA 标准溶液的准确浓度是多少？

18. 称取 0.500 0 g 煤试样，经灼烧使其中的硫完全氧化成 SO_3，经溶解除去沉淀后，向滤液中加入 20.00 mL 0.050 00 mol · L^{-1} $BaCl_2$ 溶液，生成 $BaSO_4$ 沉淀，过量的 Ba^{2+}用 0.025 00 mol · L^{-1} EDTA 标准溶液滴定，用去 20.00 mL，计算煤中含硫量。

19. 测定水的总硬度时吸取水样 100.0 mL，在 pH=10 的氨性缓冲溶液中，以铬黑 T 作指示剂，用 0.005 00 mol · L^{-1} EDTA 标准溶液滴定，当达到终点时用去 EDTA 溶液 10.25 mL，分别求出以 $CaCO_3$ mg · L^{-1} 和德国度表示的水的硬度。

20. 取水样 100.0 mL，以铬黑 T 为指示剂，在 pH=10 时，用 0.010 16 mol · L^{-1} EDTA 标准溶液滴定，消耗 15.30 mL。另取 100.0 mL 水样，加 NaOH 处理，使 Mg^{2+} 生成 $Mg(OH)_2$ 沉淀，滴定时消耗上述 EDTA 标准溶液 10.40 mL，至钙指示剂变色为终点。计算水样中含以 $CaCO_3$ mg · L^{-1} 和以 $MgCO_3$ mg · L^{-1} 表示的含量。

21. 称取 1.032 g 氧化铝试样，溶解后移入 250 mL 容量瓶，用蒸馏水稀释到刻度。吸取该溶液 25.00 mL，加入 $T(Al_2O_3)=1.505$ mg · mL^{-1} 的 EDTA 标准溶液

10.00 mL，以二甲酚橙作指示剂，用 $Zn(Ac)_2$ 标准溶液进行返滴定，至红紫色终点，消耗 $Zn(Ac)_2$ 标准溶液 12.20 mL。已知 1 mL $Zn(Ac)_2$ 标准溶液相当于 0.681 2 mL EDTA 标准溶液，求试样中的 Al_2O_3 的质量分数。

22. 将一份 24 小时尿样品准确地稀释到 2.00 L，用配位滴定法测定 Ca^{2+} 和 Mg^{2+} 含量。(a) 吸取 10.00 mL 试液，加入缓冲溶液使 pH=10，然后用 0.003 47 $mol \cdot L^{-1}$ EDTA 标准溶液滴定，用去 26.80 mL；(b) 另取 10.00 mL 试液，先使 Ca^{2+} 以 CaC_2O_4 沉淀形式析出，洗涤后溶于酸，再用返滴定法测定钙，Ca^{2+} 消耗 EDTA 标准溶液 11.60 mL，问测定结果钙和镁各为多少毫克？

23. 分析铜锌镁合金时，称取 0.500 0 g 试样，溶解后转移至 100 mL 容量瓶中，用蒸馏水定容。吸取该试液 25.00 mL，调节 pH=6，用 PAN 作指示剂，用 0.050 00 $mol \cdot L^{-1}$ EDTA 标准溶液滴定，用去 37.30 mL。另外又吸取 25.00 mL 试液，调节 pH=10，加 KCN 掩蔽铜和锌，用上述 EDTA 标准溶液滴定镁，用去 4.10 mL，然后再滴加甲醛以解蔽锌，再用同一 EDTA 标准溶液滴定，用去 13.40 mL。计算试样中铜、锌、镁的质量分数。

第十一章 金属元素选论

【学习要求】

1. 掌握碱金属、碱土金属单质及其重要化合物的化学性质；初步掌握 s 区元素氢氧化物的溶解性、碱性及其变化规律；了解碱金属、碱土金属重要盐类的用途；了解其盐类热稳定性、溶解性的变化规律。
2. 掌握铜、锌族元素单质、化合物性质和有关反应。
3. 掌握铬、锰及铁、钴、镍的重要性质，初步掌握铬、锰化合物氧化还原规律。
4. 了解 d 区主要元素的递变规律及其重要盐类在实际工作中的应用。

第一节 s 区元素

一、s 区元素概述

s 区元素的价电子构型为 $ns^{1\sim2}$，它是指周期表中ⅠA 族和ⅡA 族元素。ⅠA 族元素包括锂、钠、钾、铷、铯和钫六种元素，因它们氧化物的水溶液显强碱性，又称碱金属。ⅡA 族元素包括铍、镁、钙、锶、钡和镭六种元素，因它们的氧化物兼有“碱性”和“土性”(化学上把难溶于水和难熔融的性质称“土性”)，又称碱土金属。

碱金属元素原子的价电子构型为 ns^1。因此，碱金属元素只有+1 氧化态。碱金属原子最外层只有一个电子，次外层为 8 电子（Li 为 2 电子），对核电荷的屏蔽效应较强，所以这一个价电子离核较远，特别容易失去，因此，各周期元素的第一电离能以碱金属为最低。与同周期的元素比较，碱金属原子体积最大，只有一个成键电子，在固体中原子间的引力较小，所以它们的熔点、沸点、硬度、升华热都很低，并随着 Li→Na→K→Rb→Cs 的顺序而下降；随着原子量的增加（即原子半径增加），电离能和电负性也依次降低。碱金属基本性质见表 11-1。

表 11-1 碱金属的一些性质

	锂（Li）	钠（Na）	钾（K）	铷（Rb）	铯（Cs）
原子序数	3	11	19	37	55
价电子构型	$2s^1$	$3s^1$	$4s^1$	$5s^1$	$6s^1$
金属半径/pm	152	186	227	248	266
离子半径（M^+）/pm	60	95	133	148	169
熔点/℃	180	97.8	63.2	39	28.5
沸点/℃	1 317	881.4	756.5	688	705
电负性	1.0	0.9	0.8	0.8	0.7
电离能/（$kJ \cdot mol^{-1}$）	520	496	419	403	376
电极电势 $E^{\ominus}_{M^+/M}$/V	−3.04	−2.71	−2.93	−2.93	−2.92

碱金属性质的变化一般很有规律，但由于锂原子最小，所以有些性质表现特殊。事实上，除了它们的氧化态以外，锂及其化合物的性质与本族其他碱金属差别较大，而与周期表中锂的右下角元素镁有很多相似之处。

碱金属元素在化合时，多以形成离子键为特征，但在某些情况下也显共价性。气态双原子分子，如 Na_2、Cs_2 等就是以共价键结合的。碱金属元素形成化合物时，锂的共价倾向最大，铯最小。

与碱金属元素比较，碱土金属最外层有 2 个 s 电子。次外层电子数目和排列与相邻的碱金属元素是相同的。由于核电荷相应增加了一个单位，对电子的引力要强一些，所以碱土金属的原子半径比相邻的碱金属要小些，电离能要大些，较难失去第一个价电子。失去第二个价电子的电离能约为第一电离能的一倍。从表面上看碱土金属要失去两个电子而形成二价正离子似乎很困难，实际上生成化合物时所释放的晶格能足以使它们失去第二个电子。它们的第三电离能约为第二电离能的 4～8 倍，要失去第三个电子很困难，因此，它们的主要氧化数是+2 而不是+1 和+3。由于上述原因，所以碱土金属的金属活泼性不如碱金属。比较它们的标准电极电势数值，也可以得到同样的结论。在这两族元素中，它们的原子半径和核电荷都由上而下逐渐增大，在这里，原子半径的影响是主要的，核对外层电子的引力逐渐减弱，失去电子的倾向逐渐增大，所以它们的金属活泼性由上而下逐渐增强。碱土金属基本性质见表 11-2。

碱金属和碱土金属固体均为金属晶格，碱土金属由于核外有 2 个有效成键电子，原子间距离较小，金属键强度较大，因此，它们的熔点、沸点和硬度均较碱金属高，导电性却低于碱金属。碱土金属的物理性质变化不如碱金属那么有规律，这是由于碱土金属晶格类型不是完全相同的缘故。

表 11-2 碱土金属的一些性质

	铍（Be）	镁（Mg）	钙（Ca）	锶（Sr）	钡（Ba）
原子序数	4	12	20	38	56
价电子构型	$2s^2$	$3s^2$	$4s^2$	$5s^2$	$6s^2$
金属半径/pm	111	160	197	215	217
离子半径（M^{2+}）/pm	31	65	99	113	135
熔点/℃	1 280	649	839	768	727
沸点/℃	2 500	1 105	1 494	1 381	1 849
电负性	1.5	1.2	1.1	1.1	0.9
电离能/（$kJ \cdot mol^{-1}$）	900	738	590	550	503
电极电势 $E^{\ominus}_{M^+/M}$/V	−1.85	−2.37	−2.87	−2.89	−2.90

碱金属和碱土金属的化学性质很活泼，所以它们只能以化合状态存在于自然界中。主要矿物有钠长石 $Na[AlSi_3O_8]$、钾长石 $K[AlSi_3O_8]$、光卤石 $KCl \cdot MgCl_2 \cdot 6H_2O$ 及明矾石 $K_2SO_4 \cdot Al_2(SO_4)_3 \cdot 24H_2O$ 等。锂、铷和铯在自然界中含量少而分散，主要存在于各种硅酸盐矿中，被列为稀有金属。碱土金属除了铍和镭，其余 4 种元素都大量存在于地壳中。这些元素以难溶的碳酸盐存在，例如，白云石（$CaCO_3 \cdot MgCO_3$）、菱镁矿（$MgCO_3$）、方解石（$CaCO_3$）、碳酸锶矿（$SrCO_3$）、石膏（$CaSO_4 \cdot 2H_2O$）、方青石（$SrSO_4$）和重晶石（$BaSO_4$）等。

二、单质的化学性质

（一）单质的制备方法

由于碱金属和碱土金属的性质很活泼，所以一般都用电解它们的熔融化合物的方法制取。

1. 电解熔融法

钠和锂主要用电解熔融的氯化物制取。制取金属钠是用氯化钠和氯化钙的混合盐进行电解。使用熔融混合盐一则可降低电解质的熔点，防止钠的挥发；再则可减小金属钠的分散性，使电解出的钠浮在熔融混合盐的上面。

2. 热还原法

热还原法一般采用焦炭或碳化物为还原剂，高温或真空条件下，还原碱金属盐。例如：

$$K_2CO_3 + 2C = 2K + 3CO$$

$$2KF + CaC_2 = CaF_2 + 2K + 2C$$

3. **金属置换法**

用强还原性的金属如 Na、Ca、Mg、Ba 等在高温和低压下还原它们氯化物的方法来制取。例如：

$$KCl + Na = NaCl + K\uparrow$$

$$2RbCl + Ca = CaCl_2 + 2Rb\uparrow$$

4. **热分解法**

碱金属的化合物，如亚铁氰化物，氰化物和叠氮化物，加热能被分解成碱金属。例如：

$$4KCN \xlongequal{\triangle} 4K + 4C + 2N_2\uparrow$$

$$2MN_3 \xlongequal{\triangle} 2M + 3N_2\uparrow \quad (M = Na、K、Rb、Cs)$$

（二）单质的化学性质

碱金属和碱土金属都是化学活泼性很强或较强的金属。它们能直接或间接地与电负性较大的非金属元素，如卤素、氧、硫、磷、氮和氢等形成相应的化合物。

1. **与氧反应**

碱金属能和氧气直接化合生成氧化物、过氧化物、超氧化物。在过量的空气中燃烧时，锂生成氧化锂（Li_2O），钠生成过氧化钠（Na_2O_2），而钾、铷、铯则生成超氧化物（MO_2）。碱土金属一般生成普通氧化物，钙、锶、钡还可以形成过氧化物和超氧化物。

2. **与氢反应**

化学活性很高的碱金属和碱土金属中较活泼的 Ca、Sr、Ba 能与氢在高温下直接化合，生成离子型氢化物。离子型金属氢化物都是强还原剂，与水能放出氢气，还常用于还原稀有金属，例如：

$$CaH_2+2H_2O = Ca(OH)_2+2H_2\uparrow$$

$$TiCl_4+4NaH = Ti+4NaCl+2H_2\uparrow$$

3. **与水反应**

金属钠与水反应剧烈，放出 H_2，反应放出的热使钠熔化成小球；钾与水的反应更激烈，并发生燃烧，铷、铯与水剧烈反应并发生爆炸。碱土金属也可以与水反应。铍能与水蒸气反应，镁能将热水分解，而钙、锶、钡与冷水就能比较剧烈地进行反应。

三、氧化物和氢氧化物

（一）氧化物

碱金属在过量的空气中燃烧时，可以生成三种类型的氧化物。普通氧化物有 Li_2O、Na_2O、K_2O 等，但这种条件不易控制，所以碱金属的氧化物 M_2O 通常采用间接方法来制备。例如，用金属钠还原过氧化钠制得氧化钠（白色固体），用金属钾还原硝酸钾，制得氧化钾（淡黄色固体）等。

$$Na_2O_2 + 2Na = 2Na_2O$$
$$2KNO_3 + 10K = 6K_2O + N_2\uparrow$$

过氧化物以 Na_2O_2 最有实用意义。Na_2O_2 是黄色粉末，它与水或稀酸作用生成 H_2O_2，且 H_2O_2 进而分解产生 O_2。

$$Na_2O_2 + 2H_2O = H_2O_2 + 2NaOH$$
$$Na_2O_2 + H_2SO_4\text{（稀）} = H_2O_2 + Na_2SO_4$$
$$2H_2O_2 = 2H_2O + O_2\uparrow$$

在潮湿的空气中，Na_2O_2 吸收 CO_2 放出 O_2。

$$2Na_2O_2 + 2CO_2 = 2Na_2CO_3 + O_2\uparrow$$

故 Na_2O_2 可广泛用作氧气发生剂和漂白剂，也可作为防毒面具、高空飞行和潜水时的供氧剂。

超氧化物以 KO_2 最重要，它是很强的氧化剂，与 H_2O 或 CO_2 反应能生成 O_2。

$$2KO_2 + 2H_2O = H_2O_2 + 2KOH + O_2\uparrow$$
$$4KO_2 + 2CO_2 = 2K_2CO_3 + 3O_2\uparrow$$

因此 KO_2 是很好的供氧剂，常用于急救中。

碱土金属在常温和加热时可直接与氧化合成氧化物。碱土金属在过量的氧气中不形成过氧化物。镁在空气中易与氧气作用，在金属表面生成坚固而致密的 MgO 薄膜，可以阻止镁的继续氧化。当加热时，镁条与空气中的氧气剧烈反应而燃烧，并放出含紫外线的耀眼白光，镁可用于制造照明弹和照明镁灯。MgO 在水中难溶。Ca、Sr、Ba 的氧化物都是白色固体，它们与水反应生成氢氧化物，并放出大量的热。

（二）氢氧化物

碱金属的氢氧化物对纤维和皮肤有强烈的腐蚀作用，所以称它们为苛性碱。氢氧化钠和氢氧化钾通常分别称为苛性钠（又名烧碱）和苛性钾。它们都是白色晶状固体，具有较低的熔点。除氢氧化锂外，其余碱金属的氢氧化物都易溶于水，并放出大量的热。在空气中容易吸湿潮解，所以固体 NaOH 是常用的干燥剂。

碱金属氢氧化物的突出化学性质是强碱性。它们的水溶液和熔融物，既能溶解某些金属及其氧化物，也能溶解某些非金属及其氧化物。因此工业生产和分析工作中常用于分解矿石。熔融的苛性碱会侵蚀玻璃和瓷器，而且可破坏铂器皿，所以，工业上熔化氢氧化钠一般用铸铁容器，实验室可用银或镍的器皿。

碱土金属氢氧化物的溶解度比碱金属氢氧化物的溶解度小得多，这主要是由离子半径和电荷数造成的。其碱性也比碱金属氢氧化物弱，除 $Be(OH)_2$ 是两性氢氧化物，其余碱土金属氢氧化物均为碱性氢氧化物，而且碱性依 Be 到 Ba 的顺序而增强。

四、盐类

碱金属和碱土金属的常见盐类有卤化物、碳酸盐、硝酸盐、硫酸盐和硫化物等，下面简单介绍这些盐类的一些特性。

（一）溶解性

碱金属盐类的最大特征是易溶于水，并且在水中完全电离，所有碱金属离子都是无色的。只有少数碱金属盐是难溶的。它们的难溶盐一般都是由大的阴离子组成，而且碱金属离子越大、难溶盐的数目也越多。如：锑酸钠 $Na[Sb(OH)_6]$（白色粒状）、醋酸铀酰锌钠 $NaZn(UO_2)_3(Ac)_6$（黄绿色结晶）、酒石酸氢钾 $KHC_4H_4O_6$（白色）、六氯合铂酸钾 K_2PtCl_6（淡黄色）、六硝基合钴酸钠钾 $K_2Na[CO(NO_2)_6]$（淡黄色）等。钠、钾的一些难溶盐常用来鉴定钠、钾离子。

碱土金属中 AB_2 型盐类大多数易溶于水，如 $BaCl_2$、$Ca(NO_3)_2$ 等卤化物及硝酸盐。而 AB 型盐类大多数是难溶的，如草酸盐、碳酸盐、硫酸盐、铬酸盐等。主要是因为+2 氧化态的阳离子与−2 氧化态的阴离子之间极化作用较强，与 AB_2 型盐类相比化合物的极性减弱，所以在极性溶剂水中的溶解度较小。

钙盐中 CaC_2O_4，钡盐中 $BaSO_4$、$BaCrO_4$ 的溶解度最小，常用于离子鉴定和重量分析中。

一般情况下，酸式盐的溶解度大于正盐，如 $CaCO_3$ 难溶，而 $Ca(HCO_3)_2$ 却是易溶的。但 Na_2CO_3 在常温下的溶解度却大于 $NaHCO_3$，这是因为 $NaHCO_3$ 中的 HCO_3^- 离子以氢键相连形成双聚离子，降低了它的溶解度。

（二）焰色反应

碱金属和钙、锶、钡的挥发性盐在无色火焰中灼烧时，能使火焰呈现出一定颜色，称为“焰色反应”。碱金属和钙、锶、钡的盐，在火焰上灼烧时，原子被激发，电子接受了能量从较低的能级跳到较高能级，但处在较高能级的电子是很不稳定很快跳回到低能级，这时就将多余的能量以光的形式放出。原子的结构不同，就发出不同波长的光，所以光的颜色也不同。碱金属和碱土金属等能产生可见光谱，而且每一种金属原子的光谱线比较简单，所以容易观察识别。利用焰色反应，可以根据火焰的颜色定性的鉴别这些元素的存在与否，但一次只能鉴别一种离子。同时利用碱金属和钙、锶、钡盐在灼烧时产生不同焰色的原理，可以制造各色焰火。碱金属和几种碱土金属的焰色见表 11-3。

表 11-3 几种 s 区金属的焰色

离子	Li^+	Na^+	K^+	Rb^+	Cs^+	Ca^{2+}	Sr^{2+}	Ba^{2+}
焰色	红	黄	紫	紫红	紫红	橙红	红	黄绿
谱线波长/nm	670.8	589.0 589.6	404.4 404.7	420.2 629.8	455.5 459.3	612.2 616.2	687.8 707.0	553.6

（三）热稳定性

一般碱金属盐具有较高的热稳定性。随着阳离子半径从 Li 至 Cs 增加，热稳定性也增加。卤化物在高温时挥发而难分解。硫酸盐在高温下既难挥发，又难分解。除了 Li_2CO_3 在高温下部分分解外，其余碱金属碳酸盐很难分解。唯有硝酸盐热稳定性较低，加热到一定温度就可分解，例如：硝酸锂加热到 600℃时，分解反应为：

$$2LiNO_3 = Li_2O + NO\uparrow + NO_2\uparrow + O_2\uparrow$$

其余的碱金属硝酸盐分解时生成亚硝酸盐。分解反应为：

$$2MNO_3 = 2MNO_2 + O_2\uparrow$$

碱土金属的卤化物、硫酸盐、碳酸盐对热也较稳定，但它们的碳酸盐热稳定性较碱金属碳酸盐要低。碱土金属碳酸盐的热分解为：

$$MCO_3 = MO + CO_2\uparrow$$

碱土金属硝酸盐加热时，铍和镁盐分解产生氧化物，钙、锶和钡盐产生亚硝酸盐；碱土金属硫酸盐中除了 $BeSO_4$ 在 500～600℃发生分解作用外，其余的要在高温下才能分解。其反应式为：

$$MSO_4 = MO + SO_3 \uparrow$$

可以看出，碱土金属盐类的稳定性普遍比碱金属小。就同一族比较，它们的热稳定性又都随着金属离子半径的增大而增大。

（四）几种重要的盐

1. 氯化钠

俗称食盐。来源有海盐、岩盐和井盐等，它是制取金属钠、氢氧化钠、碳酸钠、氯气和盐酸等多种化工产品的基本原料。冰盐混合物常作为制冷剂。

2. 氯化镁

主要资源来自光卤石和海水。氯化镁常温下以 $MgCl_2 \cdot 6H_2O$ 形式存在，用加热水合物的方法不能得到无水盐。常用干燥的氯化氢气流中加热脱水或高温下通氯气于焦炭和氧化镁的混合物制取。氯化镁有吸潮性，普通食盐的潮解就是含有氯化镁之故。

3. 氯化钙

$CaCl_2 \cdot 6H_2O$ 加热至 200℃失去水而成 $CaCl_2 \cdot 2H_2O$，温度高于 260℃时完全脱水形成白色多孔的氯化钙。无水氯化钙有很强的吸水性，是一种重要的干燥剂。由于它能与气态氨和乙醇形成加成物，所以不能用于干燥氨气和乙醇。

4. 氯化钡

氯化钡为无色单斜晶体，一般为水合物二水氯化钡，加热至 130℃时变为无水盐。氯化钡可溶于水，常用于医药、灭鼠剂和鉴定硫酸根离子的试剂。可溶性钡盐对人、畜都有害，切忌入口。

5. 碳酸钠

又称纯碱、苏打或碱面。有无水、一水、七水及十水结晶物。生产方法主要有氨碱法、联碱法。它是一种重要的化工原料。

6. 碳酸氢钠

俗称小苏打，其水溶液呈弱碱性，主要用于医药和食品工业，煅烧碳酸氢钠可得到碳酸钠。

7. 硝酸钾

在空气中不吸潮，在加热时有强氧化性，用来制黑火药。硝酸钾还是含氮、钾肥的优质化肥。

8. 无水硫酸钠

俗称元明粉，大量用于玻璃、造纸、水玻璃、陶瓷等工业中，也用于制硫化钠和硫代硫酸钠等。十水硫酸钠俗称芒硝，是一种较好的相变贮热材料的主要组分，可用于低温贮存太阳能。

9. **硫酸钡**

重晶石硫酸钡是制备其他钡类化合物的原料。与煤粉混合煅烧还原成可溶性硫化钡；硫化钡与盐酸制得氯化钡；硫化钡与二氧化碳得碳酸钡。硫酸钡可作白色涂料，在橡胶、造纸工业中作白色填料。硫酸钡是唯一无毒钡盐，用于肠胃系统 X 射线造影剂。

10. **硫酸镁**

用作媒染剂、泻盐，也用于造纸、纺织、肥皂、陶瓷、油漆工业。七水硫酸镁为无色斜方晶体，加热至 350 K 失去六分子水，在 520 K 变为无水盐。

第二节　ds 区元素

一、ds 区元素概述

ds 区元素包括 I B 族的铜、银、金和 II B 族的锌、镉、汞。它们的价电子构型分别为（n–1）$d^{10}ns^1$ 和（n–1）$d^{10}ns^2$。虽然这些元素的最外层电子数分别与 I A 族和 II A 族相同，但它们之间的性质却有很大的差异。这是因为 ds 区元素的核电荷数比相应 s 区元素大 10，虽然它们核外也多了 10 个 d 电子，但这些电子不能完全屏蔽增加的核电荷，因此 ds 区元素的有效核电荷比 s 区相应的要大，以致 ds 区元素的原子半径比相应的 s 区元素小得多，电离能也相应高得多，所以本区元素的化学性质远不及相应的 s 区元素活泼。

I B 族元素的 d 轨道都是刚好填满 10 个电子，由于刚填满 d 轨道的电子不很稳定，本族元素除能失去一个 s 电子形成+1 氧化态外，还可以再失去一个或两个 d 电子形成+2，+3 氧化态。II B 族元素 d 轨道的电子已趋于稳定，只能失去最外层的一对 s 电子，因而它们多表现为+2 氧化态。ds 区元素的一些基本性质见表 11-4。

表 11-4　ds 区元素的一些基本性质

	铜（Cu）	银（Ag）	金（Au）	锌（Zn）	镉（Cd）	汞（Hg）
原子序数	29	47	79	30	48	80
价电子构型	$3d^{10}4s^1$	$4d^{10}5s^1$	$5d^{10}6s^1$	$3d^{10}4s^2$	$4d^{10}5s^2$	$5d^{10}6s^2$
熔点/℃	1 083	960.5	1 063	419.4	320.9	–38.89
沸点/℃	2 582	2 177	2 707	907	763.3	357
共价半径/pm	117	134	134	125	148	149
第一电离能/（$kJ \cdot mol^{-1}$）	745.5	731.0	890.1	906.4	867.7	1 007.0
电负性	1.9	1.9	2.4	1.6	1.7	1.9
常见氧化态	+1，+2	+1	+1，+3	+2	+2	+2，+1

二、ds 区元素单质及其重要化合物

（一）ds 区元素单质

1. 存在及冶炼

周期系第一副族铜族包括铜、银、金三个元素。它们是人类最早熟悉的，因其化学性质不活泼，所以它们在自然界中有游离的单质存在。自然铜（游离铜）的矿床很少，主要铜矿有辉铜矿（Cu_2S）、黄铜矿（$CuFeS_2$）、斑铜矿（Cu_3FeS_4）、赤铜矿（Cu_2O）和孔雀石（$CuCO_3 \cdot Cu(OH)_2$）等。冶炼主要经过富集、焙烧、粗制、精炼等过程，含量约达 99.5%。

银主要以硫化物形式存在。除较少的闪银矿（Ag_2S）外，硫化银常与方铅矿共生。金矿主要是自然金，自然金有岩脉金，散布在岩石中，还有冲积金，存在于沙砾中。银矿和金矿中银和金的含量往往较低，常采用氰化法提炼。氰化法是用稀的 KCN 或 NaCN 溶液处理粉碎的矿石生成氰的配合物，后用金属锌进行置换，使银、金从溶液中析出。

周期系第二副族锌族包括锌、镉、汞三个元素。锌族元素在自然界中以硫化物形式存在。锌和汞的最主要矿石是闪锌矿 ZnS、菱锌矿 $ZnCO_3$ 和辰砂（又名朱砂）HgS，硫化汞矿常以微量存在于闪锌矿中。锌矿常与铅、铜、镉等共存，成为多金属矿。

现代炼锌的方法是用闪锌矿浮选得到精矿石，焙烧转化为氧化锌，再与焦炭混合高温加热，使锌蒸出。这样所得的粗锌约含 98%，主要杂质为铅、镉、铜、铁等，通过精馏可以将锌和铅、铜、铁、镉分离，得到纯度为 99.9%的锌。

镉主要存在于锌的各类矿石中，大部分镉常在炼锌时以副产品的形式得到。如在熔炼含镉的锌矿石时，这两种金属一起被还原。由于沸点差异，用分馏的方法得到镉。汞是用辰砂在空气中焙烧或与石灰共热，然后蒸馏使汞蒸馏出来。粗制的汞常含有铅、镉、铜等，要制备纯汞须经处理、减压蒸馏才能得到纯汞。

2. 单质的重要性质

铜族元素的化学活性远较碱金属低，并按 Cu、Ag、Au 的顺序递减，这主要表现在与空气中氧的反应及与酸的反应上。

铜在常温下不与干燥空气中的氧化合，加热时能产生黑色的氧化铜。银、金在加热时也不与空气中的氧化合。在潮湿的空气中放久后，铜表面会慢慢生成一层铜绿。

$$2Cu+O_2+H_2O+CO_2 = Cu(OH)_2 \cdot CuCO_3$$

铜绿可防止金属进一步腐蚀，其组成是可变的。银、金则不发生这个反应。空

气中如含有 H_2S 气体跟银接触后，银的表面上很快生成一层 Ag_2S 的黑色薄膜而使银失去白色光泽。

铜族元素都能和卤素反应，但反应程度按 Cu、Ag、Au 的顺序逐渐下降。铜在常温下就能与卤素作用，银作用很慢，金则在加热时才同干燥的卤素起反用。在电位序中，铜族元素都在氢以后，所以不能置换稀酸中的氢。但当有空气存在时，铜可缓慢溶解于这些稀酸中。

$$2Cu + 4HCl + O_2 = 2CuCl_2 + 2H_2O$$

$$2Cu + 2H_2SO_4 + O_2 = 2CuSO_4 + 2H_2O$$

浓盐酸在加热时也能与铜反应，这是因为形成氯的配离子，使平衡向右移动。铜易被 HNO_3、热浓硫酸等氧化性酸氧化而溶解。

$$3Cu + 8HNO_3（稀）= 3Cu(NO_3)_2 + 2NO\uparrow + 4H_2O$$

$$Cu + 2H_2SO_4（浓）\xlongequal{\triangle} CuSO_4 + SO_2\uparrow + 2H_2O$$

银与酸的反应与铜相似，但更困难一些，而金只能溶解在王水中。

$$2Ag + 2H_2SO_4（浓）\xlongequal{\triangle} Ag_2SO_4 + SO_2\uparrow + 2H_2O$$

$$Au+4HCl+HNO_3 = HAuCl_4+NO\uparrow+2H_2O$$

铜、银、金在强碱中均很稳定。

锌在含有 CO_2 的潮湿空气中生成一层碱式碳酸锌：

$$4Zn+2O_2+3H_2O+CO_2 = ZnCO_3 \cdot 3Zn(OH)_2$$

这层薄膜较紧密，可作保护膜。从标准电极电势来看锌和镉位于氢前，汞位于铜与银之间。锌在水中能长期存在，因为表面有一层氢氧化锌保护。镉与稀酸反应较慢，而汞则完全不反应。但它们都易溶于硝酸，在过量的硝酸中溶解汞生成硝酸汞；用过量的汞与稀、冷的硝酸反应则得到硝酸亚汞。

$$3Hg+8HNO_3 = 3Hg(NO_3)_2+2NO\uparrow+4H_2O$$

$$6Hg+8HNO_3（冷、稀）= 3Hg_2(NO_3)_2+2NO\uparrow+4H_2O$$

锌是 ds 区元素中唯一的两性金属，能溶于强碱溶液中。

$$Zn+2NaOH+2H_2O = Na_2[Zn(OH)_4]+H_2\uparrow$$

（二）ds 区元素的重要化合物

1. 铜的化合物

（1）铜的氧化物和氢氧化物

铜的氧化物有黑色的氧化铜和砖红色的氧化亚铜。在硫酸铜溶液中加入强碱，就生成淡蓝色的氢氧化铜沉淀，氢氧化铜热稳定差，受热易分解，脱水后变为 CuO。氧化铜是碱性氧化物，加热时易被 H_2、C、CO、NH_3 等还原为单质铜。$Cu(OH)_2$ 微显两性。所以既溶于酸，又溶于过量的浓碱溶液。氧化亚铜用含有酒石酸钾钠的硫酸钠碱性溶液或碱性铜酸盐 $Na_2Cu(OH)_4$ 溶液用葡萄糖还原制得。分析上利用这个反应测定醛，医学上用这个反应来检查糖尿病。由于制备方法和条件的不同，Cu_2O 晶粒大小各异，而呈现多种颜色。Cu_2O 不溶于水，具有半导体性质，常用它和铜装成亚铜整流器。在制造玻璃和陶瓷时，用作红色颜料。

（2）重要的铜盐

五水硫酸铜俗名胆矾或蓝矾，是蓝色斜方晶体。它是用热浓硫酸溶解铜屑，或在氧气存在时用热稀硫酸与铜屑反应而制得：

$$Cu+2H_2SO_4\text{（浓）}=CuSO_4+SO_2\uparrow+2H_2O$$

$$2Cu+2H_2SO_4\text{（稀）}+O_2=2CuSO_4+2H_2O$$

氧化铜与稀硫酸反应，经蒸发浓缩也可得到五水硫酸铜。五水硫酸铜在不同温度下，可以发生脱水生成三水合、一水合、无水硫酸铜及氧化铜。无水硫酸铜为白色粉末，不溶于乙醇和乙醚，其吸水性很强，吸水后显出特征的蓝色，可利用这一性质来检验乙醇、乙醚等有机溶剂中的微量水分，也可以用无水硫酸铜作干燥剂从这些有机物中除去少量水分。

2. 银的化合物

在 $AgNO_3$ 溶液中加 NaOH，反应首先析出白色 AgOH。常温下 AgOH 极不稳定，立即脱水生成暗棕色 Ag_2O 沉淀。Ag_2O 微溶于水，293 K 时，1 L 水能溶 13 mg，所以溶液呈微碱性。如果分别用溶于 90%酒精的硝酸银和 KOH，在低于 228 K 下，小心进行沉淀，可得到白色 AgOH 沉淀。

硝酸银是最重要的可溶性银盐，其制法是将银溶于硝酸，然后蒸发并结晶即得硝酸银。硝酸银熔点为 481.5 K，加热到 713 K 时分解。如有微量的有机物存在或日光直接照射即逐渐分解。因此硝酸银晶体或它的溶液应当装在棕色玻璃瓶中。硝酸银遇到蛋白质即生成黑色蛋白银，因此它对有机组织有破坏作用，使用时不要使皮肤接触它。10%的 $AgNO_3$ 溶液在医药上作消毒剂和腐蚀剂。大量的硝酸银用于制造照相底片上的卤化银，它也是重要的化学试剂。在硝酸银溶液中加入卤化物，可以生成 AgCl、AgBr、AgI 沉淀。卤化银的颜色依 Cl、Br、I 的顺序加深。它们都难溶于水，溶解度依 Cl、Br、I 顺序而降低。AgCl、AgBr、AgI 都具有感光性，常用于照相术。照相底片、印相纸上涂一薄层含有细小溴化银的明胶。摄影时强弱不同的光线射到底片上时，就引起底片上 AgBr 不同程度的分解。经显影、定影处理，得到照相的底片。

3. 锌族化合物

（1）氧化物和氢氧化物

锌、镉、汞在加热时与氧反应，可得到氧化物。把锌、镉的碳酸盐加热也可以得到 ZnO 和 CdO。这些氧化物都几乎不溶于水。它们常被用作颜料，ZnO 俗名锌白，用作白色颜料。ZnO 的优点是遇到 H_2S 气体不变黑，因为 ZnS 也是白色。ZnO 还用作催化剂。因 ZnO 有收敛性和一定的杀菌力，在医药上常调制成软膏应用。ZnO 和 CdO 的生成热较大，较稳定，加热升华而不分解。

在锌盐和镉盐溶液中加入适量强碱，可以得到它们的氢氧化物。汞盐溶液与碱反应，析出的不是 $Hg(OH)_2$，而是黄色的 HgO。氢氧化锌是两性氢氧化物，溶于强酸成锌盐，溶于强碱而成为四羟基合物，有的称为锌酸盐。

$$Zn(OH)_2+2H^{2+}=Zn^{2+}+2H_2O$$

$$Zn(OH)_2+2OH^-=Zn(OH)_4^{2-}$$

锌、镉、汞的氧化物和氢氧化物都是共价型化合物，共价性依 Zn、Cd、Hg 的顺序而增强。

（2）硫化物

在 Zn^{2+}、Cd^{2+}、Hg^{2+}溶液中分别通入 H_2S，便会产生相应的硫化物沉淀，硫化锌（白色）、硫化镉（黄色）、硫化汞（黑色）。

硫化锌可用作白色颜料，它同硫酸钡共沉淀所形成的混合晶体 $ZnS \cdot BaSO_4$ 叫做锌钡白（立德粉）是一种优良的白色颜料；ZnS 在 H_2S 气氛中灼烧，即转变为晶体，若在晶体 ZnS 中加入微量的 Cu、Mn、Ag 作活化剂，经光照后能发出不同颜色的荧光，这种材料叫荧光粉，可制作荧光屏、夜光表、发光油漆等；硫化镉叫镉黄，用作黄色颜料。

（3）氯化物

无水氯化锌是白色容易潮解的固体，它的溶解度很大，吸水性很强，有机化学中常用它作去水剂和催化剂。

氯化汞（升汞）为白色针状晶体，微溶于水。有剧毒，医院里用 $HgCl_2$ 的稀溶液作手术刀剪等的消毒剂。

氯化亚汞无毒，因味略甜，俗称甘汞，医药上作轻泻剂，化学上用以制造甘汞电极，它是一种不溶于水的白色粉末。在光的照射下，容易分解成汞和氯化汞。所以应该把氯化亚汞贮存在棕色瓶中。

第三节 d 区元素

一、d 区元素概述

d 区元素包括周期表中的ⅢB 族至ⅧB 族（不包括镧以外的镧系元素和锕以外的锕系元素）。它们的电子层结构是（n–1）$d^{1\sim8}ns^{1\sim2}$，除 Pd（$4d^0$）、Pt（$5d^96s^1$）外。它们 ns 轨道上的电子数几乎保持不变，主要差别在于（n–1）d 轨道上的电子数不同。又因（n–1）d 轨道和 ns 轨道的能量相近，d 电子可以全部或部分参与成键，由此构成了 d 区元素的如下特性。

d 区元素的最外层电子数一般都不超过两个，较易失去，所以它们都是金属。d 区元素和 s 区元素相比，前者有较大的有效核电荷，而且 d 电子也存在一定的成键能力，因此 d 区元素一般具有较小的原子半径，较大的密度，较高的熔沸点和良好的导电、导热性能。d 区元素的化学活泼性也较相近。同一周期从左到右，d 区元素化学性质的变化远不如 s 区和 p 区显著。

d 区元素除最外层 s 电子可参加成键外，次外层 d 电子在适当的条件下也可部分甚至全部参加成键，因此它们大多具有可变的氧化态。不同氧化态之间在一定的条件下可互相转化，从而表现出氧化还原性。

d 区元素水合离子具有颜色，这与它们离子的 d 轨道有未成对电子有关。晶体场理论指出在配体水的作用下 d 轨道发生分裂，由于分裂能较小，未成对电子吸收可见光后即可实现 d—d 跃迁，所以能显色。

过渡金属离子因含有未充满的 d 轨道，在与配位体形成配合物的过程中，不但能从二者结合的键能中获得稳定性，还可从 d 轨道分裂过程中获得晶体场稳定化能，所以过渡金属离子易于形成稳定的配合物。配合物的稳定性决定于金属离子与配合体的本性，即决定于形成配合物时体系能量的降低情况。此外，过渡元素空的 d 轨道能接受电子，所以这些元素及其化合物常显催化性质。

由上可见，d 区元素的许多特性都与其未充满 d 轨道的电子有关，所以称 d 区元素的化学就是 d 电子的化学。

二、铬及其化合物

（一）铬的单质

铬在自然界的主要矿物是铬铁矿，其组成为 $FeO \cdot Cr_2O_3$ 或 $FeCr_2O_4$。铬是 1797 年法国化学家沃克兰（Vauquelin L N，1763—1829）在分析铬铅矿时首先发现的。

铬（Chromium）的原意是颜色，因为它的化合物都有美丽的颜色。

铬为第Ⅵ副族元素，是金属中最硬的金属，熔点、沸点高。通常情况下，铬在空气中及水中都相当稳定，这是由于在金属表面形成了致密的氧化膜，从而降低了它们的活泼性。铬的活泼性很强，能溶于稀盐酸、稀硫酸。冷的浓硝酸可使铬钝化。高温下铬能与卤素、硫、氮、碳等直接化合。

铬主要用于制造各种高级合金钢。在钢中加入金属铬后，能大大提高钢的硬度、耐热性和抗酸性。如铬钢（含 Cr 0.5%～1%，Si 0.75%，Mn 0.5%～1.25%）很硬而且有韧性；含 Cr 14%的钢为不锈钢，具有强的抗腐蚀性，在化工设备制造中有重要地位。铬的耐腐蚀性很强，常作为其他金属的保护镀层，既增加美观，又耐腐蚀、抗磨损。

（二）铬的化合物

1. **铬的三价化合物**

Cr_2O_3 为绿色固体，可用硫还原重铬酸钠制得，也可由重铬酸铵热分解或金属铬在氧气中燃烧制得。

$$Na_2Cr_2O_7+S=Cr_2O_3+Na_2SO_4$$

Cr_2O_3 是生产金属铬的原料，也是高温陶瓷和绿色颜料的材料。它微溶于水，具有两性，溶于 H_2SO_4 生成紫色的硫酸铬（Ⅲ），溶于浓 NaOH 生成深绿色的亚铬酸钠。

$$Cr_2O_3+3H_2SO_4=Cr_2(SO_4)_3+3H_2O$$

$$Cr_2O_3+2NaOH+3H_2O=2NaCr(OH)_4$$

灼烧过的 Cr_2O_3 不溶于酸，但可用熔融法使它变成可溶性的盐；向铬（Ⅲ）盐溶液中加碱，可析出灰蓝色水合三氧化二铬（$Cr_2O_3 \cdot nH_2O$）的胶状沉淀，即所谓氢氧化铬 $Cr(OH)_3$。$Cr(OH)_3$ 也具有两性，溶于酸生成 Cr^{3+}溶液，溶于碱生成亮绿色的 $Cr(OH)_4^-$溶液：

$$Cr(OH)_3+3H^+=Cr^{3+}+3H_2O$$
$$Cr(OH)_3+OH^-=Cr(OH)_4^-$$

无论是 Cr^{3+}还是 $Cr(OH)_4^-$，在水中都发生水解作用。Cr^{3+}的水解常数为 1.6×10^{-4}，因此 Cr^{3+}盐溶液显酸性，而 $Cr(OH)_4^-$只能存在于碱性介质中。

将 Cr_2O_3 溶于冷的浓 H_2SO_4 中，得到紫色的硫酸铬 $Cr_2(SO_4)_3 \cdot 18H_2O$。此外还有绿色的 $Cr_2(SO_4)_3 \cdot 6H_2O$、桃红色的无水 $Cr_2(SO_4)_3$。硫酸铬（Ⅲ）与碱金属的硫

酸盐形成铬钾矾，铬钾矾 $K_2SO_4 \cdot Cr_2(SO_4)_3 \cdot 12H_2O$，它可用 SO_2 还原重铬酸钾的酸性溶液而制得。

$$K_2Cr_2O_7+H_2SO_4+3SO_2 = K_2SO_4 \cdot Cr_2(SO_4)_3+H_2O$$

铬钾矾广泛地应用于鞣革和纺织等工业。

2. 铬的六价化合物

浓 H_2SO_4 作用于饱和的 $K_2Cr_2O_7$ 溶液，可析出铬（Ⅵ）的氧化物——CrO_3。

$$K_2Cr_2O_7+H_2SO_4 = 2CrO_3\downarrow+K_2SO_4+H_2O$$

CrO_3 是暗红色针状晶体，它极易从空气中吸收水分，并且易溶于水，形成铬酸（H_2CrO_4）。CrO_3 是较强的氧化剂，在受热超过其熔点（196℃）时，就分解放出氧而变为 Cr_2O_3，一些有机物质如酒精等与 CrO_3 接触时即着火，同时它被还原为 Cr_2O_3。CrO_3 大量用于电镀工业。

铬（Ⅵ）最重要的化合物是 $K_2Cr_2O_7$（俗称红矾钾）。它是橙红色晶体，易溶于水。在水溶液中 $Cr_2O_7^{2-}$（橙红色）和 CrO_4^{2-}（黄色）存在着如下平衡：

$$2CrO_4^{2-}+2H^+ \rightleftharpoons Cr_2O_7^{2-}+H_2O$$

在溶液中加酸，平衡向右移动，$Cr_2O_7^{2-}$增多，溶液变成橙红色；若加碱，平衡向左移动，CrO_4^{2-}增多，溶液变黄色。

由于上述的平衡存在，在 $K_2Cr_2O_7$ 溶液中加入 Ba^{2+}、Pb^{2+}、Ag^+，得到的是相应的铬酸盐沉淀，因为这些离子的铬酸盐的溶度积较小，而重铬酸盐是可溶的。利用反应生成有色沉淀 $BaCrO_4$（黄）、$PbCrO_4$（黄）、Ag_2CrO_4（红），在定性分析上用来鉴定 CrO_4^{2-}或 $Cr_2O_7^{2-}$离子，也可用于鉴定 Ba^{2+}、Pb^{2+}和 Ag^+。

在碱性介质中，铬（Ⅵ）的氧化能力很差。在酸性介质中它是较强的氧化剂，即使在冷的溶液中，$Cr_2O_7^{2-}$也能把 H_2S、H_2SO_3 和 HI 等物质氧化，在加热的情况下，它能氧化 HBr 和 HCl。

实验室中所用的洗液，它是重铬酸钾饱和溶液和浓硫酸的混合物，叫铬酸洗液，有强氧化性，可用来洗涤化学玻璃器皿，以除去器壁上沾附的油脂层。洗液经使用后，棕红色逐渐转变成暗绿色，说明 Cr（Ⅵ）已转化成为 Cr（Ⅲ），洗液失效。

在所有的重铬酸盐中，以钾盐在低温下的溶解度最低，而且这个盐不含结晶水，可以通过重结晶法制得极纯的盐，用作基准的氧化试剂。在工业上重铬酸钾大量用于鞣革、印染、颜料、电镀等方面。

三、锰及其化合物

（一）锰的单质

锰是丰度较高的元素，在地壳中的含量为 0.1%。地壳上锰的主要矿石有软锰矿 $MnO_2 \cdot xH_2O$，黑锰矿 Mn_3O_4 和水锰矿 MnO(OH)。大量的锰矿——锰结核，存在于深海海底。

金属锰可由软锰矿还原（常用铝热法）而制得。因铝与软锰矿反应剧烈，故先将软锰矿强热使之转变为 Mn_3O_4，然后与铝粉混合燃烧。

$$3MnO_2 = Mn_3O_4 + O_2\uparrow$$
$$3Mn_3O_4 + 8Al = 9\,Mn + 4Al_2O_3$$

用此法制得的锰，纯度不超过 95%～98%。纯的金属锰则是由电解法制备的。大量的锰用于制备锰合金。

锰能剧烈地和稀酸作用放出氢气，并且在锰粉加热时，也能使水分解。

$$Mn + 2H_2O \overset{\triangle}{=\!=} Mn(OH)_2 + H_2\uparrow$$

块状的锰在空气中会生成一层致密的氧化物保护膜，而粉末状的锰却很容易被氧化，有时还可以起火。

（二）锰的化合物

1. 锰（Ⅱ）的化合物

一氧化锰（MnO）是绿色粉末，难溶于水，易溶于酸。MnO 相应的水合物 $Mn(OH)_2$ 是从锰（Ⅱ）盐与碱溶液作用而制得。$Mn(OH)_2$ 是白色难溶于水的物质，在空气中很快被氧化，而逐渐变成棕色的 MnO_2 水合物。

很多锰（Ⅱ）盐如卤化锰、硝酸锰、硫酸锰等易溶于水。在水溶液中 Mn^{2+}常以淡红色水合离子存在，结晶出来的锰盐是带有结晶水的粉红色晶体。如：$MnCl_2 \cdot 4H_2O$、$MnSO_4 \cdot 7H_2O$、$Mn(NO_3)_2 \cdot 6H_2O$ 和 $Mn(ClO_4)_2 \cdot 6H_2O$ 等。

锰（Ⅱ）在碱性介质中很容易被氧化，在酸性介质中只有强的氧化剂如 PbO_2、$NaBiO_3$ 等才能使 Mn^{2+}氧化为 MnO_4^-。由于 MnO_4^-具有很深的颜色，故常用来鉴定 Mn^{2+}的存在。

2. 锰（Ⅳ）的化合物

最重要的是 MnO_2，它是一种很稳定的黑色粉末状物质，不溶于水。在酸性介质中它具有较强的氧化性，与浓 H_2SO_4 作用生成氧气，和浓 HCl 作用生成氯气。

$$2MnO_2 + 2H_2SO_4 = 2MnSO_4 + O_2\uparrow + 2H_2O$$

$$MnO_2+4HCl=MnCl_2+Cl_2\uparrow+2H_2O$$

二氧化锰不溶解于稀酸，但可溶于稀酸和 H_2O_2 的混合溶液中。

$$MnO_2+H_2O_2+2H^+=Mn^{2+}+O_2\uparrow+2H_2O$$

二氧化锰在碱性介质中，有氧化剂存在时，还能被氧化而转变成锰（Ⅵ）的化合物。例如，MnO_2 和 KOH 的混合物于空气中，或者与 $KClO_3$、KNO_3 等氧化剂一起加热熔融，可以得到绿色的锰酸钾 K_2MnO_4。

$$2MnO_2+4KOH+O_2=2K_2MnO_4+2H_2O$$
$$3MnO_2+6KOH+KClO_3=3K_2MnO_4+KCl+3H_2O$$

二氧化锰在工业上有很重要的用途。例如，它是一种广泛应用的氧化剂，玻璃工业中，将它加入熔态玻璃中，以除去带色杂质（硫化物和亚铁盐）。在油漆工业中，将它加入熬制的半干性油中，可以促进这些油在空气中的氧化作用。MnO_2 还大量用于干电池中以氧化在电极上产生的氢。它也是一种催化剂（如在 $KClO_3$ 制氧反应中）和制造锰盐的原料。

3. 锰（Ⅵ）和锰（Ⅶ）的化合物

最重要的锰（Ⅵ）化合物是锰酸钾 K_2MnO_4。将 MnO_2 和 KOH 混合加热熔融，通过空气中的氧气或加入氧化剂可将 MnO_2 氧化为深绿色 K_2MnO_4。锰酸钾易溶于水，MnO_4^{2-}只能存在于强碱性溶液中，在酸性、中性及弱碱性溶液中发生歧化反应。

$$3MnO_4^{2-}+4H^+=2MnO_4^-+2MnO+2H_2O$$

如果在锰酸盐中通入氯气，就能将锰酸盐氧化成高锰酸盐。

$$2MnO_4^{2-}+Cl_2=2MnO_4^-+2Cl^-$$

最重要的锰（Ⅶ）化合物是高锰酸钾（$KMnO_4$），它是紫黑色晶体。水溶液呈紫红色（MnO_4^-的颜色）。在酸性溶液中 MnO_4^-不很稳定，会缓慢地分解。

$$4MnO_4^-+4H^+=4MnO_2\downarrow+2H_2O+3O_2\uparrow$$

光对 $KMnO_4$ 分解起催化作用，所以配制好的 $KMnO_4$ 溶液必须保存在棕色瓶中。$KMnO_4$ 是强氧化剂，在医药中被用作杀菌消毒剂，质量分数为 5%的 $KMnO_4$ 溶液可治疗烫伤。介质的酸碱性不仅影响 $KMnO_4$ 的氧化能力，也影响它的还原产物。在酸性介质，弱碱性或中性介质，强碱性介质中，其还原产物依次是 Mn^{2+}、MnO_2 和 MnO_4^{2-}。

四、铁、钴、镍

(一)铁、钴、镍单质

铁、钴、镍是第四周期ⅧB 族元素，称为铁系元素，其价电子层结构分别为$3d^64s^2$、$3d^74s^2$和$3d^84s^2$。铁、钴、镍单质都是具有光泽的白色金属。铁、钴略带灰色，而镍为银白色。它们的密度都较大，熔点也较高。钴比较硬而脆，铁和镍却有很好的延展性。此外，它们都表现有铁磁性，所以钴、镍、铁合金是很好的磁性材料，其单质及化合物还可用作催化剂。

铁、钴、镍都是中等活泼的金属，钴、镍和纯铁对空气和水是稳定的，能溶于稀酸，而形成水合离子$[M(H_2O)_2]^{2+}$。冷的浓HNO_3可使铁、钴、镍变成钝态。

(二)铁、钴、镍的化合物

1. 氧化物和氢氧化物

铁、钴、镍都能形成化合价为+2 价和+3 价的氧化物。

FeO 黑色　　CoO 灰绿色　　NiO 暗绿色

Fe_2O_3砖红色　　Co_2O_3黑色　　Ni_2O_3黑色

它们都不溶于水和强碱，能溶于强酸。Co_2O_3和Ni_2O_3都是强氧化剂，与盐酸反应可将氯离子氧化成单质氯而逸出。

$$M_2O_3+6HCl=2MCl_2+Cl_2\uparrow+3H_2O \quad (\text{M 代表 Co 或 Ni})$$

在它们盐(Ⅱ)溶液中加入碱，可以得到相应的白色的$Fe(OH)_2$、绿色的$Ni(OH)_2$、粉红色的$Co(OH)_2$氢氧化物沉淀，但$Fe(OH)_2$很容易被空气中的氧所氧化，生成绿色到棕色之间的产物。若有足够氧存在时，最后全部氧化为棕红色氢氧化铁$Fe(OH)_3$。

$$4Fe(OH)_2+O_2+2H_2O=4Fe(OH)_3$$

高价氧化态氢氧化物的氧化性按 Fe、Co、Ni 顺序依次递增，而低氧化态氢氧化物的还原性则按 Fe、Co、Ni 顺序依次递减。其中NiO_2是最强的氧化剂，而$Fe(OH)_2$是最强的还原剂。

2. 盐类

Fe(Ⅱ)、Co(Ⅱ)、Ni(Ⅱ)盐类有许多相似的地方，它们的强酸盐如硫酸盐、卤化物等几乎都能溶于水。在水中由于水解而使溶液显酸性。

$$M^{2+}+H_2O=M(OH)^++H^+ \quad (\text{M 表示 Fe、Co、Ni})$$

从溶液中结晶出来时，常含有相同数目的结晶水。Fe^{2+}、Co^{2+}、Ni^{2+}水合离子都是有颜色的。如 Fe^{2+}显浅绿色，Co^{2+}显粉红色，Ni^{2+}显绿色。它们的硫酸盐都能与碱金属或铵的硫酸盐形成复盐，如硫酸亚铁铵$(NH_4)_2SO_4 \cdot FeSO_4 \cdot 6H_2O$。

较为重要的 Fe（Ⅱ）盐有硫酸亚铁 $FeSO_4 \cdot 7H_2O$，是一种浅绿色晶体，俗称绿矾，不稳定，暴露在空气中逐渐风化，同时表面被空气氧化成 Fe（Ⅲ）盐而呈黄褐色。亚铁的复盐，如硫酸亚铁铵$(NH_4)_2SO_4 \cdot FeSO_4 \cdot 6H_2O$，俗称摩尔盐，比 $FeSO_4 \cdot 7H_2O$ 稳定得多，是分析化学中常用的还原剂，用来标定重铬酸钾或高锰酸钾溶液。

二氯化钴由于盐中含结晶水数目不同而呈现不同的颜色。作干燥剂用的变色硅胶，就是利用氧化钴的这种因吸水或脱水而发生颜色变化的性质，来表示硅胶的吸湿情况。当硅胶未吸水时，呈蓝色，吸水后，逐渐变为粉红色。

3. **配合物**

在 Fe^{2+}或 Fe^{3+}溶液中加入氨水，得到是氢氧化物沉淀；在 Co^{2+}或 Ni^{2+}溶液中加入氨水，则分别得到黄色的$[Co(NH_3)_6]^{2+}$或紫色的$[Ni(NH_3)_6]^{2+}$。$[Co(NH_3)_6]^{2+}$在空气中不稳定，慢慢被氧化为橙黄色的$[Co(NH_3)_6]^{3+}$。

氰化物与 Fe^{2+}、Fe^{3+}、Co^{2+}和 Ni^{2+}都能形成配位数为 6 或 4 的配合物。这些配合物都是内轨型配合物，在溶液中都很稳定，因此在含$[Fe(CN)_6]^{3-}$和$[Fe(CN)_6]^{4-}$的溶液中几乎检测不出离解的 Fe^{3+}和 Fe^{2+}。但$[Fe(CN)_6]^{4-}$遇到 Fe^{3+}立即产生蓝色沉淀，这种沉淀俗称普鲁士蓝。这一反应也是检查溶液中是否存在 Fe^{3+}的灵敏反应。

在 Fe^{3+}离子的溶液中，加入硫氰化钾或硫氰化铵，溶液即出现血红色，这一反应非常灵敏，常用来检出 Fe^{3+}和比色测定 Fe^{3+}离子。

此外，铁族元素能与一氧化碳形成羰基配合物，常用于有机反应的催化剂。

复习与思考题

1. 在自然界中，有无碱金属单质或氢氧化物存在?为什么?

2. 碱金属元素有哪些最基本的共性?并简述其变化规律。

3. 能否纯粹用化学方法从碱金属的化合物中制得游离态的碱金属?写出相应的反应方程式。

4. 室温时，在空气中保存金属 Li 和 K 时，会发生哪些反应，写出所有反应方程式。

5. 锂、钠、钾、铷、铯在过量氧气中燃烧，生成何种氧化物?各类氧化物与水作用情况如何?

6. 为什么将 CO_2 气体通入 $BaCl_2$ 或 $Ba(NO_3)_2$ 溶液时，没有 $BaCO_3$ 沉淀析出，而当 CO_2 作用于 $Ba(OH)_2$ 溶液时，却能析出 $BaCO_3$ 沉淀?

7. 为什么选用过氧化钠作为潜水艇密闭舱中的供氧剂?现有 1 kg 过氧化钠，在标准状况下，可以得到多少升氧气?

8. 商品氢氧化钠中为什么常含有杂质碳酸钠?怎样用最简便的方法加以检验?如何除去它?

9. 在某酸性 $BaCl_2$ 溶液中，有少量 $FeCl_3$ 杂质，现用 $BaCO_3$ 调节溶液的 pH 值，可把 Fe^{3+}沉淀为 $Fe(OH)_3$ 而除去，试用有关平衡理论解释之。

10. 实验室中有 5 个试剂瓶，分别装有白色粉末状固体，它们可能是 $MgCO_3$、$BaCO_3$、无水 Na_2CO_3、无水 $CaCl_2$ 和无水 Na_2SO_4，试鉴别之（以反应方程式表示），并简单说明。

11. 写出下列反应方程式:

（1）Al 溶于 NaOH 溶液中　（2）$Ba(NO_3)_2$ 加热分解

（3）$Na_2O_2 + CO_2 \longrightarrow$　（4）$CaH_2 + H_2O \longrightarrow$

（5）$Na_2O_2 + Cr_2O_3 \longrightarrow$　（6）$K + KNO_3 \longrightarrow$

12. 解释下列现象并写出反应式:

（1）埋在湿土中的铜钱变绿;

（2）银器在含 H_2S 的空气中发黑;

（3）金不溶于浓 HCl 或 HNO_3 中，却溶于此两种酸的混合液中。

13. 试将 Cu^{2+}，Ag^{+}，Zn^{2+}和 Hg^{2+}混合离子分离。

14. 有一白色硫酸盐 A，溶于水得蓝色溶液。在此溶液中加入 NaOH 得浅蓝色沉淀 B，加热 B 变成黑色物质 C。C 可溶于 H_2SO_4，在所得的溶液中逐渐加入 KI，先有棕色沉淀 D 析出，后又变成红棕色溶液 E 和白色沉淀 F。问 A、B、C、D、E 和 F 各为何物?写出有关反应式。

15. 完成下列反应方程式:

（1）$HgCl_2 + SnCl_2 \longrightarrow$

（2）$Cu(OH)_2 + C_6H_{12}O_6 \longrightarrow$

（3）$HgS + HCl + HNO_3 \longrightarrow$

（4）$AgBr + Na_2S_2O_3 \longrightarrow$

（5）$Cu_2O + H_2SO_4 \longrightarrow$

16. 在 Fe^{2+}、Co^{2+}和 Ni^{2+}盐的溶液中加入 NaOH 溶液，在空气中放置后，各得到何种产物?写出有关反应式。

17. 现有一种含结晶水的浅绿色晶体，将其配成溶液，若加入 $BaCl_2$ 溶液，则产生不溶于酸的白色沉淀；若加入 NaOH 溶液，则生成白色胶状沉淀并很快变成红棕色。再加入盐酸，此红棕色沉淀又溶解，滴入硫氰化钾溶液显深红色。问该晶体是什么物质?写出有关的化学反应式。

18. 已知有两种钴的配合物，它们具有同一分子式 $Co(NH_3)_5BrSO_4$。一种配合物的溶液在加入 $BaCl_2$ 时产生 $BaSO_4$ 沉淀，但加入 $AgNO_3$ 不发生沉淀。另一种配合物的沉淀则与此相反，加入 $AgNO_3$ 时产生沉淀，而加入 $BaCl_2$ 时不发生沉淀。写出两种配合物的结构式。

19. 有一种肉红色溶液 A，与 NaOH 作用生成白色沉淀 B，B 不溶于水和碱，但在空气中慢慢变成棕褐色沉淀 C，C 与盐酸加热生成黄绿色气体 D，D 与 KI 淀粉试纸变蓝，将 C 与 $KClO_3$ 和碱共熔得深绿色化合物 E，用 D 氧化 E 可得紫红色物质 F，将 F 在酸性 Na_2SO_4 溶液中变成 A 溶液。问 A、B、C、D、E、F 各是什么物质，并写出各步反应的化学方程式。

20. 实验室制备的 $SnCl_2$ 溶液试剂瓶中，溶液为强酸性，而试剂瓶底有锡粒存在，为什么？

21. 用反应式说明下列试验现象：

（1）向含有 Fe^{2+} 离子溶液中加入 NaOH 溶液后生成灰绿色沉淀，逐渐变成棕红色。

（2）过滤后，沉淀用盐酸溶解，溶液呈黄色。

（3）向黄色溶液中加几滴 KSNC 溶液，立即变成血红色，再通入 SO_2，则红色消失。

（4）向红色消失溶液中滴加 $KMnO_4$ 溶液，其紫色会褪去。

（5）最后加入黄血盐溶液时，生成蓝色沉淀。

22. 为什么在酸性 $K_2Cr_2O_7$ 溶液中加入 $BaCl_2$ 时得到的是 $BaCrO_4$ 沉淀？

23. 解释下列问题：

（1）Co^{3+} 盐没有 Co^{2+} 盐稳定，而配离子的稳定性恰相反，为什么？

（2）为什么蓝色硅胶受潮后变红色，在烘箱加热后又会变成蓝色？

24. 铁能使 Cu^{2+} 还原，而 Cu 能使 Fe^{3+} 还原，这两个事实有无矛盾？

25. 完成下列反应：

（1）$Cr_2O_7^{2-} + I^- + H^+ \longrightarrow$

（2）$Cr_2O_7^{2-} + Pb^{2+} + H_2O \longrightarrow$

（3）$MnO_4^- + H_2O_2 + H^+ \longrightarrow$

（4）$MnO_4^- + NO_2^- + H_2O \longrightarrow$

（5）$MnO_4^- + NO_2^- + OH^- \longrightarrow$

（6）$K_2MnO_4 + HAc \longrightarrow$

（7）$FeCl_3 + NaF \longrightarrow$

（8）$Co(OH)_3 + H_2SO_4 \longrightarrow$

（9）$Co^{2+} + SCN^- \longrightarrow$

（10）$Ni(OH)_2 + Br_2 + OH^- \longrightarrow$

（11）$Ni + CO \longrightarrow$

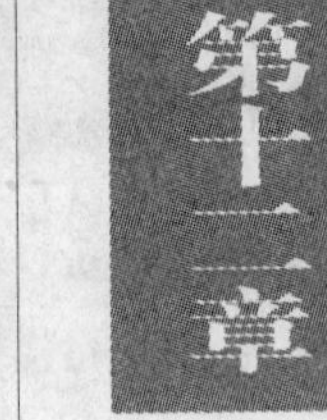

第十二章 非金属元素

【学习要求】

1. 掌握卤素单质及其重要化合物的化学性质，初步掌握氯的含氧酸的酸性、稳定性及氧化性的递变规律，了解卤素单质及其含氧化合物的主要用途及鉴定方法。
2. 掌握氧、硫、氮、磷单质及重要化合物的化学性质，初步掌握含硫化合物、含氮化合物的氧化还原性，了解氧、硫、氮、磷化合物及其盐类的一些特殊性质及鉴定方法。

第一节 卤族元素

一、卤素概述

卤素是周期系中第ⅦA族元素，包括氟（F）、氯（Cl）、溴（Br）、碘（I）、砹（At）五种元素。卤素在自然界中均以化合态存在。At是人工合成的具有放射性的元素，它不稳定，在自然界存在量极微。

卤素原子的价电子构型均为ns^2np^5，极易获得一个电子形成8电子稳定结构，卤素单质都是强氧化剂。随着原子序数的增加，原子核外电子层递增，从氟到碘非金属性逐渐减弱。卤素化合物中最常见价态为–1价。由于氟的电负性最大，所以通常无正氧化态表现。其他卤素原子在和电负性较大元素化合时，可以表现出正氧化态，特征氧化态+1，+3，+5，+7，存在于含氧化合物和拟卤素化物中。卤素的一些基本性质见表12-1。

卤素单质都是双原子分子，原子间以共价键相结合；分子间只存在微弱的分子间作用力。因此卤素单质密度、熔点、沸点按F、Cl、Br、I的顺序依次增大。在常温常压下，氟和氯是气体，溴是液体，碘是固体。卤素单质都有颜色，由浅黄至紫黑色逐渐加深。卤素单质在水中的溶解性都不大（氟与水剧烈作用除外），但在有机溶剂中的溶解度比在水中要大，并呈现特殊颜色。溴可溶于乙醇、氯仿等中，形成溶液的颜色因溴的浓度不同而从黄色至红棕色。碘溶液颜色随溶剂不同而有所差别，在醇、醚中碘呈棕色或红棕色，在二硫化碳或四氯化碳中，呈紫色。

表 12-1 卤素的一些基本性质

	氟（F）	氯（Cl）	溴（Br）	碘（I）
原子序数	9	17	35	53
价电子构型	$2s^22p^5$	$3s^23p^5$	$4s^24p^5$	$5s^25p^5$
原子半径/pm	64	99	114	133
熔点/℃	–219.6	–101.0	–7.2	113.5
沸点/℃	–118.1	–34.6	58.8	184.4
电负性	4.0	3.0	2.8	2.5
电离能/（$kJ \cdot mol^{-1}$）	322	349	325	295
常见氧化态	–1	–1，1，3，5，7	–1，1，3，5，7	–1，1，3，5，7
常温状态	浅黄色气体	黄绿色气体	红棕色液体	紫黑色固体

氟和氯具有很强的氧化性，能和所有的金属元素化合生成金属氟化物和金属氯化物，还可和大多数非金属（除氮、氧和某些稀有气体外）化合。溴和碘的活泼性与氟、氯相比要差些。

卤素和水的反应分为两种方式，氟的氧化性极强，遇水后立即发生反应放出氧气；氯次之，与水生成 HCl 和 HClO，在光照条件下放出 O_2。

$$2F_2 + 2H_2O = 4HF + O_2\uparrow$$

$$Cl_2 + H_2O = HCl + HClO$$

$$2HClO \xlongequal{\text{光照}} 2HCl + O_2\uparrow$$

溴与水反应缓慢，碘几乎与水不反应。

二、卤化氢和卤化物

（一）卤化氢

卤化氢都是具有刺激性臭味的无色气体。实验室中卤化氢可以用卤化物与高沸点酸（如 H_3PO_4 或 H_2SO_4）反应制备。

$$CaF_2 + H_2SO_4\text{（浓）} = CaSO_4 + 2HF\uparrow$$

$$NaCl + H_2SO_4\text{（浓）} = NaHSO_4 + HCl\uparrow \text{（450℃以下）}$$

由于浓 H_2SO_4 可将 HBr 和 HI 氧化成 Br_2 和 I_2，故 HBr 和 HI 的制备不能用此方法制取，可用非氧化性酸 H_3PO_4 来制备。

$$KBr + H_3PO_4 = KH_2PO_4 + HBr\uparrow$$

$$KI + H_3PO_4 = KH_2PO_4 + HI\uparrow$$

卤化氢的性质依 HCl、HBr、HI 的顺序有规律地变化，熔点、沸点随分子质量增大而升高，但氟化氢有很多性质表现特殊，这些独特性质与其分子间存在氢键形成缔合物有关。卤化物都是极性分子，它们都易溶于水，水溶液为氢卤酸，其中 HCl、HBr、HI 都是强酸，且酸性依次增强，只有 HF 为弱酸。

（二）卤化物

卤素与电负性较小的元素生成的二元化合物叫做卤化物。卤化物可分为金属卤化物和非金属卤化物两大类。下面简单介绍金属卤化物溶解性和水解性。

1. **溶解性**

金属卤化物一般多易溶于水，其中难溶的只有 AgX、PbX_2、Hg_2X_2 和 CuX（X 为 Cl、Br、I）等。氟化物的溶解性常与其他卤化物不同。例如 AgF 是易溶的，而 LiF、MF_2（M 为碱土金属，Mn、Fe、Ni、Cu、Zn、Pb）和 AlF_3 等都是难溶盐。

2. **水解性**

金属卤化物溶于水时，除少数活泼金属卤化物外，均发生不同程度的水解。例如：

$$MgCl_2+H_2O \rightleftharpoons Mg(OH)Cl+HCl$$

其中 $SnCl_2$、$SbCl_3$ 和 $BiCl_3$ 水解后分别以碱式氯化亚锡 Sn(OH)Cl，氯氧化锑 SbOCl 和氯氧化铋 BiOCl 的沉淀形式析出。所以在配制这些盐溶液时，为了防止沉淀产生，应将盐类先溶于浓盐酸，然后再加水稀释。

三、卤素的含氧酸及其盐

Cl、Br、I 可形成通式为 HXO、HXO_2、HXO_3 和 HXO_4 四类含氧酸。氟电负性比氧大，没有氟的含氧酸及其盐，到目前为止，只在低温下得到 HFO，它的性质和结构尚不清楚。由于卤素的强非金属性，以致呈正氧化态的卤素趋向于获得电子，因此含氧化物均很不稳定或较不稳定，大都具有氧化性，其盐较稳定，含氧酸次之，最不稳定的为氧化物。氯的含氧酸最为重要。表 12-2 列出了卤素的各种含氧酸及其氧化态。

表 12-2　卤素的含氧酸及氧化态

	氟	氯	溴	碘	氧化态
次卤酸	HFO	HClO	HBrO	HIO	+1
亚卤酸	—	$HClO_2$	$HBrO_2$	HIO_2	+3
卤　酸	—	$HClO_3$	$HBrO_3$	HIO_3	+5
高卤酸	—	$HClO_4$	$HBrO_4$	HIO_4	+7

1. **次卤酸及其盐**

卤素与水反应可制备次卤酸。

$$X_2+H_2O=HX+HXO$$
$$Cl_2+H_2O=HCl+HClO$$

次卤酸的酸性极弱，酸性随着卤素原子质量递增而减弱，次卤酸盐都易水解，水溶液呈碱性。

$$XO^- + H_2O \rightleftharpoons HXO + OH^-$$

次卤酸都是强氧化剂和漂白剂，它们很不稳定，尤其是次碘酸。次卤酸可以两种方式分解，例如当光照或有催化剂（如氧化钴、氧化镍）时，次氯酸发生分解放出氧气；加热分解时发生歧化反应。

$$2HClO=2HCl+O_2\uparrow$$
$$3HClO=2HCl+HClO_3$$

次卤酸盐中比较重要的是次氯酸盐，如氯与 $Ca(OH)_2$ 反应生成次氯酸钙，它是漂白粉的有效成分，具有杀菌、漂白作用。

$$2Cl_2 + 2Ca(OH)_2=Ca(ClO)_2 + CaCl_2 + 2H_2O$$

2. **亚卤酸及其盐**

亚氯酸是一种弱酸，但酸性比 HClO 强，在亚氯酸钡悬浮液中加入稀硫酸，除去硫酸钡沉淀即得亚氯酸水溶液，它极不稳定，易分解。亚氯酸盐比亚氯酸稳定，亚氯酸及其盐都具有氧化性，可作氧化剂。

3. **卤酸及其盐**

卤酸是强酸，按 $HClO_3$、$HBrO_3$、HIO_3 的顺序酸性依次减弱，稳定性依次增强。卤酸的浓溶液都是强氧化剂，其中以溴酸的氧化性最强。在酸性介质中卤酸盐发生下列反应：

$$XO_3^- + 5X^- + 6H^+=3X_2 + 3H_2O$$

卤酸盐中比较重要的是有实用价值的氯酸盐，其中最常见的是 $NaClO_3$ 和 $KClO_3$。$NaClO_3$ 易潮解，在催化剂作用下 $KClO_3$ 分解为氯化钾和氧气。

固体 $KClO_3$ 是强氧化剂，它与易燃物如碳、硫、磷及有机物质相混合时，一受撞击即猛烈爆炸，因此氯酸钾大量用于制造火柴、焰火等。

4. **高卤酸及其盐**

高氯酸是已知酸中最强的酸，它的稀溶液（浓度低于 60%）氧化性很弱，对热较稳定，浓溶液氧化性很强，与易燃物质接触则会发生猛烈爆炸。

固态高氯酸盐在高温下是强氧化剂，但其氧化能力比氯酸盐弱，用 $KClO_4$ 制作的炸药比用 $KClO_3$ 为原料的炸药稳定，安全性较好。

卤素含氧酸及其盐的重要性质，如酸性、氧化性、热稳定性都随分子中氧原子数的改变呈规律变化。以氯的含氧酸及其盐为例，其性质变化规律如表12-3。

表12-3 氯的含氧酸及其相应的钠盐的性质变化规律

氧化数	酸	酸的强度	氧化性	盐	热稳定性	阴离子碱强度
+1	$HClO$	低	低	$NaClO$	低	低
+3	$HClO_2$	↓	↓	$NaClO_2$	↓	↓
+5	$HClO_3$	↓	↓	$NaClO_3$	↓	↓
+7	$HClO_4$	高	高	$NaClO_4$	高	高

第二节 氧族元素

一、氧族元素概述

周期表ⅥA族包括氧（O）、硫（S）、硒（Se）、碲（Te）、钋（Po）五种元素，通称为氧族元素。在自然界中氧和硫能以单质存在，硒、碲常存在于重金属硫化物矿中（自然界中无单质），钋是放射性元素。

氧族元素价电子构型均为 ns^2np^4，有获得2个电子达到8电子的稳定结构的趋势，表现出较强的非金属性。它们的化合物中常见氧化值为−2，由于氧在ⅥA族中的电负性最大（仅次于氟），因此它可以和大多数金属元素形成离子型化合物。而硫、硒、碲只能和高价态的金属形成离子型化合物。氧族元素与非金属元素化合时皆形成共价化合物。氧族元素的一些基本性质见表12-4。

表12-4 氧族元素的一些基本性质

	氧（O）	硫（S）	硒（Se）	碲（Te）
原子序数	8	16	34	52
价电子构型	$2s^22p^4$	$3s^23p^4$	$4s^24p^4$	$5s^25p^4$
原子半径/pm	66	104	117	137
离子半径（M^{2-}）/pm	140	184	198	221
熔点/℃	−218.8	112.8	220	449.5
沸点/℃	−183.0	444.6	685	989.8
电负性	3.5	2.5	2.4	2.1
电离能/（$kJ \cdot mol^{-1}$）	1 314	1 100	941	869
常见氧化态	−2	−2，2，4，6	−2，2，4，6	−2，2，4，6

二、氧及其化合物

（一）氧及臭氧

自然界中氧有三种同位素：^{16}O、^{17}O、^{18}O，其中 ^{16}O 的含量最高，占 99.76%。氧单质有两种，即氧和臭氧。

氧是无色无臭的气体，在–183℃时凝结为浅蓝色的液体，氧在水中溶解度很小（49.1 mL/100g 水），却是水中各种生物赖以生存的重要条件。

常温下，氧的性质很不活泼，仅能使一些还原性强的物质，如 NO、$SnCl_2$、KI、H_2SO_3 等氧化，加热条件下，除卤素、少数贵金属（Au、Pt）以及稀有气体外，氧几乎与所有的元素直接化合成相应的氧化物。O_2 是一种重要的配位体，在生物体内起着重要的作用。如血红蛋白和肌红蛋白是脊椎动物体内的两种血红素蛋白，它们的主要功能就是运载和贮存氧，是最常见的载体。它们具有的氧载体功能就是血红素中的亚铁与 O_2 分子的可逆配位的作用。

臭氧（O_3）是一种天蓝色的气体，在 161 K 时凝结为深蓝色液体，在 80 K 时凝固为暗紫色的固体。臭氧具有一种鱼腥臭味，易溶于水。臭氧是太阳对大气中氧气的强辐射作用而形成的。存在于大气层的最上层，臭氧能吸收太阳光的紫外辐射，从而提供一个保护地面生物免受过强辐射的防御屏障——臭氧保护层。

臭氧不稳定，常温下便会缓慢分解成氧气，且放出热量。200℃以上分解较快。若有二氧化锰、二氧化铅、铅黑等催化剂存在，便迅速分解。

$$2O_3 = 3O_2$$

臭氧是强氧化剂，能氧化多种物质，并释放出氧气。利用淀粉碘化钾试纸可检验臭氧存在，因为游离出的碘遇淀粉变蓝。

$$2KI + H_2O + O_3 = I_2 + 2KOH + O_2\uparrow$$

臭氧还广泛用于漂白、脱臭、杀菌、净化废水等方面。

（二）氧的化合物

1. 过氧化氢

过氧化氢分子式是 H_2O_2，是一种几乎无色的（很淡的蓝色）液体。稍黏稠，挥发性比水小，可与水以任意比例混合，其水溶液为双氧水。过氧化氢大量用于漂白和杀菌消毒，使用过程中不会产生污染。

过氧化氢是一种极弱的酸，它在水中微弱电离；常温下过氧化氢就会平稳地分解：

$$2H_2O_2 = 2H_2O + O_2\uparrow$$

因此，H_2O_2 应保存在阴凉条件下的棕色瓶中。为防止分解，也可加入微量的锡酸钠、焦磷酸钠或尿素作为稳定剂。

过氧化氢中氧的氧化值为–1，处于中间氧化态，因此，H_2O_2 既有氧化性又有还原性。

$$PbS + 4H_2O_2 = PbSO_4 + 4H_2O$$

$$2MnO_4^- + 5H_2O_2 + 6H^+ = 2Mn^{2+} + 8H_2O + 5O_2\uparrow$$

2. 氧化物

大多数非金属氧化物和某些高氧化态的金属氧化物均显酸性；大多数金属氧化物显碱性。一些金属氧化物（如 Al_2O_3、ZnO、Cr_2O_3 等）和少数非金属氧化物（如 As_4O_6、Sb_4O_6、TeO_2 等）显两性；不显酸碱性的氧化物有 NO、CO 等。

氧化物酸碱性的一般规律是：同周期各元素最高氧化态的氧化物，从左到右为碱性—两性—酸性；相同氧化态的同族各元素的氧化物从上到下碱性依次增强；同一元素能形成几种氧化态的氧化物，其酸性随氧化数的升高而增强。

三、硫及其化合物

（一）单质硫

单质硫有多种同素异形体存在，如斜方硫（或菱形硫）和单斜硫等，它们都是由 S_8 环状分子组成的。天然硫是黄色固体，称斜方硫（菱形硫），是最稳定的，将其加热至 368 K 以上，渐渐地转变为另一种晶型——单斜硫，暗黄色针状晶体。

硫易升华，硫的性质不如氧活泼，但在加热条件下可与许多金属和非金属直接化合。硫在工业上用来制造硫酸、硫化橡胶、黑火药、火柴、硫化物等，农业上用来制造杀虫剂，医药上用来制硫黄软膏等。

（二）硫化氢和硫化物

1. 硫化氢

硫化氢（H_2S）是无色、有臭鸡蛋味的气体，微溶于水，有毒，人体吸入后引起头痛、恶心、眩晕，严重中毒可致死亡。

实验室中常用硫化亚铁与稀盐酸反应来制备 H_2S。

$$FeS + 2HCl = FeCl_2 + H_2S\uparrow$$

硫化氢及其水溶液硫氢酸在实验室中主要用作沉淀剂，许多金属离子遇 H_2S 可生成难溶的硫化物沉淀；此外 H_2S 也是强还原剂，较弱的氧化剂 I_2 就能将它氧化。

$$I_2+H_2S=2HI+S\downarrow$$

2. **硫化物**

金属硫化物的特性是难溶于水，除碱金属和碱土金属硫化物外（BeS 难溶），其他金属硫化物几乎都不溶于水。在无机化学中常利用硫化物的难溶性来除去溶液中金属离子杂质；在分析化学中利用硫化物溶解方法的多样性以及硫化物具有特征的颜色，用来分离和鉴别金属离子。金属硫化物在酸中有不同的溶解性，见表 12-5。

表 12-5　金属硫化物在酸中溶解性

溶解状况	代表物及颜色	特点
溶于稀 HCl	ZnS（白色），MnS（肉色）	$K_{sp}>10^{-24}$
不溶于稀 HCl 溶于浓 HCl 溶液	CdS（黄色），PbS（黑色）	$10^{-25}<K_{sp}<10^{-30}$
不溶于浓 HCl 溶于 HNO_3	CuS（黑色）	$K_{sp}<10^{-30}$，利用 HNO_3 氧化性
溶于王水	HgS（黑色）	王水氧化 S^{2-} 并使 Hg^{2+} 和 Cl^- 配合

3．**多硫化物**

碱金属或碱土金属硫化物的溶液能溶解单质硫生成多硫化物，如：

$$Na_2S+（X-1）S=Na_2S_X$$

多硫化物的溶液一般显黄色，随着 X 值的增加由黄色、橙色而至红色。由于在多硫化物中存在过硫链，它与过氧化氢中的过氧链类似，因此，多硫化合物具有氧化性并能发生歧化反应。从多硫化合物中产生的硫有较强的活性，容易渗入病菌细胞内使之中毒而发挥杀菌效能。

多硫化合物是分析化学常用的试剂。Na_2S_2 在制革工业中用作原皮的脱毛剂，CaS_4 在农业上用来作杀虫剂。

（三）硫的氧化物、含氧酸及其盐

1. **二氧化硫、亚硫酸和亚硫酸盐**

硫在空气中燃烧即得到 SO_2，许多金属的硫化物矿灼烧时能生成氧化物，同时放出 SO_2。

$$2ZnS+3O_2=2ZnO+2SO_2\uparrow$$

SO_2 是无色有刺激臭味的气体，比空气重 2.26 倍，易溶于水，能和一些有机色素结合成为无色的化合物，因此，可用于漂白。SO_2 主要用于制造硫酸和亚硫酸盐，还大量用于制造合成洗涤剂，用作食物和果品的防腐剂，住所和用具的消毒剂，纸张、草帽等的漂白剂。

SO_2 的水溶液叫做亚硫酸，实际上它是一种水合物 $SO_2 \cdot xH_2O$。目前不仅没有制得游离的亚硫酸，而且当它存在于水溶液中时，已显著地分解为 SO_2 和 H_2O。在亚硫酸的水溶液中加酸并加热时有 SO_2 气体逸出；加碱时，生成酸式盐或正盐。

在含硫（Ⅳ）化合物中，SO_2、亚硫酸和亚硫酸盐既有氧化性，又有还原性，但它们的还原性是主要的。例如：在酸性溶液中能使 MnO_4^-还原为 Mn^{2+}离子，Br_2 还原为 Br^-。

$$Br_2 + SO_2 + 2\,H_2O = 2HBr + H_2SO_4$$

碱金属的亚硫酸盐易溶于水，由于水解，溶液显碱性，其他金属的正盐均微溶于水，而所有的酸式亚硫酸盐都易溶于水。亚硫酸盐受热容易分解。例如，亚硫酸钠在加热时，分解生成硫化钠和硫酸钠；遇强酸即分解，放出 SO_2。亚硫酸盐有很多实际用途，用于造纸、染料、农作物等。

2. 三氧化硫、硫酸和硫酸盐

三氧化硫是一个强氧化剂，特别在高温时它能氧化磷、碘化钾和铁、锌等金属。三氧化硫极易吸收水分，在空气中强烈冒烟，溶于水中即生成硫酸并放出大量热。这大量热使水蒸发，所产生的水蒸气与 SO_3 形成酸雾，影响吸收的效果，所以工业上生产硫酸不是用水去吸收 SO_3，而是用浓硫酸吸收 SO_3。

硫酸是二元酸中最强的酸，具有酸的通性。浓硫酸具有很强的吸水性，可用来干燥不与其起反应的各种气体。浓硫酸具有氧化性，是中等强度的氧化剂，热的浓硫酸几乎能氧化所有的金属和一些非金属。硫酸是重要的化工原料，广泛应用于生产化肥、冶炼石油、制造染料、炸药、药物以及各种硫酸盐。

硫酸盐有正盐和酸式盐两类。酸式盐大都易溶于水，硫酸盐中除 $BaSO_4$、$PbSO_4$、$CaSO_4$ 等几乎难溶于水外，其余都易溶于水。常用可溶性的钡盐溶液检验溶液中的 SO_4^{2-}是否存在，因为生成物 $BaSO_4$ 为白色沉淀，几乎不溶于水，也不溶于酸。

$$Ba^{2+} + SO_4^{2-} = BaSO_4 \downarrow$$

3. 其他重要的盐

（1）硫代硫酸钠（$Na_2S_2O_3$）又名海波、大苏打。将硫粉溶于沸腾的亚硫酸钠碱性溶液中便可制得 $Na_2S_2O_3$。硫代硫酸钠是无色透明的结晶，易溶于水，其水溶液显弱碱性。硫代硫酸钠是一种中等强度的还原剂，与碘反应时，它被氧化为连四硫酸钠，与氯、溴等反应时被氧化为硫酸盐。因此，硫代硫酸钠可作为脱氯剂。

（2）连二亚硫酸钠又称保险粉。在没有氧的条件下，用锌粉还原 $NaHSO_3$ 可制得连二亚硫酸钠。它是印染工业中非常重要的还原剂，有许多有机染料都能被它还原，它还用于染料合成、造纸、保存食物和医学等部门。

（3）过硫酸盐都是强氧化剂，在钢铁分析中常用过硫酸铵（或过硫酸钾）氧化法测定钢中锰的含量。过硫酸钾不稳定，加热时容易分解，放出 SO_3 和 O_2。例如：

$$2Mn^{2+} + 5S_2O_8^{2-} + 8H_2O = 2MnO_4^- + 10SO_4^{2-} + 16H^+$$

$$2K_2S_2O_8 \xlongequal{\triangle} 2K_2SO_4 + 2SO_3\uparrow + O_2\uparrow$$

第三节 氮族元素

一、氮族元素概述

周期表VA 族元素包括氮、磷、砷、锑和铋五种元素，统称氮族元素。氮和磷是非金属，砷和锑是准金属，铋是金属元素。它们的价电层结构均为 ns^2np^3，有获得 3 个电子形成 8 电子稳定结构的趋势，但与ⅥA，ⅦA 族元素相比，结合电子能力较差，仅 N、P 可形成极少数–3 价离子型化合物。本族元素在与电负性较小的元素化合时，可形成–3 价共价化合物，最常见的是氢化物，除 NH_3 以外，其他氢化物均不稳定。

本族元素的性质递变比较明显，主族元素有非金属性从上至下逐渐减弱，金属性逐渐增强的一般规律，并显示出从非金属元素到金属的完整过渡。氮族元素及单质性质见表 12-6。

表 12-6 氮族元素的一些性质

	氮（N）	磷（P）	砷（As）	锑（Sb）	铋（Bi）
原子序数	7	15	33	51	83
价电子构型	$2s^22p^3$	$3s^23p^3$	$4s^24p^3$	$5s^25p^3$	$6s^26p^3$
熔点/℃	–209.9	44.1（白）	817（2.84MPa）	630.5	271.3
沸点/℃	–195.8	280（白）	613（升华）	1 380	1 560
原子半径/pm	70	110	121	141	152
电离能/（$kJ \cdot mol^{-1}$）	1 402	1 012	944	832	703
电负性	3.0	2.1	2.0	1.9	1.9
常见氧化态	–3，1，2，3，4，5	–3，3，4，5	–3，3，5	–3，3，5	3，5

二、氨和铵盐

(一) 氨

工业上氨的制备是用氮气和氢气在高温高压和催化剂存在下合成的。在实验室中通常用铵盐和碱的反应来制备少量氨气。

$$N_2+3H_2 \xrightarrow[\text{高温高压}]{\text{催化剂}} 2NH_3$$

$$(NH_4)_2SO_4+2NaOH = Na_2SO_4+2H_2O+2NH_3\uparrow$$

氨是一种有刺激臭的无色气体，极易溶于水，其水溶液称为氨水。它在常温下很容易被加压液化，常用它来作冷冻机的循环制冷剂。

氨的化学性质主要表现在以下几个方面：

（1）还原性：常温下，氨在水溶液中能被许多强氧化剂（Cl_2、H_2O_2，$KMnO_4$ 等）所氧化。

（2）取代反应：氨分子中的一个或几个氢被其他原子或基团所取代，生成一系列氨的衍生物。

（3）形成配合物：氨中氮原子上的孤电子对能与其他离子或分子形成共价配键。如 $Ag[(NH_3)]^+$、$BF_3 \cdot NH_3$ 等。

（4）弱碱性：与酸反应生成铵盐。

(二) 铵盐

铵盐是氨与酸进行化合反应得到的产物，结构上类似于钾离子（化合价、离子半径相同），铵盐性质类似于钾盐。铵盐一般为无色晶体，是强电解质，易溶于水，有一定程度水解，加热易分解；氧化性酸组成的铵盐，则发生氧化还原反应。

$$NH_4Cl \xrightarrow{\triangle} NH_3\uparrow+HCl$$

$$2NH_4NO_3 \xrightarrow{\triangle} 2N_2\uparrow+O_2\uparrow+4H_2O$$

铵盐中的碳酸氢铵、硫酸铵、氯化铵和硝酸铵都是优良的肥料。氯化铵用于染料工业、原电池以及焊接时用来除去待焊金属物体表面的氧化物。

三、氮的含氧酸及其盐

（一）亚硝酸及其盐

将等物质的量的 NO 和 NO_2 混合物溶于水中，或在亚硝酸盐中加入硫酸，在溶液中均可生成亚硝酸。

$$NO+NO_2+H_2O=2HNO_2$$
$$Ba(NO_2)_2+H_2SO_4=BaSO_4\downarrow+2HNO_2$$

亚硝酸很不稳定，仅存在于冷的稀溶液中，是较弱的酸，$K=4.6\times10^{-4}$。

亚硝酸盐，特别是碱金属和碱土金属的亚硝酸盐，都有很高的热稳定性，除浅黄色的难溶盐 $AgNO_2$ 外，亚硝酸盐一般易溶于水。亚硝酸盐都有毒性，是无机致癌物质，亚硝酸及其盐既有氧化性又有还原性。

$$2NO_2^-+2I^-+4H^+=2NO+I_2+2H_2O$$
$$2MnO_4^-+5NO_2^-+6H^+=2Mn^{2+}+5NO_3^-+3H_2O$$

该反应用于测定亚硝酸盐含量。

（二）硝酸及其盐

工业上制硝酸的最重要方法是氨的催化氧化法。将氨和过量空气的混合物通过装有铂铑合金的丝网，氨在高温下被氧化为 NO，再与氧作用氧化成 NO_2，最后用水吸收就成为硝酸。在实验室中，用硝酸盐与浓硫酸反应来制备少量硝酸。

硝酸是无色液体，沸点较低（86℃），易挥发，和水可以任意比例互溶，86%以上有发烟现象，受热易分解产生 NO_2 而呈黄色。

硝酸是强酸，具有强氧化性，且根据酸的浓度不同，氧化性能不同。活泼金属同硝酸作用生成一层致密的氧化膜，阻止继续氧化，因此可用铁器盛装。浓硝酸与浓盐酸的混合物（体积比 1∶3）称为王水，可溶解 Au、Pt 等贵金属。硝酸作为氧化剂，氮处于最高价，可以被还原成一系列低价态物质。

$$\underset{+5}{HNO_3}—\underset{+4}{NO_2}—\underset{+3}{HNO_2}—\underset{+2}{NO}—\underset{+1}{N_2O}—\underset{0}{N_2}—\underset{-3}{NH_3}$$

硝酸与金属作用被还原的程度，主要取决于硝酸的浓度和金属的活泼性，对同一金属，硝酸越稀，则硝酸被还原程度越大。非金属元素如碳、硫、磷、碘等也能被硝酸氧化成氧化物或含氧酸。

硝酸盐一般是硝酸作用于相应金属氧化物而制得，大多数是无色的晶体，易溶于水。常温下比较稳定，但在高温下，固体硝酸盐都会分解而显氧化性。硝酸盐分解，因金属离子不同而有差异，规律为：

活泼金属（金属活动顺序表包括 Mg 前金属元素）硝酸盐分解产生亚硝酸盐和氧气。

$$2NaNO_3 \overset{\triangle}{=\!=\!=} 2NaNO_2 + O_2\uparrow$$

较活泼的金属（Mg 后包括 Cu 前金属）硝酸盐分解为金属氧化物、二氧化氮、氧气。

$$2Pb(NO_3)_2 \overset{\triangle}{=\!=\!=} 2PbO + 4NO_2 + O_2\uparrow$$

不活泼的金属（Cu 后金属）硝酸盐分解为金属单质、二氧化氮、氧气。

$$2AgNO_3 \overset{\triangle}{=\!=\!=} 2Ag + 2NO_2\uparrow + O_2\uparrow$$

活泼金属硝酸盐大量存在于植物体内，如蔬菜、饲料中，煮沸时间过长且密闭不搅动，还原成有毒的亚硝酸盐，引起生理中毒现象。

四、磷及其化合物

(一) 单质磷

磷在自然界中总是以磷酸盐的形式出现的，例如磷酸钙 $Ca_3(PO_4)_2$、磷灰石 $Ca_5F(PO_4)_3$。磷是生物体中不可缺少的元素之一。在植物体中磷主要含于种子的蛋白质中，在动物体中则含于脑、血液和神经组织的蛋白质中、骨骼中也含有磷。

制备单质磷是将磷酸钙矿混以石英砂（SiO_2）和炭粉放在 1 773 K 左右的电炉中加热。

$$2Ca_3(PO_4)_2 + 6SiO_2 + 10C = 6CaSiO_3 + P_4 + 10CO$$

把生成的磷蒸气和 CO 通过冷水，磷便凝结成白色固体。

磷的单质有多种同素异形体，其中最主要的是红磷、白磷和黑磷。白磷是透明蜡状固体，质软，遇光即逐渐变为黄色，又叫黄磷。白磷由 P_4 分子通过分子间力结合而成，化学性质较氮气活泼，主要决定于原子结构和分子结构的双重作用。白磷燃点、沸点低，不溶于水，易溶于有机溶剂中，白磷剧毒，致死量约 0.15 g。

白磷在隔绝空气加强热条件下，400℃加热数小时就可以完全转化为红磷。红磷无毒，红色粉末，不溶于水、碱和 CS_2，没有毒性，化学性质比白磷稳定。

工业上用黄磷来制备高纯度的磷酸，生产有机磷杀虫剂、烟幕弹。在青铜中含有少量磷叫磷青铜，它富有弹性、耐磨、抗腐蚀，用于制轴承、阀门等。大量红磷用于火柴生产上，火柴盒侧面所涂的物质就是红磷与三硫化二锑等的混合物。

（二）磷的氧化物

磷在充足的氧气中燃烧生成五氧化二磷，如果氧不足，只生成三氧化二磷。根据分子量测定均为双聚体，分子式分别为 P_4O_{10} 和 P_4O_6。

五氧化二磷吸水性很强，在空气中易潮解，常作干燥剂。它溶于沸水生成正磷酸，溶于冷水生成偏磷酸。

$$P_4O_{10}+6H_2O（沸水）=4H_3PO_4$$
$$P_4O_{10}+2H_2O（冷水）=4HPO_3$$

（三）磷的含氧酸及其盐

磷有多种含氧酸、次磷酸（H_3PO_2）、亚磷酸（H_3PO_3）、偏磷酸（HPO_3）、三聚磷酸（$H_5P_3O_{10}$）、焦磷酸（$H_4P_2O_7$）及正磷酸（H_3PO_4）。

磷酸是无色透明的晶体，极易溶于水，能与水以任何比例混合。它是一种无氧化性的中强酸。H_3PO_4 为三元酸，能形成三种盐：磷酸二氢盐、磷酸一氢盐和正盐。磷酸盐中磷酸二氢盐均溶于水，而磷酸盐和磷酸一氢盐除 K^+、Na^+、NH_4^+盐外，一般都不溶于水。这些盐在水中都能发生不同程度的水解，Na_3PO_4 的水溶液呈较强碱性，可用做洗涤剂。Na_2HPO_4 水溶液呈弱碱性，而 NaH_2PO_4 的水溶液呈弱酸性。磷酸二氢钙是重要的磷肥，用适量的硫酸处理磷酸钙所生成的混合物叫做过磷酸钙，可直接用作肥料，其中有效成分磷酸二氢钙溶于水，易被植物吸收。

$$Ca_3(PO_4)_2+2H_2SO_4=2CaSO_4+Ca(H_2PO_4)_2$$

化学分析中，磷酸具有强的配位能力，常用磷酸作为金属离子掩蔽剂；磷酸根与过量的钼酸铵$(NH_4)_2MoO_4$ 及适量的浓硝酸混合后加热，可慢慢地生成黄色的钼磷酸铵沉淀，借此反应鉴定磷酸根存在。

此外，磷化合物在生物体内的作用极为重要，它存在于核糖核酸（RNA）和脱氧核糖核酸（DNA）中。这些分子具有储存和传递遗传信息的生理功能，以保证物种的延续和发展。磷还存在于三磷酸腺苷（ATP）等物质中，以储藏生物的能量。

五、砷的化合物

砷的氧化物有 As_2O_3 和 As_2O_5 两类，它们都是白色的固体。As_2O_3 俗称砒霜，剧毒，致死量约 0.1 g。它主要用于制造杀虫剂、除草剂以及含砷药物。As_2O_3 微溶于水，生成亚砷酸 H_3AsO_3。它是两性偏酸性的氢氧化物，溶于碱生成亚砷酸盐，溶于浓盐酸生成砷（Ⅲ）盐。

砷的硫化物 As_2S_3、As_2S_5 都是黄色难溶于水和酸的化合物，但可溶于 Na_2S 溶液而生成硫代砷酸盐，利用这一特性可将砷的硫化物与其他金属硫化物分离。这些硫代砷酸盐不稳定，遇酸分解为相应的硫化物和放出硫化氢气体。

复习与思考题

1. 从原子价电子构型说明非金属元素性质及递变规律并进行比较。

2. 简述常见氮肥的化学成分、理化性能及鉴定方法。

3. 为什么不能用硝酸和硫化亚铁来制备硫化氢气体?

4. 比较氯的含氧酸及其盐的性质。

5. 说明卤素的一般化学性质。

6. 与其他卤素相比氟的特性是什么?氟化氢不能储存于玻璃器皿中的原因是什么?

7. 简述卤素离子的鉴别方法。

8. 为何不能用浓硫酸、硝酸干燥 H_2S、HBr、HI 气体?

9. 解释下列现象:

(1) Cl_2，SO_2，H_2O_2 都有漂白、杀菌作用。

(2) 实验室不能长期保存 H_2S、Na_2S 和 Na_2SO_3 溶液。

(3) 为何亚硫酸盐溶液中往往含有硫酸盐?并指出如何检验 SO_4^{2-} 的存在?

(4) 为何 H_2S 通入 $MnSO_4$ 溶液中，得不到 MnS 沉淀，若向溶液中加入一定量氨水，就有 MnS 沉淀产生。

10. 完成下列反应方程式:

(1) $KBr+KBrO_3+H_2SO_4 \longrightarrow$

(2) Cl_2 通入热的碱液。

(3) Br_2 加入冰水冷却的碱液。

11. Cl_2 能从 KI 中置换 I_2，但 I_2 又能从 $KClO_3$ 中置换出 Cl_2，而生成 KIO_3，这是否有矛盾?为什么?试用反应式说明。

12. 从 H_2O_2 结构及元素电极图说明它既可作氧化剂又可作还原剂，并举例写出有关的化学反应式。

13. 比较 HCl、H_2SO_4、HNO_3、H_3PO_4 的性质。

14. 以 S 和 Na_2CO_3 为原料，如何制取 $Na_2S_2O_3$，写出反应方程式。

15. 有一瓶白色粉末状固体，它可能是 Na_2CO_3、$NaNO_3$、Na_2SO_4、NaCl 或 NaBr，试设计鉴别方案。

16. 有四瓶白色固体 Na_2SO_4、Na_2SO_3、$Na_2S_2O_3$ 及 Na_2S 已失标签，试用一种试剂把它们鉴别出来，并写出反应方程式。

17. 用简单的方法鉴别下列各组物质:

（1）NO_2^-和NO_3^-

（2）H_3PO_4和H_3PO_3

（3）Na_2HPO_4和NaH_2PO_4

（4）H_3AsO_4和H_3AsO_3

18. 有一钠盐A，将其灼烧有气体B放出，留下残余物C。气体B能使带有火星的木条复燃。残余物C可溶于水，将该水溶液用H_2SO_4酸化后，分成两份：一份加几滴$KMnO_4$溶液，$KMnO_4$褪色；另一份加几滴KI淀粉溶液，溶液变蓝色。问A、B、C为何物?并写出各有关的反应式。

19. 有一能溶于水的白色固体，其水溶液有下述实验现象：

（1）焰色反应为黄色。

（2）能使酸化的$KMnO_4$溶液褪色，再加入$BaCl_2$溶液时产生不溶于稀硝酸的白色沉淀。

（3）加入硫黄粉并加热，硫溶解成无色溶液。该溶液能使碘水褪色，并能溶解AgCl或AgBr，酸化该溶液时产生乳白色或黄色沉淀。问白色固体为何物?写出有关反应式。

20. 在淀粉碘化钾溶液中加入少量NaClO时，得到蓝色溶液A；加入过量NaClO时，得到无色溶液B。然后酸化之，并加入少量固体Na_2SO_3于B溶液，则蓝色又出现；当Na_2SO_3过量时，蓝色又褪去成无色溶液C；再加$NaIO_3$溶液蓝色又出现。指出A、B、C各为何物?并写出各步的反应方程式。

21. 指出下列哪种卤素或卤化物具有下面各种性质：

（1）HX酸性最强

（2）稳定性最大

（3）是强还原剂

（4）电离能最大

（5）电负性最大

（6）分子间有氢键存在

22. 写出下列反应的方程式：

（1）铜与浓硝酸反应

（2）铜与稀硝酸反应

（3）锌与极稀硝酸反应

（4）溴化银沉淀溶于硫代硫酸钠溶液

（5）碘在硫代硫酸钠溶液中褪色

（6）$HNO_3+H_2S \longrightarrow$

（7）H_2SO_4（浓）$+S \longrightarrow$

（8）$Na_2SO_3+Na_2S+HCl \longrightarrow$

（9）$Mn^{2+}+S_2O_8^{2-}+H_2O \longrightarrow$

（10）$MnO_4^-+H_2O_2+H^+ \longrightarrow$

23. 试从平衡移动原理解释为什么在 Na_2HPO_4 或 NaH_2PO_4 溶液中加入 $AgNO_3$ 溶液均析出黄色的 Ag_3PO_4 沉淀?析出 Ag_3PO_4 沉淀后溶液的酸碱性有什么变化?写出相应的反应方程式。

24. 为什么在 $FeSO_4$ 溶液（0.1 mol · L^{-1}）中，通入 H_2S 得不到 FeS 沉淀?若要得到 FeS 沉淀，溶液中的 H^+浓度应小于多少 mol · L^{-1}? 已知 $K_{sp(FeS)}=3.7\times10^{-19}$，$[H^+]^2[S^{2-}]=1.1\times10^{-24}$。

25. 已知：$AsO_4^{3-}+2H^++2e^- \rightleftharpoons AsO_3^{3-}+H_2O$　　$E^\ominus=0.58$ V

$I_2+2e^- \rightleftharpoons 2I^-$　　$E^\ominus=0.54$ V

AsO_4^{3-}、AsO_3^{3-}、I^-各离子浓度均为 1 mol · L^{-1}。对于下面的反应：

$$AsO_4^{3-}+2I^-+2H^+ \rightleftharpoons I_2+AsO_3^{3-}+H_2O$$

（1）求该反应的平衡常数;

（2）求反应能正向进行的最大 pH 值;

（3）求 pH=5 时，正反应的电池电动势 ε 值和ΔG 值;

（4）用原电池符号表示，当 AsO_4^{3-}/AsO_3^{3-}半电池的 pH=0.5 和 pH=5 时，分别与 I_2/I^-组成的原电池。

第十三章 无机及分析化学中常用的分离方法

【学习要求】

1. 熟悉无机及分析化学中常用的分离方法及选用条件。
2. 理解各种分离方法的基本原理；掌握各种分离方法的操作过程。
3. 了解分离干扰组分的作用与意义。

在分析试样时，当试样组成比较简单时，将它处理成溶液后，就可以直接进行测定。但在实际工作中，常遇到组成比较复杂的试样，制成溶液后，各组分均以离子状态存在于溶液中，而要测定其中某一组分时，共存的其他离子往往产生干扰，因此，必须选择适当的方法来消除其干扰。

有时，试样中被测组分的含量极微，而测定方法的灵敏度不够，这时可在分离干扰组分时，将被测组分富集起来，然后进行测定，这样可以解决测定方法灵敏度不够的问题。应该注意的是，在分离的同时往往也进行了必要的浓缩和富集。因此，分离通常也包含有富集的意义在内，可见，分离对定量分析是至关重要的。

第一节　挥发和蒸馏分离法

挥发和蒸馏分离法是利用化合物的挥发性的差异来进行分离的方法，可以用于除去干扰组分，也可以用于使被测组分定量分出，然后进行测定。

一、挥发和蒸馏原理

挥发法是将易挥发组分从液态或固态样品中转移到气相的过程。一般而言，在一定温度和压力下，当待测组分或基体中某一组分的挥发性和蒸气压足够大，而另一种小到可以忽略时，就可以进行选择性挥发，达到定量分离的目的。

蒸馏是基于气—液平衡原理实现组分分离的，具体讲就是利用试样溶液中各组分的沸点及其蒸气压大小的不同实现分离的目的。在水溶液中，不同组分的沸点各不相同，当加热时，较易挥发的组分富集在蒸气相，对蒸气相进行冷凝或吸收时，挥发性组分在馏出液或吸收液中得到富集。

二、某些元素及其挥发的形式

物质的挥发性与其分子结构有关，即与分子中原子的化学键有关。表 13-1 列出了某些元素及其挥发的形式，以及挥发和蒸馏分离的条件。

表 13-1 某些元素挥发的形式以及挥发和蒸馏分离条件

组分	挥发性物质	分离条件
B	$B(OCH_3)_3$	酸性溶液中加甲醇
C	CO_2	1 100℃通氧燃烧
Si	SiF_4	$HF + H_2SO_4$
S	SO_2	1 300℃通氧燃烧
	H_2S	$HI + H_3PO_4$
Se，Te	$SeBr_4$、$TeBr_4$	$H_2SO_4 + HBr$
F	SiF_4	$SiO_2 + H_2SO_4$
CN^-	HCN	H_2SO_4
Ge	$GeCl_4$	HCl
As	$AsCl_3$、$AsBr_3$、$AsBr_5$	HCl 或 $HBr + H_2SO_4$
	AsH_3	$Zn + H_2SO_4$
Sb	$SbCl_3$、$SbBr_3$、$SbBr_5$	HCl 或 $HBr + H_2SO_4$
Sn	$SnBr_4$	$HBr + H_2SO_4$
Cr	CrO_2Cl_2	$HCl + HClO_4$
Os、Ru	OsO_4、RuO_4	$KMnO_4 + H_2SO_4$
Tl	$TlBr_3$	$HBr + H_2SO_4$
铵盐	NH_3	NaOH

三、挥发和蒸馏的应用

在有机分析中，经常用到挥发和蒸馏分离法。例如，有机化合物中 C、H、O、N、S 等元素的定量分析，就采用了这种分离方法。在环境监测中，采用分光光度法测定水样中的硫化物时，先使之在磷酸介质中生成硫化氢，再用惰性气体载入乙酸锌-乙酸钠溶液中吸收，从而达到与母液分离的目的。

在无机分析中，挥发和蒸馏分离法应用不多，主要用于非金属元素和少数几种金属元素的分离。但由于该方法的选择性高，容易掌握，故在某些情况下仍具有很大的意义。例如，在钢铁中 C、S 的测定，就是在高温炉中通氧燃烧，使试样中的 C、S 转化为 CO_2 和 SO_2 从基体中分离出来之后，再进行测定的。

第二节 沉淀和共沉淀分离法

沉淀分离法是根据溶度积原理，利用沉淀反应进行分离的方法。在试液中加入适当的沉淀剂，使被测组分沉淀出来，或将干扰组分沉淀除去，从而达到分离的目的。可分为无机沉淀剂沉淀分离法、有机沉淀剂沉淀分离法等几种。

一、无机沉淀剂沉淀分离法

无机沉淀剂有很多，形成沉淀的类型也很多。此处只对形成氢氧化物和硫化物沉淀的分离法作简要讨论。至于一些生成盐类（如碳酸盐、草酸盐、硫酸盐、磷酸盐等）的反应，在重量分析法一节中已有讨论，这里不再重复。

（一）氢氧化物沉淀分离法

这类分离法常用的沉淀剂有 NaOH、NH_4OH、ZnO 悬浮液、六次甲基四铵等。他们使离子形成氢氧化物沉淀（如 $Fe(OH)_3$、$Al(OH)_3$、$Mg(OH)_2$ 等）或含水氧化物（如 $SiO_2 \cdot xH_2O$、$WO_3 \cdot xH_2O$、$Nb_2O_5 \cdot xH_2O$、$SnO_2 \cdot H_2O$ 等）。一些常见金属氢氧化物开始沉淀和沉淀完全时的 pH 值见表 13-2。

表 13-2　各种金属离子氢氧化物开始沉淀和沉淀完全时的 pH 值

氢氧化物	溶度积 $K_{sp}^{\ominus}$	开始沉淀时的 pH 值 假定 $c(M)=0.01\ mol \cdot L^{-1}$	沉淀完全时的 pH 值 假定 $c(M)=10^{-6}\ mol \cdot L^{-1}$
$Sn(OH)_4$	1.0×10^{-57}	0.5	1.3
$TiO(OH)_2$	1.0×10^{-29}	0.5	2.0
$Sn(OH)_2$	3.0×10^{-27}	1.7	3.7
$Fe(OH)_3$	3.5×10^{-38}	2.2	3.5
$Al(OH)_3$	2.0×10^{-32}	4.1	5.4
$Cr(OH)_3$	5.4×10^{-31}	4.6	5.9
$Zn(OH)_2$	1.2×10^{-17}	6.5	8.5
$Fe(OH)_2$	1.0×10^{-15}	7.5	9.5
$Ni(OH)_2$	6.5×10^{-18}	6.4	8.4
$Mn(OH)_2$	4.5×10^{-13}	8.8	10.8
$Mg(OH)_2$	1.8×10^{-11}	9.6	11.6

不同金属离子生成氢氧化物沉淀所要求的 pH 值是不相同的，因此通过控制溶液的 pH 值，可使金属离子相互分离。

应该指出，表 13-2 所列出的各种 pH 值，是从表中所假定的条件根据溶度积计算而得。实际上，溶液中可能存在的金属离子浓度，以及沉淀完全的要求，并不完全是这样，因此沉淀开始和沉淀完全时应控制的 pH 值可能有所不同。其次，在“影响沉淀的因素”一节内容中讲到，沉淀的溶解度因沉淀条件不同而改变，而且表 13-2 中所列 $K_{sp}^{\ominus}$ 是指稀溶液中，没有其他离子存在时的溶度积，因而 $K_{sp}^{\ominus}$ 文献值和实际数值将有一定的差距。再有，有些金属离子具有两性性质，当溶液的 pH 值超过一定数值时，它们的氢氧化物沉淀会重新溶解。总之，表 13-2 中的 pH 值数值只能供参考。因此利用氢氧化物沉淀分离，关键在于根据实际情况，适当选择和严格控制溶液的 pH 值。氢氧化物沉淀分离时常用下列试剂来控制溶液的 pH 值。

1．NaOH 溶液

通常用它作沉淀剂时控制溶液 pH 值≥12，常用于两性金属离子和非两性金属离子的分离。许多非两性金属离子都可生成氢氧化物沉淀，只有溶解度较大的钙、锶等离子的氢氧化物才部分沉淀。两性金属离子则生成含氧酸根阴离子留在溶液中。

2．氨—氯化铵缓冲溶液

它可以将 pH 值控制在 9 左右，常用来沉淀不与 NH_3 形成络离子的许多种金属离子，亦可使许多两性金属离子沉淀成氢氧化物沉淀。

3．其他

如乙酸—乙酸盐、六次甲基四铵—六次甲基四铵盐酸盐等弱酸（碱）及其共轭碱（酸）所组成的缓冲体系，可分别控制相应的 pH 值，用于沉淀分离。

必须指出，利用氢氧化物沉淀来分离金属离子，选择性并不高，因为在某一 pH 范围内进行沉淀时，往往有许多金属离子同时析出沉淀。此外，由于氢氧化物为无定形沉淀，共沉淀现象比较严重，所以分离效果也不很理想。

（二）硫化物沉淀分离法

能形成硫化物沉淀的金属离子约有 40 余种，由于它们的溶解度相差悬殊，因而可以通过控制溶液中 $c(S^{2-})$的办法使硫化物沉淀分离。该法常用的沉淀剂为 H_2S，在溶液中 H_2S 存在如下的离解平衡：

$$H_2S \underset{+H^+}{\overset{-H^+}{\rightleftharpoons}} HS^- \underset{+H^+}{\overset{-H^+}{\rightleftharpoons}} S^{2-}$$

因此溶液中的 $c(S^{2-})$与溶液的酸度有关，控制适当的酸度，亦即控制 $c(S^{2-})$，即可进行硫化物沉淀分离。

根据硫化物的溶解度不同，可将离子分为以下五类：

（1）在 $c(H^+)\approx 0.3\ mol\cdot L^{-1}$ 时，能生成硫化物的沉淀有：铜、镉、铋、铅、银、汞、钌、铑、钯、锇、砷、锑、锡、钒、锗、硒、碲、钼、钨、铱、铂和金。

（2）上述硫化物沉淀中，能溶于硫化钠溶液的有：砷、锑、锡、钒、锗、硒、碲、钼、钨、铱、铂和金。

（3）在 $pH \approx 2$ 的酸性溶液中，能生成硫化物沉淀的元素除（1）所列的以外，还有锌、镓、铟和铊。

（4）在氨性溶液中，能生成硫化物沉淀的有：银、汞、铅、铜、镉、铋、铟、铊、锰、铁、钴、镍、钍和铀，同时铝、镓、铬、铍、钛、锆、铪、铌和钽等析出难溶性的氢氧化物沉淀。

（5）硫化物可溶于水的有：钾、钠、锂、铷、铯、镁、钙、锶、钡和镭。

和氢氧化物沉淀分离法相似，硫化物沉淀分离法的选择性也是不高的；此外，硫化物沉淀大多是胶状沉淀，共沉淀现象比较严重，而且还存在着后沉淀现象，故分离效果也不理想。如果改用硫代乙酰铵作沉淀剂，利用硫代乙酰铵在酸性或碱性溶液中水解产生 H_2S 或 S^{2-}来进行均相沉淀，可使沉淀性能和分离效果有所改善。硫代乙酰铵在酸性或碱性溶液中水解反应如下式所示：

$$CH_3CSNH_2+2H_2O+H^+ = CH_3COOH+H_2S+NH_4^+$$

$$CH_3CSNH_2+3OH^- = CH_3COO^-+S^{2-}+NH_3\uparrow+H_2O$$

尽管如此，硫化物沉淀对于组与组之间的分离，特别是分离和除去某些重金属离子，仍是很有效的。

（三）其他无机沉淀剂沉淀分离法

1．硫酸盐沉淀分离法

本法用于 Ca^{2+}、Sr^{2+}、Ba^{2+}、Ra^{2+}、Pb^{2+}与其他金属离子的分离。其中 $CaSO_4$ 的溶解度较大，如加入适量乙醇，可降低其溶解度。$PbSO_4$ 可溶于醋酸铵，借此可使 Pb^{2+}与其他的微溶性硫酸盐分离。在沉淀硫酸盐时，常采用 H_2SO_4 作沉淀剂，但硫酸的浓度不能太高，否则由于形成 $M(HSO_4)_2$ 而使溶解度增大。

2．氟化物沉淀分离法

本法用于 Ca^{2+}、Sr^{2+}、Mg^{2+}、Th^{4+}、稀土元素与其他金属离子分离，通常用 HF 或 NH_4F 作沉淀剂。

3．磷酸盐沉淀分离法

不少金属离子均能生成磷酸盐沉淀。

在强酸性溶液（1∶9H_2SO_4）中能沉淀的有 Zr（Ⅳ）和 Hf（Ⅳ）。加 H_2O_2 可防止 Ti（Ⅳ）的沉淀。Nb（Ⅴ）、Ta（Ⅴ）、Th^{4+}、Sn^{4+}、Bi^{3+}有干扰。

在 1∶75HNO_3 溶液中，$BiPO_4$ 沉淀完全，可用于 Bi^{3+}或 PO_4^{3-}。

4．冰晶石法分离 Al^{3+}

在 $pH \approx 4.5$ 的溶液中，Al^{3+}与 NaF 能生成 Na_3AlF_6 沉淀（天然的 Na_3AlF_6 称为冰晶石），利用这一性质，可使 Al^{3+}与 Fe^{3+}、Cr^{3+}、Ni^{2+}、V（Ⅴ）、Mo（Ⅳ）等分离。

二、有机沉淀剂沉淀分离法

近年来有机沉淀剂的应用已经较为普遍。它的选择性和灵敏度较高，生成的沉淀性能好，显示了有机沉淀剂的优越性，因而得到迅速的发展。

常用的有机沉淀剂见表 13-3 中（表中右栏为共存的元素，下加横线“——”者为被沉淀的元素）。

表 13-3　沉淀分离中常用的有机沉淀剂

沉淀剂	沉淀条件	被沉淀元素 溶液中不被沉淀的元素
六亚甲基四胺铜试剂	小体积沉淀	Cu　Ag　Cd　Hg　Pb　Bi　Co　Zn　U　Fe　Ti　Zr　Al　Mn　In　Tl　Sb　Ni　Sn Mo　V　Ca　Sr　Ba　Mg
苯甲酸铵	pH=3.8	Cu　Pb　Sn　Ti　U　Fe　Cr　Al　Ce^{4+}　Sn^{4+}　Zr Ba　Cd　Ce^{3+}　Co　Li　Mn　Mg　Hg^{2+}　Ni　Sr　V^{4+}　Zn
铜铁试剂	强酸性溶液	W　Fe　Ti　V　Zr　Bi　Mo　Nb　Pd　Ta　Sn　U（Ⅳ） K　Na　Ca　Sr　Ba　Mg　Al　Ag　Co　Cu　Mn　Ni　P　U（Ⅵ）　Cr　Zn
辛可宁	酸性溶液 $0.15\sim3.9\ mol\cdot L^{-1}$	Zr　Mo　Pt　W

有机沉淀剂与金属离子形成的沉淀主要有螯合物沉淀、缔合物沉淀和三元配合物沉淀。

（一）形成螯合物沉淀

所用的有机沉淀剂，常具有下列官能团：—COOH、—OH、—NOH、—SH、$—SO_3H$ 等，这些官能团中的 H^+可被金属离子置换。同时在沉淀剂中还含有另一些官能团，这些官能团含有能与金属离子形成配位键的原子，即一分子沉淀剂具有不止一个可键合的原子。因而这种沉淀剂能与金属离子形成具有五元环或六元环的稳定的螯合物。例如 8-羟基喹啉与 Mg^{2+}的作用可简单表示为：

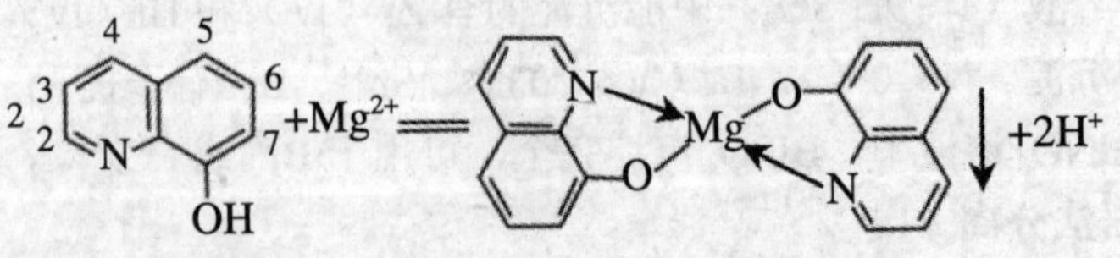

8-羟基喹啉 $+Mg^{2+}$ ═ 8-羟基喹啉镁 $\downarrow$ $+2H^+$

这类螯合物不带电荷，含有较多的憎水性基团，因而难溶于水。

（二）形成缔合物沉淀

所用的有机沉淀剂在水溶液中离解成带正电荷或带负电荷的大体积离子。沉淀剂的离子，与带不同电荷的金属离子或金属配合离子缔合，成为不带电荷的难溶于水的中性分子而沉淀。例如，氯化四苯砷、四苯硼钠等，它们形成沉淀的反应如下：

$$(C_6H_5)_4As^+ + MnO_4^- = (C_6H_5)_4AsMnO_4\downarrow$$
$$2(C_6H_5)_4As^+ + HgCl_4^{2-} = [(C_6H_5)_4As]_2HgCl_4\downarrow$$
$$B(C_6H_5)_4^- + K^+ = KB(C_6H_5)_4\downarrow$$

（三）形成三元配合物沉淀

这里泛指被沉淀的组分与两种不同的配位体形成三元混配配合物和三元离子缔合物。例如在 HF 溶液中，硼与 F^-和二安替比林甲烷及其衍生物所形成的三元离子缔合物就属于这一类。二安替比林甲烷及其衍生物在酸性溶液中形成阳离子，可与 BF_4^-配合阴离子缔合成三元离子缔合物沉淀，如下所示：

```
                      R
                      |
  H3C — C — C — CH — C — C — CH3
        |   |         |   |
       (δ+) |         |  (δ+)
  H3C —N    C         C    N — CH3     BF4⁻
        \  / ·.     .· \  /
         N    O·. .·O    N
         |       H       |
        C6H5            C6H5
```
$$[\ \cdots\ ]^+ \quad BF_4^-$$

（R 可以是 H、C_3H_7、C_6H_5 等）

形成三元配合物的沉淀反应不仅选择性好，灵敏度高，而且生成的沉淀组成稳定、相对分子质量大，作为重量分析的称量形式也较合适，因而近年来三元配合物的应用发展较快。三元配合物不仅应用于沉淀分离中，也应用于分析化学的其他方面，如分光光度法等。

三、共沉淀分离法

在重量分析中，由于共沉淀现象的发生，使所得沉淀混有杂质，这是一种消极因素，因而要设法消除共沉淀现象。但是，在分离方法中，却可以利用共沉淀现象分离和富集痕量组分，使消极因素转化为积极因素。例如，水中痕量（$0.02\ \mu g\cdot L^{-1}$）的 Hg^{2+}，由于浓度太低，不能直接使它沉淀下来。如果在水中加入适量的 Cu^{2+}，再用 S^{2-}作沉淀剂，则利用生成 CuS 沉淀作载体（或称共沉淀剂），可使痕量的 HgS 共沉淀而富集，这种方法称为共沉淀分离法。

共沉淀分离中所用的沉淀剂，可以是无机共沉淀剂，也可以是有机共沉淀剂。表 13-4 和表 13-5 分别列出了无机共沉淀剂和有机共沉淀剂的应用示例。

表 13-4　无机共沉淀剂应用示例

共沉淀离子	载体	主要条件	备注
Fe^{3+}、TiO^{2+}	$Al(OH)_3$	$NH_3 + NH_4Cl$	可富集 1 L 溶液中微克量的 Fe^{3+}、TiO^{2+}
Sn^{4+}、Al^{3+}、Bi^{3+}、In^{3+}	$Fe(OH)_3$	$NH_3 + NH_4Cl$	用于纯金属分析
Sb^{3+}	MnO_2	1∶10 HNO_3，$MnO_4^- + Mn^{2+}$	用于测定纯 Cu 中的 Sb
Se（Ⅳ）、Te（Ⅳ）	As	1∶1 HCl，次亚磷酸钠	用于矿石及纯金属分析
Pb^{2+}	HgS	弱酸性溶液，H_2S	用于饮用水分析
稀土、Ca^{2+}	MgF_2	pH=0.5～1	
稀土	CaC_2O_4	微酸性溶液	用于矿石中微量稀土的测定
稀土	$Mg(OH)_2$	NaOH 碱性溶液	加适当掩蔽剂，用于钢铁分析
Ra^{2+}	$BaSO_4$	微酸性溶液	Pb^{2+}、Sr^{2+}也共沉淀

表 13-5　有机共沉淀剂应用示例

共沉淀组分	载体	备注
$Zn(SCN)_4^{2-}$	甲基紫	可富集 100 mL 试液中 1 μg 的 Zn^{2+}
$H_3P(Mo_3O_{10})_4$	α-蒽醌磺酸钠，甲基紫	可富集 10^{-10} mol · L^{-1} 的 PO_4^{3-}
H_2WO_4	单宁、甲基紫	可富集 5×10^{-5} mol · L^{-1} 的 WO_4^{2-}
$TlCl_4^-$	甲基橙，对二甲氨基偶氮苯	可富集 10^{-7} mol · L^{-1} 的 Tl^{3+}
InI_4^-	甲基紫	
$NbO(SCN)_4^-$、$TaO(SCN)_4^-$	单宁、甲基紫	

第三节　液—液萃取分离法

液—液萃取分离法也叫溶剂萃取分离法，一般简称萃取分离法。这种方法是利用被分离组分在两种互不相溶的溶剂中溶解度的不同，把被分离组分从一种液相（如水相）转移到另一种液相（如有机相）以达到分离的目的。

一、萃取的基本原理

（一）分配系数

用有机溶剂从水溶液中萃取溶质 A，A 在两相之间有一定的分配关系。如果溶质在水相和有机相中的存在形式相同，都为 A，达到平衡后，A 在这两种溶剂中的浓度的比值（严格地说应为活度比）在一定温度下为一常数，称为分配系数，用 K_D 表示：

$$K_D = \frac{[A]_{有}}{[A]_{水}} \quad (13\text{-}1)$$

式中：K_D——分配系数；

$[A]_{有}$——溶质 A 在有机相中的平衡浓度；

$[A]_{水}$——溶质 A 在水相中的平衡浓度。

上述规律称为分配定律，它是萃取分离的基本定律。

（二）分配比

在分析工作中，如遇到溶质在一相或两相中离解、聚合或与其他组分发生反应，而形成多种存在形式，分配定律就不适用了。另外，分析工作者主要关心的是存在于两相中的溶质的总量。于是在萃取分离法中，把溶质 A 在有机相中各种存在形式的总浓度（c_A）$_{有}$与在水相中各种存在形式的总浓度（c_A）$_{水}$之比称为分配比，用 D 表示：

$$D = \frac{\sum [A]_{有}}{\sum [A]_{水}} = \frac{(c_A)_{有}}{(c_A)_{水}} \quad (13\text{-}2)$$

式中：D——分配比；

$(c_A)_{有}$——溶质 A 在有机相中各种存在形式的总浓度；

$(c_A)_{水}$——溶质 A 在水相中各种存在形式的总浓度。

如果在萃取过程中没有任何副反应发生，则分配系数 K_D 与分配比 D 就其意义上说是一样的，数值也是一样的，此时：$K_D = D$。

当两相体积相等时，若 $D>1$，则说明溶质 A 进入有机相的量比留在水相中的量多，也就是说在有机相中的浓度大，在水相中的浓度小。

（三）萃取效率

分配比可以用来衡量被萃取物在一定条件下进入有机相的程度，但不能直接表示出被萃取物有多少量已被萃取出来。在实际操作中常用萃取效率 E（以百分率表示）来表示萃取的完全程度。

$$E\% = \frac{\text{A在有机相中的含量}}{\text{A在两相中的总含量}} \times 100 = \frac{(c_A)_{有}V_{有}}{(c_A)_{有}V_{有} + (c_A)_{水}V_{水}} \times 100 \qquad (13\text{-}3)$$

式中：$E\%$——萃取效率；

$(c_A)_{有}$——溶质 A 在有机相中各种存在形式的总浓度；

$V_{有}$——有机溶剂的体积；

$(c_A)_{水}$——溶质 A 在水相中各种存在形式的总浓度；

$V_{水}$——水溶液的体积。

如果分子分母同时除以$(c_A)_{水}V_{有}$，则得：

$$E\% = \frac{D}{D + \frac{V_{水}}{V_{有}}} \times 100 \qquad (13\text{-}4)$$

可见，萃取效率由分配比 D 和体积比 $V_{水}/V_{有}$决定。D 越大，萃取效率越高。如果 D 固定，减小 $V_{水}/V_{有}$，即增加有机溶剂的用量，也可提高萃取效率。但后者的效果不太显著。在实际工作中，对于分配比 D 较小的溶质，常常采取分几次加入溶剂，连续几次萃取的办法，以提高萃取效率。

若用等体积溶剂萃取，$V_{水}=V_{有}$，则：

$$E\% = \frac{D}{D+1} \times 100 \qquad (13\text{-}5)$$

上式说明，当有机相和水相体积相等时，若 $D=1$，则萃取一次的萃取效率为 50%；若要求萃取一次后的萃取效率大于 90%，则 D 必须大于 9。

（四）分离因素

为了达到分离目的，不但萃取效率要高，而且还要考虑共存组分间的分离效果要好，一般用分离因素β来表示分离效果。β是两种不同组分分配比的比值，即：

$$\beta = \frac{D_A}{D_B} \qquad (13\text{-}6)$$

式中：β——分离因素；

D_A——溶质 A 的分配比；

D_B——溶质 B 的分配比。

如果 D_A 和 D_B 相差越大，分离因素β值越大，两种组分分离效果越高，萃取的选择性越好；如果 D_A 和 D_B 相差不多，则两种组分在该萃取体系中难以完全分离。

二、常用的萃取体系及萃取条件的选择

(一) 萃取体系分类

根据萃取反应的类型，萃取体系可分为形成金属螯合物萃取体系、形成离子缔合物萃取体系和有机化合物萃取体系。

1．形成金属螯合物萃取体系

这种体系广泛地用于金属阳离子的萃取。所用萃取剂一般是有机弱酸，也是螯合剂，形成金属螯合物的特性是难溶于水、易溶于有机溶剂，因而易被有机溶剂所萃取。例如，8-羟基喹啉类、双硫腙类、铜铁试剂类、吡啶偶氮化合物类、吡唑酮类等，它们与金属离子反应可形成不带电荷的螯合物。

2．形成离子缔合物萃取体系

阴离子与阳离子通过静电吸引力相结合形成的化合物称为离子缔合物。许多金属阳离子和金属络阴离子以及某些酸根离子，能形成疏水性的离子缔合物而被有机溶剂萃取。离子的体积越大，电荷越低，越容易形成疏水性的离子缔合物。例如，用乙醚从 HCl 溶液中萃取 Fe^{3+}时，Fe^{3+}与 Cl^- 络和成络阴离子 $FeCl_4^-$，而溶剂乙醚可与溶液中的 H^+结合成离子。盐具有疏水性，可被乙醚萃取。这种萃取体系中，溶剂分子参与到被萃取的分子中，所以它既是溶剂，又是萃取剂。Sb（Ⅳ）、As（Ⅲ）可用同样方式萃取之。

3．有机化合物萃取体系

在有机物的萃取分离中，“相似相溶”原则十分重要。极性有机化合物，包括形成氢键的有机化合物及其盐类，通常易溶于水及极性有机溶剂，而不易溶于非极性或弱极性的有机溶剂；非极性有机化合物不溶于水，但可溶于非极性和弱极性有机溶剂，如苯、四氯化碳、环己烷、氯仿等。因此，根据“相似相溶”原则，选用适当溶剂和萃取条件，常可从混合物中萃取某些组分，而不萃取另一些组分，以达到分离目的。例如，在环境监测中，极性较弱的有机氯农药用石油醚萃取，极性较强的有机磷农药，则选用氯仿萃取。

(二) 萃取条件的选择

1．酸度的控制

当萃取剂浓度一定时，影响萃取效率的主要因素是溶液的酸度。溶液的 H^+浓度越小，D 值越大，越有利于萃取。但溶液酸度太低时，金属离子可能水解或引起其他干扰，反而对萃取不利，因此必须正确地控制溶液的酸度。

2．干扰离子的消除

根据被萃取的离子与萃取剂在不同的 pH 值下形成的化合物稳定性不同，控制

适当的酸度，可选择地萃取某种离子，或连续萃取几种离子，使其与干扰离子分离。例如，用双硫腙—四氯化碳萃取分离溶液中的 Hg^{2+}、Bi^{3+}、Pb^{2+}、Cd^{2+}等离子，控制 pH=1，萃取 Hg^{2+}，而其他离子留在水相；pH=4～5，萃取 Bi^{3+}；pH=9～10，萃取 Pb^{2+}，而 Cd^{2+}离子留在水相，达到彼此分离。

当调节溶液的 pH 值不能完全消除干扰时，常用络合或氧化还原掩蔽等方法，采用的掩蔽剂有 EDTA、氰化物、酒石酸盐、柠檬酸盐、氟化物等。

3．盐析剂的加入

在离子缔合萃取体系中，如果加入与萃取的化合物具有相同阴离子的盐类，往往可以明显提高萃取率，这种作用叫“盐析作用”，加入的盐类称作“盐析剂”。一般讲，离子半径小、价电荷高的阳离子盐析作用强，但应注意加入的高价离子对下一步分析的干扰。

4．萃取溶剂的体积及萃取次数

同样量的萃取溶剂，分几次重复萃取比全部一次萃取效率要高得多。例如，当 D=10 时，每次用与水样相同体积的有机溶剂萃取，只需要 3 次即能基本萃取完全。计算表明，分 3 次萃取后，被萃取离子的剩余浓度仅为原浓度的 1/1 332。若全部一次萃取，被萃取离子的剩余浓度为原浓度的 1/30，可见一次萃取效果要差得多。

5．萃取溶剂的选择

在实际萃取过程中选择溶剂时一般需考虑以下几个方面：

（1）应尽可能选用与水几乎完全不相溶，而且对被萃取物质具有比水更大的溶解度的有机溶剂。

（2）常用溶剂的密度（$g\cdot mL^{-1}$）在 0.63（正戊烷）和 1.59（CCl_4）之间，相差过多则两相不易搅拌均匀，相差太小则易形成乳浊液不利分层。

（3）不宜选用室温下蒸气压高的溶剂，以免因挥发而造成物料损失和体积变化而引起误差，也可避免溶剂挥发引起的火灾或中毒。

（4）黏度过高或过低时都会使液体转移发生困难，为使两相能迅速分离，应选用表面张力较大的有机溶剂。

（5）溶剂介电常数较大时，两种相反电荷的质点在溶剂中缔合的趋向减小，故萃取离子对时，应选用介电常数大的溶剂。

（6）若采用萃取光度法检测的则须选用在所检波长范围内附近无吸收峰的溶剂。

（7）溶剂的选择性要高，便于除去干扰组分，为提高效率，也可采用混合溶剂萃取。

（8）选用时须同时考虑各溶质与溶剂易于分离而溶剂又易于回收精制，还须考虑从溶剂层取出溶质进行分析测定，或在溶剂层中直接测定时的便利程度。

（9）要为下一步分析方法考虑，用气相色谱氢火焰离子化检测器测定时，常用二硫化碳、四氯化碳、氯仿、二氯甲烷等溶剂；用电子捕获检测器时，使用乙烷、戊烷、庚烷、苯、甲苯等碳氢化合物作溶剂；用原子吸收分光光度法测定时，用甲基异丁酮、乙酸乙酯为溶剂。

三、萃取分离法的应用

萃取分离法所用仪器设备简单，操作比较方便，分离效果好，故应用广泛。既能用于主要组分的分离，更适合于微量组分的分离和富集。如果被萃取的是有色化合物，还可以直接在有机相中进行比色测定，这种方法被叫做萃取比色法。萃取比色法具有较高的灵敏度和选择性，因此溶剂萃取，在微量分析中具有重要的意义。

第四节　液相色谱分离法

色谱法又名色层法、层析法，是一种用于分离、分析多组分混合物质的非常有效的方法。

色谱法创立于 1906 年，当时俄国植物学家茨维特（Michael Tsweet）在研究植物叶子的色素成分时，用石油醚浸取植物色素，然后将浸取液加入到用碳酸钙填充的玻璃管柱内，并不断地用石油醚淋洗，使各种色素在柱内得以分离而形成不同颜色的谱带，由此而得名为“色谱法”。随着科学技术的发展，色谱法应用领域又进一步扩展为无色物质的分离与分析，但是“色谱”这一名词却继续沿用至今。

将色谱法与适当的检测手段相结合应用于分析化学领域，称为色谱分析法，也就是通常所说的色谱法。

一、色谱分离法的原理

色谱法中，将上述起分离作用的柱称为色谱柱，固定在柱内的填充物（如 $CaCO_3$）称为固定相，它在色谱分离过程中不移动，一般是具有吸附活性的固体或是载附在惰性固体物质（担体）上的液体；沿着柱流动的液体（如石油醚）称为流动相，它在色谱分离过程中携带组分向前移动。

用液体作为流动相的色谱法称为液相色谱，用气体作为流动相的称为气相色谱。本节主要讨论液相色谱分离法。在液相色谱分离法中，如果固定相是固体吸附剂，这种色谱法叫做液—固色谱法；如果固定相是涂在担体表面的液体，这种色谱法叫做液—液色谱法。

液—固色谱分离法的原理是基于固定相中固体吸附剂对试样中各组分的吸附能力的不同。液—液色谱分离法的原理则是基于涂在担体表面的液体对试样中各组分的溶解度的不同。当流动相与固定相接触时，流动相各组分中不易被固定相溶解或吸附的，最先离开色谱柱。而那些易被固定相溶解或吸附的，挥发或脱附较难，最后离开色谱柱，因而达到各组分彼此分离的目的。

除了上面介绍的色谱柱以外，色谱分离法主要还有纸上色谱分离法和薄层色谱分离法。下面分别加以介绍。

二、纸上色谱分离法

纸上色谱分离法又叫纸层析，纸上层析，它是在纸（一般为滤纸）上进行的色层分离法。滤纸被看做是一种惰性载体，滤纸纤维吸附的水分（或吸附的其他溶剂）为固定相，在层析过程中不流动；在层析过程中沿着滤纸流动的溶剂或混合溶剂是流动相，又称展开剂。试液点在滤纸条的一端，根据试液中不同组分在固定相和流动相中的溶解度不同，即在两相间的分配比不同，用流动相展开以进行分离和分析操作。

例如，为了定性检出氨基蒽醌试样中的各种异构体，可以把氨基蒽醌试样溶于吡啶中配成试液。取出滤纸条，以α-溴代萘的甲醇溶液处理。晾干后α-溴代萘附着于滤纸纤维素上作为固定相。用玻璃毛细管吸取试液，把它点在已经处理过的滤纸条的下端离边缘一定距离处，然后把滤纸条悬挂在玻璃制圆筒形的层析缸中，下端浸入由吡啶和水（1∶1）配成的混合溶剂，即展开剂中，如图 13-1 所示。由于毛细管作用，展开剂将沿着滤纸条上升，当它经过点着的试液时，试液中的各组分将溶解在展开剂中，随着展开剂沿着滤纸条上升。当它们上升而遇到附着于滤纸条中的固定相时，又可以溶解在固定相中而停留下来。继续上升的流动相又可以把它们溶解并带着它们继续上升；在上升过程中又可以再次溶解在固定相中而停留下来。即在层析过程中，试样中的各种组分在固定相和流动相两相之间不断地进行分配。显然，在流动相中溶解度较小，在固定相中溶解度较大地物质，将沿着滤纸条向上移动较短的距离，停留在纸条的较下端。反之，在流动相中溶解度较大，在固定相中溶解度较小的物质，将沿着滤纸条向上移动较长距离，而停留在滤纸条的较上端，试样中的各组分，由于它们在两相间不断进行分配的结果将发生层析现象而彼此分离。

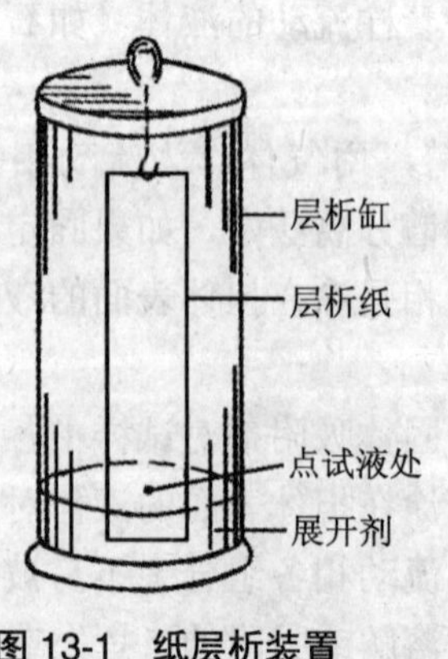

图 13-1　纸层析装置

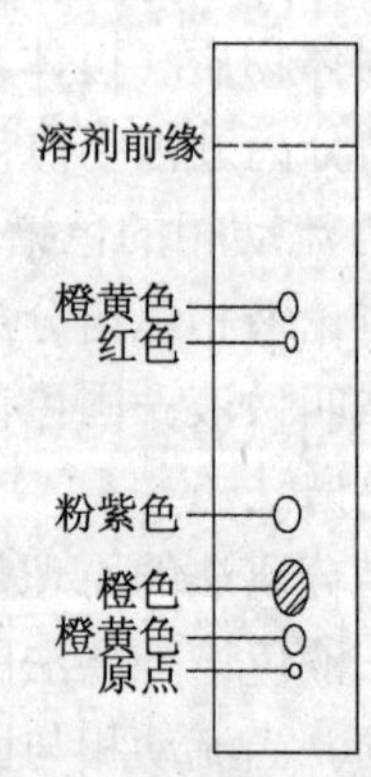

图 13-2　氨基蒽醌纸层析图谱

层析经过一定时间后，流动相前缘已接近滤纸条上端时，可以停止层析。取出滤纸条，在通风橱中晾干后，可以清楚地看到滤纸条上有五个色斑，离原点（即点试液处）最近的是橙黄色的硝基蒽醌，上面依次分别是橙色的 1-氨基蒽醌、粉紫色的 1,8-氨基蒽醌、红色的 1,6-氨基蒽醌和橙黄色的 1,7-氨基蒽醌，如图 13-2 所示。

上面讨论的是有色物质的层析分离，层析后各个斑点可以清楚地看出来。如果层析分离的是无色物质，则在层析分离后需要用物理的或化学的方法处理滤纸，使各斑点显现出来，由于很多有机化合物在紫外线照射下，常显现其特有的荧光，因此可在紫外光下观察，用铅笔圈出荧光斑点。或用化学显色法以氨熏、用碘蒸气熏，也常喷以适当的显色剂溶液，使之与各组分反应而显色，常用的显色剂有 $FeCl_3$ 水溶液、茚三酮正丁醇溶液等。

三、薄层色谱分离法

薄层色谱分离法又叫薄层层析法，板层析法，它是在纸层析的基础上发展起来的。它是将作为固定相的吸附剂（或载体）均匀铺在一块玻璃板或塑料板上形成薄层，在此薄层上进行色谱分离的方法。在这里，薄层载体（如纤维素、硅胶、活性氧化铝等）一般厚度为 0.25 mm，用它代替纸上色谱分离法中的滤纸来进行色谱分离。

把均匀涂有吸附剂（或载体）薄层的玻璃板做成层析用的薄层板（层析板），把样品点在层析板的一端，斜放在层析缸中，薄层板与水平方向成约 10°～20° 夹角（图 13-3），用适当的展开剂展开。借助层析板的毛细作用，展开剂由下向上移动。由于固定相对不同物质的吸附能力不同，当展开剂流过时，不同物质在吸附剂与展开剂之间发生连续不断地吸附、解吸、再吸附、再解吸等过程。易被吸附的物质移动得慢些，较难吸附的物质移动得快些。经过一段时间的展开，不同物质彼此分开，最后形成相互分开的斑点。

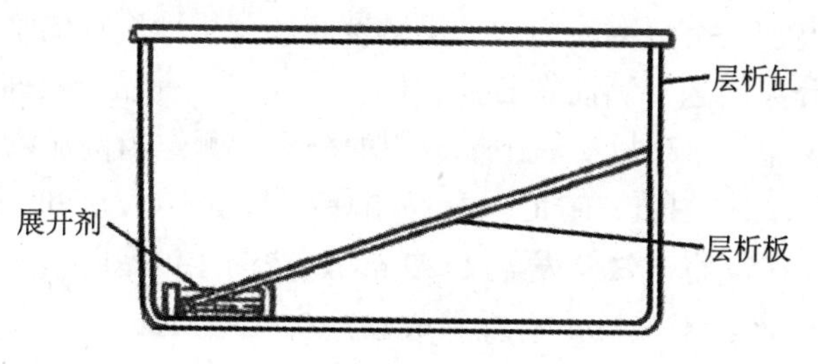

图 13-3 薄层层析

薄层层析的吸附剂最常用的是硅胶和氧化铝。但薄层层析使用的固定相粒度更细，一般以 150～250 目较为合适。一般要求作为固定相的吸附剂必须具有适当的吸附能力，且与溶剂、展开剂及欲分离的试样不会发生化学反应。固定相吸附能力的强弱，常与其所含的水分有关。含水较多，其吸附能力就大为减弱。常将固定相在一定温度下熔烧一段时间以驱除水分，增强其吸附能力，这就是薄层层析的"活化"。

薄层层析对展开剂的选择，以溶剂的极性为依据。一般来说，极性大的物质要选用极性大的展开剂。通常需综合考虑被吸附物质的极性、固定相吸附剂的活泼性和展开剂的极性三者的关系，经多次实验方能确定合适的展开剂。一般较多采用单一或混合的有机溶剂。

有色物质经层析后呈明显色斑，很易观察。对于无色物质，和纸层析一样，展开后可用化学或物理的方法使之显色。在薄层层析中还可以喷洒强氧化剂（如浓硝酸、浓硫酸、浓硫酸与重铬酸钾、浓硫酸与高锰酸钾及高氯酸等），再将薄层加热，使之碳化呈现色斑。显然，这种显色法在纸层析中是无法应用的。

如果要准确测定试样中某组分的含量，则在展开后将该组分的斑点连同吸附剂一起刮下或取下，然后将该组分从吸附剂上洗脱下来，收集洗脱液，进行定量测定。这样的定量测定虽然比较费事，所需点样量也比较多，但准确度较高，而且不需要复杂的仪器，效果较好。

层析法可用于无机离子的分离。如在硅胶 G 板上，用正丁醇、1.5 $mol \cdot L^{-1}$ HCl 溶液和乙酰基丙酮按 100∶20∶0.5 混合作展开剂，展开后喷以 KI 溶液，待薄层干燥后以氨熏，再以 H_2S 熏，便可得到棕黑色 CuS 斑，棕色 PbS 斑，黄色 CdS 斑，棕黑色 Bi_2S_3 斑和棕黑色 HgS 斑。

薄层色谱分离法的分离速度比纸上色谱分离法快，分离清晰、灵敏度高，可以采用各种方法显色，近年来发展极为迅速，这种分离方法目前广泛应用于制药、农药、染料、抗菌素等工业的有机分析中。

四、色谱分离法的应用

液相色谱分离法具有分离能力强、灵敏度高和分析速度快的特点，解决了许多复杂试样的组分分离问题，因而在石油、化工、轻工、食品、农药、环保、生化和医学领域得到广泛应用。现以矿石中铌、钽的分离和测定为例加以介绍。

将矿石试样用 HF—HCl—HNO_3 体系分解后，使 Nb（Ⅴ）和 Ta（Ⅴ）以 NbF_7^{2-} 和 TaF_7^{2-} 的形式存在。将试液蒸发至 1～2 mL，按图 13-4a 所示的形式均匀地涂布在色谱滤纸的原线上。干燥后，将纸卷成圆筒状（图 13-4b），放入层析筒中，用 6∶1 丁酮—HF 作流动相，进行色谱分离。经过两小时左右，取出滤纸。干燥后，先用 NH_3 熏一熏，以中和纸上的酸。再喷上 2%的单宁溶液显斑，即可得到如图 13-4c 所示的色谱图。剪下铌、钽色带，分别放入瓷坩埚中，灼烧后称重，即可测得 Ta_2O_5 和 Nb_2O_5 的含量；或者继用溶剂浸取残渣后，进行比色测定。

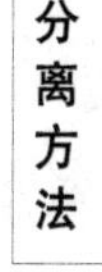

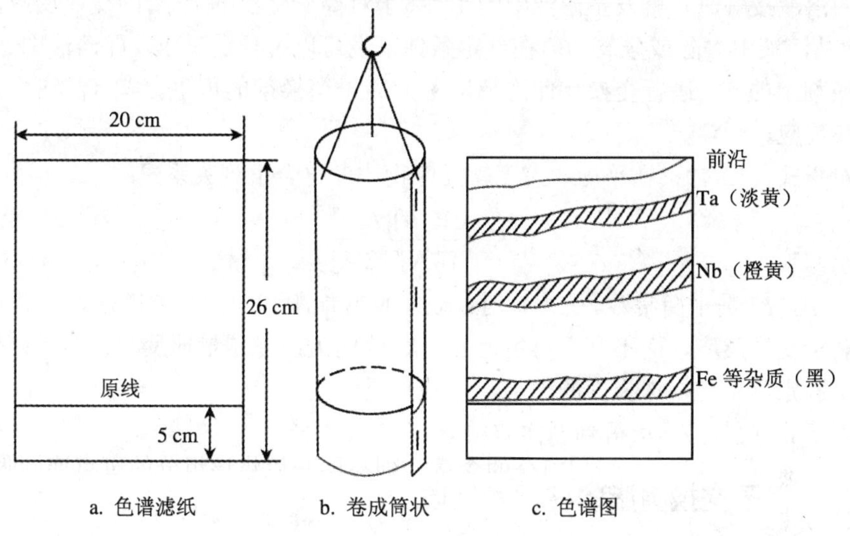

图 13-4 铌、钽的分离

第五节 离子交换分离法

离子交换分离法是利用离子交换剂与溶液中的离子之间发生交换反应来进行分离的方法。这种分离方法的分离效果很高，不仅可以用来分离带不同电荷的离子，也可以用来分离带相同电荷的离子，以及富集微量或痕量组分和制备纯物质。

一、离子交换分离原理

离子交换的本质是发生离子交换反应，其反应一般都是可逆的。它是一种特殊的吸附过程，其过程特征为离子交换剂吸附溶液中的离子，并与溶液中的离子进行等量交换。其反应过程可表达如下：

对阳离子交换过程 $$nR^-A^+ + B^{n+} \rightleftharpoons R_n^-B^{n+} + nA^+ \qquad (13\text{-}7)$$

对阴离子交换过程 $$nR^+C^- + D^{n-} \rightleftharpoons R_n^+D^{n-} + nC^- \qquad (13\text{-}8)$$

式中：A^+，C^-——离子交换剂上的可交换离子；

B^{n+}，D^{n-}——溶液中的交换离子；

R——离子交换剂母体。

在式（13-7）中，阳离子交换剂被原有的可交换离子 A^+所饱和，当其与含有 B^{n+}

离子的溶液接触时，就发生溶液中的 B^{n+}离子对离子交换剂上 A^+的交换反应，从而使 B^{n+}从溶液中去除或分离。但在一定条件下也可以进行逆反应，即溶液中 A^+对离子交换剂上的 B^{n+}进行交换。此逆反应称为离子交换剂的再生。式（13-8）为阴离子交换反应。

对于式（13-7），在平衡状态下，反应物浓度符合下列关系式：

$$K=\frac{[R_nB][A^+]^n}{[RA]^n[B^{n+}]}$$

式中，K 是平衡常数。$K>1$ 时，表示反应能顺利地向右方进行。K 值越大，越有利于交换反应，而不利于再生反应。K 值的大小能定量地反映在离子交换剂对某两个固定离子交换选择性的大小。

对于式（13-8），可得到同样的结论。

二、离子交换树脂的种类和性质

离子交换剂的种类很多，主要分为无机离子交换剂和有机离子交换剂两大类。目前应用较多的是有机离子交换剂，即离子交换树脂。

离子交换树脂是一种高分子聚合物，具有网状结构，在水、酸和碱中难溶，对有机溶剂、氧化剂、还原剂和其他化学试剂具有一定的稳定性，对热也较稳定。在离子交换树脂的网状结构的骨架（骨架以 R 表示）上，有许多可以与溶液中的离子起交换作用的活性基团，如—SO_3H、—COOH 等。

（一）离子交换树脂的种类

根据树脂中可交换的活性基团的不同，一般把离子交换树脂分成阳离子交换树脂和阴离子交换树脂两大类。

1. 阳离子交换树脂

活性基团为酸性基团，酸性基团上的 H^+可以和溶液中的阳离子发生交换作用。如果活性基团是强酸性的磺酸基—SO_3H，则为强酸性阳离子交换树脂；如果活性基团是弱酸性的羧基—COOH 和酚基—OH，则为弱酸性阳离子交换树脂。

阳离子交换树脂中以强酸性树脂的应用较广，在酸性、中性和碱性溶液中都能使用。交换反应速度快，与简单的、复杂的、无机的和有机的阳离子都可以交换，因而应用较多。弱酸性树脂对 H^+的亲和力大，在酸性溶液中不宜使用。对 R—COOH 和 R—OH 要求溶液的 pH 值分别不能小于 4 和 9.5，因此应用受到一定影响；但这类树脂容易用酸洗脱，选择性好，可用来分离不同强度的有机碱。这些树脂中酸性基团上的 H^+可以离解出来，并能与其他阳离子进行交换，因此又称为 H—型阳离子交换树脂。

H—型强酸性阳离子交换树脂与溶液中的其他阳离子例如 Na^+发生的交换反

应，可以简单表示如下：

$$R\text{-}SO_3H + Na^+ \underset{\text{洗脱过程}}{\overset{\text{交换过程}}{\rightleftharpoons}} R\text{-}SO_3Na + H^+$$

溶液中的 Na^+进入树脂网状结构中，H^+则交换进入溶液，树脂就转变为 Na 型强酸性阳离子交换树脂。由于交换过程是可逆过程，如果以适当浓度的酸溶液处理已交换的树脂，反应将向反方向进行，树脂又恢复原状，这一过程称为再生或洗脱过程。再生后的树脂经过洗涤又可以再次使用。

2．阴离子交换树脂

活性基团为碱性基团，其中阴离子 OH^-可被溶液中的阴离子所交换。如果活性基团为季胺碱 $\equiv N^+$，则为强碱性阴离子交换树脂（如：$R—N(CH_3)_3Cl$）；如果活性基团为伯氨基—NH_2、仲氨基—$NH(CH_3)$、叔氨基—$N(CH_3)_2$，则为弱碱性阴离子交换树脂。这些树脂中的 OH^-能与其他阴离子，如 Cl^-发生交换。交换过程和洗脱过程可以表示如下：

$$R\text{-}N(CH_3)_3^+OH^- + Cl^- \underset{\text{洗脱过程}}{\overset{\text{交换过程}}{\rightleftharpoons}} R\text{-}N(CH_3)_3^+Cl^- + OH^-$$

上述各种阴离子交换树脂称为 OH—型阴离子交换树脂，经交换后则转变为 Cl—型阴离子交换树脂。交换后的树脂经适当浓度的碱溶液处理后，可以再生。

各种阴离子交换树脂中以强碱性阴离子交换树脂的应用较广，在酸性、中性和碱性溶液中都能应用，对于强酸根和弱酸根离子都能交换。弱碱性阴离子交换树脂，在碱性溶液中就失去交换能力，在分析化学中应用较少。

（二）离子交换树脂的性质

1．交联度

离子交换树脂的骨架是由各种有机原料聚合而成的网状结构。例如，磺酸型强酸性阳离子交换树脂的合成过程，是先由苯乙烯聚合而成为长的链状分子，再用二乙烯苯把各链状分子联成立体型的网状体，这里的二乙烯苯称为交联剂，交联的程度称为“交联度”，常用树脂中二乙烯苯的质量百分含量来表示，一般树脂的交联度在 10%左右。

树脂的交联度小，则对水的溶胀性能好，网眼大，交换反应速度快。但是，各种体积大小的离子都容易进入树脂内部，所以交换反应的选择性差，而且树脂的机械性能也差。相反，树脂的交联度大，网眼小，交换的选择性高，机械强度高，但对水的溶胀性能差，且交换反应速度慢。

2．交换容量

离子交换树脂交换能力的大小可用交换容量表示。交换容量是指单位质量（或体积）干燥的离子交换树脂可以交换离子的物质的量，用 $mmol \cdot g^{-1}$ 或 $mmol \cdot L^{-1}$

表示，交换容量的大小是由活性基团的数目所决定的。交换容量可用实验方法测得。一般干树脂的交换容量约为 3～6 mmol · g^{-1}，而浸泡过的离子交换树脂交换容量一般为 1～2 mmol · L^{-1}。

三、离子交换分离技术

首先根据分离要求选用适当的树脂。市售树脂往往颗粒大小不均匀或粒度不合要求，而且含有杂质，需经处理。处理步骤包括晾干、研磨、过筛，筛取所需粒度范围的树脂；再用 4～6 mol·L^{-1} 得 HCl 溶液浸泡一两天以除去杂质，并使树脂溶胀，然后洗涤至中性，浸泡于蒸馏水中备用。此时阳离子交换树脂已处理成 H—型，阴离子交换树脂已处理成 Cl—型。

离子交换分离一般在交换柱中进行。经过处理的树脂在玻璃管中充满水的情况下装入管中做成交换柱装置，如图 13-5（a)、(b）所示。图 13-5（a）的装置可使树脂层一直浸泡在液面下，树脂层中不会混入空气泡，以免影响液体的流动，影响交换和洗脱，但其进出口液面高度差很小，流速慢。图 13-5（b）的装置简单，使用时要注意勿使树脂层干涸而混入空气泡。

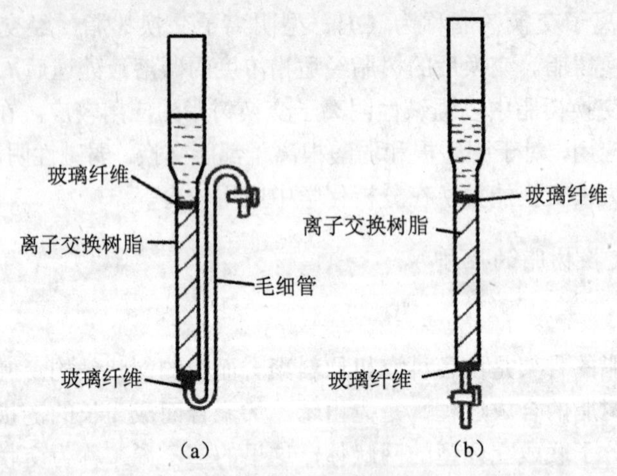

图 13-5 离子交换柱

交换柱准备好后，将欲交换的试液倾入交换柱中，试液流经树脂层时，从上到下一层层地发生交换过程。如果柱中装的是阳离子交换树脂，试液中的阳离子与树脂上的 H^+交换而留于柱中，阴离子不交换而存在于流出液中，阳离子和阴离子由此得以分离。在阴离子交换树脂上的分离情况与此相似。

交换完毕后应进行洗涤，以洗下残留的溶液及交换时所形成的酸、碱或盐类。合并流出液和洗涤液，分析测定其中的阳离子或阴离子。洗净后的交换柱继续进行洗脱，以洗下交换在树脂上的离子，进而在洗脱液中测定被交换的离子。对于阳离子交换树脂，常用 HCl 溶液作为洗脱液；对于阴离子交换树脂，则常用 NaCl 或 NaOH 溶液作为洗脱液。

四、离子交换分离技术的应用

（一）水的净化

自来水中常含有一些溶解的盐类离子，要获得分析化学实验或医药制剂等用的去离子水，可通过离子交换分离法制备。让自来水先通过 H—型强酸性阳离子交换树脂，以交换除去各种阳离子。

$$Me^{n+} + nR\text{-}SO_3H = (R\text{-}SO_3)_nMe + nH^+$$

然后再通过 OH—型强碱型阴离子交换树脂，以交换除去各种阴离子，则可以方便地得到不含无机盐离子的去离子水，它可以代替蒸馏水使用。交换柱经转型再生后可以再用。

$$nH^+ + X^{n-} + nR\text{-}N(CH_3)_3^+OH^- = [R\text{-}N(CH_3)_3]_nX + nH_2O$$

（二）干扰组分的分离

离子交换法也常用于分离某些干扰元素。例如，用比色法测定钢铁中的 Al^{3+}和铸铁中的镁，大量铁的存在都有干扰。可将试样处理成 4～5 $mol\cdot L^{-1}$ 的 HCl 溶液，此时溶液中的 Fe^{3+}以 $FeCl_4^-$形式存在，Al^{3+}或 Mg^{2+}仍以阳离子形式存在。试液通过 Cl—型强碱性阴离子交换树脂，$FeCl_4^-$络阴离子经交换留于柱上，而 Al^{3+}或 Mg^{2+}存在于流出液中，即可加以测定。

（三）微量组分的富集

离子交换树脂是富集微量组分的一种十分有效的方法。例如，矿石中铂、钯的测定，由于其含量甚微，通常需要将其从试样中分离富集出来之后，才能准确进行测定。为此，可将 Pt^{4+}、Pd^{2+}处理成 $PtCl_6^{2-}$或 $PdCl_4^{2-}$形式，流经装有 Cl—型强碱性阴离子交换树脂的微型交换柱，使 $PtCl_6^{2-}$和 $PdCl_4^{2-}$被吸着于交换树脂上。取出树脂，高温灰化。用王水浸取残渣，于溶液中用比色法测定 Pt^{4+}和 Pd^{2+}。

复习与思考题

1. 复杂物质分析常用的分离方法有哪些？
2. 试举例说明共沉淀现象对分析的不利影响和有利作用。
3. 分配系数和分配比有何不同？

4. 萃取效率与哪些因素有关？如何提高萃取效率？

5. 试举例说明纸上色谱分离法和薄层色谱分离法的作用机理。

6. 什么是离子交换树脂的交联度？什么是离子交换树脂的交换容量？

7. 有一物质在氯仿和水之间的分配比（D）为9.6。含有该物质浓度为0.150 mol·L^{-1}的水溶液50.0 mL，用氯仿萃取如下：

（1）40.0 mL 萃取1次。

（2）每次20.0 mL 萃取2次。

（3）每次10.0 mL 萃取4次。

（4）每次5.0 mL 萃取8次。

假设多次萃取时D值不变，问留在水相中的该物质的浓度为多少？

8. 有一试样含 KNO_3，称取该试样 0.278 6 g，溶于水后，让它通过强酸型阳离子交换树脂，流出液用 0.107 5 mol·L^{-1}的 NaOH 溶液滴定，用甲基橙作指示剂，用去了 NaOH 溶液的体积为23.85 mL，计算试样中 KNO_3的纯度。

9. 取0.070 mol·L^{-1}的碘液25.0 mL加入到50.0 mL CCl_4中，振荡至平衡后，静置分层，取出 CCl_4液10.0 mL，用0.050 mol·L^{-1} $Na_2S_2O_3$溶液滴定，用去14.80 mL。计算碘的分配系数。

第十四章 无机化合物制备及分析步骤简介

【学习要求】

1. 熟悉试样制备与分析的基本要求；理解试样分析测定方法的选取原则。
2. 掌握试样采取、制备、分解、测定的方法与步骤。
3. 了解复杂物质分析的基本方法。

在分析实验中，称取试样的重量通常只有零点几克至几克。但在实际工作中，却要根据这样少的试样的分析结果，来判断产品质量是否合格，或矿产资源是否可以进行开采利用等。这就要求分析试样的化学成分能够代表整批物料的平均化学成分，分析结果能够反映整批物料的实际组成，否则分析工作就毫无意义。实际工作中遇到的试样种类繁多，组成复杂，且试样的粒度大小不一，化学成分的分布也常常是不均匀的，在进行分析检测具体样品时，不仅要做好试样的采取和制备工作，保证所取样品具有代表性，而且需要采用各种不同的分离方法，使待测组分与干扰组分分离，保证分析结果的准确度。

定量分析大致包括以下几个步骤：取样、试样的分解、干扰组分的分离、测定、数据处理及分析结果的表示。关于各类测定方法的原理和特点，分析结果的计算和处理，以及干扰组分的掩蔽和分离等问题，前面各章已分别讨论。本章就试样的采取和制备、分解以及分析测定方法的选择，进行讨论。

第一节　分析试样的采取和制备

试样的采取和制备必须保证所取试样具有代表性，即分析试样的组成能代表整批物料的平均组成。这就要求我们慎重地审查试样的来源，并用正确的方法采取具有代表性的试样。其重要意义不低于进行准确分析时所要注意的其他环节。

通常遇到的分析试样多种多样，例如矿物原料、煤炭、金属材料、化工产品、石油、天然气、工业废水等，但按各个组分在试样中的分布情况来看，不外乎有组成分布比较均匀和不均匀两类。显然，对不同的分析对象，分析测定前试样的采取与制备方法也是各不相同的。

一、组成分布均匀的试样的采取

对金属试样、水样、液态或气态试样，以及一些组成较为均匀的化工产品等，任意取一部分或稍加搅匀后取一部分即成为具有代表性的试样，但应根据试样的性质，尽量避免可能产生不均匀性的一些因素。如钢锭和铸铁，由于表面和内部的凝固时间不一样，它们的成分可能也不完全一致，往往在不同部位、不同深度多孔取样，然后混合均匀作为分析试样。

二、组成分布不均匀的试样的采取

矿石、煤炭、土壤等是一些颗粒大小不一、成分混杂、组成不均的试样，选取具有代表性的均匀试样是一项较为复杂的操作。以矿石为例，制备这些试样时，首先应从物料不同部位合理选取有代表性的一小部分（数千克至数十千克）试样，称为原始平均试样。取出的份数越多，则试样的组成与所分析物料的平均组成越趋于接近。根据经验，原始平均试样采取量与试样的均匀度、粒度、易破碎度有关，可用采样公式表示：

$$m=Kd^{\alpha}$$

式中：m——采取平均试样的最低质量，kg；

d——试样中最大颗粒的直径，mm；

K、α——经验常数，根据物料的均匀程度和易破碎程度等而定。K 值为 0.02～0.15，α 值通常为 1.8～2.5，地质部门将 α 值规定为 2，则上式为：

$$m=Kd^2$$

例如，在采取铁矿的平均试样时，若矿石最大颗粒的直径为 20 mm，矿石的 K 值为 0.06，则根据上式计算得：

$$m=0.06\times 20^2=24\text{（kg）}$$

也就是说采取试样的最低质量为 24 kg，这样取得的试样，组成很不均匀，数量又太多，不适于供分析上直接使用。从采样公式可知，试样的最大颗粒越小，最低质量也越小。如果将上述试样最大颗粒破碎至 4 mm，则：

$$m=0.06\times 4^2=0.96(\text{kg})\approx 1(\text{kg})$$

此时试样的最低质量可减至 1 kg。因此采样后必须通过多次破碎、混合、减缩试样量而制备成适宜于作分析用的试样。采集原始平均试样的最小质量列于表 14-1。

表 14-1 采集原始平均试样时的最小质量

筛目/网目	筛孔直径/mm	m（最小质量）/kg				
		K=0.1	K=0.2	K=0.3	K=0.5	K=1.0
3	6.72	4.52	9.03	13.55	22.6	45.2
6	3.36	1.13	2.26	3.39	5.65	11.3
16	2.00	0.40	0.80	1.20	2.00	4.00
20	0.83	0.069	0.14	0.21	0.35	0.69
40	0.42	0.018	0.035	0.053	0.088	0.176
60	0.25	0.006	0.013	0.019	0.031	0.063
80	0.177	0.003	0.006	0.009	0.016	0.031
100	0.149					
120	0.125					
140	0.105					
200	0.074					

三、分析试样的制备

采集的原始平均试样的量一般很大（数千克至数十千克），要将它处理成 200～500 g 的分析试样，一般可经过破碎、过筛、混匀和缩分等步骤。

（一）破碎

用机械或人工方法把试样逐步破碎。一般分为粗碎、中碎和细碎等阶段：

（1）粗碎：用颚式破碎机把取来的平均粉碎至通过 4～6 目筛。

（2）中碎：用盘式破碎机把粗碎后的试样磨碎至能通过约 20 目筛。

（3）细碎：用盘式破碎机进一步磨碎，必要时再用研钵研磨，直至试样全部通过所要求的筛孔为止（通常为 100～200 目筛）。

矿石中的粗颗粒与细颗粒的化学成分常常不同，故在任何一次过筛时，都应将未通过筛孔的粗粒进一步破碎，直到全部过筛为止，而不可将粗颗粒弃去，否则会影响分析试样的代表性。

（二）缩分

试样每经过一次破碎后，使用机械（分样器）或人工方法取出一小部分有代表性的试样，再进行下一步处理，这样，就可将试样量逐步缩小。这个过程称为缩分。

常用的缩分法是四分法。如图 14-1 所示。这种方法是将已破碎的试样充分混匀，堆成圆锥形，然后将它压成圆饼状，再通过中心将其切为四等份，弃去任意对角的两份。由于试样基本上分布均匀，故留下的一半试样，仍有代表性。

缩分的次数不是随意的。每次缩分时，试样的粒度与保留的试样量之间，都应符合取样公式，否则就应进一步破碎后，才能缩分。

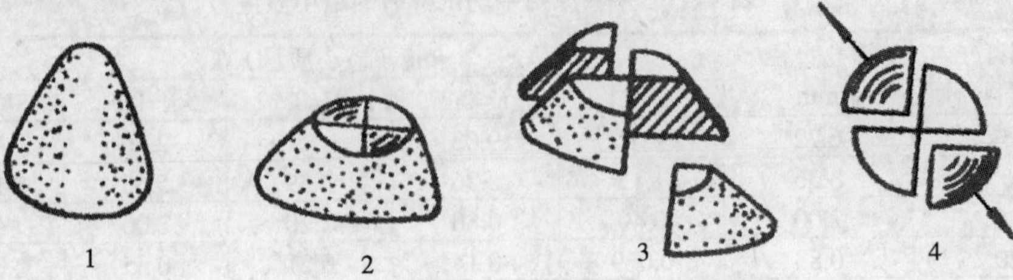

图 14-1　四分法

四、采样与制备试样时的注意事项

（1）采样与制备试样的现场和工具、设备必须干燥清洁，无油污和其他杂物，以确保试样不受污染。

（2）在过筛时，凡未通过筛孔的颗粒，绝不能丢弃，必须反复破碎和研磨，直至全部过筛，不留筛余物，以保证所制得的试样能真实地反映被测物料的平均组成。

（3）制备好的试样应立即装袋或置于试样瓶中，分装两瓶，按要求编号，贴上标签，注明试样的名称、来源和采样日期。一瓶作为正样供分析用，另一瓶备查作副样。试样收到后，一般应尽快分析，否则也应妥善保存，避免试样受潮，风干或变质等。

第二节　试样的分解

在一般分析工作中，除干法分析（如光谱分析、差热分析等）外，通常都用湿法分析，即先将试样分解制成溶液再进行分析，因此试样的分解是分析工作的重要步骤之一。它不仅直接关系到待测组分转变为适合的测定形态，也关系到以后的分离和测定。如果分解方法选择不当，就会增加不必要的分离手续，给测定造成困难和增大误差，有时甚至使测定无法进行。

一、无机物的分解方法

（一）溶解法

溶解法比较简单、快速，所以分解试样时，尽可能采用此法。试样不能溶解或溶解不完全时，才用熔融法分解。溶解试样首先选用水作溶剂，因为水能溶解绝大部分的碱金属化合物、大多数氯化物、硝酸盐、硫酸盐（除钙、锶、钡、铅的硫酸盐外）和许多有机物。不能被水溶解的试样，很多能溶于酸或碱的溶液中，下面介绍一些常用的溶剂和主要溶解作用。

1. **盐酸**

盐酸是用来分解试样的重要强酸之一，能分解许多比氢更活泼的金属，如铁、钴、镍、铝、锡、铍、镁、锗、锌、钛、锰等。它与上述金属作用放出氢，并生成可溶性氯化物。盐酸还能分解铁、锰、钙、镁、锌等的氧化物及碳酸盐矿物，磷酸盐、硫化物、氟化物一般都可溶于盐酸。

用盐酸分解试样和蒸发其溶液时，必须注意 Ge（Ⅳ）、As（Ⅲ）、Sn（Ⅳ）、Se（Ⅳ）、Te（Ⅳ）和 Hg（Ⅱ）等氯化物的挥发损失。

由于盐酸中的 Cl^-具有一定的还原性，还能与某些金属离子形成稳定的配合物，所以盐酸是软锰矿（MnO_2）、赤铁矿（Fe_2O_3）、辉锑矿（Sb_2O_3）等矿物的良好溶剂。如在溶解锰矿时，它可还原 MnO_2 而加速溶解：

$$MnO_2 + 4Cl^- + 4H^+ = MnCl_2 + 2H_2O + Cl_2\uparrow$$

2. **硝酸**

硝酸既是强酸又具有强氧化性，所以硝酸溶解时兼有酸的作用及氧化作用，溶解能力强，而且溶解速度快。除铂、金和某些稀有金属外，浓硝酸几乎能分解所有的金属试样，但铁、铝、铬等在硝酸中由于生成氧化膜而钝化，锑、锡、钨则生成微溶性的酸，这些金属不宜用硝酸溶解，几乎所有硫化物及其矿石皆可溶于硝酸，但宜在低温下进行，否则将析出硫黄；欲使硫氧化成 SO_4^{2-}，可用 $HNO_3 + KClO_3$ 或 $HNO_3 + Br_2$ 等强氧化性混合溶剂溶解。

如果试样中的有机物质干扰分析，可加入浓硝酸并加热使之氧化除去。如在钢铁分析中，常在试样溶解后，加入硝酸以破坏碳化物。

3 份体积 HCl 和 1 份体积 HNO_3 相混合成为王水，或 1 份体积 HCl 和 3 份体积 HNO_3 相混合成为逆王水。它们是溶解金属及矿石的最常用的混合溶剂之一。

应该注意，在用 HNO_3 溶解试样时，溶液中往往含有 HNO_2 和氮的低价氧化物，常能破坏某些有机试剂而影响测定，因此应加热煮沸将它们除去。

3. **硫酸**

稀硫酸氧化性较弱，而浓硫酸是一种相当强的氧化剂，硫酸的沸点高（338℃），可在高温下分解萤石 CaF_2、独居石（Ce、La、Th）PO_4 和锑、铀、钛等矿物。当加热蒸发到冒出三氧化硫白烟时，可除去试样中低沸点的盐酸、硝酸、氢氟酸、水及氮氧化物，并可破坏试样中的有机物。

4. **高氯酸**

除 K^+、NH_4^+等少数离子的高氯酸盐外，一般的高氯酸盐都不易溶于水。浓、热的高氯酸是一种强氧化剂，可使多种铁合金（包括不锈钢）溶解。由于它具有强氧化性，在分解试样的同时，可将组分氧化成高价状态。例如，它可将铬氧化

成 $Cr_2O_7^{2-}$，钒氧化成 VO_3^-，硫氧化成 SO_4^{2-}等。由于高氯酸的沸点较高（203℃），加热蒸发冒烟时也可除去低沸点酸。这时所得残渣加水后很易溶解，而硫酸蒸发后所得残渣常较难溶解。

在使用高氯酸时应注意安全。浓、热的高氯酸与有机物质或某些无机还原剂（如次磷酸、三价锑等）一起加热时都会发生剧烈的爆炸。对含有机物质的试样必须预先在 500℃灼烧以破坏有机物，然后再用高氯酸分解；或用硝酸和高氯酸的混合酸直接分解有机物，在氧化过程中也应注意随时补加硝酸，待试样全部分解后才能停止加硝酸。一般说来，使用高氯酸必须有硝酸存在，这样才较安全。

5. **磷酸**

仅 Ca、Mg、Fe、Al 等金属的磷酸盐是难溶于水的。H_3PO_4 是中强酸，也是一种较强的络合剂，能与许多金属离子形成稳定而可溶的络合物。热的浓磷酸具有较强的分解矿物的能力。许多难溶的矿物如铬铁矿石、铬尖晶石等均可用磷酸完全分解。在钢铁分析中常用磷酸来分解某些合金钢试样，在硅酸盐分析中，常用磷酸来分解水泥生料。

磷酸溶样的缺点是加热温度不宜过高，时间不能过长，操作要领不易掌握。一旦冒白烟时，就应停止加热，否则磷酸会脱水，并且形成难溶的焦磷酸盐沉淀，使实验失败，而且对玻璃器皿腐蚀严重。溶解试样后，如冷却过久，再用水稀释，会析出凝胶。但如将试样研细，溶解时温度低些，时间短些，并在溶样时不断摇动，未完全冷却就加水稀释，上述缺点还是可以克服的。

6. **氢氟酸**

主要用于分解硅酸盐，分解时生成挥发性 SiF_4：

$$SiO_2+4HF \longrightarrow SiF_4\uparrow+2H_2O$$

在分解硅酸盐及含硅化合物时，氢氟酸常与硫酸混合应用。再加热至冒白烟除去多余的氟离子，以防止氟离子对测定的干扰。氢氟酸也与硝酸同时使用，以溶解钛、钨、锆（包括碳化物、氮化物、硼化物）及有关的合金钢，这时生成了相应的氟配合物。

用氢氟酸分解试样，应该采用铂皿或聚四氟乙烯等塑料器皿，在通风橱中进行，温度低于 250℃，并且要注意避免氢氟酸与皮肤接触，以免灼伤溃烂。

7. **氢氧化钠溶液**（20%～30%）

可用来分解铝、铝合金及某些酸性氧化物（如 Al_2O_3）等。分解应在银、铂或聚四氟乙烯等塑料器皿中进行。

8. **加压溶解**

在密闭的容器中，用酸或混合酸溶解试样时，由于蒸气压增大，酸的沸点提高，可以加热至较高的温度，而提高溶解效率，使在常压下难溶的试样得以很好的溶解。

例如，刚玉（Al_2O_3）、绿宝石（Al_2BeO_4）、钛铁矿（$FeTiO_3$）、铬铁矿（$FeCr_2O_4$）、钽铌铁矿[$FeMn(Nb\cdot Ta)O_6$]、电光石$(H\cdot Na\cdot K)_3Al_3(B\cdot OH\cdot F)_2Si_4O_{19}$等，均可用加压溶解法制备试液。

加压溶样时，宜在特制的高压釜或高压锅中进行。

（二）熔融法

许多试样用各种酸、碱溶液作溶剂时，不能完全溶解。因此，对一些难溶解的试样要使用适当熔剂进行熔融处理后，方可达到溶解的目的。

熔融法是在熔剂熔融的高温条件下分解试样，通过反应使被测组分转化为能溶于水或酸的形式，再用水或酸浸取时，定量地进入溶液。熔融法一般是用来分解那些难以溶解的试样。为了保证分解能进行完全，往往要用研钵将试样研细到能通过 200 目筛，熔剂的用量为试样的 6～12 倍，并且要于坩埚中先与试样充分混匀。熔融在高温炉中进行，坩埚材料的选择一般以不引入干扰物质为原则。例如碳酸钠不腐蚀铂坩埚，所以在用碳酸钠熔样时，使用铂坩埚最合适，可以反复使用而基本上没有损耗。过氧化钠对各种坩埚都有腐蚀，在 550℃以上对锆坩埚的腐蚀最小，但锆坩埚价格昂贵，通常采用比较便宜的铁坩埚或镍坩埚，在用水浸取时，铁和镍都呈氢氧化物留在沉淀中，不会干扰测定。

熔融法根据所用熔剂的性质分为酸熔融法和碱熔融法两种。

1. 酸熔融法

碱性或近中性试样常用酸熔融法分解。常用的酸性熔剂有焦硫酸钾（$K_2S_2O_7$）或硫酸氢钾（$KHSO_4$）。硫酸氢钾加热后脱水，亦生成焦硫酸钾。

$$2KHSO_4 \xrightarrow{\text{加热}} K_2S_2O_7 + H_2O\uparrow$$

所以，两者是同一作用物，这种熔剂在 300℃以上可与碱性或中性氧化物作用生成可溶性硫酸盐。例如分解金红石（TiO_2）的反应为：

$$TiO_2 + 2K_2S_2O_7 \xrightarrow{\text{加热}} Ti(SO_4)_2 + 2K_2SO_4$$

其他如 Al_2O_3、Cr_2O_3、Fe_3O_4、ZrO_2、钛铁矿、中性耐火材料（如铝砂、高铝砖）及碱性耐火材料（如镁砂、镁砖）等都可用此熔剂分解。

在使用 $K_2S_2O_7$ 熔融时，温度不宜过高，时间不宜过长，以免 SO_3 过多过早的挥发损失，或使硫酸盐分解为难溶的氧化物。熔融后，将熔块冷却，加入少量 H_2SO_4，防止某些易水解的元素（如 Ti、Zr）产生沉淀。亦可加入酒石酸或草酸等配合剂防止水解。最后以水浸取。

2. 碱熔融法

常用的碱性熔剂有碳酸钠、碳酸钾、氢氧化钠、氢氧化钾、过氧化钠或它们的混合熔剂等。酸性试样如酸性氧化物（硅酸盐、黏土）、酸性炉渣（$CaO/SiO_2<1$）、酸不溶性残渣等，均可用碱熔融法分解。例如钠长石和重晶石的分解反应分别为：

$$NaAlSi_3O_8 + 3Na_2CO_3 = NaAlO_2 + 3Na_2SiO_3 + 3CO_2\uparrow$$

$$BaSO_4 + Na_2CO_3 = BaCO_3 + Na_2SO_4$$

经高温熔融后均转化为可溶于水和酸的化合物。

为了降低熔融温度，可用混合熔剂，如 Na_2CO_3 和 K_2CO_3（1+1）混合熔剂的熔点约 700℃，Na_2CO_3 和 $Na_2B_4O_7$ 混合熔剂的熔点约 750℃。Na_2CO_3 和少量氧化剂（如 KNO_3 或 $KClO_3$）的混合熔剂，常用于分解含 S、As、Cr 等的试样，使它们分解并分别氧化为 SO_4^{2-}、AsO_4^{3-}、CrO_4^{2-}。Na_2CO_3 加入硫常用于分解含 As、Sn 等的氧化物、硫化物和合金试样，使它们转变为可溶性硫代酸盐。例如锡石的分解：

$$2SnO_2 + 2Na_2CO_3 + 9S = 2Na_2SnS_3 + 3SO_2\uparrow + 2CO_2\uparrow$$

NaOH 和 KOH 是低熔点的强碱性熔剂，常用于分解硅酸盐、铝土矿、黏土等试样，在分解难熔物质时，可加入少量 Na_2O_2 或 KNO_3。

Na_2O_2 是强氧化性熔剂，又是强碱性熔剂，常用于分解难溶解的硫化物（如辉钼矿），Fe、Ni、Cr、Mo、W 的合金和 Cr、Sn、Zr 的矿石等。

当 Na_2O_2 熔融后，用水浸出时，Fe、Co、Ni、Mn、Mg、Ti、Zr、Th 和稀土等形成高价氢氧化物，定量地转入沉淀。Al、Cr、As、Sb、Si、P、W、V 等形成高价含氧酸根进入溶液。当 Ca、Mg 含量高时，有些含氧酸根与 Ca、Mg 结合形成沉淀，如 $Ca_3(PO_4)_2$、$CaWO_4$ 等。例如，铬铁矿与 Na_2O_2 的熔解作用，以水处理熔块时，可溶出 Na_2CrO_4，$NaFeO_2$ 则水解生成 $Fe(OH)_3$ 沉淀。

$$2Fe\cdot Cr_2O_3 + 7Na_2O_2 = 2NaFeO_2 + 4Na_2CrO_4 + 2Na_2O$$

3. 半熔法

半熔法也称为烧结法。将试样同熔剂在尚未熔融的高温条件下进行烧结，因在低于熔点的温度下进行反应，可减弱熔融物对器皿的侵蚀作用。但烧结分解能否达到预期的目的，常取决于烧结的条件（熔剂及其用量、烧结温度及时间等）和试样的性质。

例如，水泥生料的分解常采用烧结法。熔剂 Na_2CO_3 用量一般与试样量相等或略低，要求试样与熔剂均要磨细且充分混合，在高温炉中烧结 3～5 min。半熔法不仅比一般的熔融法快，而且所得半熔物很容易从坩埚中脱出，并可避免铂坩埚的损耗。又如，用 $CaCO_3$ 和 NH_4Cl 混合熔剂烧结法分解长石，其反应式可表示如下：

$$2KAlSi_3O_8 + 6CaCO_3 + 2NH_4Cl = 6CaSiO_3 + Al_2O_3 + 2KCl + 6CO_2\uparrow + 2NH_3\uparrow + H_2O$$

烧结温度为 750～800℃，反应产物仍为粉末状，但 K^+ 已转变为氯化物，可用水浸取之。

再如，用 1 份碳酸钠和 2 份氧化镁的混合物（称为艾思卡试剂）做烧结剂，可用来灰化煤以测定硫和分解硫化物。烧结过程中，Na_2CO_3 起熔剂作用，MgO 起疏松和通气作用，使空气中的氧将硫化物氧化为硫酸盐，用水浸取反应物时，硫酸根离子进入溶液中。为了促使硫定量地氧化，也可在烧结剂中加入少许氧化剂，如高锰酸钾等。

二、有机物的分解方法

（一）溶解法

水是许多有机物的溶剂。如低级醇、多元酸、糖类、氨基酸、有机酸的碱金属盐、表面活性剂等，均可用水溶解。

许多不溶于水的有机物可用有机溶剂溶解。根据相似相溶的原理，极性有机物易溶于甲醇、乙醇等有机溶剂，非极性有机物易溶于 CH_3Cl、CCl_4、苯、甲苯等非极性有机溶剂。有关有机溶剂的选择，可参考有关资料，此处不详述。

（二）分解法

欲测定有机物中的无机元素，需将试样分解。分解试样的方法分为湿法和干法两种。

1. 湿法

常用硫酸、硝酸或混合酸，在克氏烧瓶中加热，试样中的有机物即被氧化成 CO_2 和 H_2O，金属元素则转变为硫酸盐或硝酸盐，非金属元素转变为相应的阴离子。此法适合测定有机物中的金属、硫、卤素等元素。

2. 干法

主要有两种分解方式。

一种分解方式是氧瓶燃烧。在充满 O_2 的密闭瓶内，用电火花引燃有机试样，瓶内盛适当的吸收剂用以吸收燃烧产物，然后用适当方法测定。有机物中卤素、硫、磷、硼等非金属元素和 Hg、Zn、Mg、Co、Ni 等金属元素的测定，均可用此法分解试样。

另一种分解方式是定温灰化。将试样置于敞口皿或坩埚内，在空气中，于 500～550℃加热分解、灰化，所得残渣用适当溶剂溶解后进行测定。如灰化前加入 CaO、MgO、Na_2CO_3 等添加剂，灰化效果更佳。测定有机物和生物试样中的无机元素如 Sb、Cr、Fe、Mo、Sr、Zn 等，均可用此法分解试样。近来使用低温灰化操作及装置，如用高频电激发的氧气通过生物试样，仅 150℃的温度便可分解试样，适于其中 As、Se、Hg 等易挥发元素的测定。

近年有人提出用 V_2O_5 作熔剂，它的氧化能力强，可用于含 N、S、卤素的有机物的分解，释放出的气体中可检测 N、S、卤素等。

三、试样分解方法的选择

上述介绍了试样的各种分解方法，但试样的分解是一个比较复杂的问题，实际工作中还会遇到各种特殊情况，还要考虑到实验室条件的许可，经济、安全、方便等因素也应注意，但试样必须分解完全，应尽量避免待测组分的损失和引入有碍测定的组分，这是选择各种分解方法时首先要考虑的问题。

选择试样分解方法的一般原则如下：

（1）根据试样的化学组成、结构及有关性质来选择试样的分解方法。能溶于水的试样最好用水溶解。金属活动顺序中氢以前的金属，可为非氧化性的强酸来分解。金属活动顺序在氢以后的金属，可用氧化性的酸或混合酸来溶解。如试样为化合物，则酸性试样用碱溶（熔）法，碱性试样用酸溶（熔）法，对还原性试样采用氧化性的溶（熔）剂来分解。有时由于晶体结构不同，虽然化学组成相同，但选择的分解方法也不一样。如试剂 Al_2O_3 可溶于盐酸中，但天然的 Al_2O_3，如刚玉之类则不溶于盐酸，而需用熔融法分解。

（2）根据待测组分的性质来选择试样的分解方法。通常一个试样经分解后可测定其中多种组分，但有时同一试样中的几种待测组分必须采用不同的分解方法。例如，测定钢铁中磷时必须使用氧化性的酸，如硝酸来溶解，将磷氧化成 H_3PO_4 后进行测定。若使用非氧化性的酸来溶解，则会使一部分磷生成 PH_3 而挥发损失，但在测定钢铁中其他元素时，则可用盐酸或硫酸溶解。

（3）根据测定方法来选择试样的分解方法。有时测定同一组分，由于测定方法不同，选择分解试样的方法也不同。例如，用重量法测定 SiO_2，一般用 Na_2CO_3 熔融后，以盐酸浸取，使 H_2SiO_3 沉淀析出。但用滴定法测定 SiO_2 时就要防止 H_2SiO_3 析出，否则测定结果偏低，因此就要改用 KOH 熔融，用水浸出后，趁热加硝酸，得到清亮溶液，以便进行滴定分析。

（4）在试样分解过程中，常引进某些阴离子或金属离子，因此选择分解方法时要考虑这些离子对以后的测定有无影响。例如，测定某物料中的 Mn，常将 Mn 氧化为 MnO_4^-进行测定，用 Ag^+作催化剂，因此分解此物料时要避免引入 Cl^-，以防止以后分析过程中形成 AgCl 沉淀，而影响沉淀。

以上仅讨论试样分解方法及其一般性的选择原则，在实际工作中，还要根据具体情况，全面考虑，综合运用。

第三节　测定方法的选取原则

采样、制备并溶解试样后，就可用所选择的适当的测定方法对欲测组分进行分析。实际工作中，一种组分可用多种方法测定，例如铁的测定，就有氧化还原滴定法、配位滴定法、重量分析法、电位滴定法以及分光光度法等。而分光光度法又有硫氰酸盐法、磺基水杨酸法和邻二氮菲法等，因此，必须根据不同的情况考虑选用何种分析方法进行测定。一般是从以下几方面进行选择。

一、测定的具体要求

首先要明确测定的目的和要求，其中主要是需要测定的组分、准确度及完成测定的速度等。例如，对标样分析和成品分析，准确度是主要的；对高纯物质中痕量组分的测定，灵敏度是主要的；而对生产过程中的控制分析，速度便成为主要考虑的问题。所选择的分析方法应是在能满足所要求准确度的前提下测定手续愈简便、完成测定的时间愈短愈好。例如，在无机非金属材料（如黏土、玻璃等）的分析中，二氧化硅是主要的测定项目之一。为了测定二氧化硅的含量，较多采用重量分析法。用此法时将试样分解后，在盐酸溶液中蒸干脱水两次，使二氧化硅呈硅酸胶凝状沉淀析出，然后过滤，灼烧至恒重。为了避免因硅酸的吸附作用带入杂质，若要求更高的测定准确度，可再以氢氟酸、硫酸处理，使二氧化硅转化为四氟化硅而挥发除去，再灼烧残渣至恒重，由差减法求得二氧化硅含量。此法具有干扰少、准确度高、滤液可用于其他组分测定等优点；但操作繁复，时间冗长。也可以只脱水一次并不再以氢氟酸处理，或改用动物胶法，这样在分析速度上将有所提高，但准确度差一些。为了更快速地完成测定，可以用氟硅酸钾容量法，但该法较难掌握，除非严格遵守实验条件，一般重现性和准确度都较差，然而分析速度却较快，它适用于生产控制分析上。因此选用哪一种测定方法，应根据对测定的准确度及分析速度的要求来考虑，使所选方法在能满足所要求的准确度的前提下，尽量在较短时间内完成测定。

二、待测组分的性质

了解待测组分的性质，常有助于测定方法的选择。例如，酸碱性物质首先选用酸碱滴定法测定；大多数金属离子可用 EDTA 配位滴定法测定；有氧化或还原性质的物质可选用氧化还原滴定法测定；对于碱金属，特别是 Na^+具有焰色反应，可用火焰光度法测定。

三、待测组分的含量范围

常量组分的测定一般用滴定分析法或重量分析法，因为这类分析方法相对误差可达千分之几，能达到测定准确度的要求。由于滴定简便、快速。因此当两者均可应用时，一般选择滴定法。但滴定法需要准备标准溶液，若需要准确测定某一组分，而测定次数不多，又无所需的标准溶液时，则选用重量分析法可能更方便一些。

微量组分的测定应选用灵敏度较高的仪器分析方法，其相对误差一般在百分之几，虽然相对误差比较大，但已能满足微量分析的要求。例如钢铁中硅的测定，不能用重量法和滴定法，而应用分光光度法或原子吸收光谱法。

四、共存组分的影响

在选择分析方法时，必须考虑共存组分对测定的影响。分析较复杂的物质时，其他组分的存在往往影响测定。例如，测定铜矿中的铜时，若用 HNO_3 分解试样，选用碘量法，则其中所含 Fe^{3+}、Sb（Ⅴ）、As（Ⅴ）及过量 HNO_3，都能氧化 I^-而干扰测定；若选用配位滴定法，Fe^{3+}、Al^{3+}、Zn^{2+}、Pb^{2+}等能与 EDTA 配位，也干扰测定；若用原子吸收光谱法，则一般元素 Fe、Zn、Pb、Al、Co、Ni、Ca、Mg 等均不干扰。因此应尽量采用选择性较好的分析方法。如果没有适宜的方法，则应采取适当的分离方法，在除去干扰组分之后再进行测定。

五、实验室的条件

选择分析方法应尽可能地使用新的分析技术及方法，但还要根据实验室的具体设备条件、特效试剂的有无、标准试样的具备情况、仪器灵敏度的高低，以及操作人员的技术素质等，综合加以考虑。

随着科学技术的飞速发展，新的分析方法及测试仪器不断出现，但各种方法均有其特点和不足之处，完整无缺地适用于任何试样、任何组分的测定方法是不存在的，因此必须根据分析试样的组成、待测组分的性质和含量、测定的具体要求、共存组分的干扰、本单位实验室的具体条件等，综合地予以考虑，以期选择一个较为适宜、切实可行的分析方法，进行准确的测定。

第四节　复杂物质的分析示例

在复杂物质分析的过程中，首先是分析试样的采集、处理、分解和试液的准备。其次，要考虑选择适当的分析方法。现以硅酸盐、合金的分析为例分述如下。

一、硅酸盐分析

硅酸盐分析通常主要测定项目有 SiO_2，Fe_2O_3，Al_2O_3，TiO_2，CaO 和 MgO。这些分析项目可在同一分析试样溶液中进行，称之为硅酸盐系统分析。图 14-2 列出了目前常用的一种分析方案，现将方法要点介绍如下。

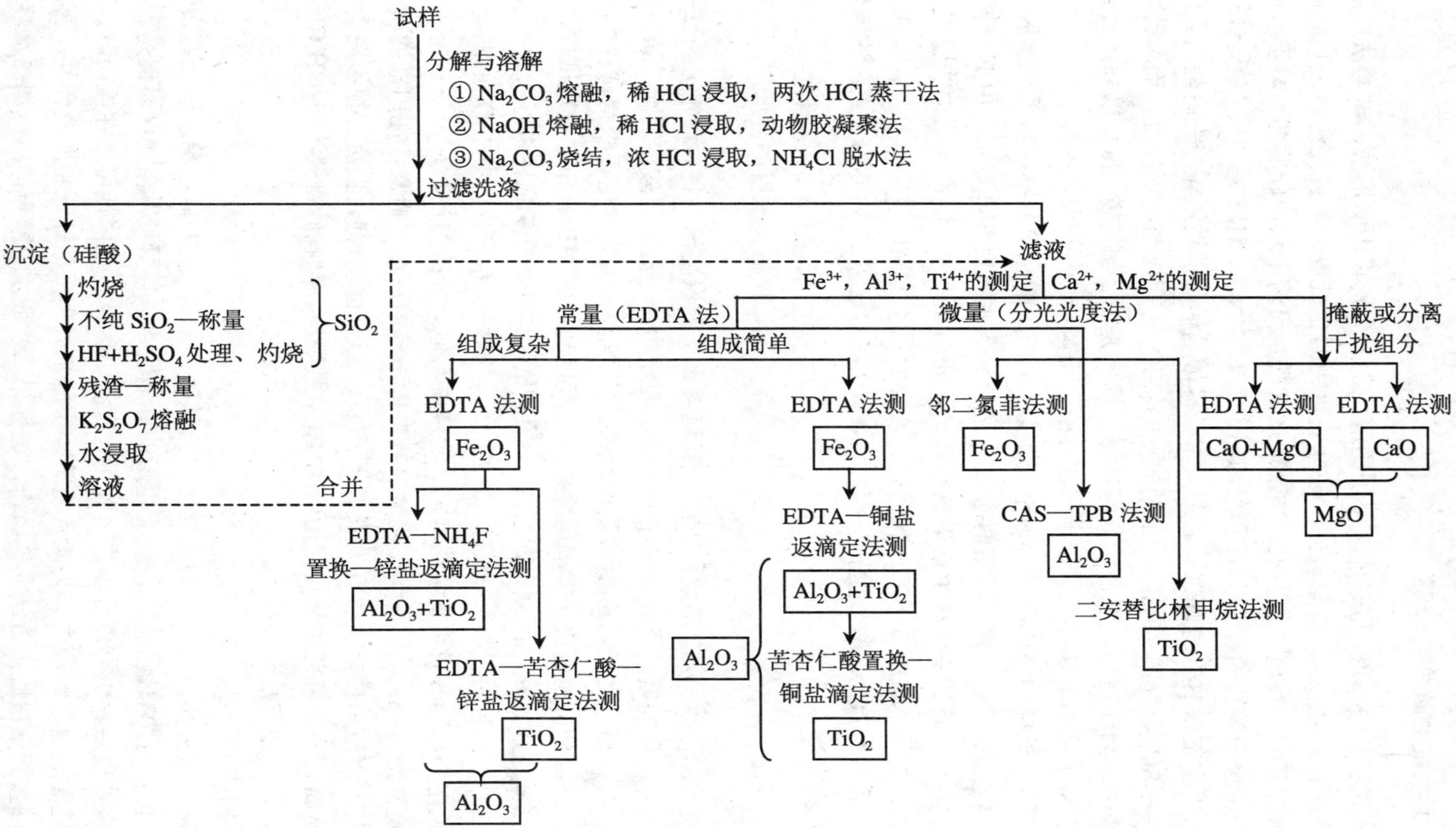

试样
分解与溶解
① Na_2CO_3熔融，稀 HCl 浸取，两次 HCl 蒸干法
② NaOH 熔融，稀 HCl 浸取，动物胶凝聚法
③ Na_2CO_3烧结，浓 HCl 浸取，NH_4Cl 脱水法
过滤洗涤

沉淀（硅酸）
灼烧
不纯 SiO_2—称量
$HF+H_2SO_4$处理、灼烧
（以上得 SiO_2）
残渣—称量
$K_2S_2O_7$熔融
水浸取
溶液
合并（并入滤液）

滤液
Fe^{3+}，Al^{3+}，Ti^{4+}的测定
常量（EDTA 法）
组成复杂
EDTA 法测 Fe_2O_3
EDTA—NH_4F 置换—锌盐返滴定法测 $Al_2O_3+TiO_2$
EDTA—苦杏仁酸—锌盐返滴定法测 TiO_2
（由以上得 Al_2O_3）
组成简单
EDTA 法测 Fe_2O_3
EDTA—铜盐返滴定法测 $Al_2O_3+TiO_2$
苦杏仁酸置换—铜盐滴定法测 TiO_2
（由以上得 Al_2O_3）
微量（分光光度法）
邻二氮菲法测 Fe_2O_3
CAS—TPB 法测 Al_2O_3
二安替比林甲烷法测 TiO_2

Ca^{2+}，Mg^{2+}的测定
掩蔽或分离干扰组分
EDTA 法测 CaO+MgO
EDTA 法测 CaO
（由以上得 MgO）

图 14-2 硅酸盐系统分析方案

（一）硅酸盐试样的分解

根据硅酸盐中 SiO_2 与碱性氧化物比值大小，分别采用酸溶法、碱溶法或烧结法来分解试样。若 SiO_2 含量愈低，碱性氧化物的含量愈高，碱性愈强，则此硅酸盐愈易为酸分解，甚至可溶于水。如水玻璃硅酸钠可溶于水，硅酸钙不溶于水而溶于酸，分解这一类型的硅酸盐试样通常选用 HCl、HNO_3、$HClO_4$、H_3PO_4 及 HF 等，在系统分析中常以 HCl 分解试样。绝大多数硅酸盐矿都能被氢氟酸—硫酸所分解，在用 HF+H_2SO_4 分解试样时，在加热情况下，SiO_2 转变成 SiF_4 而挥发，而其他成分留在残渣中，因此使用该混合酸分解试样，通常是为了测定除 SiO_2 以外的其他组分。测定 SiO_2 应另取试样，采用半熔法分解，用氟硅酸钾容量法测定。

若硅酸盐试样中 SiO_2 含量较高，则试样不能用酸直接分解，需采用熔融法或烧结法。在熔融法中，若用碱熔两次 HCl 蒸干法脱水测定 SiO_2，则选用 Na_2CO_3 或 K_2CO_3 作熔剂，若其中含有黄铁矿或铬铁矿，还需加入 Na_2O_2；若用动物胶凝聚法测定 SiO_2，选用 NaOH 或 KOH 作熔剂。在硅含量不太高的试样如水泥、石灰石等测定中，采用 Na_2CO_3 烧结法分解试样，NH_4Cl 脱水法测定 SiO_2 的含量，滤液作其他成分的测定。

（二）SiO_2 的测定

测定 SiO_2 的方法有滴定分析法、沉淀重量法和汽化法三种。滴定分析法是依据硅酸在有过量的氟离子和钾离子的强酸性溶液中，生成氟硅酸钾沉淀，该沉淀在热水中水解并相应生成氢氟酸，再用 NaOH 标准溶液滴定，借以求得试样中 SiO_2 的含量。该法分析速度快，但准确度稍差。汽化法是用 HF+H_2SO_4 处理试样，SiO_2 以 SiF_4 形式逸出，试样的减量即为 SiO_2 的含量，该法需在铂皿中进行，费时较长，适用于 SiO_2 含量高的试样，如石英砂的分析。硅酸盐系统分析中 SiO_2 的测定，通常采用碱熔融后硅酸脱水重量法测定，滤液供其他组分的测定。

重量法测定 SiO_2 是基于在酸性溶液中析出硅酸沉淀。通常，在用盐酸酸化碱熔试样时，溶液中便析出含有大量水分子的无定形硅酸沉淀，但沉淀很不完全。为了使硅酸沉淀完全并脱水，可采用两次 HCl 蒸干法、动物胶凝聚法和 NH_4Cl 凝聚重量法。这三种方法分述如下。

1. 两次 HCl 蒸干法

该法是将经熔融分解后的试样转化为试液，加入 HCl 后在沸水浴上蒸发至近干，于 105～110℃焙烧 1 h，使无定形的硅酸脱水，以降低其溶解度。但是硅酸经一次脱水处理后，仍有部分以水溶胶形式存在。因此，在降低可溶性盐类时，会有部分的硅酸残留在溶液中。为此，将第一次脱水处理后的滤液和洗液合并，再加入浓盐酸，按第一次脱水方法同样操作，进行第二次脱水、蒸干，然后加热水溶解可溶性盐类，过滤、洗涤，将两次沉淀合并，并且灼烧至恒重，计算 SiO_2 的含量。

该法必须严格控制蒸干脱水的温度和时间，温度太低或时间太短，则硅酸脱水不完全；温度过高，时间过长，一方面硅酸易被许多杂质沾污，另一方面会形成可溶于酸的 $MgSiO_3$ 等，这些因素都会影响 SiO_2 的测定结果。

2．动物胶凝聚法

动物胶是一种富有氨基酸的蛋白质，在水溶液中具有很强的亲水作用，并且是一种可逆性胶体。它在碱性或中性溶液中为典型的保护胶体，而在酸性溶液中（pH<4.7），则由于吸附 H^+而带有正电荷，因而它能凝聚许多带有负电荷的胶体。因此，在一定的酸度和温度下，加入适量的动物胶，即可中和 H_2SiO_3 溶胶所带的负电荷，因而使硅酸凝聚下沉。

动物胶凝聚法是将分解试样所得试液加入 HCl 后，在水浴上蒸发至砂糖状，即“湿盐”状态，冷却至 50～70℃，加入 HCl 和动物胶，充分搅拌，并在 60～70℃保温 10 min，使 H_2SiO_3 凝聚，溶解可溶性盐类后，过滤、洗涤，将沉淀灼烧至恒重，计算 SiO_2 的含量。

用动物胶凝聚 H_2SiO_3 溶胶的完全程度，与分析时溶液的酸度、温度及动物胶的加入量等因素有关。溶液中盐酸的浓度一般应保持在 8 mol · L^{-1} 以上，硅酸主要以 γ-硅酸形式存在，这是一种比较容易凝聚的胶体。凝聚时的温度应控制在 60～70℃，否则硅酸凝聚不完全。加入动物胶的量，应恰好能完全中和 H_2SiO_3 溶胶质点所带的电荷。若条件控制适当，溶液中残留的硅酸一般小于 2 mg。若要求比较精确的测定结果，可用吸光光度法测定滤液中的 SiO_2 的含量，再将此结果与重量法结果相加。

3．NH_4Cl 凝聚法

该法是在试样经分解后制得的试液中加入浓 HCl，加热蒸发至近干，加入足量的 NH_4Cl，由于 NH_4Cl 的水解，夺取了 H_2SiO_3 颗粒中的水分，加速了脱水过程。同时，在酸性溶液中 H_2SiO_3 的质点带负电荷，在加热蒸发的条件下，被大量带正电荷的 NH_4^+所中和，从而加速了 H_2SiO_3 凝聚。蒸发完毕后，溶解可溶性盐类，再经过滤、洗涤，将沉淀灼烧至恒重。

用 NH_4Cl 凝聚法测定 SiO_2 的条件是比较宽的。对于酸溶性试样，称样 0.5 g 制成的试液，加 0.5～4 g NH_4Cl，2 mL 浓 HCl，沸水浴上加热蒸发 10～30 min，均能得到准确的分析结果。

重量法测定硅酸盐中 SiO_2 的含量时，所得 SiO_2 的沉淀总夹带有 Fe^{3+}、Al^{3+}、Ti^{4+} 等杂质，并在滤液中存有漏失的 SiO_2，一般分析可不必校正，但若需要精确的分析结果，则应将灼烧称量后的 SiO_2 沉淀物再用 $HF+H_2SO_4$ 处理，再将残渣灼烧称量，于称量的 SiO_2 中扣除残渣量。残渣再用 $K_2S_2O_7$ 熔融、水浸取后与滤液合并，供系统分析用（图 14-2）。滤液中漏失的 H_2SiO_3 可用硅钼蓝分光光度法测定，再将此结果与重量法结果相加。

（三）Fe_2O_3、Al_2O_3和 TiO_2 的测定

将滤去硅酸后的滤液加热至近沸，用不含 CO_3^{2-} 的氨水中和至微碱性，此时，Fe^{3+}、Al^{3+}、Ti^{4+}生成氢氧化物沉淀。沉淀过滤洗涤后，在滤液中测定 Ca^{2+}、Mg^{2+}。沉淀溶解于 HCl 后，测定 Fe^{3+}、Al^{3+}、Ti^{4+}。

试液中的 Fe^{3+}、Al^{3+}、Ti^{4+}的含量在常量范围内时，可用络合滴定法测定。在微量范围内时，可用分光光度法测定。

1．络合滴定法连续滴定高含量的 Fe^{3+}、Al^{3+}、Ti^{4+}

调整溶液的 pH 在 2～2.5，以磺基水杨酸钠作指示剂，于 50～60℃时用 EDTA 标准溶液滴定至溶液由紫红变为亮黄色。由此计算 Fe_2O_3 的质量分数。此时，Al^{3+}、Ti^{4+}、Mn^{2+}、Ca^{2+}、Mg^{2+}、Cu^{2+}、Ni^{2+}、Zn^{2+}等都不干扰测定；30 mg PO_4^{3-}亦无影响。溶液中的 Fe_2O_3 的量不应大于 300 mg，因为 Fe-EDTA 的络合物呈黄色，影响终点的判断。

将滴定 Fe^{3+}后的试液用氨水调节 pH 为 4 左右，加入过量的 EDTA 标准溶液，加热煮沸，使 Al^{3+}、Ti^{4+}与 EDTA 定量反应完全，然后加入 HOAc—NaOAc 缓冲溶液，调节溶液的 pH 为 5～6，以二甲酚橙为指示剂，用锌盐标准溶液返滴定，除去过量的 EDTA。再在返滴定后的溶液中加入 NH_4F，煮沸，此时 Al-EDTA 和 Ti-EDTA 转化为 AlF_6^{3-}和 TiF_6^{2-}，相应的释放出等物质的量的 EDTA。然后再以锌盐标准溶液滴定释放出来的 EDTA，从而可得 $Al_2O_3 + TiO_2$ 所消耗的 EDTA 标准溶液的体积。另取一份滴定 Fe^{3+}后的试液，同样按上述步骤进行，将返滴定的溶液的酸度调为 pH≈4.2，以苦杏仁酸代替 NH_4F 进行置换滴定，此时只有 Ti-EDTA 被置换，释放出与 Ti 等物质的量的 EDTA，再用锌盐标准溶液滴定，可直接测得 TiO_2 的含量。由滴定 $Al_2O_3 + TiO_2$ 总消耗的锌盐标准溶液体积减去 TiO_2 消耗的体积，就可以算出 Al_2O_3 的含量。

若试液组成简单，也可在滴定 Fe^{3+} 后的试液中，加入过量的 EDTA 标准溶液，调节 pH≈3 并加热煮沸，使 Al^{3+}定量地与 EDTA 络合，再调 pH 为 4，以 PAN 为指示剂，趁热以 Cu^{2+}标准溶液返滴定过量 EDTA。再加入固体 NaF，煮沸，用 Cu^{2+}标准溶液滴定置换出的 EDTA，由此测得的是 Al_2O_3 和 TiO_2 的合量。若在用 Cu^{2+}返滴定过量的 EDTA 后，加入苦杏仁酸，则只有 TiY 中的 EDTA 被置换，由 Cu^{2+}标准溶液滴定测得的则是 TiO_2 含量。合量与 TiO_2 含量之差即为 Al_2O_3 的含量。

2．分光光度法测低含量的 Fe^{3+}、Al^{3+}、Ti^{4+}

在六亚甲基四胺介质中，将试液中 Fe^{3+}用盐酸羟胺或抗坏血酸还原为 Fe^{2+}，在 pH=2～9 范围内，Fe^{2+}与邻二氮菲生成稳定的橙红色络合物。常加入 NaOAc 调节溶液的 pH≈5 时，用显色剂显色，于 510 nm 波长处用适当厚度的比色皿测定吸光

度。从预先绘制好的工作曲线上查得铁含量。

在 pH=5 的溶液中，Al^{3+}与铬天青 S-溴化十四烷基吡啶（简写为 CAS-TPB）生成紫红色的三元络合物，借此进行分光光度法测定。测定方法是：试液先用氨水和 HCl 调 pH≈2 后，加入 CAS-TPB 混合液，再加 pH=5.3 的 HOAc—NaOAc 缓冲溶液，显色，于 610 nm 波长处测定吸光度。从预先绘制好的工作曲线上查得含量。Fe^{3+}的干扰可用抗坏血酸还原消除，Ti^{4+}的干扰可加苦杏仁酸掩蔽，F^-存在对 Al_2O_3 测定有干扰，故必须事先除去。

在 0.5～1.0 mol·L^{-1} 的 HCl 介质中，Ti^{4+}与二安替比林甲烷形成 1∶3 的黄色络合物，在酒石酸存在下放置 1 h，发色完全。加热或加大显色剂的浓度，可以加快发色速度。在波长 420 nm 处，用分光光度计测定吸光度。Fe^{3+}的干扰可加抗坏血酸消除。

（四）CaO 和 MgO 的测定

分离除去 $Fe(OH)_3$、$Al(OH)_3$、$Ti(OH)_4$ 后的滤液，即可用 EDTA 滴定法测定 Ca^{2+}、Mg^{2+}。

试液中共存组分 Fe^{3+}、Al^{3+}、Ti^{4+}、Mn^{2+} 的存在对 Ca^{2+}、Mg^{2+}的测定均有干扰，这些组分含量较少时，可加入掩蔽剂如三乙醇胺、酒石酸钾钠消除干扰；当含量较高时，一般采用沉淀分离法除去干扰组分。分离 Fe^{3+}、Al^{3+}、Ti^{4+}的滤液即可用来滴定 CaO 和 MgO 的含量，Ca^{2+}、Mg^{2+}通常采用配位滴定法。在 pH=10 时，用铬黑 T 或酸性铬蓝 K-萘酚绿 B 作指示剂，用 EDTA 标准溶液滴定 CaO+MgO 总量，干扰离子用三乙醇胺掩蔽。另取一份试液，加入酒石酸钾钠、三乙醇胺掩蔽干扰离子，用强碱调节 pH＞12，Mg^{2+}生成 $Mg(OH)_2$ 沉淀，用钙指示剂或甲基百里酚蓝作指示剂，以 EDTA 标准溶液滴定 CaO，从 CaO+MgO 总量中减去 CaO 量，就可计算出 MgO 的含量。

二、铜合金分析

铜合金的主要成分是铜，其他组分有锌（含锌 15%称黄铜），锡（含锡约 3%称为锡青铜），另有少量 Fe，Al，Pb，Ni，有些还含有 Mn，Sb，P 或 Be。

（一）铜合金试样的分解

用盐酸和过氧化氢加热可溶解铜合金。试样溶解后，将溶液煮沸至无细小气泡（分解过量的 H_2O_2）发生为止。

（二）铜锌的连续测定

本法适用于黄铜中的铜及锌的测定。试样溶液用氨水中和过量的酸。加氟化氢铵调节 pH=3.5～4，消除 Fe^{3+}对测铜的干扰。加入碘化钾，用硫代硫酸钠滴定析出的碘，以淀粉作指示剂，接近终点时，再加入 KSCN 将 CuI 转化为 CuSCN，接着滴至终点。

滴定铜后，向溶液中加入酒石酸将铁、铅等离子络合，并加入抗坏血酸将 Fe^{3+}还原，加 NH_3—NH_4Cl 缓冲液（pH≈10）和 KCN（将 Cu^{2+}、Ni^{2+}、Co^{2+}、Zn^{2+}和 Fe^{2+}掩蔽），以铬黑 T 为指示剂，用 EDTA 滴定至溶液呈蓝色，立即加入甲醛将 $Zn(CN)_4^{2-}$解蔽，继用 EDTA 滴至溶液至蓝色；再加入甲醛，如仍有紫红色出现，则继续滴定至再加入甲醛不出现紫红色为止。根据加入甲醛后所消耗的 EDTA 的量，计算试样中锌的含量。

（三）铅的测定

本法适用于含铅量约 1%的铜合金。试液加酒石酸及三乙醇胺将铁、铝、锡、铅等络合，以抗坏血酸还原 Fe^{3+}，用氨水及 pH≈10 缓冲溶液调节溶液的 pH，加 KCN 将 Cu^{2+}、Fe^{2+}、Zn^{2+}、Mn^{2+}掩蔽，加入少量的 EDTA-镁盐使终点明显，以铬黑 T 为指示剂，用 EDTA 滴定至溶液由紫红色变为蓝色。

（四）铁和铝的测定（硫氰酸盐法和铝试剂光度法）

将纯锌加入到溶液中还原铜（此时 Fe^{3+}也被还原），过滤沉淀，收集滤液。吸取部分滤液，加入少量稀盐酸、过氧化氢（将 Fe^{2+}氧化为 Fe^{3+}），然后加入 NH_4SCN，生成红色硫氰酸铁络合物，进行吸光光度测定。另取部分滤液，用稀氨水调至弱酸性（以溴甲酚绿为指示剂），加入少许抗坏血酸还原 Fe^{3+}，加入铝试剂，加热，使 Al^{3+}与铝试剂作用生成红色络合物，进行吸光光度测定。

复习与思考题

1. 在进行农业科学试验时，需要了解微量元素对农作物栽培的影响。某人从试验田中挖了一小铲泥土试样，送分析人员测定其中的微量元素的含量。试问所测得的分析结果有无意义？

2. 为了探讨某江河地段底泥中工业污染物的聚集情况，某单位于不同地段采集足够量的原始平均试样，混匀后，取部分试样送交分析部门。分析人员称取一定量的试样，经处理后，用不同方法测定其中有害化学成分的含量，试问这样做对不对？为什么？

3. 简述物质定量分析的主要过程。

4. 如何采取与制备分析试样?应注意哪些问题?

5. 常用的分解试样方法有哪些？什么叫半熔法？它有何优点？

第十五章 吸光光度分析法

【学习要求】

1. 了解物质对光的选择性吸收的本质和特点。
2. 掌握光的吸收定律——朗伯-比尔定律的基本形式，吸收曲线的特点，会运用吸收曲线和吸收定律进行定性和定量分析。
3. 了解吸光光度法仪器测量的误差及测量条件的选择。
4. 熟悉分光光度计的结构、原理和使用方法。

滴定分析法和重量分析法都属于化学分析法，它们适用于试样中含量大于 1%的常量组分的测定，对于含量小于 1%的微量组分不宜采用化学分析法，而吸光光度法对于微量组分的测定则可做到迎刃而解。吸光光度分析法是一类重要的仪器分析方法，包括分子吸光分析法和原子吸光分析法两个大类。吸光光度分析法是利用物质（原子或分子）对光的选择性吸收与其组成、结构和含量等化学信息进行分析的。吸光光度法应用非常广泛，几乎所有的无机物质和大多数有机物质都可用此法进行测定。吸光光度法使用的仪器比较简单，操作简便，测定迅速，在实际应用和科学研究领域具有重要的意义。本章只讨论分子吸光光度分析法的原理和应用。

第一节 吸光光度法的基本原理

一、光的基本性质

光是一种电磁辐射，可以不借助任何介质在空间传播。光在真空中的传播速度为 $2.997\,92\times10^{10}\ \text{cm}\cdot\text{s}^{-1}$。常见的光包括可见光、紫外光和红外光几种类型。光具有波粒二象性，即波动性和粒子性。光在传播时，会表现出折射、反射、衍射、干涉和散射等波的性质。光作用于物质时，又会产生光压、光电效应及光化学反应等，说明光具有能量，表现出粒子的性质。光的波动性可以用下式来描述：

$$c = \lambda \times \nu$$

式中：c——光在真空中的传播速度；

λ——光的波长；

ν——光的频率。

光的粒子性可以用下式表示：

$$E = h\nu = h \cdot \frac{c}{\lambda}$$

式中：E——一个光子的能量；

h——普朗克常数（6.53×10^{-34} J · s）。

上述两式表明：光的频率越高，则其波长就越短，其光子所携带的能量就越高。反之光的频率低，波长就长，能量就低。

二、物质对光的选择性吸收

物质的分子、原子一般常处于能量较低的稳定状态，称为基态。当外界给物质提供能量时，物质吸收能量，从而使物质的质点（分子、原子或离子）由能量低的基态能级上升为能量较高的能级状态（激发态）。对于一定的物质来说，其内部能级状态的分布是特定的，因此各能级之间的差异也是特定的。

当一束含有各种波长光的复合光照射到某物质或溶液时，物质或溶液就会吸收光提供的能量，并且只有当复合光中某波长光的光子能量与被照射物质的分子或原子的某两能级差相等时，能量吸收才能发生。物质内部的能级是由其结构和本性决定的，结构不同，能级分布不同，不同能级之间的能量差也不同，所吸收的能量也就不同。因此物质对光线进行吸收时，只选择吸收能量与其能级差相同的光。物质的这一性质称为物质对光的选择性吸收。

溶液的颜色正是由于溶液中的物质对不同波长光的选择性吸收而产生的。当一束复合光，如日光或白炽灯光通过溶液时，溶液中的物质就会对复合光中部分波长的光进行选择性吸收，未被吸收的光则透过溶液，透射光（或反射光）刺激人眼而使人感受到颜色的存在。人眼能感觉到的光称可见光，在可见光区，不同波长的光呈现不同的颜色，因此溶液的颜色由透射光的波长所决定。例如，对于1,10-邻二氮杂菲亚铁对 510 nm 的绿色光波有较强的吸收（它对 630 nm 以下的光波都有一些吸收，因为该物质中有各种各样的基态与激发态的能量差之故），对 630 nm 以上的光波基本不吸收，这就是该物质为橙红色之故。物质对光的选择性吸收是由物质的本性所决定的，因此借助物质所吸收光的性质就可以对其进行定性分析。

实验证明，白光（如日光、白炽灯光等）是一种复合光，它是由各种不同颜色的光按一定的强度比例混合而成的。白光经过色散作用可分解为红、橙、黄、绿、青、蓝、紫七种颜色的光。这七种颜色的光叫做单色光，但并不是纯的单色光，每种单色光都具有一定的波长范围。不仅七种单色光可以混合为白光，两种适当颜色的单色光按照一定的强度比例混合也可成为白光，这两种单色光称为互补色光。

可以认为物质或溶液就是吸收了日光（白光）中的部分光，表现出了被吸收光的互补光的颜色。如硫酸铜溶液因吸收白光中的黄色光而呈现蓝色，黄色与蓝色即为互补色。表 15-1 中列出了溶液的颜色与其吸收光颜色之间的关系。如将表中同一横行的两种颜色的光按一定比例混合时，就可以得到白光。

表 15-1 物质颜色和吸收光颜色的关系

物质颜色	吸收光	
	颜色	波长范围/nm
黄绿	紫	400～450
黄	蓝	450～480
橙	绿蓝	480～490
红	蓝绿	490～500
紫红	绿	500～560
紫	黄绿	560～580
蓝	黄	580～600
绿蓝	橙	600～650
蓝绿	红	650～750

三、电磁波谱与分析方法分类

（一）电磁波谱

电磁波包括从波长很短的γ射线到波长很长的无线电波。若将电磁波按照其波长的长短或频率的高低排列起来，就得到了电磁波谱。电磁波中可见光的波长范围为 400～800 nm。与可见光波长相近，但短于可见光的称为紫外光，包括远紫外光（波长 10～200 nm）和近紫外光（波长 200～400 nm）。而长于可见光波长的是红外光，分为近红外光（波长 800～2 500 nm）、中红外光（波长 2 500～5 000 nm）及远红外光（波长 5 000～1 000 000 nm）。分子和原子吸收的光常在紫外、可见和红外光区。例如，能使分子或原子的价电子激发到高能级所需的能量为 1～20 eV，相应能量的光波长为 1 240～60 nm。

表 15-2 电磁波谱

电磁波	波长λ/nm	频率 ν/Hz	能量 E/eV
γ射线区	<0.005	>6.0×10^{19}	>2.5×10^{5}
X 射线区	0.005～10	6.0×10^{19}～3.0×10^{16}	2.5×10^{5}～1.2×10^{2}
远紫外光区	10～200	3.0×10^{16}～1.5×10^{15}	1.2×10^{2}～6.2
近紫外光区	200～400	1.5×10^{15}～7.5×10^{14}	6.2～3.1
可见光区	400～800	7.5×10^{14}～3.8×10^{14}	3.1～1.6
近红外光区	800～2 500	3.8×10^{14}～1.2×10^{14}	1.6～0.5
中红外光区	2 500～5×10^{3}	1.2×10^{14}～6.0×10^{12}	0.5～2.5×10^{-2}
远红外光区	5×10^{3}～1.0×10^{6}	6.0×10^{12}～3.0×10^{11}	2.5×10^{-2}～1.2×10^{-3}
微波区	1.0×10^{6}～3.0×10^{8}	3.0×10^{11}～1.0×10^{9}	1.2×10^{-3}～4.1×10^{-6}
无线电波区	>3.0×10^{8}	<1.0×10^{9}	<4.1×10^{-6}

（二）光学分析法的分类

光学分析中的分子吸收光谱分析法，根据分子与光作用的特点，分为紫外—可见吸光分析法和红外吸收光谱法。

（1）紫外—可见吸光分析法。分子吸收了紫外光或可见光所携带的能量，使分子中的电子跃迁而发生选择性吸收，形成吸收光谱，可用于定性和定量分析。

（2）红外吸收光谱法。红外光照射物质时，分子吸收能量，使分子的转动能级和振动能级发生了改变，即产生了转动和振动能级的跃迁。分子的转动和振动能级的分布主要决定于分子的结构。有机化合物的结构就是利用红外吸收光谱来确定的。

四、吸光分析基本原理

（一）朗伯-比尔定律

当一束光线穿过溶液时，溶液中的微粒会对光有选择性的吸收。朗伯（Lambert）和比尔（Beer）分别于 1760 年和 1852 年研究了溶液的吸光度与溶液液层厚度和溶液浓度之间的定量关系，得到结论：当入射光波长一定时，溶液的吸光度是待侧溶液浓度和液层厚度的函数。朗伯研究的结果表明：用适当波长的单色光照射一固定浓度的溶液时，光强度的减弱与入射光的强度和溶液的液层厚度（即光在溶液中经过的距离）成正比。比尔进一步证明了单色光的强度的减弱与入射光的强度和溶液中的粒子数量即浓度成正比。

当一束单色光通过液层厚度 b 的有色溶液时（如图 15-1 所示，I_0 为光的入射强度，I_t 为透射光强度），溶质吸收了光能，光的强度就要减弱。在溶液中任一截面处的光强度都可以看成是截面之后的溶液的入射光强度 I，I 是随液层的厚度而变化的。

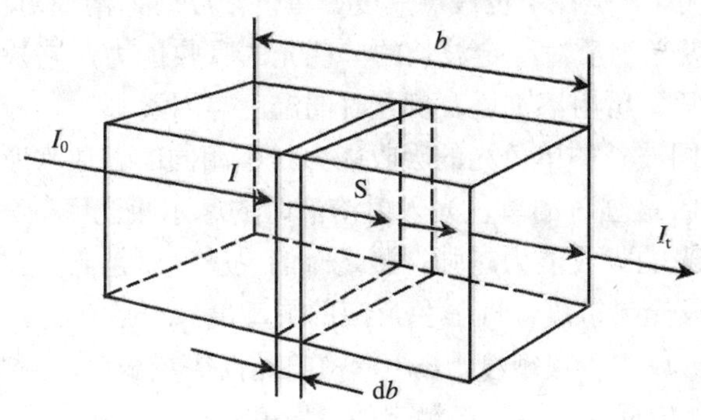

图 15-1　光通过溶液

光在通过某一截面薄层 db 时，光的强度减弱了 dI，则厚度为 db 的溶液液层对光的吸收率为 $-\frac{dI}{I}$，而吸收率与吸收层的厚度和浓度成正比：

$$-\frac{dI}{I}=K\cdot db\cdot c \qquad (15\text{-}1)$$

对一液层厚度为 b，浓度为 c 的溶液则有：

$$-\int_{I_0}^{I_t}\frac{dI}{I}=K\cdot c\int_0^b db$$

所以：

$$\ln\frac{I_0}{I_t}=K'\cdot b\cdot c \qquad (15\text{-}2)$$

将式中的自然对数换为常用对数，令 $A=\lg\frac{I_0}{I_t}$，则有：

$$A=K\cdot b\cdot c \qquad (15\text{-}3)$$

此式即为朗伯-比尔定律的数学表达式，式中的 A 为吸光度。它表明：当一束单色光通过均匀的非散射的溶液时，溶液的吸光度 A 与吸光物质的浓度 c 和液层厚度 b 的乘积成正比，式中 K 为比例常数。

式（15-3）中 K 值随 c、b 所取单位不同而不同。若吸收层厚度和溶液浓度单位分别取 cm 和 mol · L^{-1} 时，K 则用另一符号 ε 来表示，ε 称为摩尔吸光系数，单位是 L · mol^{-1} · cm^{-1}。式（15-3）可写成：

$$A=\varepsilon\cdot b\cdot c \qquad (15\text{-}4)$$

从式（15-4）得：

$$\varepsilon = \frac{A}{b \cdot c} \tag{15-5}$$

式（15-5）表明，ε是在单位液层厚度、单位浓度时，溶液对单色光的吸光度。摩尔吸光系数ε是吸光物质对一定波长的单色光的吸收能力，它决定于吸光物质的本性、入射光的波长、所用溶剂以及测量时的温度等因素。

吸光物质对不同波长的单色光的吸收能力是不相同的。通常所说的物质的摩尔吸光系数指物质吸收最强时的单色光入射溶液时的摩尔吸光系数。ε越大，表示物质对此波长的单色光的吸收能力越强，测量时的灵敏度就越高。在通常情况下，多用ε来表示物质的吸光灵敏度，即显色反应的灵敏度。一般认为$\varepsilon < 10^4$，属低灵敏度，ε在 $10^4 \sim 5\times10^4$ 属中等灵敏度，$6\times10^4 \sim 10^5$ 属高等灵敏度。对微量组分的测定，一般选择ε较大的显色反应，以提高测定的灵敏度。

ε只能通过计算求得，因为不能直接取 $1\ mol \cdot L^{-1}$ 这样高浓度的有色溶液去测定其吸光度。

在吸光分析中，将透过溶液的透射光强度与入射光强度之比称为溶液的透光率 T，常用百分数来表示：

$$T = \frac{I_t}{I_0} \times 100\% \tag{15-6}$$

透光率 T 和吸光度 A 有如下关系：

$$T = 10^{-A} \tag{15-7}$$

或

$$A = \lg\frac{1}{T} = -\lg T \tag{15-8}$$

溶液的透光率 T 越大，说明溶液对入射光的吸收越少，则溶液的吸光度越小。

【例 15-1】 若某溶液对某波长的单色光的吸光度为 0.301，那么相应的透光率是多少?

解：已知 A=0.301，根据 $T=10^{-A}$ 有：

$T=10^{-0.301}$=50.0%，即吸光度为 0.301 时透光率为 50.0%。

【例 15-2】 当某溶液的透光率为 36.8%，其吸光度是多少?

解：已知 T=36.8%=0.368，根据 $A = \lg\frac{1}{T} = -\lg T$ 得：

$$A = -\lg T = -\lg 0.368 = 0.434$$

透光率为 36.8%时，吸光度为 0.434。

（二）吸收曲线

对于一定浓度的某物质的溶液，在不同波长的单色光入射时，测定其吸光度。

扣除了溶剂的吸光度（空白）后，以入射光的波长为横坐标，以溶液的吸光度为纵坐标作图，得到一条曲线，称为该物质的吸收曲线或吸收光谱。

吸收曲线表明了物质对不同波长的入射光的吸收能力。吸收程度最大的光的波长称为最大吸收波长，记为λ_{max}。物质对光的吸收具有选择性，其吸收波长和吸收能力与物质的组成和结构直接关联。物质的种类与曲线的形状一一对应，不同的物质，其吸收曲线不同，最大吸收波长也不同。由于分子内部的能级分布比较多，当物质吸收能量而产生跃迁时，相应的被吸收光的波长也多，因此分子吸光的特点是带状吸收。被分子吸收的相邻的两波长之间的差值很小，一般得到的吸收曲线是一条连续的曲线。

图 15-2 是不同浓度的 $KMnO_4$ 溶液的吸收曲线图，可以看出，$KMnO_4$ 溶液在 525 nm 处对光的吸光能力最强，对 420 nm 的紫光和 680 nm 处的红光吸收很弱，而对 720 nm 处的光几乎不吸收。图中的几条曲线代表不同浓度时的吸收情况，虽然这几条曲线高度不同（根据朗伯-比尔定律可知：不同浓度的物质对同一波长的单色光的吸光度不同），但曲线的形状却是完全相似的，λ_{max} 也不变。这表明，当吸光物质确定后，其吸收曲线的形状就已确定，而与溶液的浓度无关。因此，吸收曲线在实际应用中非常重要，是吸光光度法选择测定波长的重要依据。

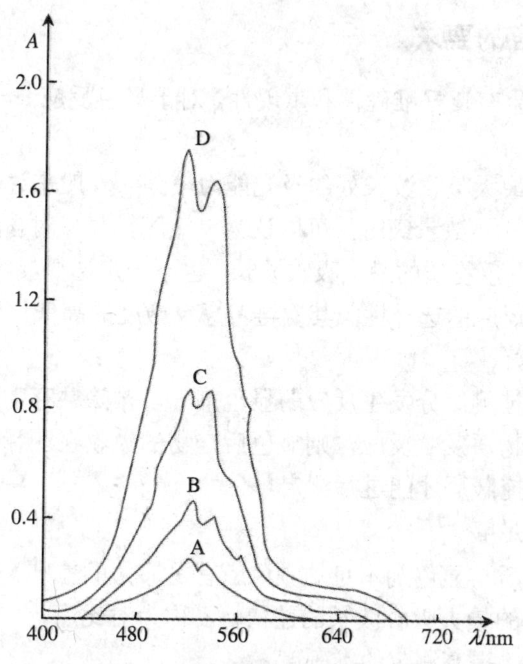

图 15-2　$KMnO_4$ 溶液的吸收光谱

第二节　显色反应与测量条件的选择

在比色分析时，选用被测物质的最大吸收波长，可以使较低浓度的溶液产生较大的吸光度，从而获得较高的灵敏度。本身有颜色的物质，在其最大吸收波长处，物质的吸光能力最强，吸光度最大，测量时的灵敏度最高。若被测物质的溶液的颜色很浅或者根本没有颜色，即便是在其最大吸收波长处，也常常无法使测量仪器产生足够的响应信号，特别在低浓度时更是如此，以致灵敏度很低，误差很大。为了提高灵敏度，大多数物质的吸光测定都需要在被测物质的溶液中加入一种或几种适当的显色物质，使被测物质转变为颜色较深的有色物质来测定。这种使被测物质经过化学反应而生成有色物质的过程称为显色，化学反应称为显色反应，所用的反应物称为显色剂。

常见的显色反应大多数是生成配合物的反应，少数是氧化还原反应和增加吸光能力的生化反应。应用时应该选择合适的反应条件和显色剂，以提高显色反应的灵敏度和选择性。

一、显色反应的要求

为保证测定结果有良好准确性和重现性，对于显色反应，一般应满足下列要求：

（1）灵敏度要高

显色产物在其最大吸收波长处的吸光能力较强。一般来说，当有色物质的摩尔吸收系数ε在 10^4～10^5 数量级时，可以认为灵敏度较高。对含量高，灵敏度高的组分，不一定要选择有色物质的最大吸收波长，也不一定选择灵敏度最高的显色反应，首先应该保证显色反应的选择性，其次再考虑灵敏度的高低。

（2）选择性要好

最好选择只与被测组分发生反应的显色剂，以排除共存物质的干扰。若显色剂也可以与其他共存物质发生反应，则显色后产物的吸收在测量波长处应该很小，否则必须进行分离或掩蔽后才能进行测定。

（3）颜色差异足够大

形成的有色物质与显色剂本身的颜色应有足够大的差别。有色物质的最大吸收波长与显色剂本身的最大吸收波长的差值$|\Delta\lambda|$称为对比度，一般要求$|\Delta\lambda| \geq 60$ nm。试剂空白值小，可以提高测定的准确度。

（4）定量进行

显色剂与被测定物质的反应要定量进行，生成有色物质的组成要恒定，并且符合其化学式，才能通过测定有色生成物的吸光度来确定被测物质的浓度。

如果显色反应的结果是形成多种配位比的配合物，这样就必须严格地控制显色条件，使有色物质在一定条件下符合一定的化学式，保证测定的准确度。例如，采用磺基水杨酸作显色剂测定 Fe^{2+}，反应时可生成配位数从 1 到 3 的三种配合物，并且颜色均不相同。当在 pH=8～11.5 的 NH_3—NH_4Cl 缓冲液中显色时，只生成黄色的三磺基水杨酸合铁，组成固定，测定误差小。

（5）有色物质稳定性较高

显色反应生成的有色物质应具有一定的稳定性，在测定全过程中不易发生变化。

二、显色反应条件的选择

在实际应用中，同时满足前述条件的显色反应并不多，因此在初步选定显色反应和显色剂后，认真细致地控制显色反应的条件就显得十分重要了。现对显色反应的主要条件讨论如下。

（一）显色剂的用量

对于稳定性高的有色配合物，只要显色剂过量，显色反应就可以定量地进行。而稳定性差的配合物或可形成逐级配合物时，显色剂的用量要过量很多且须严格控制。例如，以 SCN^-作显色剂测定钼时，要求生成橙红色的配合物 $Mo(SCN)_5$ 进行测定。如果 SCN^-浓度过高（或过低）时，就会生成了浅红色的 $Mo(SCN)_6^-$和 $Mo(SCN)_3^{2+}$，使溶液的吸光度降低。

$$\underset{\text{浅红色}}{Mo(SCN)_3^{2+}} \rightleftharpoons \underset{\text{橙红}}{Mo(SCN)_5} \rightleftharpoons \underset{\text{浅红色}}{Mo(SCN)_6^-}$$

显色剂的用量可以通过实验确定。实验的方法是固定被测物质的浓度和其他条件，然后用不同量的显色剂进行显色，显色后在测定波长下测量不同显色剂用量时的吸光度。以显色剂的用量为横坐标，以溶液的吸光度为纵坐标绘制曲线。曲线如图 15-3 所示。通常得到三种情况：（a）在显色剂用量未达到反应所需的用量之前，溶液的吸光度随显色剂用量的增加而增大。当达到某一用量时，吸光度达到最大，再增加显色剂的量却对其吸光度影响不大，曲线呈水平状。（b）则与（a）在开始时相似，但当显色剂用量超过某一数值时，溶液的吸光度反而下降。（c）在不断增加显色剂用量时，溶液的吸光度一直在增大，并不出现平坦的情况。这样对（a）曲线，显色剂的用量应该在曲线平坦的范围内选择；（b）曲线则不但要在显色稳定的区域内去选择用量，而且要防止过量太多；（c）曲线所表示的情况需要严格控制显色剂的用量，以保证得到与被测物严格对应的有色物质浓度，使结果准确。

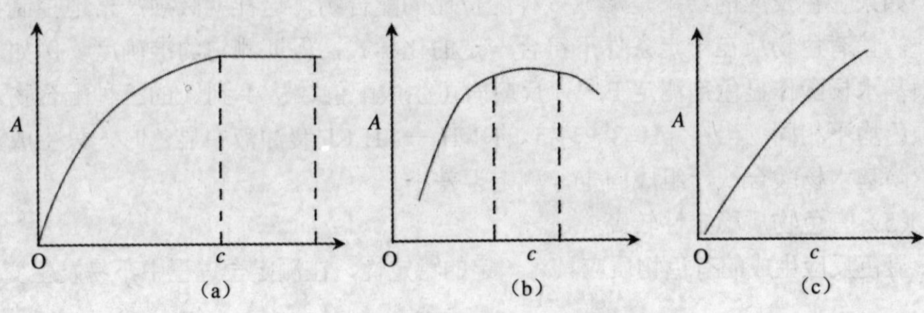

图 15-3 吸光度和显色剂用量曲线

（二）溶液的酸度

大多数的显色剂都是有机弱酸或有机弱碱，溶液的酸度会直接影响显色剂的解离程度。溶液酸度对显色反应的影响是多方面的。由于溶液的 pH 不同，形成的有色配合物的配位数不同，颜色也不同。金属离子与弱酸的阴离子在酸性溶液中大多生成低配位数的配合物，没有达到金属离子的最大配位数。当溶液的 pH 增大时，游离的阴离子浓度相应增大，可能会生成高配位数的化合物。利用这类反应进行显色测定时，必须控制好溶液的 pH。

另一方面由于溶液 pH 的增大，会使某些金属离子发生水解，甚至生成沉淀，对稳定性较差的有色配合物，使其解离程度增大，甚至颜色消失，无法测定。

可以通过实验的结果来确定显色反应合适的 pH。绘制溶液的吸光度与溶液 pH 的变化曲线，可选择曲线中较平坦部分相应的 pH 作为测量条件，如图 15-4 所示。

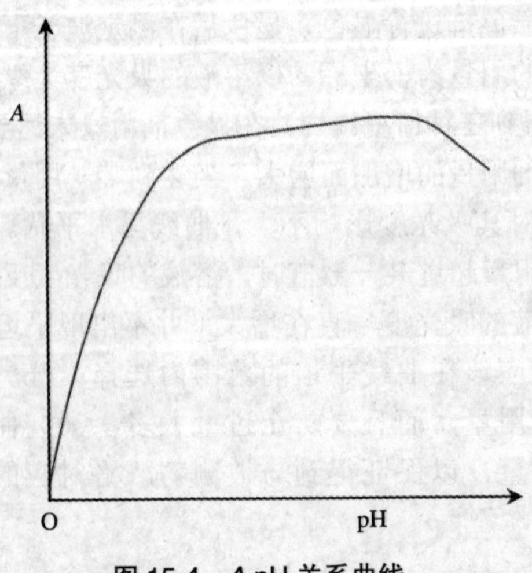

图 15-4 A-pH 关系曲线

（三）显色时间

显色反应大多数均需要一段时间才能完全反应。有些有色物质由于受到空气中的氧气、光照等因素的影响，颜色变浅。测定时应选择反应完全，而有色物质还未变化的这一段时间来进行。通过在其他条件固定的情况下测定绘制吸光度（A）—时间（t）曲线，选取曲线平坦处所对应的时间范围，以确定显色时间。

对于一般的分析，希望加入显色剂后数分钟就达到最大的吸光度值，且在 1～2 h 内稳定不变。显色太慢，影响分析速度，颜色稳定时间太短，不便于操作。

（四）显色温度

显色反应一般均在常温下进行。有些显色反应较慢，则需升高温度来加快反应速率。有时温度太高，生成的有色物也易分解。为此可针对不同的显色反应，通过实验找出各自适宜的温度范围。

三、光度测量的误差

（一）读数误差

光度计读数误差是经常遇到的测量误差，当透光度读数太大或太小时，微小的透光度读数误差会造成相当大的浓度相对误差。当溶液的透光率读数误差为ΔT 时，相对读数误差是$\dfrac{\Delta T}{T}$。根据朗伯-比尔定律：

$$A = -\lg T = \varepsilon \cdot b \cdot c$$

微分后得：

$$0.434\ 3\frac{\Delta T}{T} = -\varepsilon \cdot b \cdot \Delta c$$

变形：

$$\varepsilon b = -0.434\ 3\frac{\Delta T}{T \cdot \Delta c}$$

代入朗伯-比尔定律表达式：

$$\frac{\Delta c}{c} = \frac{0.434\ 3\,\Delta T}{T \cdot \lg T} \tag{15-9}$$

要使测定结果的相对误差（$\dfrac{\Delta c}{c}$）最小，对 T 求导数后应有一最小值：

$$\frac{\mathrm{d}}{\mathrm{d}T}\left(\frac{\Delta c}{c}\right) = \frac{\mathrm{d}}{\mathrm{d}T}\left[\frac{0.434\ 3\,\Delta T}{T \cdot \lg T}\right] = 0$$

解得：

$$\lg T = -0.434\ 3 \text{ 或 } T = 36.8\%$$

上述结果表明，当透光率为 36.8%时，因读数测量所引起的相对误差最小，这时的吸光度 $A=-\lg T=0.434$，如图 15-5 所示。曲线的最低点即为 $\frac{\Delta c}{c}$ 最小。

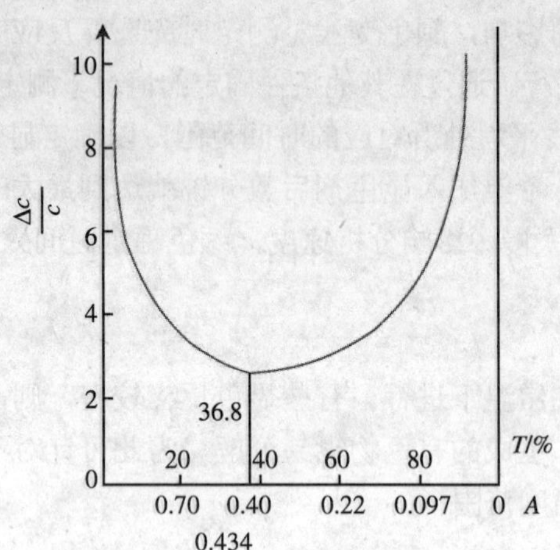

图 15-5　浓度测量的相对误差 $\frac{\Delta c}{c}$ 与溶液透光率（T）的关系

实际测定时，如果要求测量的相对误差小于 4%，读数误差为 1%，则被测溶液的透光率应在 65%～15%，即吸光度在 0.2～0.8。

（二）偏离吸收定律引起的误差

（1）非单色光的影响。朗伯-比尔定律只有在入射光是单一波长的单色光时，才能真正成立。由于仪器的分辨能力所限，在实际上是无法获得真正的单色光的，因而会产生误差。实验证明，如果入射光的波长范围较窄，并在此波长范围内溶液的吸光能力随波长的变化不大时，吸光度与溶液浓度之间仍呈线性关系。否则吸光度随波长波动较大时，就会偏离吸收定律。

（2）溶液的性质。溶液浓度过大或溶液中吸光介质分布不均匀（胶体溶液、乳浊液或有悬浮物），当入射光通过溶液时，产生光的反射、散射或引起光化学反应时，都会造成偏离吸收定律而引起误差。溶液中的吸光物质常因发生解离、缔合、互变异构时也会使吸收不再呈线性关系而产生误差。

（三）仪器误差

（1）仪器稳定性。光源不稳定或电路工作状态不稳定均会产生误差。

（2）仪器精度。仪器的部件制造不精确也会引起误差，如滤光片、单色器的分辨率不高，吸收池的厚度不同，检测器的灵敏度不高，转换信号时的线性不好等。

（3）杂散光的影响。由于仪器内部的灰尘和各部件的散射等因素使单色器产生的非测定用波长的光称为杂散光。杂散光进入检测器后会产生额外的信号，并且会使测定偏离吸收定律，在高吸光度时误差更大。

四、测量条件的选择

为使光度法有较高的灵敏度和准确度，在确定了适当的显色反应和显色条件后，还应选择适当的光度测量条件，才能使分析结果有较高的精密度和准确度。选择测量条件时，应从以下几个方面考虑。

（1）入射光波长的选择

每一种物质都各有其最大吸收的光波长，在这个光波进行测定，吸光度 A 值最大（即 ε 最大，故测量的灵敏度最高）。为了保证灵敏度，入射光波长的选择应以吸收曲线为依据，通常以选择溶液的最大吸收波长为宜。如果测定时，在最大吸收波长处，干扰物质也有吸收或强烈吸收，首先要选择干扰小，灵敏度又不很低的波长为测定波长。

（2）吸光度范围的选择

被测溶液的吸光度值控制在 0.2～0.8 的范围内，就可以使测定结果符合一般的准确度要求。当溶液的吸光度不在此范围内时，可以通过改变称样量、稀释溶液以及选择不同的液层厚度（吸收池厚度）来控制吸光度。

（3）参比溶液的选择

在光度分析中为了使通过比色皿的光强度的减弱仅与溶液中待测物质的浓度有关，测定时首先要用参比溶液调节仪器零点，即人为将参比溶液的透光率调节为100%（吸光度 $A=0$），以扣除由于吸收池、溶液中的其他成分、溶剂和显色剂等对入射光的吸收、反射和散射所带来的误差。因此在光度分析中，参比溶液的作用是十分重要的，应根据不同的情况选择不同的参比溶液。

（1）当被测溶液组成较为简单，干扰组分很少或在测定波长下几乎没有吸收时，可用溶剂（如蒸馏水）作参比溶液，主要消除吸收池和溶剂的影响。

（2）如显色剂在测定波长处有一定的吸收，可采用空白试验的方法加以扣除，即参比溶液中仅仅少了被测组分。如果显色剂在测定波长处无吸收，而干扰组分有吸收时，可以用不加显色剂的试样溶液作为参比溶液进行测定，以除去杂质的干扰；也可以将不含被测组分的或除去被测组分的试样，与被测试样同样处理，作为参比溶液进行测定。

（3）如试液中其他组分有吸收，但不与显色剂反应，则当显色剂无吸收时，可用试样溶液作参比溶液，当显色剂略有吸收时，可在试液中加入适当掩蔽剂将待测组分掩蔽后再加显色剂，以此溶液作参比溶液。

总的原则是，被测溶液的吸光度与参比溶液的吸光度之差是被测组分或显色后的有色物质的真实吸光度。显然不能使用空气做空白，否则将无法扣除溶剂等非测量对象产生的吸光度，从而产生很大的误差。

第三节　吸光光度分析的方法和仪器

吸光分析是根据物质对光的选择性吸收为基础，以朗伯-比尔定律为依据的分析方法。按照测定原理、操作特点以及使用的仪器又分为目视比色法、光电比色法和分光光度法。

一、目视比色法

用眼睛观察、比较待测物质颜色的色度以测定其含量的方法，称为目视比色法。目视比色法采用的光源是自然光、白炽灯光等复合光，比较的是溶液吸收光的互补光的强弱。这种方法要使用一套由同种玻璃材料制成的形状、大小相同的平底玻璃管（比色管）。常用的目视比色法是标准系列法。

具体操作步骤为依次分别在比色管中加入一系列不同量的标准溶液和待测试液，然后在相同的实验条件下使显色反应完全，再加溶剂或水稀释至刻度，充分摇匀后，放置。待颜色稳定后，从管口垂直向下观察，比较被测试样的颜色与标准色阶中的各个不同浓度溶液的颜色差异。若被测溶液的颜色与标准色阶中某一标准溶液的颜色相同，则可以认为它们的被测组分的浓度相同。如被测溶液的颜色介于相邻的两个标准溶液颜色之间，则其浓度可取两个标准溶液浓度的平均值。

例如，环境分析中，测定水质中亚硝酸盐氮时，通常采用亚硝酸盐和对氨基苯磺酸起重氮化作用，然后与盐酸α-萘胺偶合，生成紫红色染料，进行比色。此法适用于河水等污染不严重水质的测定。

水中六价铬，常用二苯碳酰二肼为显色剂，在酸性条件下，六价铬氧化二苯碳酰二肼形成紫红色化合物，可被异戊醇、氯仿等萃取，并采用目视比色法测定。采用 50 mL 比色管可以测出 $0.004\ mg \cdot L^{-1}$ 的铬。配合物的稳定性好。近年来，六价铬测定，采用了萃取—分光光度法，仍用二苯碳酰二肼为显色剂，于 540 nm 波长下测定铬，摩尔吸光系数为 $2.6\times10^4 \sim 4.17\times10^4\ L \cdot moL^{-1} \cdot cm^{-1}$。$Hg^+$、$Hg^{2+}$、$Fe^{3+}$、V（Ⅴ）及少量 Cu^{2+}、Ag^+、Au^{3+}有干扰。可控制适当酸度和加入磷酸消除 Hg^{2+}、Hg^+及 Fe^{3+}的干扰。

目视比色法所用的仪器简单，操作方便，比色管的液层较厚，而人眼具有辨别很稀的有色溶液的能力，故测定的灵敏度高，适宜于稀溶液中微量组分的测定。但由于人的辨色能力的差异，造成测定误差较大，相对误差为 5%～20%，分析结果的准确度较低。如果试液中还有其他的有色物质，将有干扰，甚至无法测定。目视比色法常用于野外现场的快速分析和要求不高的分析。

二、光电比色法

光电比色法是利用光电池和检流计代替人眼，测定吸光物质对某一波长光的吸收来进行测定的方法，所使用的仪器称为光电比色计。

光电比色计采用滤光片作为分光装置，分辨率较低，所得到的单色光的纯度较差。当分光后的单色光进入被测溶液时，产生的吸收遵守朗伯-比尔定律。光电比色法用光电池代替人眼进行测量，消除了人的主观误差，提高了测定的准确度。采用单色光作为光源，提高了选择性。缺点是所用的单色光的单色性不好，常会发生偏离吸收定律的情况。随着吸光光度法的普遍应用，目前已很少采用光电比色法进行测定。

三、吸光光度法

吸光光度法的基本原理与光电比色法相同，只是获得单色光的方法不同。吸光光度法采用棱镜或光栅等进行分光，得到的单色光的波长范围更窄，更接近真实的单色光，同时杂散光少，分析的准确度较高。吸光光度法是目前应用最广泛的分析方法之一，其主要特点如下：

（1）准确度高。利用吸光光度法测定，可以得到精确的吸收光谱曲线。定量分析时，使偏离吸收定律的情况大为减少，标准曲线的线性范围更宽。

（2）利用物质吸光度的加和性，可以同时测定溶液中两种或两种以上的共存组分。选样合适的测定波长，可以不经分离干扰离子进行测定，使操作手续大为简化。

（3）近年来出现的双波长、三波长和导数吸光光度等方法，使吸光光度法的适用性和准确度大大提高。不但可以用于真溶液的分析，而且还可用于胶体、浑浊溶液等不均一体系的成分分析及其他指标评价。

（4）吸光光度分析法可以用于紫外光区、可见光区和红外光区，以适应不同分析目标的不同特点。

四、仪器

（一）分光光度计的结构

从基本结构来说，各种形式的紫外-可见分光光度计都是由五个部分构成：光源、单色器、吸收池、检测器和信号显示装置。图 15-6 是常见的分光光度计的结构框图。

图 15-6　紫外-可见分光光度计基本结构

1．光源

光源在仪器规定的光域内能够发射连续光谱的光，具有足够的稳定性和发射强度。光源的发射强度随波长的变化要小，即各种波长的发光强度应差别不大。分光光度计中常用的光源有热辐射光源和气体放电光源两类。热辐射光源用于可见光区，如钨丝灯和卤钨灯；气体放电光源用于紫外光区，如氢灯和氘灯。

钨灯的发射光的波长为 340～2 500 nm，属于可见光区和近红外光区。钨灯的发光强度和波长分布与灯丝的温度密切相关，而灯丝的温度直接受到施加电压的控制。当外加电压改变时，发射强度随之迅速改变。因此必须严格控制灯丝的供电电压，常通过电源稳压器来实现。在钨灯中加入一定量的卤素单质或化合物，可以减少高温下钨丝的蒸发损失，延长了使用寿命。这种灯称为卤钨灯，其发光特性与钨灯相似。

氢灯和氘灯可以在 160～375 nm 范围内产生连续光谱的辐射，属于近紫外区。其中氘灯的灯管内充有氢的同位素氘，其波长范围为 180～360 nm，光谱分布与氢灯相似，发光强度为同功率的氢灯的 3～5 倍。

2．单色器

单色器的作用是将光源的连续光谱的光分为各种波长的单色光。单色器的分辨率能力越高，得到的单色光的纯度就越高。单色器的优劣是分光光度计性能的决定性因素。单色器通常由入射狭缝、色散元件及其附件和出射狭缝组成。常用的色散元件有棱镜和光栅两种。

棱镜利用不同波长的光的折射率不同，将光源连续光谱的光色散开，形成各种单色光，调整准光元件或出射狭缝的位置，就可以选出所需要的单色光。图 15-7 是棱镜作色散元件的单色器分光示意图。

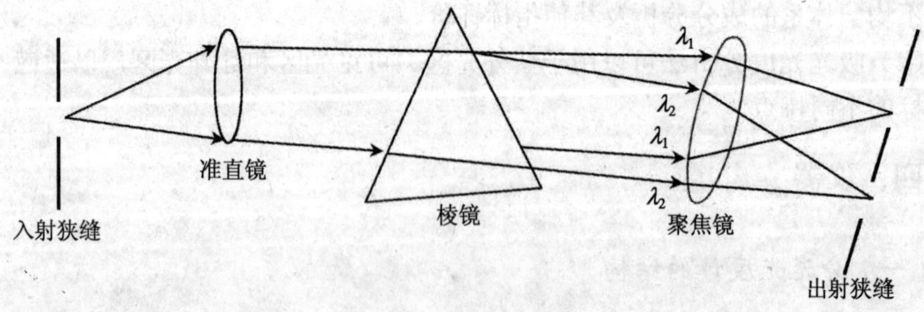

图 15-7 棱镜分光原理

光栅利用光的衍射和干涉原理进行光的色散，可用于紫外光、可见光和近红外光区，在整个波长区中具有良好的、几乎均匀一致的分辨能力。光栅具有波长范围宽、分辨率高、制造简单的特点。缺点是各级光谱会产生干扰。光栅分为透射光栅和反射光栅两种结构形式，图 15-8 是反射光栅分光的原理示意图。

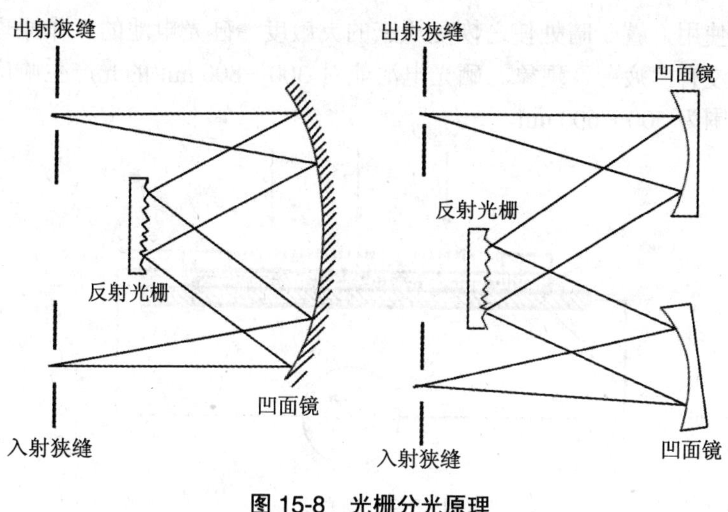

图 15-8 光栅分光原理

入射、出射狭缝与棱镜、光栅配合将光源的光分为单色光。狭缝的大小直接影响单色光的纯度。

3. 吸收池

吸收池一般制成杯状，又称比色杯或比色皿，用于盛放被测溶液。吸收池的材料分为石英和玻璃两种。玻璃对紫外线的吸收很强，因此玻璃吸收池只能用于可见光区；而石英吸收池则既可用于可见光区又能用于紫外光区。测量时，为了减少入射光的反射损失，吸收池的透光面必须完全垂直于光束前进的方向。用于高精度测定时，要求同时使用的吸收池严格配套，保持吸收池材料的光学特性和吸收池的尺寸（光程长度）的严格一致性，以防引起较大的误差。使用时要保持吸收池的洁净，指纹、油腻或四壁的积污都会影响其透光率，特别要注意透光面不受磨损。

4. 检测器

分光光度计的检测器是用光电转换器件制成的，检测器将透过吸收池的光转变成电流信号，检测器应该在较宽的波长范围内有响应。常用的检测器有光电池和光电管两大类。

光电池是用半导体材料制成的光电转换器件，可以直接将光转变为电流。常用的有硒光电池和硅光电池两种类型。硒光电池的构造如图 15-9 所示，将硒沉积在铁或铜的基板上，在硒的表面再覆盖一层金、银或其他金属的透明薄膜，这样就形成了底、面两个电极。金属基板是正极，金属透明薄膜作为负极。当光照射在半导体材料上时，产生自由电子，电子流向金属薄膜电极，通过外电路形成电流。当外电路的电阻较小时，光电池产生的电流与光照强度呈线性关系，大小为数十微安，可以直接测量。在长时间光照时，硒光电池产生的光电流会逐渐减小，这种现象称为光电池的“疲劳”。测定时应避免硒光电池长时间地受光照射，如遇“疲劳”现象，应暂停使用，置于暗处使之恢复原来的灵敏度。硅光电池的工作原理与硒光电池相似，但没有“疲劳”现象。硒光电池能对 300～800 nm 的光产生响应，其最灵敏的波长范围为 500～600 nm。

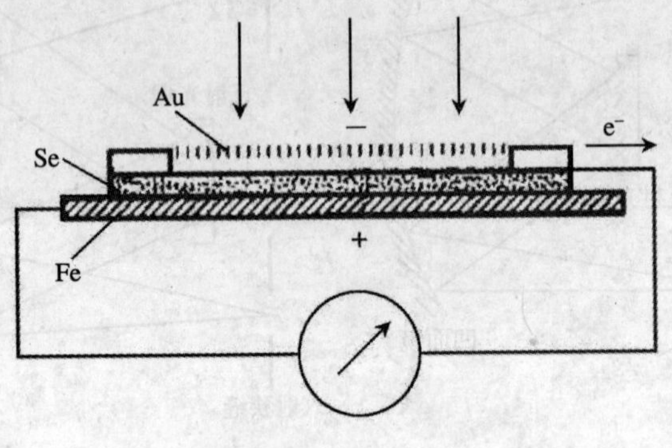

图 15-9 硒光电池

光电管是一种电真空器件，又称真空光电二极管。管内有用金属镍制成的阳极和涂布一层碱金属及其他光敏材料的阴极。由于所采用的阴极材料光敏性能不同，可分为红敏（适用波长范围为 625～1 000 nm）和紫敏（适用于波长范围为 200～625 nm）两类。两极之间施加一定的电压，当光照射阴极时，在阴极表面附近的空间产生光电子，这些光电子在电压的作用下流向阳极形成光电流，经过放电就可以测量，电流的大小取决于入射光的强度。在同等强度的光照下，它所产生的电流约为光电池的 1/4，但由于光电管有很高的内阻，所以产生的电流很容易放大，因此具有灵敏度高、光敏范围广、不易疲劳等优点。图 15-10 是光电管电路示意图。

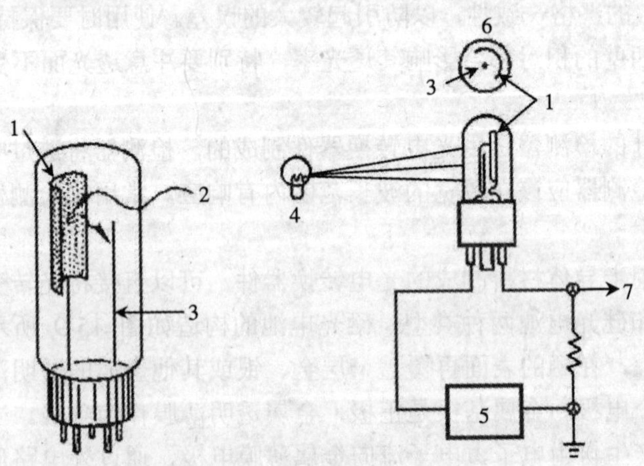

1—光敏极；2—光；3—阳极；4—灯；5—电源；
6—光电管俯视图；7—后续放大器

图 15-10 光电管电路

利用光电管的基本原理还可以制成光电倍增管。其结构如图 15-11 所示。

光电倍增管中有数个中间电极。从阴极到中间电极最后到阳极，各电极的电位依次升高。当光照射到阴极上产生光电子，光电子在电压的加速下撞击中间电极表面，从而产生更多的电子，继续撞向后面的电极。经过多级中间电极之后，产生的电子数量大大增加，最终被阳极所收集，形成较大的电流。阳极最后收集到的电子数是阴极发出的电子数的 10^5～10^8 倍。光电倍增管在无光照时也会有电流输出，称为“暗电流”。由于光电倍增管的放大倍数很大，使用时不能用强光照射，否则极易损坏光电倍增管。

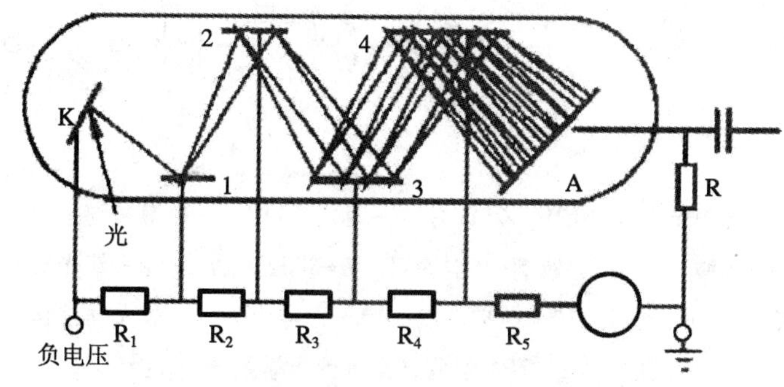

K—光敏阴极；A—阳极；1～4—中间极

图 15-11　光电倍增管

5．信号显示装置

信号显示装置也称读出装置，用于显示光强度变化的结果。检测器将光转变为电流信号后，可以用检流计、微安表、记录仪、数字显示器或计算机显示和记录测量结果。

（二）分光光度计

常用的分光光度计有多种类型，这里主要介绍国产的两种分光光度计的构造原理和光路图。具体的使用方法可以参照仪器的使用说明。

1．721 型分光光度计

721 型分光光度计是单光束的可见光分光光度计，适用的波长范围为 360～800 nm，其光路结构示意如图 15-12 所示。由光源发出的主要是可见光，通过聚光透镜、半反射半透射镜和准光镜反射到棱镜。由棱镜色散后的光再经准光镜反射和半反射半透射镜、狭缝进入吸收池。被溶液吸收后的单色光进入光电管。光电管把光信号转变成电流信号，经过放大电路放大后由微安表显示出溶液的透光率或吸光度。微安表上的显示刻度有两种，一种是透光率，另一种是吸光度。透光率的刻度标尺是均匀的，而吸光度与透光率呈负对数关系，所以吸光度标尺上的刻度是不均匀的，如图 15-13 所示。

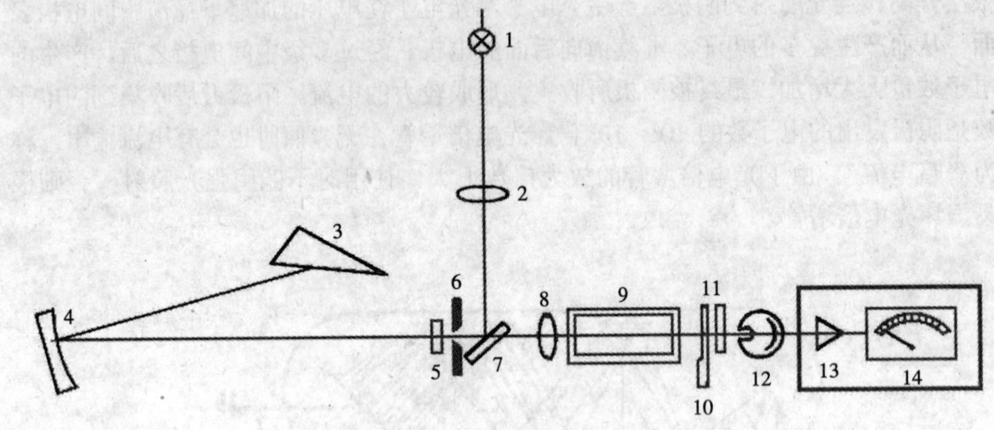

1—光源灯（12V，25W）；2—聚光透镜；3—色散棱镜；
4—准光镜；5—保护玻璃；6—狭缝；7—半反半透镜；8—聚光透镜；
9—吸收池；10—光门；11—保护玻璃；12—光电管；13—放大器；14—微安表

图 15-12 721 型分光光度计光学系统

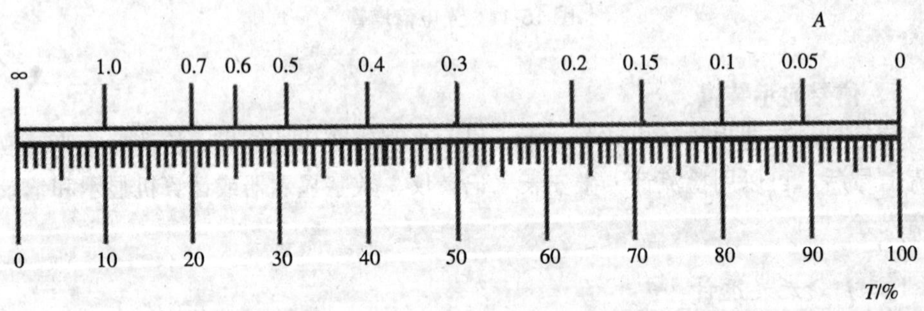

图 15-13 检流计标尺中吸光度与透光率的关系

2．751 型分光光度计

751 型分光光度计是单光束的紫外可见光分光光度计。仪器中有两种光源：氘灯提供紫外光，钨灯提供可见光。仪器的使用波长范围为 200～1 100 nm。200～400 nm 波长是紫外光，不能用钨灯，此时应改用氘灯。吸收池分为石英和玻璃两种。检测器的光电管有两种：蓝敏光电管和红敏光电管，使用时根据所用光的波长进行选择。其结构如图 15-14 所示。近年来，分光光度计除有上述特点外，还配有专用微处理计算机，可自动扫描，打印图谱，使分光光度法得到更迅速发展。如岛津 UV-240，岛津 DV-260 分光光度计等。

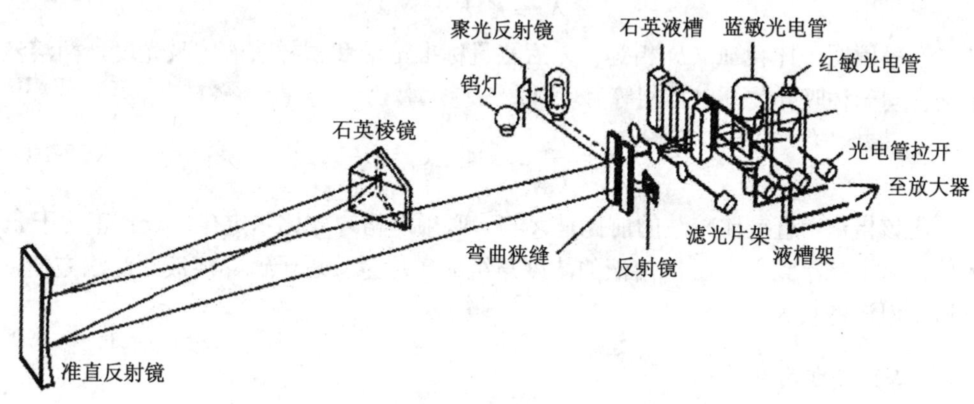

图 15-14 751 型分光光度计光学系统

3．**双光束分光光度计**

双光束分光光度计的结构中，通过一个折光器将单色器产生的单色光分为两束强度相同、波长相同的单色光。一束光通过被测溶液，另一束光通过参比溶液，然后由检测器交替接收两束光，传换信号后，电路将两个光强所产生的电信号的差值测量并显示出来。这个差值信号实际上就是扣除了空白（参比溶液的吸光度）后被测溶液的吸光度，简化了操作，减少了由于光源波动而产生的误差。

第四节 吸光光度法的应用

吸光光度法在微量组分的分析中，具有灵敏度高、准确度好等优点，目前已经被工农业生产各部门和科学研究各领域广泛采用，成为人们从事生产和科研的重要测试手段，现就其某些应用作简要介绍。

一、单一微量组分的测定

吸光光度法测定单一微量组分时，常用的定量方法有直接比较法和标准曲线法。

（一）直接比较法

在相同条件下，配制待测吸光物质标准溶液和试样溶液，分别测量它们对选定波长入射光的吸光度，由吸光度的比较，求出试样中待测物质的含量。

根据朗伯-比尔定律，浓度为 c_s 的标准溶液之吸光度 A_s 和浓度为 c_x 的试样溶液之吸光度 A_x，分别可用下式表示：

$$A_s = K \cdot b \cdot c_s$$
$$A_x = K \cdot b \cdot c_x$$

一般用同一比色皿（b 相等）先后测量标准溶液和试样溶液的吸光度，两溶液中又含同一种吸光物质（K 相等），所以：

$$\frac{A_s}{A_x} = \frac{c_s}{c_x}, \quad \text{即} \quad c_x = \frac{A_x}{A_s} \cdot c_s \tag{15-10}$$

应该指出，直接比较法的前提是 A 与 c 必须严格遵守比尔定律，即 A 正比于 c。另外，为了减小误差，标准溶液的浓度与组成应尽量接近于试样溶液。此法方便、快速，但误差较大。

（二）标准曲线法

标准曲线法也叫工作曲线法，首先，在相同条件下配制一系列（至少五个）不同浓度的吸光物质标准溶液，在一定波长下分别测量它们的吸光度，以各标准溶液的浓度为横坐标，相应的吸光度为纵坐标，绘制标准曲线。由比尔定律可知，该标准曲线应为通过原点的直线。然后，在相同条件下，配制合适浓度（在系列标准溶液的浓度范围之内）的试样溶液，并测量吸光度。最后，从标准曲线上直接查得试样溶液中待测物质的浓度，进而计算试样的含量。

标准曲线法是最常用的定量方法。在仪器和方法固定的情况下，标准曲线可多次使用，特别适用于成批样品的测定和样品的经常性测定。必要时，可对标准曲线作定期核对或校正。为提高标准曲线法的准确度，可以根据实验数据，应用线性回归法，求出 $A \sim c$ 直线方程，然后将试样溶液的吸光度代入回归方程计算。

【例 15-3】 根据下列数据绘制硫氰酸铵分光光度法测定微量铁的工作曲线：

标样浓度/（$mg \cdot L^{-1}$）	0.05	0.10	0.15	0.20	0.25	0.30
A	0.007	0.015	0.022	0.029	0.037	0.046

测定 1 g 试样制成的 100 mL 试液时，若试液与标准溶液在相同条件下显色后，测得 A=0.041，求试样中铁的含量。

解：根据表中数据绘制工作曲线，如图 15-15 所示。由试液的吸光度 0.041 在工作曲线上查得：

$$c_{试} = 0.28\ mg \cdot L^{-1}$$

所以：

$$\omega(Fe) = \frac{0.28 \times \frac{100}{1\,000}}{1 \times 1\,000} \times 100\% = 0.002\,8\%$$

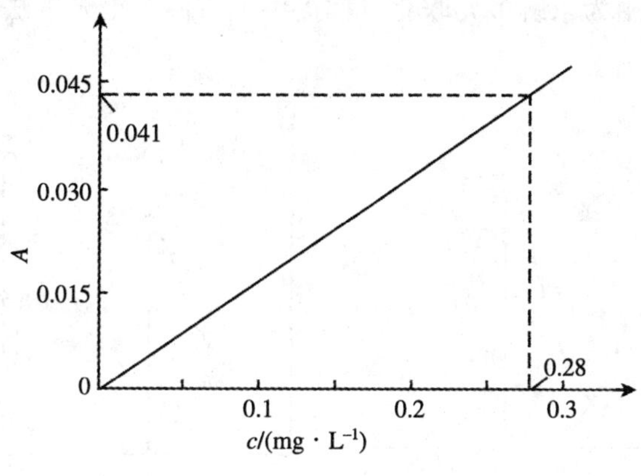

图 15-15　NH_4SCN 测铁的标准曲线

二、多组分的测定

对于多组分的试液，如果各种吸光物质之间没有相互作用，且服从比尔定律，这时体系的总吸光度等于各组分吸光度之和，即吸光度具有加和性，即：

$$A_{总} = A_1 + A_2 + \cdots + A_n = \varepsilon_1 bc_1 + \varepsilon_2 bc_2 + \cdots + \varepsilon_n bc_n$$

当试液中共存组分较多，吸收曲线可能相互间产生重叠而发生干扰时，应用分光光度法，常常能在同一试液中不经分离而测定一个以上的组分。现以两种组分 x 和 y 为例说明。

（1）吸收曲线不重叠

如图 15-16（a）所示，用λ_1波长测定 x 时，y 不会干扰；用λ_2波长测定 y 时，x 不会干扰。可不经分离，分别在λ_1和λ_2处测量溶液的吸光度。

（2）吸收曲线重叠

如图 15-16（b）所示。如果它们的最大吸收波长相差较远，可分别以λ_1和λ_2测定其吸光度 A_1 和 A_2；c_x、c_y 分别为组分 x 和 y 的浓度；并用ε_{x1}和ε_{x2}表示组分 x 在波长λ_1和λ_2处的摩尔吸光系数；ε_{y1}和ε_{y2}表示组分 y 在波长λ_1和λ_2处的摩尔吸光系数，摩尔吸光系数值可用 x 和 y 的纯溶液在两种波长处测得。测定时采用同一比色皿，由于吸光度具有加和性，在同一波长下，总的吸光度等于各组分吸光度的总和。由上述分析，可得下列方程：

$$\begin{cases} A_1 = \varepsilon_{x1} bc_x + \varepsilon_{y1} bc_y \\ A_2 = \varepsilon_{x2} bc_x + \varepsilon_{y2} bc_y \end{cases}$$

解联立方程可求得 c_x 和 c_y 值。这种方法，原则上适用两种组分以上的多组分测定。计算机的应用为求解多元联立方程提供了方便，给光度法多组分测定创造了极好的有利条件。

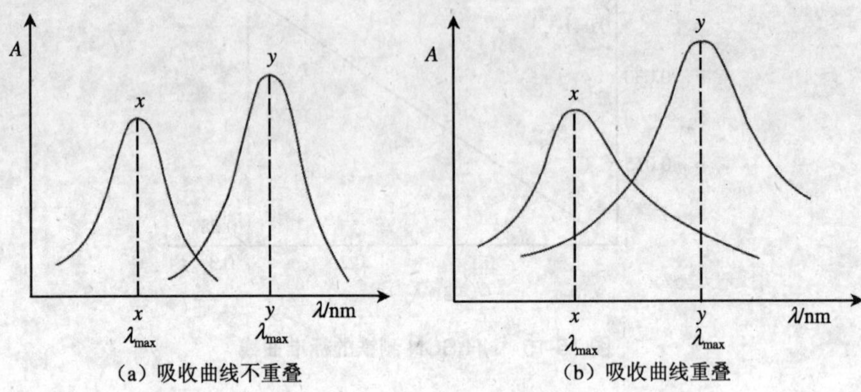

图 15-16　多组分的吸收曲线

三、高含量组分的测定——示差分光光度法

当待测组分含量高，溶液的浓度大，吸光度值往往超出读数的范围，引起较大的测量误差，甚至无法直接测定。此时可采用示差分光光度法来克服吸光光度法的这一缺陷。

示差分光光度法是用一个浓度比待测溶液（c_x）稍低的待测组分标准溶液（c_s）作为参比溶液，调节仪器使该参比溶液的透光率为 100.0%，然后测量待测溶液的吸光度，该吸光度常称相对吸光度（A_r）。假设，用普通分光光度法（即以空白溶液作参比溶液）测得上述待测溶液和参比标准溶液的吸光度分别为 A_x 和 A_s，那么：

$$A_r = A_x - A_s$$

根据朗伯-比尔定律：

$$A_r = \varepsilon b(c_x - c_s) = \varepsilon b\Delta c \qquad (15\text{-}11)$$

式（15-11）表明，示差分光光度法测得的相对吸光度与待测溶液和参比标准溶液的浓度差（Δc）成正比，这就是示差分光光度法的基本原理。

如果以上述浓度为 c_s 的标准溶液作参比溶液，测量一系列与标准参比溶液有不同浓度差的标准溶液的相对吸光度，绘制 $A_r \sim \Delta c$ 标准曲线；然后在相同条件下，测得试液的相对吸光度，再从标准曲线上查得相应的 Δc，最后根据 $c_x=c_s+\Delta c$，计算得到试液浓度。

示差分光光度法的准确度可以比普通分光光度法高一个数量级，这主要由两方面原因所致。一方面，由于示差法是将已知浓度的标准溶液（假设此溶液的普通透光率为 10%）作参比溶液，将其透光率调至 100%，这就意味着将仪器透光率标尺扩展了 10 倍，如图 15-17 所示。此时，若将普通透光率为 5%的待测溶液用示差法测量，将会得到 50%的透光率读数，此读数落入了适宜的读数范围之内，从而降低了测量 Δc 的绝对误差 $\Delta(\Delta c)$。另一方面，示差法测定结果的相对误差是 $\dfrac{\Delta(\Delta c)}{c_s+\Delta c}$，其中 c_s 值远大于Δc 值，而且 c_s 值非常准确（因为是标准溶液），所以，当Δc 的绝对误差较小时，测定结果的相对误差自然就很小。

示差分光光度法的测定误差可按下式计算：

$$\frac{\Delta c_x}{c_x}=\frac{0.434T_s\Delta T}{T_x\lg T_x} \tag{15-12}$$

式中：$\dfrac{\Delta c_x}{c_x}$——待测溶液浓度的相对误差；

T_s——参比标准溶液的普通透光率；

T_x——待测溶液的普通透光率；

ΔT——仪器的透光率读数误差。

示差分光光度法要求仪器的光源有足够的发射强度、检测器有足够的灵敏度，否则难以将高浓度参比溶液的透光率调至 100%。

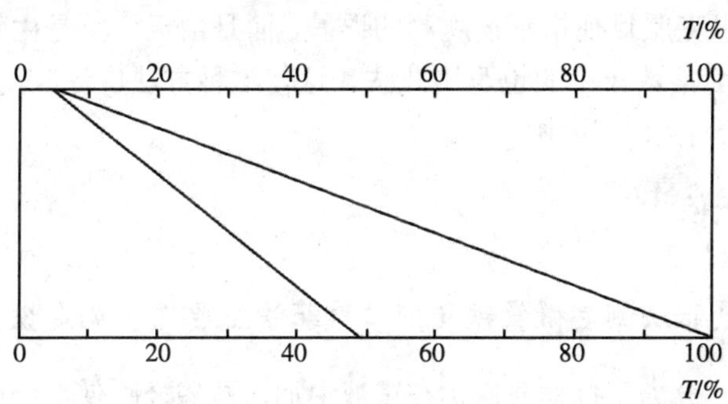

图 15-17　示差法标尺扩展原理

四、光度滴定法

利用光度测量来确定滴定分析的滴定终点，大大扩大了一些找不到合适指示剂的滴定反应的应用范围。例如用 EDTA（$0.1\ mol\cdot L^{-1}$）溶液滴定一定体积的含 Bi^{3+} 和 Cu^{2+}的溶液时，用光度测量法测定滴定终点的示意图如图 15-18 所示。在用 745 nm 的光波进行光度测量时，随 EDTA 的滴入，由于 $K_{稳}$（BiY）大于 $K_{稳}$（CuY），首先反应的是 Bi^{3+}，由于 BiY^-无色、无吸收，所以吸光度 A 值不变。当 Bi^{3+}被反应完全以后，Cu^{2+}开始与 EDTA 配位时，由于 CuY^{2-}（深蓝色）有吸收，随 EDTA 的加入，吸光度 A 值增大，直至 Cu^{2+}也被反应完全后，溶液的吸光度 A 值又不变了。滴定曲线拐点（两直线的交点处）所对应的 EDTA 滴定体积 V，即分别为滴定 Bi 和 Cu 的滴定终点（即等物质的量反应点）。

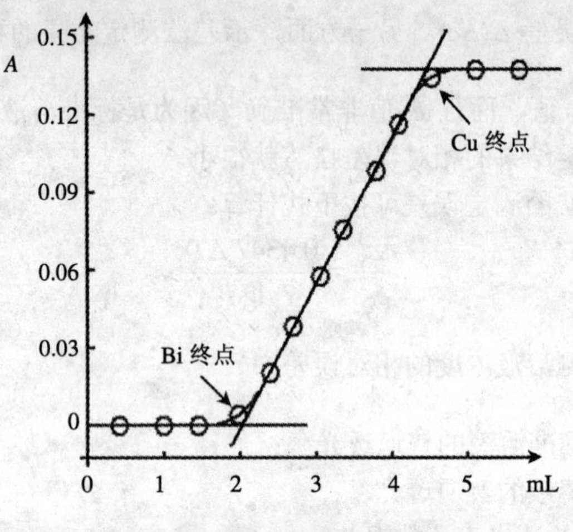

图 15-18　光度法确定滴定终点

凡是测定反应的生成物有颜色，都可用可见分光光度法确定滴定终点。由于此方法较灵敏，可以克服目视指示剂观测的误差，而且由于终点是由直线外推法而得，所以滴定反应平衡常数较小的也可用此法。这使这种方法广泛应用于酸碱、氧化还原、配位、沉淀等各类滴定中。

五、应用示例

（一）邻二氮菲法测定微量铁（邻二氮菲法主要用于测定铁）

试样经溶解、分离干扰物质后，在试液中加入盐酸羟胺使铁全部被还原为 Fe^{2+}，加入邻二氮菲显色剂，并加入 NaAc—HAc 缓冲溶液，pH 为 4.0～5.0，显色 3～5 min 后，以试剂溶液为参比液，于 510 nm 波长处测定 A 值，在标准工作曲线上查得其含量，以求其结果。实验步骤归纳如下：

（1）试样的分解及干扰物质的分离。

（2）绘制吸收曲线，选择测定波长。

（3）配制铁的标准溶液，并绘制标准曲线。

（4）测定试液中铁的量。

（5）计算试样中铁的含量。

（二）钢铁中锰的分析

锰是钢铁中有益元素，在炼钢中是良好的脱氧剂和脱硫剂。它以金属固熔体MnS状态存在。试样用 HNO_3 溶解，用 H_3PO_4 与 Fe^{3+} 配合为无色的 $Fe(HPO_4)_2^-$，在催化剂 $AgNO_3$ 作用下，以 $(NH_4)_2S_2O_8$ 为氧化剂，加热煮沸使 Mn^{2+} 氧化为紫红色的 MnO_4^-，于 530 nm 波长下测定吸光度，在标准曲线上查得含量，即可计算锰的含量。

（三）二苯碳酰二肼法测定铬

铬（Ⅵ）在环境分析中很重要，六价铬对人体是有害元素。地表水、地下水或工业废水中常要求测定其含量。其方法是在微弱酸性介质中，Cr（Ⅵ）与二苯碳酰二肼显色形成紫红色水溶性化合物，于 540 nm 波长处测定吸光度值。绘制标准工作曲线，在工作曲线上查得待测物质的量，计算测定结果。

复习与思考题

1. 什么叫吸光光度法?它有哪些特点?

2. 绘制吸收曲线和标准曲线意义何在?

3. 测定试样时，选择波长的原则是什么？选择参比液的原则是什么？

4. 目视比色法与分光光度法原理是否相同？为什么？

5. 物质呈现的颜色与吸收光的波长有什么关系？

6. 摩尔吸光系数有什么实际意义？它与哪些因素有关？摩尔吸光系数与吸光系数有何区别?

7. 将下列吸光度值换算为透光率值:

（1）0.01　（2）0.05　（3）0.30　（4）1.00　（5）1.70

8. 将下列透光率换算成吸光度值:

（1）5.0%　（2）10.0%　（3）75.0%　（4）90.0%　（5）99.0%

9. 光度分析法误差的主要来源有哪些？如何减少这些误差？试根据误差分类分别加以讨论。

10. 0.085 mg Fe^{3+}以硫氰酸盐显色后，用水稀释到 50 mL，用 1 cm 的比色皿，在波长 480 nm 处测得 A=0.740。求摩尔吸光系数ε。

11. 有两种不同浓度的有色溶液，当液层厚度相同时，对于某一波长的光，T 分别为：（1）65.0%；（2）41.8%。求它们的 A 值。如果已知溶液（1）的浓度为 6.51×10^{-4} mol · L^{-1}，求溶液（2）的浓度。

12. 取钢试样 1.00 g 溶解于酸中，将其中锰氧化成高锰酸盐，准确配制成 250 mL，测得吸光度为 1.00×10^{-3} mol · L^{-1} 的 $KMnO_4$ 溶液吸光度的 1.5 倍。计算钢中锰的质量分数。

13. 有一标准 Fe^{3+}溶液，浓度为 6 μg · mL^{-1}，其吸光度为 0.304。有一液体试样，在相同条件下测得其吸光度为 0.510，求试样中铁的含量（mg · L^{-1}）。

14. 在下列不同 pH 值的缓冲溶液中，甲基橙的浓度均为 2.0×10^{-4} mol · L^{-1}。用 1.00 cm 比色皿在 520 nm 处测得下列数据：

pH	0.88	1.17	2.99	3.41	3.95	4.89	5.50
A	0.890	0.890	0.692	0.552	0.385	0.260	0.260

求甲基橙的电离常数值。

15. 某钢样含镍 0.12%，已知某显色剂与之作用后 ε =1.3×10^{4} L · mol^{-1} · cm^{-1}，试样溶解后转入 100 mL 容量瓶中，显色，加水稀释至刻度。取部分试液于 470 nm 波长处测定，比色皿 1 cm，如欲使 A=0.434 误差最小，应称取试样多少克？

16. 用一般分光光度法测量 0.001 00 mol · L^{-1} Zn^{2+}标准溶液及含锌的未知试液，分别测得 A 值为 0.700、1.000，两种溶液的 T%各为多少？如果采用示差法测定，如用 0.001 mol · L^{-1} 锌标液为参比液，未知试液的 A 值为多少？

附录

附录一　常用物理量和物理常数

1. 物理量名称及符号

物理量名称	量的符号	单位名称	单位符号	备注
质量	m	千克	kg	
长度	（l 或 L）	米	m	
时间	t	秒	s	
热力学温度	K	开[尔文]	K	
电流	I	安[培]	A	
物质的量	n	摩[尔]	mol	
发光强度	I	坎[德拉]	Cd	
体积	V	立方米	m^3	
密度	ρ	千克每立方米	kg/m^3	
摩尔质量	M	千克每摩[尔]	kg/mol	
能[量]	E	焦[耳]	J	$1\ erg = 10^{-8}\ J$
电位	V（或 φ）	伏[特]	V	
物质 B 的浓度	C_B	摩[尔]每立方米	mol/m^3	
相对原子质量	A_r			
相对分子质量	M_r			
速度	V	米每秒	m/s	
电荷[量]	Q	库[仑]	C	
热[量]	Q	焦[耳]	J	1 cal= 4.186 8 J
压力	p	帕	Pa	1 atm = 101 325 Pa

2．一些重要的物理常数

真空中的光速	$c = 2.997\ 924\ 58 \times 10^{8}\ m \cdot s^{-1}$
电子的电荷	$e = 1.602\ 177\ 33 \times 10^{-19}\ C$
原子质量单位（^{12}C的$\frac{1}{12}$）	$u = 1.660\ 540\ 2 \times 10^{-27}\ kg$
质子静质量	$m_p = 1.672\ 623\ 1 \times 10^{-27}\ kg$
中子静质量	$m_n = 1.674\ 954\ 3 \times 10^{-27}\ kg$
电子静质量	$m_e = 9.109\ 389\ 7 \times 10^{-31}\ kg$
理想气体摩尔体积	$V_m = 2.241\ 410 \times 10^{-2}\ m^3 \cdot mol^{-1}$
摩尔气体常数	$R = 8.314\ 510\ J \cdot mol^{-1} \cdot K^{-1}$
阿佛加德罗常数	$N_A = 6.022\ 136\ 7 \times 10^{23}\ mol^{-1}$
里德堡常数	$R_\infty = 1.097\ 373\ 153\ 4 \times 10^{7}\ m^{-1}$
法拉第常数	$F = 9.648\ 530\ 9 \times 10^{4}\ C \cdot mol^{-1}$
普朗克常数	$h = 6.626\ 075\ 5 \times 10^{-34}\ J \cdot s$
玻尔兹曼常数	$k = 1.380\ 658 \times 10^{-23}\ J \cdot K^{-1}$

附录二　常用酸碱的浓度

酸或碱	化学式	密度/（$g \cdot mL^{-1}$）	质量分数/%	浓度/（$mol \cdot L^{-1}$）
冰醋酸	CH_3COOH	1.05	99.5	17
醋酸		1.04	34	6
浓盐酸	HCl	1.18	36.0	12
稀盐酸		1.10	20	6
浓硝酸	HNO_3	1.42	72	16
稀硝酸		1.19	32	6
浓硫酸	H_2SO_4	1.84	96	18
稀硫酸		1.18	25	3
磷酸	H_3PO_4	1.69	85	15
高氯酸	$HClO_4$	1.68	70.0～72.0	11.7～12.0
氢氟酸	HF	1.13	40	22.5
氢溴酸	HBr	1.49	47.0	8.6
浓氨水	$NH_3 \cdot H_2O$	0.90	28～30（NH_3）	15
稀氨水		0.96	10	6
稀氢氧化钠	$NaOH$	1.22	20	6

附录三　弱酸和弱碱的离解常数

1．弱酸的离解常数（298.15 K）

弱酸	离解常数 $K_a^\ominus$
H_3AsO_4	$K_1^\ominus=6.0\times10^{-3}$；$K_2^\ominus=1.0\times10^{-7}$；$K_3^\ominus=3.2\times10^{-12}$
H_3BO_3	$K_1^\ominus=5.8\times10^{-10}$
HCN	$K_1^\ominus=6.2\times10^{-10}$
H_2CO_3	$K_1^\ominus=4.4\times10^{-7}$；$K_2^\ominus=4.7\times10^{-11}$
H_2CrO_4	$K_1^\ominus=4.1$；$K_2^\ominus=1.3\times10^{-6}$
HF	$K_1^\ominus=6.6\times10^{-4}$
HNO_2	$K_1^\ominus=7.2\times10^{-4}$
H_3PO_4	$K_1^\ominus=7.1\times10^{-3}$；$K_2^\ominus=6.3\times10^{-8}$；$K_3^\ominus=4.2\times10^{-13}$
H_2S	$K_1^\ominus=1.32\times10^{-7}$；$K_2^\ominus=7.10\times10^{-15}$
H_2SO_3	$K_1^\ominus=1.3\times10^{-2}$；$K_2^\ominus=6.1\times10^{-3}$
H_2SO_4	$K_2^\ominus=1.0\times10^{-2}$
$H_2C_2O_4$（草酸）	$K_1^\ominus=5.4\times10^{-2}$；$K_2^\ominus=5.4\times10^{-5}$
HCOOH（甲酸）	$K_1^\ominus=1.77\times10^{-4}$
CH_3COOH（醋酸）	$K_1^\ominus=1.75\times10^{-5}$
$CH_2ClCOOH$（氯代乙酸）	$K_1^\ominus=1.4\times10^{-3}$
$H_3C_6H_5O_7$（柠檬酸）	$K_1^\ominus=7.4\times10^{-4}$；$K_2^\ominus=1.73\times10^{-5}$；$K_3^\ominus=4\times10^{-7}$
C_6H_5COOH（苯甲酸）	$K_1^\ominus=6.2\times10^{-5}$
$C_6H_4(OH)COOH$（水杨酸）	$K_1^\ominus=1.07\times10^{-3}$；$K_2^\ominus=4\times10^{-14}$
$C_6H_4(COOH)_2$（邻苯二甲酸）	$K_1^\ominus=1.1\times10^{-3}$；$K_2^\ominus=2.9\times10^{-6}$
H_4Y（乙二胺四乙酸）	$K_1^\ominus=10^{-2}$；$K_2^\ominus=2.1\times10^{-3}$；$K_3^\ominus=6.9\times10^{-7}$；$K_4^\ominus=5.9\times10^{-11}$

注：数据主要摘录于 Lange's Handbook of Chemistry，13th ed. 1985。

2．弱碱的离解常数（298.15 K）

弱碱	离解常数 $K_b^\ominus$
$NH_3\cdot H_2O$	$K_b^\ominus=1.8\times10^{-5}$
$NH_2—NH_2$（联氨）	$K_b^\ominus=9.8\times10^{-7}$
NH_2OH（羟胺）	$K_b^\ominus=9.1\times10^{-9}$
$C_6H_5NH_2$（苯胺）	$K_b^\ominus=4\times10^{-10}$
C_5H_5N（吡啶）	$K_b^\ominus=1.5\times10^{-9}$
$(CH_2)_6N_4$（六次甲基四胺）	$K_b^\ominus=1.4\times10^{-9}$

附录四 标准电极电势（298.15 K）

电极反应		$E^{\ominus}$/V
氧化型	还原型	
$Li^+ + e^- \rightleftharpoons Li$		−3.045
$K^+ + e^- \rightleftharpoons K$		−2.925
$Rb^+ + e^- \rightleftharpoons Rb$		−2.925
$Cs^+ + e^- \rightleftharpoons Cs$		−2.923
$Ra^{2+} + 2e^- \rightleftharpoons Ra$		−2.92
$Ba^{2+} + 2e^- \rightleftharpoons Ba$		−2.90
$Sr^{2+} + 2e^- \rightleftharpoons Sr$		−2.89
$Ca+ + 2e^- \rightleftharpoons Ca$		−2.87
$Na^+ + e^- \rightleftharpoons Na$		−2.714
$La^{3+} + 3e^- \rightleftharpoons La$		−2.52
$Mg^{2+} + 2e^- \rightleftharpoons Mg$		−2.37
$Sc^{3+} + 3e^- \rightleftharpoons Sc$		−2.08
$[AlF_6]^{3-} + 3e^- \rightleftharpoons Al + 6F^-$		−2.07
$Be^{2+} + 2e^- \rightleftharpoons Be$		−1.85
$Al^{3+} + 3e^- \rightleftharpoons Al$		−1.66
$Ti^{2+} + 2e^- \rightleftharpoons Ti$		−1.63
$Zr^{4+} + 4e^- \rightleftharpoons Zr$		−1.53
$[TiF_6]^{2-} + 4e^- \rightleftharpoons Ti + 6F^-$		−1.24
$[SiF_6]^{2-} + 4e^- \rightleftharpoons Si + 6F^-$		−1.2
$Mn^{2+} + 2e^- \rightleftharpoons Mn$		−1.18
$*SO_4^{2-} + H_2O + 2e^- \rightleftharpoons SO_3^{2-} + 2OH^-$		−0.93
$TiO^{2+} + 2H^+ + 4e^- \rightleftharpoons Ti + H_2O$		−0.89
$*Fe(OH)_2 + 2e^- \rightleftharpoons Fe + 2OH^-$		−0.887
$H_3BO_3 + 3H^+ + 3e^- \rightleftharpoons B + 2H_2O$		−0.87
$SiO_2(s) + 4H^+ + 4e^- \rightleftharpoons Si + 2H_2O$		−0.86
$Zn^{2+} + 2e^- \rightleftharpoons Zn$		−0.763
$*FeCO_3 + 2e^- \rightleftharpoons Fe + CO_3^{2-}$		−0.756
$Cr^{3+} + 3e^- \rightleftharpoons Cr$		−0.74
$As + 3H^+ + 3e^- \rightleftharpoons AsH_3$		−0.60
$*2SO_3^{2-} + 3H_2O + 4e^- \rightleftharpoons S_2O_3^{2-} + 6OH^-$		−0.58
$*Fe(OH)_3 + e^- \rightleftharpoons Fe(OH)_2 + OH^-$		−0.56
$Ga^{3+} + 3e^- \rightleftharpoons Ga$		−0.56
$Sb + 3H^+ + 3e^- \rightleftharpoons SbH_3(g)$		−0.51
$H_3PO_2 + H^+ + e^- \rightleftharpoons P + 2H_2O$		−0.51

电极反应		$E^{\ominus}$/V
氧化型	还原型	
$H_3PO_3 + 2H^+ + 2e^- \rightleftharpoons H_3PO_2 + H_2O$		−0.50
$2CO_2 + 2H^+ + 2e^- \rightleftharpoons H_2C_2O_4$		−0.49
$*S + 2e^- \rightleftharpoons S^{2-}$		−0.48
$Fe^{2+} + 2e^- \rightleftharpoons Fe$		−0.44
$Cr^{3+} + e^- \rightleftharpoons Cr^{2+}$		−0.41
$Cd^{2+} + 2e^- \rightleftharpoons Cd$		−0.403
$Se + 2H^+ + 2e^- \rightleftharpoons H_2Se$		−0.40
$Ti^{3+} + 3e^- \rightleftharpoons Ti$		−0.37
$PbI_2 + 2e^- \rightleftharpoons Pb + 2I^-$		−0.365
$PbSO_4 + 2e^- \rightleftharpoons Pb + SO_4{}^{2-}$		−0.355
$*Ag(CN)_2{}^- + e^- \rightleftharpoons Ag + 2CN^-$		−0.31
$Co^{2+} + 2e^- \rightleftharpoons Co$		−0.277
$Ni^{2+} + 2e^- \rightleftharpoons Ni$		−0.246
$CuI + e^- \rightleftharpoons Cu + I^-$		−0.185
$AgI + e^- \rightleftharpoons Ag + I^-$		−0.152
$Sn^{2+} + 2e^- \rightleftharpoons Sn$		−0.136
$Pb^{2+} + 2e^- \rightleftharpoons Pb$		−0.126
$*Cu(NH_3)_2{}^+ + e^- \rightleftharpoons Cu + 2NH_3$		−0.12
$*2Cu(OH)_2 + 2e^- \rightleftharpoons Cu_2O + 2OH^- + H_2O$		−0.08
$*MnO_2 + H_2O + 2e^- \rightleftharpoons Mn(OH)_2 + 2OH^-$		−0.05
$*[HgI_4]^{2-} + 2e^- \rightleftharpoons Hg + 4I^-$		−0.039
$2H^+ + 2e^- \rightleftharpoons H_2(g)$		0
$AgBr(s) + e^- \rightleftharpoons Ag + Br^-$		0.071
$S + 2H^+ + 2e^- \rightleftharpoons H_2S(aq)$		0.141
$Sn^{4+} + 2e^- \rightleftharpoons Sn^{2+}$		0.154
$Cu^{2+} + e^- \rightleftharpoons Cu^+$		0.159
$SO_4{}^{2-} + 4H^+ + 2e^- \rightleftharpoons H_2SO_3 + H_2O$		0.17
$AgCl(s) + e^- \rightleftharpoons Ag + Cl^-$		0.222 3
$Hg_2Cl_2(s) + 2e^- \rightleftharpoons 2Hg + 2Cl^-$		0.268
$Cu^{2+} + 2e^- \rightleftharpoons Cu$		0.337
$*Ag_2O + H_2O + 2e^- \rightleftharpoons 2Ag + 2OH^-$		0.342
$[Fe(CN_6)]^{3-} + e^- \rightleftharpoons [Fe(CN_6)]^{4-}$		0.36
$*[Ag(NH_3)_2]^+ + e^- \rightleftharpoons Ag + 2NH_3$		0.373
$2H_2SO_3 + 2H^+ + 4e^- \rightleftharpoons S_2O_3{}^{2-} + 3H_2O$		0.40
$*O_2 + 2H_2O + 4e^- \rightleftharpoons 4OH^-$		0.401
$Ag_2CrO_4 + 2e^- \rightleftharpoons 2Ag + CrO_4{}^{2-}$		0.447
$H_2SO_3 + 4H^+ + 4e^- \rightleftharpoons S + 3H_2O$		0.45
$Cu^+ + e^- \rightleftharpoons Cu$		0.52
$I_2(s) + 2e^- \rightleftharpoons 2I^-$		0.534 5

电极反应 氧化型	还原型	$E^{\ominus}$/V
$MnO_4^- + e^- \rightleftharpoons MnO_4^{2-}$		0.564
$*MnO_4^- + 2H_2O + 3e^- \rightleftharpoons MnO_2 + 4OH^-$		0.588
$*MnO_4^{2-} + 2H_2O + 2e^- \rightleftharpoons MnO_2 + 4OH^-$		0.60
$*BrO_3^- + 3H_2O + 6e^- \rightleftharpoons Br^- + 6OH^-$		0.61
$2HgCl_2 + 2e^- \rightleftharpoons Hg_2Cl_2(s) + 2Cl^-$		0.63
$O_2(g) + 2H^+ + 2e^- \rightleftharpoons H_2O_2(aq)$		0.682
$Fe^{3+} + e^- \rightleftharpoons Fe^{2+}$		0.771
$Hg_2^{2+} + 2e^- \rightleftharpoons 2Hg$		0.793
$Ag^+ + e^- \rightleftharpoons Ag$		0.799
$NO_3^- + 2H^+ + e^- \rightleftharpoons NO_2 + H_2O$		0.80
$*HO_2^- + H_2O + 2e^- \rightleftharpoons 3OH^-$		0.88
$*ClO^- + H_2O + 2e^- \rightleftharpoons Cl^- + 2OH^-$		0.89
$2Hg^{2+} + 2e^- \rightleftharpoons Hg_2^{2+}$		0.920
$NO_3^- + 2H^+ + 2e^- \rightleftharpoons HNO_2 + H_2O$		0.94
$NO_3^- + 4H^+ + 3e^- \rightleftharpoons NO + 2H_2O$		0.96
$HNO_2 + H^+ + e^- \rightleftharpoons NO + H_2O$		1.00
$NO_2 + 2H^+ + 2e^- \rightleftharpoons NO + H_2O$		1.03
$Br_2(l) + 2e^- \rightleftharpoons 2Br^-$		1.065
$NO_2 + H^+ + e^- \rightleftharpoons HNO_2$		1.07
$Cu^{2+} + 2CN^- + e^- \rightleftharpoons [Cu(CN)_2]^-$		1.12
$O_2 + 4H^+ + 4e^- \rightleftharpoons 2H_2O(l)$		1.229
$MnO_2 + 4H^+ + 2e^- \rightleftharpoons Mn^{2+} + 2H_2O$		1.23
$*O_3 + H_2O + 2e^- \rightleftharpoons O_2 + 2OH^-$		1.24
$2HNO_2 + 4H^+ + 4e^- \rightleftharpoons N_2O + 3H_2O$		1.29
$Cr_2O_7^{2-} + 14H^+ + 6e^- \rightleftharpoons Cr^{3+} + 7H_2O$		1.33
$Cl_2 + 2e^- \rightleftharpoons 2Cl^-$		1.36
$MnO_4^- + 4H^+ + 5e^- \rightleftharpoons Mn^{2+} + 4H_2O$		1.51
$2BrO_3^- + 12H^+ + 10e^- \rightleftharpoons Br_2(l) + 6H_2O$		1.52
$2HBrO + 2H^+ + 2e^- \rightleftharpoons Br_2(l) + 2H_2O$		1.59
$2HClO + 2H^+ + 2e^- \rightleftharpoons Cl_2 + 2H_2O$		1.63
$MnO_4^- + 4H^+ + 3e^- \rightleftharpoons MnO_2 + 2H_2O$		1.695
$H_2O_2 + 2H^+ + 2e^- \rightleftharpoons 2H_2O$		1.77
$Co^{3+} + e^- \rightleftharpoons Co^{2+}$		1.84
$Ag^{2+} + e^- \rightleftharpoons Ag^+$		1.98
$2S_2O_8^{2-} + 2e^- \rightleftharpoons 2SO_4^{2-}$		2.01
$O_3 + 2H^+ + 2e^- \rightleftharpoons O_2 + H_2O$		2.07
$F_2 + 2e^- \rightleftharpoons 2F^-$		2.87
$F_2 + 2H^+ + 2e^- \rightleftharpoons 2HF$		3.06

注：表中凡前面有*符号的电极反应是在碱性溶液中进行，其余为在酸性溶液中进行。

附录五 配离子的稳定常数（298.15 K）

化学式	稳定常数β	lgβ	化学式	稳定常数β	lgβ
*$[AgCl_2]^-$	1.1×10^5	5.04	$[Cu(NH_3)_2]^+$	7.4×10^{10}	10.87
*$[AgI_2]^-$	5.5×10^{11}	11.74	$[Cu(NH_3)_4]^{2+}$	4.3×10^{13}	13.63
$[Ag(CN)_2]^-$	5.6×10^{18}	18.74	$[Fe(C_2O_4)_3]^{3-}$	10^{20}	20
$[Ag(NH_3)_2]^+$	1.7×10^7	7.23	$[FeF_6]^{3-}$	$\sim2\times10^{15}$	～15.3
$[Ag(S_2O_3)_2]^{3-}$	1.7×10^{13}	13.22	$[Fe(CN)_6]^{4-}$	10^{35}	35
$[AlF_6]^{3-}$	6.9×10^{19}	19.48	$[Fe(CN)_6]^{3-}$	10^{42}	42
$[AuCl_4]^-$	2×10^{21}	21.3	$[Fe(NCS)_6]^{3-}$	1.3×10^9	9.10
$[Au(CN)_2]^-$	2.0×10^{38}	38.3	$[HgCl_4]^{2-}$	9.1×10^{15}	15.96
$[CdI_4]^{2-}$	2×10^6	6.3	$[HgI_4]^{2-}$	1.9×10^{30}	30.28
$[Cd(CN)_4]^{2-}$	7.1×10^{18}	18.85	$[Hg(CN)_4]^{2-}$	2.5×10^{41}	41.40
$[Cd(NH_3)_4]^{2+}$	1.3×10^7	7.12	$[Hg(NH_3)_4]^{2+}$	1.9×10^{19}	19.28
*$[Cd(NCS)_4]^{2-}$	1.0×10^3	3.00	$[Hg(SCN)_4]^{2-}$	2×10^{19}	19.3
$[Co(NH_3)_6]^{2+}$	8.0×10^4	4.90	$[Ni(CN)_4]^{2-}$	10^{22}	22
$[Co(NH_3)_6]^{3+}$	4.6×10^{33}	33.66	*$[Ni(en)_3]^{2+}$	2.1×10^{18}	18.33
*$[CuCl_2]^-$	3.2×10^5	5.50	$[Ni(NH_3)_6]^{2+}$	5.6×10^8	8.74
*$[CuI_2]^-$	7.1×10^8	8.85	$[Zn(CN)_4]^{2-}$	7.8×10^{16}	16.89
$[Cu(CN)_2]^-$	1×10^{16}	16.0	$[Zn(en)_2]^{2+}$	6.8×10^{10}	10.83
$[Cu(CN)_4]^{3-}$	1.0×10^{30}	30.00	$[Zn(NH_3)_4]^{2+}$	2.9×10^9	9.47
*$[Cu(en)_2]^{2+}$	1.0×10^{20}	20.00			

注：本书采用的配离子稳定常数引自 W.M.Atimer，Oxidation Potentials，2th ed.（1952）；标有*符号的数据引自“Lange's Handbook of Chemistry”，12th ed.（1979）。

附录六　常用的缓冲溶液

1．常用缓冲溶液的 pH 范围

缓冲溶液	$pK_a^\ominus$	pH 有效范围
盐酸—甘氨酸（$HCl—NH_2CH_2COOH$）	2.4	1.4～3.4
盐酸—邻苯二甲酸酸氢钾{$HCl—C_6H_4(COO)_2HK$}	3.1	2.2～4.0
柠檬酸—氢氧化钠{$C_3H_5(COOH)_3—NaOH$}	2.9，4.1，5.8	2.2～6.5
蚁酸—氢氧化钠（$HCOOH—NaOH$）	3.8	2.8～4.6
醋酸—醋酸钠（$CH_3COOH—CH_3COONa$）	4.74	3.6～5.6
邻苯二甲酸氢钾—氢氧化钾{$C_6H_4(COO)_2HK—KOH$}	5.4	4.0～6.2
琥珀酸氢钠—琥珀酸钠 $\left(\begin{matrix} CH_2COOH \\ \mid \\ CH_2COONa \end{matrix} - \begin{matrix} CH_2COONa \\ \mid \\ CH_2COONa \end{matrix}\right)$	5.5	4.8～5.3
柠檬酸氢二钠—氢氧化钠（$C_3H_5(COO)_3HNa_2—NaOH$）	5.8	5.0～6.3
磷酸二氢钾—氢氧化钠（$KH_2PO_4—NaOH$）	7.2	5.8～8.0
磷酸二氢钾—硼砂（$KH_2PO_4—Na_2B_4O_7$）	7.2	5.8～9.2
磷酸二氢钾—磷酸氢二钾（$KH_2PO_4—K_2HPO_4$）	7.2	5.9～8.0
硼酸—硼砂（$H_3BO_3—Na_2B_4O_7$）	9.2	7.2～9.2
硼酸—氢氧化钠（$H_3BO_3—NaOH$）	9.2	8.0～10.0
甘氨酸—氢氧化钠（$NH_2CH_2COOH—NaOH$）	9.7	8.2～10.1
氯化铵—氨水（$NH_4Cl—NH_3 \cdot H_2O$）	9.3	8.3～10.3
碳酸氢钠—碳酸钠（$NaHCO_3—Na_2CO_3$）	10.3	9.2～11.0
磷酸氢二钠—氢氧化钠（$Na_2HPO_4—NaOH$）	12.4	11.0～12.0

2．不同温度下，标准缓冲溶液的 pH 值

	10℃	15℃	20℃	25℃	30℃	40℃	50℃	60℃
0.05 $mol \cdot L^{-1}$ 草酸三氢钾	1.670	1.672	1.675	1.679	1.683	1.694	1.707	1.723
25℃饱和酒石酸氢钾	—	—	—	3.559	3.551	3.547	3.555	3.573
0.05 $mol \cdot L^{-1}$ 邻苯二甲酸氢钾	3.998	3.999	4.002	4.008	4.015	4.035	4.060	4.091
0.025 $mol \cdot L^{-1}$ KH_2PO_4+ 0.025 $mol \cdot L^{-1}$ Na_2HPO_4	6.923	6.900	9.881	6.865	6.853	6.838	6.833	6.836
0.008 695 $mol \cdot L^{-1}$ KH_2PO_4+ 0.030 43 $mol \cdot L^{-1}$ Na_2HPO_4	7.472	7.448	7.429	7.413	7.400	7.380	7.367	—
0.01 $mol \cdot L^{-1}$硼砂	9.332	9.276	9.225	9.180	9.139	9.608	9.011	8.962
25℃饱和氢氧化钙	13.011	12.820	12.637	12.460	12.292	11.975	11.697	11.426

附录七 一些物质的商品名或俗名

商品名或俗名	学名	化学式
钢精	铝	Al
铝粉	铝	Al
刚玉	三氧化二铝	Al_2O_3
矾土	三氧化二铝	Al_2O_3
砒霜、白砒	三氧化二砷	As_2O_3
重土	氧化钡	BaO
重晶石	硫酸钡	$BaSO_4$
电石	碳化钙	CaC
方解石、大理石	碳酸钙	$CaCO_3$
萤石、氟石	氟化钙	CaF
干冰	二氧化碳（固体）	CO_2
熟石灰、消石灰	氢氧化钙	$Ca(OH)_2$
漂白粉		$Ca(ClO)_2+CaCl_2 \cdot Ca(OH)_2 \cdot H_2O$
石膏	二水硫酸钙	$CaSO_4 \cdot 2H_2O$
胆矾、蓝矾	五水硫酸铜	$CuSO_4 \cdot 5H_2O$
绿矾、青矾	七水硫酸亚铁	$FeSO_4 \cdot 7H_2O$
双氧水	过氧化氢	H_2O_2
水银	汞	Hg
升汞	氯化汞	$HgCl_2$
甘汞	氯化亚汞	Hg_2Cl_2

商品名或俗名	学名	化学式
三仙丹	氧化汞	HgO
朱砂、辰砂	硫化汞	HgS
钾碱	碳酸钾	KCO_3
红矾钾	重铬酸钾	$K_2Cr_2O_7$
赤血盐	（高）铁氰化钾	$K_3[Fe(CN)_6]$
黄血盐	亚铁氰化钾	$K_4[Fe(CN)_6]$
灰锰氧	高锰酸钾	$KMnO_4$
火硝、土硝	硝酸钾	KNO_3
苛性钾	氢氧化钾	KOH
明矾、铝钾矾	硫酸铝钾	$K_2SO_4 \cdot Al_2(SO_4)_3 \cdot 24H_2O$
苦土	氧化镁	MgO
泻盐	硫酸镁	$MgSO_4$
硼砂	四硼酸钠	$Na_2B_4O_7 \cdot 10H_2O$
苏打、纯碱	碳酸钠	Na_2CO_3
小苏打	碳酸氢钠	$NaHCO_3$
红矾钠	重铬酸钠	$Na_2Cr_2O_7$
烧碱、火碱、苛性钠	氢氧化钠	$NaOH$
水玻璃、泡花碱	硅酸钠	$x Na_2O \cdot y SiO_2$
硫化碱	硫化钠	$NaS \cdot 9H_2O$
海波、大苏打	硫代硫酸钠	$Na_2S_2O_3 \cdot 5H_2O$
保险粉	连二亚硫酸钠	$Na_2S_2O_4 \cdot 2H_2O$
芒硝、皮硝、元明粉	硫酸钠	$Na_2SO_4 \cdot 10H_2O$
铬钠矾	硫酸铬钠	$Na_2SO_4 \cdot Cr_2(SO_4)_3 \cdot 24H_2O$
硫铵	硫酸铵	$(NH_4)_2SO_4$
硇砂	氯化铵	NH_4Cl
铁铵矾	硫酸铁铵	$(NH_4)_2SO_4 \cdot Fe_2(SO_4)_3 \cdot 24H_2O$
铬铵矾	硫酸铬铵	$(NH_4)_2SO_4 \cdot Cr_2(SO_4)_3 \cdot 24H_2O$
铝铵矾	硫酸铝铵	$(NH_4)_2SO_4 \cdot Al_2(SO_4)_3 \cdot 24H_2O$
铅丹、红丹	四氧化三铅	Pb_3O_4
铬黄、铅铬黄	铬酸铅	$PbCrO_4$
铅白、白铅粉	碱式碳酸铅	$2PbCO_3 \cdot Pb(OH)_2$
锑白	三氧化二锑	Sb_2O_3
天青石	硫酸锶	$SrSO_4$
石英	二氧化硅	SiO_2
金刚砂	碳化硅	SiC
钛白	二氧化钛	TiO_2
锌白、锌氧粉	氧化锌	ZnO
皓矾	硫酸锌	$ZnSO_4 \cdot 7H_2O$

注：摘引自王箴. 化工辞典（第二版）. 北京：化学工业出版社，1979.

附录八　溶度积常数（298.15 K）

难溶电解质	$K_{sp}^{\ominus}$	难溶电解质	$K_{sp}^{\ominus}$
AgBr	5.0×10^{-13}	β-NiS	1.0×10^{-24}
AgCl	1.8×10^{-10}	γ-NiS	2.0×10^{-26}
Ag_2CO_3	8.1×10^{-12}	$CaCO_3$	2.8×10^{-9}
Ag_2CrO_4	1.1×10^{-12}	$CaC_2O_4 \cdot H_2O$	4×10^{-9}
AgCN	1.2×10^{-16}	$CaCrO_4$	7.1×10^{-4}
$Ag_2Cr_2O_7$	2.0×10^{-7}	CaF_2	5.3×10^{-9}
$Ag_2C_2O_4$	3.4×10^{-11}	$Ca(OH)_2$	5.5×10^{-6}
AgOH	2.0×10^{-8}	$CaHPO_4$	1.0×10^{-7}
AgI	8.3×10^{-17}	$Ca_3(PO_4)_2$	2.0×10^{-29}
$AgNO_2$	6.0×10^{-4}	$CaSO_4$	9.1×10^{-6}
Ag_2SO_4	1.4×10^{-5}	$CdCO_3$	5.2×10^{-12}
Ag_2SO_3	1.5×10^{-14}	$Cd(OH)_2$（新制）	2.5×10^{-14}
Ag_2S	6.3×10^{-50}	CdS	8.0×10^{-27}
AgSCN	1.0×10^{-12}	$Co(OH)_2$（新制）	1.6×10^{-15}
$Al(OH)_3$（无定形）	1.3×10^{-33}	$Co(OH)_3$	1.6×10^{-44}
$BaCO_3$	5.1×10^{-9}	α-CoS	4.0×10^{-21}
BaC_2O_4	1.6×10^{-7}	β-CoS	2.0×10^{-25}
$BaCrO_4$	1.2×10^{-10}	$Cr(OH)_3$	6.3×10^{-31}
$Ba(OH)_2$	5×10^{-3}	CuBr	5.3×10^{-9}
$BaSO_4$	1.1×10^{-10}	CuCl	1.2×10^{-6}
$BaSO_3$	8×10^{-7}	CuI	1.1×10^{-12}
$Bi(OH)_3$	4×10^{-31}	Cu_2S	2.5×10^{-48}
BiOBr	3.0×10^{-7}	$CuCO_3$	1.4×10^{-10}
BiOCl	1.8×10^{-31}	$CuCrO_4$	3.6×10^{-6}

难溶电解质	$K_{sp}^{\ominus}$	难溶电解质	$K_{sp}^{\ominus}$
$BiONO_3$	2.82×10^{-3}	$Cu(OH)_2$	2.2×10^{-20}
$FeCO_3$	3.2×10^{-11}	CuC_2O_4	2.3×10^{-8}
$Fe(OH)_2$	8.0×10^{-16}	CuS	6.3×10^{-36}
$Fe(OH)_3$	4×10^{-38}	$PbCO_3$	7.4×10^{-14}
FeS	6.3×10^{-18}	$PbCl_2$	1.6×10^{-5}
Hg_2CO_3	8.9×10^{-17}	PbC_2O_4	4.8×10^{-10}
Hg_2Cl_2	1.3×10^{-18}	$PbCrO_4$	2.8×10^{-13}
Hg_2I_2	4.5×10^{-29}	PbI_2	7.1×10^{-9}
$Hg_2(OH)_2$	2.0×10^{-24}	$Pb(OH)_2$	1.2×10^{-15}
$Hg(OH)_2$	3.0×10^{-26}	$Pb(OH)_4$	3.2×10^{-66}
Hg_2SO_4	7.4×10^{-7}	$PbSO_4$	1.6×10^{-8}
Hg_2S	1.0×10^{-47}	PbS	8.0×10^{-28}
HgS（红）	4×10^{-53}	$Sn(OH)_2$	1.4×10^{-28}
HgS（黑）	1.6×10^{-52}	$Sn(OH)_4$	1×10^{-56}
$MgCO_3$	3.5×10^{-8}	SnS	1.0×10^{-25}
MgF_2	6.5×10^{-9}	$SrCO_3$	1.1×10^{-10}
$Mg_2(OH)_2$	1.8×10^{-11}	$SrC_2O_4\cdot H_2O$	1.6×10^{-7}
$MnCO_3$	1.8×10^{-11}	$SrCrO_4$	2.2×10^{-5}
$Mn(OH)_2$	1.9×10^{-13}	$SrSO_4$	3.2×10^{-7}
MnS（无定形）	2.5×10^{-10}	$ZnCO_3$	1.4×10^{-11}
MnS（晶体）	2.5×10^{-13}	$Zn(OH)_2$	1.2×10^{-17}
$NiCO_3$	6.6×10^{-9}	α-ZnS	1.6×10^{-24}
$Ni(OH)_2$（新制）	2.0×10^{-15}	β-ZnS	2.5×10^{-22}
α-NiS	3.2×10^{-19}		

附录九 国际相对原子质量表（1997）

元素		相对	元素		相对	元素		相对	元素		相对
符号	名称	原子质量	符号	名称	原子质量	符号	名称	原子质量	符号	名称	原子质量
Ac	锕	[227]	Et	铒	167.26	Mn	锰	54.938 05	Ru	钌	101.07
Ag	银	107.868 2	Es	锿	[252]	Mo	钼	95.94	S	硫	32.066
Al	铝	26.981 54	Eu	铕	151.964	N	氮	14.006 74	Sb	锑	121.760
Am	镅	[243]	F	氟	18.998 40	Na	钠	22.989 77	Sc	钪	44.955 91
Ar	氩	39.948	Fe	铁	55.845	Nb	铌	92.906 38	Se	硒	78.96
As	砷	74.921 60	Fm	镄	[257]	Nd	钕	144.24	Si	硅	28.085 5
At	砹	[210]	Fr	钫	[223]	Ne	氖	20.179 7	Sm	钐	150.36
Au	金	196.966 55	Ga	镓	69.723	Ni	镍	58.693 4	Sn	锡	118.710
B	硼	10.811	Gd	钆	157.25	No	锘	[259]	Sr	锶	87.62
Ba	钡	137.327	Ge	锗	72.64	Np	镎	237.048 2	Ta	钽	180.947 9
Be	铍	9.012 18	H	氢	1.007 94	O	氧	15.999 4	Tb	铽	158.925 34
Bi	铋	208.980 38	He	氦	4.002 60	Os	锇	190.23	Tc	锝	98.906 2
Bk	锫	[247]	Hf	铪	178.49	P	磷	30.973 76	Te	碲	127.60
Br	溴	79.904	Hg	汞	200.59	Pa	镤	231.035 88	Th	钍	232.038 1
C	碳	12.010 7	Ho	钬	164.930 32	Pb	铅	207.2	Ti	钛	47.867
Ca	钙	40.078	I	碘	126.904 47	Pd	钯	106.42	Tl	铊	204.383 3
Cd	镉	112.411	In	铟	114.818	Pm	钷	[147]	Tm	铥	168.934 21
Ce	铈	140.116	Ir	铱	192.217	Po	钋	[210]	U	铀	238.028 9
Cf	锎	[251]	K	钾	39.098 3	Pr	镨	140.907 65	V	钒	50.941 5
Cl	氯	35.452 7	Kr	氪	83.80	Pt	铂	195.078	W	钨	183.84
Cm	锔	[247]	La	镧	138.905 5	Pu	钚	[244]	Xe	氙	131.29
Co	钴	58.933 20	Li	锂	6.941	Ra	镭	226.025 4	Y	钇	88.905 85
Cr	铬	51.996 1	Lr	铹	[260]	Rb	铷	85.467 8	Yb	镱	173.04
Cs	铯	132.905 45	Lu	镥	174.967	Re	铼	186.207	Zn	锌	65.39
Cu	铜	63.546	Md	钔	[258]	Rh	铑	102.905 50	Zr	锆	91.224
Dy	镝	162.50	Mg	镁	24.305 0	Rn	氡	[222]			

参考文献

[1] 高职高专化学教材编写组. 分析化学，2 版. 北京：高等教育出版社，2000.

[2] 赵中一，等. 无机及分析化学题解. 武汉：华中科技大学出版社，2001.

[3] 陈虹锦. 无机与分析化学. 北京：科学出版社，2002.

[4] 孙毓庆. 分析化学. 北京：科学出版社，2003.

[5] 应武林，顾国耀. 分析化学. 青岛：中国海洋大学出版社，2003.

[6] 黄秀锦. 无机与分析化学. 北京：科学出版社，2004.

[7] 倪静安，等. 无机及分析化学. 北京：化学工业出版社，2004.

[8] 贾欣欣，任丽萍. 无机及分析化学. 北京：中国建材工业出版社，2005.

[9] 南京大学无机及分析化学编写组. 无机及分析化学，3 版. 北京：高等教育出版社，1998.

[10] 董元彦，等. 无机及分析化学学习指导. 北京：科学出版社，2006.

[11] 董元彦，等. 无机及分析化学. 北京：科学出版社，2000.

[12] 王泽云，等. 无机与分析化学. 北京：化学工业出版社，2005.

[13] 武汉大学. 分析化学，4 版. 北京：高等教育出版社，2000.

[14] 张慧波，韩忠霄. 分析化学. 大连：大连理工大学出版社，2006.

[15] 李青山，李怡庭. 水环境监测实用手册. 北京：中国水利水电出版社，2003.

[16] 王燕飞. 水污染控制技术. 北京：化学工业出版社，2001.

[17] 贺伦英. 无机与分析化学. 长沙：国防科技大学出版社，2002.